Visio 2016 图形设计标准教程

崔中伟　夏丽华　编著

清华大学出版社
北　京

内 容 简 介

本书详细介绍了Visio 2016办公绘图软件的使用方法。全书共分为14章，内容涉及Visio 2016基础操作、页面设置、使用形状、添加文本、使用图表、设置绘图格式、链接外部数据等基础知识，以及流程图、组织结构图、方块图、网络图、网站图、工程图、建筑设计图及项目管理图等图表的制作思路，还详细讲解了制作三维效果网络模型图、创建数据报告和数据透视关系图、Visio 2016与Office协同办公、Visio 2016与AutoCAD绘图软件的整合等知识。书中每章均配有课堂练习及思考与练习。

本书适合作为普通高校和高职高专院校的教材，也可作为计算机绘图用户与办公用户学习Visio 2016的参考资料。

图书在版编目（CIP）数据

Visio 2016图形设计标准教程/崔中伟，夏丽华编著. —北京：清华大学出版社，2017（2024.7重印）
（清华电脑学堂）

ISBN 978-7-302-45565-3

Ⅰ. ①V… Ⅱ. ①崔… ②夏… Ⅲ. ①图形软件-教材 Ⅳ. ①TP391.41

中国版本图书馆CIP数据核字（2016）第277698号

责任编辑：冯志强
封面设计：杨玉芳
责任校对：胡伟民
责任印制：沈 露

出版发行：清华大学出版社
网 址：https://www.tup.com.cn, https://www.wqxuetang.com
地 址：北京清华大学学研大厦A座 邮 编：100084
社 总 机：010-83470000 邮 购：010-62786544
投稿与读者服务：010-62776969，c-service@tup.tsinghua.edu.cn
质量反馈：010-62772015，zhiliang@tup.tsinghua.edu.cn
印 装 者：三河市君旺印务有限公司
经 销：全国新华书店
开 本：185mm×260mm **印 张：**22.75 **字 数：**568千字
版 次：2017年9月第1版 **印 次：**2024年7月第9次印刷
定 价：49.80元

产品编号：069879-01

前　　言

Visio 2016 是 Microsoft 公司推出的新一代商业图表绘制软件，具有操作简单、功能强大、可视化等优点，深受广大用户的青睐，已被广泛地应用于软件设计、办公自动化、项目管理、广告、企业管理、建筑、电子、通信及日常生活等众多领域。Visio 2016 包含了一些改进与新增的模板，比如，新增的主题样式可以帮助用户创建各种具有专业外观的图表；通过使用数据透视关系图，可以帮助用户快速查看、汇总、分析与研究绘图中的数据；还可以将 Visio 图表中的数据与 Visio 其他组件进行整合。

1．本书内容介绍

全书系统全面地介绍了 Visio 2016 的应用知识，每章都提供了课堂练习，用来巩固所学知识。本书共分为 14 章，各章内容概括如下。

第 1 章：Visio 2016 概述，包括 Visio 2016 简介、Visio 2016 新增功能、认识 Visio 2016 界面、Visio 2016 窗口操作等基础知识。

第 2 章：全面介绍了 Visio 2016 基础操作，包括创建绘图文档、保存 Visio 文档、保护 Visio 文档、使用绘图页、设置文档页面、设置文档属性等基础知识。

第 3 章：全面介绍了如何使用形状，包括形状概述、编辑形状、绘制形状、连接形状、设置形状样式、形状的高级操作等基础知识。

第 4 章：全面介绍了如何使用文本，包括创建文本、编辑文本、查找与替换文本、锁定文本、创建注解、设置文本字体格式、设置文本段落格式、设置项目符号等基础知识。

第 5 章：全面介绍了如何使用图像和图表，包括插入图片、编辑图片、美化图片、插入图表、调整图表、编辑图表数据、设置图表布局、设置图表格式等基础知识。

第 6 章：全面介绍了如何使用图部件和文本对象，包括使用超链接、使用容器、使用标注、使用文本对象、使用批注等基础知识。

第 7 章：全面介绍了如何使用主题和样式，包括应用主题、防止主题影响形状、自定义主题、使用样式、定义样式、自定义图案样式等基础知识。

第 8 章：全面介绍了如何应用 Visio 数据，包括定义形状数据、导入外部数据、使用数据图形增强数据、设置形状表数据、显示形状数据等基础知识。

第 9 章：全面介绍了如何构建基本图表，包括构建块图、构建条形图、构建饼状图、构建功能比较图表、构建中心辐射图表、构建三角形、构建金字塔、构建灵感触发图等基础知识。

第 10 章：全面介绍了如何构建流程图，包括构建基本流程图、构建跨职能流程图、构建数据流与工作流图、创建组织结构图等基础知识。

第 11 章：全面介绍了如何构建项目管理图，包括创建日历、导入日历数据、创建日程表、创建甘特图、构建 PERT 图表等基础知识。

第 12 章：全面介绍了如何构建网络图，包括创建网站总体设计图、创建网站图、设置网站图、构建网络图、构建软件开发图、构建界面图等基础知识。

第 13 章：全面介绍了如何构建建筑与工程图，包括构建建筑图、构建建筑附属图、构建空间设计图、构建机械工程图、构建工艺流程图等基础知识。

第 14 章：全面介绍了协同办公，包括发布数据到 Web、共享绘图、导出绘图、打印绘图、Visio 协同其他软件等基础知识。

2. 本书主要特色

（1）系统全面。本书提供了 28 个应用案例，通过实例分析、设计过程讲解 Visio 2016 的应用知识，涵盖了 Visio 2016 中的各个模板和功能。

（2）课堂练习。本书各章都安排了课堂练习，全部围绕实例讲解相关内容，灵活生动地展示了 Visio 2016 各模板的功能。课堂练习体现了本书实例的丰富性，方便读者组织学习。每章后面还提供了思考与练习，用来测试读者对本章内容的掌握程度。

（3）全程图解。各章内容全部采用图解方式，图像均做了大量的裁切、拼合、加工，信息丰富，效果精美，阅读体验轻松，上手容易。

3. 本书使用对象

本书从 Visio 2016 的基础知识入手，全面介绍了 Visio 2016 面向应用的知识体系。本书适合作为各类高等院校教材使用，也可作为图形设计用户深入学习 Visio 2016 的参考资料。

参与本书编写的人员除了封面署名人员之外，还有于伟伟、王翠敏、张慧、冉洪艳、谢金玲、张振、卢旭、王修红、扈亚臣、程博文、方芳、房红、孙佳星等人。由于作者水平有限，书中疏漏之处在所难免，欢迎读者朋友登录清华大学出版社的网站 www.tup.com.cn 与作者联系，帮助我们改进提高。

编　者

目　录

第1章

Visio 2016 概述

Visio 是一款专业的办公绘图软件，它能够将用户的思想、设计与最终产品演变成形象化的图像进行传播，还可以帮助用户创建具有专业外观的图表，以便理解、记录和分析信息。

因此，Visio 是一种便于 IT 和商务专业人员就复杂信息、系统和流程进行可视化处理、分析和交流的软件，它使文档的内容更加丰富、更容易克服文字描述与技术上的障碍，让文档变得更加简洁、易于阅读与理解。本章主要学习 Visio 的应用领域、新增功能等基础知识。

本章学习要点：

- Visio 2016 应用领域
- Visio 2016 新增功能
- 认识 Visio 2016 界面
- Visio 2016 窗口操作

1.1 Visio 2016 简介

在使用 Visio 2016 绘制专业的图表与模型之前，用户需要先了解一下 Visio 2016 的功能、应用领域等基础知识。另外，用户还需要了解一下 Visio 2016 的发展史及新增功能，从而帮助用户充分地了解 Visio 2016 的强大功能。

1.1.1 Visio 的发展史

Visio 公司成立于 1990 年，最初公司名为 Axon。其创始人为杰瑞米（Jeremy Jaech）、戴夫（Dave Walter）和泰德·约翰逊。

1992 年，公司更名为 Shapeware。同年 11 月，公司发布了用于制作商业图标的专业绘图软件 Visio 1.0，该软件一经面世立即取得了巨大的成功。2000 年微软公司收购了 Visio 公司，从此 Visio 成为微软 Office 办公软件中一个新的组件。随后，微软相继开发了多种版本的 Visio，其最主要的几个版本的具体情况如图 1-1 所示。

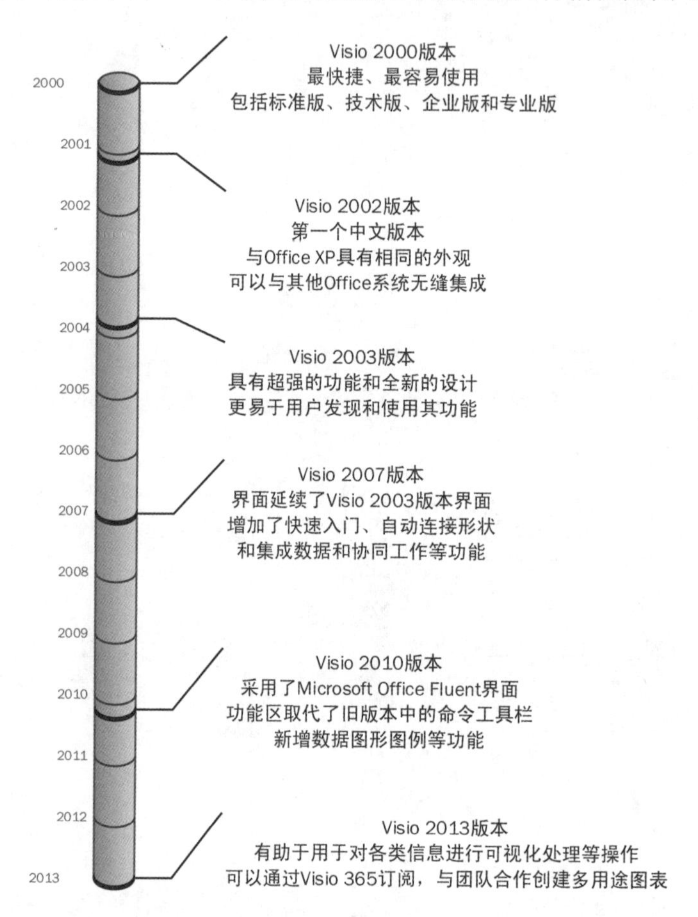

图 1-1 Visio 发展简史

1.1.2 理解 Visio 2016

Visio 2016 可以帮助用户轻松地可视化、分析与交流复杂的信息，并可以通过创建与数据相关的 Visio 图表来显示复杂的数据与文本，这些图表易于刷新，并可以轻松地了解、操作和共享企业内的组织系统、资源及流程等相关信息。Visio 2016 中包含三个类型的版本，分别为 Visio 2016 标准版、Visio 2016 专业版和 Visio Pro for Office 365 版。其中，Visio 标准版 2016 拥有丰富的内置模具和强大的图表绘制功能，包含用于业务、基本网络图表、组织结构图、基本流程图和通用多用途图表的模具；Visio 2016 专业版拥有 70 个内置模板和成千上万个形状，可以让个人和团队轻松地创建和共享专业和多用途的图表，从而简化复杂的信息；Visio Pro for Office 365 可以通过 Office 365 订阅最新服务，并可利用 Visio 2016 专业版的所有功能。每种版本的具体功能如表 1-1 所述。

表 1-1 Visio 2016 版本功能对比

功能	Visio 2016 标准版	Visio 2016 专业版	Visio Pro for Office 365
图表制作轻松入门	◉	◉	◉
迅速自定义和完成图表	◉	◉	◉
利用 Office 体验创新	◉	◉	◉
通过浏览器基于统一的版本进行交流	◉	◉	◉
迅速创建专业图表	◑	◉	◉
高效地定义、强化和民主处理流程	◑	◉	◉
通过数据链接使图表更加生动	○	◉	◉
使用图表更轻松地进行团队协作	○	◉	◉
使用 Microsoft 文件保护技术保护图表安全	○	◉	◉
享受 Office 365 的优势	○	○	◉

注：○=无 ◉=有 ◑=部分

Visio 2016 是利用强大的模板（Template）、模具（Stencil）与形状（Shape）等元素，来实现各种图表与模具的绘制功能，其各种元素的具体情况如下所述。

1．模板和模具

模板是一组模具和绘图页的设置信息，是一种专用类型的 Visio 绘图文件，是针对某种特定的绘图任务或样板而组织起来的一系列主控图形的集合，其扩展名为.VST。每一个模板都由设置、模具、样式或特殊命令组成。模板设置绘图环境，可以适合于特定类型的绘图。在 Visio 2016 中，主要为用户提供了网络图、工作流图、数据库模型图、软件图等模板，这些模板可用于可视化和简化业务流程、跟踪项目和资源、绘制组织结构图、映射网络、绘制建筑地图以及优化系统，如图 1-2 所示。

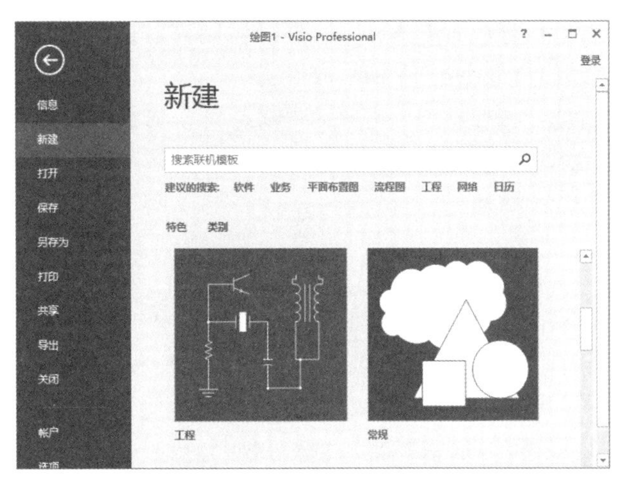

图 1-2 模板

模具是指与模板相关联的图件或形状的集合，其扩展名为.VSS。模具中包含图件，而图件是指可以用来反复创建绘图的图形，通过拖动的方式可以迅速生成相应的图形，如图 1-3 所示。

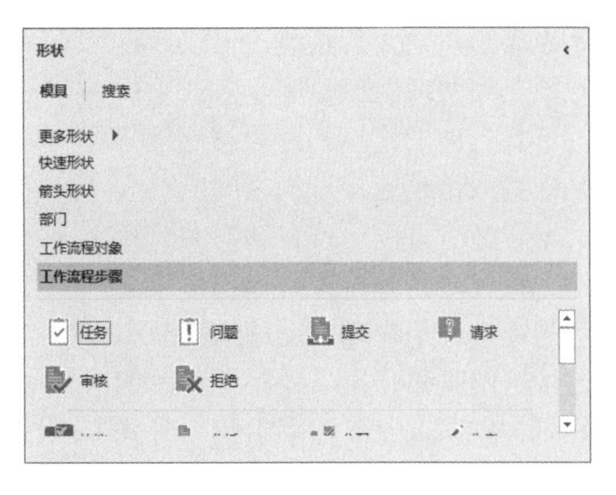

图 1-3 模具

2．形状

形状是在模具中存储并分类的图件，预

先画好的形状叫作主控形状，主要通过拖放预定义的形状到绘图页上的方法进行绘图操作。其中，形状具有内置的行为与属性。形状的行为可以帮助用户定位形状并正确地连接到其他形状。形状的属性主要显示用来描述或识别形状的数据，如图 1-4 所示。

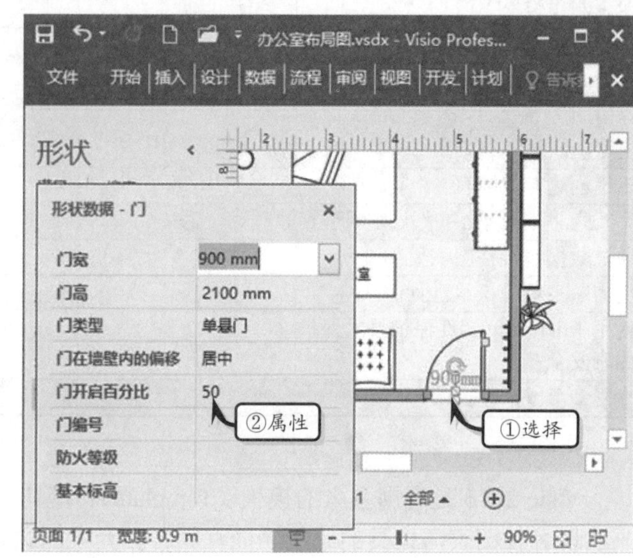

图 1-4 形状的行为与属性

在 Visio 2016 中，用户可以通过手柄来定位、伸缩及连接形状。形状手柄主要包括下列几种。

- **Selection 手柄** 使用该手柄可以改变形状的尺寸或增加连接符。该手柄在选择形状时会显示红色或蓝色的盒状区。
- **Rotation 手柄** 使用该手柄可以标识形状上的粘附连接符和线条的位置，其标识为蓝色的 X。
- **Control 手柄** 使用该手柄可以改变形状的外观，该手柄在某些形状上显示为黄色钻石形状。
- **Eccentricity 手柄** 使用该手柄可以通过拖动绿色圆圈的方法，来改变弧形的形状。

3. 连接符

在 Visio 2016 中，形状与形状之间需要利用线条来连接，该线条被称作连接符。连接符会随着形状的移动而自动调整，其连接符的起点和终点标识了形状之间的连接方向。

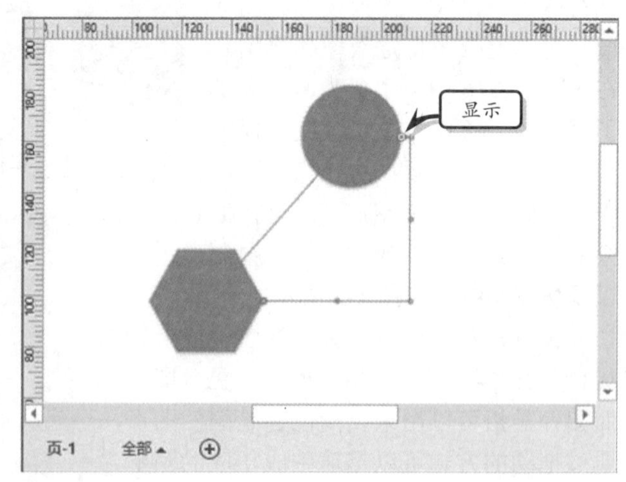

图 1-5 连接符

Visio 2016 将连接符分为直接连接符与动态连接符，直接连接符是连接形状之间的直线，可以通过拉长、缩短或改变角度等方式来保持形状之间的连接。而动态连接符是连接或跨越连接形状之间的直线的组合体，可以通过自动弯曲、拉伸、直线弯角等方式来保持形状之间的连接。用户可以通过拖动动态连接符的直角顶点、连接符片段的终点、控制点或离心率手柄等方式来改变连接符的弯曲状态，如图 1-5 所示。

1.1.3 Visio 2016 应用领域

Visio 2016 已成为目前市场中最优秀的绘图软件之一，其强大的功能与简单操作特性受到广大用户的青睐，已被广泛应用于如下众多领域中。

- **软件设计** 用户可以使用 Visio 2016 设计软件的结构模型，一般情况下需要以流程图的样式进行非正式设计，然后开始编码，并根据实际操作修改系统设计，从而实现软件设计的整体过程。
- **项目管理** 用户可以使用“时间线”、“甘特图”、PERT 图等来设计项目管理的流程。例如，制作项目进度、工作计划、学习计划等项目管理模型。
- **企业管理** 用户可以使用 Visio 2016 来制作组织结构图、生产流程图等其他企业模型或流程图。通过企业管理可以调动员工的潜能与积极性，同时也可以使企业财务清晰、资本结构更加合理。
- **建筑** 建筑设计行业是使用 Visio 2016 软件最频繁的行业，用户可以利用 Visio 2016 软件来设计楼层平面图、楼盘宣传图、房屋装修图等图表。
- **电子** 在制作电子产品之前，用户可以利用 Visio 2016 来制作电子产品的结构模型。
- **机械** Visio 2016 软件也可应用于机械制图领域，可以制作出像 Auto CAD 一样的精确的机械图。而且 Visio 2016 还具有 AutoCAD 所拥有的强大的绘图、编辑等功能。
- **通信** 在现代文明社会中，通信是推动人类社会文明、进步与发展的巨大动力。运用 Visio 2016 还可制作有关“通信”方面的图表。
- **科研** 科研的目的是为了追求知识或解决问题的一项系统活动，用户还可以使用 Visio 2016 来制作科研活动审核、检查或业绩考核的流程图。

1.2 Visio 2016 新增功能

Visio 2016 是一个功能强大的绘图应用程序，可以直观地创建各种类型的关系图。最新版本的 Visio 不仅在界面上有所改进，而且在其数据链接、信息管理和图形形状方面也增加和改进了不少功能。下面将简单介绍一下 Visio 2016 的新增功能。

1.2.1 新增 Visio 主题

相对于旧版本中的单一主题色彩来讲，Visio 2016 版本中新增加了多彩的 Colorful 主题，将更多色彩丰富的选择加入其中，包括彩色、深灰色和白色三种色彩颜色，其风格与 Modern 应用类似。

用户可通过执行【文件】|【选项】命令，在弹出的对话框中设置【Office 主题】选项，来选择需要使用的彩色主题，如图 1-6 所示。

在【Visio 选项】对话框中，选择 Office 主题样式，并单击【确定】按钮之后，系统将会自动在当前界面中应用最新的 Office 主题色彩。如图 1-7 所示的主题样式便是【彩色】主题。该主题样式主要以“蓝色”颜色来显示【快速访问工具栏】和选项卡区域，而以“灰色”颜色来显示选项组、形状窗口等区域，如图 1-7 所示。

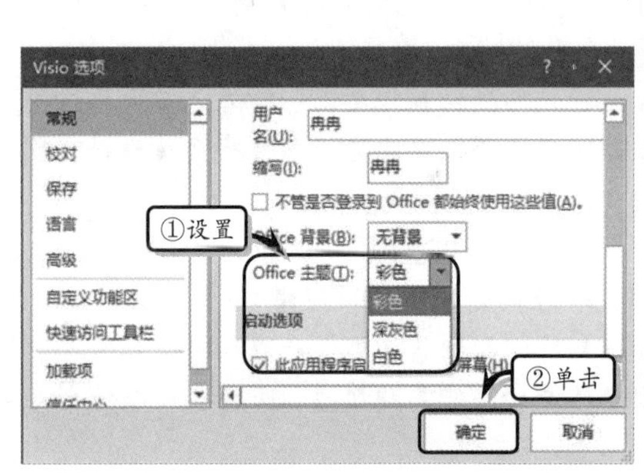

图 1-6 设置 Visio 主题

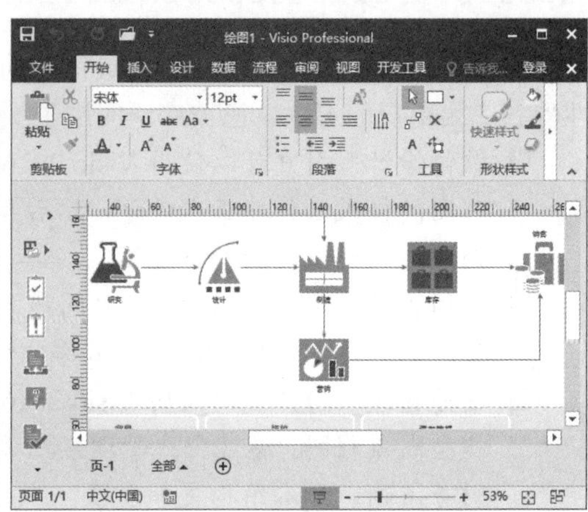

图 1-7 应用【彩色】主题

1.2.2 新增数据和信息管理功能

在 Visio 2016 专业版中，用户只需执行【数据】|【外部数据】|【快速导入】命令，便可以连接到 Excel 数据图表。在连接 Excel 数据图表时，用户还需要确保值和文本之间的一对一匹配项，以及图表中的每个形状不存在于 Excel 列中，如图 1-8 所示。

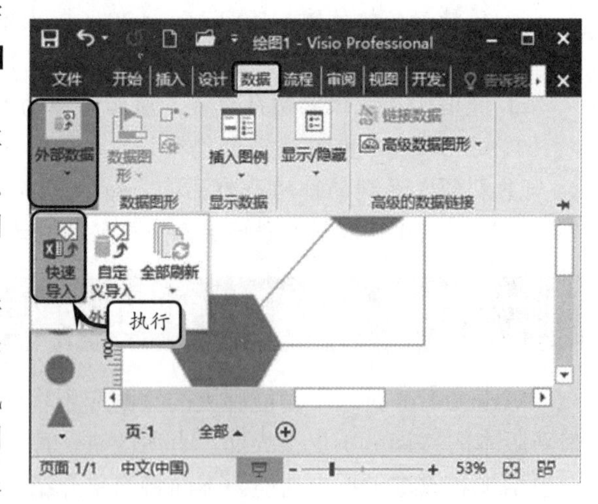

图 1-8 导入数据

另外，在 Visio 2016 专业版中，新增了信息权限管理（IRM）功能，以帮助用户防止泄漏敏感信息。用户只需执行【文件】|【信息】命令，在展开的列表中单击【保护图表】按钮，选择【限制访问】选项，便可以指定哪些用户可以查看，以及哪些用户可以更改该文件，如图 1-9 所示。

1.2.3 新增 Clippy 助手功能

在 Visio 2016 中，增加了 Clippy 的升级版 Tell Me。Tell Me 是全新的 Office 助手，可以帮助用户快速查找或搜索一些帮助。

正常情况下 Clippy 助手如传统搜索栏一样，被当成一项选项放置于界面选项卡栏中。当用户将光标移至其上方时，系统会以高亮样式进行显示，如图 1-10 所示。

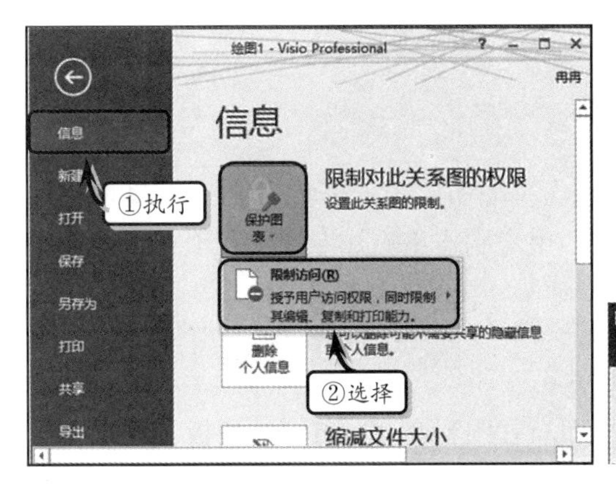

图 1-9 设置访问权限

图 1-10 显示 **Clippy** 助手

而当用户单击“告诉我您想要做什么”文本时，系统将会自动弹出【试用】列表，帮助用户选择相应的搜索内容。例如，插入CAD形状、添加背景等，如图1-11所示。

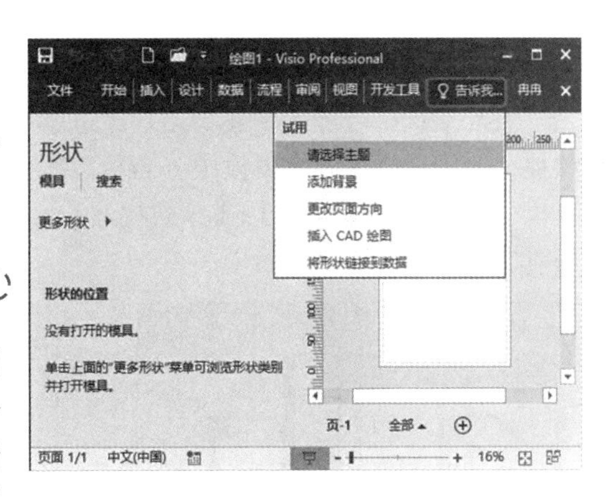

图 1-11 搜索内容

1.2.4 新增初学者图功能

Visio 2016为用户提供了初学者图，用户没必要从创建空白画布开始来一个一个地创建各个形状，只需要执行【文件】|【新建】命令，选择相应的模板类型和初学者图即可。而新增的初学者图包括审计图、基本流程图、基本网络图、甘特图等15种模板。

例如，执行【文件】|【新建】命令，在展开的列表中选择【基本流程图】选项，如图1-12所示。

然后，在弹出的创建对话框中，选择【垂直流程图】选项，单击【创建】按钮即可，如图1-13所示。

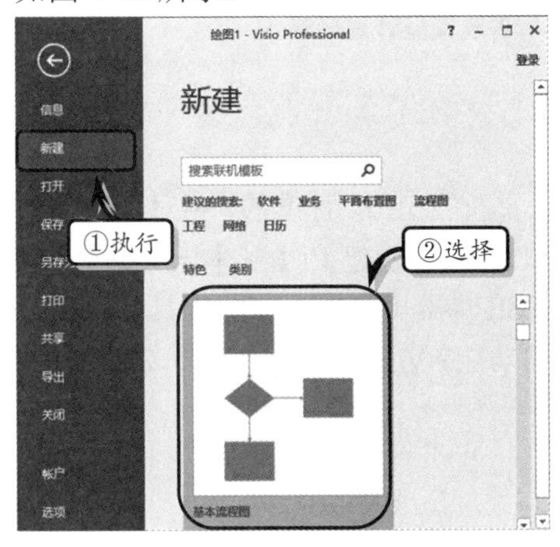

图 1-12 选择模板类型

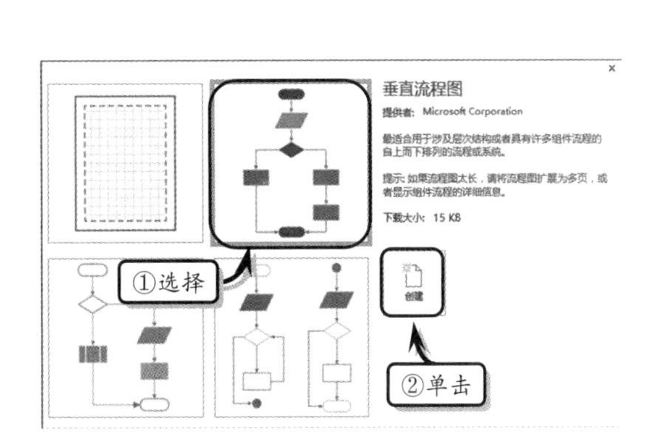

图 1-13 选择具体模板

1.2.5 改进的多种图形形状

Visio 2016 专业版中更新了办公室布局形状、平面布置图形形状、IEEE 标准电气图形状，以及现代家庭计划形状等形状，从而帮助用户制作出更加专业化和现代化的各类图形图表。

1. 改进的平面布置图形状

在 Visio 中，执行【文件】|【新建】|【平面布置图】命令，打开该模板。在该模板中的【形状】窗格中，用户会发现新版本中该模板中的形状有别于旧版本中的形状。Visio 2013 和 Visio 2016 版本中该类形状的对比图，如图 1-14 所示。

2. 改进的现代家庭计划形状

Visio 2016 专业版中还为用户改进了用于设计厨房和浴室的家庭计划形状。该类形状被存储于家具规划类模板中。当用户需要使用这些具有现代设计理念的形状时，则需要执行【文件】|【新建】|【家居规划】命令。Visio 2013 和 Visio 2016 版本中该类形状的对比图，如图 1-15 所示。

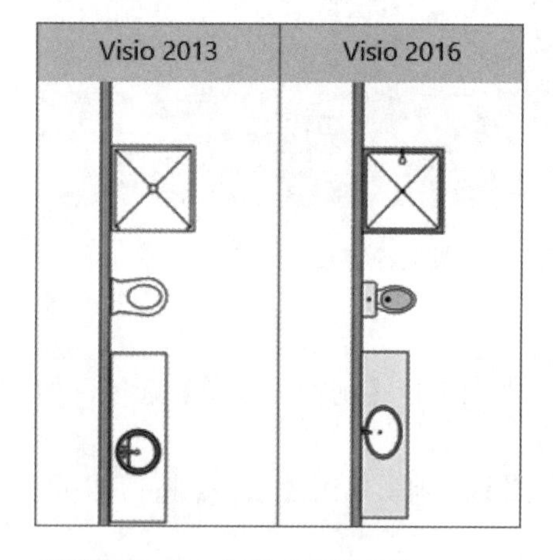

图 1-14 屏幕布置图形状

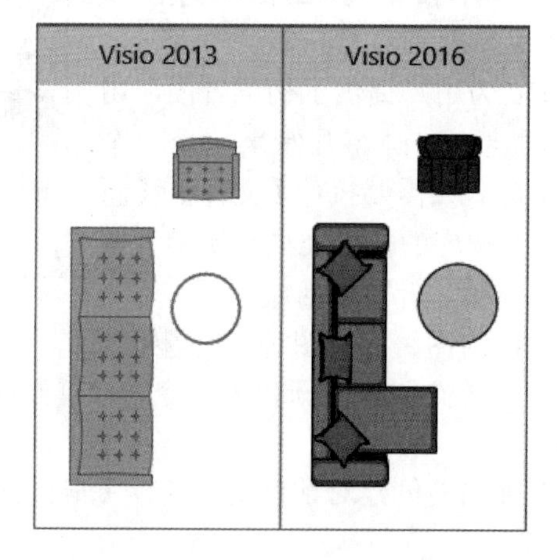

图 1-15 现代家庭计划形状

3. 改进的 IEEE 标准电气图形状

在 Visio 2016 专业版中，电气基本模板中的形状是符合 IEEE 标准的，相对于旧版本中该类型的形状则更具有可读性。用户只需执行【文件】|【新建】|【基本电气】命令，即可查看最新版的 IEEE 标准电气图形状。改进的 IEEE 标准电气图形状除了具有自动连接形状顶端的功能之外，还具有自动添加形状编号的功能。Visio 2013 和 Visio 2016 版本中该类形状的对比图，如图 1-16 所示。

4. 改进的办公室布局形状

新版 Visio 改进了办公室布局模板，开发人员重新设计了相关的办公室布局形状，

促使该模板中的形状相对于旧版本中的形状更加具有现代化气息。用户可通过执行【文件】|【新建】|【办公室布局】命令，来查看最新的办公室布局形状。Visio 2013 和 Visio 2016 版本中该类形状的对比图，如图 1-17 所示。

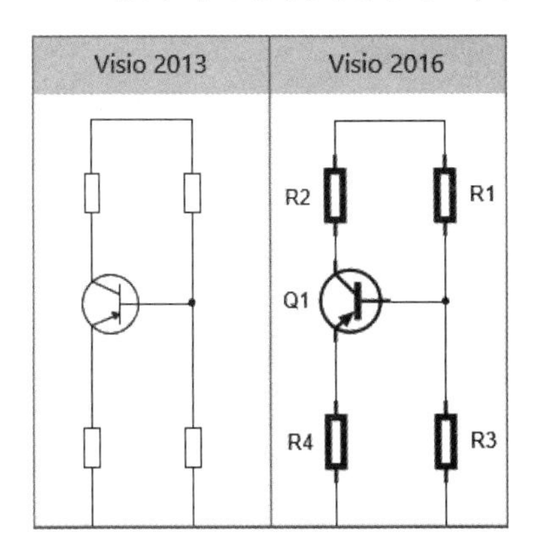

图 1-16 IEEE 标准电气图形状

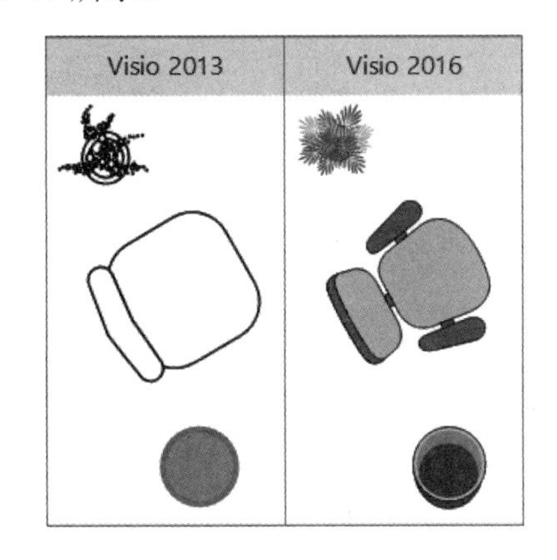

图 1-17 办公室布局形状

1.3 认识 Visio 2016 界面

安装完 Visio 2016 之后，首先需要认识一下 Visio 2016 的工作界面。Visio 2016 与 Word 2016、Excel 2016 等常用 Office 组件的窗口界面大体相同。相对于旧版本的 Visio 窗口界面而言，更具有美观性与实用性，如图 1-18 所示。

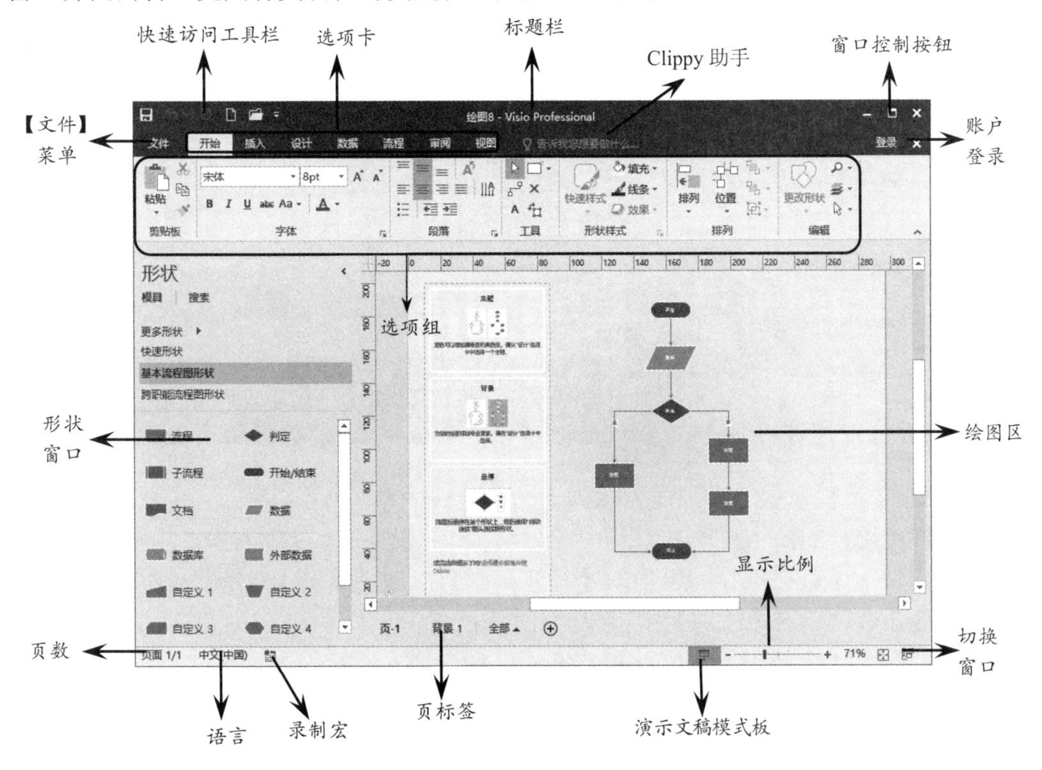

图 1-18 Visio 2016 工作界面

1.3.1 快速访问工具栏

快速访问工具栏是一个包含一组独立命令的自定义的工具栏，用户不仅可以向快速访问工具栏中添加表示命令的按钮，还可以从两个可能的位置之一移动快速访问工具栏。

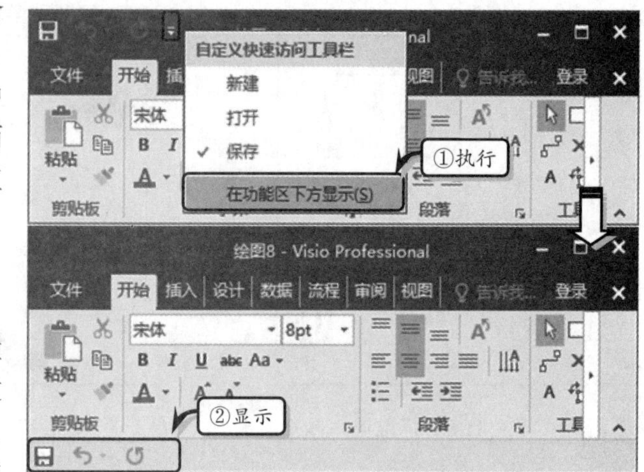

图 1-19 设置显示位置

1. 设置显示位置

Visio 2016 为用户提供了放置多项常用命令的快速工具栏，通过启用快速工具栏右侧的下拉按钮，可以将快速工具栏的位置调整为在功能区的下方，或在功能区的上方显示，如图 1-19 所示。

2. 添加其他命令

默认状态下快速工具栏中只显示【保存】、【撤销】与【恢复】三种命令，用户可通过启用快速工具栏右侧的下拉按钮，在列表中选择相应命令的方法，为工具栏添加其他命令，如图 1-20 所示。

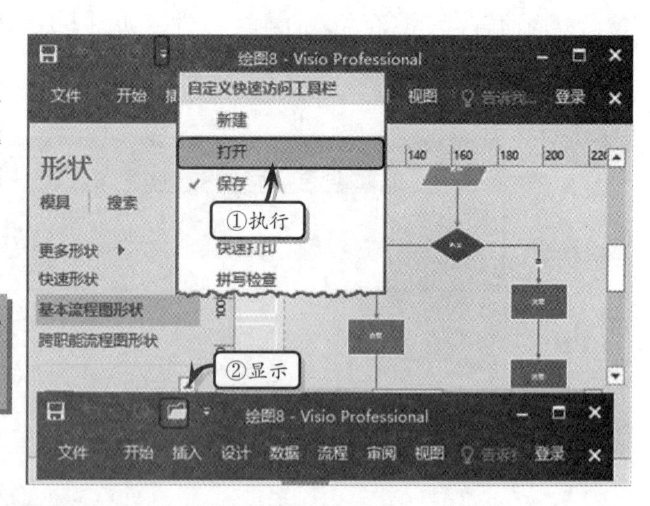

图 1-20 添加其他命令

注 意

右击快速访问工具栏中的命令图标，执行【从快速访问工具栏删除】命令，即可删除该命令。

3. 自定义快速访问工具栏

当快速工具栏下拉列表中的命令无法满足用户的操作需求时，用户可启用快速工具栏下拉列表中的【其他命令】命令，弹出【Visio 选项】对话框。选择相应的命令，单击【添加】按钮即可，如图 1-21 所示。

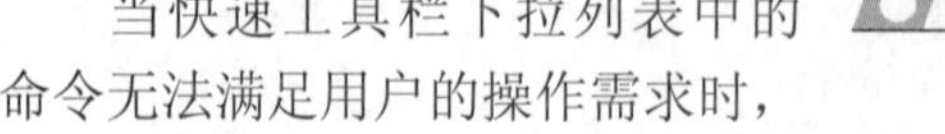

注 意

右击快速访问工具栏，执行【自定义快速访问工具栏】命令，即可弹出【Excel 选项】对话框。

1.3.2 功能区

Visio 2016 中的功能区取代了老版本中的菜单命令，并根据老版本菜单命令的功能划分为【开始】、【插入】、【设计】、【数据】、【进程】、【审阅】和【视图】等选项卡，而每种选项卡下面又根据具体命令划分了多种选项组。

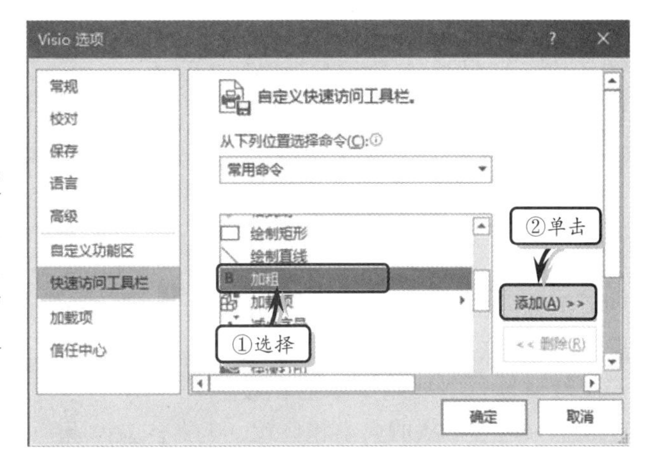

图 1-21 自定义快速访问工具栏

1. 隐藏功能区

在 Visio 2016 中，用户可通过双击选项卡名称的方法，来打开或隐藏功能区。另外，右击选项卡区，执行【折叠功能区】命令，即可隐藏功能区，如图 1-22 所示。

> **注 意**
>
> 折叠功能区之后，用户右击选项卡区，再次执行【折叠功能区】命令，即可显示功能区。

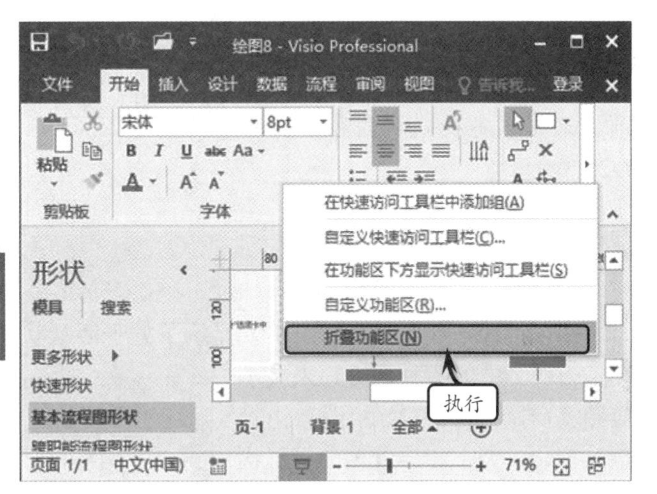

图 1-22 隐藏功能区

2. 使用快捷键

用户还可以在打开 Visio 2016 的窗口中，按下 Alt 键，打开功能区快捷键。根据相应的快捷键执行选项卡命令，并在选项组中执行对应命令的快捷键，如图 1-23 所示。

> **注 意**
>
> 在默认情况下，或在没有启动输入法的状态下，用户可以通过按下“/”键来显示功能区的快捷键。

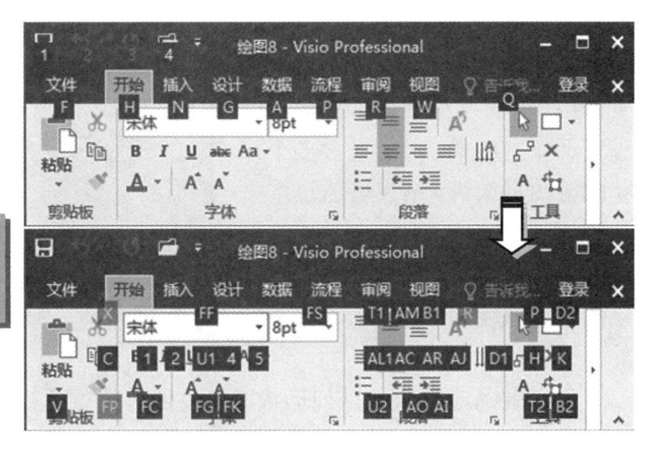

图 1-23 显示快捷键

3. 使用对话框启动器

选项组中所列出的命令都是一些最常用的命令，用户可通过启用选项组中的【对话框启动器】按钮，在打开的相应对话框中执行更多的同类型命令。

例如，单击【开始】选项卡【字体】选项中的【对话框启动器】按钮，便可以打开【文本】对话框，如图 1-24 所示。

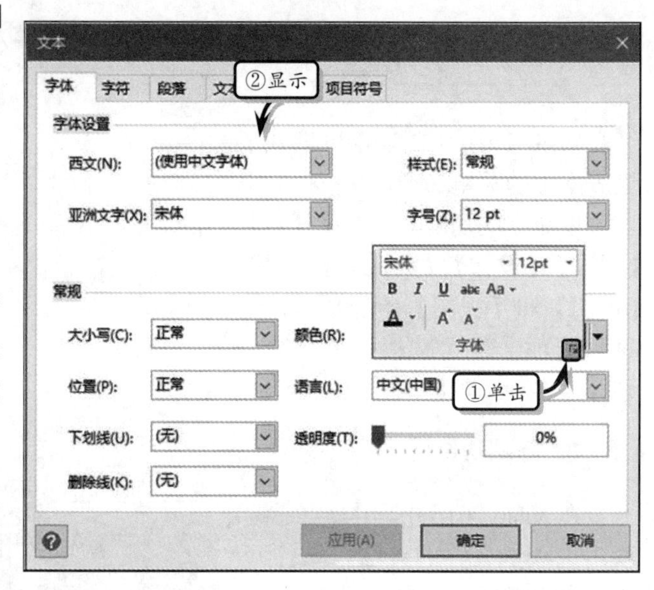

图 1-24 使用对话框启动器

1.3.3 任务窗格

任务窗格是用来显示系统所需隐藏的任务命令，该窗格一般处于隐藏位置，主要用于专业化设置，例如，设置形状的大小和位置、形状数据、平铺和扫视等。

在 Visio 2016 中，用户可通过执行【视图】|【显示】|【任务窗格】命令，在其列表中选择相应选项，来显示各种隐藏命令，如图 1-25 所示。

1.3.4 绘图区

绘图区位于窗口的中间，主要显示了处于活动状态的绘图元素，用户可通过执行【视图】选项卡中的各种命令，来显示绘图窗口、形状窗口、绘图自由管理器窗口、大小和位置窗口、形状数据窗口等窗口。

1. 绘图窗口

绘图窗口主要用来显示绘图页，用户可通过绘图页添加形状或设置形状的格式。对于包含多个形状的绘图页来讲，用户可通过水平或垂直滚动条来查看绘图页的不同区域。另外，用户可以通过选择绘图窗口底端的标签，来查看不同的绘图页。

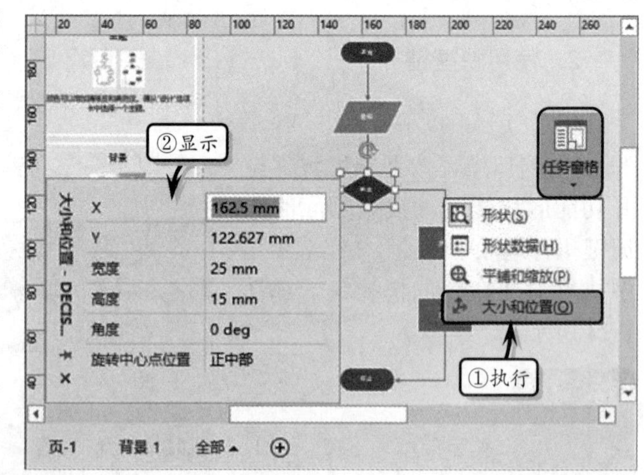

图 1-25 任务窗格

为了准确地定位与排列形状，可以通过执行【视图】|【显示】|【网格】命令或执行【视图】|【显示】|【标尺】命令，来显示网格和标尺，如图 1-26 所示。

其中，标尺显示的单位会根据绘图类型与使用的比例尺度而改变，当用户使用框图时，标尺将以“英寸”为基本度量值，当用户使用“场所”时，标尺将以“英尺”为基

本度量值。通过执行【设计】|【页面设置】|【对话框启动器】命令，在弹出的【页面设置】对话框中，激活【页属性】选项卡，在【度量单位】下拉列表中选择相应的单位即可，如图 1-27 所示。

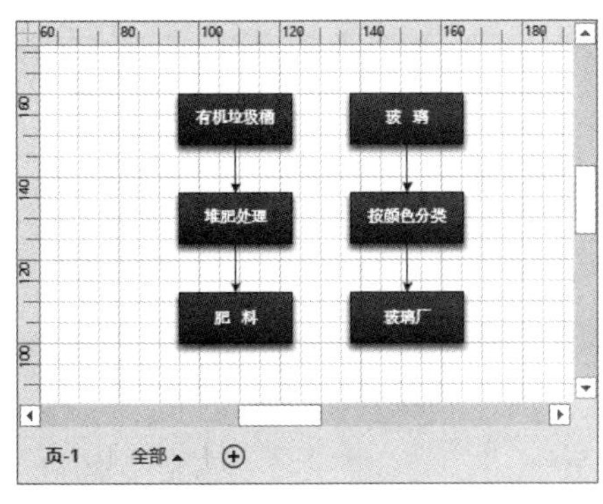

（a）显示标尺与网格

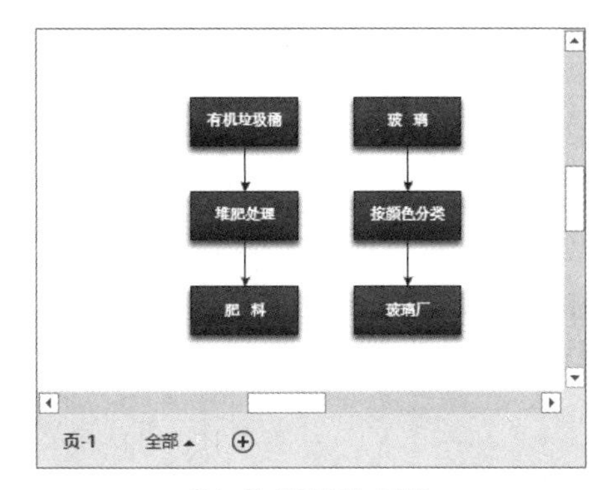

（b）隐藏标尺与网格

图 1-26 标尺与网格

2. 形状窗口

【形状】窗口中包含多个模具，用户可通过拖动模具中的形状到绘图上的方法，来绘制各类图表与模型。用户可根据绘图需要，重新定位【形状】窗口或单个模具的显示位置。同时，也可以将单个模具以浮动的方式显示在屏幕上的任意位置，如图 1-28 所示。

另外，用户还可以对【形状】窗口进行以下设置。

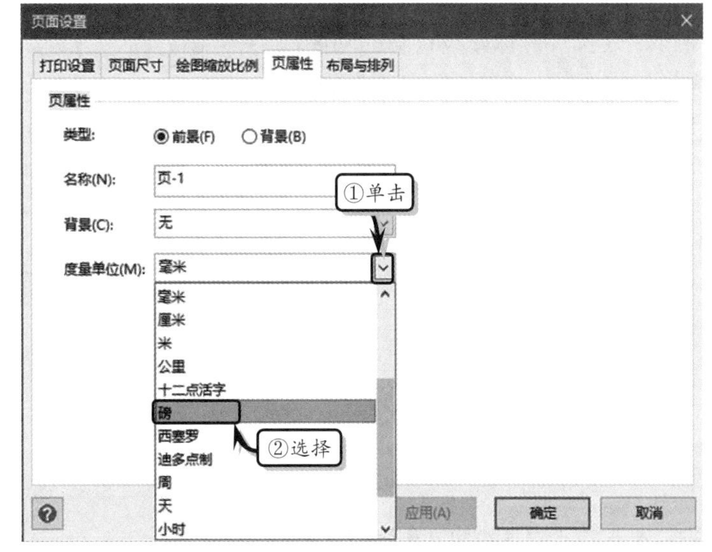

图 1-27 更改标尺显示单位

- ❑ **添加模具** 可以通过单击【更多形状】按钮，在列表中选择相应选项的方法，为【形状】窗口添加模具。
- ❑ **显示快速形状** 可以通过单击【快速形状】按钮，来显示当前页面中所有模具中的形状。
- ❑ **添加搜索选项** 可以通过激活【搜索】选项卡，在【搜索形状】文本框中输入形状名称，单击【搜索】按钮即可显示搜索内容。
- ❑ **设置窗口大小** 直接拖动【形状】与【绘图】窗口间的垂直分隔条即可。
- ❑ **设置显示信息** 右击【形状】窗口的标题栏，在快捷菜单中选择相应的选项，即可更改显示在【形状】窗口中的信息。

3. 大小和位置窗口

在设置含有比例缩放的绘图时，【大小和位置】窗口将是制作绘图的必备工具。用户可通过执行【视图】|【显示】|【任务窗格】|【大小和位置】命令，显示或隐藏【大小和位置】窗口。在该窗口中，用户可以根据图表要求来设置或编辑形状的位置、维度或旋转形状。而【大小和位置】窗口中所显示的内容，会根据形状的改变而改变，如图 1-29 所示。

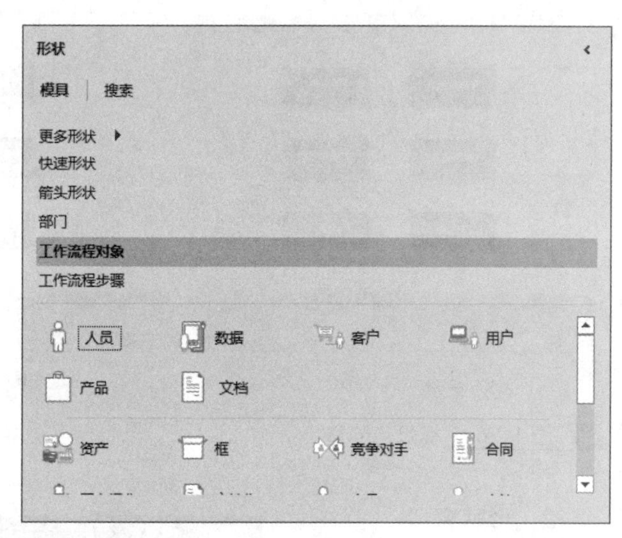

图 1-28 【形状】窗口

4. 绘图资源管理器窗口

用户可通过执行【开发工具】|【显示/隐藏】|【绘图资源管理器】命令，来显示或隐藏【绘图资源管理器】窗口。该窗口具有分级查看的功能，可以用来查找、增加、删除或编辑绘图中的页面、图层、形状、形状范本、样式等组件，如图 1-30 所示。

大小和位置 - 流程

X	102.5 mm
Y	127.5 mm
宽度	25 mm
高度	15 mm
角度	0 deg
旋转中心点位置	正中部

（a）基本流程图模具形状

大小和位置 - 主管...

起点 X	132 mm
起点 Y	204 mm
终点 X	162 mm
终点 Y	174 mm
长度	42.4264 mm
角度	-45 deg
高度	-30 mm

（b）管道模具形状

图 1-29 【大小和位置】窗口

5. 形状数据窗口

用户可通过右击形状，执行【数据】|【显示/隐藏】|【形状数据窗口】命令，来显示或隐藏【形状数据】窗口。该窗口主要用来修改形状数据，其具体内容会根据形状的改变而改变，如图 1-31 所示。

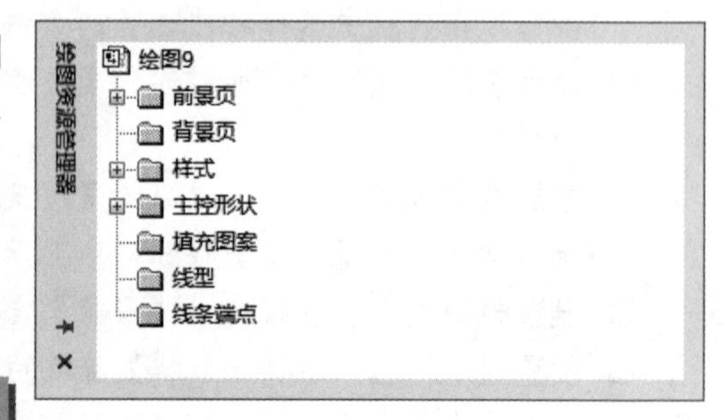

图 1-30 【绘图资源管理器】窗口

提 示

用户可以直接单击窗口中的【关闭】按钮，来关闭各种窗口。

1.4 Visio 2016 窗口操作

Visio 2016 提供了多窗口模式，允许用户使用两个甚至更多的 Visio 窗口，达到同时在不同位置工作的目的，从而提高用户的工作效率。另外，用户还可以通过改变多窗口显示方式的方法，来查看所有窗口中的内容。

形状数据 - 门	
门宽	900 mm
门高	2100 mm
门类型	单悬门
门在墙壁内的偏移	居中
门开启百分比	50
门编号	
防火等级	
基本标高	

图 1-31 【形状数据】窗口

1.4.1 新建窗口

新建窗口的作用是为 Visio 创建一个与源窗口完全相同的窗口，以便用户对相同的图表进行编辑操作。

在 Visio 2016 中，执行【视图】|【窗口】|【新建窗口】命令，系统会自动创建一个与源文件相同的文档窗口，并以源文件名称加数字 2 的形式进行命名，如图 1-32 所示。

提 示

新建的窗口与原来的窗口内容完全相同，只是窗口上的标题有所不同，依次以“文件名：1—Visio Professional”、“文件名：2— Visio Professional”……等来区分。

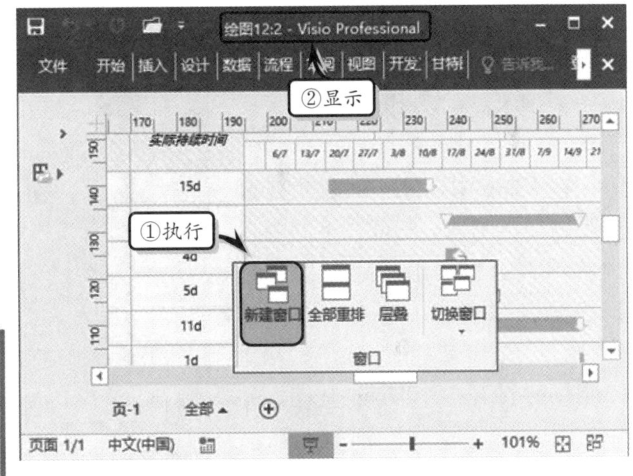

图 1-32 新建窗口

1.4.2 重排和层叠窗口

当用户新建窗口或同时打开多个 Visio 窗口时，为了可以同时查看所有的窗口内容，还需要重排和层叠窗口。

1. 重排窗口

默认情况下，Visio 只显示一个窗口。重排窗口，是堆叠打开的窗口以便可以同时查看所有的窗口，一般情况下系统会以水平方向并排排列窗口。

此时，同时打开两个窗口，执行【视图】|【窗口】|【全部重排】命令，并排查看两个文档窗口，如图 1-33 所示。

2. 层叠窗口

层叠窗口是查看在屏幕中重叠的所有打开的窗口，一般情况下系统会以上下显示的方式层叠窗口。为了使窗口适应阅读习惯，可以执行【视图】|【窗口】|【层叠】命令，

改变窗口的排列方式，如图 1-34 所示。

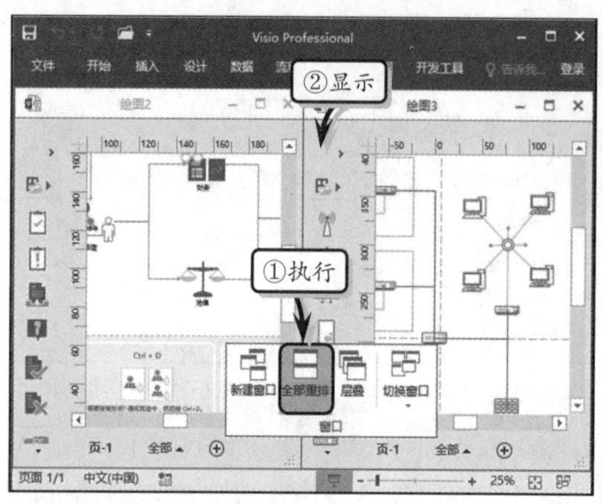

图 1-33　重排窗口

Visio Professional
文件
开始
插入
设计
数据
流程
审阅
登录
②显示
绘图2
绘图3
①执行
新建窗口
全部重排
层叠
切换窗口
窗口
页-1
全部
页面 1/1
中文(中国)
25%

图 1-34　层叠窗口

1.4.3　切换窗口

在 Visio 中，除了通过重排和层叠窗口的方法，来查看不同窗口内的图表之外，用户还可以通过切换窗口的方法，来查看不同的窗口。

同时打开多个 Visio 文档，并以普通方式显示一个窗口内容。然后，执行【视图】|【窗口】|【切换窗口】命令，在其级联菜单中选择相应的选项即可，如图 1-35 所示。

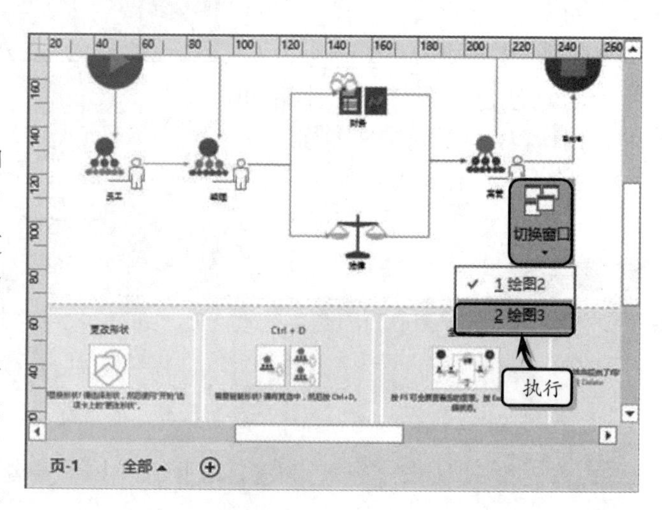

图 1-35　切换窗口

另外，为了便于操作，用户还可以将【切换窗口】命令添加到【快速访问工具栏】中，便于日常操作。在【窗口】选项组中，右击【切换窗口】命令，执行【添加到快速访问工具栏】命令，即可将该命令添加到【快速访问工具栏】中，如图 1-36 所示。

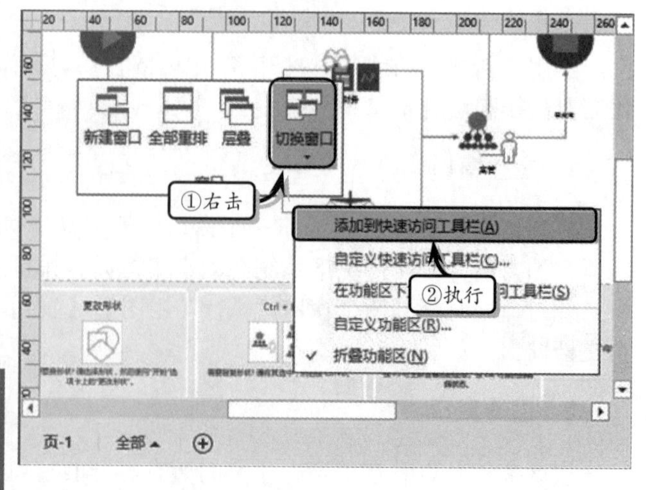

图 1-36　添加快速命令

提　示

将【切换窗口】命令添加到【快速访问工具栏】中之后，可右击该命令，执行【从快速访问工具栏删除】命令，删除该命令。

1.4.4 设置显示比例

Visio 2016 为用户提供了页宽、适应窗口大小和显示比例三种调整窗口显示比例的方法，便于用户根据图表的大小和内容，来调整窗口的显示比例。

1. 页宽

页宽是将窗口缩放到使页面与窗口同宽的地步，方便用户详细查看图表的具体内容。用户只需执行【视图】|【显示比例】|【页宽】命令，即可显示该显示样式，如图 1-37 所示。

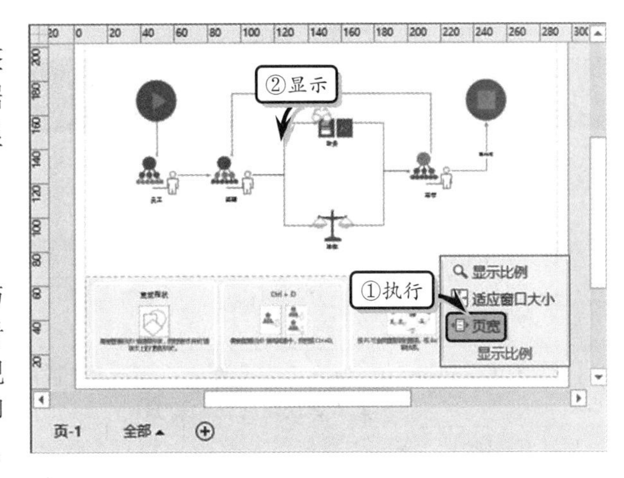

图 1-37 页宽比例

2. 适应窗口大小

适应窗口大小是将窗口缩放至使整个页面适合并填满窗口的状态，执行【视图】|【显示比例】|【适应窗口大小】命令即可，如图 1-38 所示。

注 意

用户也可以单击状态栏右侧的【调整页面以适合当前窗口】按钮，来设置适应窗口大小的显示比例状态。

3. 缩放比例

Visio 为用户提供了自定义缩放比例的功能，以帮助用户查看具体的图表。

一般情况下，用户执行【视图】|【显示比例】|【显示比例】命令，或单击状态栏中的【缩放级别】按钮，在弹出的【缩放】对话框中，设置缩放比例，并单击【确定】按钮，如图 1-39 所示。

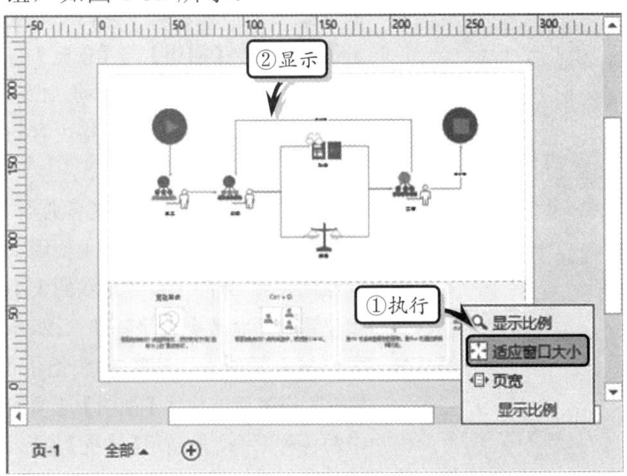

图 1-38 适应窗口大小

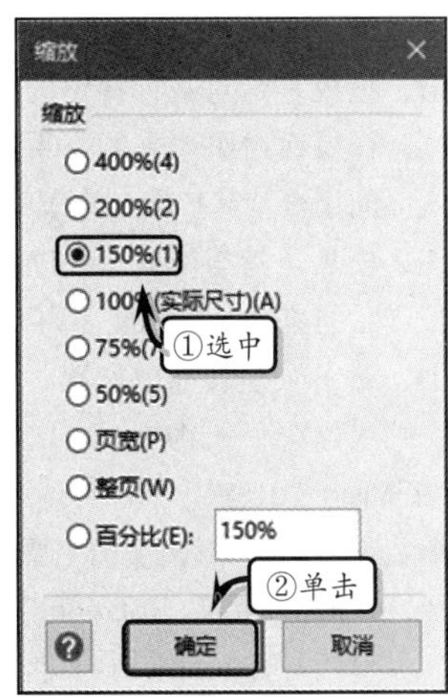

图 1-39 【缩放】对话框

提 示

用户还可以使用键盘+鼠标的方式来自定义缩放比例。即按住 Ctrl 键的同时滚动鼠标上方的滚动轮即可缩放窗口。

思考与练习

一、填空题

1. Microsoft Office Visio 2016 可以帮助用户轻松地可视化、分析与交流复杂的信息。一般情况下，主要包含标准版、_______、_______版本。

2. Office Visio 2016 是利用强大的_______、_______与_______等元素，来实现各种图表与模具的绘制功能。

3. 在 Visio 2016 中，形状与形状之间需要利用线条来连接，该线条被称作_______。

4. _________是用来显示系统所需隐藏的任务命令，该窗格一般处于隐藏位置，主要用于专业化设置。

5. 绘图窗口主要用来显示_______，用户可通过_______添加形状或设置形状的格式。

二、选择题

1. 下列说法中，对模具和模板描述错误的为_______。

A. 模板是一组模具和绘图页的设置信息，是一种专用类型的 Visio 绘图文件

B. 模板是针对某种特定的绘图任务或样板而组织起来的一系列主控图形的集合，其扩展名为 VST

C. 模具是指与模板相关联的图件或形状的集合，其扩展名为 VSS

D. 每一个模具都由设置、模板、样式或特殊命令组成

2. 在 Visio 2016 中，用户可以通过手柄来定位、伸缩及连接形状。形状手柄主要包括_____。

A. Selection 手柄、Rotation 手柄、Control 手柄与 Eccentricity 手柄

B. 控制手柄、调节手柄、收缩手柄与移动手柄

C. Selection 手柄、调节手柄与 Eccentricity 手柄

D. 控制手柄、调节手柄、Rotation 手柄与 Control 手柄

3. 下列描述中，不属于 Visio 2016 新增功能的为_______。

A. 小组共同协作

B. 新增数据和信息管理功能

C. 新增初学者图功能

D. 改进的多种图形形状

4. 下列描述中，对【快速访问工具栏】描述错误的为_______。

A. 快速访问工具栏是一个包含一组独立命令的自定义的工具栏

B. 通过启用快速工具栏右侧的下拉按钮，可以将快速工具栏的位置调整为在功能区的下方，或在功能区的上方显示

C. 右击快速访问工具栏中的命令图标，执行【从快速访问工具栏删除】命令，即可删除该命令

D. 默认状态下快速访问工具栏中只显示【保存】、【撤销】与【恢复】三种命令，用户不可以为其添加命令

5. 下列各项描述中，符合任务窗格内容的一项为_______。

A. 用来显示系统所需隐藏的任务命令，该窗格一般处于隐藏位置，主要用于专业化设置，例如，设置形状的大小和位置、形状数据、平铺和扫视等

B. 主要显示了处于活动状态的绘图元素，用户可通过执行【视图】选项卡中的各种命令，来显示【绘图】窗口、【形状】窗口、【绘图自由管理器】窗口、【大小和位置】窗口、【形状

数据】窗口等窗口

C. 是一个包含一组独立命令的自定义的工具栏

D. 是一组用来显示各项命令的版块，主要用于专业化图形的设计

三、问答题

1. 简述最小化功能区的操作方法。
2. 绘图区一般具有哪些功能？
3. 如何自定义快速访问工具栏？

四、上机练习

1. 自定义快速访问工具栏

在本练习中将利用Visio 2016中新增的快速访问工具栏功能，来自定义快速访问工具栏中的命令，如图1-40所示。首先，单击快速访问工具栏右侧的下拉按钮，在其下拉列表中执行【其他命令】命令，弹出【Visio选项】对话框。然后，将【从下列位置选择命令】选项设置为【不在功能区中的命令】，并在列表中选择【保护文档】选项。最后，单击【添加】按钮，即可将该命令添加到快速访问工具栏中。关闭【Visio选项】对话框，即可在快速访问工具栏中显示该命令。

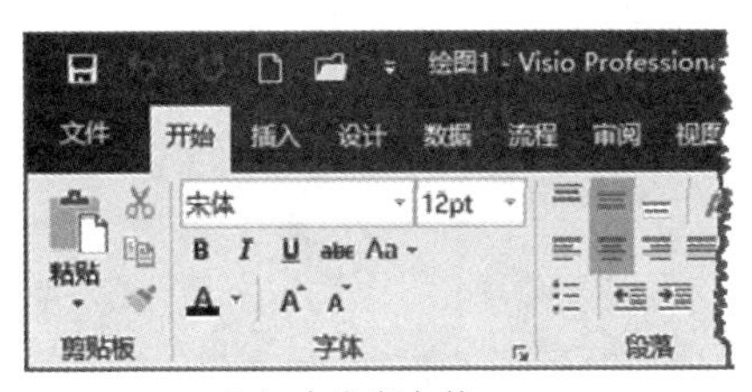

（a）自定义之前

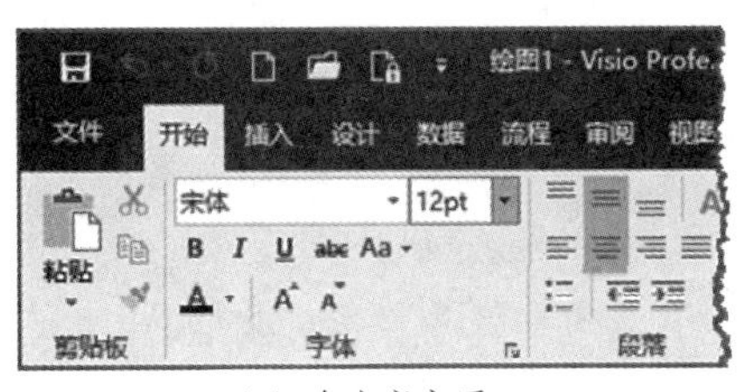

（b）自定义之后

图1-40 自定义快速访问工具栏

2. 隐藏/显示功能区

本练习将利用Visio 2016中的新增功能区面板，来设置功能区的显示与隐藏状态，如图1-41所示。首先，右击快速访问工具栏，执行【折叠功能区】命令，隐藏功能区。然后，再次右击快速访问工具栏，执行【折叠功能区】命令，取消【折叠功能区】前面的对勾，即可显示功能区。

（a）隐藏功能区

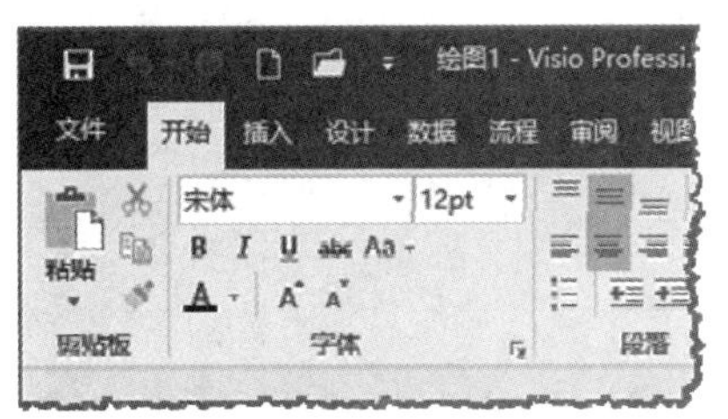

（b）显示功能区

图1-41 隐藏/显示功能区

第 2 章

Visio 2016 基础操作

本章主要介绍在 Visio 2016 中如何创建绘图文件、保存已创建的绘图文件、打开已有的绘图文件及保护、打印文件的操作方法与技巧。在 Visio 2016 中用户可以通过系统自带的模板快捷而简单地创建绘图文档，创建文档之后不仅可以保存模板文档，而且还可以以密码的形式保护绘图文档。同时，用户还可以通过专门的绘图窗口查看或编辑绘图页。通过本章的讲解，读者将熟练掌握 Visio 2016 的基础操作，并利用该软件迅速绘制出更加专业、美观的图表。

本章学习要点：

- 创建绘图文档
- 保存 Visio 文档
- 使用 Visio 文档
- 设置文档页面
- 设置文档属性

2.1 创建绘图文档

在 Visio 2016 中，除了可以创建空白和各种类型的模板绘图文档之外，还可以根据本地计算机中的现有绘图文档，创建自定义模板绘图文档。

2.1.1 创建空白绘图文档

空白绘图文档是一种不包含任何模具和模板、不包含绘图比例的绘图文档，适用于需要进行灵活创建的图表。一般情况下，用户可通过下列两种方法来创建空白绘图文档。

1. 直接创建

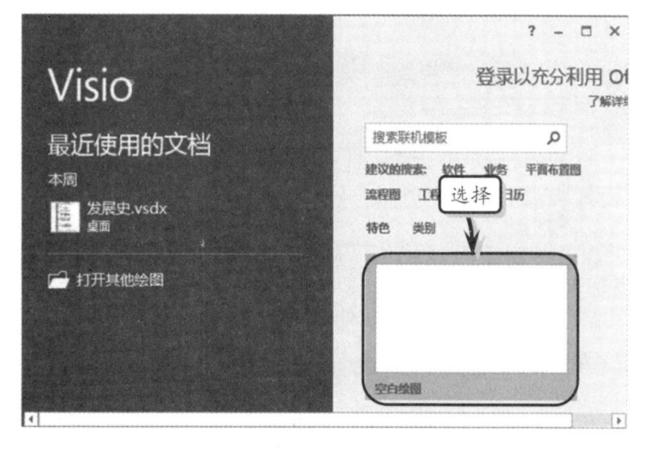

图 2-1 选择空白模板

启动 Visio 2016，系统会自动弹出【新建】页面。在该页面中，系统为用户提供了最近使用的模板文档和空白文档，此时选择【空白绘图】选项，如图 2-1 所示。

然后，在弹出的页面中，选择空白绘图文档的单位类型，单击【创建】按钮，创建一个空白绘图文档，如图 2-2 所示。

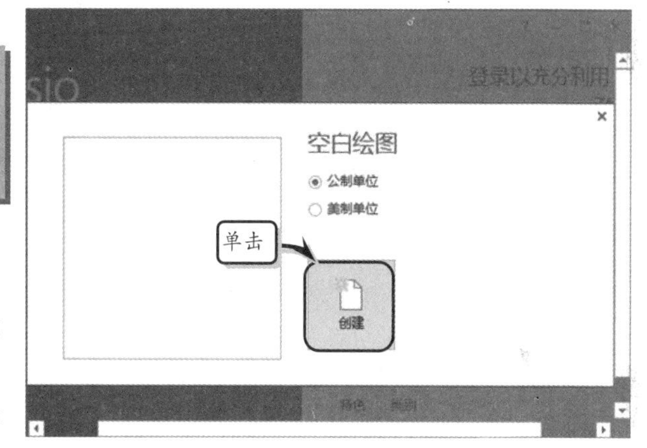

图 2-2 创建空白绘图文档

提　示

对话框右上角的用户信息，只有在用户注册 Office 网站用户，并登录该用户时才可以显示。另外，用户可以单击【切换用户】链接，切换登录用户。

2. 菜单命令创建

如果用户已经进入到 Visio 2016 中，则需要执行【文件】|【新建】命令，在展开的【新建】页面中选择【空白绘图】选项，即可创建空白绘图文档，如图 2-3 所示。

提　示

按 Ctrl+N 键，也可创建空白的绘图文档。

3. 快捷命令法

用户也可以通过【快速访问工具栏】中的【新建】命令，来创建空白演示文稿。首先，单击【快速访问工具栏】右侧的下拉按钮，在其列表中选择【新建】选项，添加【新建】命令按钮。然后，单击【快速访问工具栏】中的【新建】按钮，即可创建空白演示文稿，如图 2-4 所示。

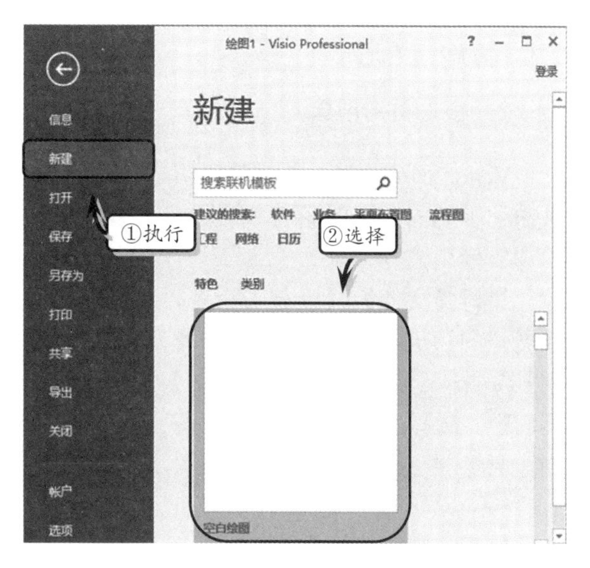

图 2-3 命令法创建

2.1.2 创建模板绘图文档

Visio 2016 中的模板包含常规、地图和平面布置图、工程、流程图、日程安排图等模板类型。用户可通过下列 4 种方法，来创建模板绘图文档。

1. 创建默认模板

启动 Visio 2016 组件，或执行【文件】|【新建】命令，此时系统会自动显示【新建】页面中的【特色】列表。在该列表中，选择所需创建的模板文档，如图 2-5 所示。

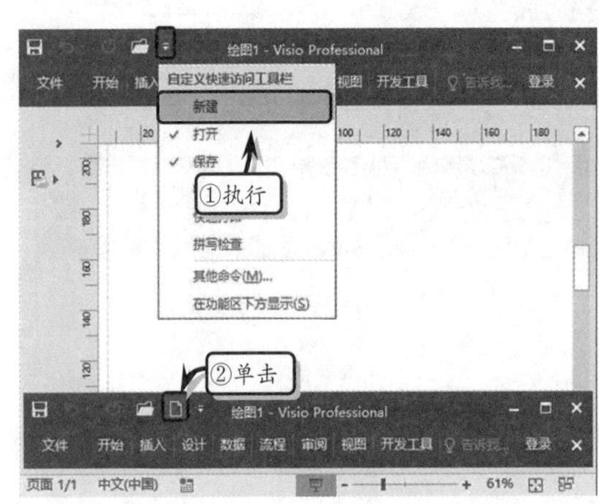

图 2-4 快捷命令法

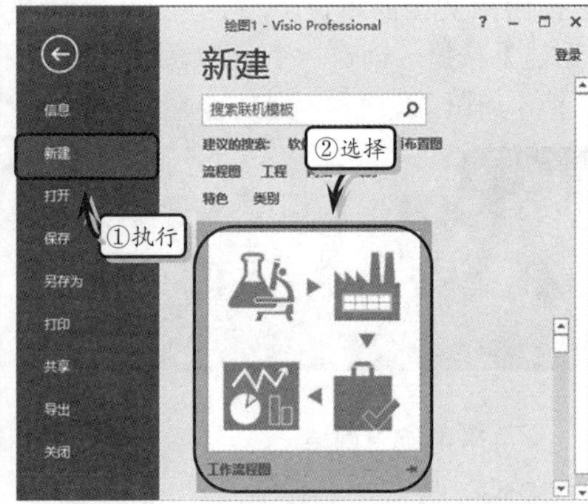

图 2-5 选择模板类型

然后，在弹出的创建页面中，选择相应的模板类型，单击【创建】按钮，即可创建该类型的模板绘图文档，如图 2-6 所示。

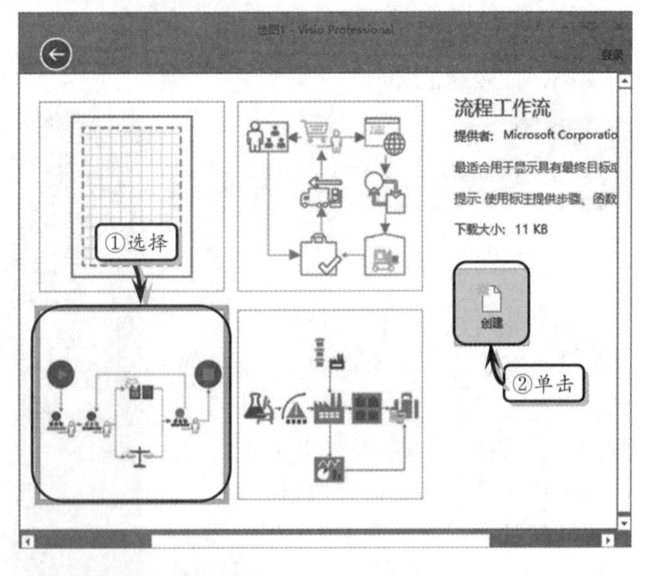

图 2-6 选择模板

2. 根据类别创建

Visio 2016 根据图表用途和领域归纳了相同类别的图表，以供用户选择使用。

执行【文件】|【新建】命令，在展开的【新建】页面中，选择【类别】选项。然后，在展开的【类别】列表中，选择【商务】选项，准备创建商务类型模板绘图文档，如图 2-7 所示。

然后，在展开的【商务】页面中，选择相应的模板文档，并单击【创建】按钮，创建模板文档，如图 2-8 所示。

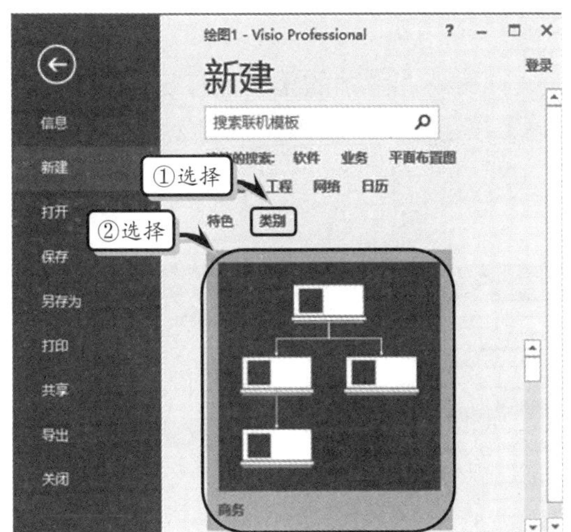

图 2-7 选择模板类别

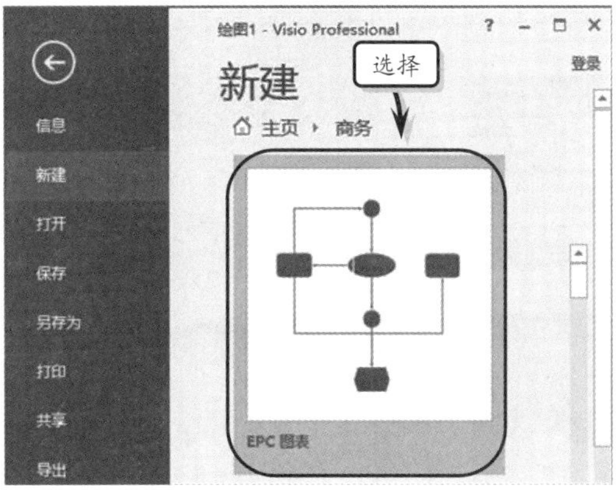

图 2-8 选择模板

技 巧

在【商务】页面中，选择【主页】选项，即可返回到【新建】页面中。

3. 根据搜索结果创建

当用户不熟悉模板类别的具体归类时，可以使用搜索功能，快速准确地查找模板样式。

执行【文件】|【新建】命令，在展开的【新建】页面中的【建议搜索】列表中，选择相应的搜索类型，即可新建该类型的相关模板文档。例如，选择【软件】选项，然后，在弹出的【软件】页面中，将显示联机搜索到的所有有关"软件"类型的模板样式。用户只需在列表中选择模板样式即可，如图 2-9 所示。

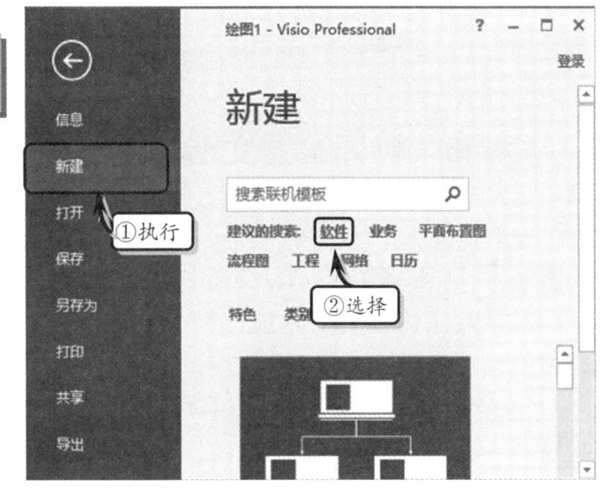

图 2-9 选择模板类型

另外，在【新建】页面中的【搜索】文本框中，输入需要搜索的模板类型。例如，输入"流程"文本。然后，单击【搜索】按钮，也可创建搜索后的模板文档，如图 2-10 所示。

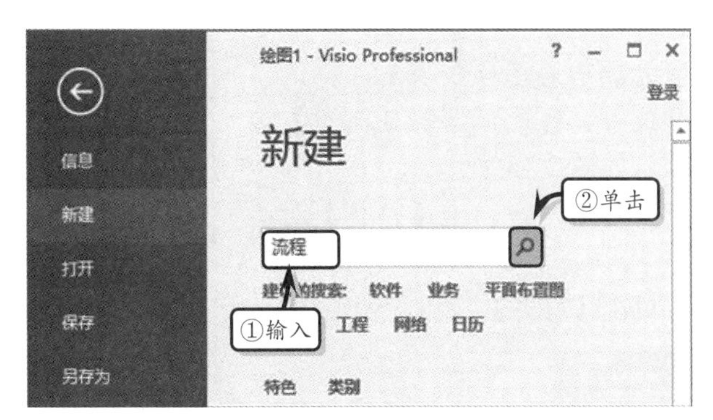

图 2-10 搜索模板

4. 根据现有内容创建

执行【文件】|【新建】命令，在【新建】页面中选择【类别】选项。在展开的【类别】页面中，选择【根

据现有内容新建】选项，如图 2-11 所示。

然后，在展开的页面中单击【创建】按钮。同时，在弹出的【在现有绘图的基础上新建】对话框中，选择 Visio 文件，单击【新建】按钮即可，如图 2-12 所示。

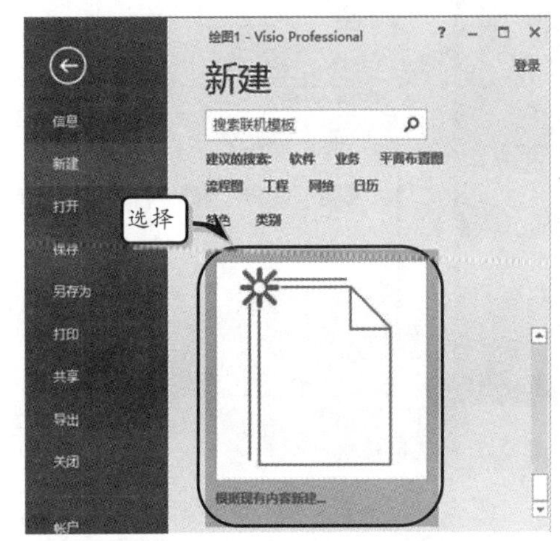

图 2-11 根据现有内容创建

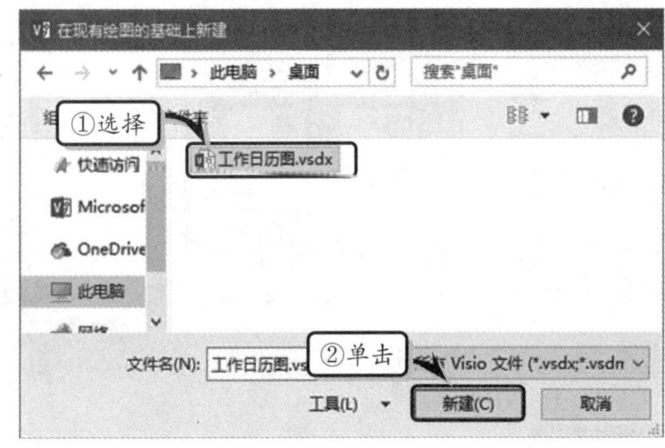

图 2-12 选择模板

2.1.3 打开绘图文档

一般情况下，用户可以直接双击绘图文档，在不启动 Visio 组件的情况，直接打开绘图文档。另外，当用户启动 Visio 组件时，除了可以打开本地计算机中的绘图文档之外，还可以打开 OneDrive 或其他位置中的绘图文档。

1. 打开本机绘图文档

执行【文件】|【打开】命令，在展开的【打开】页面中，包含最近使用的绘图、OneDrive 和这台计算机等选项，表示不同的打开位置。在此，选择【浏览】选项，如图 2-13 所示。

图 2-13 选择打开位置

然后，在弹出【打开】对话框中，选择需要打开的 Visio 文档，并单击【打开】按钮，如图 2-14 所示。

技 巧

用户也可以通过单击【快速访问工具栏】中的【打开】按钮，或按下 Ctrl+O 快捷键的方法来打开【打开】对话框。

另外，用户还可以以只读或以副本的方式打开绘图文档。在【打开】对话框中，选择所要打开的文件。单击【打开】下拉按钮，在其下拉列表中选择【以副本方式打开】或【以只读方式打开】选项即可，如图 2-15 所示。

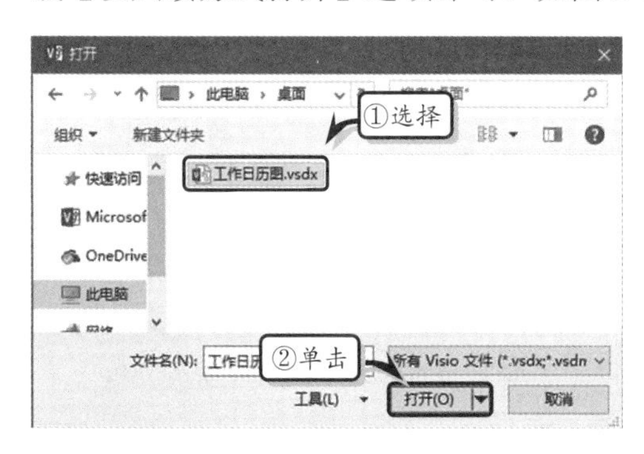

图 2-14　打开 Visio 文档

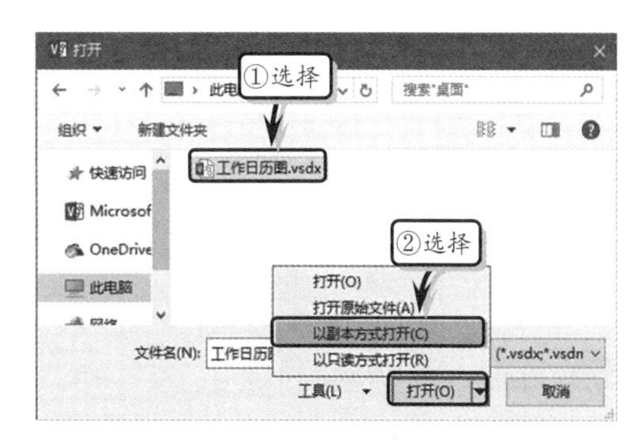

图 2-15　打开副本或只读方式的文档

提　示

以只读方式打开的文档，用户只能查看文档中的内容，无法保存对文档的更改。

2. 打开 OneDrive 中的绘图文档

Visio 2016 为用户提供了 OneDrive 位置的功能，执行【文件】|【打开】命令，在【打开】列表中选择【OneDrive-个人】选项，并单击【OneDrive-个人】按钮，如图 2-16 所示。

提　示

在打开 OneDrive 位置中的绘图文档之前，还需要先注册一个 Microsoft 账号，然后在 Visio 中登录该账号，否则将无法连接到 OneDrive 中。当用户登录 Microsoft 账号时，系统将会自动在 OneDrive 前显示所登录的用户名。

图 2-16　选择打开位置

然后，在弹出的【打开】对话框中，选择网站中的绘图文档，单击【打开】按钮即可，如图 2-17 所示。

3. 打开其他位置中的绘图文档

Visio 2016 还为用户提供了【添加位置】功能，帮助用户打开 Office 365 SharePoint 或 OneDrive 中的绘图文档。

用户只需执行【文件】|【打开】命令，在【打开】列表中选择【添加位置】选项，在其列表中选择一种位置，输入注册邮箱地址即可，如图 2-18 所示。

图 2-17 选择打开文档

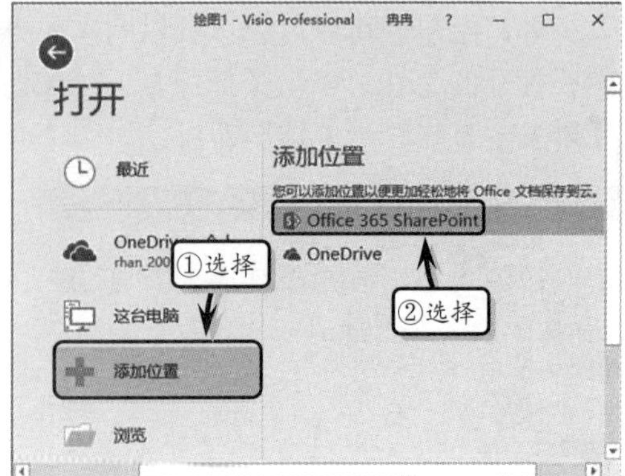

图 2-18 打开其他位置中的绘图文档

提 示

用户也可以在【打开】页面中，选择【最近使用的绘图】选项，在其列表中选择相应的绘图命令，即可打开最近所使用的绘图文档。

4. 打开其他类型的绘图文档

无论是打开本地计算机中的绘图文档，还是打开 OneDrive 中的绘图文档，都可以在【打开】对话框中，打开 Visio 组件所允许的任何一种文件类型。

在【打开】对话框中，单击【文件类型】下拉按钮，在弹出的下拉列表中选择相应的类型。然后选择需要打开的绘图文档，单击【打开】按钮即可，如图 2-19 所示。

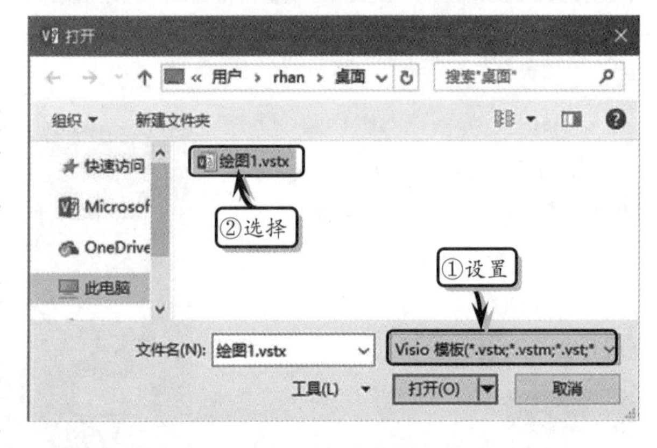

图 2-19 打开其他类型的文档

提 示

用户可以通过剪贴板来打开 Visio 2016 不支持的文件。首先，以其他文件格式打开不支持的文件，复制文件中的形状或图形到 Visio 2016 中即可。

2.2 保存和保护 Visio 文档

当用户创建 Visio 文档之后，为了防止因误操作或突发事件引起的数据丢失，可对文档进行保存操作。另外，为了保护文档中的重要数据，用户还可以设置密码保护及定期保存等文档保护设置。

2.2.1 保存 Visio 文档

对于从未保存过的绘图文档，可以执行【文件】|【另存为】命令，或单击【快速访

问工具栏】中的【保存】按钮。在展开的【另存为】页面中，单击【浏览】按钮，如图 2-20 所示。

提　示

用户也可以在【另存为】页面中，选择【这台电脑】选项，并在右侧的列表中选择具体保存位置。

然后，在弹出的【另存为】对话框中，设置保存位置、保存类型和文件名，并单击【保存】按钮，如图 2-21 所示。

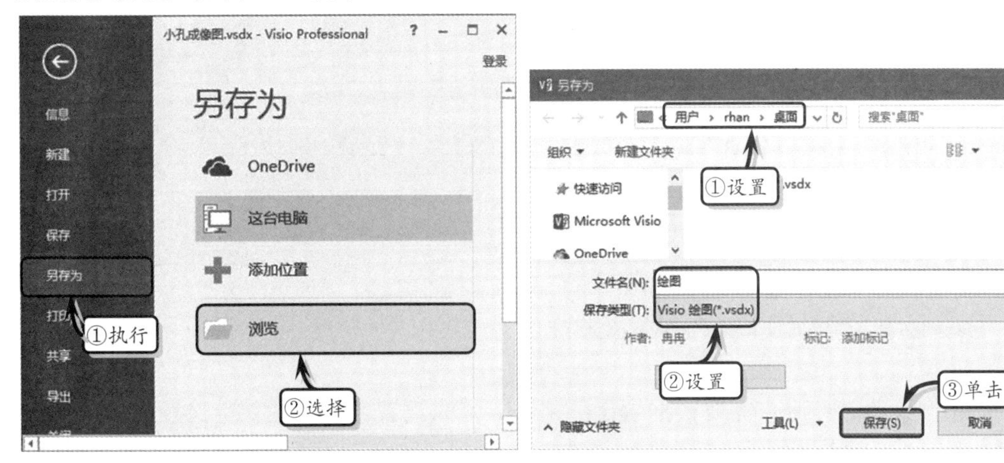

图 2-20　选择保存位置

图 2-21　保存绘图文档

技　巧

用户也可以通过 Ctrl+S 快捷键的方法，来快速保存绘图文档。

在【另存为】对话框中，单击【保存类型】下拉按钮，在其下拉列表中显示了 25 种保存类型，其具体情况如表 2-1 所示。

表 2-1　Visio 保存类型

类型	扩展名	说明
Visio 绘图	.vsdx	表示以当前的文件格式保存 Visio 文件
Visio 模板	.vstx	可将当前文件保存为模板，用于新的绘图
Visio 模具	.vssx	可将当前文件保存为包含主控形状的模具
Visio 启用宏的绘图	.vsdm	可将当前文件保存为启用宏功能的绘图文档
Visio 启用宏的模具	.vssm	可将当前文件保存为包含主控形状且具有启用宏功能的模具
Visio 启用宏的模板	.vstm	可将当前文件保存为具有宏功能的模板
Visio 2003-2010 绘图	.vsd	可将当前文件保存为 2003-2010 版式的绘图文件
Visio 2010 Web 绘图	.vdw	可将当前文件保存为 2010 Web 绘图的格式，即使没有安装 Visio，也可以在浏览器中打开
Visio 2003-2010 模具	.vss	可将当前文件保存为 2003-2010 版式的绘图模具
Visio 2003-2010 模板	.vst	可将当前文件保存为 2003-2010 版式的绘图模板
可缩放的向量图形	.svg	可将当前文件保存为支持 W3C2-D 形状标准的图形文件或压缩图形文件
可缩放的向量图形-已压缩	.svgz	
AutoCAD 绘图	.dwg	可将当前文件保存为 CAD 格式的图形文件
AutoCAD 交换格式	.dxf	

类型	扩展名	说明
Web 页	.htm 与.html	可将当前文件保存为网页格式的文件，便于在网站中发布
JPEG 文件交换格式	.jpg	可将当前文件保存为 jpg 格式的图片文件
PDF	.pdf	可将当前文件保存为 PDF 格式的文件
Tag 图像文件格式	.tif	可将当前文件保存为适用于打印出版的文件
Windows 图元文件	.wmf	可将当前文件保存为矢量格式图形文件
Windows 位图	.bmp 与.dib	可将当前文件保存为文本文件
XPS 文档	.xps	可将当前文件保存为 XPS 文档格式的文件
可移植网络图形	.png	可将当前文件保存为适用于 Web 浏览器的图形文件
图形交换格式	.gif	可将当前文件保存为适用于网站上的显示彩色图形的文件
压缩的增强型图元文件	.emz	可将当前文件保存为矢量格式和位图信息的文件
增强型图元文件	.emf	

2.2.2 使用自动保存功能

在制作绘图时，用户需要根据自己的工作习惯来设置 Visio 的保存选项，以便可以及时地保存工作数据。执行【文件】|【选项】命令，在弹出的【Visio 选项】对话框中，激活【保存】选项卡，设置相应的选项即可，如图 2-22 所示。

图 2-22 设置保存选项

在【保存】选项卡中，该选项卡中的各选项的功能如表 2-2 所示。

表 2-2 【保存/打开】选项

选项组	选项	功能
保存文档	将文件保存为此格式	用于设置文件的保存格式
	保存自动恢复信息时间间隔（分钟）	启用该复选框可以设置文件的自动保存功能，并可以设置文件的自动保存间隔时间
	第一次保存时提示保存文档属性	启用该复选框，系统将会在第一次保存文件时提示文件的保存属性
	打开或保存文件时不显示 Backstage	启用该复选框，表示在打开或保存文件时，系统将不再显示 Backstage
	显示其他保存位置（即使可能需要登录）	启用该复选框，表示在登录 Microsoft 账户时，将显示其他保存位置
	默认情况下保存在计算机	启用该复选框，表示将文件自动保存在计算机中
	默认个人模板位置	用户设置个人模板的具体位置
文档管理服务器文件的脱机编辑选项	将签出文件保存到	为了使其他人也可以看到文件的更改，需要将签出的文件保存在此计算机的服务器操作位置，或保存到 Office 文档缓存中
	服务器草稿位置	用于设置服务器草稿位置的具体路径，用户可通过单击【浏览】按钮来更改设置

2.2.3 保护 Visio 文档

为了防止 Visio 文档中的数据泄漏，用户可以通过 Visio 2016 提供的下列三种保护功能来保护 Visio 文档。

1. 保护文档

用户可以使用 Visio 2016 提供的文档保护设置，来保护绘图中的特殊元素。在使用文档保护设置之前，用户还需要添加【开发工具】选项卡。首先，执行【文件】|【选项】命令，激活【高级】选项卡。在【常规】列表中，启用【以开发人员模式运行】复选框，如图 2-23 所示。

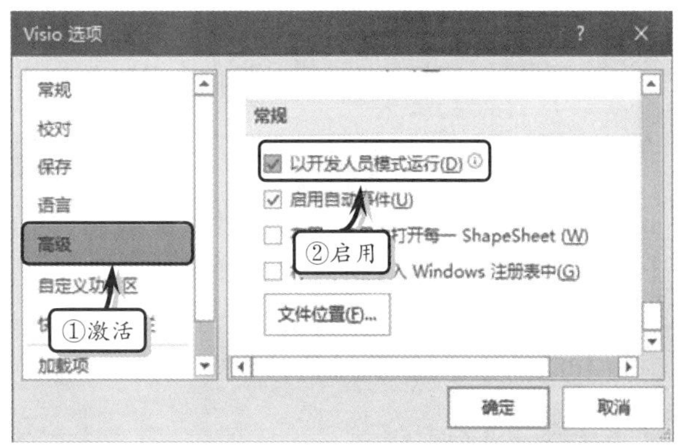

图 2-23 添加【开发工具】选项卡

然后，在【开发工具】选项卡【显示/隐藏】选项组中，启用【绘图资源管理器】复选框，显示该窗格。右击需要保护的文档名称，执行【保护文档】命令，如图 2-24 所示。

提 示

在【Visio 选项】对话框中，激活【自定义功能区】选项卡，启用【开发工具】复选框，也可添加【开发工具】选项卡。

在弹出的【保护文档】对话框中，启用需要保护的选项，单击【确定】按钮即可，如图 2-25 所示。

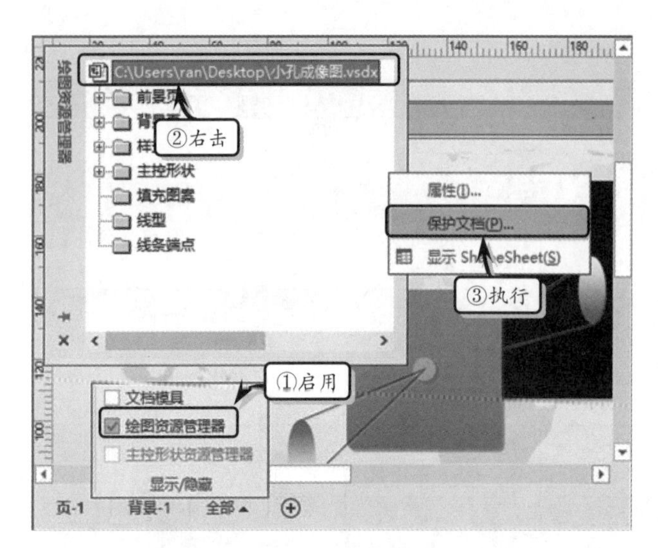

图 2-24 启用窗格

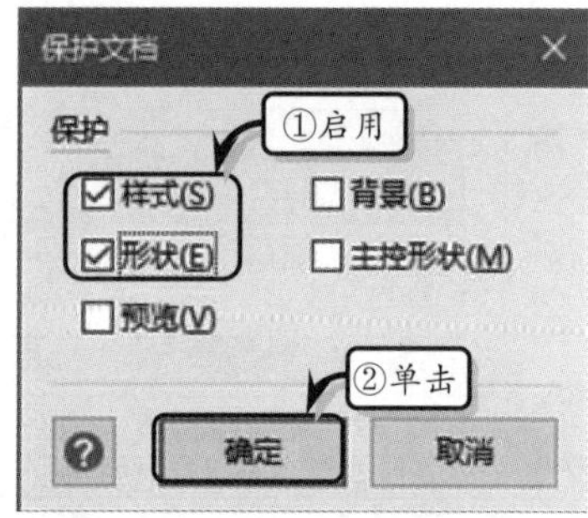

图 2-25 保护文档

在【保存文档】对话框中，主要包括下列几种选项。

- **样式** 启用该选项可以阻止创建新样式或编辑已有的样式，但可应用【样式】属性。
- **背景** 启用该选项可以阻止删除或编辑背景页。
- **形状** 启用该选项可以阻止选择形状。
- **主控形状** 启用该选项可以阻止创建、编辑或删除主控形状，但可以创建主控形状实例。
- **预览** 启用该选项可以阻止在更改绘图页内容时对预览图形的更改。

2. 保护形状

选择文档中的形状，执行【开发工具】|【形状设计】|【保护】命令，在弹出的【保护】对话框中，启用需要保护的内容，单击【确定】按钮即可，如图 2-26 所示。

提 示

在【保护】对话框中，单击【全部】按钮，即可选择所有的保护内容。同样，单击【无】按钮，即可取消所选择的保护内容。

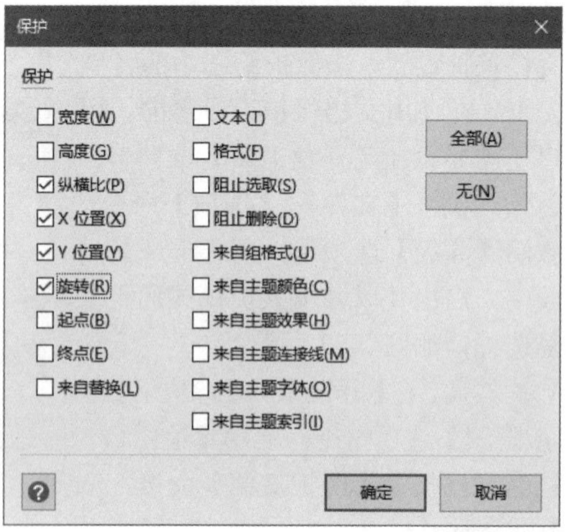

图 2-26 保护形状

3. 使用【信任中心】对话框

用户可以通过执行【文件】|【选项】命令，在弹出的【Visio 选项】对话框中，激活【信任中心】选项卡，然后单击【信任中心设置】按钮。在弹出的【信任中心】对话框中设置 Visio 文件的安全与隐私，而防止病毒与恶意攻击。在该对话框中，主要包括下列几种安全类别。

1）加载项

加载项是扩展 Office 程序功能的一些代码，是以“有效的并具有数字签名”作为受信任的条件。在【信任中心】对话框中激活【加载项】选项卡，在打开的选项卡中设置各选项即可，如图 2-27 所示。

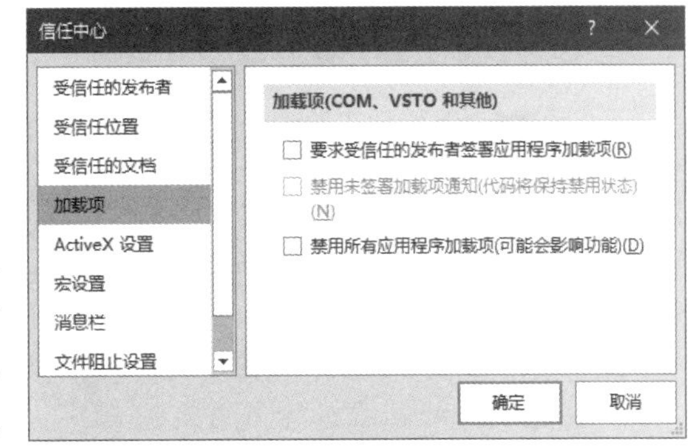

图 2-27 【加载项】选项卡

在该选项卡中，主要包括下列几种选项。

- **要求受信任的发布者签署应用程序加载项** 表示信任中心需要检查包含加载项的动态链接库文件上的数字签名。如果发布者不受信任，则 Office 程序将不会加载该加载项，并且会出现说明加载项已被禁用的通知。
- **禁用未签署加载项通知（代码将保持禁用状态）** 表示未对包含加载项的动态链接库文件进行数字签名，此时将启用由受信任的发布者签名的加载项，并自动禁用未签名的加载项。该选项只有在启用【要求受信任的发布者签署应用程序加载项】选项时才可用。
- **禁用所有应用程序加载项（可能会影响功能）** 表示所有加载项将在不给出任何通知的情况下禁用，并且其他加载项复选框均不可用。

2）ActiveX 设置

ActiveX 设置主要用来设置 ActiveX 控件带来的风险，在【信任中心】对话框中激活【ActiveX 设置】选项卡，在打开的选项卡中设置各选项即可，如图 2-28 所示。

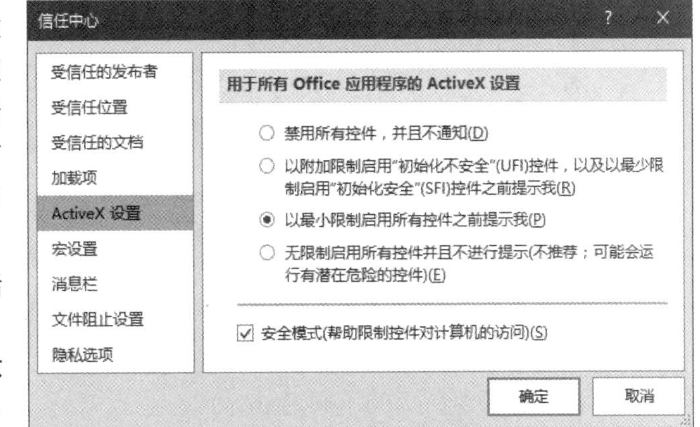

图 2-28 【ActiveX 设置】选项卡

在该选项卡中，主要包括下列几种选项。

- **禁用所有控件，并且不通知** 表示禁止文档中所有的 ActiveX 控件，并且不显示消息栏及与 ActiveX 控件有关的任何通知和警告。
- **以附加限制启用“初始化不安全”（UFI）控件....** 表示根据包含 ActiveX 控件的文档是否包含 VBA 项目来确定不同的行为，该选项为默认选项。
- **以最小限制启用所有控件之前提示我** 表示根据包含 ActiveX 控件的文档是否包含 VBA 项目来确定不同的行为，该选项为默认选项。
- **无限制启用所有控件并且不进行提示** 表示以最小限制启用文档中的所有 ActiveX 控件。其中，最小限制表示当存在任何持续值时，则使用最小限制初始化 ActiveX 控件。当不存在持续值时，则使用默认值(InitNew)初始化该控件。

- **安全模式（帮助限制控件对计算机的访问）** 表示仅在安全模式下启用 SFI ActiveX 控件。

3）宏设置

宏设置主要应用于来自不受信任文档中的宏，在【信任中心】对话框中激活【宏设置】选项卡，在打开的选项卡中设置各选项即可，如图 2-29 所示。

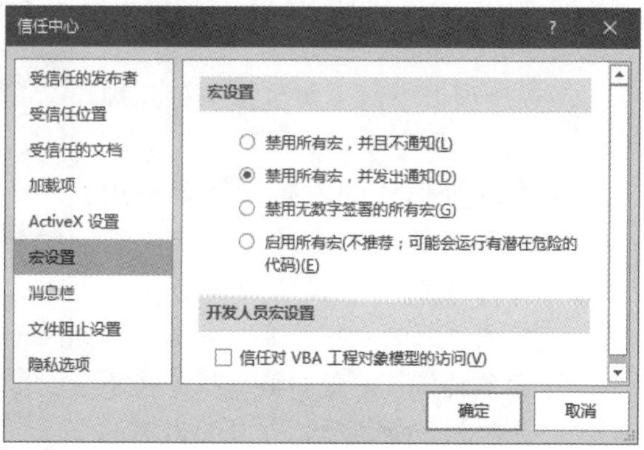

图 2-29 【宏设置】选项卡

在该选项卡中，主要包括下列几种选项。

- **禁用所有宏，并且不通知** 表示禁用文档中所有的宏及有关宏的安全警报。
- **禁用所有宏，并发出通知** 表示只禁用文档中的宏，并不禁用有关宏的安全警报。该选项为默认选项。
- **禁用无数字签署的所有宏** 表示禁用文档中无数字签名的宏，并不禁用有关宏的安全警报。
- **启用所有宏（不推荐：可能会运行有潜在危险的代码）** 表示运行文档中的所有宏。
- **信任对 VBA 工程对象模型的访问** 该选项只适用于开发人员。

提 示

用户可通过保存文档副本的方法来保护文档，即执行【文件】|【另存为】命令，在【另存为】对话框中的【保存】下拉列表中选择【只读】选项即可。

2.3 使用绘图页

绘图页是构成 Visio 绘图文档的结构性内容，是绘制各类图表的依托。在绘图文档中，用户不仅可以新建绘图页，而且还可以通过 Visio 2016 中的【扫视和缩放】窗口等功能，不停地查看绘图页的不同部分。

2.3.1 查看绘图

在 Visio 2016 中，用户可以根据工作习惯使用命令、快捷键或【扫视和缩放】窗口来查看绘图。

1. 使用快捷键

Visio 2016 为用户提供了操作快捷的组合键与快捷键，帮助用户快速放大或缩小绘图页。其中，最常用的快捷键如下所示。

- **放大** 使用 Alt+F6 键，可以放大绘图页。

- 缩小　使用 Shift+Alt+F6 组合键，可以缩小绘图页。
- 适应窗口大小　使用 Shift+Ctrl+W 组合键，可以将绘图页缩放到适应窗口的大小。
- 左右扫视　按住 Shift 键的同时滚动鼠标，可以左右扫视绘图页。
- 上下扫视　按住 Alt 键的同时滚动鼠标，可以上下扫视绘图页。
- 放大/缩小　按住 Ctrl 键的同时滚动鼠标，可以放大或缩小绘图页。

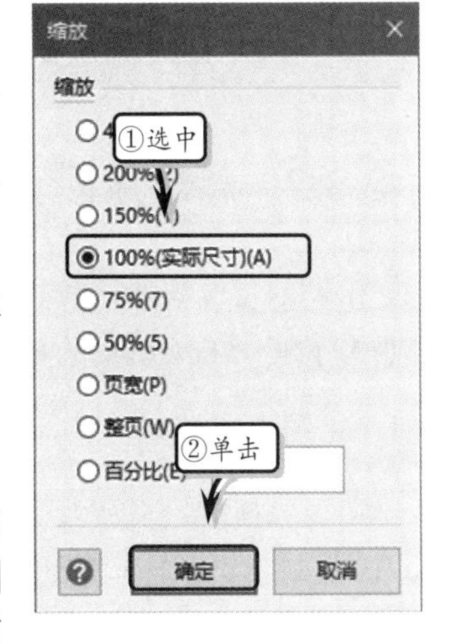

图 2-30　自定义缩放比例

2. 使用显示比例命令

除了使用快捷键之外，还可以使用【显示比例】中的各项命令，来扫视和缩放绘图页。其中，执行【视图】|【显示比例】|【显示比例】命令，可在弹出的【缩放】对话框中，选择缩放选项，单击【确定】按钮即可，如图 2-30 所示。

3. 使用【扫视和缩放】视图

执行【视图】|【显示】|【任务窗格】|【平铺和缩放】命令，弹出【扫视和缩放】窗口。在该窗口中，可以根据工作需要查看全部绘图或部分绘图，如图 2-31 所示。

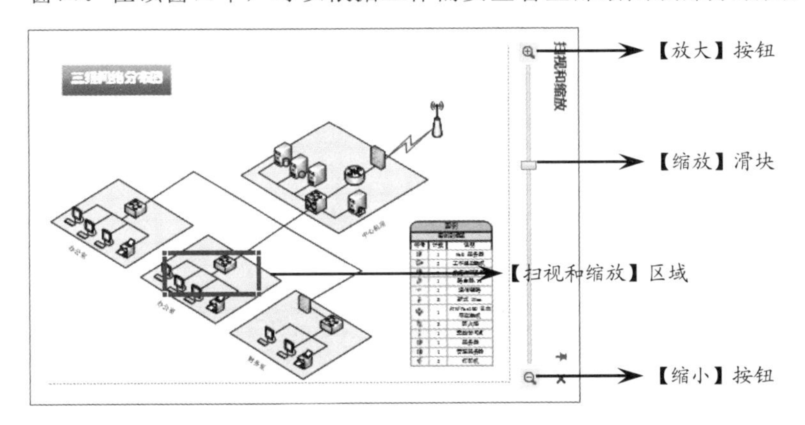

图 2-31　【扫视和缩放】窗口

在该窗口中，主要存在下列几种操作。

- 放大或缩小　可以拖动【缩放】滑块或单击【放大】或【缩小】按钮来放大或缩小绘图。
- 调整扫视和缩放区域　可以拖动【扫视和缩放】区域的轮廓或角，来调整【扫视和缩放】区域的大小。
- 重新定位扫视和缩放区域　移动光标到【扫视和缩放】区域上，当光标变成✥形状时，拖动鼠标即可调整【扫视和缩放】区域的位置。
- 重新定位扫视和缩放区域中心　在【扫视和缩放】窗口中单击某个点，便可以重新定位【扫视和缩放】区域的中心。

提 示

在【扫视和缩放】窗口中，按住 Ctrl 键，同时滚动鼠标可以缩放绘图区域。

2.3.2 新建绘图页

新建绘图页包括新建前景页和背景页，以及指派背景页等内容。在新建绘图页之前，还需要先了解一下绘图页的分类。

1. 绘图页分类

绘图页包括前景页和背景页两种类型，默认情况下 Visio 会自动选择前景页，并且 Visio 中的大部分操作都是在前景页中进行的。

（1）前景页：主要用于编辑和显示绘图内容，包含流程图形状、组织结构图等绘图模具和模板，是创建绘图内容的主要页面。当背景页与一个或多个前景页相关联时，才可以打印出背景页来。

（2）背景页：相当于 Word 中的页眉与页脚，主要用于设置绘图页背景和边框样式，例如，显示页编号、日期、图例等常用信息。

2. 创建前景页

启用 Visio 之后，系统会自动包含一个前景页。当一个前景页无法满足绘图需求时，则可以通过下列方法来创建前景页。

执行【插入】|【页面】|【新建页】|【空白页】命令，系统会自动在原绘图页的基础上创建一个新的空白页，如图 2-32 所示。

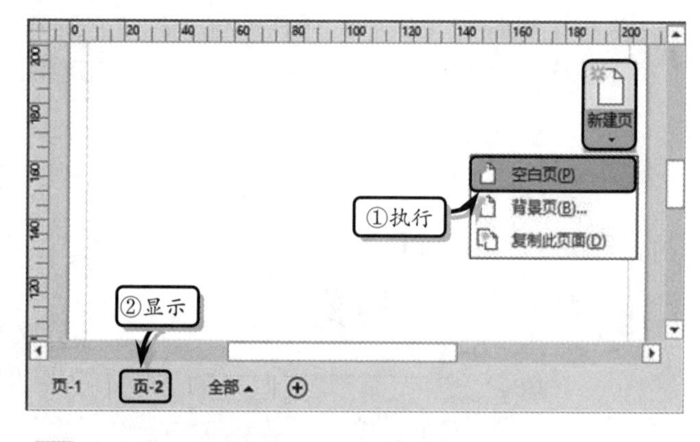

图 2-32 创建空白页

提 示

在状态栏中，直接单击【全部】标签后面的【插入页】按钮，或者右击【页-1】标签，执行【插入】命令，即可插入一个前景页。

3. 创建背景页

首先，需要创建一个背景页。执行【插入】|【页面】|【新建页】|【背景页】命令，在弹出的【页属性】选项卡中，选中【背景】选项，并设置背景名称与度量单位，如图 2-33 所示。

然后，需要将背景页指派给一个前景页。选择需要指派背景页的前景页标签，执行【插入】|【页面】|【新建页】|【背景页】命令，在【页属性】选项卡中选中【前景】选项。在【背景】下拉列表中选择相应的选项，单击【确定】按钮即可，如图 2-34 所示。

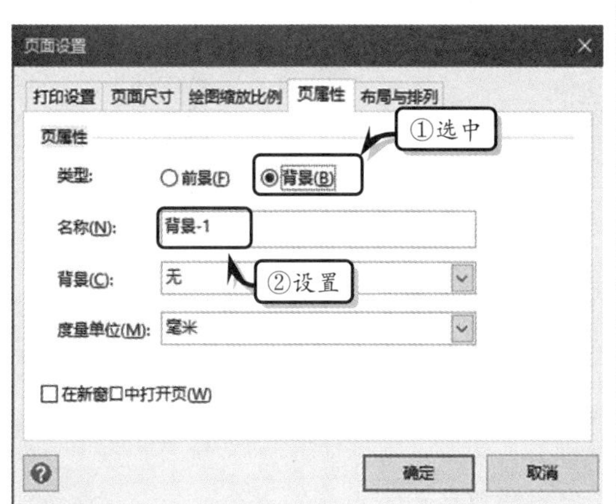

图 2-33 设置背景页

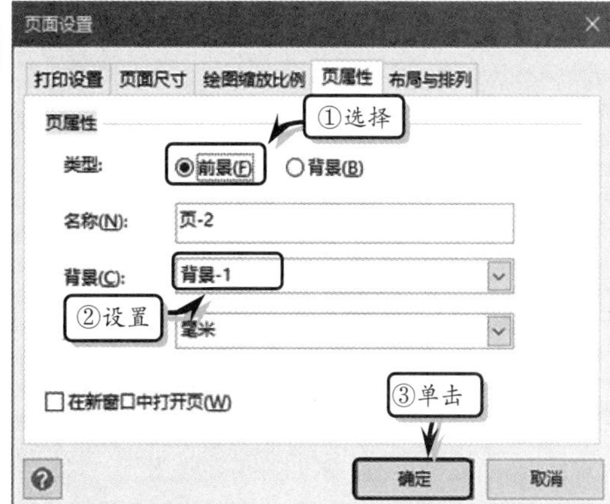

图 2-34 指派背景页

提 示

在【页面设置】对话框中的【页属性】选项卡中，启用【在新窗口中打开页】复选框，即可在新窗口中打开该页。

另外，用户还可以通过下列几种方法创建绘图页。

（1）右击页标签创建：右击页标签并执行【插入】命令，在弹出的【页面设置】对话框中创建前景页或背景页即可。

（2）使用【绘图资源管理器】窗口创建：执行【开发工具】|【显示/隐藏】|【绘图资源管理器】命令，右击前景页或背景页并执行【插入页】命令即可。

（3）使用快捷键：使用 Ctrl+N 快捷键，快速创建绘图页。

2.3.3 编辑绘图页

在创建绘图页后，用户还可对绘图页进行重命名、排列或删除等编辑操作，以使其符合绘图文档的需要。

1．切换绘图页

当绘图文档中存在多个绘图页时，则可以通过下列三种方法，来切换绘图页。

（1）页标签：单击【绘图】窗格下方的【绘图页标签】栏中相应的页标签，即可切换绘图页。

（2）【全部】按钮：单击【绘图页标签】栏中的【全部】按钮，在展开的列表中选择页标签选项，即可切换绘图页。

（3）【页】对话框：选择 Visio 窗口左下角的【页码】选项，即可打开【页】对话框。在该对话框中的【选择页】列表中，选择页标签名称即可。

2．重命名绘图页

默认情况下，绘图页以“页-1”或“背景-1”进行显示，对于具有多个绘图页的文档来讲，为了便于识别页内容，还需要重命名绘图页。

选择需要重命名的绘图页，右击页标签执行【重命名】命令，输入绘图页名称即可，如图 2-35 所示。

另外，右击需要重命名的页标签，执行【页面设置】命令，在【页面设置】对话框中的【页属性】选项卡中，更改页名称即可，如图 2-36 所示。

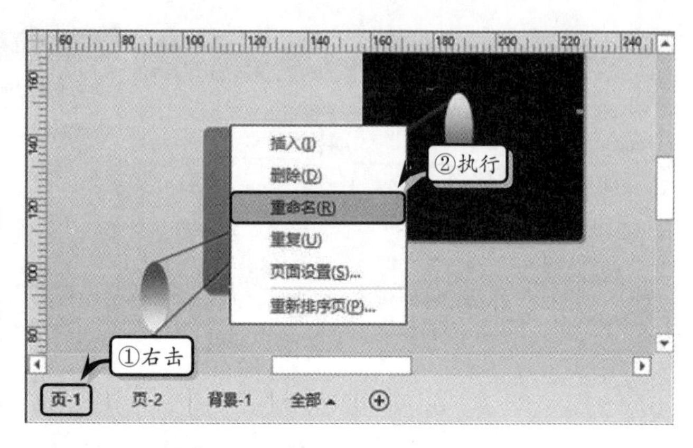

图 2-35 重命名绘图页

提 示

在绘图页中双击需要重命名的页标签，直接输入绘图页名称，即可重命名绘图页。

3. 排序页

用户可通过下列几种方法，对页进行排序。

（1）拖动法：将需要移动的页标签拖动到新位置即可。

（2）右击法：选择需要排序的页标签，右击鼠标执行【重新排序页】命令，在弹出的【重新排序页】对话框中，选中需要排序页名称，单击【上移】或【下移】按钮即可，如图 2-37 所示。

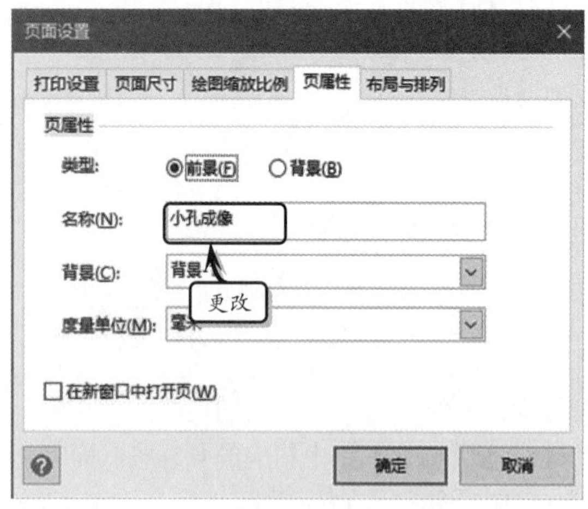

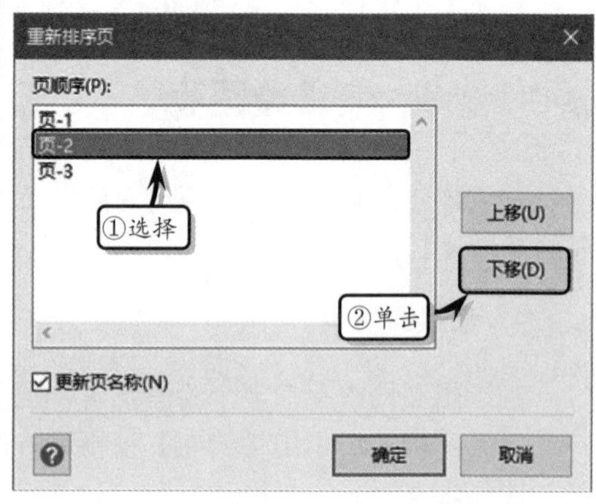

图 2-36 【页面属性】对话框

图 2-37 【重新排序页】对话框

（3）【绘图资源管理器】窗口法：执行【开发工具】|【显示/隐藏】|【绘图资源管理器】命令，右击“前景页”或“背景页”执行【重新排序页】命令。在弹出的【重新排序页】对话框中，选中需要排序页名称，单击【上移】或【下移】按钮即可。

4. 设置背景和背景颜色

设置背景页即是为绘图页添加背景与设置背景页颜色。执行【设计】|【背景】|【背

景】命令，在其列表中选中相应的背景选项即可，如图 2-38 所示。

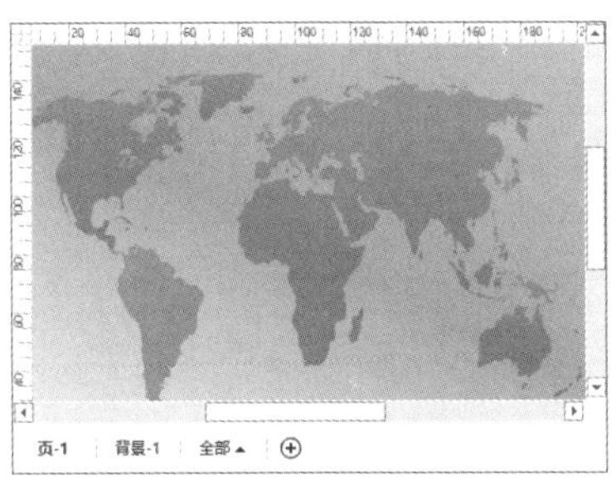

（a）世界背景

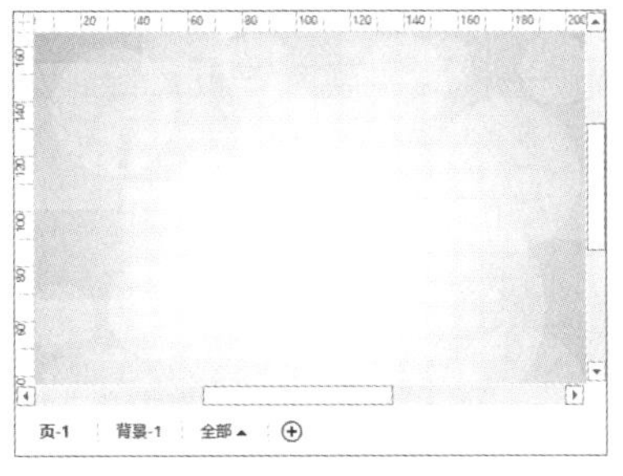

（b）货币背景

图 2-38 添加背景

选择前景页，执行【设计】|【背景】|【背景】|【背景色】命令，在其列表中选择一种色块即可，如图 2-39 所示。

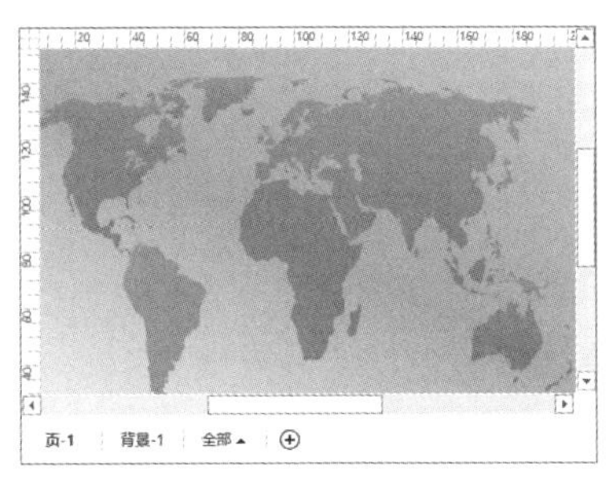

（a）原背景

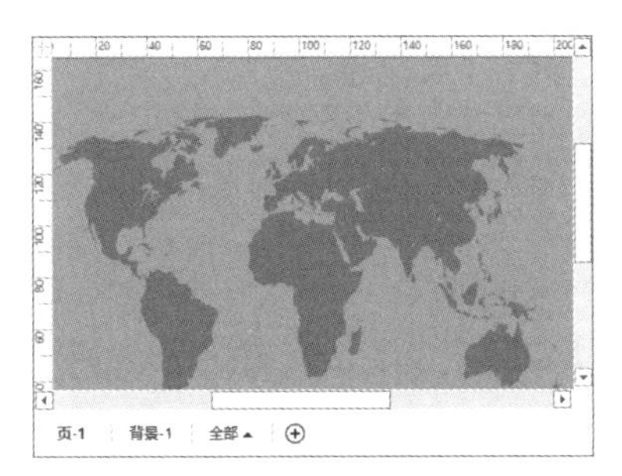

（b）添加颜色后的背景

图 2-39 设置背景颜色

另外，用户还可以通过执行【设计】|【背景】|【背景】|【背景色】|【其他颜色】命令，在弹出的【颜色】对话框中的【标准】与【自定义】选项卡中，设置详细的背景色，如图 2-40 所示。

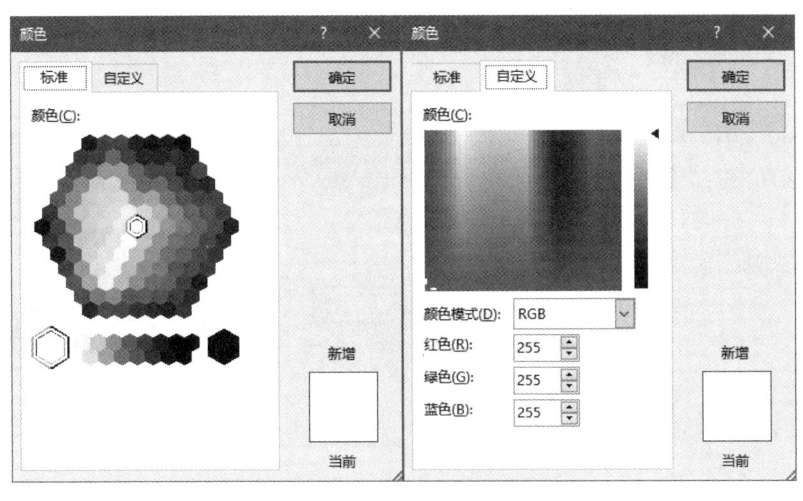

图 2-40 自定义背景色

在【标准】选项卡中，用户可以选择任意一种色块。而在【自定义】选项卡中的【颜色模式】下拉列表中，用户可以设置 RGB 或 HSL 颜色模式。其中：

（1）RGB 颜色模式：该模式主要基于红、绿、蓝三种基色 256 种颜色组成，其每种基色的度量值介于 0~255 之间。用户只需单击【红色】、【绿色】和【蓝色】微调按钮，或在微调框中直接输入颜色值即可。

（2）HSL 颜色模：主要基于色调、饱和度与亮度三种效果来调整颜色，其各数值的取值范围介于 0~255 之间。用户只需在【色调】、【饱和度】与【亮度】微调框中设置数值即可。

5. 设置边框和标题

设置边框和标题是对页面应用相应的边框和标题样式，从而增加绘图文档的美观性。执行【设计】|【背景】|【边框和标题】命令，在其级联菜单中选择相应的选项即可，例如选择【平铺】选项，如图 2-41 所示。

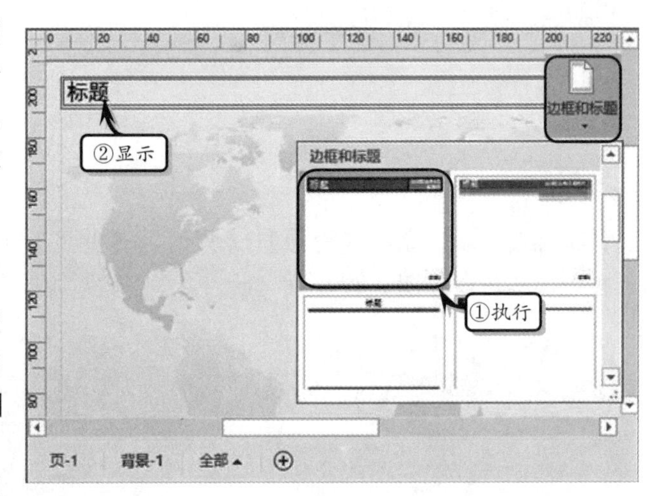

图 2-41 设置边框和标题

2.4 设置文档页面和属性

在使用 Visio 2016 制作各类图表时，还需要根据图表的类型和显示方向，来设置页面的大小和纸张方向。另外，为了区别每个绘图文档的具体内容和类型，还需要设置文档的日期、相关人员等属性。

2.4.1 设置文档页面

默认情况下，Visio 2016 新建页面的纸张方向为纵向显示，并以【自动调整大小】样式进行显示。此时，用户可通过【页面设置】选项组，来调整文档页面的大小和方向。

1. 设置纸张方向

在绘图文档中，执行【设计】|【页面设置】|【纸张方向】|【横向】命令，即可将页面的显示方向从纵向方向更改为横向方向，如图 2-42 所示。

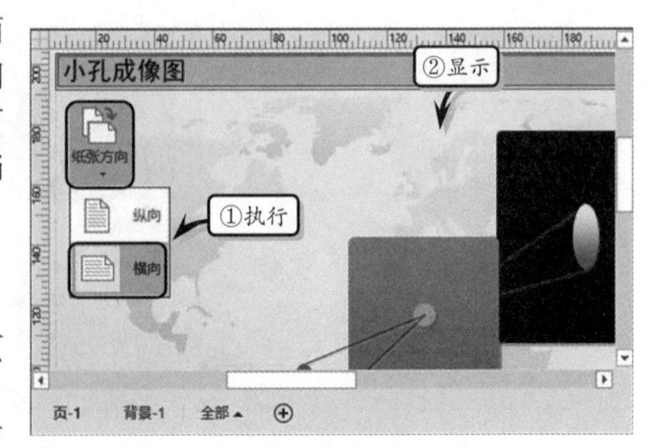

图 2-42 设置纸张方向

另外，单击【页面设置】选项组中的【对话框启动器】按钮，激活【打印设置】选项卡，在【打印机纸张】选项组中可设置纸张方向，如图 2-43 所示。

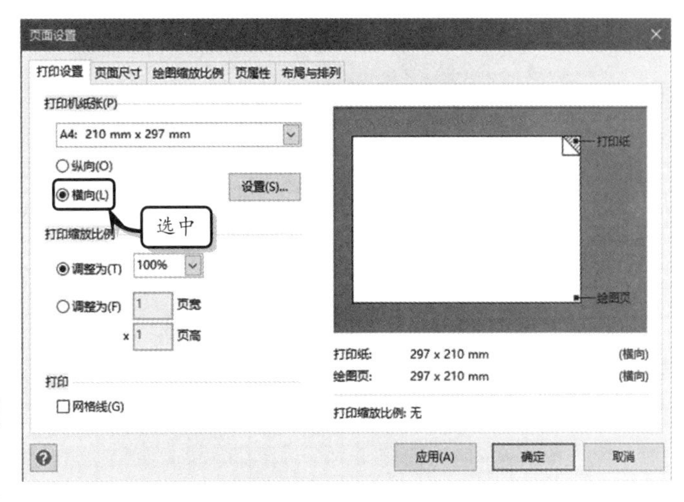

图 2-43 【页面设置】对话框

2. 设置页面大小

在绘图文档中，执行【设计】|【页面设置】|【大小】命令，在其级联菜单中选择相应的选项即可，如图 2-44 所示。

提 示

执行【设计】|【页面设置】|【大小】|【适应绘图】命令，即可将页面大小调整到适合用户绘制图表的状态。

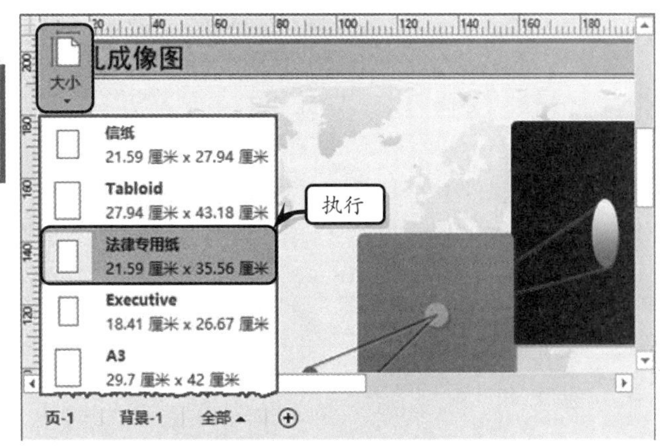

图 2-44 设置页面大小

另外，执行【设计】|【页面设置】|【大小】|【其他页面大小】命令，在弹出的【页面设置】对话框中，选中【自定义大小】选项，输入大小值，即可自定义页面的大小，如图 2-45 所示。

提 示

在【页面设置】对话框中的【页面尺寸】选项卡中，还可以设置页面的方向和预定义大小。

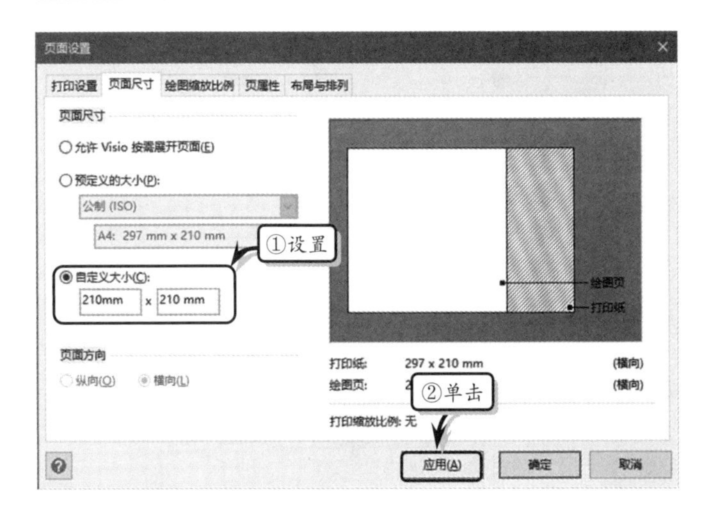

图 2-45 自定义页面大小

2.4.2 设置文档属性

Visio 文档为一种复合型文档，用户在创建 Visio 文档之后，还需要通过元数据标记用户的个人信息。另外，为了保护用户隐私，还可以通过便捷的方式删除这些个人信息。

1．设置文档元数据

元数据是一种“关于数据的数据”，具有描述数据文档及展示数据文档属性的作用。Visio 2016 所创建的文档也是一种支持元数据的文档，当用户创建绘制文档之后，系统将自动将系统中的用户信息存储到绘图文档中。

在绘图文档中，执行【文件】|【信息】命令，在展开的页面右侧显示了该文档的元数据信息，包括属性、日期、相关人员和相关文档等属性，如图 2-46 所示。

其中，元数据中的各属性的具体含义，如下所述。

❑ 属性

属性是 Visio 绘图文档元数据中最基本的内容，主要用于定义 Visio 绘图文档的基本信息。在该部分内容中，除了内容类型、大小和模板之外，其他的属性元数据都允许用户修改。

单击【属性】下拉按钮，在其下拉列表中选择【高级属性】命令，可在弹出的【属性】对话框中，进一步设置绘图文档的元数据，如图 2-47 所示。

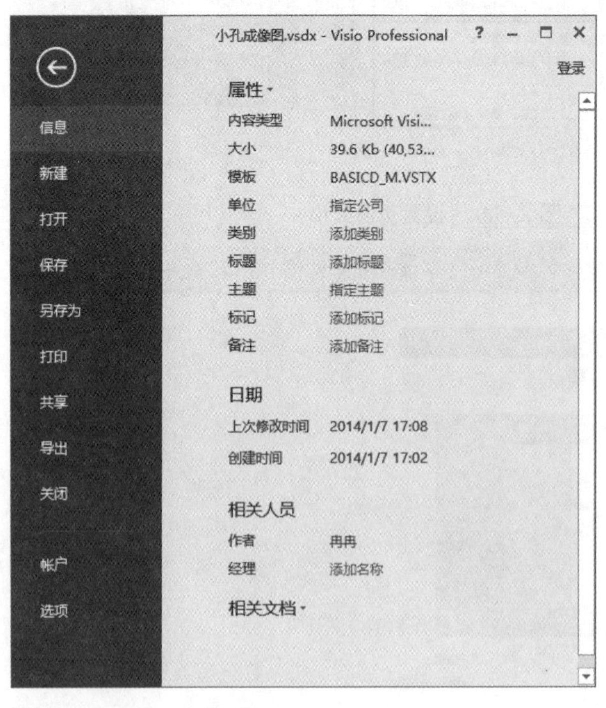

图 2-46 设置元数据

图 2-47 设置元数据属性

❑ 日期

日期是一种特殊的元数据，主要用于存储绘图文档的创建时间和修改时间，在默认状态下不允许用户对其进行更改。

❑ **相关人员**

相关人员元数据主要用于存储绘图文档的作者，以及项目的协调者信息。

❑ **相关文档**

相关文档元数据是与该绘图文档相关的其他文档数据。单击【相关文档】下拉按钮，在其下拉列表中选择【添加相关文档的链接】选项，即可打开【超链接】对话框，如图2-48 所示。在该对话框中，用户可以输入需要关联文档的 URL 地址以及说明的信息，从而将该文档与绘图文档相关联。

提 示

在【超链接】对话框中，单击【新建】按钮，可以为绘图文档添加多个相关文档的链接。

2. 删除个人信息

如果用户不希望绘图文档中包含过多的个人信息，则可以使用 Visio 2016 中的【删除个人信息】功能，删除绘图文档中的个人信息。在绘图文档中，执行【文件】|【信息】命令，在展开的列表中单击【删除个人信息】按钮，如图 2-49 所示。

然后，在弹出的【删除隐藏信息】对话框中，包含三种与隐私信息相关的选项。用户可根据删除类型，启用相应的复选框，单击【确定】按钮，即可删除个人信息，如图 2-50 所示。

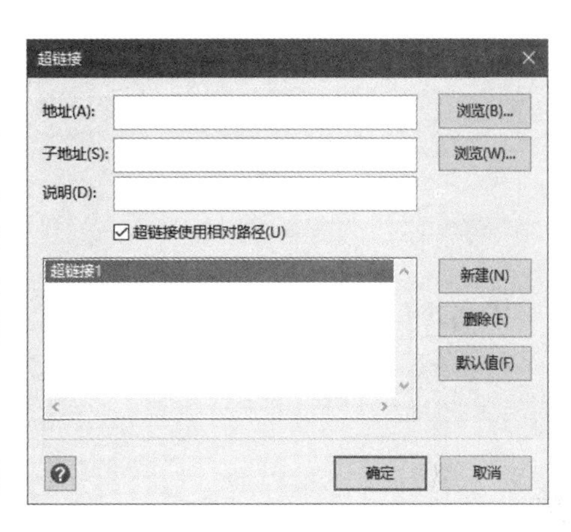

图 2-48 【超链接】对话框

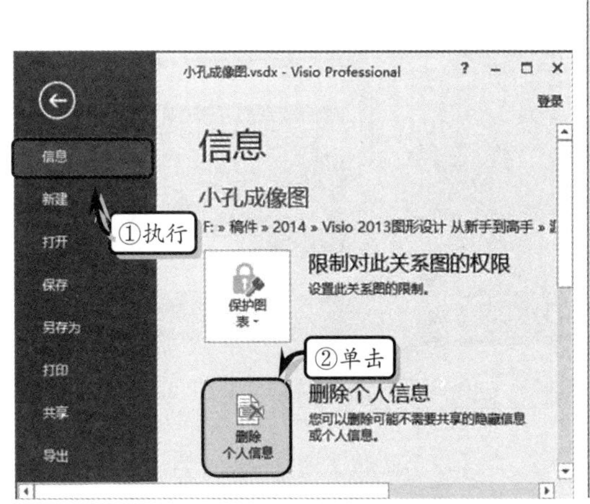

图 2-49 删除个人信息

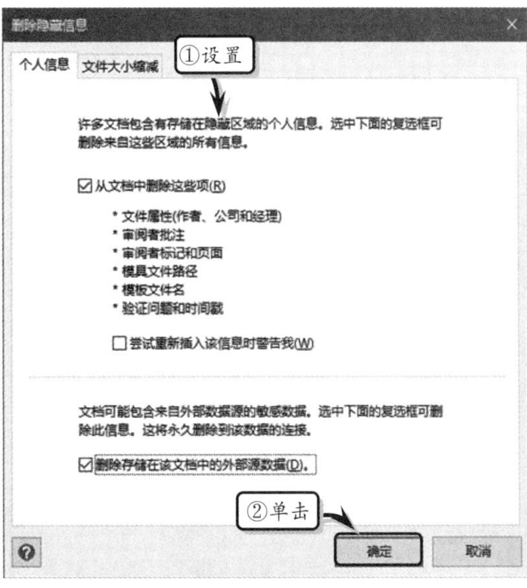

图 2-50 设置删除类型

提　示

在【删除隐藏信息】对话框中，激活【文件大小缩减】选项卡，即可缩减绘图文档的大小。

2.5　课堂练习：工作日历图

Visio 具有强大的绘图功能，不仅可以绘制甘特图、组织结构图、网络图等一些专业化图表，而且还可以根据日期和日历，生成类似台历的数据表格，并允许用户为每日添加各种任务标记，从而排列工作任务，备忘重要事务。在本练习中，将使用 Visio 内置的日历模板，来制作一个工作日历图，如图 2-51 所示。

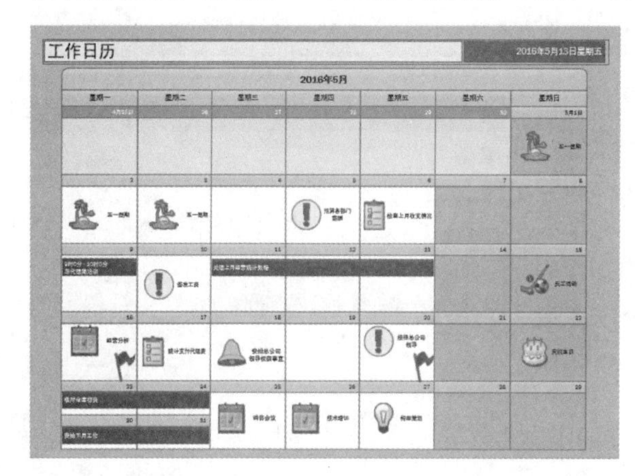

图 2-51　工作日历图

操作步骤

1 执行【文件】|【新建】命令，在展开的【新建】页面中选择【类别】选项，在展开的列表中选择【日程安排】选项，如图 2-52 所示。

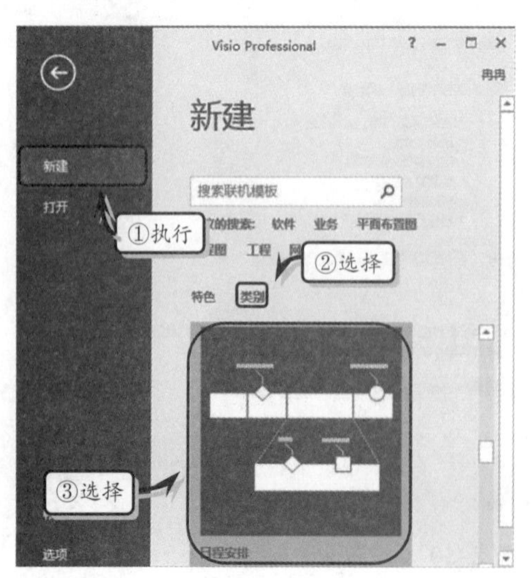

图 2-52　选择模板

2 然后，在展开的列表中双击【日历】选项，创建日历模板，如图 2-53 所示。

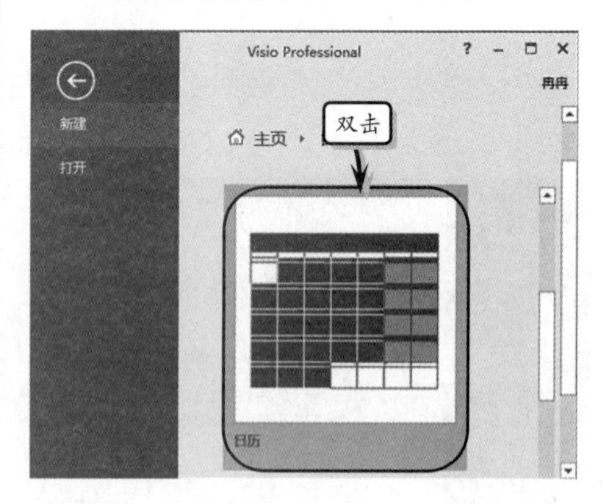

图 2-53　创建模板文档

3 将【日历形状】模具中的【月】形状拖到绘图页中，在弹出的【配置】对话框中，设置日历选项，如图 2-54 所示。

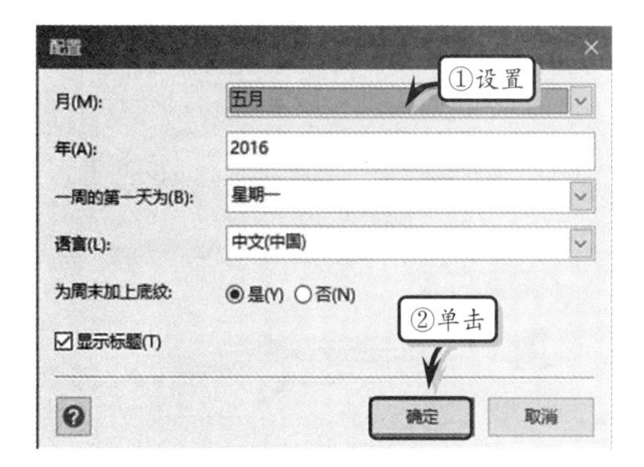

图 2-54 添加【月】形状

4 将【约会】形状拖到绘图页中，并在弹出的【配置】对话框中，设置事件选项，如图 2-55 所示。

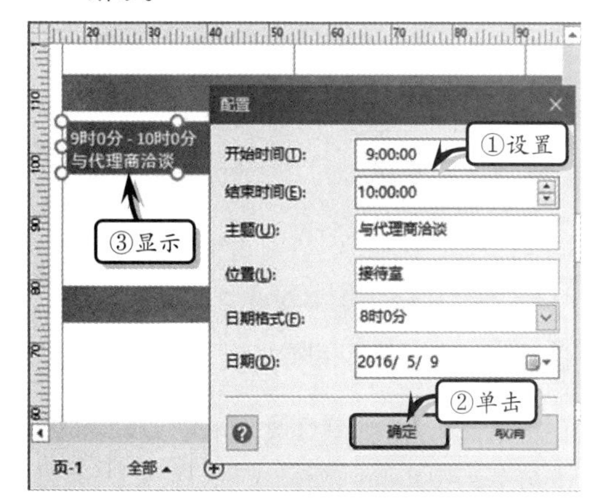

图 2-55 添加【约会】形状

5 将【多日事件】形状拖到绘图页中，设置事件选项，并双击该形状输入事件内容，如图 2-56 所示。

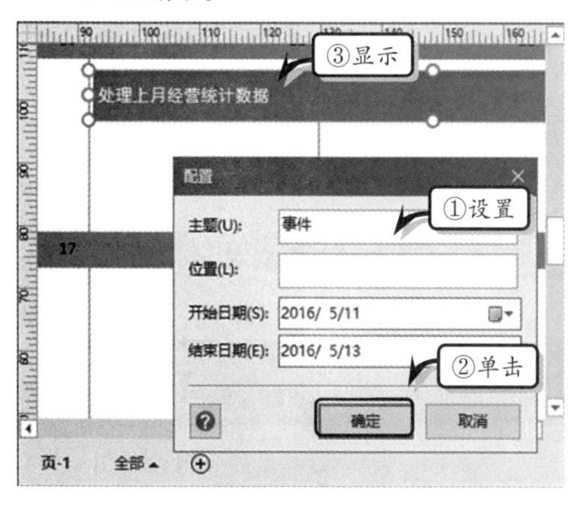

图 2-56 添加“多日事件”形状

6 将【任务】形状拖到绘图页中，并输入说明性文本，如图 2-57 所示。

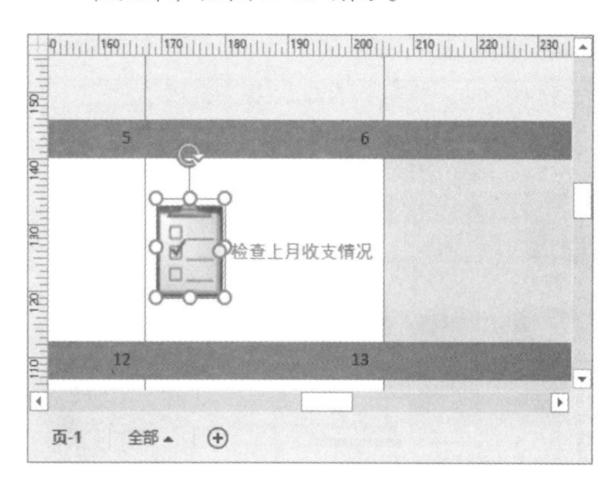

图 2-57 添加【任务】形状

7 将【会议】形状拖到绘图页中，并输入说明性文本，如图 2-58 所示。

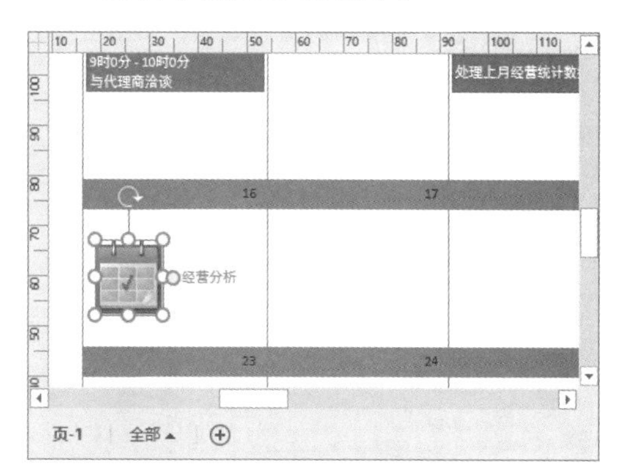

图 2-58 添加【会议】形状

8 将【假期】形状拖到绘图页中，双击形状输入说明性文本，如图 2-59 所示。使用同样方法，添加其他形状。

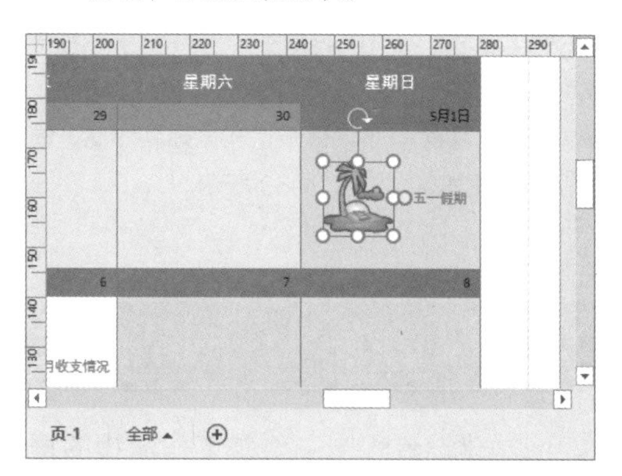

图 2-59 添加【假期】形状

9 执行【设计】|【主题】|【主题】|【丝状】命令，为绘图页设置主题效果，如图 2-60 所示。

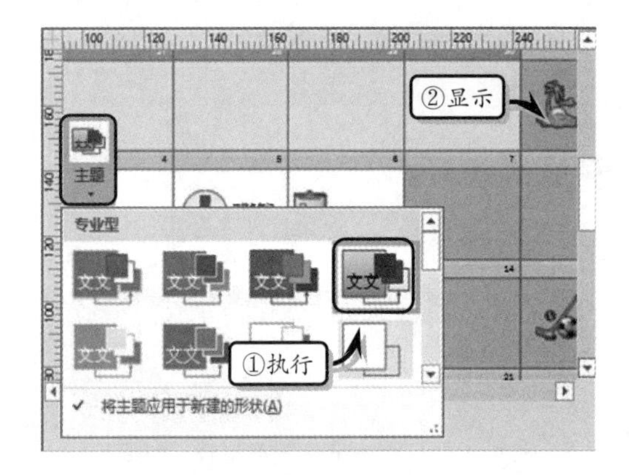

图 2-60 设置主题效果

10 执行【设计】|【背景】|【背景】|【实心】命令，设置绘图页的背景效果，如图 2-61 所示。

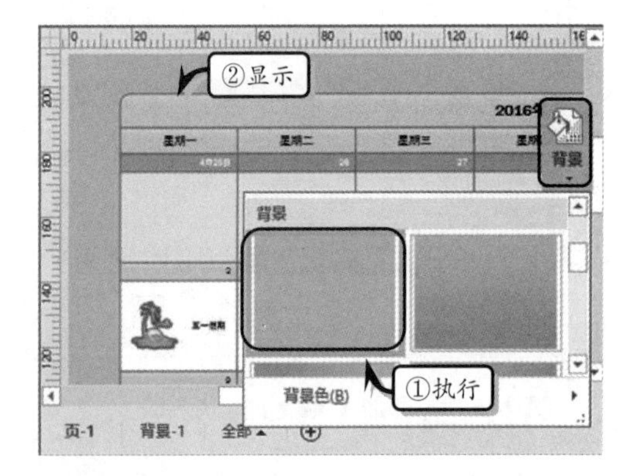

图 2-61 设置背景效果

11 执行【设计】|【背景】|【边框和标题】|【平铺】命令，为绘图页添加边框和标题，如图 2-62 所示。

12 选择【背景-1】页标签，选择标题形状，输入标题文本，如图 2-63 所示。

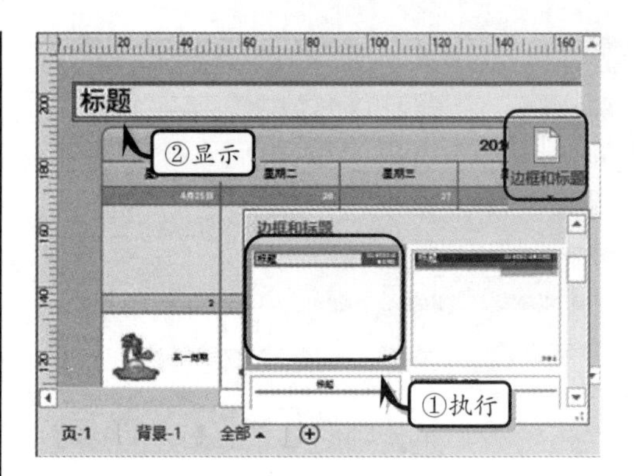

图 2-62 设置边框和标题

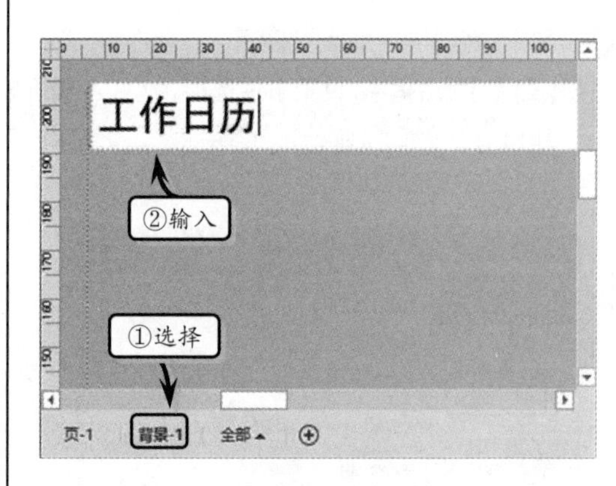

图 2-63 输入标题文本

13 双击左下角的页码区域，激活并删除页码文本，如图 2-64 所示。

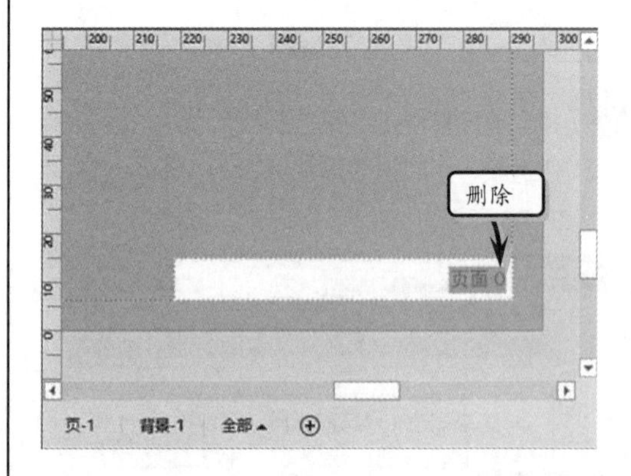

图 2-64 删除页码文本

2.6 课堂练习：网站建设流程图

网站建设流程图主要是工作流程的框图，以图形方式简单、条理地显示网站建设的工作流程。本练习将使用 Visio 2016 中的模板制作一个网站建设流程图，用于描述与记录工作中的流程，如图 2-65 所示。

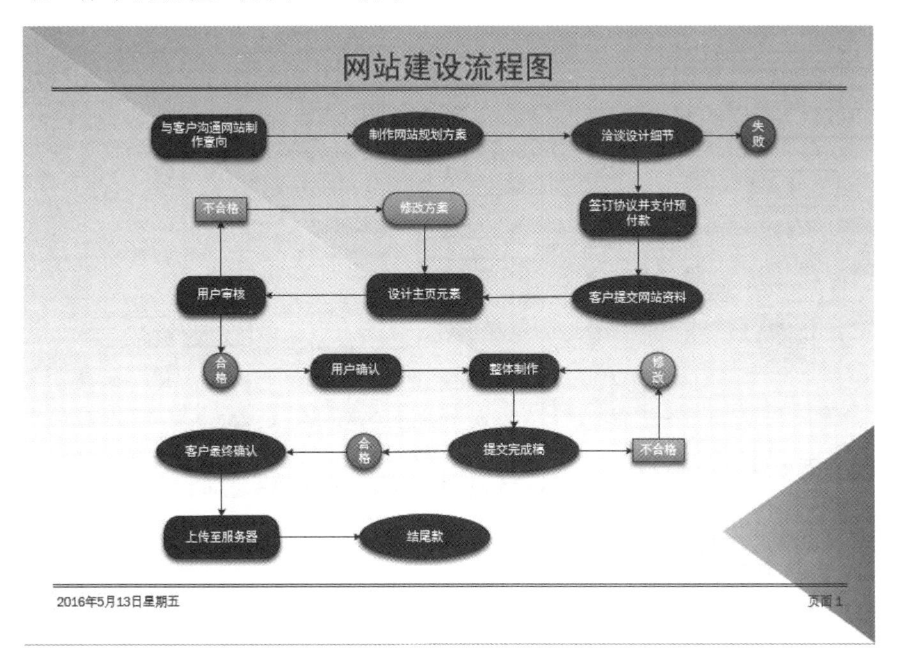

图 2-65　网站建设流程图

操作步骤：

1　执行【文件】|【新建】命令，在展开的页面中选择【基本流程图】选项，如图 2-66 所示。

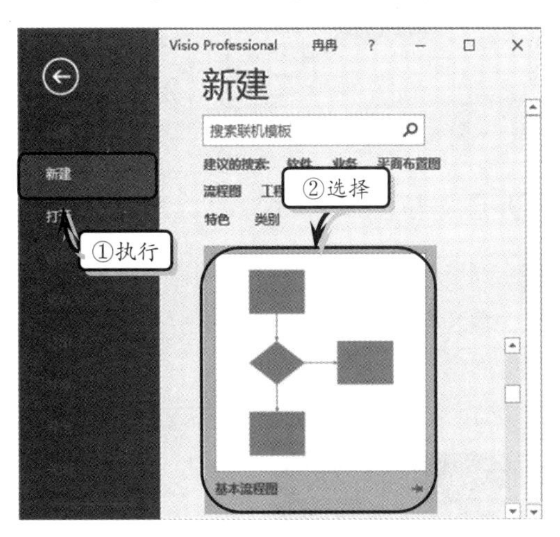

图 2-66　选择模板类型

2　然后，在弹出的对话框中，选择模板，单击【创建】按钮，如图 2-67 所示。

3　执行【设计】|【背景】|【边框和标题】|【字母】命令，为绘图页添加标题和边框样式，如图 2-68 所示。

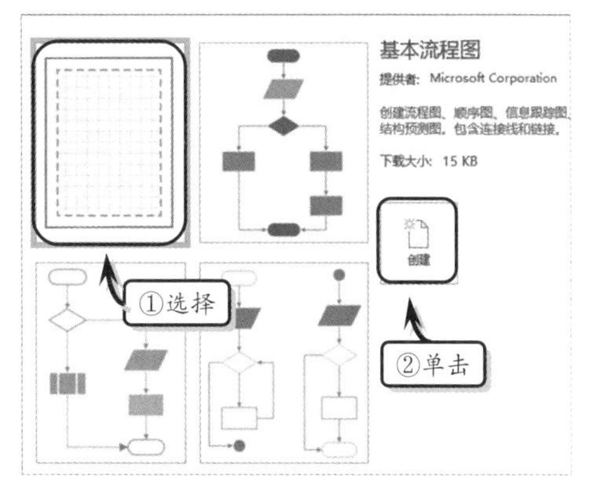

图 2-67　创建模板文档

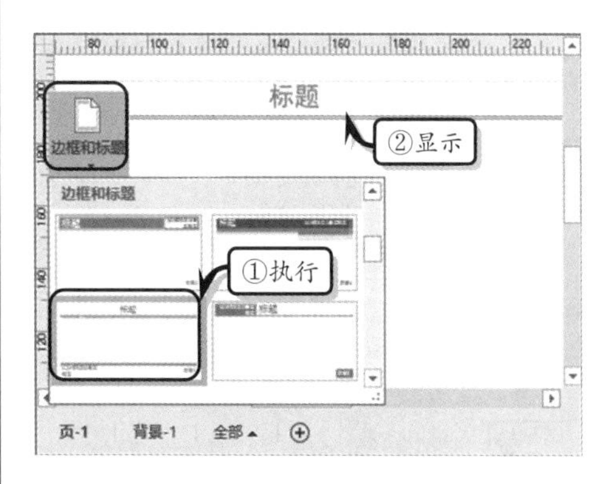

图 2-68　添加标题和边框

4 执行【设计】|【主题】|【离子】命令，设置绘图页的主题效果，如图 2-69 所示。

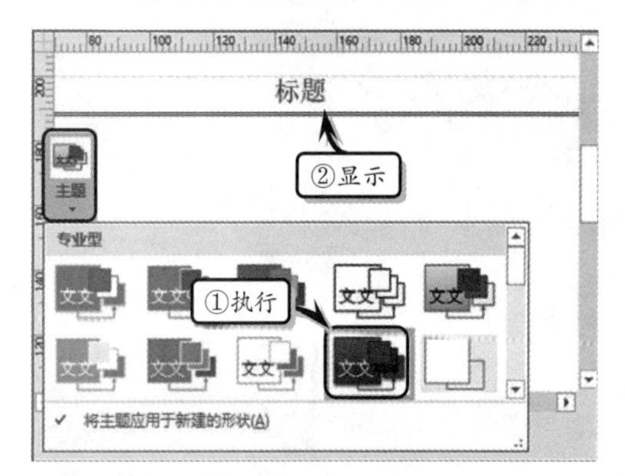

图 2-69 设置主题效果

5 同时，执行【设计】|【变体】|【离子,变量 4】命令，设置主题样式的变体效果，如图 2-70 所示。

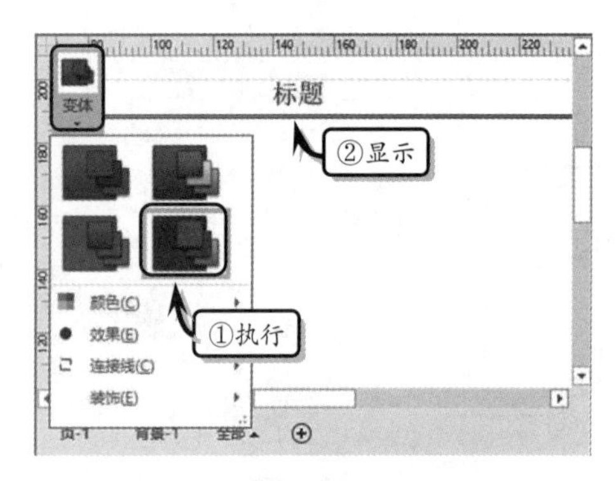

图 2-70 设置变体效果

6 在状态栏中选择【背景-1】标签，输入标题文本，并将【字体】设置为【黑体】，将【字号】为【30pt】，如图 2-71 所示。

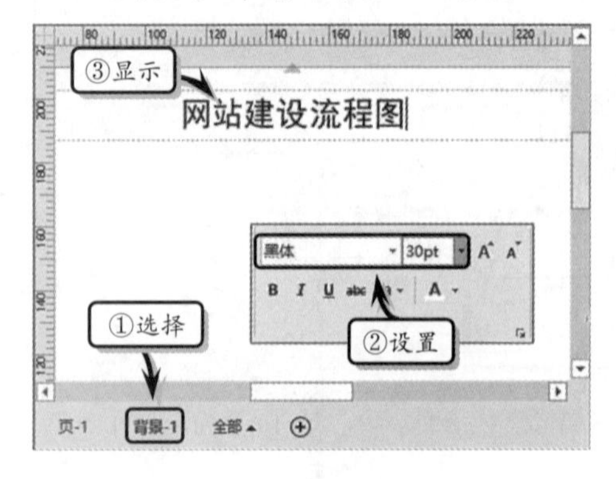

图 2-71 设置标题文本

7 选择状态栏中的【页-1】绘图页，单击【形状】任务窗格中的【更多形状】下拉按钮，选择【常规】|【基本形状】选项，添加模具，如图 2-72 所示。

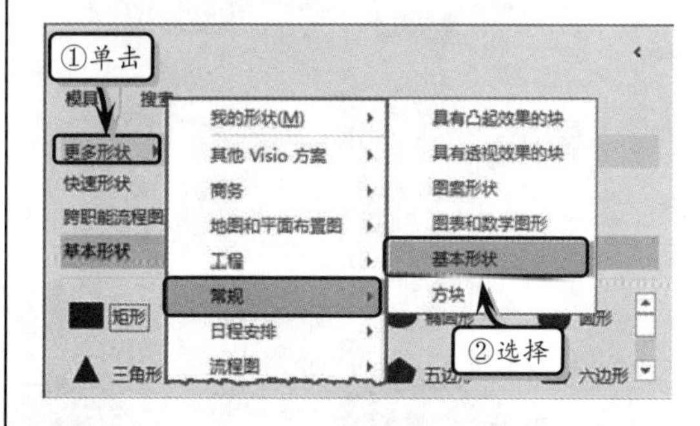

图 2-72 添加模具

8 在【基本形状】模具中，选择【圆角矩形】形状，并将该形状拖至绘图页中，如图 2-73 所示。

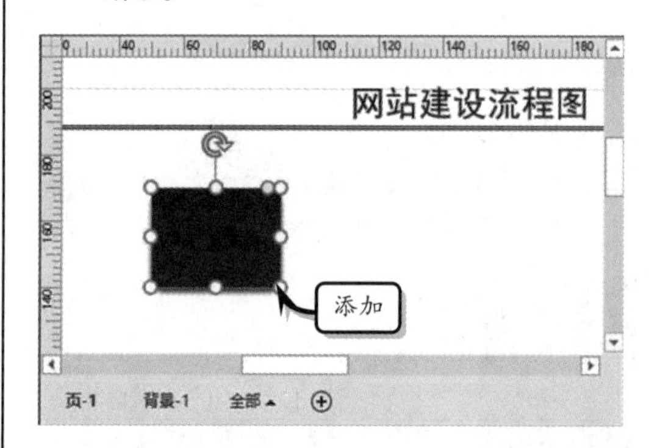

图 2-73 添加形状

9 调整形状的大小，双击形状输入文本，并设置文本的字体格式，如图 2-74 所示。使用同样方法，添加其他形状。

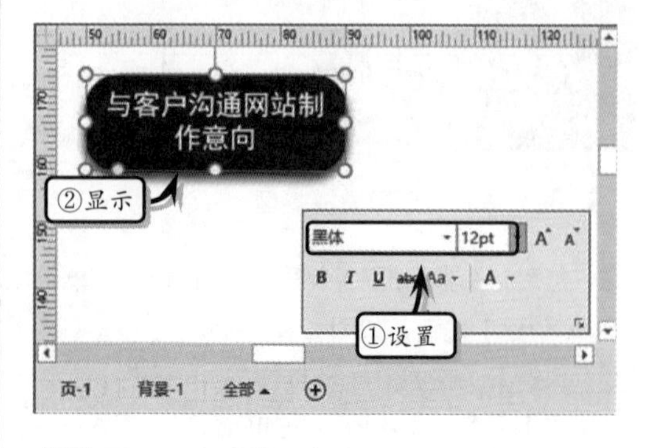

图 2-74 输入文本

10 选择【失败】圆形形状，执行【开始】|【形状样式】|【快速样式】|【强烈效果-蓝色，变体着色 6】命令，如图 2-75 所示。同样方法，设置其他形状样式。

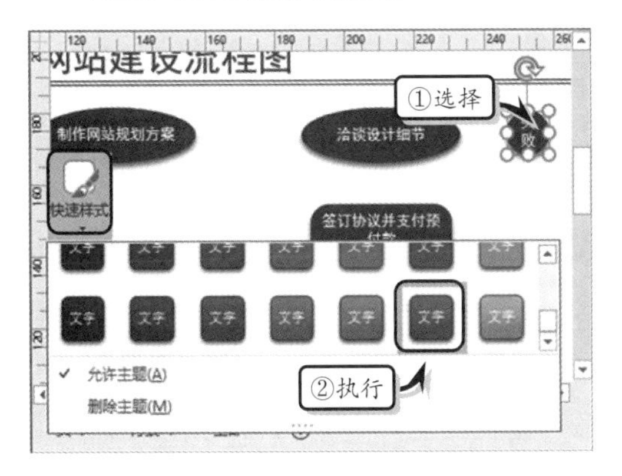

图 2-75 设置形状样式

11 执行【开始】|【工具】|【连接线】命令，拖动鼠标连接第一个与第二个形状，如图 2-76 所示。使用同样的方法，分别连接其他形状。

12 执行【设计】|【背景】|【背景】|【活力】命令，为绘图页添加背景，如图 2-77 所示。

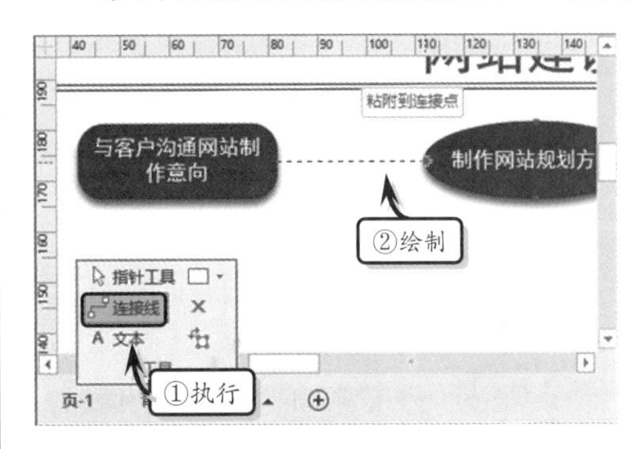

图 2-76 连接形状

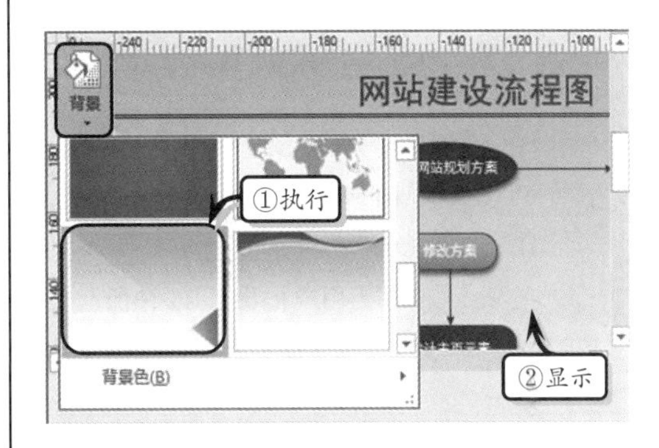

图 2-77 设置绘图页背景

思考与练习

一、填空题

1．启动 Visio 2016 组件，软件会自动显示____________页面。

2．用户也可以通过单击【快速访问工具栏】中的__________按钮，或使用__________快捷键的方法来新建一个空白文档。

3．在制作绘图时，可以通过 Visio 2016 中的__________等功能来查看绘图页的不同部分。

4．在【扫视和缩放】窗口中按住__________键，同时滚动鼠标可以缩放绘图区域。

5．前景页主要用于____________，而背景页要用于显示____________。

6．在 Visio 2016 中，除了可以打开本地计算机中的绘图文档之外，还可以打开__________或其他位置中的绘图文档。

7．Visio 2016 还为用户提供了【添加位置】功能，帮助用户打开__________或__________中的绘图文档。

二、选择题

1．用户也可以新建一个空白、没有任何模具、不带比例的绘图页，其创建方法包括直接创建法、菜单命令法和_____。

A．组合法

B．菜单法

C．模板法

D．快捷命令法

2．用户可以通过_______方法来打开 Visio 2016 不支持的文件。

A. 复制

B. 粘贴

C. 剪贴板

D. 剪切

3. 为了防止 Visio 文档中的数据泄漏，用户可以通过________与________方法保护 Visio 文档。

A. 【保护文档】命令

B. 【信任中心】对话框

C. 另存为文档

D. 删除文档

4. 在 Visio 2016 中，用户可以使用________快捷键放大绘图页。

A. Alt+F6 键

B. Shift+Alt+F6 组合键

C. Shift+Ctrl+W 组合键

D. Shift+Ctrl 键

5. 在 Visio 2016 为用户提供了 25 种保存类型，其中表示可以将文档存储为网页格式的文件类型为________。

A. Web 页

B. 图形交换格式

C. 可缩放的向量图形

D. 可移植网络图形

三、问答题

1. 简述创建背景页的操作方法。
2. 页面设置主要包括哪几项内容？
3. 如何删除文档中的个人信息？

四、上机练习

1. 制作会议室设计图

在本练习中将利用 Visio 2016 中的添加形状、添加背景、页面设置等知识点，来制作一份会议室设计图，如图 2-78 所示。首先，执行【文件】|【新建】命令，选择【办公室布局】选项，并单击【创建】按钮。执行【设计】|【页面设置】|【对话框启动器】命令，在【打印设置】选项卡中选中【横向】选项。然后，分别添加【房间】、【门】、【窗户】、【带有多把椅子的矩形桌】、【圆形垃圾桶】、【衣帽钩】等形状。最后，执行【设计】|【背景】|【活力】命令。

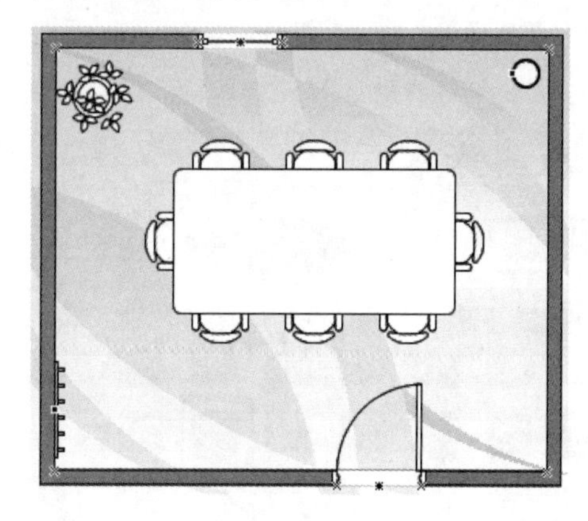

图 2-78 会议室设计图

2. 制作工作流程图

本练习将利用 Visio 2016 中的【基本流程图】模板，来制作一份作流程图，如图 2-79 所示。首先，执行【文件】|【新建】命令，选择【基本流程图】选项，并单击【创建】按钮。在【形状】任务窗格中，将流程图需要的形状拖到绘图页中，并在形状中输入工作流程文本。然后，执行【设计】|【主题】|【笔】命令，设置绘图页的主题效果。最后，执行【开始】|【工具】|【连接线】命令，连接所有的形状。执行【保存】|【另存为】命令，将流程图保存为 Visio 模板文件。

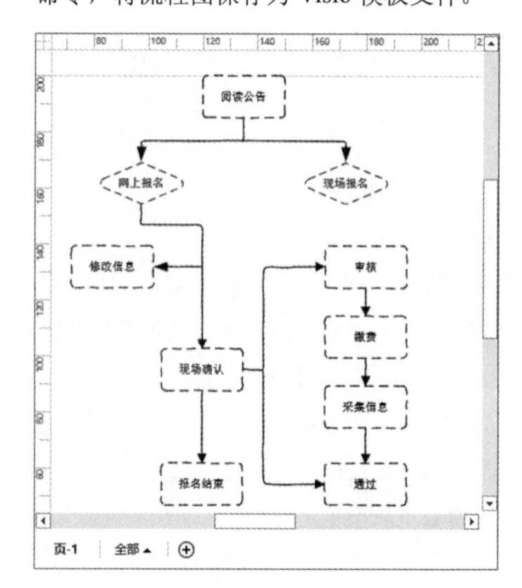

图 2-79 工作流程图

第3章 使用形状

任何一个 Visio 绘图都是由形状组成的，形状是构成图表的基本元素。在 Visio 中存储了数百个内置形状，用户可以按照绘图方案，将不同类型的形状拖到绘图页中，并利用形状手柄、行为等功能精确地排列、组合、调整与连接形状。在本章中，主要介绍 Visio 形状的基础知识与使用技巧。

本章学习要点：

- 形状分类
- 选择形状
- 排列形状
- 调整形状
- 绘制形状
- 连接形状

3.1 形状概述

Visio 中的所有图表元素都称作形状，其中包括插入的图片、公式及绘制的线条与文本框。而利用 Visio 绘图的整体逻辑思路，即是将各个形状按照一定的顺序与设计拖到绘图页中。在使用形状之前，先来介绍一下形状的分类、形状手柄等基本内容。

3.1.1 形状分类

在 Visio 中，形状表示对象和概念。根据形状不同的行为方式，可以将形状分为一维（1-D）与二维（2-D）两种类型。

1. 一维形状

一维形状像线条一样，其行为与线条类似。Visio 中的一维形状具有起点和终点两个端点，如图 3-1 所示。

一维形状具有以下特征。

- ❑ **起点** 是空心的方块。
- ❑ **终点** 是实心的方块。
- ❑ **连接作用** 可粘附在两个形状之间，具有连接的作用。
- ❑ **选择手柄** 部分一维形状中具有选择手柄，可以通过选择手柄调整形状的外形。
- ❑ **拖动形状** 当用户拖动形状时，只能改变形状的长度或位置。

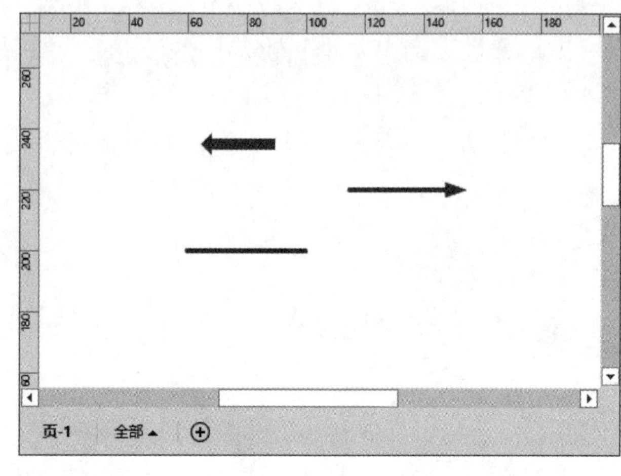

图 3-1 一维形状

2. 二维形状

二维形状具有两个维度，选择该形状时候没有起点和终点，其行为类似于矩形，如图 3-2 所示。

二维形状具有以下特征。

- ❑ **手柄** 具有 8 个选择手柄，其手柄分别位于形状的角与边上。
- ❑ **形态** 根据形状的填充效果，二维形状可以是封闭的也可以是开放的。
- ❑ **选择手柄** 拐角上的选择手柄可以改变形状的长度与宽度。

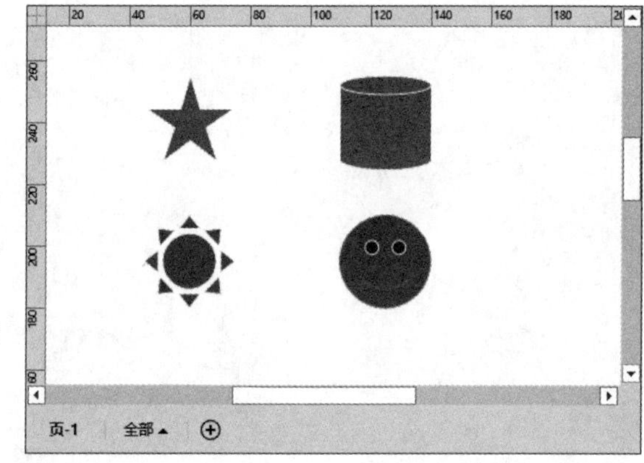

图 3-2 二维形状

3.1.2 形状手柄

形状手柄是形状周围的控制点，只有在选择形状时才会显示形状手柄。用户可以通过执行【开始】|【工具】|【指针工具】命令，来选择形状。在 Visio 中，形状手柄可分为选择手柄、控制手柄、锁定手柄、旋转手柄、连接点、顶点等类型。

1. 调整形状手柄

该类型的手柄主要用于调整形状的大小、旋转形状等，主要包括下列几种手柄类型。

（1）选择手柄：可以用来调整形状的大小。当用户选择形状时，在形状周围出现的“空心圆形”○便是选择手柄。

（2）控制手柄：主要用来调整形状的角度与方向。当用户选择形状时，形状上出现的“黄色圆形”●即为控制手柄。只有部分形状具有控制手柄，并且不同形状上的控制手柄具有不同的改变效果。

（3）锁定手柄：表示所选形状处于锁定状态，用户无法对其进行调整大小或旋转等操作。选择形状时，在形状周围出现的“带斜线的圆形”⊘即为锁定手柄。执行【形状】

|【组合】|【取消组合】命令，可以解除形状的锁定状态。

（4）旋转手柄：主要用于改变形状的方法。选择形状时，在形状顶端出现的“圆形符号”即为旋转手柄。

调整手柄具体类型的显示方式，如图 3-3 所示。

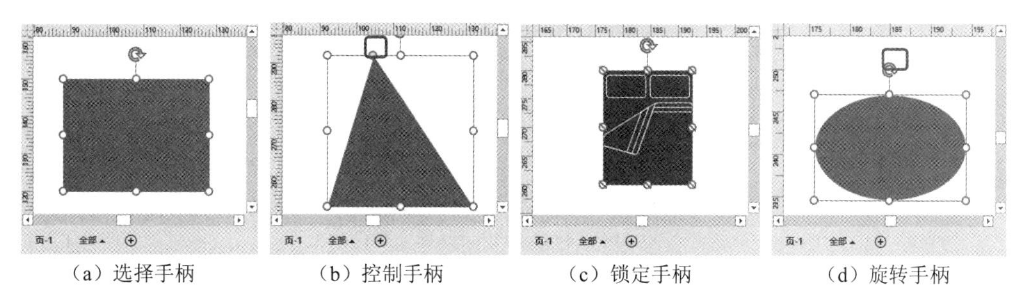

（a）选择手柄　（b）控制手柄　（c）锁定手柄　（d）旋转手柄

图 3-3 调整形状手柄

提　示

将光标置于形状中的旋转手柄上，当光标变为符号时，拖动鼠标即可旋转形状。

2. 控制点与顶点

当使用【开始】选项卡【工具】选项组中的【铅笔】工具绘制线条、弧线形状时，形状上出现的“原点”称为控制点，拖动控制点可以改变曲线的弯曲度或弧度的对称性。而形状上两头的顶点圆形可以扩展形状，拖动鼠标从顶点处可以继续绘制形状，如图 3-4 所示。

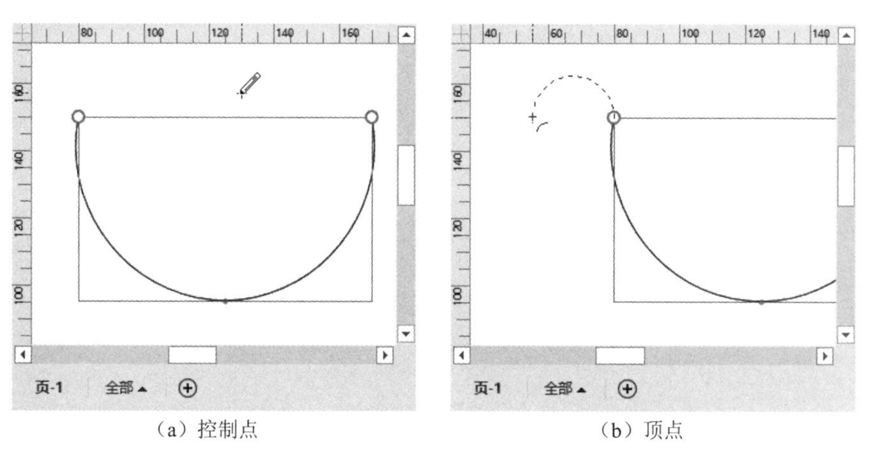

（a）控制点　（b）顶点

图 3-4 控制点与顶点

另外，用户还可以利用添加或删除顶点来改变形状。将【三角形】形状拖动到绘图页中，使用【开始】选项卡【工具】选项组中的【铅笔】工具时，选择形状后按住 Ctrl 键单击形状边框，即可为形状添加新的顶点，拖动顶点即可改变形状，如图 3-5 所示。

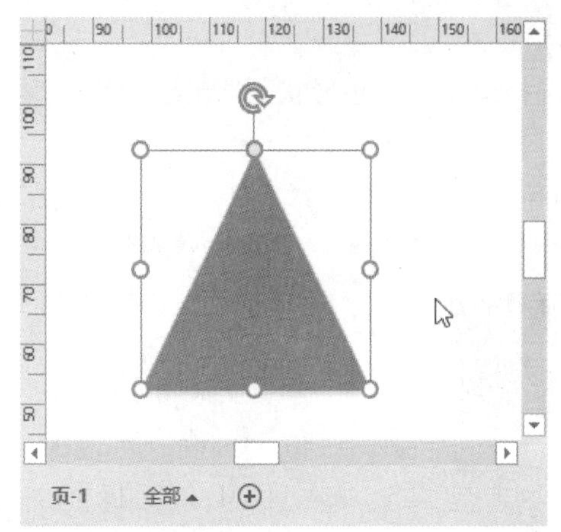

（a）三角形

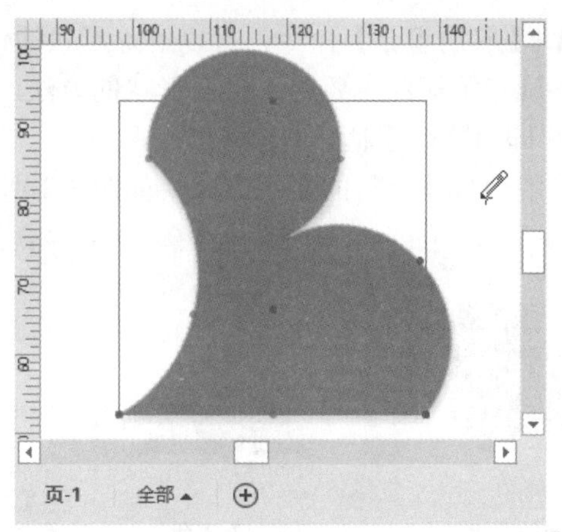

（b）改变后的三角形

图 3-5 改变形状

提 示

只有在绘制形状的状态下，才可以显示控制点与顶点。当取消绘制状态时，控制点与顶点将变成选择手柄。

3．连接点

连接点是形状上的一种特殊的点，用户可以通过连接点将形状与连接线或其他形状"粘附"在一起。

- **向内连接点** 一般的形状都具有向内连接点，该连接点可以吸引一维形状连接线的端点以及二维形状的向外或向内连接点。
- **向外连接点** 该连接点一般情况下出现在二维形状中，通过该连接点可以粘附二维形状。
- **向内/向外连接点** Visio 使用"原点"来表示形状上的向内/向外连接点，默认情况下形状中的连接点为隐藏状态，用户可执行【开始】|【工具】|【连接线】命令，将光标停留在形状上方，即可显示连接点，如图 3-6 所示。

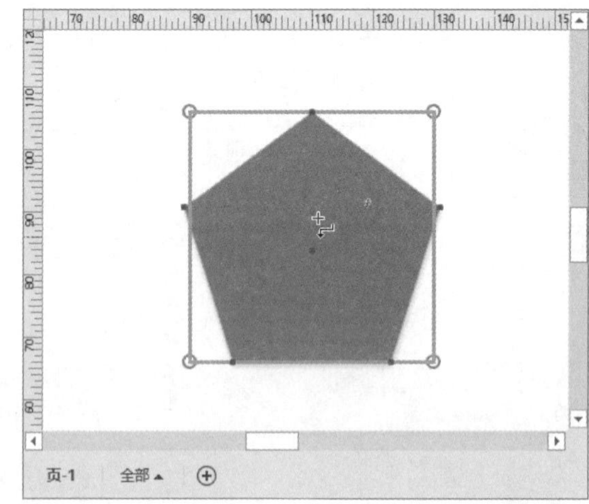

图 3-6 连接点

提 示

连接点不是形状上唯一可以粘附连接线的位置。用户还可以将连接线粘附到连接点以外的部分（如选择手柄）。

3.1.3 获取形状

在使用 Visio 绘图时，需要根据图表类型获取不同类型的形状。除了使用 Visio 中存储的上百个形状之外，用户还可以利用“搜索”与“添加”功能，使用网络或本地文件夹中的形状。

1. 从模具中获取

启动 Visio 组件后，模具会根据创建的模板而自动显示在【形状】任务窗格中。用户可通过任务窗格中相对应的模具来选择形状。除了使用模具中自动显示的形状之外，用户还可以通过单击【形状】任务窗格中的【更多形状】下拉按钮，将其他模具添加到【形状】任务窗格中，如图 3-7 所示。

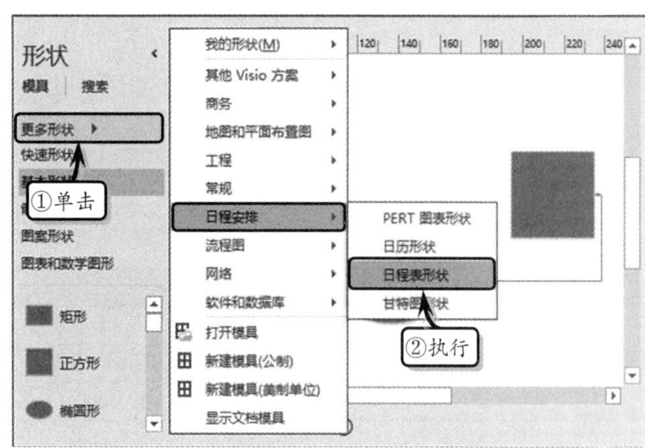

图 3-7 从模具中获取形状

2. 从【我的形状】中获取

对于专业用户来讲，往往需要使用他人或网络中的模具来绘制图表或模型。此时，用户需要将共享或下载的模具文件复制到指定的目录中。将文件复制到该目录下后，在 Visio 中单击【形状】任务窗格中的【更多形状】按钮，在列表中执行【我的形状】|【组织我的形状】命令，即可在子菜单中选择新添加的形状，如图 3-8 所示。

图 3-8 添加形状

3. 使用搜索形状

Visio 为用户提供了搜索形状的功能，使用该功能可以从网络中搜索到相应的形状。在【形状】任务窗格中，激活【搜索】选项卡，在【搜索形状】文本框中输入需要搜索形状的名称，单击右侧的【搜索】按钮即可，如图 3-9 所示。

另外，用户可通过右击【形状】任务窗格，执行【搜索选项】命令。在弹出的【Visio 选项】对话框中的【高级】选项卡中，可以设置搜索位置、搜索结果等选项，如图 3-10 所示。

在【高级】选项卡【形状搜索】选项组中的各选项的功能，如表 3-1 所示。

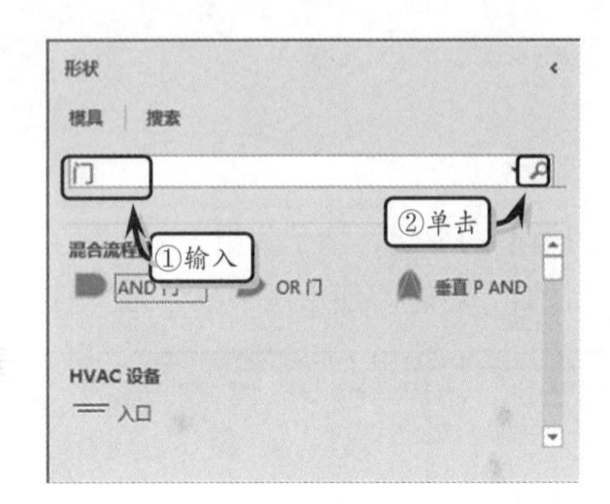

图 3-9 搜索形状

图 3-10 设置搜索选项

表 3-1 【形状搜索】选项

选项组	选项	说明
显示【形状搜索】窗格		表示是否在【形状】窗口中显示【形状搜索】窗格
搜索	完全匹配	表示搜索形状应符合所输入的每个关键字
	单词匹配	表示搜索的形状至少符合一个关键字

3.2 编辑形状

在 Visio 中制作图表时，操作最多的元素便是形状。用户需要根据图表的整体布局选择单个或多个形状，还需要按照图表的设计要求旋转、对齐与组合形状。另外，为了使绘图页具有美观的外表，还需要精确地移动形状。

3.2.1 选择形状

在对形状进行操作之前，需要选择相应形状。用户可以通过下面几种方法进行选择。

- **选择单个形状** 执行【开始】|【工具】|【指针工具】命令，将光标置于需要选择的形状上，当光标变为“四向箭头”时，单击即可选择该形状。
- **选择多个连续的形状** 使用【指针工具】命令，选择第一个形状后，按住 Shift 或 Ctrl 键逐个单击其他形状，即可依次选择多个形状。
- **选择多个不连续的形状** 执行【开始】|【编辑】|【选择】命令，在其列表中执行【选择区域】或【套索选择】命令，使用鼠标在绘图页中绘制矩形或任意样式的选择轮廓，释放鼠标后即可选择该轮廓内的所有形状。
- **选择所有形状** 执行【开始】|【编辑】|【选择】|【全选】命令，或按下 Ctrl+A 键即可选择当前绘图页内的所有形状。
- **按类型选择形状** 执行【开始】|【编辑】|【选择】|【按类型选择】命令，在弹出的【按类型选择】对话框中，用户可以设置所要选择形状的类型。

3.2.2 移动形状

简单的移动形状，是利用鼠标拖动形状到新位置中。但是，在绘图过程中，为了美观、整洁，需要利用一些工具来精确地移动一个或多个形状。

1. 使用参考线

用户可以使用【参考线】工具，来同步移动多个形状。首先，执行【视图】|【视觉帮助】|【对话框启动器】命令，在弹出的【对齐和粘附】对话框中，启用【对齐】与【粘附】选项组中的【参考线】复选框，如图 3-11 所示。

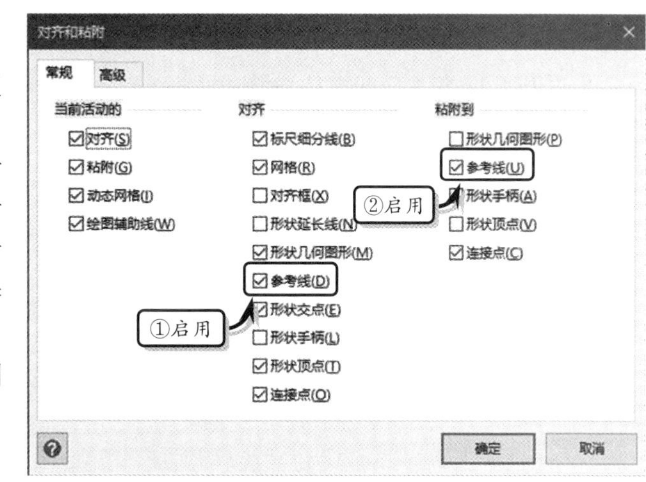

图 3-11 【对齐和粘附】对话框

然后，使用鼠标拖动标尺到绘图页中，即可以创建参考线。最后，将形状拖动到参考线上，当参考线上出现绿色方框时，则表示形状与参考线相连，如图 3-12 所示。利用上述方法，分别将其他形状与参考线相连。此时，拖动参考线即可同步移动多个形状。

提 示

在绘图页中添加参考线后，可选择参考线，按下 Delete 键对齐进行删除。

2. 使用【大小和位置】窗口

用户可以根据 X 与 Y 轴来移动形状，执行【视图】|【显示】|【任务窗格】|【大小和位置】命令。在绘图页中选择形状，并在【大小和位置】窗口中，修改 X 和 Y 文本框中的数值即可，如图 3-13 所示。

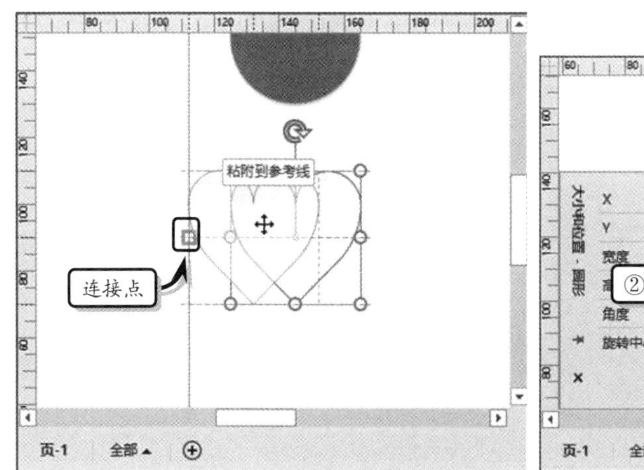

图 3-12 连接参考线

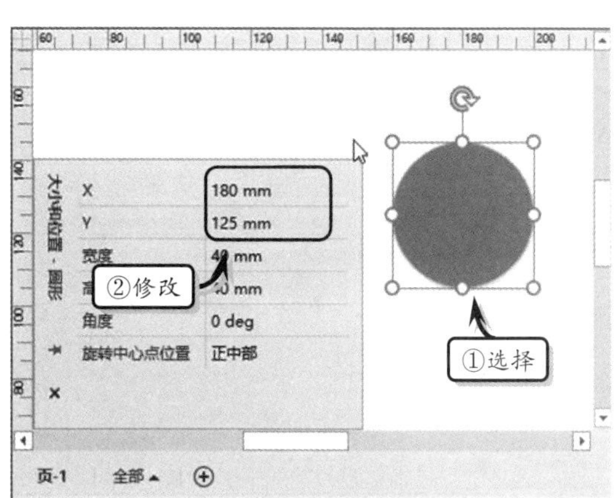

图 3-13 移动形状

3.2.3 旋转与翻转形状

旋转形状即是将形状围绕一个点进行转动，而翻转形状是改变形状的垂直或水平方向，也就是生成形状的镜像。在绘图页中，用户可以使用以下方法，旋转或翻转形状。

1. 旋转形状

用户可以通过下列几种方法，来旋转形状。

- **执行旋转命令** 选择绘图页中需要旋转的形状，执行【开始】|【排列】|【位置】|【旋转形状】命令，在其级联菜单中选择相应的选项即可。
- **使用旋转手柄** 选择绘图页中需要旋转的形状，将光标置于旋转手柄上，当光标变为"旋转形状"时，拖动旋转手柄到合适角度即可，如图 3-14 所示。
- **精确设置形状的旋转角度** 选择需要旋转的形状，执行【视图】|【显示】|【任务窗格】|【大小和位置】命令，在【旋转中心点位置】下拉选择列表中选择相应的选项即可。

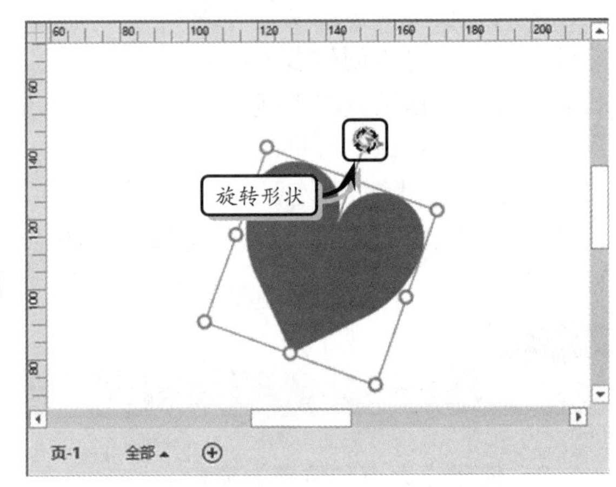

图 3-14 旋转手柄

2. 翻转形状

在绘图页中，选择要翻转的形状，执行【开始】|【排列】|【位置】|【旋转形状】|【垂直翻转】或【水平翻转】命令，即可生成所选形状的水平镜像，如图 3-15 所示。

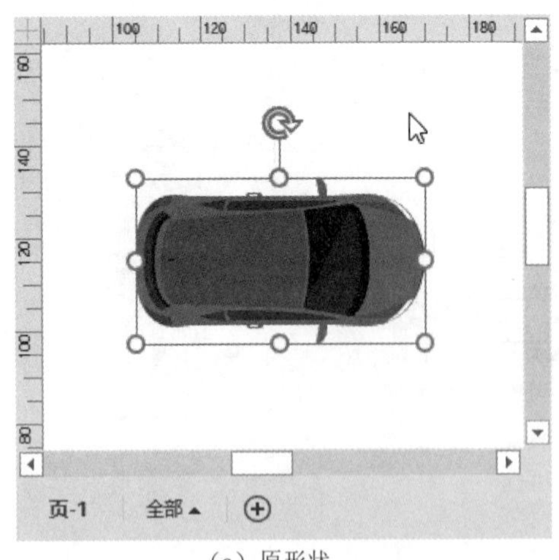

（a）原形状

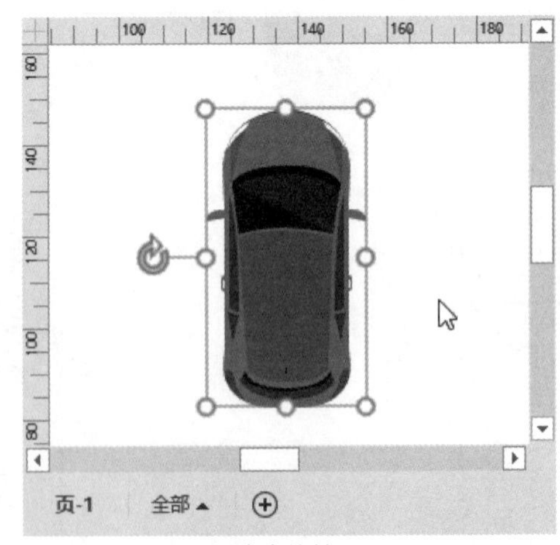

（b）向左旋转 90°

图 3-15 翻转形状

3.2.4 对齐与分布形状

对齐形状是沿水平轴或纵轴对齐所选形状。分布形状是在绘图页上均匀地隔开三个或多个选定形状。其中，垂直分布通过垂直移动形状，可以让所选形状的纵向间隔保持一致。而水平分布通过水平移动形状，能够使所选形状的横向间隔保持一致。

1. 对齐形状

在 Visio 中，用户可先选择需要对齐的多个形状，执行【开始】|【排列】|【排列】命令，对形状进行水平对齐或垂直对齐，如图 3-16 所示。

在【对齐形状】组中，主要包括【自动对齐】、【左对齐】、【右对齐】等 7 种选项，其各个选项的功能，如表 3-2 所示。

表 3-2 【对齐形状】选项

按钮	选项	说明
	自动对齐	为系统的默认选项，可以移动所选形状来拉伸连接线
	左对齐	以主形状的最左端为基准，对齐所选形状
	水平居中	以主形状的水平中心线为基准，对齐所选形状
	右对齐	以主形状的最右端为基准，对齐所选形状
	顶端对齐	以主形状的顶端为基准，对齐所选形状
	垂直居中	以主形状的垂直中心线为基准，对齐所选形状
	底端对齐	以主形状的底部为基准，对齐所选形状

2. 分布形状

执行【开始】|【排列】|【位置】|【空间形状】|【横向分布】或【纵向分布】命令，自动分布形状。另外，用户还可以执行【开始】|【排列】|【位置】|【空间形状】|【其他分布选项】命令，在弹出的【分布形状】对话框中，对形状进行水平分布或垂直分布，如图 3-17 所示。

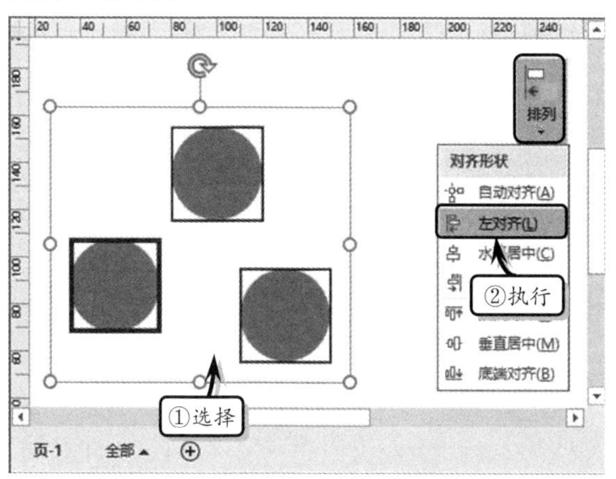

图 3-16 对齐形状

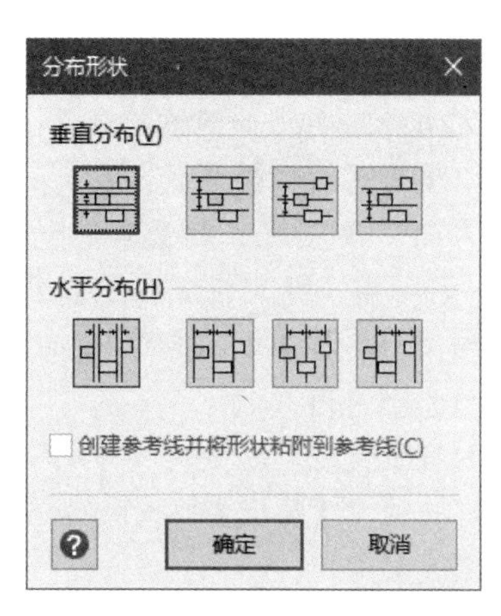

图 3-17 【分布形状】对话框

该对话框中的各选项的功能，如表 3-3 所示。

表 3-3 【分布形状】选项

选项组	按钮	选项	说明
垂直分布		【垂直分布形状】按钮	将相邻两个形状的底部与顶端的间距保持一致
		【靠上垂直分布形状】按钮	将相邻两个形状的顶端与顶端的间距保持一致
		【垂直居中分布形状】按钮	将相邻两个形状的水平中心线之间的距离保持一致
		【靠下垂直分布形状】按钮	将相邻两个形状的底部与底部的间距保持一致
水平分布		【水平分布形状】按钮	将相邻两个形状的最左端与最右端的间距保持一致
		【靠左水平分布形状】按钮	将相邻两个形状的最左端与最左端的间距保持一致
		【水平居中分布形状】按钮	将相邻两个形状的垂直中心线之间的距离保持一致
		【靠右水平分布形状】按钮	将相邻两个形状的最右端与最右端的间距保持一致
创建参考线并将形状粘附到参考线			启用该选项后，当用户移动参考线时，粘附在该参考线上的形状会一起移动

3.2.5 排列形状

Visio 为用户提供了多种类型的布局，在使用布局制作图表时，需要根据图表内容调整布局中形状的排列方式。

1. 设置布局选项

在 Visio 中，用户可以根据不同的图表类型设置形状的布局方式。执行【设计】|【版式】|【重新布局页面】命令，在其级联菜单中选择相应的选项即可。另外，执行【重新布局页面】|【其他布局选项】命令，在弹出的【配置布局】对话框中设置布局选项，如图 3-18 所示。

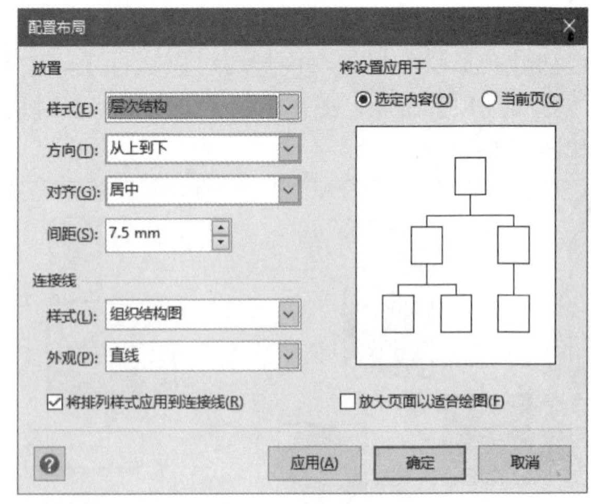

图 3-18 【配置布局】选项

该对话框中的各选项的功能如下所述。

- **放置样式** 设置排放形状的样式。使用预览可查看所选设置是否可达到所需的效果。对于没有方向的绘图（如网络绘图），可以使用【圆形】样式。
- **方向** 设置用于放置形状的方向。只有当使用【流程图】、【压缩树】或【层次】样式时，此选项才会启用。
- **对齐** 设置形状的对齐方式。只有当使用【层次】样式时，此选项才会启用。
- **间距** 设置形状之间的间距。
- **连接线样式** 设置用于连接形状的路径或路线的类型。

- 外观　指定连接线是直线还是曲线。
- 将排列样式应用到连接线　启用该选项，可以将所选的连接线样式和外观应用到当前页的所有连接线中，或仅应用于所选的连接线。
- 放大页面以适合绘图　选中此复选框可在自动排放形状时放大绘图页以适应绘图。
- 将设置应用于　启用【选定内容】选项时，可以将布局仅应用到绘图页中选定的形状。启用【当前页】选项时，可以将布局应用到整个绘图页中。

提　示

在应用新的布局后，用户可按下 Ctrl+Z 快捷键取消布局。

2. 设置布局与排列间距

执行【设计】|【页面设置】|【对话框启动器】命令，在弹出的【页面设置】对话框中激活【布局与排列】选项卡，单击【间距】按钮。在弹出的【布局与排列间距】对话框中，设置布局与排列的间距值，如图 3-19 所示。

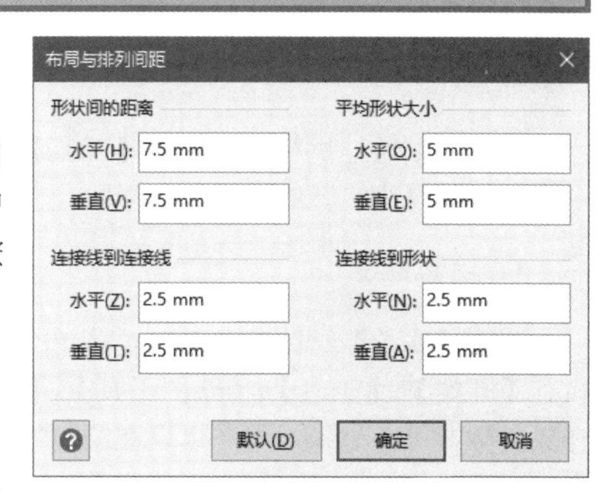

图 3-19　【布局与排列间距】对话框

在该对话框中，主要包括下列几种选项。

- 形状间的距离　指定形状之间的间距。
- 平均形状大小　指定绘图中形状的平均大小。
- 连接线到连接线　指定连接线之间的最小间距。
- 连接线到形状　指定连接线和形状之间的最小间距。

3. 配置形状的布置行为

布局行为是指定二维形状在自定布局过程中的行为。执行【开发工具】|【形状设计】|【行为】命令，在弹出的【行为】对话框中的【放置】选项卡中，设置布置行为选项即可，如图 3-20 所示。

图 3-20　设置【放置】选项

在该对话框中，主要包括下列选项。

- 放置行为　决定二维形状与动态连接线交互的方式。
- 放置时不移动　指定自动布局过程中形状不应移动。
- 允许将其他形状放置在前面　指定自动布局过程中其他形状可以放置在所选形状前面。
- 放下时移动其他形状　指定当形状移动到页面上时是否移走其他形状。
- 放下时不允许其他形状移动此形状　指定当其他形状拖动到页面上时不移动所

选形状。

- ❑ **水平穿绕** 指定动态连接线可水平穿绕二维形状（一条线穿过中间）。
- ❑ **垂直穿绕** 指定动态连接线可垂直穿绕二维形状（一条线穿过中间）。

3.3 绘制形状

虽然通过拖动模具中的形状到绘图页中创建图表是 Visio 制作图表的特点。但是在实际应用中往往需要创建独特且具有个性的形状，或者对现有的形状进行调整或修改。因此，用户需要利用 Visio 中的绘图工具，来绘制需要的形状。

3.3.1 绘制直线、弧线与曲线

用户可以通过执行【开始】|【工具】|【绘图工具】命令，在其列表中选择相应的命令，来绘制直线、弧线等简单的形状。

1．绘制直线

利用【线条】绘图工具可以绘制单个线段、一系列相互连接的线段以及闭合形状。执行【开始】|【工具】|【绘图工具】|【线条】命令，在绘图页中拖动鼠标绘制线段，释放鼠标即可。另外，用户可以在绘制线段的一个端点处继续绘制直线，则可以绘制一系列相互连接的线段。同时，单击系列线段的最后一条线段的端点，并拖动至第一条线段的起点，即可绘制闭合形状，如图 3-21 所示。

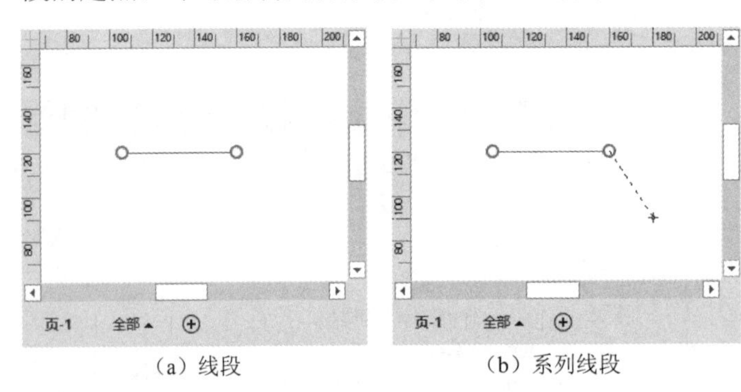

（a）线段

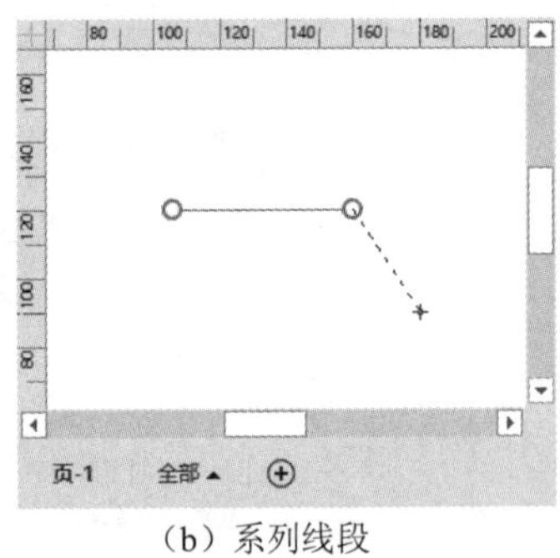

（b）系列线段

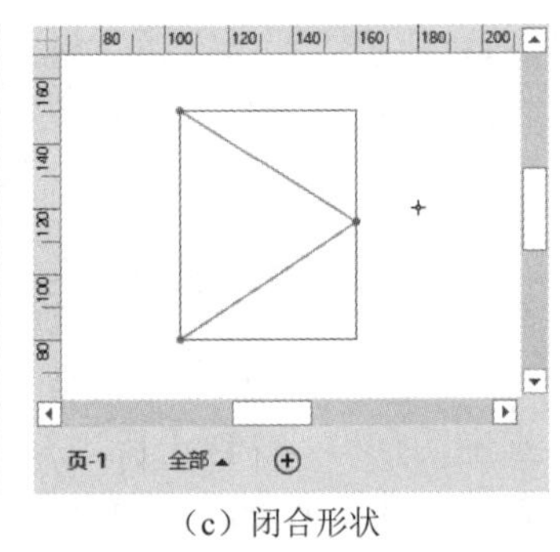

（c）闭合形状

图 3-21 绘制直线

提 示

绘制线段形状后，在线段的两端分别以绿色的方框显示起点与终点。而绘制一系列相连的线段后，在每条线段的端点都以绿色的菱形显示。

2．绘制弧线

首先，执行【开始】|【工具】|【绘图工具】|【弧形】命令，在绘图页中单击一个点，拖动鼠标即可绘制一条弧线。然后，执行【开始】|【工具】|【绘图工具】|【铅笔】命令，拖动弧线离心手柄的中间点即可调整弧线的曲率大小。另外，拖动外侧的离心率

手柄，即可改变弧线的形状，如图 3-22 所示。

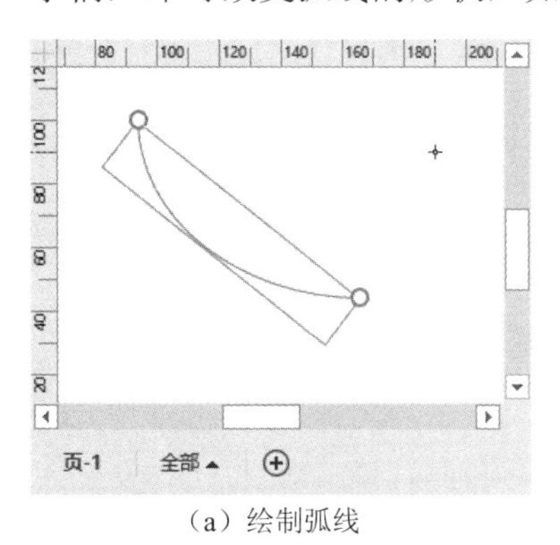
(a) 绘制弧线

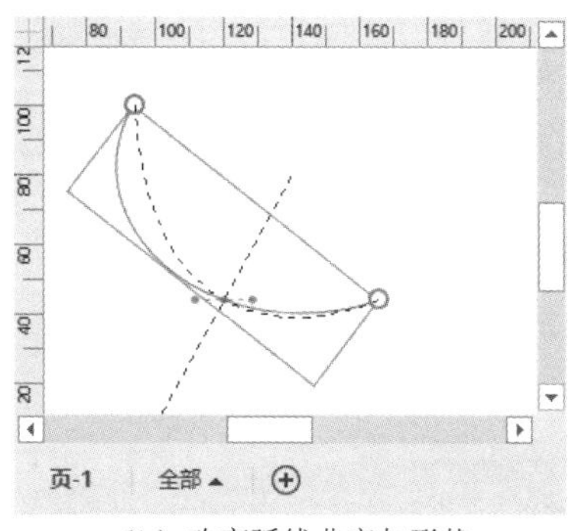
(b) 改变弧线曲率与形状

图 3-22 绘制弧线

3. 绘制曲线

首先，执行【开始】|【工具】|【绘图工具】|【任意多边形】命令，在绘图页中单击一个点并随心所欲地拖动鼠标，释放鼠标后即可绘制一条平滑的曲线。如果用户想绘制出平滑的曲线，需要在绘制曲线之前，执行【文件】|【选项】命令，在【选项】对话框中激活【高级】选项卡，设置曲线的精度与平滑度，如图 3-23 所示。

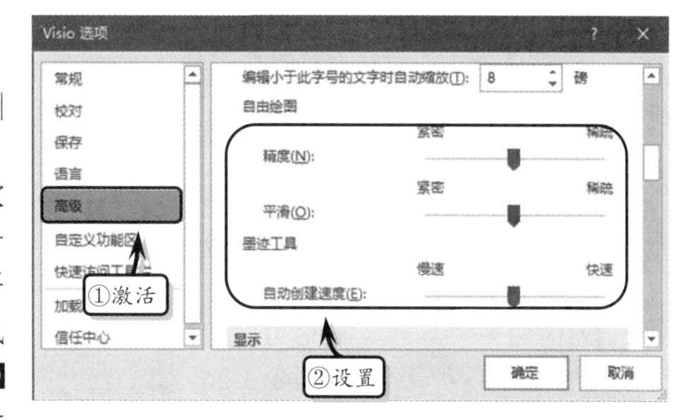

图 3-23 设置平滑度

另外，还需要执行【视图】|【视觉帮助】|【对话框启动器】命令，在弹出的【对齐和粘附】对话框中，禁用【当前活动的】选项组中的【对齐】复选框，如图 3-24 所示。

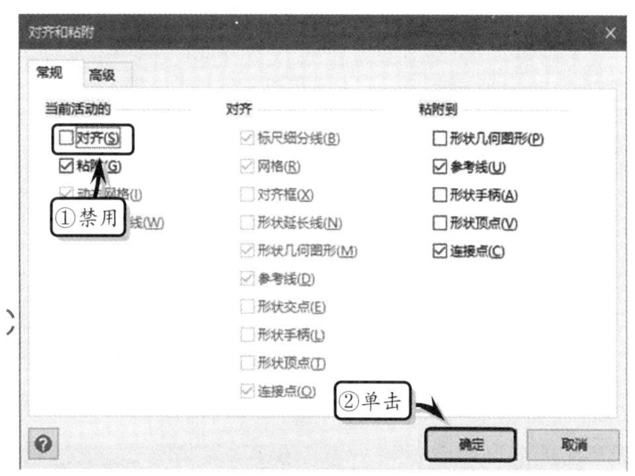

图 3-24 取消对齐格式

3.3.2 绘制闭合形状

闭合形状即是使用绘图工具来绘制矩形与圆形形状。执行【开始】|【工具】|【绘图工具】|【矩形】命令，当拖动鼠标时，当辅助线穿过形状对角线时，释放鼠标即可绘制一个正方形。同样，当拖动鼠标不显示辅助线时，释放鼠标即可绘制一个矩形。执行【开始】|【工具】|【绘图工具】|【椭圆】命令，拖动鼠标即可绘制一个圆形或椭圆形，如图 3-25 所示。

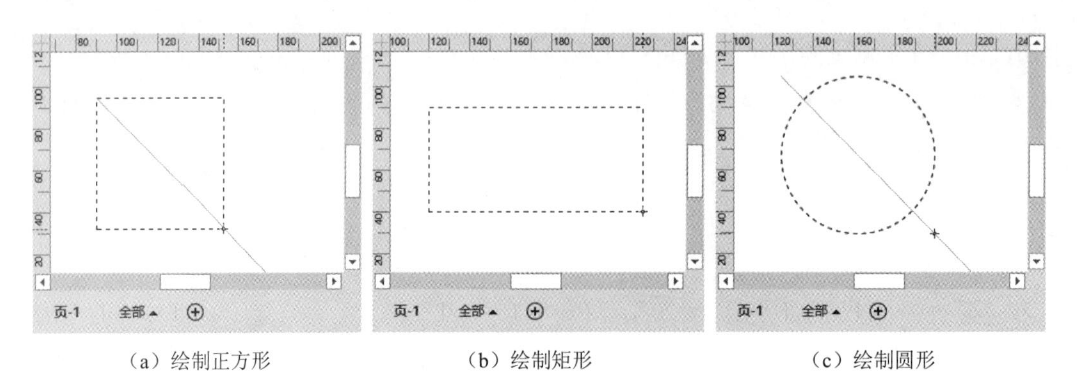

（a）绘制正方形 （b）绘制矩形 （c）绘制圆形

图 3-25 绘制闭合形状

提 示

使用【矩形】与【椭圆】绘制形状时，按住 Shift 键即可绘制正方形与圆形。

3.3.3 使用铅笔工具

使用【铅笔】工具不仅可以绘制直线与弧线，而且还可以绘制多边形。执行【开始】|【工具】|【绘图工具】|【铅笔】命令，拖动鼠标可以在绘图页中绘制各种形状，如图 3-26 所示。

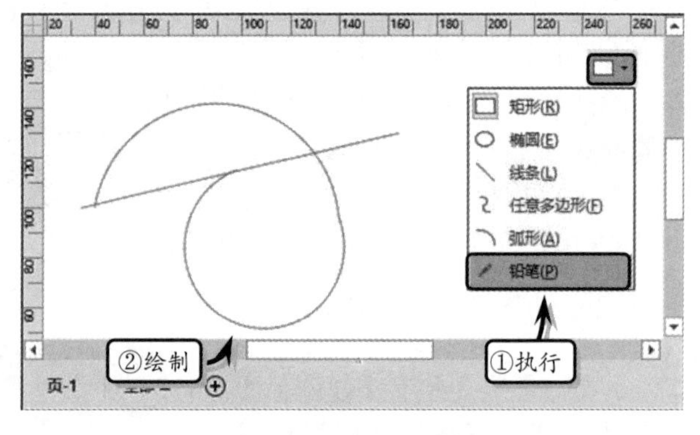

图 3-26 使用【铅笔】工具绘制形状

每种形状的绘制方法如下所示。

- **绘制直线** 以直线拖动鼠标即可绘制直线，直线模式下指针为右下角显示直线的十字准线。
- **绘制弧线** 以弧线拖动鼠标即可绘制弧线，弧线模式下的指针为右下角显示弧线的十字准线。
- **从弧线模式转换到直线模式** 移动指针到起点或终点处，当十字准线右下角的弧线消失时，以直线拖动鼠标即可转换到直线模式。
- **从直线模式转换到弧线模式** 移动指针到起点或终点处，当十字准线右下角的直线消失时，以直线拖动鼠标即可转换到弧线模式。

3.4 连接形状

在绘制图表的过程中，需要将多个相互关联的形状结合在一起，方便用户进一步的操作。Visio 新增加了自动连接功能，利用该功能可以将形状与其他绘图相连接并将相互连接的形状进行排列。下面开始介绍 Visio 用来连接形状的各种方法，包括自动连接及拖动、粘附形状和连接符。

3.4.1 自动连接

Visio 为用户提供了自动连接功能，利用自动连接功能可以将所连接的形状快速添加到图表中，并且每个形状在添加后都会间距一致并且均匀对齐。在使用自动连接功能之外，用户还需要通过执行【视图】|【视觉帮助】|【自动连接】命令，启用自动连接功能，如图 3-27 所示。

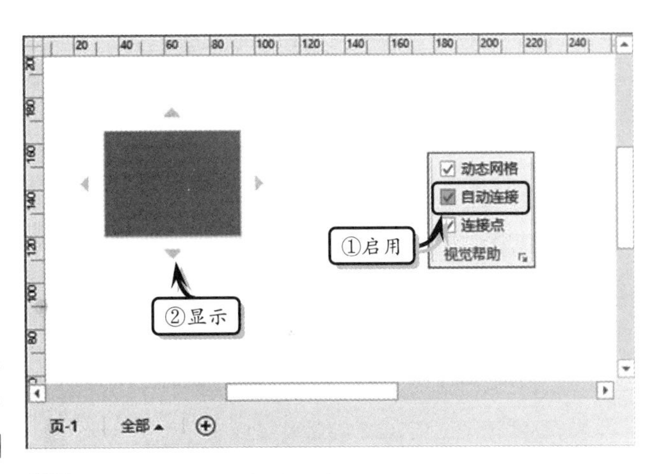

图 3-27 启动自动连接

然后，将指针放置在绘图页形状上方，当形状四周出现“自动连接”箭头时，指针旁边会显示一个浮动工具栏，单击工具栏中的形状，即可添加并自动连接所选形状，如图 3-28 所示。

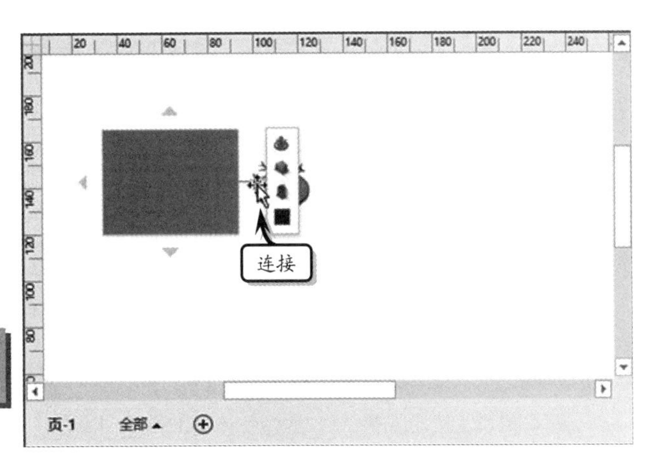

图 3-28 自动连接形状

提 示

浮动工具栏中包含【快速形状】区域的前 4 个项目，但不包含一维形状。

3.4.2 手动连接

虽然自动连接功能具有很多优势，但是在制作某些图表中还需要利用传统的手动连接。手动连接即是利用连接工具来连接形状，主要包括下列几种方法。

1. 使用【连接线】工具

执行【开始】|【工具】|【连接线】命令，将光标置于需要进行连接的形状的连接点上，当光标变为“十字型连接线箭头”时，向相应形状的连接点拖动鼠标可绘制一条连接线，如图 3-29 所示。

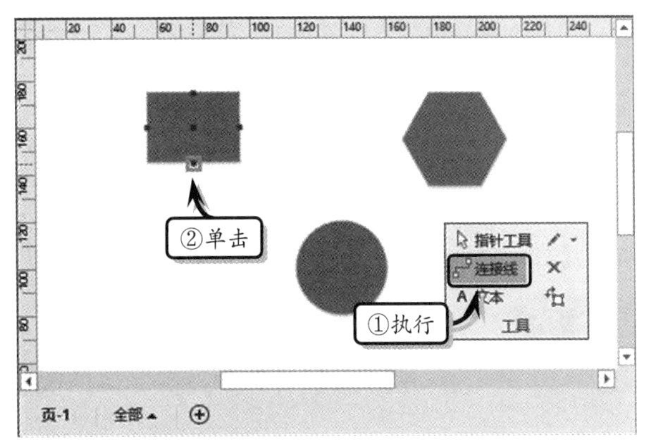

图 3-29 使用连接线工具

另外，在使用【连接线】工具时，用户可通过下列方法，来完成以下快速操作。

- ❑ **更改连接线类型** 更改连接线类型是将连接线类型更改为直角、直线或曲线。用户可右击连接线，在快捷菜单中选择连接线类型。另外，还可以执行【设计】|【版式】|【连接线】命令，在其菜单中选择连接线类型即可。
- ❑ **保持连接线整齐** 在绘图页中选择所有需要对齐的形状，执行【开始】|【排列】|【位置】|【自动对齐和自动调整间距】命令，对齐形状并调整形状之间的间距。
- ❑ **更改为点连接** 更改为点连接是将连接从动态连接更改为点连接，或反之。即，选择相应的连接线，拖动连接线的端点，使其离开形状。然后，将该连接线放置在特定的点上来获得点连接，或者放置在形状中部来获得动态连接。

2．使用模具

一般情况下，Visio 模板中会包含连接符。另外，Visio 还为用户准备了专业的连接符模具。用户可以在【形状】任务窗格中，单击【更多形状】按钮，选择【其他 Visio 方案】|【连接符】选项，将模具中相应的连接符形状拖动到形状的连接点即可，如图 3-30 所示。

提 示

对于部分形状（如“环形网络”形状），可以通过将控制手柄粘附在其他形状的连接点的方法，来连接形状。

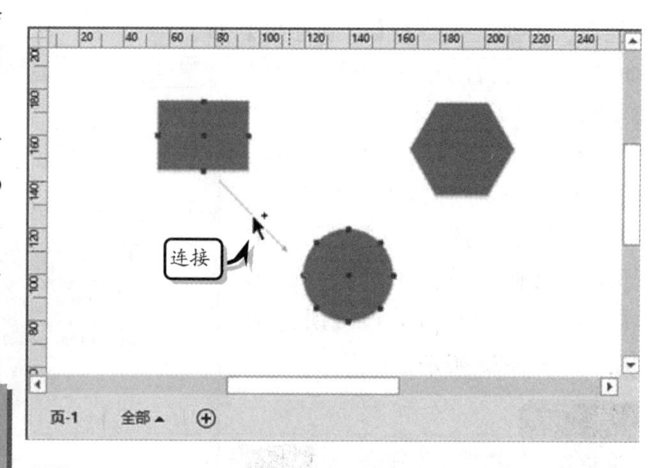

图 3-30 使用模具连接形状

3.4.3 组合与叠放形状

对于具有大量形状的图表来讲，操作部分形状比较费劲，此时用户可以利用 Visio 中的组合功能，来组合同位置或类型的形状。另外，对于叠放的形状，需要调整其叠放顺序，以达到最佳的显示效果。

1．组合形状

组合形状是将多个形状合并成一个形状。在绘图页中选择需要组合的多个形状，执行【开始】|【排列】|【组合】|【组合】命令即可，如图 3-31 所示。另外，用户可通过执行【排列】|【组合】|【取消组合】命令，来取消形状的组合状态。

提 示

选择形状之后，右击形状执行【组合】|【组合】命令，来组合形状。

2．叠放形状

当多个形状叠放在一起时，为了突出图表效果，需要调整形状的显示层次。此时，选择需要调整层次的形状，执行【开始】|【排列】|【置于顶层】或【置于底层】命令即

可，如图 3-32 所示。另外，【置于顶层】命令中还包括【上移一层】命令，而【置于底层】命令还包括【下移一层】命令。

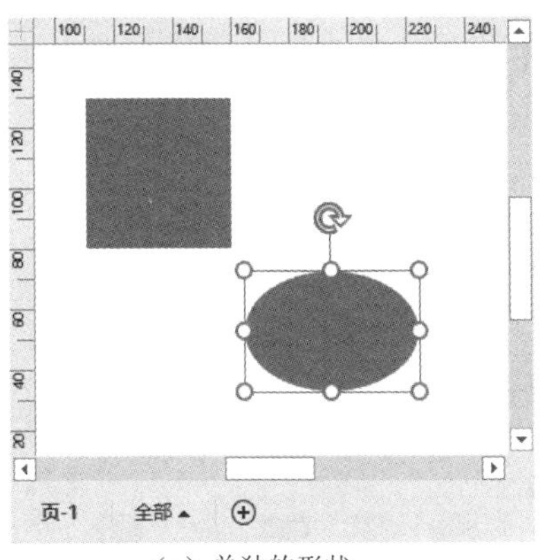

（a）单独的形状

（b）组合后的形状

图 3-31　组合形状

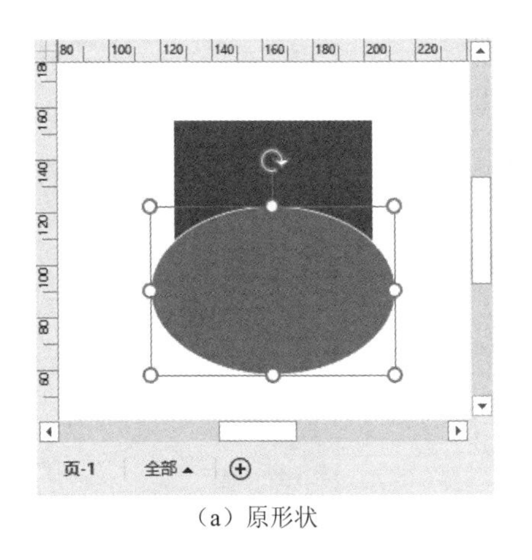

（a）原形状

（b）调整后的形状

图 3-32　叠放形状

3.5　设置形状样式

在绘图页中，每个形状都有自己的默认格式，这使得 Visio 图表容易变得千篇一律。因此，在设计 Visio 图表的过程中，可通过应用形状样式、自定义形状填充颜色和线条样式等方法，来增添图表的艺术效果，增加绘图页的美观的效果。

3.5.1　应用内置样式

Visio 为用户提供了 42 种主题样式和 4 种变体样式，以方便用户快速设置形状样式。选择形状，执行【开始】|【形状样式】|【快速样式】命令，在其级联菜单中选择相应的样式即可，如图 3-33 所示。

提 示

Visio 提供的内置样式不会一成不变，它会随着【主题】样式的更改而自动更改。

为形状添加主题样式之后，选择形状，执行【开始】|【形状样式】|【删除主题】命令，即可删除形状中所应用的主题效果，如图 3-34 所示。

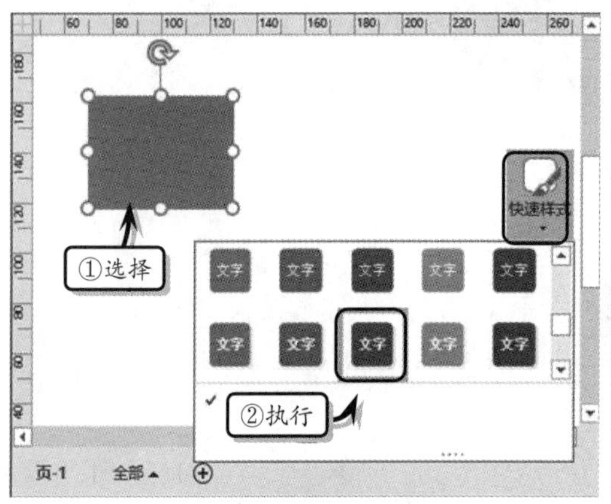

图 3-33 应用内置样式

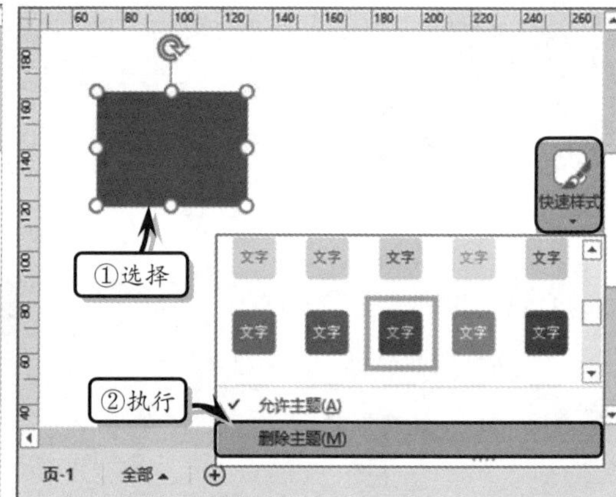

图 3-34 删除主题

3.5.2 自定义填充颜色

Visio 内置的形状样式中只包含单纯的几种填充颜色，无法满足用户制作多彩形状的要求。此时，用户可以使用【填充颜色】功能，自定义形状的填充颜色。

1. 设置纯色填充

选择形状，执行【开始】|【形状样式】|【填充】命令，在其级联菜单中选择一种色块即可，如图 3-35 所示。

图 3-35 设置纯色填充

在【填充】级联菜单中，主要包括主题颜色、变体颜色和标准色三种颜色系列。用户可以根据具体需求选择不同的颜色类型。另外，当系统内置的颜色系列无法满足用户需求时，可以执行【填充】|【其他颜色】命令，在弹出的【颜色】对话框中的【标准】与【自定义】选项卡中，设置详细的背景色，如图 3-36 所示。

技 巧

为形状设置填充颜色之后，可执行【开始】|【形状样式】|【填充】|【无填充】命令，取消填充颜色。

2. 设置渐变填充

在 Visio 中除了可以设置纯色填充之外，还可以设置多种颜色过渡的渐变填充效果。

选择形状，执行【开始】|【形状样式】|【填充】|【填充选项】命令，弹出【设置形状格式】任务窗格。在【填充线条】选项卡中，展开【填充】选项组，选中【渐变填充】选项，在其展开的列表中设置渐变类型、方向、渐变光圈、光圈颜色、光圈位置等选项即可，如图 3-37 所示。

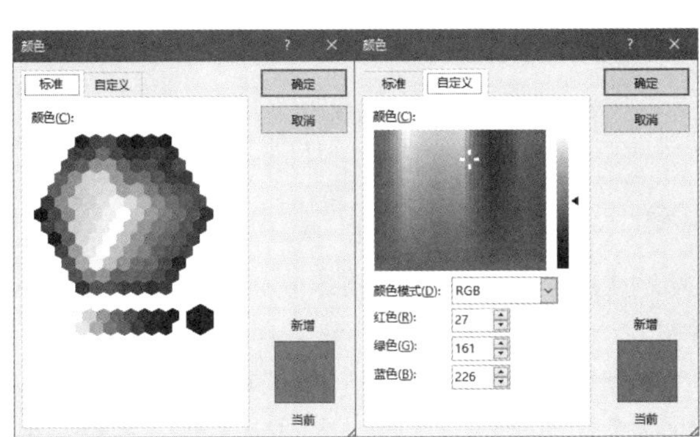

图 3-36 自定义颜色值

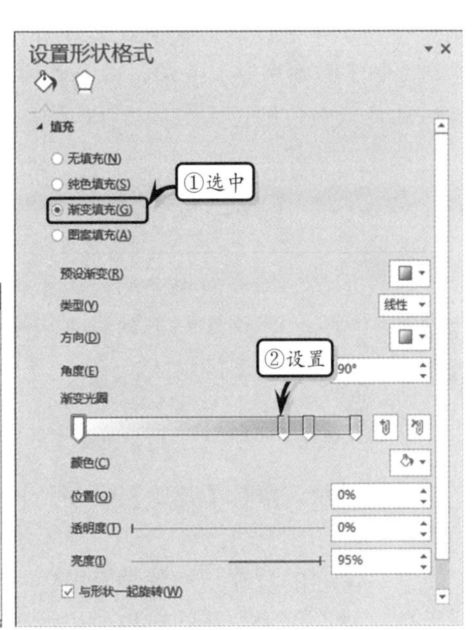

图 3-37 渐变填充

在【渐变填充】列表中，主要包括表 3-4 中的一些选项。

表 3-4 【渐变填充】选项

选项	说明
预设渐变	用于设置系统内置的渐变样式，包括红日西斜、麦浪滚滚、金色年华等 24 种内设样式
类型	用于设置颜色的渐变方式，包括线性、射线、矩形与路径方式
方向	用于设置渐变颜色的渐变方向，一般分为对角、由内至外等不同方向。该选项根据【类型】选项的变化而改变，例如，当【方向】选项为【矩形】时，【方向】选项包括从右下角、中心辐射等选项；而当【方向】选项为【线性】时，【方向】选项包括线性对角-左上到右下等选项
角度	用于设置渐变方向的具体角度，该选项只有在【类型】选项为【线性】时才可用
渐变光圈	用于增加或减少渐变颜色，可通过单击【添加渐变光圈】或【减少渐变光圈】按钮，来添加或减少渐变颜色
颜色	用于设置渐变光圈的颜色，需要先选择一个渐变光圈，然后单击其下拉按钮，选择一种色块即可
位置	用于设置渐变光圈的具体位置，需要先选择一个渐变光圈，然后单击微调按钮显示百分比值
透明度	用于设置渐变光圈的透明度，选择一个渐变光圈，输入或调整百分比值即可
亮度	用于设置渐变光圈的亮度值，选择一个渐变光圈，输入或亮度百分比值即可
与形状一起旋转	启用该复选框，表示渐变颜色将与形状一起旋转

3. 图案填充

图案填充是使用重复的水平线或垂直线、点、虚线或条纹设计作为形状的一种填充方式。在【设置形状格式】任务窗格中，选中【图案填充】选项，设置其模式、前景和背景颜色即可，如图 3-38 所示。

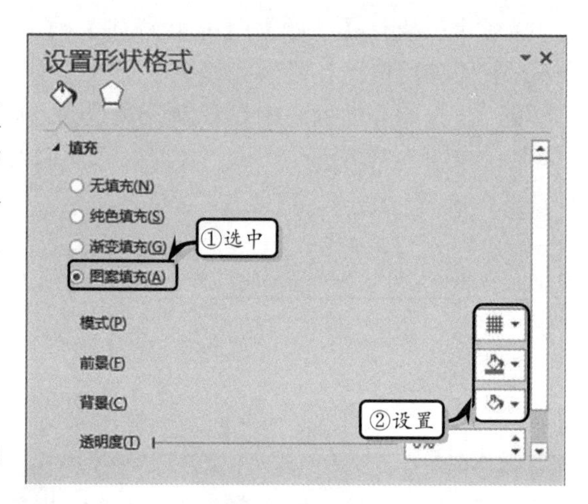

图 3-38 设置图案填充

3.5.3 自定义线条样式

设置形状的填充效果之后，为了使形状线条的颜色、粗细等与形状相互搭配，还需要设置形状线条的格式。

1. 设置线条颜色

选择形状，执行【开始】|【形状样式】|【线条】命令，在其级联菜单中选择一种色块即可，如图 3-39 所示。

线条颜色的设置与形状填充颜色中的设置大体相同，也包括主题颜色、变体颜色和标准色三种颜色类型，同时也可以通过执行【其他颜色】命令，来自定义线条颜色。另外，执行【线条选项】命令，可在弹出的【设置形状格式】对话框中，设置渐变线样式，如图 3-40 所示。

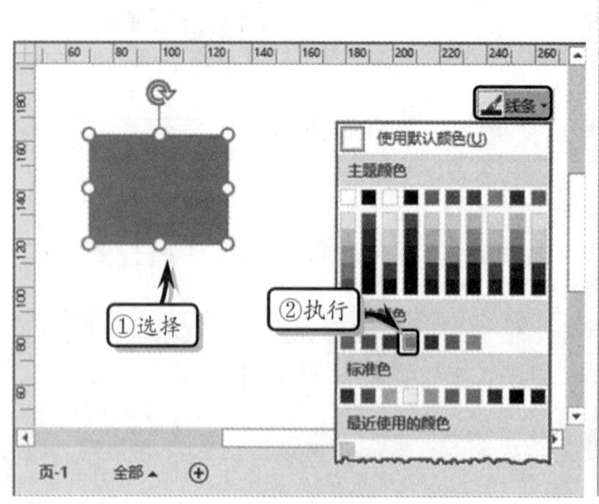

图 3-39 设置线条颜色

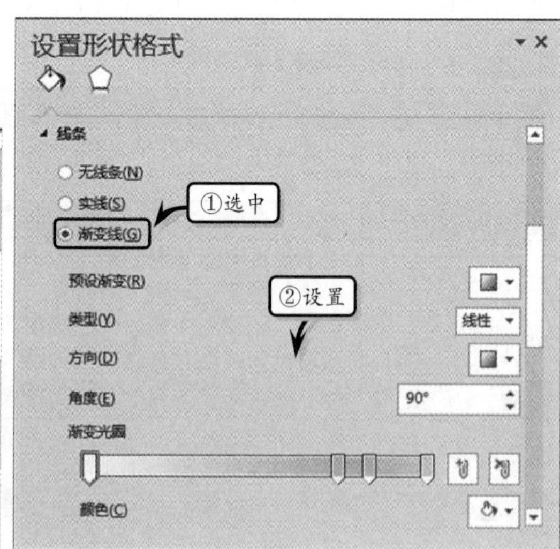

图 3-40 设置渐变线条

2. 设置线条类型

选择形状，执行【开始】|【形状样式】|【线条】|【粗细】和【虚线】命令，在其级联菜单中选择相应的选项即可，如图 3-41 所示。

选择直线形状，执行【开始】|【形状样式】|【线条】|【箭头】命令，在其级联菜单中选择一种选项，即可设置线条的箭头样式，如图 3-42 所示。

另外，为了增加形状的美观度，还需要设置形状的其他类型。执行【线条】|【线条选项】命令，弹出【设置形状格式】任务窗格。在【填充线条】选项卡中展开【线条】选项组，设置线条的复合类型、短划线类型、圆角预设等样式，如图 3-43 所示。

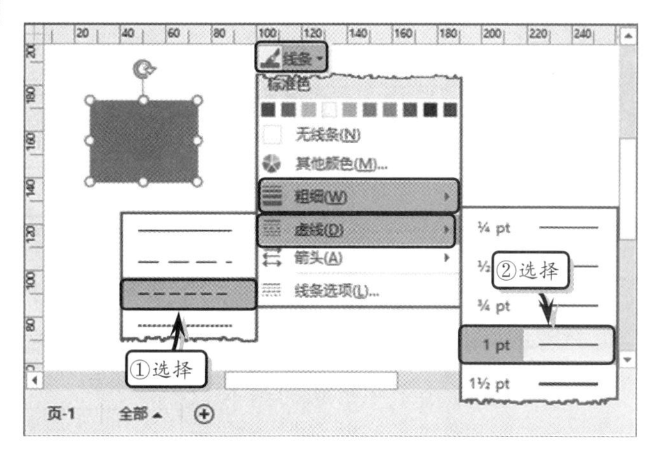

图 3-41 设置线条类型

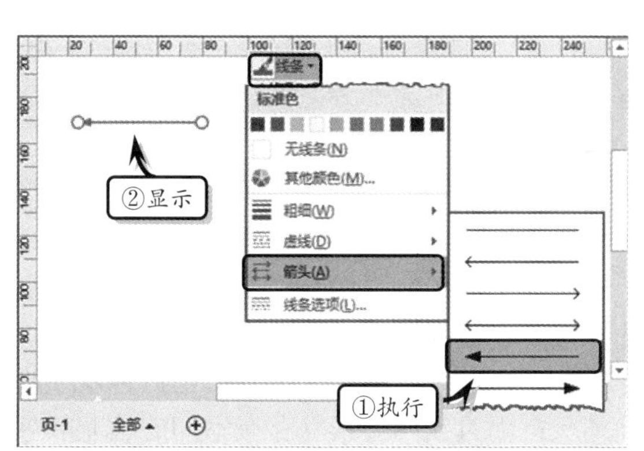

图 3-42 设置箭头样式

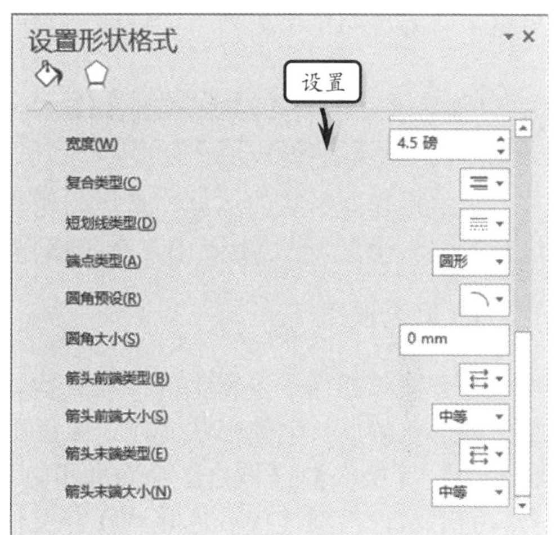

图 3-43 设置形状的其他类型

3.5.4 设置形状效果

形状效果是 Visio 内置的一组具有特殊外观效果的命令，包括阴影、映像、发光、棱台等效果。选择形状，执行【开始】|【形状样式】|【效果】命令，在其级联菜单中选择相应的选项即可。例如，选择【棱台】|【圆】命令，设置形状的棱台效果，如图 3-44 所示。

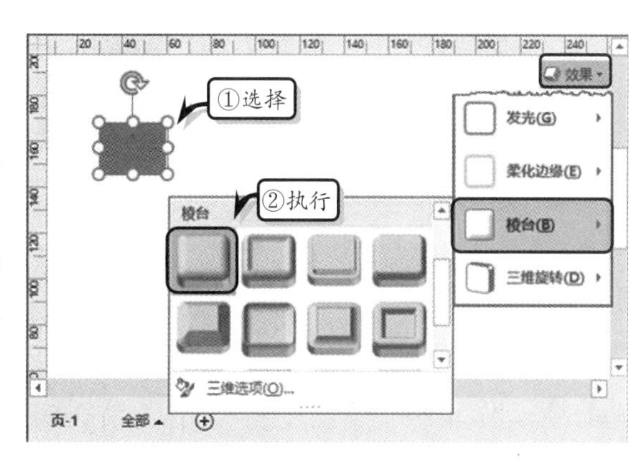

图 3-44 设置棱台效果

其【效果】级联菜单中各项效果的具体功能，如图 3-45 所示。

提　示

Visio 为用户提供了更改形状的功能，选择形状后，执行【开始】|【编辑】|【更改形状】命令，在级联菜单中选择一种形状样式，在保存形状样式的同时即可快速更改形状。

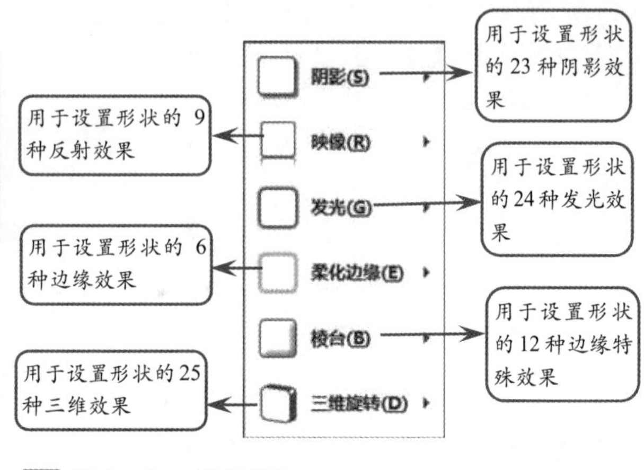

图 3-45　效果选项

3.6　形状的高级操作

了解了前面小节中形状的基本操作之后，还需要了解并掌握一些形状的高级操作。Visio 中形状的高级操作，主要包括图形的布尔操作、创建图层、设置图层属性等内容。通过上述内容，可以帮助用户制作出美观与个性的图表。

3.6.1　图形的布尔操作

布尔操作即形状的运算，是运用逻辑学上的“与”、“或”、“非”等运算方法对图形进行的编辑操作。在 Visio 中，布尔操作具有下列几种类型。

1. 联合操作

联合操作相当于逻辑上的“和”运算，它是几个图形联合成为一个整体，是根据多个重叠形状的周长创建形状。在绘图页中选择需要联合的形状，执行【开发工具】|【形状设计】|【操作】|【联合】命令即可，如图 3-46 所示。仔细观察图形，用户会发现联合后的形状，内部连接点也随着联合操作而消失；而且当两个形状存在不同的填充颜色时，联合后其形状的颜色会统一为某个形状的颜色。

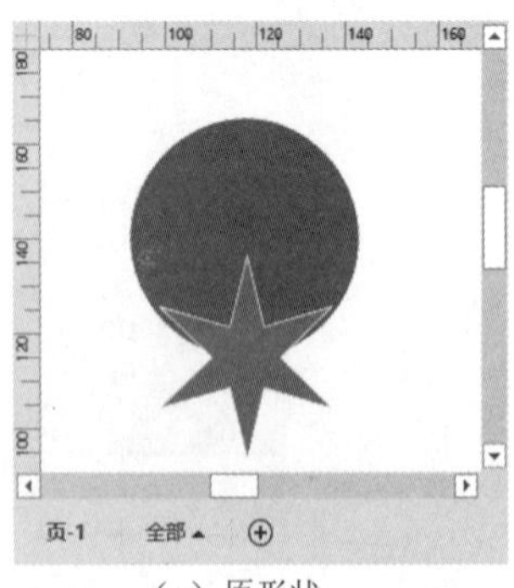

（a）原形状

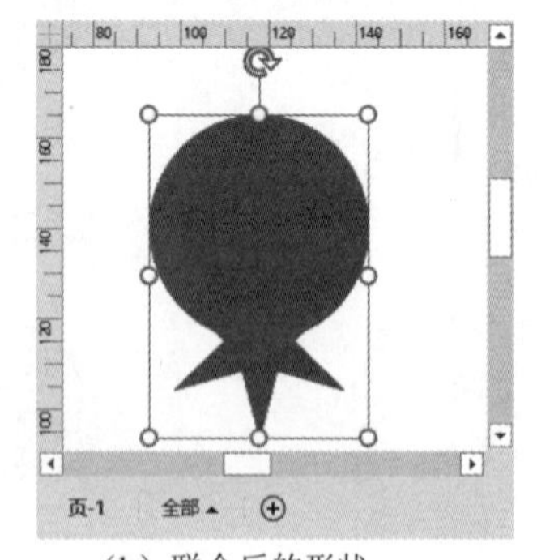

（b）联合后的形状

图 3-46　联合操作

2. 组合操作

组合操作与执行【开始】|【排列】|【组合】|【组合】命令，是两个完全不同的概

念。前者合并后，将自动隐藏图形的重叠部分。而后者只是将所选的形状组合成一个整体，重叠部分将以空白的方式显示。在绘图页中选择需要组合的形状，执行【开发工具】|【形状设计】|【操作】|【组合】命令即可，如图 3-47 所示。

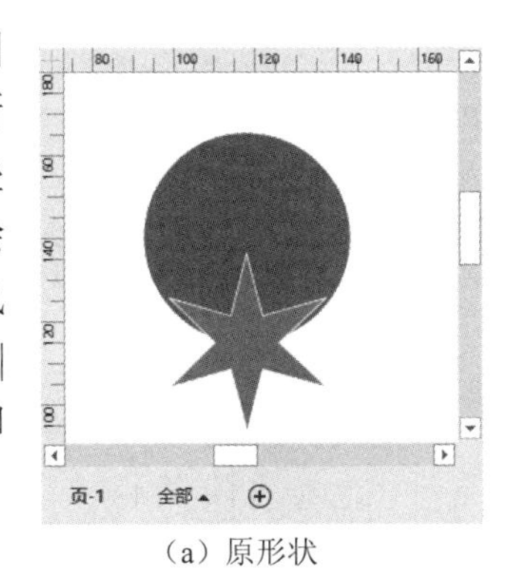
（a）原形状

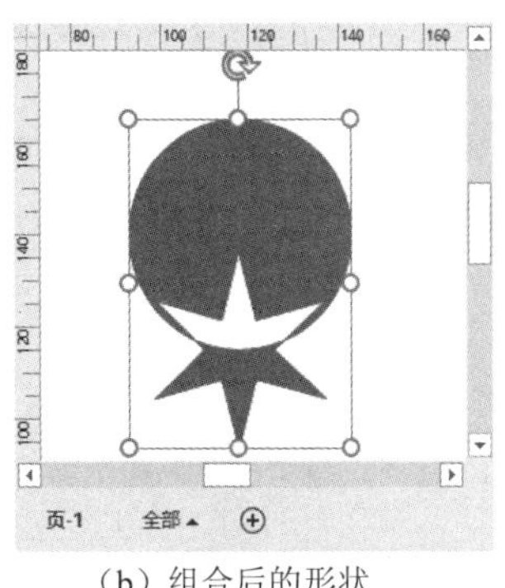
（b）组合后的形状

图 3-47 组合操作

3．拆分操作

拆分操作是根据相交线或重叠线将多个形状拆分为较小部分。选择绘图页中的需要拆分的形状，执行【开发工具】|【形状设计】|【操作】|【拆分】命令即可，如图 3-48 所示。拆分后的形状，根据拆分结果分别向外拖动形状，即可看出拆分效果。

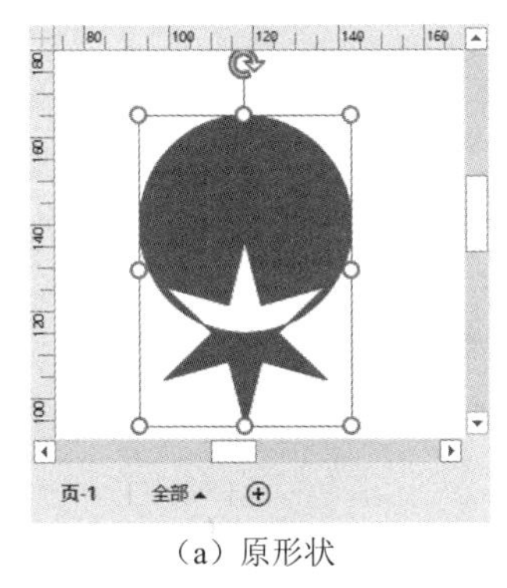
（a）原形状

（b）拆分后的形状

图 3-48 拆分操作

4．相交操作

相交操作相当于逻辑上的“与”运算，只保留几个图形相交的部分，即根据多个所选形状的重叠区域创建形状。选择相交的形状，执行【开发工具】|【形状设计】|【操作】|【相交】命令即可，如图 3-49 所示。

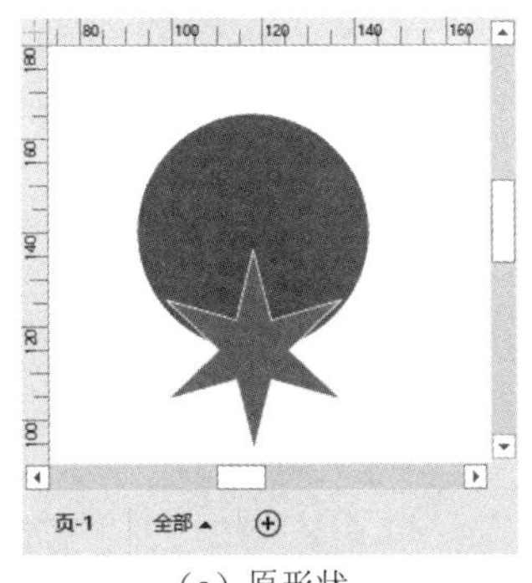
（a）原形状

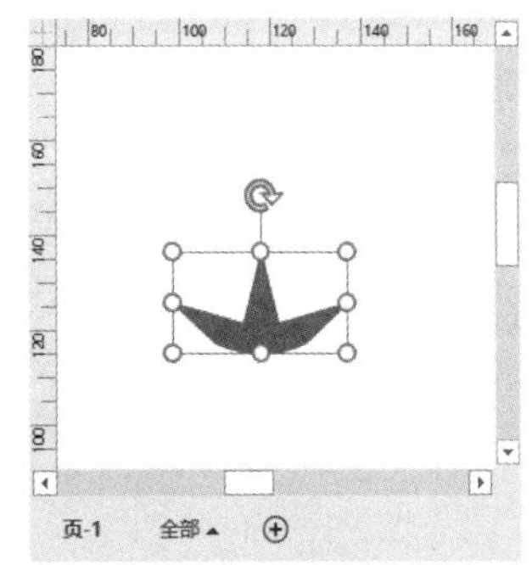
（b）相交后的形状

图 3-49 相交操作

5．剪除操作

剪切操作是取消多个图形的重叠的形状，即通过将最初所选形状减去后续所选形状的重叠区域来创建形状。在绘图页中选择多个重叠的形状，执行【开发工具】|【形状设计】|【操作】|【剪除】命令，即可剪除重叠区域，如图 3-50 所示。在进行剪除操作时，一般情况下是剪除后添加的形状区域，保留先添加的形状未重叠的区域。

6．连接操作

使用【连接】命令可将单独的多条线段组合成一个连续的路径，或者将多个形状转

换成连续的线条。运用【绘图】工具绘制一个由线段组成的形状，并选择所有的线段。执行【开发工具】|【形状设计】|【操作】|【连接】命令即可，如图 3-51 所示。

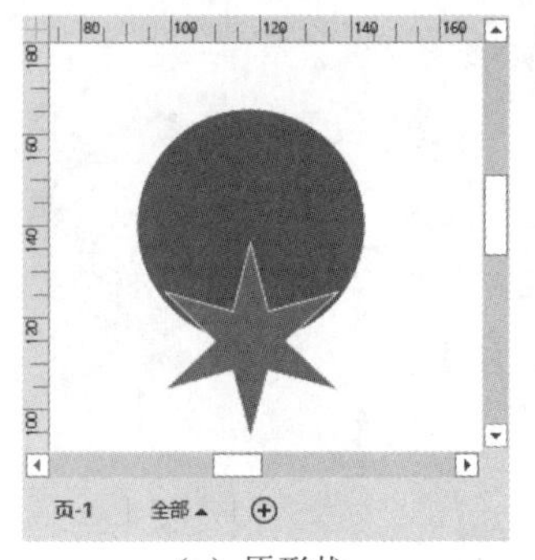

(a) 原形状

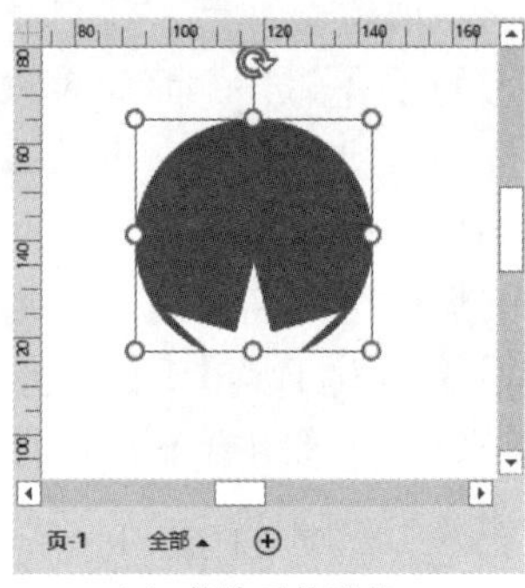

(b) 剪除后的形状

图 3-50 剪除操作

7. 修剪操作

修剪操作是按形状的重叠部分或多余部分来拆分形状。选择需要修剪的形状，执行【开发工具】|【形状设计】|【操作】|【修剪】命令。然后，选择需要删除的线段或形状进行删除即可，如图 3-52 所示。

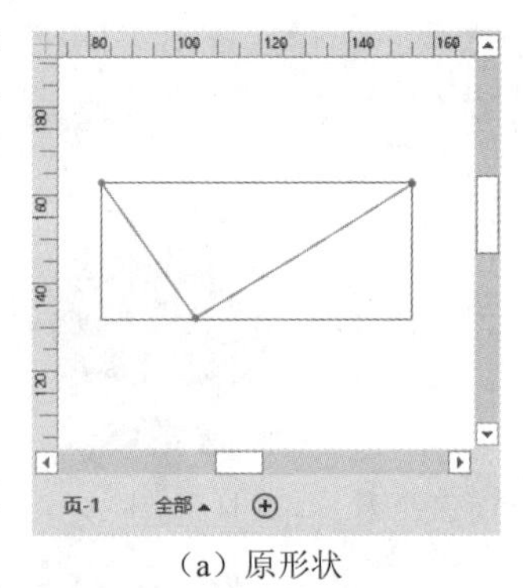

(a) 原形状

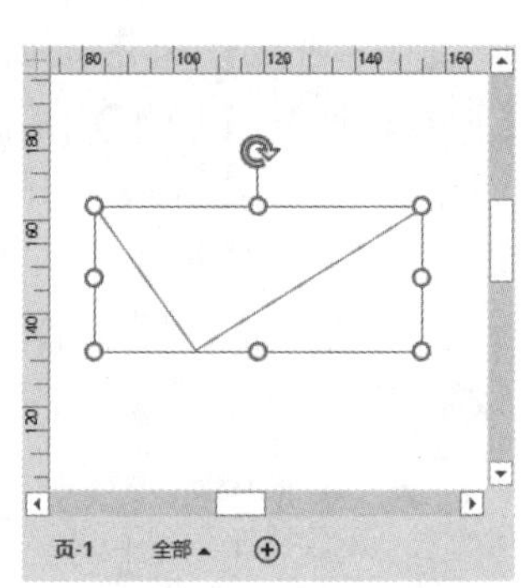

(b) 连接操作后的形状

图 3-51 连接操作

8. 偏移操作

在绘图页中选择需要偏移的形状，执行【开发工具】|【形状设计】|【操作】|【偏移】命令，弹出【偏移】对话框。在【偏移距离】文本框中输入偏移值即可，例如输入“5mm”偏移值，如图 3-53 所示。如果用户设置较大的偏移值后，偏移后的外观可能与原始图形差别很大。

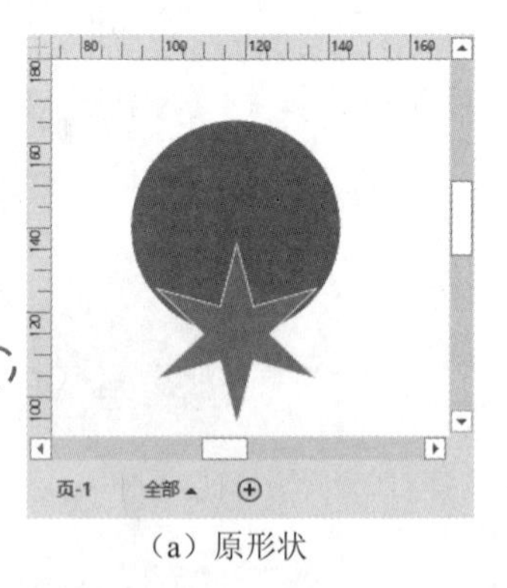

(a) 原形状

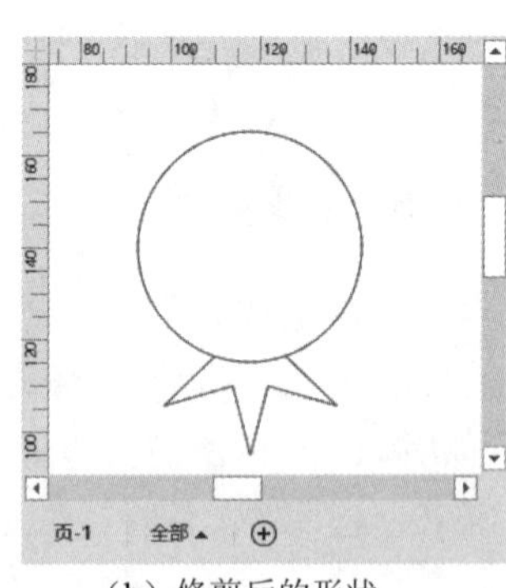

(b) 修剪后的形状

图 3-52 修剪操作

3.6.2 形状的阵列

形状的阵列，是按照设置的行数与列数，来显示并排列与选中的形状一致的形状阵列。在绘图页中选择形状，执行【视图】|【宏】|【加载项】|【其他 Visio 方案】|【排列形状】命令。在弹出的【排列形状】对话框中，设置各选项即可，如图 3-54 所示。

在该对话框中，主要包括下列几种选项。

- ❑ 行间距　指定行之间需要的间距大小。可以通过输入负值的方法，来颠倒排列的方向。
- ❑ 行数目　指定形状排列的行数。

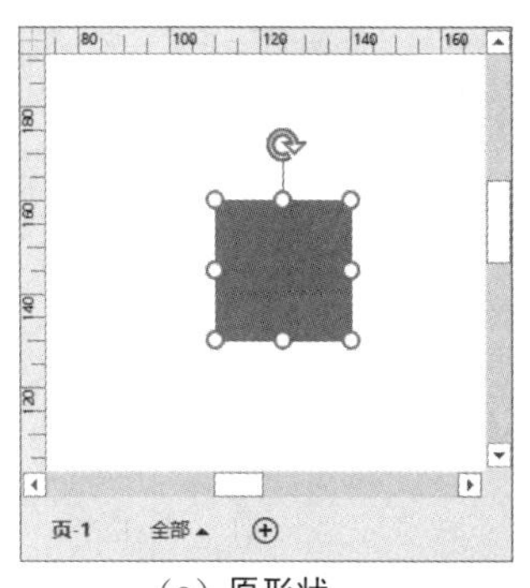

（a）原形状

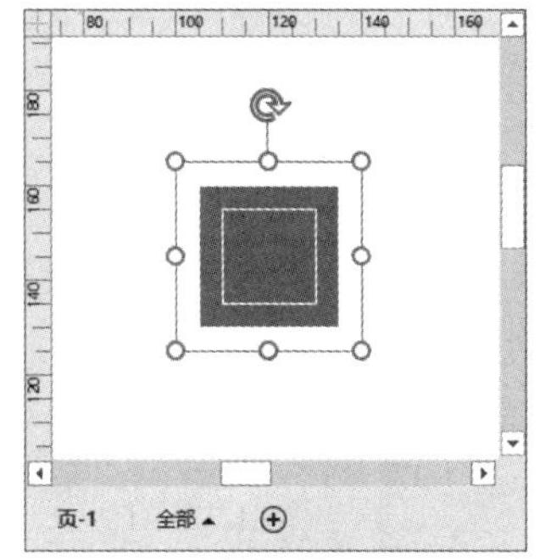

（b）偏移后的形状

图 3-53 偏移操作

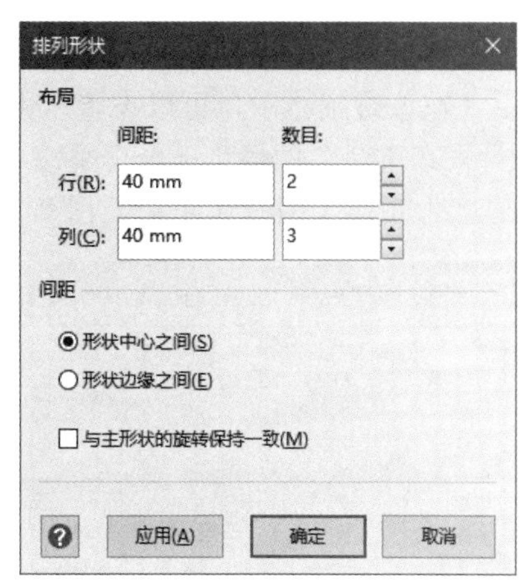

图 3-54 【排列形状】对话框

- 列间距 指定列之间需要的间距大小。可以通过输入负值的方法，来颠倒排列的方向。
- 列数目 指定形状排列的列数。
- 形状中心之间 表示可将形状之间的距离指定为，一个形状的中心点到相邻形状的中心点之间的距离。
- 形状边缘之间 表示可将形状之间的距离指定为，一个形状边缘上的一点到相邻形状上距该边缘最近的边缘上一点的距离。
- 与主形状的旋转保持一致 选中此复选框可以相对于形状的旋转（不是相对于页）来放置排列。

3.6.3 使用图层

在 Visio 中，可将不同类别的图形对象分别建立在不同的图层中，使图形更有层次感。

1. 建立图层

执行【开始】|【编辑】|【图层】|【层属性】命令，在弹出【图层属性】对话框中单击【新建】按钮。弹出【新建图层】对话框，在【图层名称】文本框中输入图层名称，并单击【确定】按钮，如图 3-55 所示。

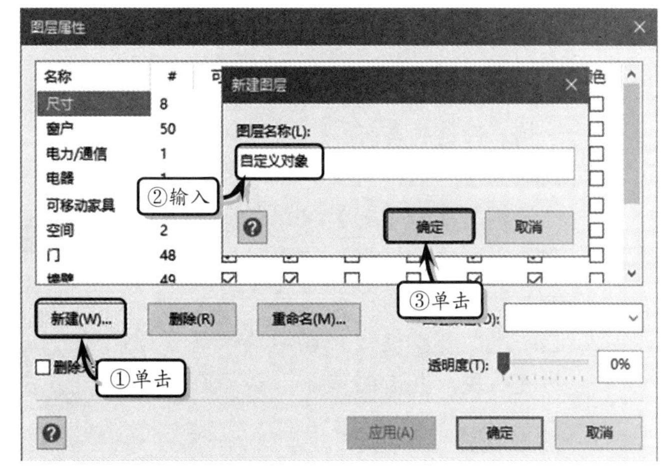

图 3-55 新建图层

2. 设置图层属性

执行【开始】|【编辑】|【图层】|【层属性】命令，在弹出的【图层属性】对话框

中，可以对图层进行相应的属性设置，如图 3-56 所示。

在该对话框中，可以设置以下属性。

- ❑ **重命名图层** 选择需要重命令的图层，单击【重命令】按钮。在弹出的【重命令图层】对话框中输入图层名称即可，如图 3-57 所示。

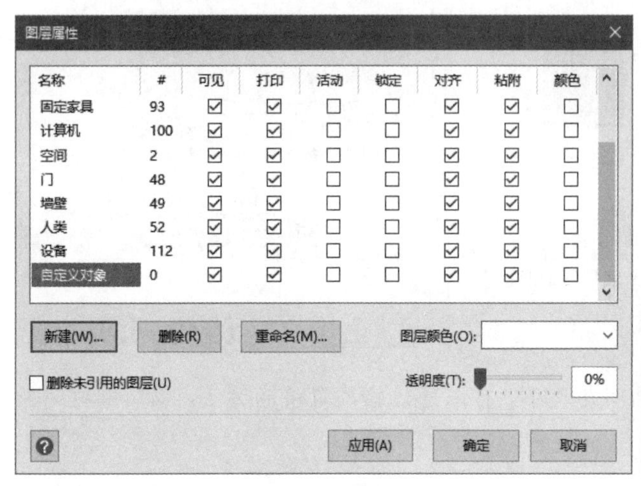

图 3-56 【图层属性】对话框

图 3-57 重命名图层

- ❑ **隐藏图层** 选择需要隐藏的图层名称，禁用对应的【可见】复选框即可。
- ❑ **设置打印选项** 选择需要打印的图层名称，禁用对应的【打印】复选框即可。
- ❑ **锁定图层** 选择需要锁定的图层名称，禁用相对应的【锁定】复选框即可。
- ❑ **为图层上的形状设置对齐和粘附选项** 若要使其他形状能与图层上的形状对齐，可启用【对齐】复选框。若要使其他的形状能粘附到图层上的形状，启用【粘附】复选框。
- ❑ **为图层指定颜色** 选择需要为其指定颜色的图层，在【图层颜色】下拉列表中选择相应的选项即可。
- ❑ **删除图层** 选择需要删除的图层名称，单击【删除】按钮，在弹出的【图层属性】对话框中单击【是】按钮即可。
- ❑ **删除未引用的图层** 启用该选项表示删除未包含形状的所有图层。
- ❑ **透明度** 可以通过拖动滑块来设置图层的透明度，其透明值介于 0~100 之间。

3. 将形状分配到图层

创建并设置图层属性之后，便可以将形状分配到图层。在绘图页中选择需要分配的形状，执行【开始】|【编辑】|【图层】|【分配层】命令。在弹出的【图层】对话框中，单击【全部】按钮，即可将选定的形状指定给所有的图层，如图 3-58 所示。

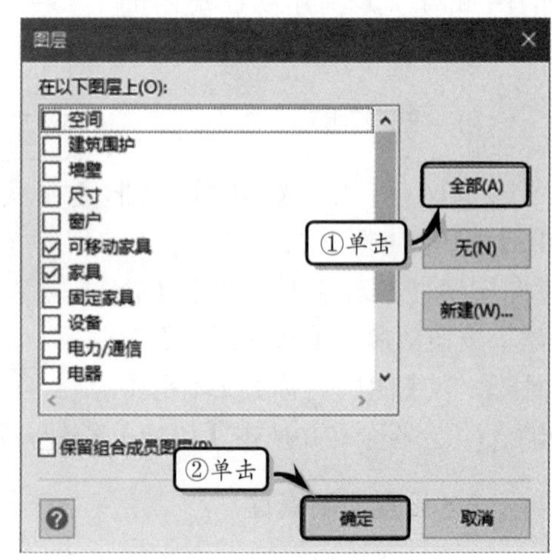

图 3-58 【图层】对话框

3.7 课堂练习：购销存流程图

购销存是指企业在生产过程中的采购、制造、库存与销售的工作流程，其购销存流程图是以图形表述购销存工作流程的框图。在本练习中，将使用【工作流程图】模板及添加形状与文本等内容，来制作一个用于描述与记录组织中的流程购销存流程图，如图3-59所示。

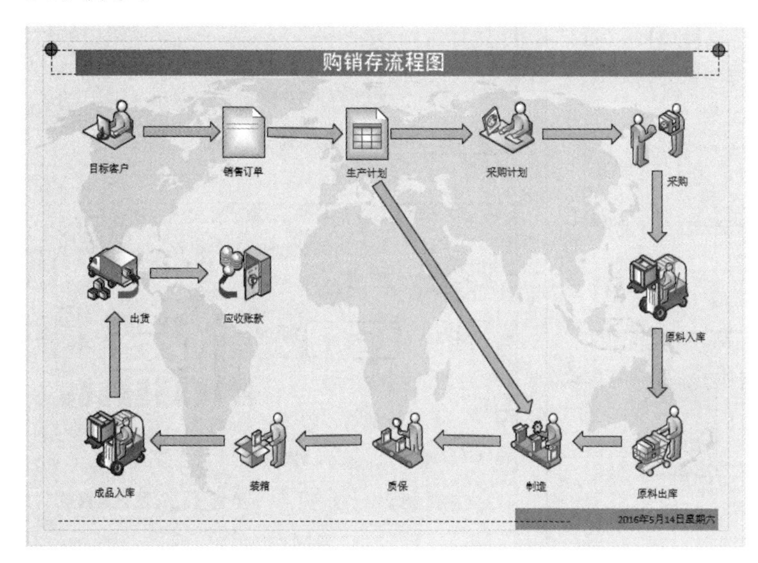

图 3-59 购销存流程图

操作步骤：

1 新建空白文档，执行【设计】|【页面设置】|【纸张方向】|【横向】命令，设置绘图页的方向，如图3-60所示。

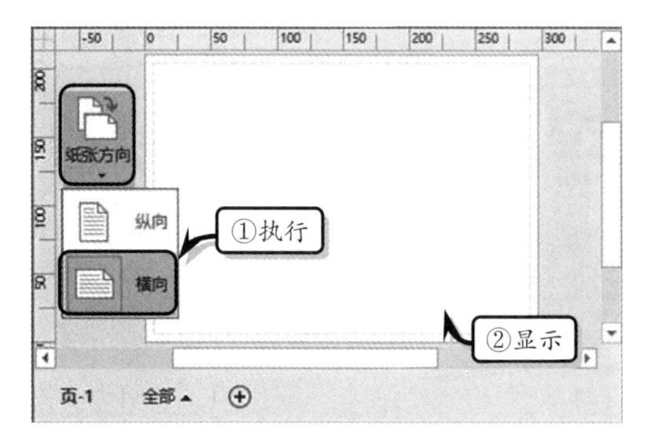

图 3-60 设置纸张方向

2 单击【更多形状】下拉按钮，选择【流程图】|【工作流程对象-3D】选项，如图3-61所示。同样方法，添加其他模具。

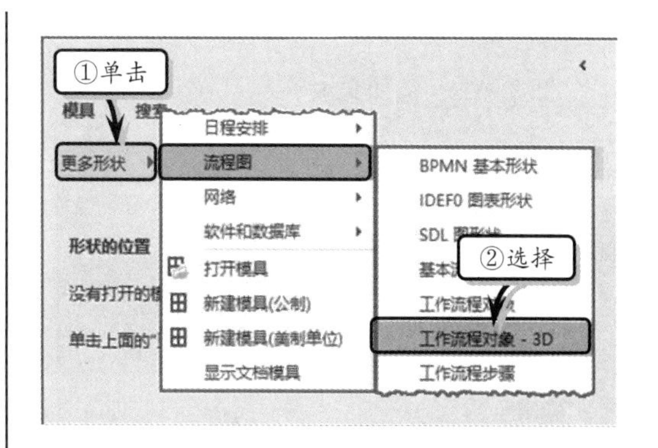

图 3-61 添加模具

3 将【工作流对象-3D】模具中的【用户】、【文档】与【电子表格】形状拖至绘图页中，并排列位置，如图3-62所示。

4 双击【用户】形状，为形状添加文本，如图3-63所示。使用同样的方法，为其他形状添加文本。

5 将【部门-3D】模具中的【设计】、【采购】、

【仓库】、【制造】、【质保】、【包装】等形状，及【工作流】模具中的【顾客】形状拖至绘图页中，排序位置并添加文本，如图 3-64 所示。

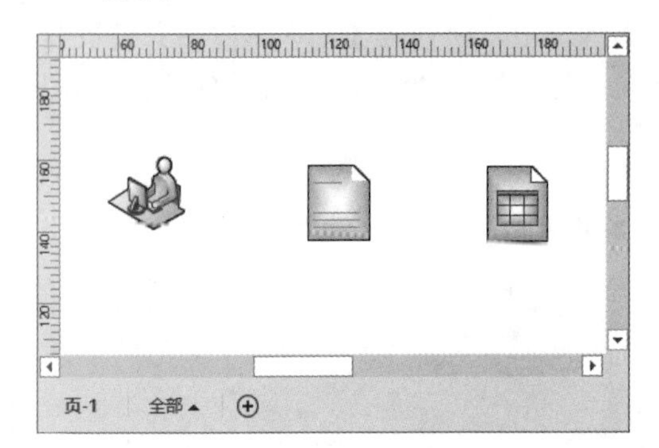

图 3-62 添加形状

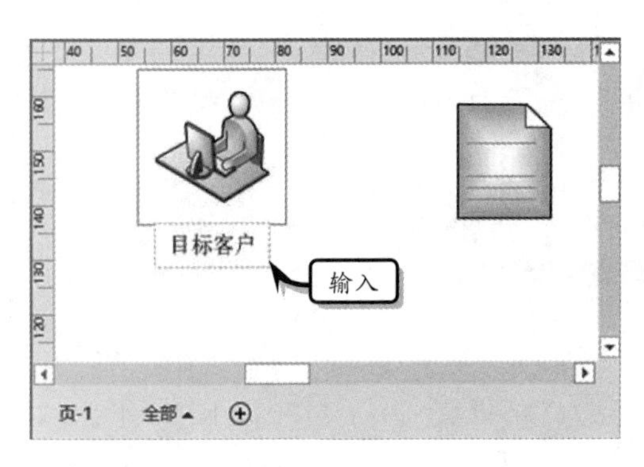

图 3-63 添加文本

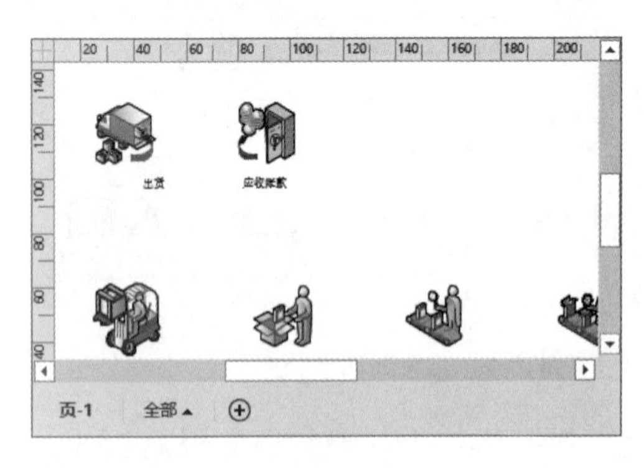

图 3-64 添加形状

6 将【箭头形状】模具中的【普通箭头】形状拖至绘图页中，连接第一个和第二个形状，如图 3-65 所示。

7 选择箭头形状，执行【开始】|【形状样式】|【填充】|【金色，着色 6】命令，设置形状的填充颜色，如图 3-66 所示。

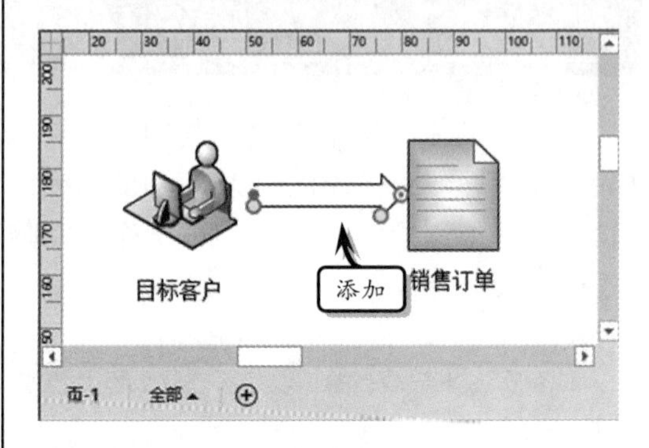

图 3-65 添加箭头形状

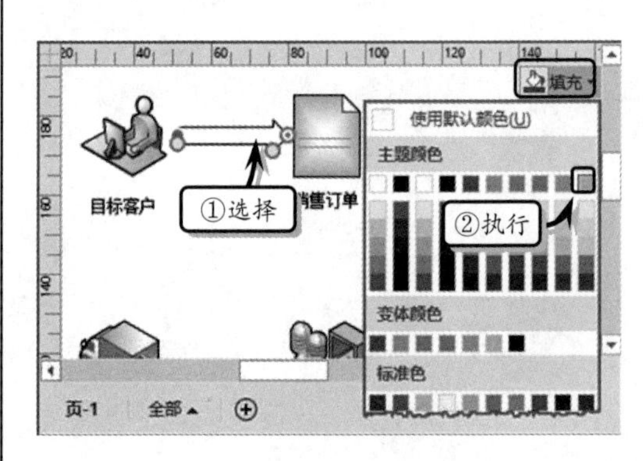

图 3-66 设置形状颜色

8 复制箭头形状，调整其位置、大小和方向，分别连接其他形状，如图 3-67 所示。

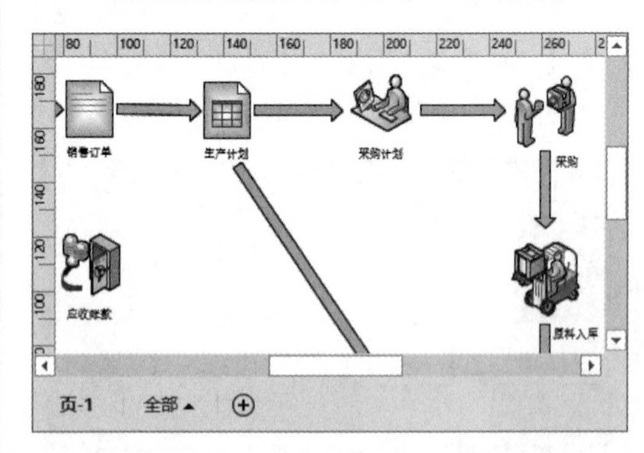

图 3-67 连接其他形状

9 执行【设计】|【背景】|【背景】|【世界】命令，为绘图添加背景，如图 3-68 所示。

10 同时，执行【设计】|【背景】|【背景】|【背景色】|【橄榄色，着色 2，淡色 40%】命令，如图 3-69 所示。

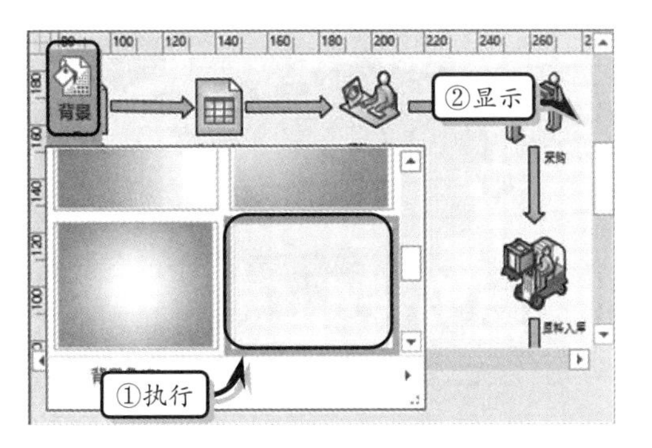

图 3-68 添加绘图背景

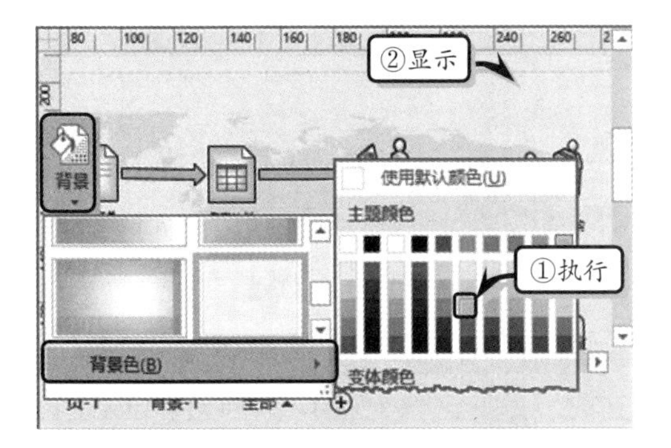

图 3-69 设置背景颜色

11 执行【设计】|【背景】|【边框和标题】|【注册】命令，为绘图也添加边框和标题效果，如图 3-70 所示。

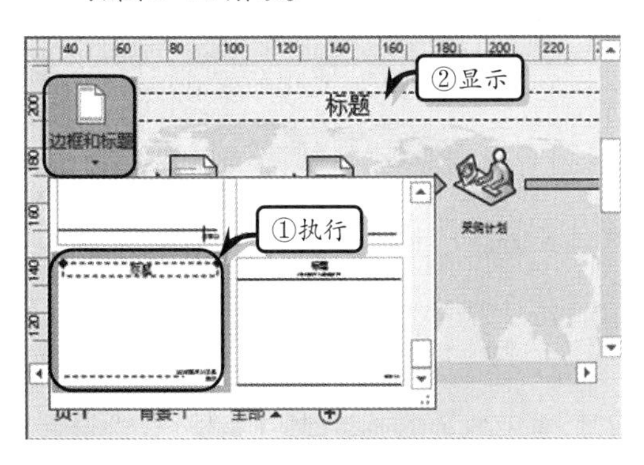

图 3-70 添加边框和标题效果

12 选择状态栏中的【背景-1】标签，选择边框和标题形状，右击执行【设置形状格式】命令，如图 3-71 所示。

13 展开【填充】选项组，选中【渐变填充】选项，单击【预设渐变】下拉按钮，选择【径向渐变-着色 5】选项，并将【类型】设置为【射线】，如图 3-72 所示。

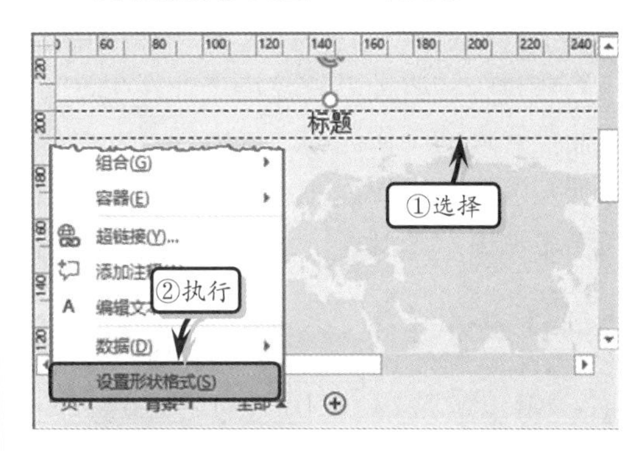

图 3-71 选择形状

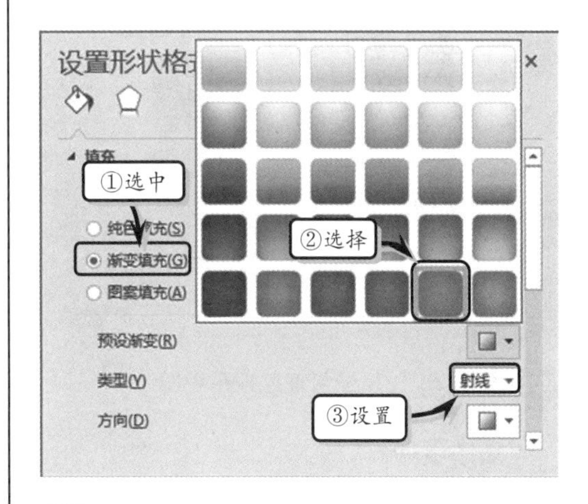

图 3-72 设置渐变填充颜色

14 双击标题形状，输入标题文本，并在【开始】选项卡【字体】选项组中设置文本的字体格式，如图 3-73 所示。

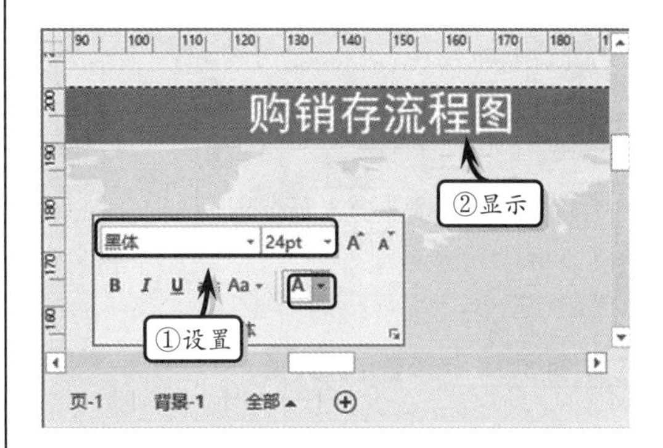

图 3-73 设置标题文本

3.8 课堂练习：质量管理监控系统图

质量管理监控系统是指企业在生产过程中对产品质量数据的输入、输出及内部通信等监控管理的工作流程，以方便企业可以及时、快速地掌握和了解产品生产中的各项数据质量及质量报告。在本练习中，将使用【基本框图】模板及设置形状格式、添加形状文本等功能，来制作一个用于描述与记录质量管理监控系统的流程图，如图 3-74 所示。

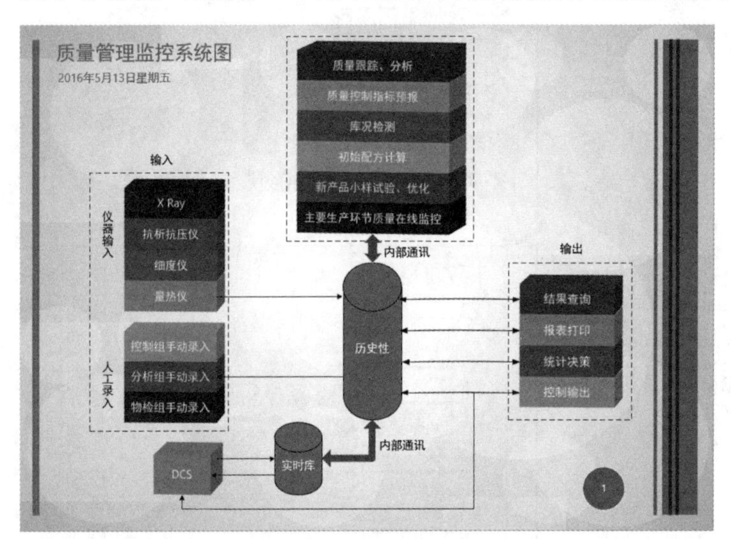

图 3-74 质量管理监控系统图

操作步骤：

1 新建【基本框图】模板文档，执行【设计】|【主题】|【线性】命令，设置文档的主题，如图 3-75 所示。

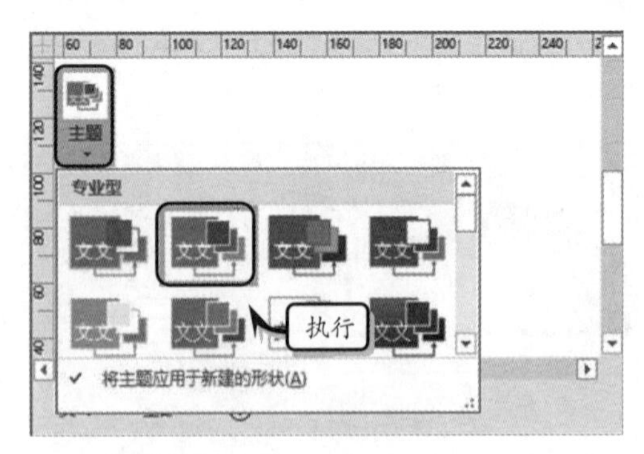

图 3-75 设置主题效果

2 将【基本形状】模具中的【矩形】形状添加到绘图页中，并调整其大小和位置，如图 3-76 所示。

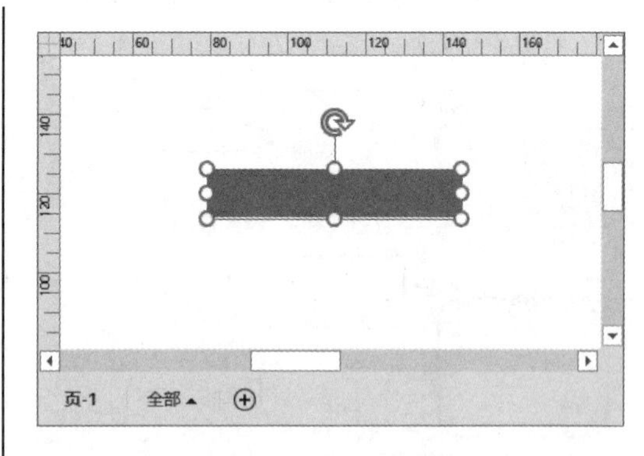

图 3-76 添加【矩形】形状

3 选择形状，执行【开始】|【形状样式】|【填充】|【紫色】命令，设置形状的填充颜色，如图 3-77 所示。

4 同时，执行【开始】|【形状样式】|【线条】|【无线条】命令，设置形状的线条格式，如图 3-78 所示。

5 右击形状执行【设置形状格式】命令，激活

【效果】选项卡，展开【三维格式】选项组，设置【深度】颜色和大小，如图 3-79 所示。

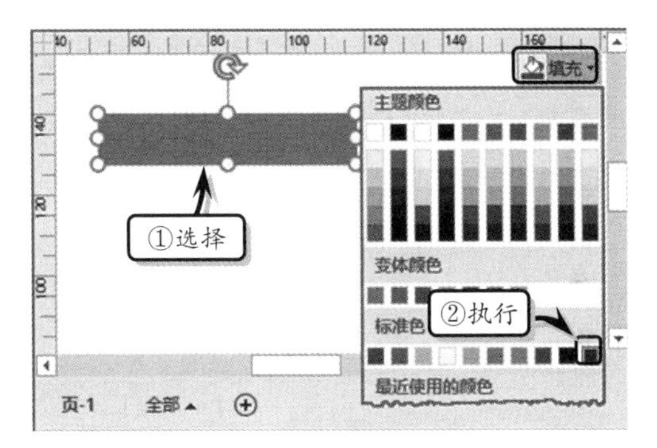

图 3-77 设置填充颜色

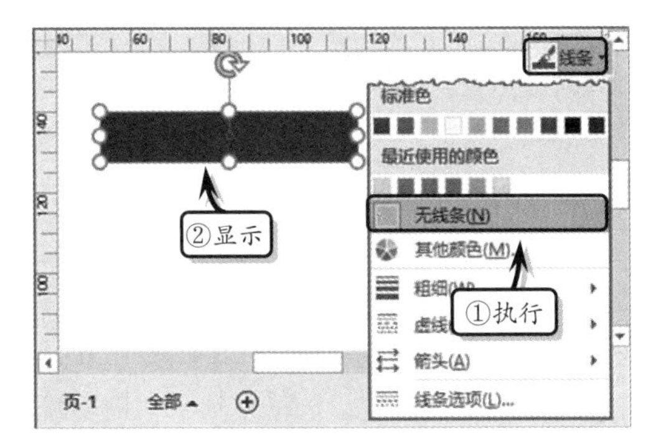

图 3-78 设置形状的线条样式

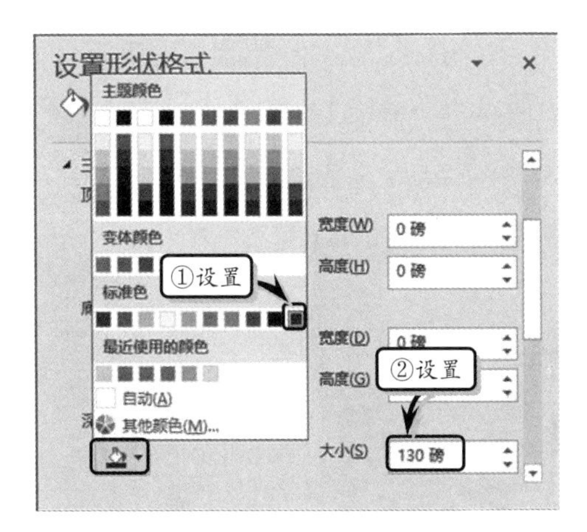

图 3-79 设置三维深度和颜色

6 同时，单击【光源】选项下拉按钮，在其列表中选择【平衡】选项，如图 3-80 所示。

7 展开【三维旋转】选项组，分别设置【X 旋转】、【Y 旋转】和【透视】选项，如图 3-81 所示。

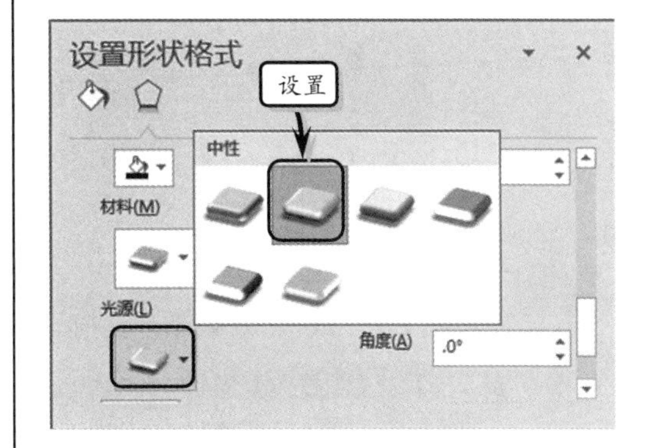

图 3-80 设置三维光源效果

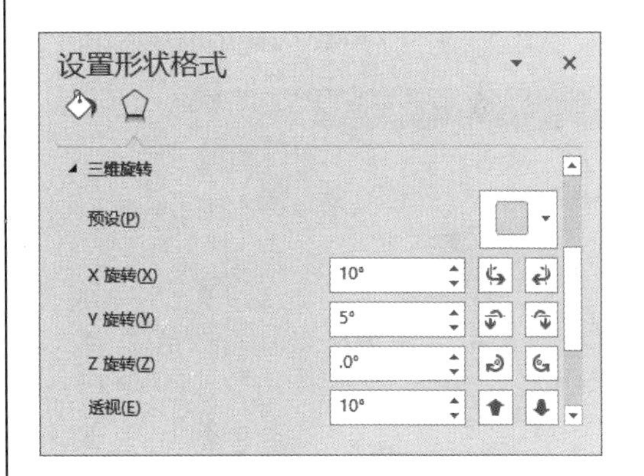

图 3-81 设置三维旋转格式

8 双击形状，在形状中输入文本并设置文本的字体格式，如图 3-82 所示。同样方法，制作其他【矩形】形状。

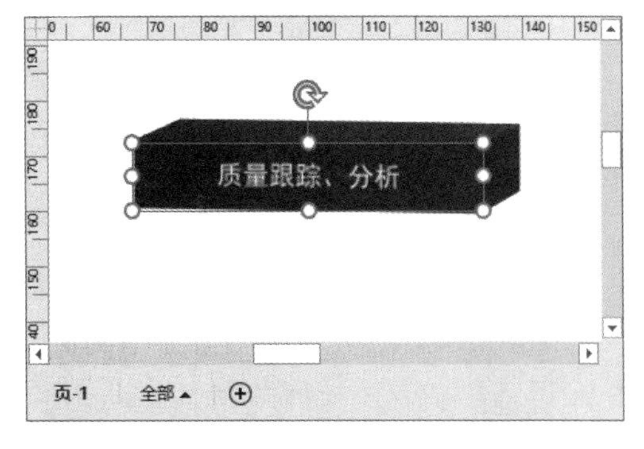

图 3-82 输入形状文本

9 将【基本形状】模具中的【圆柱体】形状添加到绘图页中，调整其大小、位置和外观形状，如图 3-83 所示。

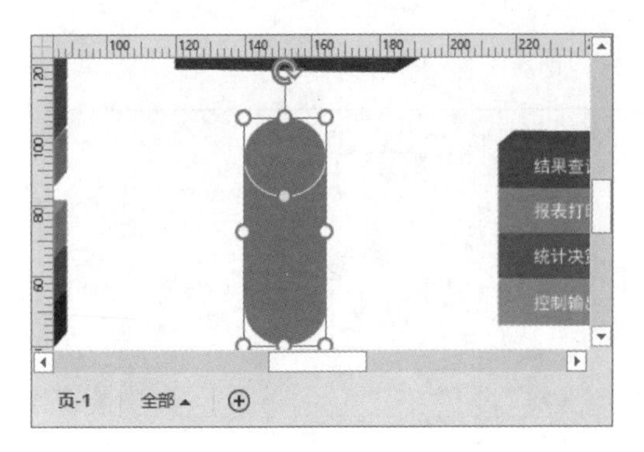

图 3-83 添加【圆柱体】形状

10 选择【圆柱体】形状，执行【开始】|【形状样式】|【填充】|【其他填充颜色】命令，选择填充颜色，如图 3-84 所示。

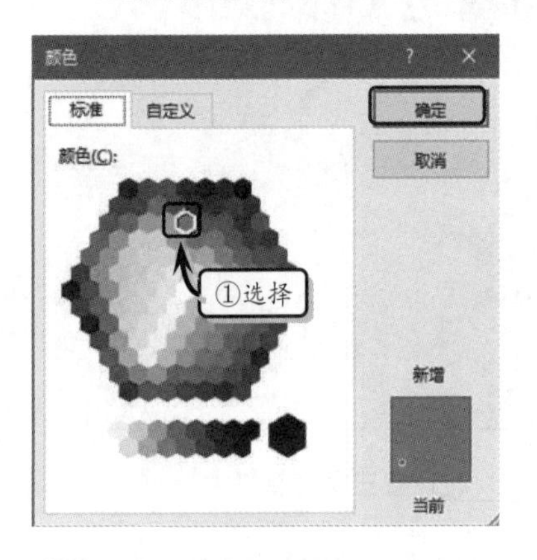

图 3-84 调整其他填充颜色

11 同时，执行【开始】|【形状样式】|【线条】|【黑色,黑色】命令，设置线条颜色，如图 3-85 所示。

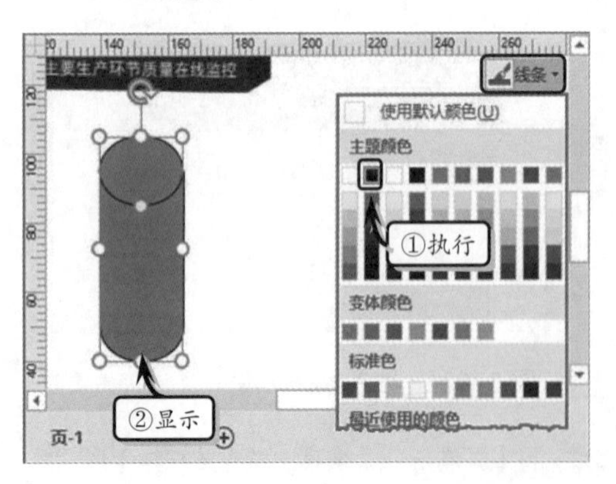

图 3-85 设置线条格式

12 双击【圆柱体】形状，输入文本并设置文本的字体格式，如图 3-86 所示。使用同样方法，制作其他【圆柱体】形状。

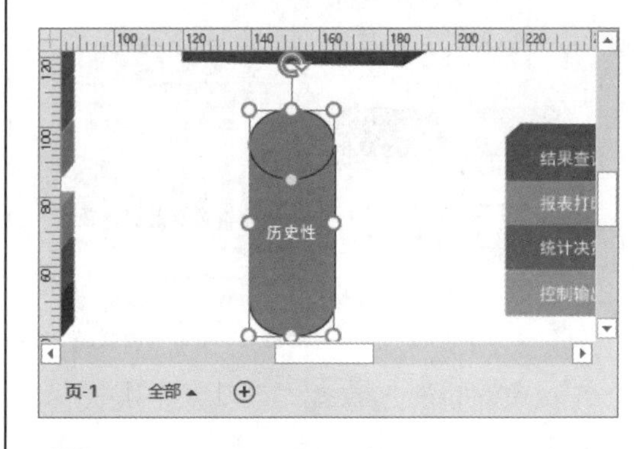

图 3-86 输入文本

13 将【基本形状】模具中的【矩形】形状添加到绘图页中，并调整其大小和位置，如图 3-87 所示。

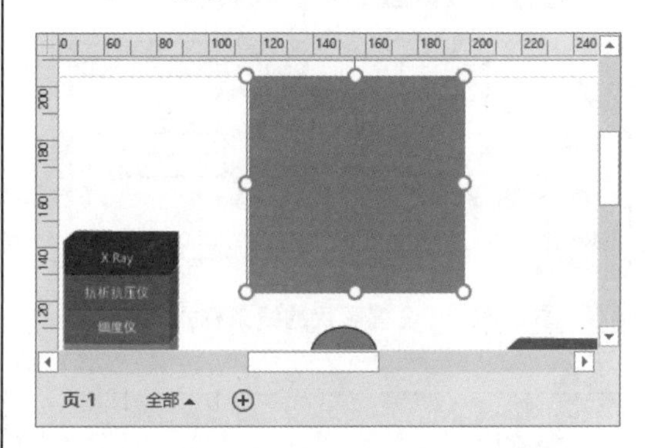

图 3-87 添加【矩形】形状

14 执行【开始】|【形状样式】|【填充】|【无填充】命令，设置其填充效果，如图 3-88 所示。

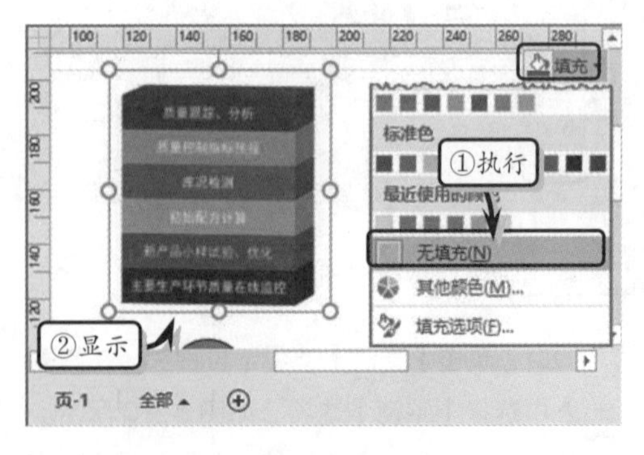

图 3-88 设置填充颜色

15 执行【开始】|【形状样式】|【线条】|【黑

色,黑色】命令，设置线条颜色，如图 3-89 所示。

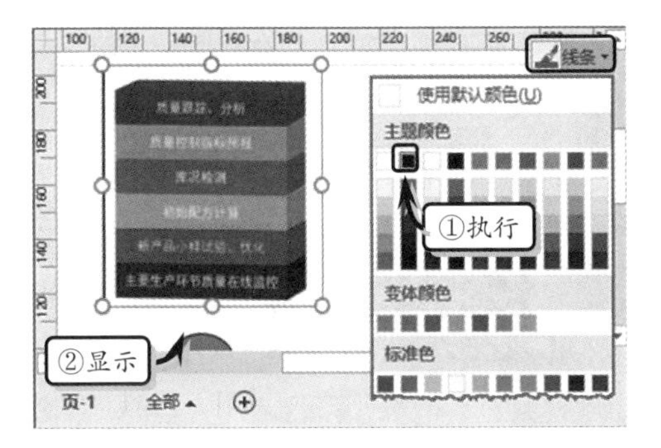

图 3-89 设置线条颜色

16 同时，执行【开始】|【形状样式】|【线条】|【虚线】命令，在级联菜单中选择虚线类型，如图 3-90 所示。同样方法，制作其他虚线矩形形状。

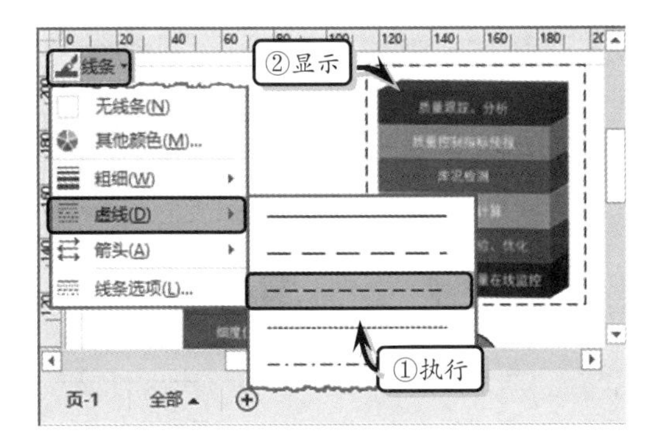

图 3-90 设置虚线类型

17 添加【连接符】模具，将【直线-弧线连接线】添加到绘图页中，并调整其弧度和连接位置，如图 3-91 所示。

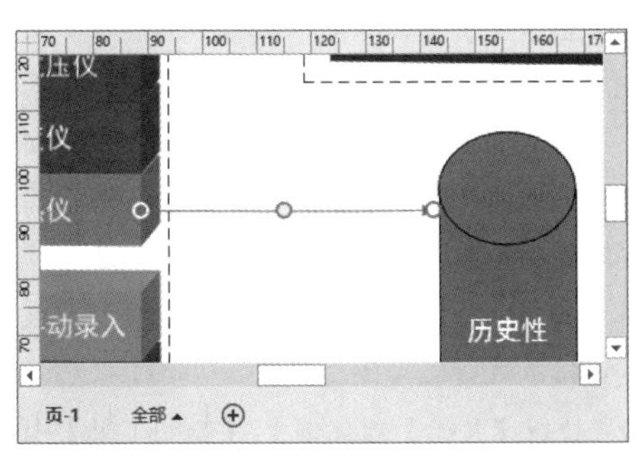

图 3-91 添加连接线

18 同时，执行【开始】|【形状样式】|【线条】|【黑色,黑色】命令，设置连接线的颜色，如图 3-92 所示。同样方法，添加其他连接线。

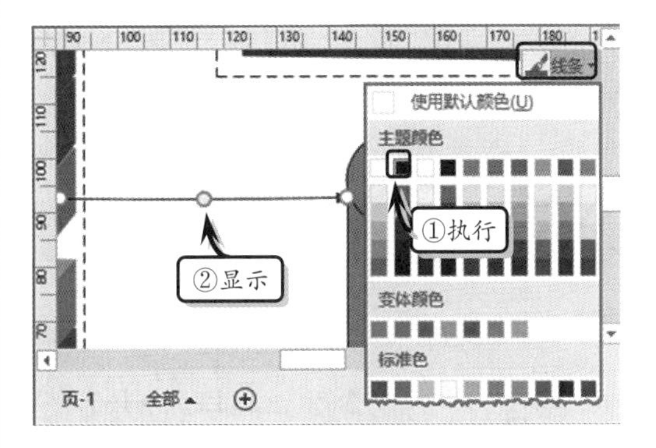

图 3-92 设置连接线颜色

19 将【箭头形状】模具中的【普通双箭头】形状添加到绘图页中，并调整其连接位置和大小，如图 3-93 所示。

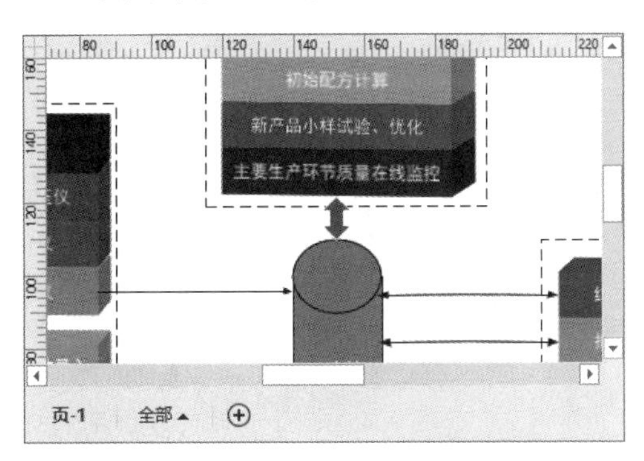

图 3-93 添加【普通双箭头】形状

20 执行【开始】|【工具】|【连接线】命令，绘制连接线。右击连接线执行【设置形状格式】命令，设置线条颜色和宽度，如图 3-94 所示。

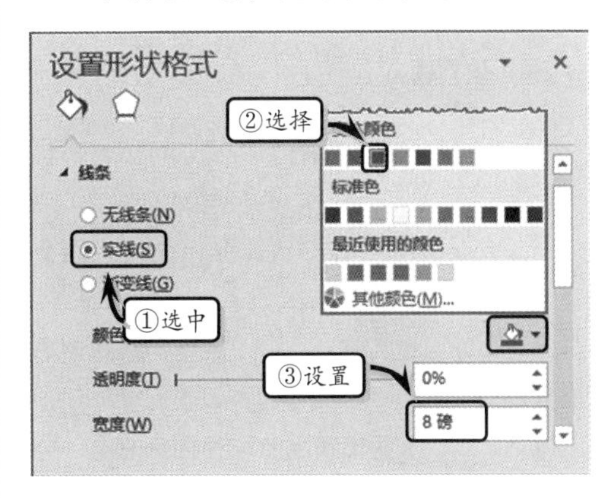

图 3-94 绘制双箭头连接线

21 然后，分别将【箭头前端类型】和【箭头后端类型】选项设置为02类型，如图3-95所示。

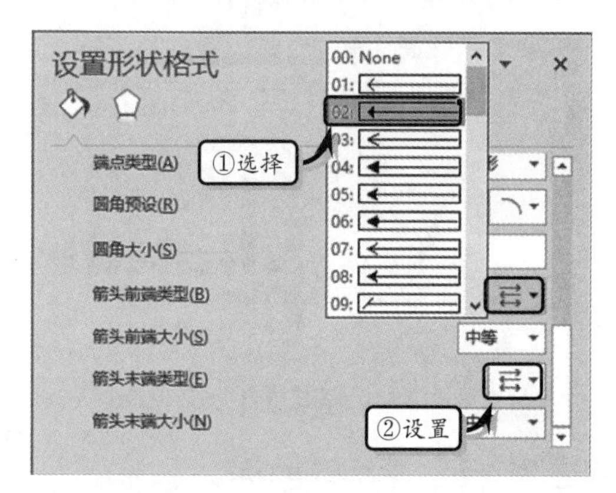

图3-95 设置箭头类型

22 执行【开始】|【工具】|【文本】命令，在绘图页中绘制文本块，输入文本并设置文本的字体格式，如图3-96所示。

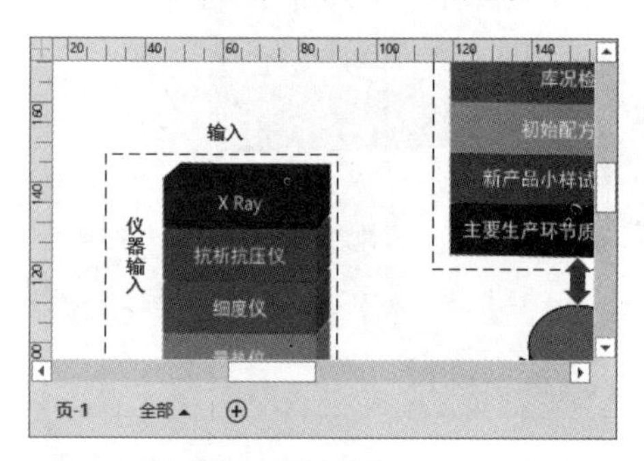

图3-96 添加文本

23 执行【设计】|【背景】|【背景】|【货币】命令，设置背景效果，如图3-97所示。

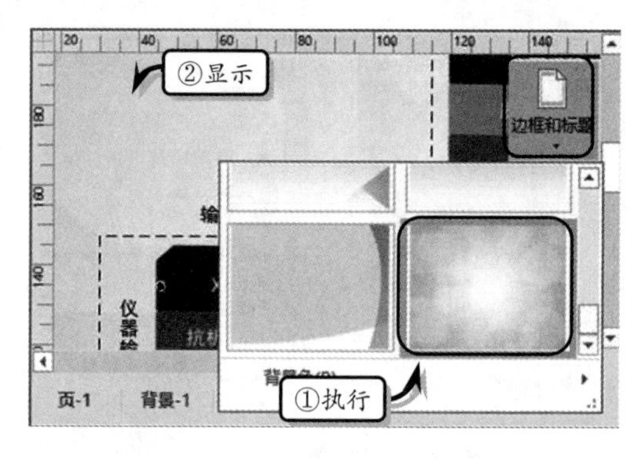

图3-97 添加背景效果

24 同时，执行【设计】|【背景】|【边框和标题】|【凸窗】命令，添加边框和标题并输入标题文本，如图3-98所示。

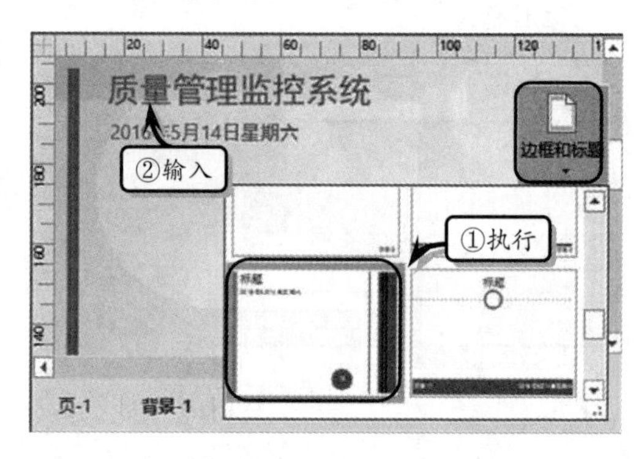

图3-98 添加边框和标题

思考与练习

一、填空题

1. 根据形状不同的行为方式，可以将形状分为________与________两种类型。

2. Visio 中的一维形状具有________两个端点。

3. 二维形状具有________维度，选择该形状时候没有________，其行为类似于________。

4. ________是形状上的一种特殊的点，可以将形状与连接线或其他形状“粘附”在一起。

5. ________是在绘图页上均匀地隔开三个或多个选定形状。其中，________通过垂直移动形状，可以让所选形状的纵向间隔保持一致。而________通过水平移动形状，能够使所选形状的横向间隔保持一致。

6. 利用________可以绘制单个线段、一系列相互连接的线段以及闭合形状。

7. 执行【开始】|【工具】|【绘图工具】中的________命令，拖动弧线离心手柄的中间点即可调整弧线的曲率大小。

8．如果用户想绘制出平滑的曲线，需要设置曲线的________与________。

二、选择题

1．________是形状周围的控制点，只有在选择形状时才会显示形状手柄。

A．选择手柄

B．控制手柄

C．旋转手柄

D．控制点

2．________表示所选形状处于锁定状态，用户无法对其进行调整大小或旋转等操作。

A．控制手柄

B．旋转手柄

C．锁定手柄

D．选择手柄

3．按下________键即可选择当前绘图页内的所有形状。

A．Ctrl+A

B．Ctrl+B

C．Alt+A

D．Alt+B

4．执行【开始】|【工具】|【绘图工具】|【铅笔】命令，选择形状后按住________键单击形状边框，即可为形状添加新的顶点。

A．Ctrl+A

B．Ctrl+B

C．Ctrl

D．Alt

5．在绘图状态下选中形状上的顶点时，可以通过按下________键删除顶点的方法，来改变所选形状。

A．Delete

B．Backspace

C．Enter

D．Shift

6．在设置布局选项时，用户可按下________快捷键取消布局。

A．Ctrl+A

B．Alt+ A

C．Ctrl+Z

D．Alt+Z

7．执行【开始】|【工具】|【绘图工具】|【矩形工具】与【椭圆形工具】命令绘制形状时，按住____键即可绘制正方形与圆形。

A．Alt

B．Shift

C．Ctrl

D．Enter

三、问答题

1．如何绘制闭合形状？

2．如何连接形状？

3．如何自定义形状的渐变填充颜色？

四、上机练习

1．制作五星红旗

在本练习中，将利用 Visio 中的添加形状、选择形状与调整形状的功能，来制作一面五星红旗，如图 3-99 所示。首先，新建一个绘图页，在【形状】任务窗格中，单击【更多形状】下拉按钮，选择【常规】|【基本形状】选项，将【矩形】形状拖动到绘图页中。然后，选择形状，执行【开始】|【形状样式】|【填充】命令，将【矩形】形状填充为【红色】。最后，将【五角星形】形状拖动到绘图页中，调整大小并复制到其他位置。根据具体要求选择形状，并将形状填充为【黄色】。

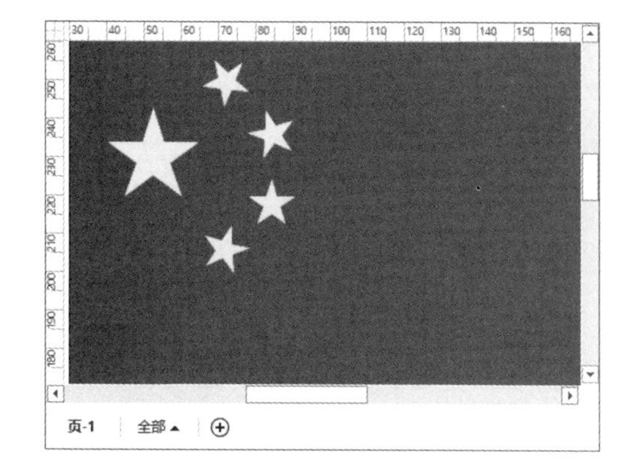

图 3-99　五星红旗

2. 制作立体心形

在本练习中将利用 Visio 中的添加形状与绘制墨迹形状等功能，来制作一份字体形状，如图 3-100 所示。首先，将【图案形状】模具中的【红心】形状拖动到绘图页中，并调整形状的大小。然后，选择形状，执行【开始】|【形状样式】|【效果】|【等轴右上】命令，设置其形状效果。最后，选择形状右击执行【设置形状格式】命令，在弹出的【设置形状格式】任务窗格中，激活【效果】选项卡，在展开的【三维格式】选项组中，将【顶部棱台】设置为【5 磅】和【2 磅】，将【深度】设置为【22 磅】和【红色】，将【曲面图】设置为【2.5 磅】和【深红色】，将【材料】设置为【线框】。

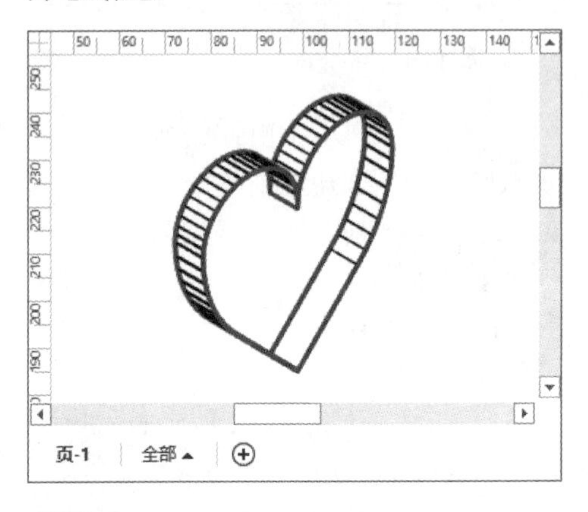

图 3-100 立体心形

第 4 章

使用文本

Visio 中的文本信息主要以形状中的文本或注解文本块的形式出现。通过为形状添加文本，不仅可以清楚地说明形状的含义，而且还可以准确、完整地传递绘图信息。Visio 为用户提供了强大且易于操作的添加与编辑文字的工具，从而帮助用户轻松地绘制出图文并茂的作品。本章主要介绍一些文本的简单操作，使读者能够更熟练地掌握文本在 Visio 中的运用。

本章学习要点：

- 创建文本
- 选择文本
- 查找与替换文本
- 设置字体格式
- 设置段落格式
- 创建注解

4.1 创建文本

在 Visio 中，不仅可以直接为形状创建文本，或通过文本工具来创建纯文本。而且还可以通过“插入”功能来创建文本字段与注释。为形状创建文本后，可以增加图表的描述性与说明性。

4.1.1 为形状添加文本

一般情况下，形状中都带有一个隐含的文本框，用户可通过双击形状的方法来添加文本。同时，还可以使用【文本】工具，为形状添加文本。

1. 添加文本

在绘图页中双击需要添加文本的形状，系统会自动进入文字编辑状态（此时，绘图页面的显示比例为 100%），在显示的文本框中直接输入相应的文字，按下 Esc 键或单击其他区域即可完成文本的输入，如图 4-1 所示。

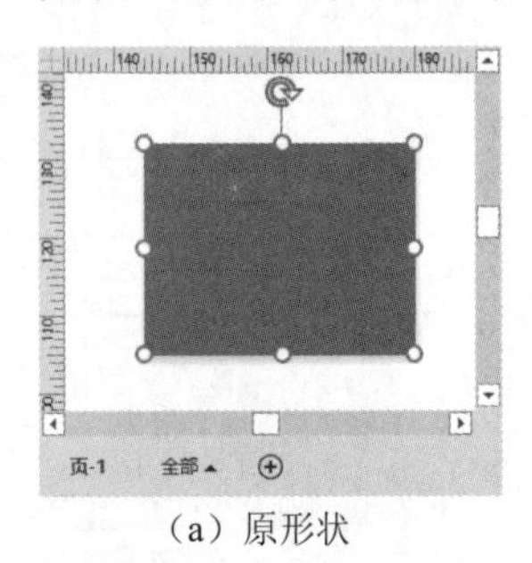

（a）原形状

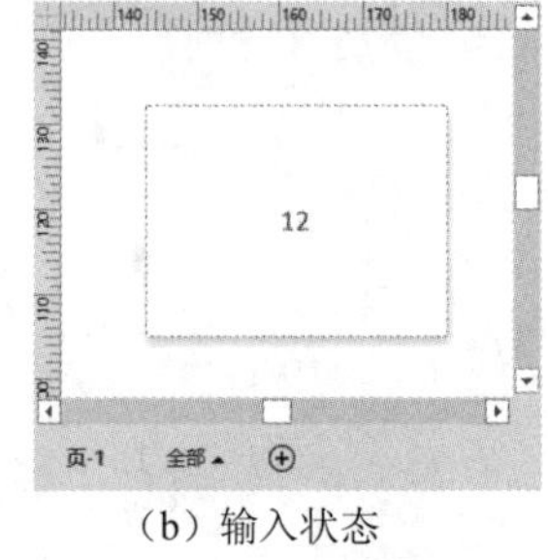

（b）输入状态

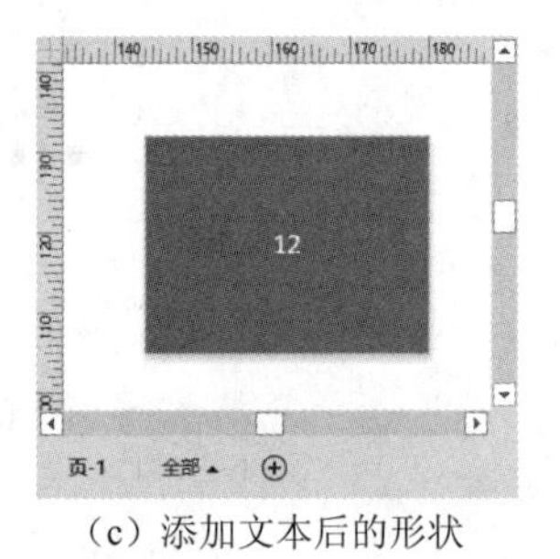

（c）添加文本后的形状

图 4-1 添加文本

提 示

用户也可以通过选择形状后按下 F2 键的方法，来为形状添加文本。

2. 使用文本块工具

为形状添加文本的文本区域也被称为文本块，该文本块与形状紧密关联。在用户调整形状的同时，文本块也会随着一起被调整。用户可通过执行【开始】|【工具】|【文本】命令，在形状中绘制文本框并输入文本。然后，选择文本块，便可以像对形状操作那样对文本块进行相应的调整，如图 4-2 所示。

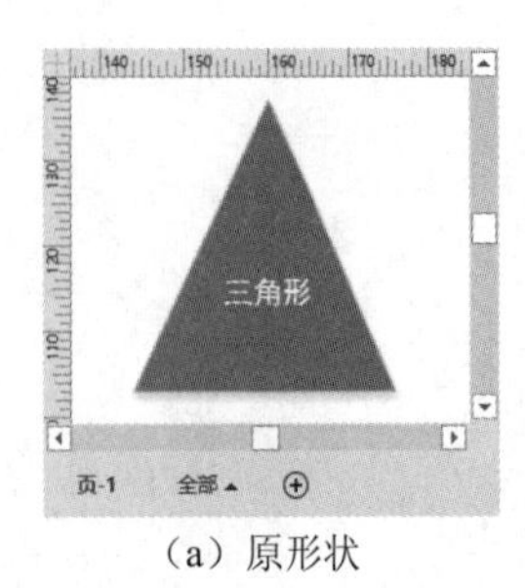

（a）原形状

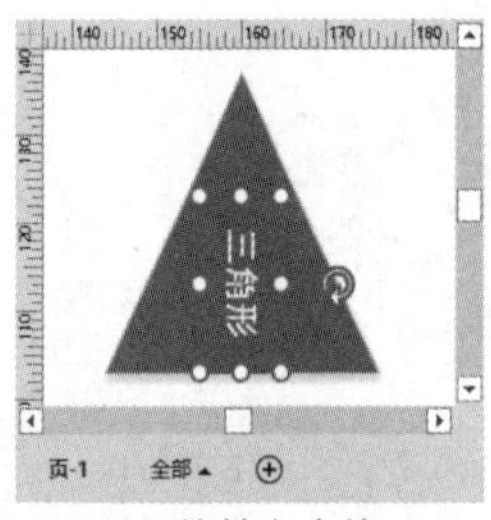

（b）旋转文本块

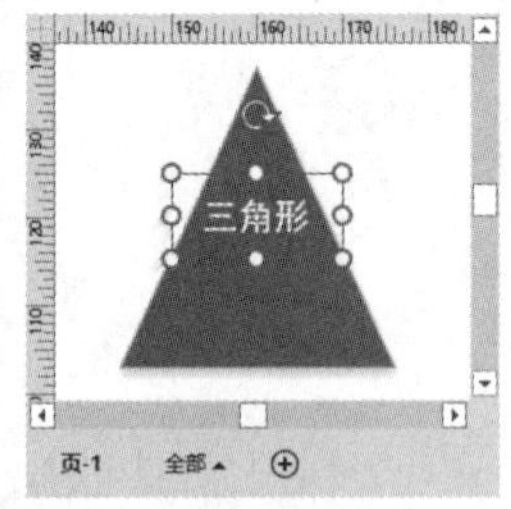

（c）移动文本块

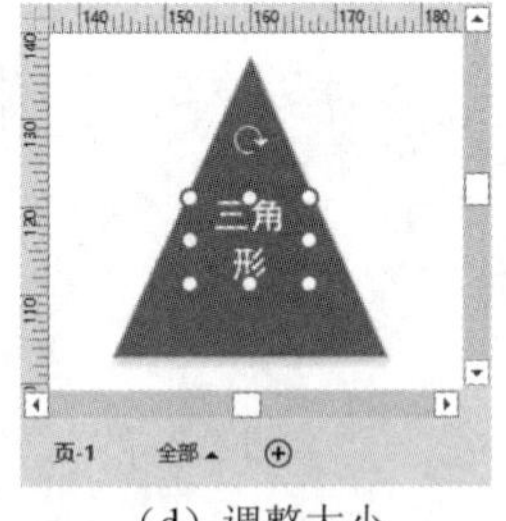

（d）调整大小

图 4-2 调整文本块

利用【文本块工具】选项，主要可以执行下列几种操作。

- **旋转文本块** 移动光标至旋转手柄上，当光标变成形状时拖动鼠标即可。
- **移动文本块** 移动光标至文本块上，当光标变成形状时拖动鼠标即可。
- **调整大小** 选择文本块，使用鼠标拖动选择手柄即可调整文本块的大小。

4.1.2 添加纯文本

Visio 为用户提供了添加纯文本的功能，通过该功能可以在绘图页的任意位置以添加纯文本形状的方式，为形状来添加注解、标题等文字说明。

在绘图页中，执行【插入】|【文本】|【文本框】|【横排文本框】命令。拖动鼠标即可绘制一个水平方向的文本框，在该文本框中输入文字即可。另外，用户还可以在绘图页中添加竖排文本块，如图 4-3 所示。

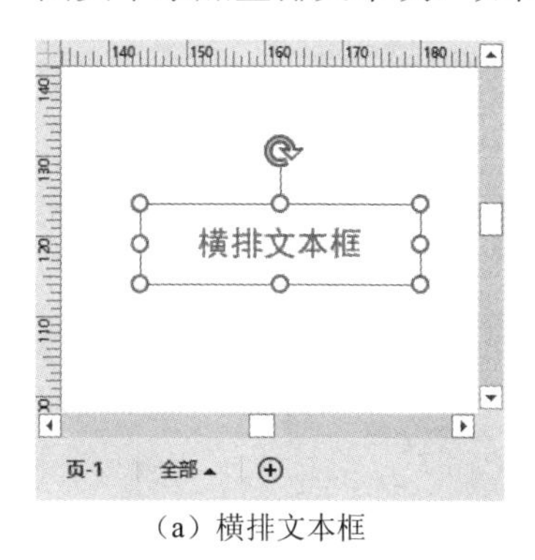

（a）横排文本框

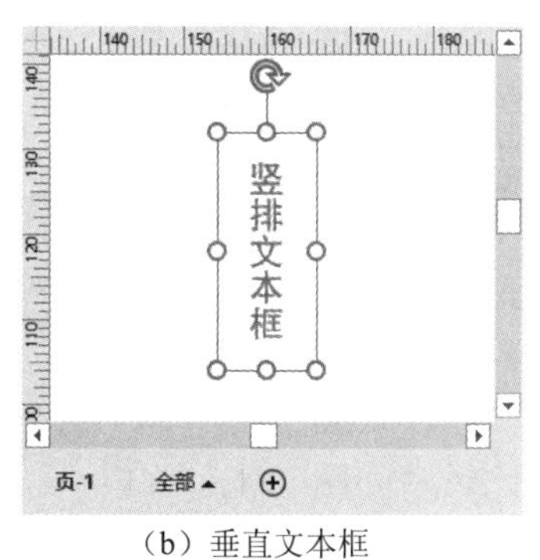

（b）垂直文本框

图 4-3　添加纯文本

4.1.3　添加文本字段

Visio 为用户提供了显示系统日期、时间、几何图形等字段信息，默认情况下该字段信息为隐藏状态。用户可以通过执行【插入】|【文本】|【域】命令的方法，在弹出的【字段】对话框中设置显示信息，即可将字段信息插入到形状中，变成可见状态，如图 4-4 所示。

在该对话框中，主要可以设置以下几种类别的字段。

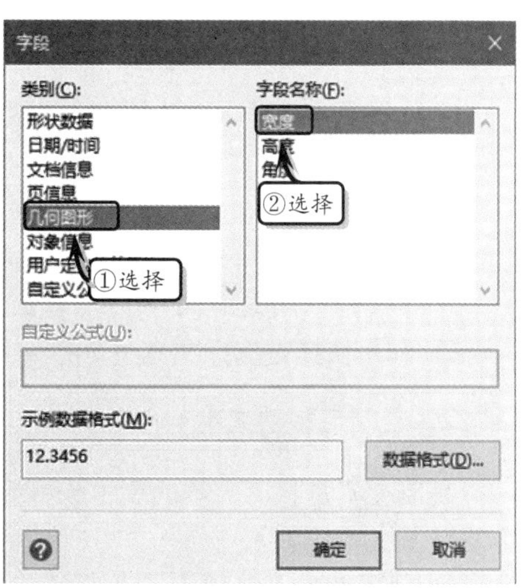

图 4-4　【字段】对话框

- 形状数据　显示所选形状的 ShapeSheet 电子表格中的【形状数据】部分中存储的形状数据。用户可以定义【形状数据】信息类型与某个形状相关联。
- 日期/时间　显示当前的日期和时间，或者文件创建、打印或编辑的日期和时间。
- 文档信息　显示来自文件“属性”中的信息。
- 页信息　使用文件“属性”信息来跟踪“背景”、“名称”、“页数”等信息。
- 几何图形　显示形状的宽度、高度和角度信息。
- 对象信息　使用在【特殊】对话框中输入的信息来跟踪“数据 1”、“数据 2”、“主控形状”等信息。
- 用户定义的单元格　显示所选形状的 ShapeSheet 电子表格中的【用户定义的单元格】部分的“值”信息。

- ❑ **自定义公式** 使用【属性】对话框中的信息来跟踪“创建者”、“说明”、“文件名”等文本信息。

另外，当用户选择相应的类别与字段名称后，执行【数据格式】选项。在弹出的【数据格式】对话框中，可以设置字段的数据类型与格式，如图 4-5 所示。

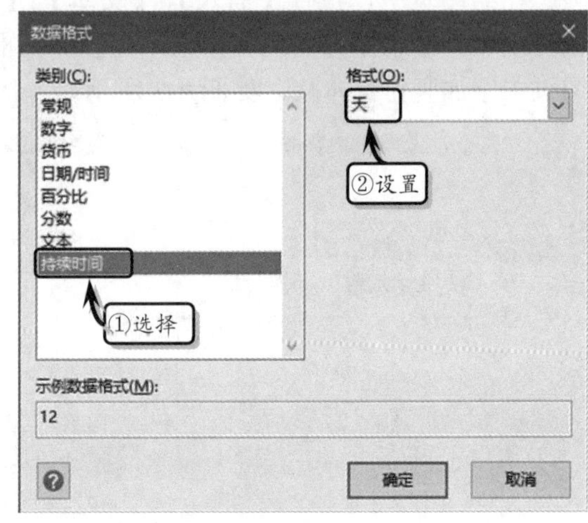

图 4-5 设置数据格式

4.2 操作文本

在绘图过程中，添加文本以后，用户可以通过复制、移动及删除等操作，来编辑文本。另外，对于文本内容比较多的图表，可以通过查找、替换与定位功能，来查找并修改具体的文本内容。下面详细介绍操作文本的基础知识与操作技巧。

4.2.1 编辑文本

在绘图过程中，添加文本以后，用户可以通过复制、粘贴、剪切等编辑命令，对已添加的文本进行修改与调整。对于 Visio 中的文本，用户可以使用编辑形状的工具来编辑文本。另外，Office 应用软件中的编辑快捷键在 Visio 中也一样适用。

1. 选择文本

在编辑文本之前，首先需要选择需要编辑的文本块。用户可以通过下列方法来选择文本。

- ❑ **直接双击文本** 双击需要编辑文本的形状，即可选择文字。
- ❑ **利用工具选择文本** 选择需要编辑文本的形状，执行【开始】|【工具】|【文本】命令，即可选择文字。
- ❑ **利用快捷键选择文本** 选择需要编辑文本的形状，按下 F2 键即可选择文字。

2. 复制与移动文本

复制文本是将原文本的副本放置到其他位置中，原文本保持不变。用户可使用下列方法复制文本。

- ❑ **使用命令** 选择需要复制的文本，执行【开始】|【剪贴板】|【复制】命令。选择放置位置，执行【开始】|【剪贴板】|【粘贴】|【粘贴】命令即可。
- ❑ **使用快捷命令** 选择需要复制的文本，右击执行【复制】命令。选择放置位置，右击执行【粘贴】命令即可。
- ❑ **使用鼠标** 选择需要复制的文本，按住 Ctrl 键并拖动文本块，释放鼠标即可。
- ❑ **使用快捷键** 选择需要复制的文本，按下 Ctrl+C 键复制文本。选择放置位置，按下 Ctrl+V 键粘贴文本即可。

移动文本是改变文本本身的放置位置，用户可使用下列方法移动文本。

- ❑ **使用命令** 选择需要复制的文本，执行【开始】|【剪贴板】|【剪切】命令。选择放置位置，执行【开始】|【剪贴板】|【粘贴】|【粘贴】命令即可。
- ❑ **使用快捷命令** 选择需要复制的文本，右击执行【剪切】命令。选择放置位置，右击执行【粘贴】命令即可。
- ❑ **使用鼠标** 选择需要复制的文本，当光标变成“四向箭头”时✣拖动文本块，释放鼠标即可。
- ❑ **使用快捷键** 选择需要复制的文本，按下 Ctrl+X 键复制文本。选择放置位置，按下 Ctrl+V 键粘贴文本即可。

技 巧

用户也可以对文本进行选择性粘贴，即复制文本后，执行【开始】|【剪贴板】|【粘贴】|【选择性粘贴】命令。

3. 删除文本

用户可以使用下列方法，删除全部或部分文本。

- ❑ **删除整个文本** 选择需要删除的文本，按 Ctrl+A 键选择文本框中的所有文本，并按下 Delete 键删除文本。
- ❑ **删除部分文本** 在文本框中选择需要删除的文本，按下 Back Space 键逐个删除。
- ❑ **撤销删除操作** 按 Ctrl+Z 键撤销错误的操作，恢复到删除之前的状态。
- ❑ **恢复撤销操作** 按 Ctrl+Y 键恢复撤销的操作，恢复到撤销之前的状态。

技 巧

当用户选择形状并按下 Delete 键后，可以将形状与文本一起删除。当用户选择文本框并按下 Delete 键后，只删除文本。

4.2.2 查找与替换文本

Visio 提供的查找与替换功能，与其他 Office 软件应用中的命令相似。其作用主要是可以快速查找，或替换形状中的文字与短语。利用查找与替换功能，可以实现批量修改文本的目的。

1. 查找文本

执行【开始】|【编辑】|【查找】|【查找】命令，在弹出的【查找】对话框中，可以搜索形状中的文本、形状数据等内容，如图 4-6 所示。

该对话框中的各选项的功能，如表 4-1 所示。

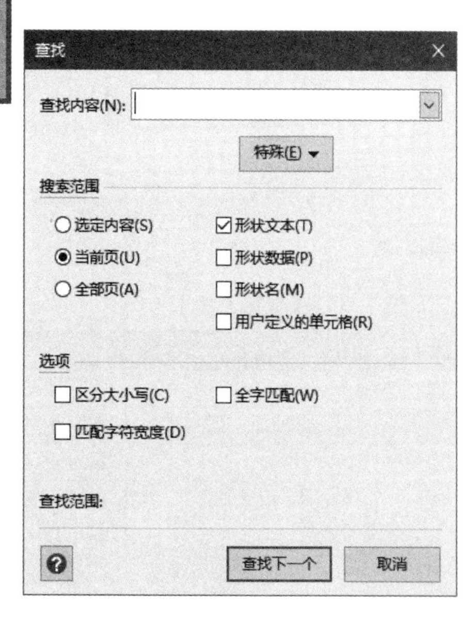

图 4-6 【查找】对话框

表 4-1 【查找】选项

选项组	选项	说明
查找内容		指定要查找的文本或字符
特殊		显示可以搜索的特殊字符的列表
搜索范围	选定内容	表示仅搜索当前选定内容
	当前页	表示仅搜索当前页
	全部页	表示搜索打开的绘图中的全部页
	形状文本	表示搜索存储在文本块中的文本
	形状数据	表示搜索存储在形状数据中的文本
	形状名	表示搜索形状名（在模具中的形状下面看到的名称）
	用户定义的单元格	表示搜索用户定义的单元格中的文本
选项	区分大小写	指定找到的所有匹配项都必须与【查找内容】框中指定的大小写字母组合完全一致
	全字匹配	指定找到的所有匹配项都必须是完整的单词，而非较长单词的一部分
	匹配字符宽度	指定找到的所有匹配项都必须与【查找内容】框中指定的字符宽度完全一致
查找范围		确定匹配的文本已在文本块中找到，或者显示形状名、形状数据或在其中找到匹配的文本的用户定义的单元格
查找下一个		搜索下一个出现在【查找内容】框中的文本的位置

提 示

用户也可以通过 Ctrl+F 键的方法，来打开【查找】对话框。

2. 替换文本

执行【开始】|【编辑】|【查找】|【替换】命令，在弹出的【替换】对话框中，可以设置查找内容、替换文本及各项选项设置，如图 4-7 所示。

该对话框中各选项的功能，如表 4-2 所示。

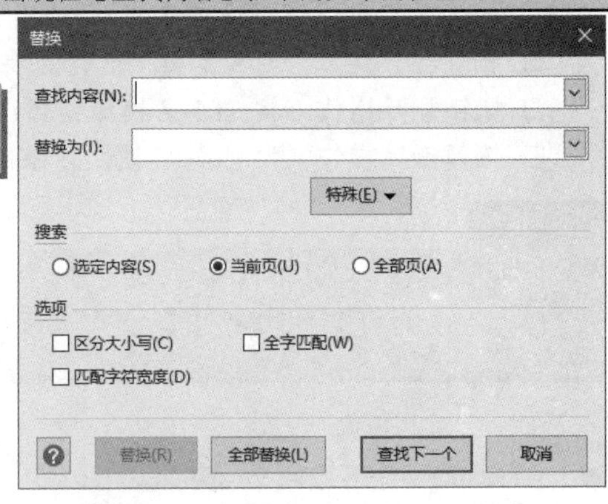

图 4-7 【替换】对话框

表 4-2 【替换】选项

选项组	选项	说明
查找内容		指定要查找的文本
替换为		指定要用作替换文本的文本
特殊		显示可以搜索的特殊字符的列表
搜索	选定内容	表示仅搜索当前选定内容
	当前页	表示仅搜索当前页
	全部页	表示搜索打开的绘图中的全部页
选项	区分大小写	仅查找那些与【查找内容】框中指定的字母大小写组合完全一致的内容
	全字匹配	查找匹配的完整单词，而非较长单词的一部分
	匹配字符宽度	仅查找那些与在【查找内容】框中指定的字符宽度完全相等的内容

续表

选项组	选项	说明
替换		用【替换为】中的文本替换【查找内容】中的文本，然后查找下一处
替换全部		用【替换为】中的文本替换所有出现在【查找内容】中的文本
查找下一个		查找并选择下一个出现在【查找内容】框中的文本

4.2.3 锁定文本

一般情况下，纯文本形状、标注或其他注解形状可以随意调整与移动，便于用户进行编辑。但是，在特殊情况下，用户不希望所添加的文本或注释被编辑。此时，需要利用 Visio 提供的"保护"功能锁定文本。

在绘图页中选择需要定位的文本形状，执行【开发工具】|【形状设计】|【保护】命令，在弹出的【保护】对话框中，单击【全部】按钮或根据定位需求执行具体选项，即可锁定文本，如图 4-8 所示。

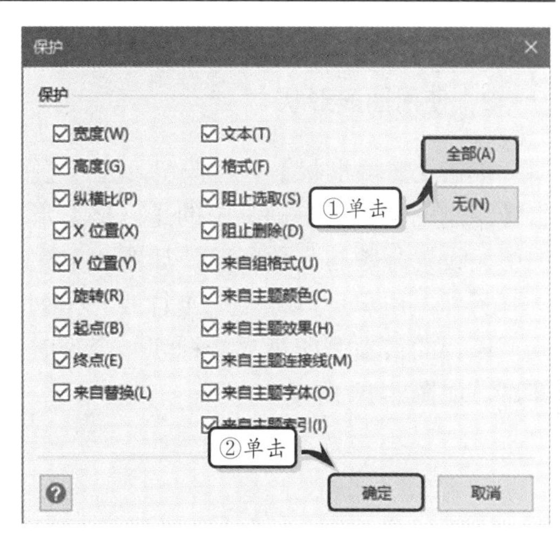

图 4-8 【保护】对话框

提 示

在【保护】对话框中，单击【无】按钮或取消具体选项即可解除文本的锁定状态。

4.3 创建注解

在制作绘图时，用户可以利用 Visio 提供的显示与强调形状信息的功能，来标注绘图中的重要信息，以及显示绘图文件、绘图内容与绘图中所使用的符号。下面将详细讲解创建与使用注解的基础知识与操作技巧。

4.3.1 创建图表

用户可以利用 Visio 中的【图表形状】模具中的表格形状，将文本汇集成行或列。

1. 图表形状概述

在 Visio 中的【形状】任务窗格中，单击【更多形状】按钮，执行【商务】|【图表和图形】|【绘制图表形状】命令，在该模具中主要包括下列几种经常使用的图表形状。

- **部署图** 该形状为每行添加了部门标签，为每列添加了阶段标签。用户可根据图表需要添加行数与列数，及标记形状标签。
- **功能比较图** 该形状为每行添加了功能标签，为每列添加了产品标签。用户可根据图表需要添加行数与列数，及标记形状标签。
- **条形图** 该形状用于比较产品数据，用户可根据图表需要添加条形数目，及标记形状标签。

- ❑ **饼图** 该形状用于分析产品比例情况，用户可根据图表需要添加扇区数量，及标记形状标签。
- ❑ **流程图** 该形状用于记录流程或步骤，用户可根据图表需要添加步骤数量，及标记形状标签。
- ❑ **网格** 该形状为普通的单元格数组，用户可根据图表需要添加行数与列数，及标记形状标签。

2. 使用图表形状

单击【更多形状】下拉按钮，选择【商务】|【图表和图形】|【绘制图表形状】选项，将【绘制图表形状】模具中的【网格】形状拖至绘图页中。在弹出的【形状数据】对话框中，设置行数与列数即可，如图 4-9 所示。

另外，用户可以标注一个行或一个列。当标注一个行时，只需将【行标题】形状拖动至该行的最左侧即可。当标注一个列时，只需将【列标题】形状拖动到该列的最上面即可，如图 4-10 所示。

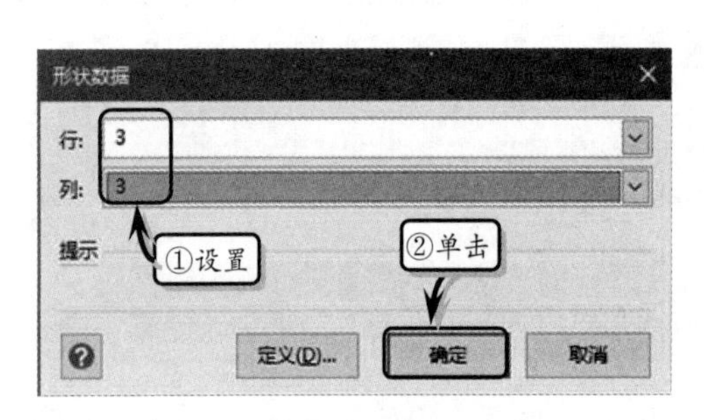

图 4-9 【形状数据】对话框

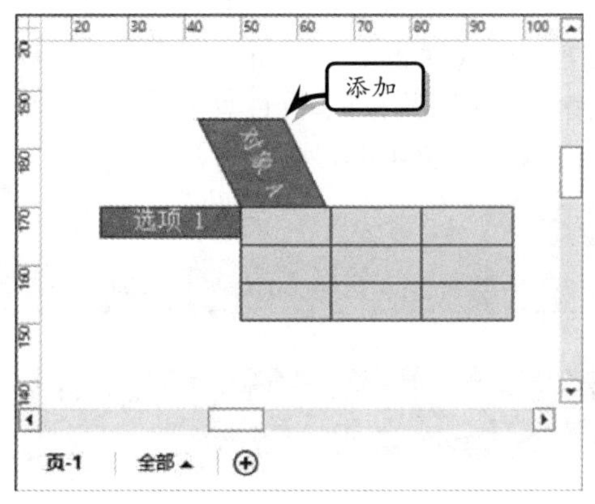

图 4-10 标注行与列

4.3.2 使用标注形状

Visio 除了为用户提供了图表形状之外，还为用户提供了标注形状。通过使用标注形状，可以有效地强调形状信息或图表内容。或将标注粘贴在形状上，使之与形状相关联，这样在移动或删除形状时，标注形状也会一起被删除。

图 4-11 添加标注形状

1. 添加标注

Visio 中的标注形状包括批注、标注、爆星等，用户可通过执行相应的命令添加与粘贴标注，如图 4-11 所示。

其添加标注的方法，主要包括以下几种

方式。

- ❑ **添加标注** 在【形状】任务窗格中，单击【更多形状】下拉按钮，选择【其他 Visio 方案】|【标注】选项，将【标注】模具中的形状拖动到绘图页中即可。
- ❑ **添加批注** 在【形状】任务窗格中，单击【更多形状】下拉按钮，选择【其他 Visio 方案】|【批注】选项，将【批注】模具中的形状拖动到绘图页中即可。
- ❑ **粘贴标注** 在添加的形状中输入文本，并拖动选择手柄或控制手柄调整标注方向并粘贴标注。

提 示

在【绘制图表形状】模具中，也包含批注与标注形状。

2. 使用自定义标注

用户可以使用自定义标注，来显示绘图中的常用与重要信息。将【标注】模具中的【自定义1】、【自定义 2】或【自定义 3】形状拖到绘图页中，拖动标注中黄色的控制手柄到形状上，系统会自动弹出【配置标注】对话框，在该对话框中设置显示选项即可，如图 4-12 所示。

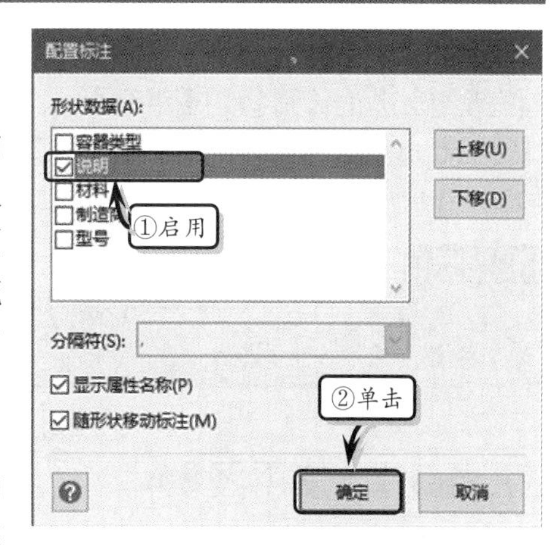

图 4-12 【配置标注】对话框

在该对话框中，主要包括下列几种选项。

- ❑ **形状数据** 显示了分配给与标注形状相关联的形状数据，其属性按照在此对话框中列出的顺序显示在标注形状中。
- ❑ **上移与下移** 将所选属性在属性列表中上移或者下移，从而改变属性的显示位置。
- ❑ **分隔符** 用于分隔多个所显示属性的字符。
- ❑ **显示属性名称** 显示形状数据的标签和值。
- ❑ **随形状移动标注** 当相关联的形状移动时同时移动标注形状，从而保持偏移量不变。

4.3.3 使用标题块

标题块是用来标识或跟踪绘图信息与修订历史的形状，适用于任何绘图中。

1. 使用标题块模具

在 Visio 中，标题块不仅会随模板一起打开，而且用户还可以打开专门存储标题块的模具，如图 4-13 所示。

使用标题块的方法主要包括下列两种方式。

- ❑ **使用标题块** 在【形状】任务窗格中，单击【更多形状】按钮，选择【其他 Visio 方案】|【标题块】选项，将【标题块】模具中的形状拖动到绘图页中即可。
- ❑ **使用边框与标题** 执行【设计】|【背景】|【边框和标题】命令，在其列表中选

择相应的选项即可。

2. 自定义标题块

当【标题块】或【边框与标题】命令中的形状无法满足绘图需要时，用户可以自定义标题块。首先，将【标题块】模具中的【边框】形状拖动到绘图页中。然后，将【标题块】模具中的【制图员】、【日期】、【说明】等其他形状拖动到【边框】形状中。最后，选择所有形状，执行【形状】|【组合】|【组合】命令，组合所有的形状，如图 4-14 所示。

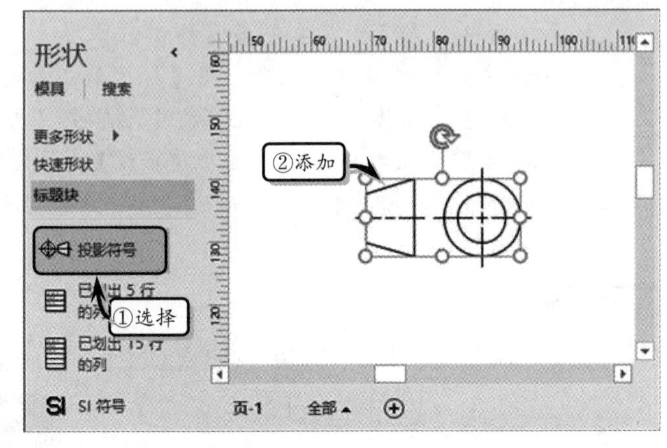

图 4-13 使用标题块模具

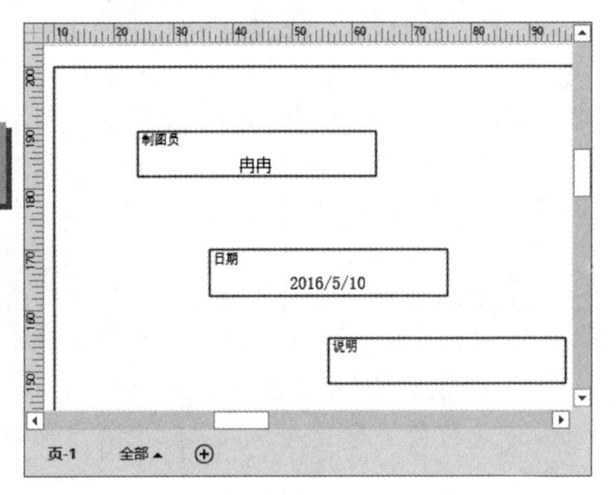

图 4-14 自定义标题块

提 示

选择所有形状后，右击形状执行【组合】|【组合】命令，也可以组合形状。

4.3.4 使用图例

当用户在绘图中使用符号时，需要利用【图例】形状来说明符号的含义。通过使用图例，可以统计与显示绘图页中符号的形状、描述与出现的次数。

1. 创建图例

在【形状】任务窗格中，单击【更多形状】下拉按钮，选择【商务】|【灵感触发】|【图例形状】选项，将【图例形状】模具中的【图例】形状拖至绘图页中。然后，将使用的符号添加到绘图页中，图例中会自动显示所添加的符号，如图 4-15 所示。

对于【图例】形状，可以进行下列编辑操作。

- ❑ **调整宽度** 选择该形状，拖动形状两侧的选择手柄即可。
- ❑ **编辑文本** 选择该形状，执行【开始】|【工具】|【文本】命令，即可编辑形状中的文本。
- ❑ **设置文本格式** 选择需要设置格式的文本，执行【开始】选项卡【字体】选项组中的各种命令即可。

2. 配置图例

虽然创建并简单地编辑图例可以达到一定的效果。但是，对于隐藏标题或调整符号的前后顺序等操作，还需要利用【配置图例】对话框来实现。即右击【图例】形状并执行【配置图例】命令，在弹出的【配置图例】对话框中，可以设置标题、计数与列名称的显示状态，如图 4-16 所示。

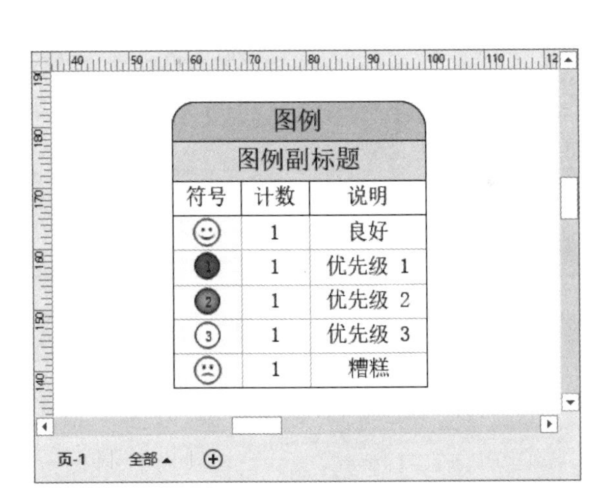

图 4-15 创建图例

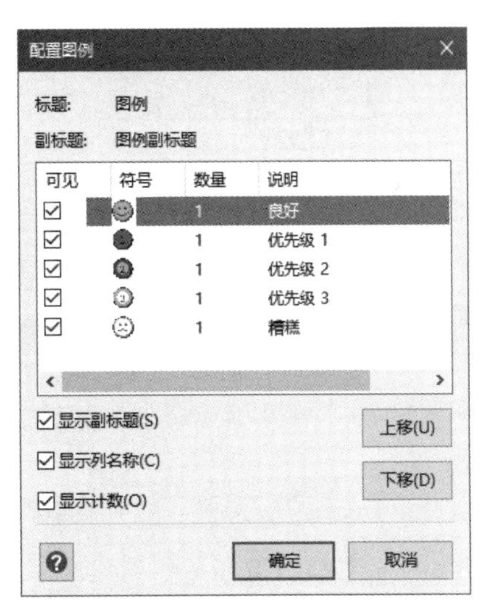

图 4-16 【配置图例】对话框

在该对话框中，可以实现下列操作。

- **显示或隐藏副标题** 可以通过启用或禁用【显示副标题】选项来实现。
- **显示或隐藏计数列** 可以通过启用或禁用【显示计数】选项来实现。
- **显示或隐藏列名称** 可以通过启用或禁用【显示列名称】选项来实现。
- **显示或隐藏符号** 可以通过启用或禁用【可见】栏中的复选框来实现。
- **调整符号顺序** 可以通过单击【上移】或【下移】按钮来实现。

4.3.5 使用标签和编号

在 Visio 中，用户可以通过添加标签与编号的方法，来标注绘图页中的元素。执行【视图】|【宏】|【加载项】|【其他 Visio 方案】|【给形状编号】命令，在弹出的【给形状编号】对话框中的【常规】选项卡中，设置编号的基本格式即可，如图 4-17 所示。

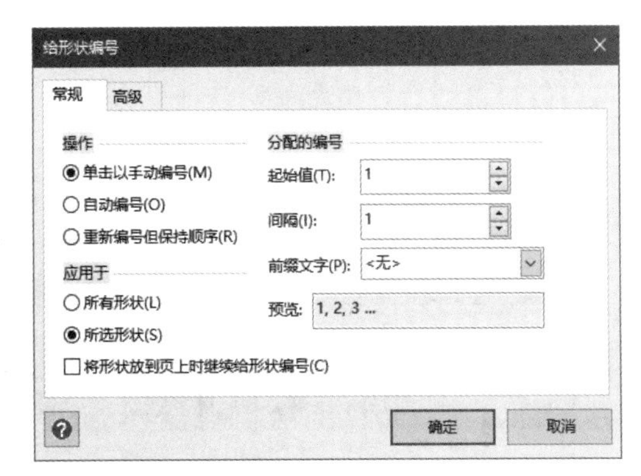

图 4-17 【常规】选项卡

其中，【常规】选项卡中的各项选项的具体功能，如表 4-3 所示。

表 4-3 【常规】选项

选项组	选项	说明
操作	单击以手动编号	表示使用【指针】工具单击页面上的形状来为形状添加编号
	自动编号	表示自动为页面上的形状编号，默认为从左到右，然后从上到下
	重新编号但保持顺序	表示将形状重新编号，但保持现有的编号顺序。默认情况下，重新编号允许顺序中出现重复

续表

选项组	选项	说明
分配的编号	起始值	表示指定一个用于形状编号时的起始值，该值为整数
	间隔	表示指定两个形状编号之间的间隔。可以通过使用负值的方法，使形状编号递减
	前缀文字	表示需要在形状编号之前添加的文字或数字
	预览	用于显示设置【起始值】、【前缀文字】等选项之后的效果
应用于	所有形状	表示为绘图页上的所有形状编号
	所选形状	表示对所选择的形状编号
	将形状放到页上时继续给形状编号	将形状拖放到绘图页上时继续给形状编号

另外，用户可以在【高级】选项卡中，设置编号的位置、编号的顺序等内容，如图4-18所示。

其中，【高级】选项卡中的各项选项的具体功能，如表4-3所示。

表 4-4 【高级】选项

选项组	选项	说明
编号的位置	形状文本之前	表示在形状上的文本之前显示编号
	形状文本之后	表示在形状上的文本之后显示编号
应用于选项	所有图层	表示将形状编号应用于绘图页上的所有形状
	所选图层	表示形状编号只应用于从列表中选择的图层上的形状
自动编号顺序	从左到右，从上到下	表示根据形状在绘图页上的位置来为其编号，其顺序为从左到右，然后从上到下
	从上到下，从左到右	表示根据形状在绘图页上的位置来为其编号，其顺序为从上到下，然后从左到右
	从后到前	表示根据将各个形状添加到绘图页的顺序为其编号
	按选择顺序	表示按照选择各个形状时依照的顺序为其编号
重新编号选项	顺序中允许重复	表示当为各个形状重新编号时，原来的顺序即使包含重复编号，也会被保留下来
	严格顺序	表示为各个形状重新编号时，所有重复编号都会按顺序替换为连续编号
	隐藏形状编号	表示在绘图页和打印页上隐藏形状编号
	不含连接线	表示为绘图中的连接线形状进行编号

4.4 设置文本格式

为图表添加完文本之后，为了使文本块具有美观性与整齐性，需要设置文本的字体格式与段落格式。例如，设置文本的字体、字号、字形与效果等格式，设置段落的对齐方式、符号与编号等格式。

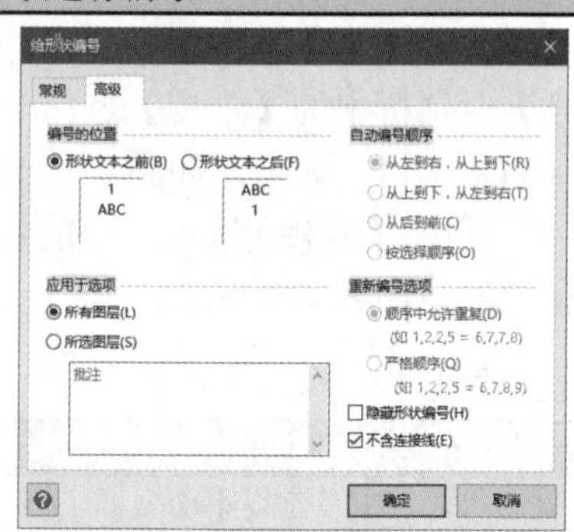

图 4-18 【高级】选项卡

4.4.1 设置字体格式

设置字体格式，即是设置文字的字体、字号与字形样式以及文字效果、字符间距等内容。用户可通过【开始】选项卡【字体】选项组中的命令，来设置文字的字体格式。

1. 设置字体、字号与字形

字体是指字母、标点、数字或符号所显示的外形效果。字形是字体的样式。字号代表字体的大小。用户可以通过以下两种方式，来设置字体、字号与字形格式。

❑ 选项组法

Visio 为用户提供的【字体】选项组命令，包含字体格式的常用命令。通过该选项组，可以帮助用户完成设置字体格式的所有操作，如图 4-19 所示。

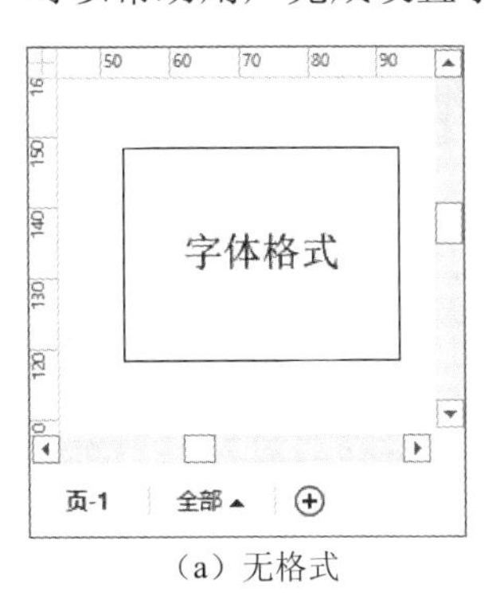

（a）无格式

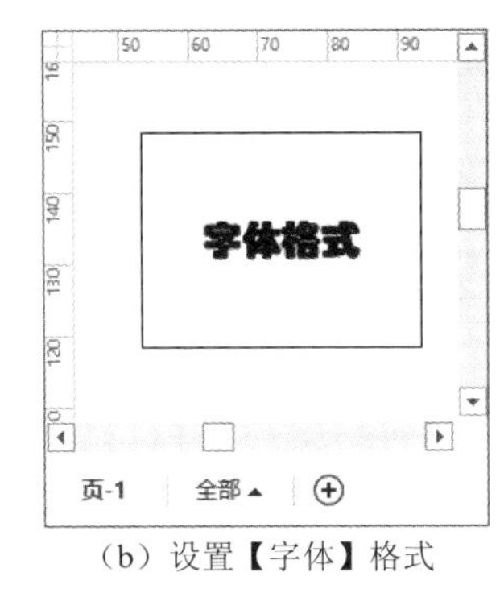

（b）设置【字体】格式

（c）设置【字形】格式

图 4-19 设置字体格式

每种格式的设置操作如下所述。

- ❑ **设置【字体】格式** 选择需要设置字体格式的形状，执行【开始】|【字体】|【字体】命令，在其下拉列表中选择相应的字体样式即可。
- ❑ **设置【字形】格式** 执行【开始】|【字体】|【加粗】或【倾斜】命令，可以更改所选文字的字形。
- ❑ **设置【字号】格式** 执行【开始】|【字体】|【字号】命令，在其下拉列表中选择一种字号，更改所选文字的大小。

提 示

在设置字体时，可以使用 Ctrl+B 与 Ctrl+I 键，来设置文本的【加粗】与【倾斜】格式。

❑ 使用【文本】对话框

执行【开始】|【字体】|【对话框启动器】命令，弹出【文本】对话框。激活【字体】选项卡，在【西文】与【亚洲文字】选项中设置【字体】格式；在【大小】选项中设置【字号】格式；在【样式】选项中设置【字形】格式，如图 4-20 所示。

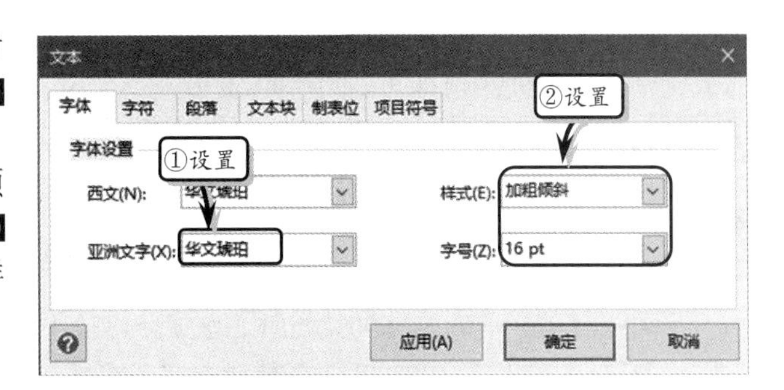

图 4-20 设置【字体】格式

2. 设置文字效果

在 Visio 中，用户还可以设置文本的效果，即设置文本的位置、颜色、透明度等内容。在【文本】对话框【字体】选项卡中，设置【常规】选项组中的各选项即可，如图4-21所示。

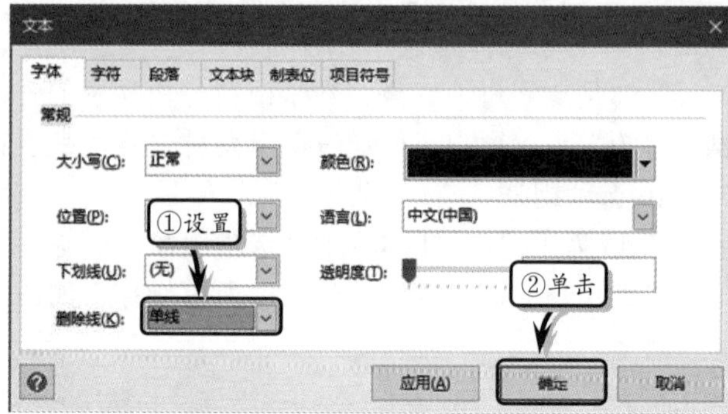

图4-21 设置文字效果

设置文字效果的各选项的功能，如下所述。

- **大小写** 指定文本的大小写格式，主要包括正常、全部大写、字母大写与小型大写字母4种选项。
- **位置** 指定文本位置。其中，【正常】表示在基准线上水平对齐所选文本，【上标】表示在基准线上方稍微升高所选文本并降低其磅值，【下标】表示在基准线下方稍微降低所选文本并降低其磅值。
- **下划线** 在所选文本的下面绘制一条线。其中，【单线】表示在选定文本下方绘制一条单线。【双线】表示在所选文本下方绘制一条双线。对于日语或韩语竖排文本，下划线格式定位在文本右侧。
- **删除线** 绘制一条穿过文本中心的线。
- **颜色** 设置文本的颜色。
- **语言** 指定语言设置。指定的语言会影响复杂文种文字和亚洲文字的文本放置。
- **透明度** 用于设置文本的透明程度，其值介于0%~100%之间。

提 示

用户也可以通过执行【开始】|【字体】|【下划线】命令，来设置文字的【下划线】效果。

3. 设置字符间距

用户可以通过设置字符间距的方法，使文本块具有可观性与整齐性。执行【开始】|【字体】|【对话框启动器】命令，激活【字符】选项卡，设置字符缩放比例与字符间距值即可，如图4-22所示。

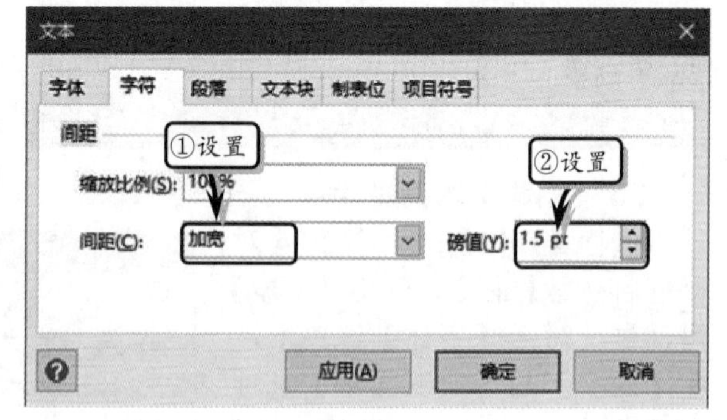

图4-22 【字符】选项卡

在该选项卡中，主要包括下列几种选项。

- **缩放比例** 用于设置字符的大小，其值介于1%~600%之间。当百分比值小于100%时，会使所选字符变窄；当百分比值大于100%时，会使所选字符变宽。
- **间距** 用于设置字符之间的距离。默认设置为【标准】，而【加宽】则表示按照指定的磅值将字符拉开，【紧缩】则表示按照磅值移动字母使之紧凑。
- **磅值** 设置间距以便加宽或紧缩所选字符。其取值范围介于1584（加宽）~-1584

（紧缩）之间。磅是排版机所用的传统度量衡，1 磅等于 1/72 英寸。

4.4.2 设置段落格式

在 Visio 中，除了可以设置字体格式之外，用户还可以设置段落的对齐方式及段落之间的距离等段落格式。设置段落格式，主要通过下列两种方法进行。

1. 使用【文本】对话框

执行【开始】|【段落】|【对话框启动器】命令，在【段落】选项卡中，设置段落的对齐方式、段间距及缩进格式，如图 4-23 所示。

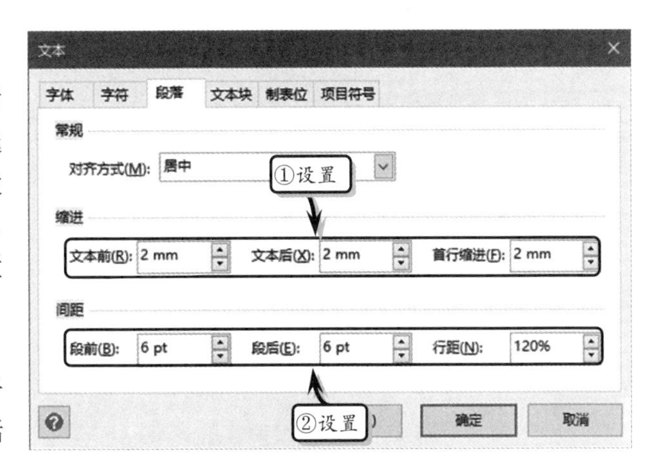

图 4-23 【段落】选项卡

在该选项卡中，主要可以设置以下三种格式。

1）对齐方式

该选项用来设置文本相对于文本块边距的对齐方式，主要包括以下几种选项。

- **居中** 表示每行文本在左右页边距间居中。
- **左对齐** 表示每行文本都在左边距处开始对齐，而文本右侧不对齐。
- **右对齐** 表示每行文本都在右边距处开始对齐，而文本左侧不对齐。
- **两端对齐** 调整文字与字符之间的间距，以便除段落最后一行外的每行文本都填充左右页边距间的空间。
- **分散对齐** 调整文字与字符之间的间距，以便包括段落最后一行在内的每行文本都填充左右页边距间的空间。

2）缩进

该选项用来设置页边距到段落之间的距离，其中：

- **文本前** 表示从开始页边距处设置段落缩进。在从左向右段落中指左边距，在从右向左段落中指右边距。
- **文本后** 从停止页边距处设置段落缩进。在从左向右段落中指右边距，在从右向左段落中指左边距。
- **首行缩进** 表示设置文本首行相对于开始边距的缩进。

3）间距

该选项用来显示所选段落的段落和行间距，如果未选择任何段落，则显示整个文本块的段落和行间距。

- **段前** 用来设置在段落前插入的空间。默认情况下，垂直间距用磅表示。
- **段后** 指定在段落后插入的空间（文本块的末段除外）。如果已经为【段前】指定了一个值，那么段落之间的空间量等于【段前】与【段后】值的总和。

- ❑ 行距　指定段落内的行间距。默认情况下，该值显示为 120%，该设置确保字符不会触及下一行。或者，直接在文本块中输入绝对大小，其值介于 0~1584pt 之间。

2. 使用【格式】工具栏

在 Visio 中的【开始】选项卡【段落】选项中，为用户提供了左对齐、右对齐、居中、两端对齐、顶端对齐等 7 种对齐方式。另外，还为用户提供了减少缩进量与增加缩进量两种缩进方式。每种命令的具体情况如表 4-5 所示。

表 4-5　段落对齐方式

按钮	名称	功能	快捷键
	左对齐	将文字左对齐	Shift+Ctrl+L
	居中	将文字居中对齐	Shift+Ctrl+C
	右对齐	将文字右对齐	Shift+Ctrl+R
	两端对齐	将文字左右两端同时对齐，并根据需要增加字间距	Shift+Ctrl+J
	顶端对齐	将文本靠文本框的顶部对齐	Shift+Ctrl+I
	中部对齐	对齐文本，使其在文本块的顶部和底部居中	Shift+Ctrl+M
	底端对齐	将文字靠文本块的底部对齐	Shift+Ctrl+V
	左对齐	将文字左对齐	Shift+Ctrl+L
	居中	将文字居中对齐	Shift+Ctrl+C

4.4.3　设置文本块与制表位

设置文本块即是设置所选文本块的垂直对齐方式、页边距与背景色，而设置制表位即是为所选段落或所选形状的整个文本块添加、删除和调整制表位。

1. 设置文本块

选择需要设置的文本块，执行【开始】|【字体】|【对话框启动器】命令，在弹出的【文本】对话框中，激活【文本块】选项卡，设置相关选项即可，如图 4-24 所示。

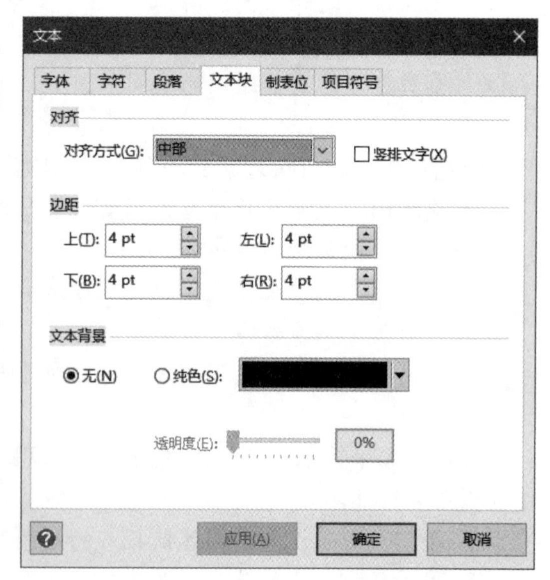

图 4-24　【文本块】选项卡

在该选项卡中，主要包括下列几种选项。

- ❑ 对齐　用于设置文本垂直对齐的方式。其中，【对齐方式】选项默认情况下包括中部、顶部和底部三种选项。当用户执行【竖排文字】选项时，文本块中的文字将从上到下、从右到左显示。另外，执行该选项时，【对齐方式】选项将自动改变为居中、靠左与靠右三种选项。

- ❑ **边距** 主要用来设置文本距离文本块上、下、左、右边缘的距离。
- ❑ **文本背景** 用于设置文本块的背景颜色。执行【纯色】选项并单击其下拉按钮可以选择多种纯色背景色。而【透明度】选项则用于设置背景色的透明显示，其值介于0%~100%之间。

提 示

用户还可以通过执行【开始】|【段落】|【文字方向】命令，来改变文字方向。

2. 设置制表位

制表位是指水平标尺上的位置，它指定了文字缩进的距离或一栏文字开始的位置，可以向左、向右或居中对齐文本行；或者将文本与小数字符或竖线字符对齐。在Visio中最多可以设置160个制表位，而且制表位的方向会随着段落方向的改变而改变。

在【文本】对话框中，激活【制表位】选项卡，并在选项卡中可以为所选段落或所选形状的整个文本块，添加、删除与调整制表位，如图4-25所示。

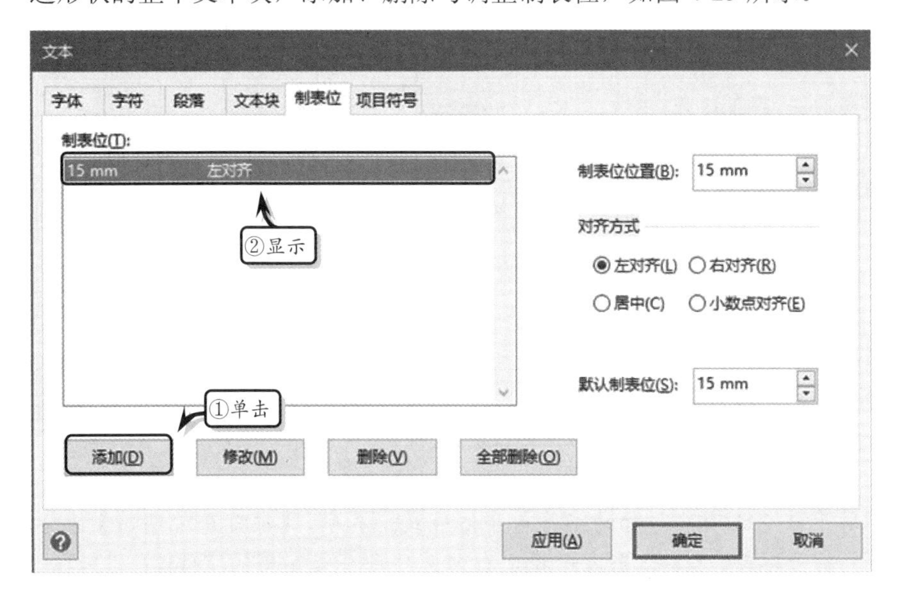

图4-25 【制表位】选项卡

该选项卡中各选项的功能，如下所述。

- ❑ **制表位** 显示当前制表位，左侧显示制表位位置，右侧显示制表位对齐方式。
- ❑ **添加** 添加一个新的制表位。
- ❑ **修改** 将在【制表位】列表中选择的制表位，设置为【制表位位置】文本框中指定的值。
- ❑ **删除** 清除在【制表位】列表中选择的制表位。
- ❑ **全部删除** 清除所选形状中的所有制表位。
- ❑ **制表位位置** 指定在【制表位】表中选择的制表位的位置。
- ❑ **对齐方式** 用于设置制表位的对齐方式。其中，【左对齐】表示文本与制表位的左侧对齐。【右对齐】表示文本与制表位的右侧对齐。【居中】表示文本位于制表位的中间。【小数点对齐】表示在制表位中小数点处对齐。

- ❑ **默认制表位** 为所选形状设置默认制表位间的距离。

提 示

双击形状并右击鼠标执行【文本标尺】选项，可以通过单击【文本标尺】中的制表位的方法，来设置制表位。

4.4.4 设置项目符号

项目符号是为文本块中的段落或形状添加强调效果的点或其他符号。在【文本】对话框中激活【项目符号】选项卡，在该选项卡中设置项目符号的样式、字号、文本位置等格式，如图 4-26 所示。

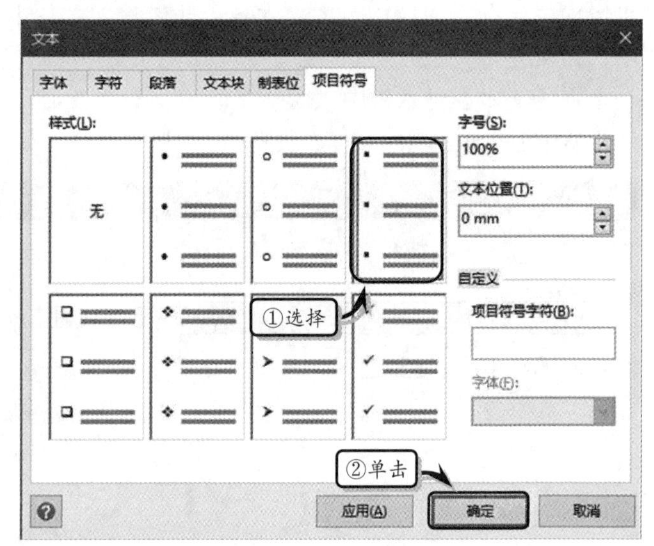

图 4-26 【项目符号】选项卡

在该选项卡中，主要包括以下选项。

- ❑ **样式** 用来显示项目符号的样式。
- ❑ **字号** 指定项目符号的大小，但不影响其余文本。用户可以用磅值（如 4pt）或百分比（如 60%）为单位来标识符号的大小。
- ❑ **文本位置** 指定项目符号与它的文本之间的空间量。
- ❑ **自定义** 用于自定义项目符号的字符与字体样式。其中，【项目符号字符】表示自定义项目符号字符，【字体】表示指定自定义项目符号字符的字体。

提 示

用户可以通过执行【开始】|【段落】|【项目符号】命令，来添加项目符号。

4.5 课堂练习：服饰品展区分布图

服饰品展区分布是一种为参观者提供了详细的产品分布信息，方便参观者有目的地进行参观，从而寻找潜在的合作伙伴或关注的商家的图表。在本练习中，将利用【平面布置图】模板及对空间的布局设计等操作，制作一份服饰品展区分布图，如图 4-27 所示。

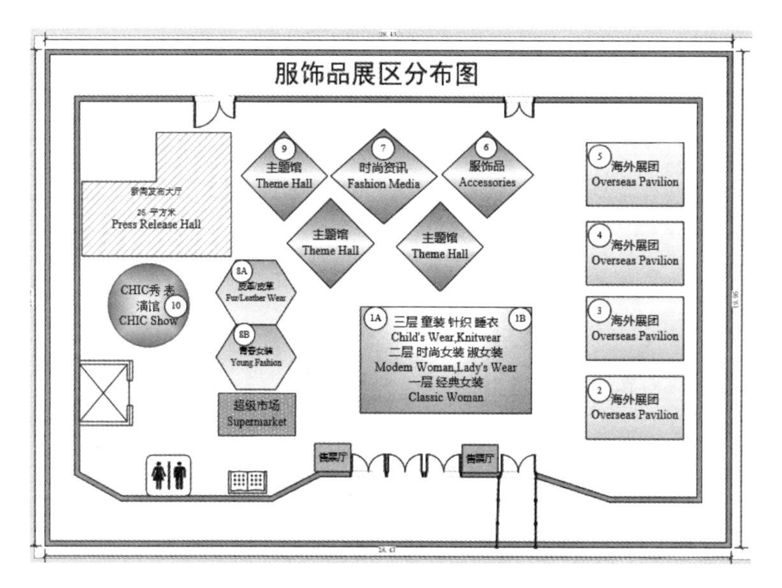

图 4-27 服饰品展区分布图

操作步骤：

1 执行【文件】|【新建】命令，在展开的列表中选择【平面布置图】选项，如图 4-28 所示。

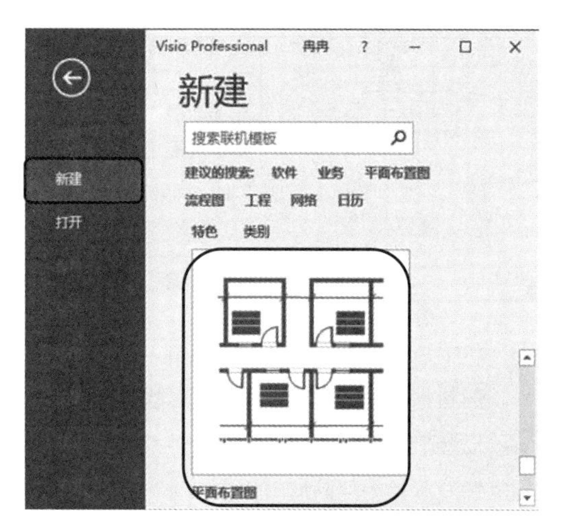

图 4-28 选择模板类型

2 在弹出的对话框中，单击【创建】按钮，创建模板文档，如图 4-29 所示。

3 单击【设计】选项卡【页面设置】选项组中的【对话框启动器】按钮，激活【页面尺寸】选项卡，将页面尺寸设置为 A4，如图 4-30 所示。

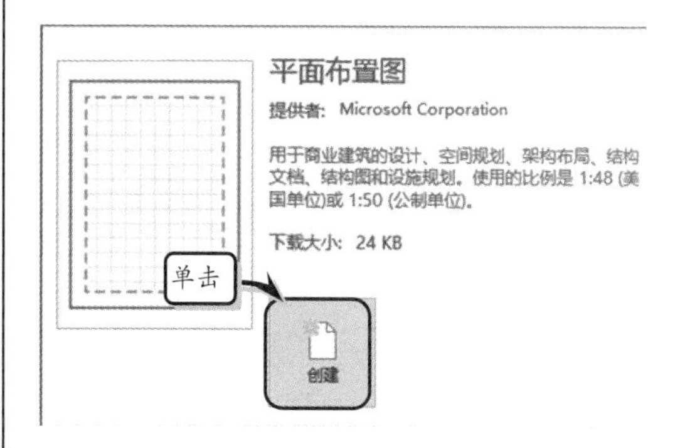

图 4-29 创建模板文档

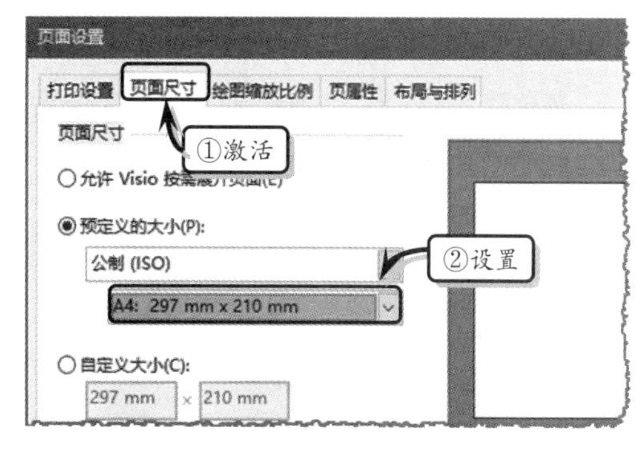

图 4-30 设置页面尺寸

4 激活【绘图缩放比例】选项卡，将缩放比例设置为【1:100】，如图 4-31 所示。

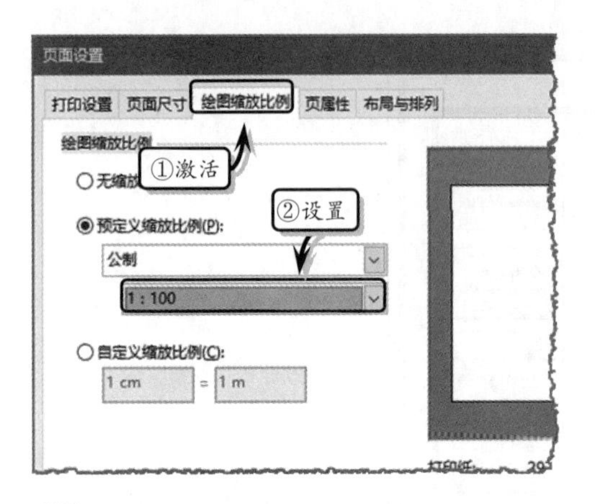

图 4-31 设置缩放比例

5 将【墙壁、外壳和结构】模具中的【空间】形状拖至绘图页中，并调整其大小，如图 4-32 所示。

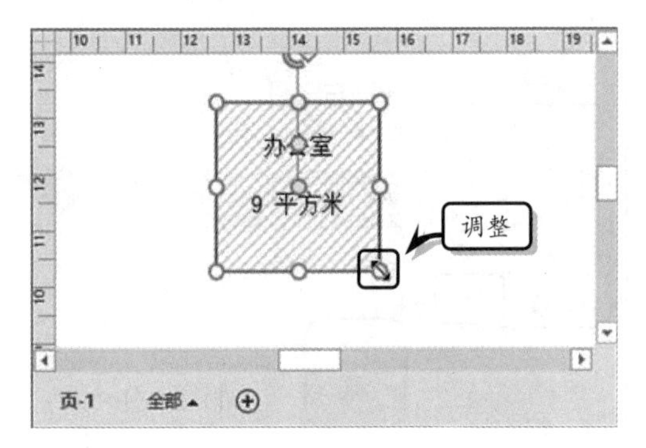

图 4-32 添加空间形状

6 右击空间形状，执行【转换为墙壁】命令，选择【外墙】选项，同时启用【添加尺寸】复选框，如图 4-33 所示。

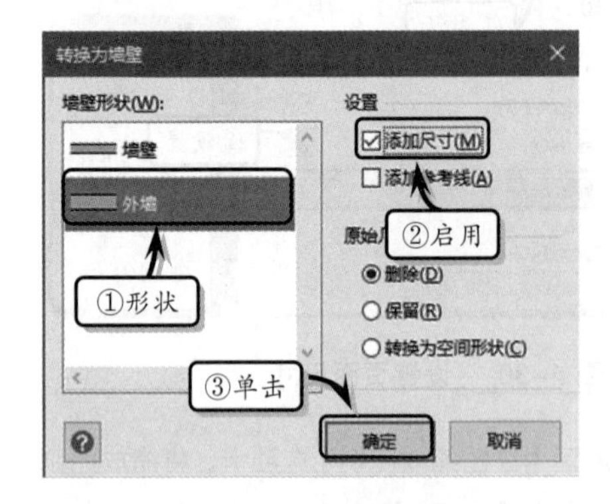

图 4-33 转换为墙壁

7 将【墙壁、外壳和结构】模具中的【外墙】形状拖至绘图页中，并调整其大小和位置，如图 4-34 所示。使用同样的方法，添加其他外墙形状。

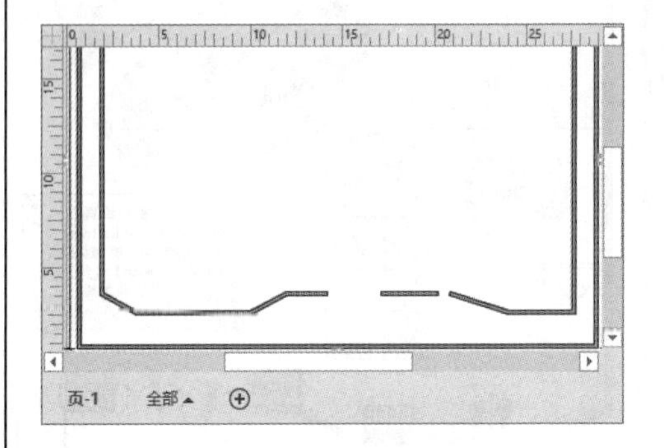

图 4-34 添加外墙形状

8 将【墙壁、外壳和结构】模具中的【非对称门】形状拖至绘图页中，右击该形状执行【向里打开/向外打开】命令，如图 4-35 所示。

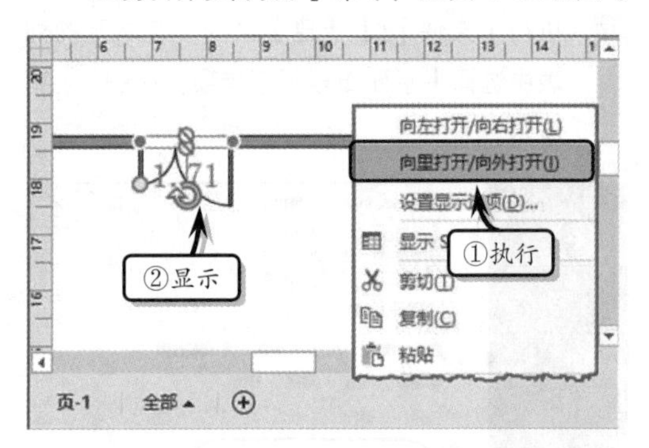

图 4-35 添加非对称门形状

9 将【墙壁、外壳和结构】模具中的【双门】形状拖至绘图页中，右击该形状执行【向里打开/向外打开】命令，如图 4-36 所示。同样方法，添加其他门形状。

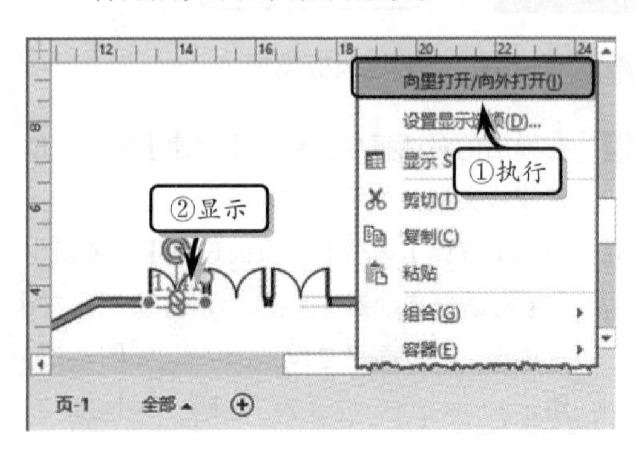

图 4-36 添加双门形状

10 将【墙壁、外壳和结构】模具中的【"L"形空间】形状拖至绘图页中，调整其大小并执行【开始】|【排列】|【位置】|【旋转形状】|【水平翻转】命令，如图 4-37 所示。

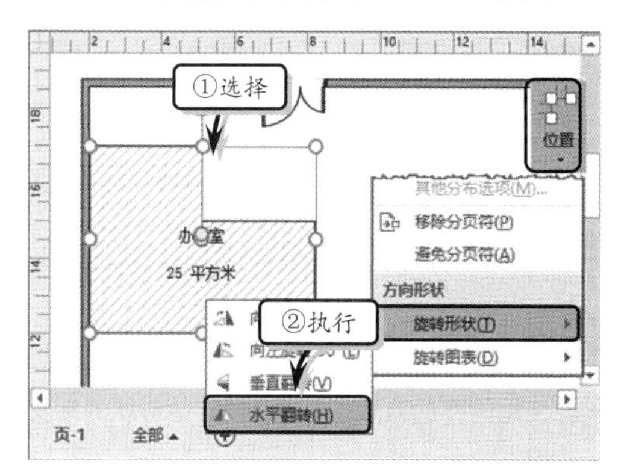

图 4-37 添加 L 形空间形状

11 右击 L 形空间形状，执行【数据】|【形状数据】命令，在弹出的对话框中设置形状数据。同时，在形状中输入其他文本，如图 4-38 所示。

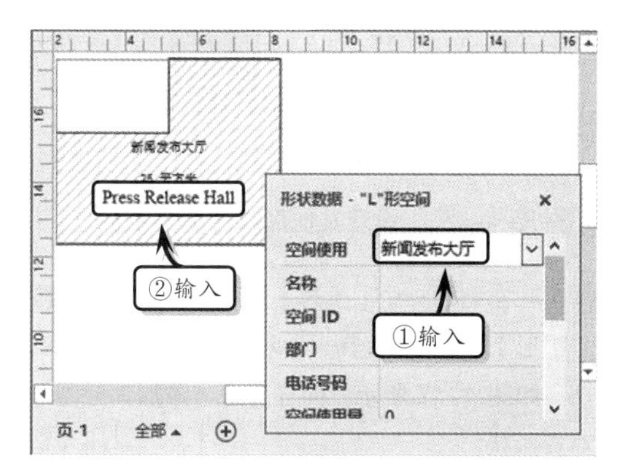

图 4-38 设置形状数据

12 然后，分别将【家具-Visio2013】模具中的【沙发】形状、【建筑物核心-Visio2013】模具中的【电梯】和【护栏】形状，以及【旅游点标识-Visio2013】模具中的【抽水马桶】形状添加到绘图页中，如图 4-39 所示。

13 将【基本形状】模具中的矩形、六边形和圆形形状添加到绘图页中，分别调整其大小和位置，并输入形状文本，如图 4-40 所示。

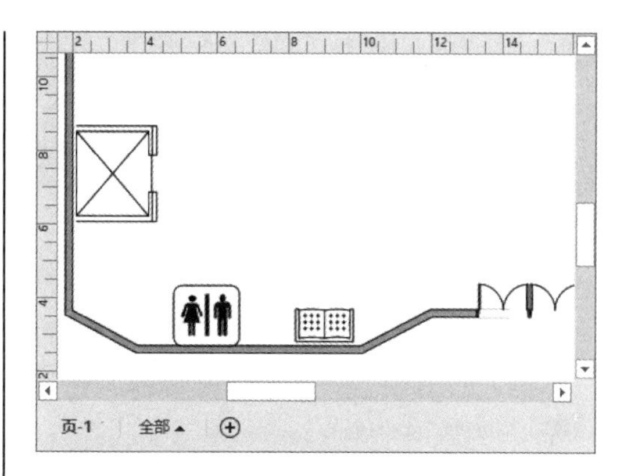

图 4-39 添加其他形状

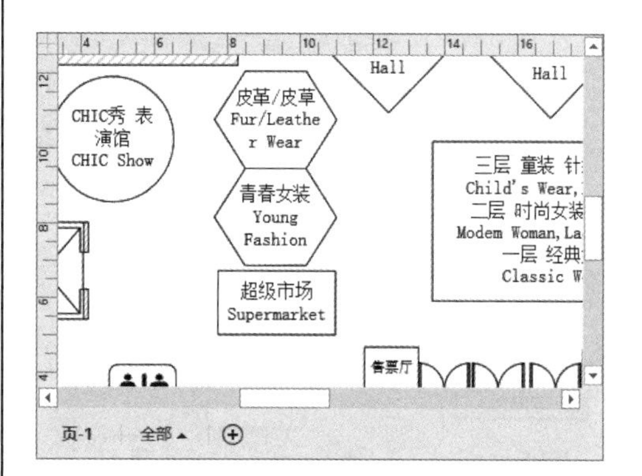

图 4-40 添加基本形状

14 选择双门形状侧面的两个矩形形状，执行【开始】|【形状样式】|【填充】|【橙色,着色 5,淡色 40%】命令，设置其填充颜色，如图 4-41 所示。

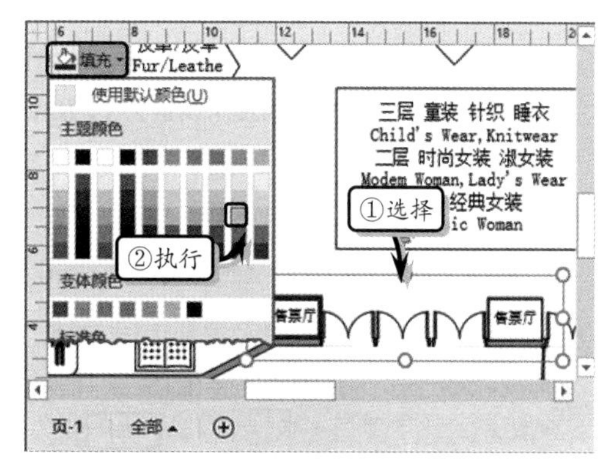

图 4-41 设置填充颜色

15 选择沙发上方的矩形形状，右击形状执行【设置形状格式】命令，如图 4-42 所示。

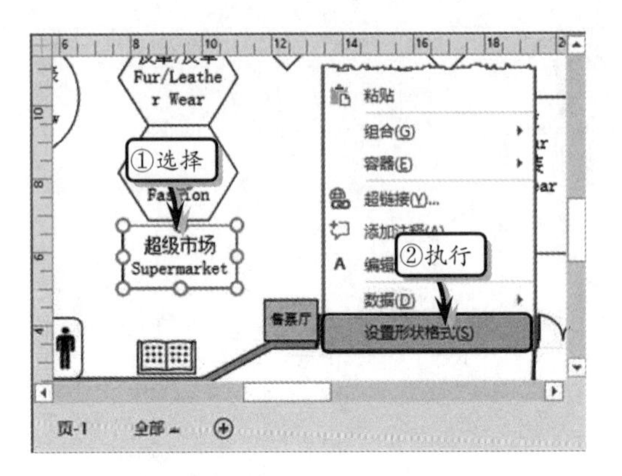

图 4-42 输入文本

16 展开【填充】选项组，选中【图案填充】选项，将【模式】设置为【12】，将【前景】设置为【黄色】，将【背景】设置为【浅绿】，如图 4-43 所示。

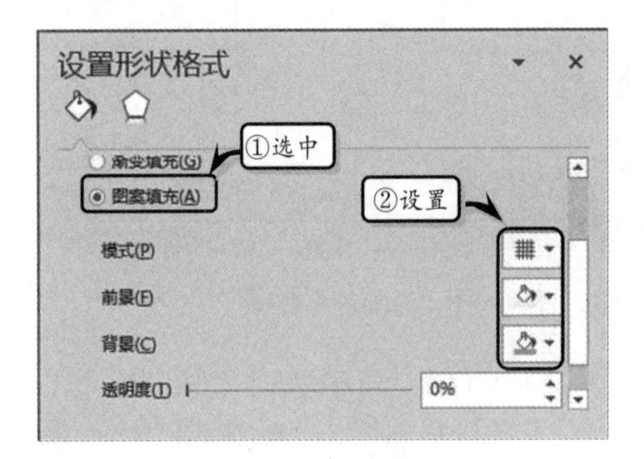

图 4-43 设置图案填充效果

17 选择六边形形状，右击执行【设置形状格式】命令，选中【渐变填充】选项，将【类型】设置为【线性】，将【角度】设置为【270】，如图 4-44 所示。

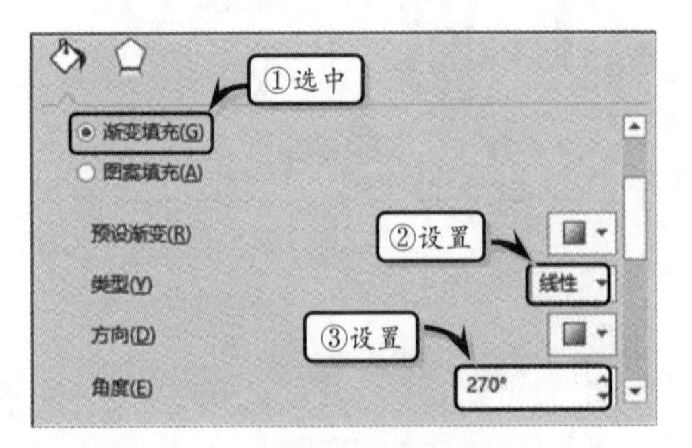

图 4-44 设置渐变填充参数

18 选择左侧的渐变光圈，将【颜色】设置为【黄色】，选择右侧的渐变光圈，将【颜色】设置为【金色,着色 6】，如图 4-45 所示。

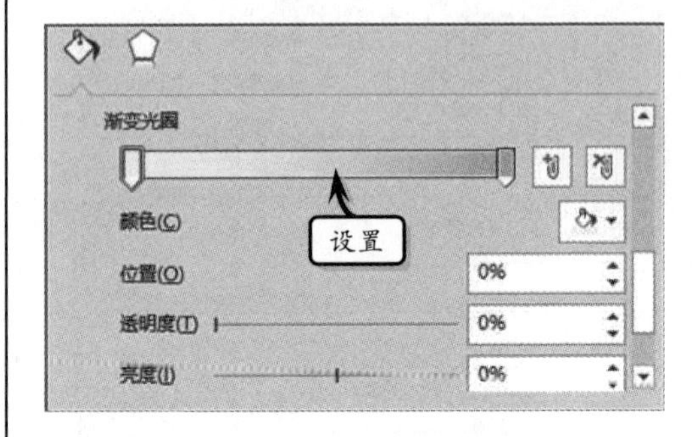

图 4-45 设置渐变填充颜色

19 使用同样的方法，分别设置其他形状的渐变填充效果，如图 4-46 所示。

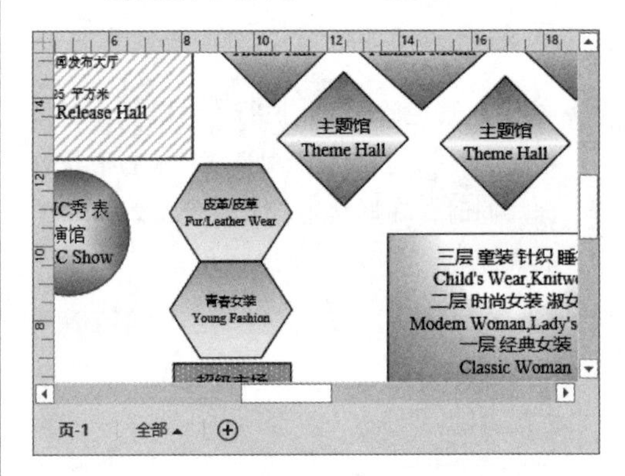

图 4-46 设置其他形状的填充效果

20 在左侧第一个【菱形】形状上添加一个【圆形】形状，调整其大小和位置，并输入文本，如图 4-47 所示。同样方法，添加其他圆形形状。

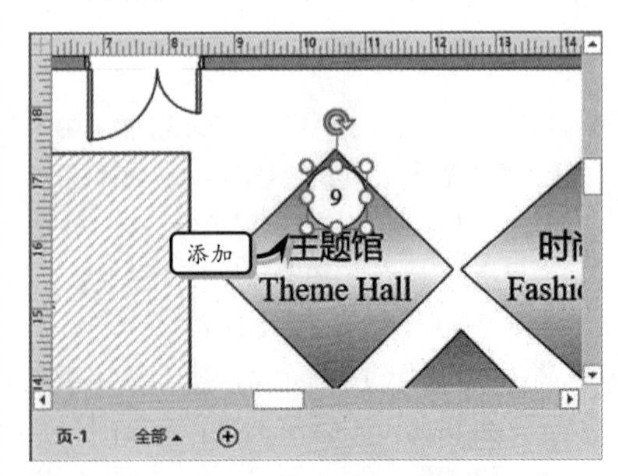

图 4-47 添加圆形形状

21 最后，执行【插入】|【文本】|【文本框】|【横排文本框】命令，插入文本框输入文本并设置文本的字体格式，如图 4-48 所示。

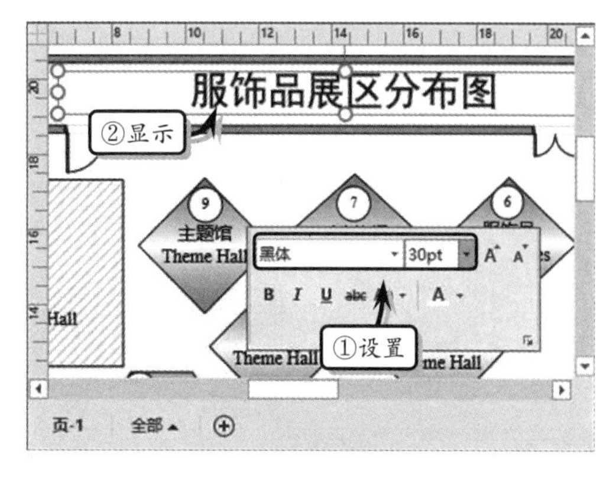

图 4-48 设置绘图标题

4.6 课堂练习：网络拓扑图

网络拓扑图是指传输媒体互连各种设备的物理布局，主要由网络节点设备和通信介质标明网络内各设备间的逻辑关系的网络结构图。在本练习中，将通过添加、绘制形状，及连接形状等知识点，制作一份由防火墙与网管组成的网络结构拓扑图，如图 4-49 所示。

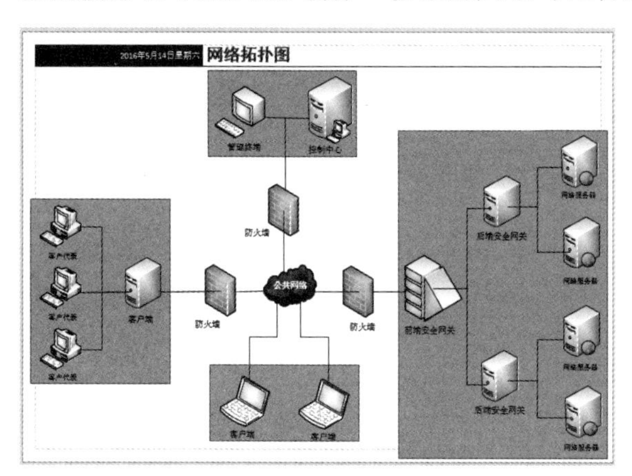

图 4-49 网络结构拓扑图

操作步骤：

1 新建空白文档，执行【设计】|【页面设置】|【纸张方向】|【横向】命令，设置纸张的显示方向，如图 4-50 所示。

2 单击【形状】任务窗格中的【更多形状】下拉按钮，选择【网络】|【计算机和显示器-3D】选项，添加模具，如图 4-51 所示。使用同样方法，添加其他模具。

3 拖动绘图中的垂直标尺，添加两条垂直参考线。同样方法，添加两条水平参考线，如图 4-52 所示。

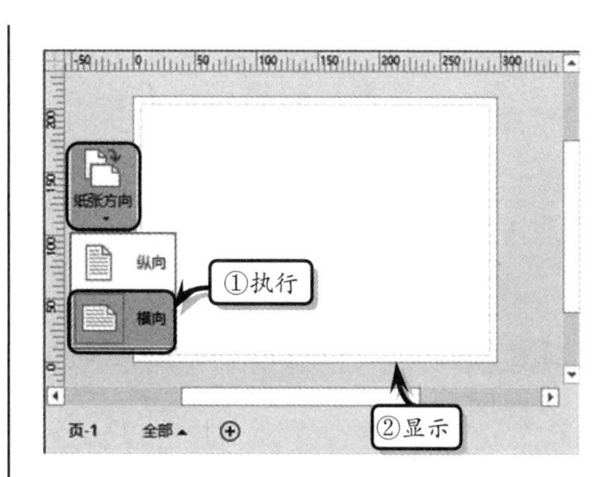

图 4-50 添加模具

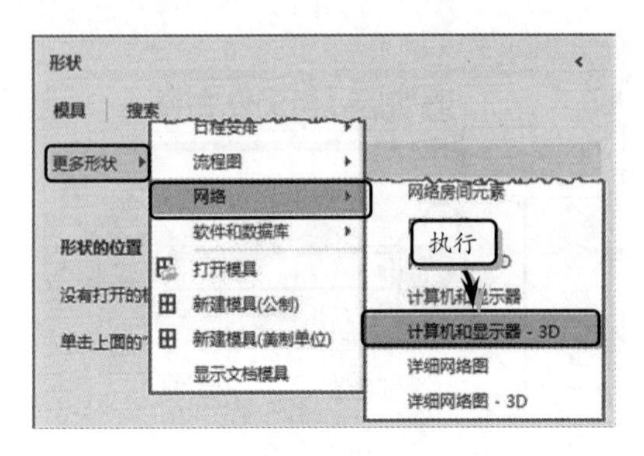

图 4-51 设置纸张方向

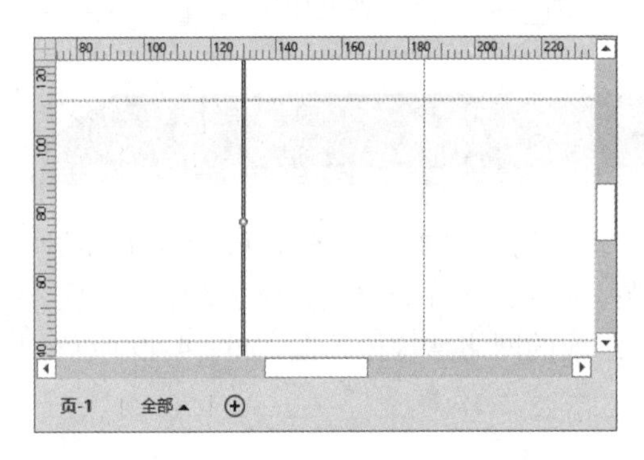

图 4-52 添加参考线

4 执行【开始】|【工具】|【绘图工具】|【线条】命令，在 4 条参考线上分别绘制一条【直线】形状，并删除所有参考线，如图 4-53 所示。

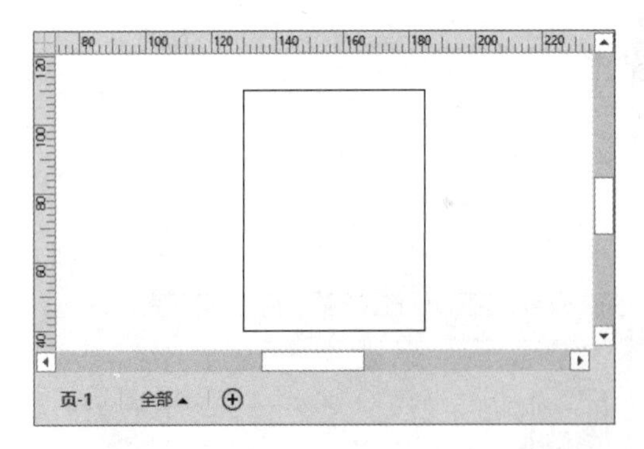

图 4-53 绘制直线形状

5 选择所有的【直线】形状，执行【开发工具】|【形状设计】|【操作】|【连接】命令，如图 4-54 所示。

6 然后，执行【开始】|【形状样式】|【填充】|【浅绿】命令，设置其填充颜色，如图 4-55 所示。

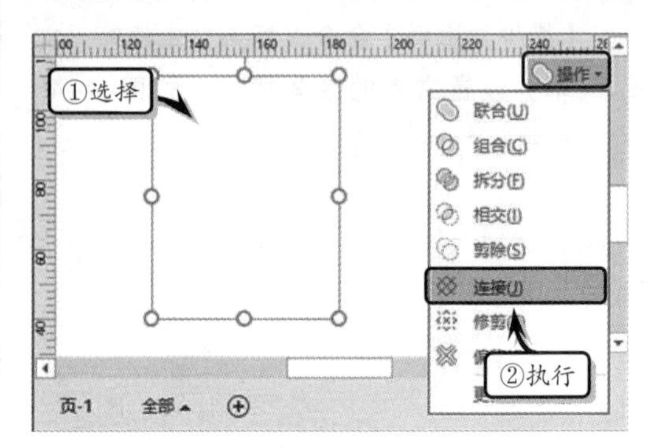

图 4-54 连接形状

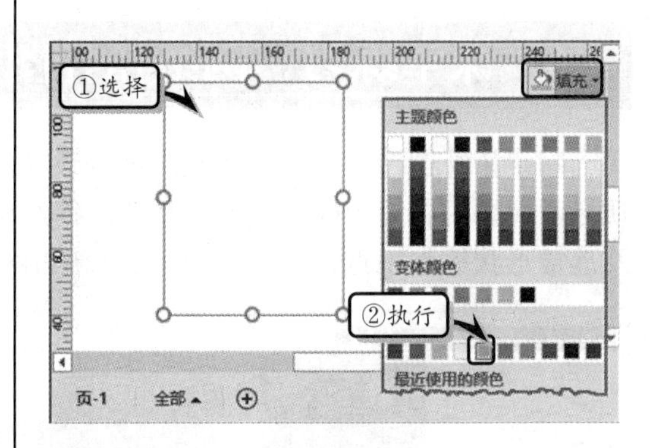

图 4-55 设置填充颜色

7 同时，执行【开始】|【形状样式】|【线条】|【深红】命令，设置线条的填充颜色，如图 4-56 所示。

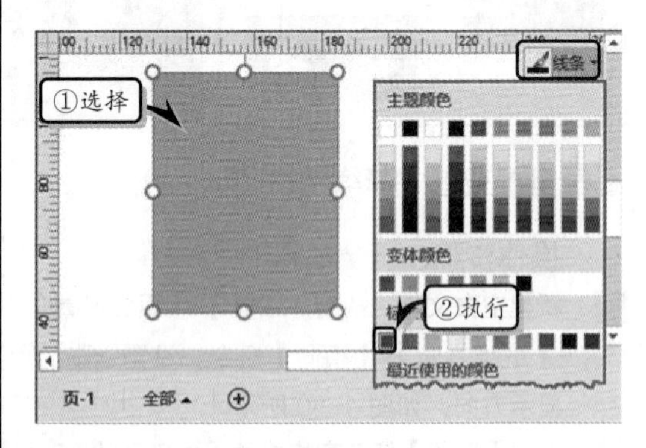

图 4-56 设置线条颜色

8 将【计算机和显示器】模具中的 PC 形状拖动到绘图页中绘制的【方形】形状上，调整其大小并复制形状，如图 4-57 所示。

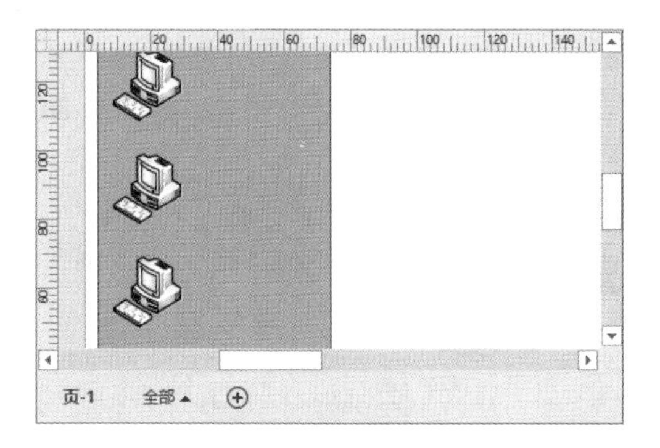

图 4-57 添加 PC 形状

9 将【服务器】模具中的【服务器】形状拖动到绘图页中，并绘制直线连接各个形状，如图 4-58 所示。

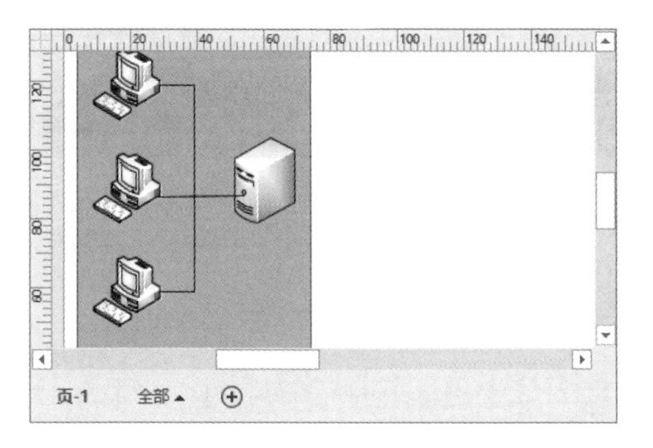

图 4-58 添加服务器形状

10 复制【方形】形状，并调整其大小和位置。添加【计算机和显示器】模具中的【终端】形状，如图 4-59 所示。

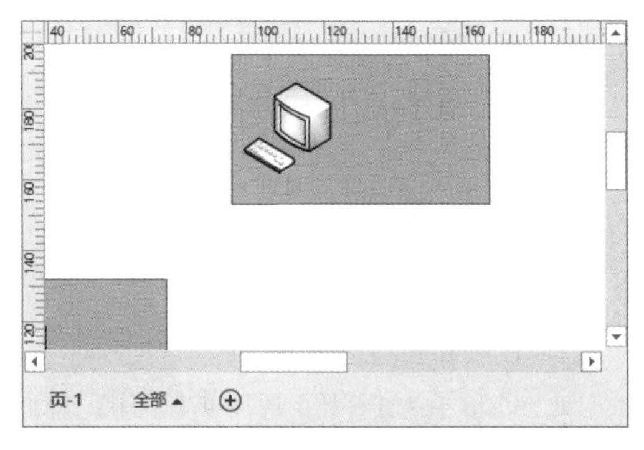

图 4-59 添加终端形状

11 将【服务器】模具中的【管理服务器】形状拖至【方形】形状上，并绘制执行连接各个形状，如图 4-60 所示。使用同样方法，添加其他形状。

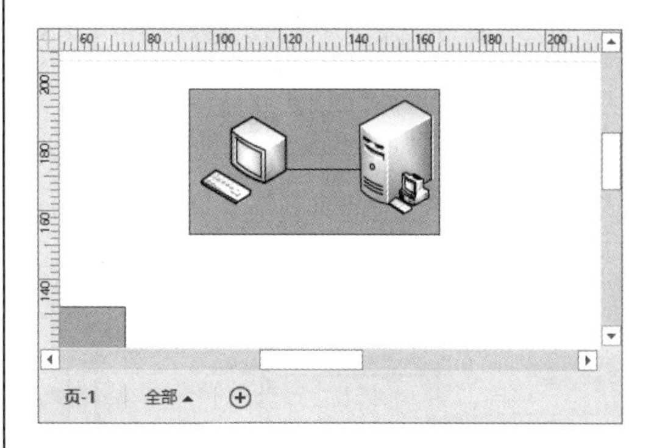

图 4-60 添加【管理服务器】形状

12 将【网络位置】模具中的【云】形状和【网络和外设】模具中的【防火墙】形状，拖动到绘图页中，并调整放置位置，如图 4-61 所示。

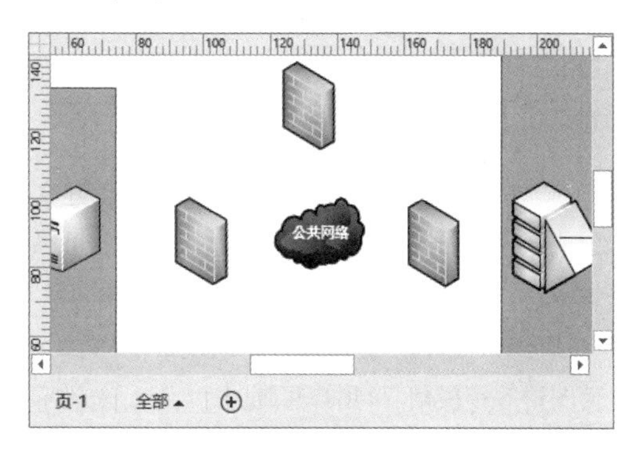

图 4-61 添加【防火墙】和【云】形状

13 利用【绘图工具】中的【直线】工具连接防火墙与各形状，执行【开始】|【工具】|【文本】命令，为绘图页中的形状添加文本说明，如图 4-62 所示。

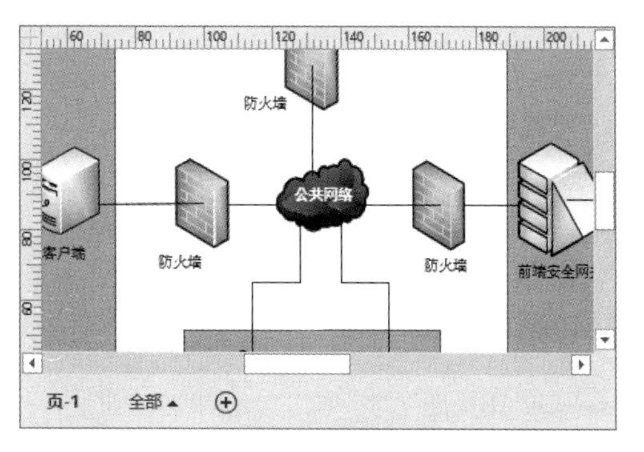

图 4-62 添加文本

14 执行【设计】|【背景】|【边框和标题】|【简朴型】命令，添加背景与边框，如图 4-63 所示。

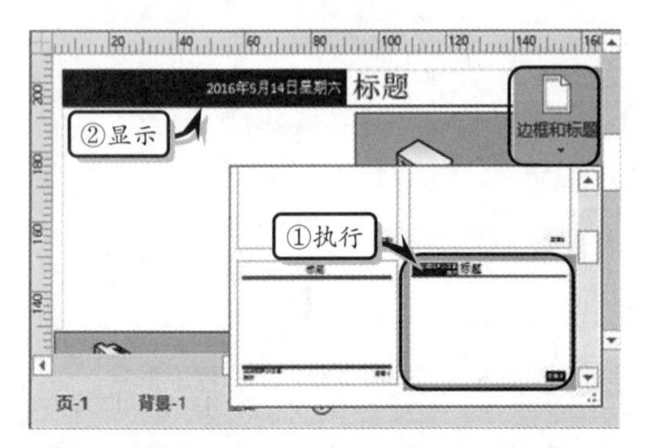

图 4-63 添加边框和标题

15 在状态栏中选择【背景-1】标签，输入标题名称，并设置其字体格式，如图 4-64 所示。

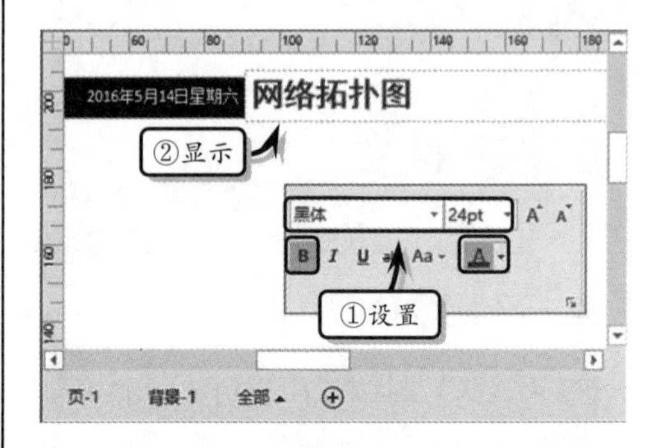

图 4-64 设置标题文本

思考与练习

一、填空题

1. 在 Visio 中，不仅可以直接为形状创建文本，或通过文本工具来创建纯文本。而且还可以通过“______”功能来创建文本字段与注释。

2. Visio 为用户提供了显示系统日期、时间、几何图形等字段信息，用户可通过_______来显示文本字段。

3. 用户可以使用_____，来显示绘图中的常用与重要信息。

4. 在 Visio 中，可以使用______键与______键来删除文本。

5. 选择所有形状后，右击形状执行____________命令，也可以组合形状。

6. 将使用的_________到绘图页中，图例中会自动显示所添加的符号。

7. 在【配置图例】对话框中执行_______选项，可以隐藏或显示图例符号。

8. 在设置字符间距时，【缩放比例】选项是用来____________________________。

二、选择题

1. 用户也可以通过选择形状后按下______键的方法，来为形状添加文本。

A. Ctrl+A

B. Ctrl+F2

C. F2

D. F4

2. 当复制与移动文本时，可以使用_______键复制文本，使用_______键移动文本。

A. Ctrl+A

B. Ctrl+C

C. Ctrl+Z

D. Ctrl+X

3. 在 Visio 中，可以通过______键来打开【查找】对话框。

A. Ctrl+F

B. Ctrl+F1

C. Ctrl+F2

D. Ctrl+A

4. Visio 中的【开始】选项卡【字体】选项中的【居中】命令的组合键为______。

A. Shift+Ctrl+L

B. Shift+Ctrl+C

C. Shift+Ctrl+R

D. Shift+Ctrl+J

5．在【文本】对话框【文本块】选项卡中的【竖排文字】选项，用来调整______。

A．文字颜色

B．文字透明度

C．文字间距

D．文字方向

6．制表位是指水平标尺上的位置，它指定了______的距离或一栏文字开始的位置。

A．文字距离

B．标尺位置

C．文字缩进

D．起始位置

7．在 Visio 中，最多可以设置______个制表位。

A．1

B．2

C．10

D．160

8．当用户在【文本】对话框【段落】选项卡中，执行______选项时，可在文字中间添加线条。

A．下划线

B．删除线

C．样式

D．大小写

三、问答题

1．如何在 Visio 存储的形状中添加文本？

2．如何显示文本字段？

3．如何在文本中添加项目符号？

四、上机练习

1．为形状添加文本字段

在本练习中，将通过为绘图页中的形状添加文本字段的方法，来显示形状中的数据信息，如图 4-65 所示。首先，将【墙壁、外壳和结构】模具中的【房间】、【窗户】与【双门】形状添加到绘图页中。然后，同时选择【窗户】和【门】形状，执行【插入】|【文本】|【域】命令，在【字段】对话框中的【类别】列表框中选择【形状数据】选项，在【字段名称】列表框中选择【形状类型】选项，单击【确定】按钮。最后，选择【墙壁】形状，在【字段】对话框中的【类别】列表框中选择【日期/时间】选项，在【字段名称】列表框中选择【创建日期/时间】选项即可。

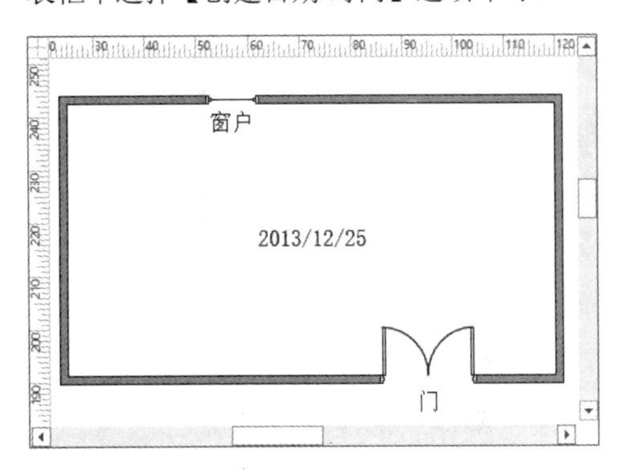

图 4-65　添加文本字段

2．设置文本格式

在本练习中，将利用创建文本与设置文本格式等知识，来为图表添加一个纯文本，如图 4-66 所示。首先，执行【插入】|【文本】|【文本框】|【横排文本框】命令，在绘图页中添加一个文本框。然后，在文本框中输入文本并选择全部文本，执行是【开始】|【段落】|【左对齐】命令。最后，选择同时第 2~7 行文本，执行【开始】|【字体】|【对话框启动器】命令。激活【段落】选项卡，将【段前】与【段后】选项设置为【6pt】。在【项目符号】选项卡中，选择第 6 种样式，单击【确定】按钮即可。

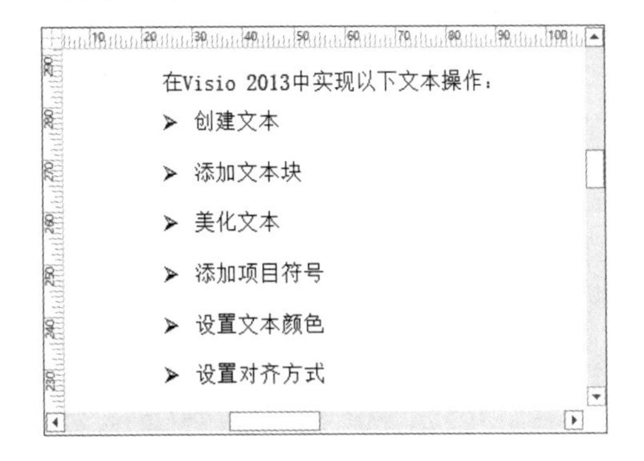

图 4-66　设置文本格式

第 5 章

使用图像和图表

Visio 除了可以通过各种模具中的形状来展示流程、地图或工艺图之外，还可以通过插入图片的方法，来增强绘图页的展现力，从而更加形象地展现绘图内容的主题。另外，Visio 还为用户提供了可视性的图表功能，方便用户对绘图页中的数据以柱形图、趋势图等方式，生动地展示数据内容，并描绘数据变化的趋势等信息。在本章中，将详细介绍插入图片、美化图片，以及创建图表和美化图表的技巧。

本章学习目的：

- 插入图片
- 调整图片
- 美化图片
- 创建图片
- 设置图表布局
- 设置图表区格式
- 设置数据系列格式

5.1 插入图片

插入图片文件又可以理解为嵌入对象，是增加图表美观的重要操作之一。在 Visio 中，用户可通过插入图片、照片或联机图片等方法，来增加绘图的整体美观性。

5.1.1 插入本地图片

插入本地图片是插入本地硬盘中保存的图片，以及链接到本地计算机中的照相机或移动硬盘等设备中的图片。在绘图页中，执行【插入】|【插图】|【图片】命令，在弹出

的【插入图片】对话框中，选择图片文件，单击【打开】按钮即可，如图 5-1 所示。

提 示

在【插入图片】对话框中，单击【打开】下拉按钮，在其列表中选择【以只读方式打开】选项，则表示以只读的方式插入图片。

5.1.2 插入联机图片

在 Visio 中，系统将“联机图片”功能代替了“剪贴画”功能。通过“联机图片”功能即可以在网络中搜索图片。

执行【插入】|【插图】|【联机图片】命令，在【必应图像搜索】搜索框中输入搜索内容，单击【搜索】按钮，搜索联机图片，如图 5-2 所示。

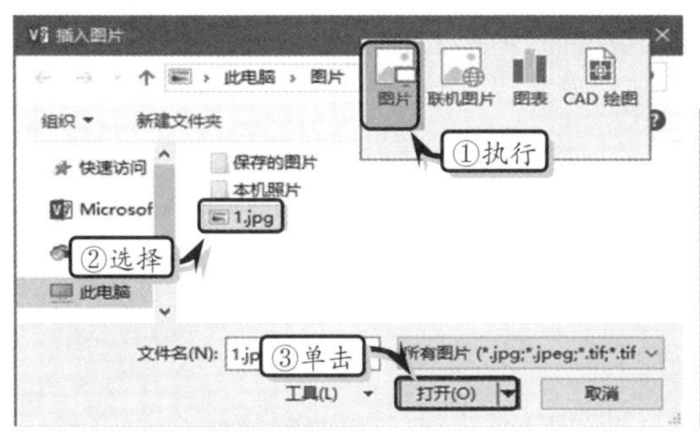

图 5-1 插入图片

图 5-2 搜索图片

提 示

如果用户没有登录微软账户，在【插入图片】对话框中，将只会显示【必应图像搜索】一项搜索内容。

然后，在搜索到的剪贴画列表中，选择需要插入的图片，单击【插入】按钮，将图片插入到绘图页中，如图 5-3 所示。

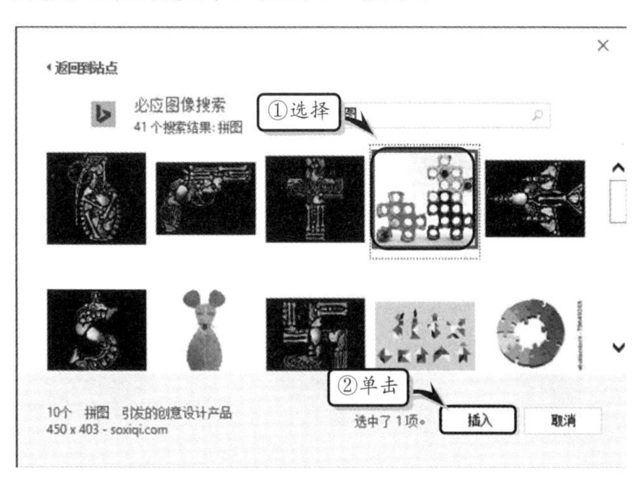

图 5-3 插入搜索图片

提　示

在必应图像搜索页面中，选择【返回到站点】选项，即可返回到【插入图片】对话框页面中。

5.2　编辑图片

为绘图页插入图片后，为了使图文更易于融合到形状中，也为了使图片更加美观，还需要对图片进行一系列的编辑操作。

5.2.1　调整大小和位置

为绘图页插入图片之后，用户会发现其插入的图片大小和位置是根据图片自身大小所显示的。此时，为了使图片大小和位置合适，需要调整图片的大小和位置。

1. 调整图片大小

选择图片，此时图片四周将会出现 8 个控制点，将鼠标置于控制点上，当光标变成“双向箭头”形状时↘，拖动鼠标即可，如图 5-4 所示。

2. 调整图片位置

选择图片，将鼠标放置于图片中，当光标变成四向箭头时，拖动图片至合适位置，松开鼠标即可，如图 5-5 所示。

图 5–4　调整图片大小

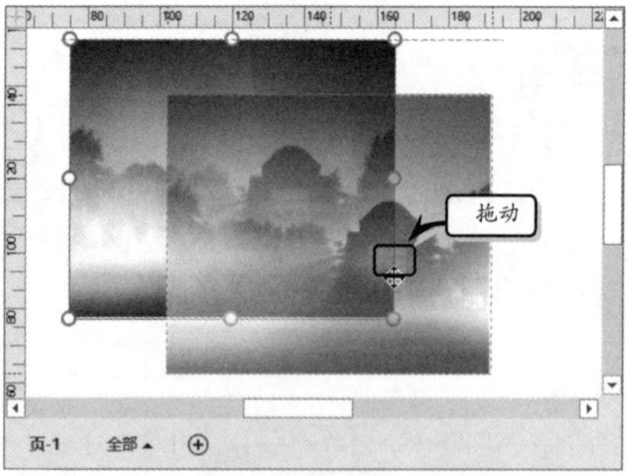

图 5–5　调整图片位置

5.2.2　排列图片

调整完图片效果之后，还需要进行旋转和裁剪图片，以及设置图片的显示层次等编辑操作。

1. 旋转图片

选择图片，将鼠标移至图片上方的旋转点处，当光标变成形状时，按住鼠标左键，当光标变成⟳形状时，拖动光标即可旋转图片，如图 5-6 所示。

另外，Visio 为用户提供了向右旋转 90°、向左旋转 90°、垂直翻转与水平翻转 4 种旋转方式。用户只需选择图片，执行【图片工具】|【格式】|【排列】|【旋转】命令，在其列表中选择一种旋转方式即可，如图 5-7 所示。

图 5-6 鼠标旋转图片

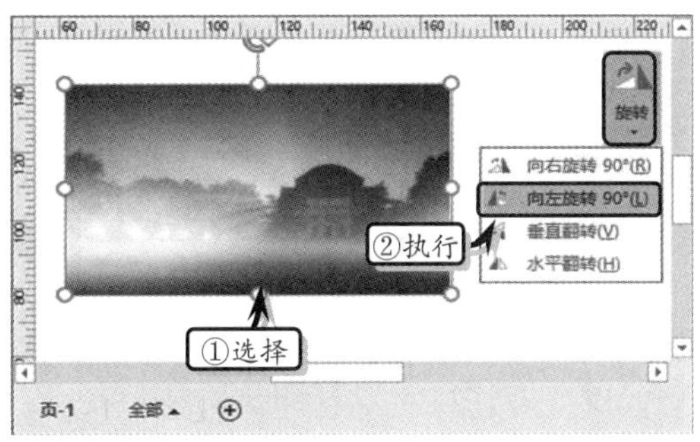

图 5-7 旋转图片

2. 设置显示层次

当绘图页中存在多个对象时，为了突出显示图片对象的完整性，还需要设置图片的显示层次。

选择图片，执行【图片工具】|【格式】|【排列】|【置于顶层】|【置于顶层】命令，将图片放置于所有对象的最上层，如图 5-8 所示。同样，用户也可以选择图片，执行【图片工具】|【格式】|【排列】|【置于底层】|【下移一层】命令，将图片放置于对象的下层。

另外，右击图片，在弹出的快捷菜单中执行【置于顶层】|【置于顶层】命令，也可调整图片的显示层次，如图 5-9 所示。

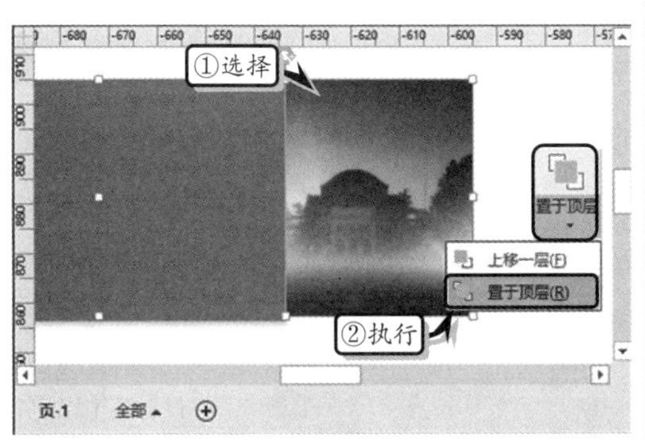

图 5-8 设置显示层次

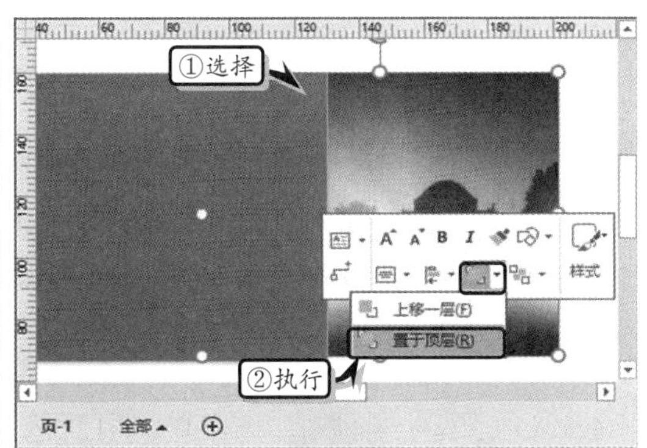

图 5-9 设置显示层次

3. 裁剪图片

为了达到美化图片的实用性和美观性，还需要对图片进行裁剪，或将图片裁剪成各种形状。

选择图片，执行【图片工具】|【格式】|【排列】|【裁剪工具】命令，将鼠标移至

图片四周，当光标变成“双向箭头”形状时，拖动鼠标即可裁剪图片，如图 5-10 所示。

提　示

用户可以右击图片，执行【设置形状格式】命令，将图片以对象的方式设置其格式。

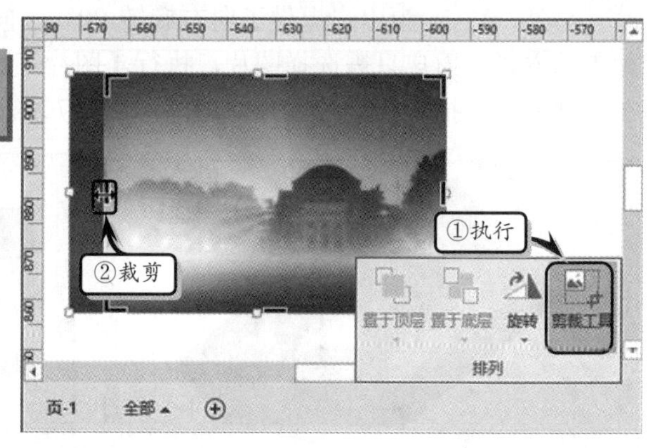

图 5-10　裁剪图片

5.3　美化图片

在 Visio 中，除了可以通过调整图片大小、层次、位置，以及裁剪图片来美化图片之外，还可以通过设置图片的亮度、对比度，以及图片的线条样式和阴影、映像等操作，来增加图片的亮度和色彩度。

5.3.1　调整图片的色彩

好的图片色彩可以增加图片的艺术性和美观性，在 Visio 中可以通过调整图片的亮度、对比度和自动平衡性等，来增加图片的色彩。

1. 调整图片的亮度

Visio 内置了 9 种图片亮度效果，选择图片后执行【图片工具】|【格式】|【调整】|【亮度】命令，在其级联菜单中选择一种选项即可，如图 5-11 所示。

提　示

选择图片，执行【图片工具】|【格式】|【调整】|【亮度】|【图片更正选项】命令，可在弹出的【设置图片格式】对话框中，自定义图片的亮度值。

2. 调整图片的对比度

Visio 内置了 9 种图片对比效果，选择图片后执行【图片工具】|【格式】|【调整】|【对比度】命令，在其级联菜单中选择一种选项即可，如图 5-12 所示。

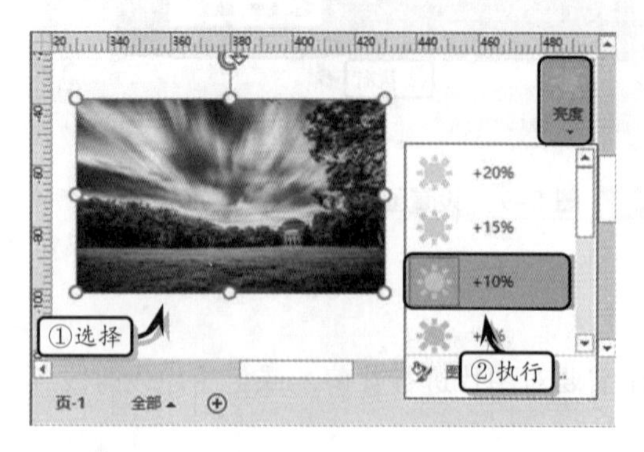

图 5-11　调整图片的亮度

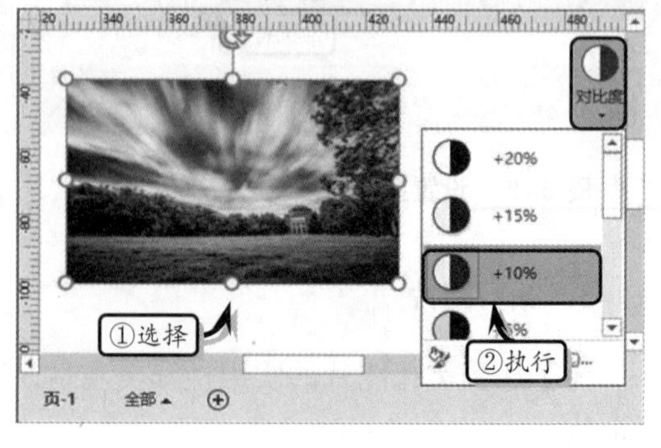

图 5-12　设置图片的对比度

提 示

选择图片，执行【图片工具】|【格式】|【调整】|【对比度】|【图片更正选项】命令，可在弹出的【设置图片格式】对话框中，自定义图片的对比度。

3. 调整图片的自动平衡效果

自动平衡效果是自动调整图片的亮度、对比度和灰度系数。选择图片后执行【图片工具】|【格式】|【调整】|【自动平衡】命令即可，如图 5-13 所示。

4. 调整图片的综合效果

单击【调整】选项组中的【对话框启动器】按钮，可在弹出的【设置图片格式】对话框中，自定义图片的亮度、对比度、灰度系数，以及透明度、虚化等图片效果，如图 5-14 所示。

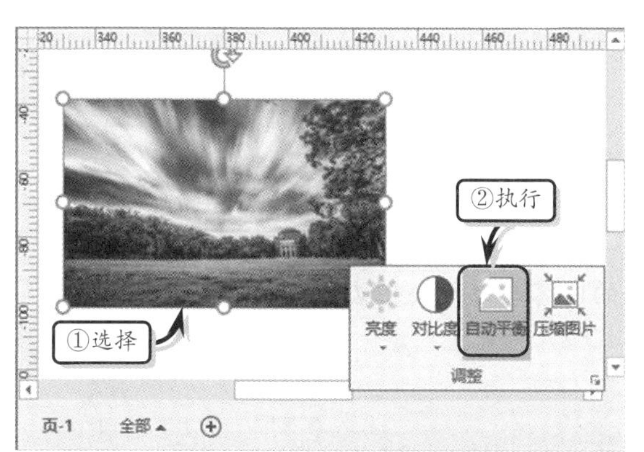

图 5-13 设置自动平衡效果

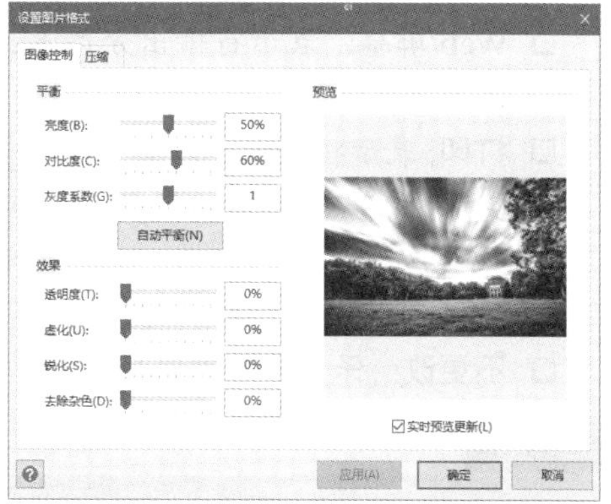

图 5-14 调整图片的综合效果

在【图片控制】选项卡中，各选项的功能如下所示。

- **亮度**：用来设置图片的设置亮度，即调整颜色的黑色或白色百分比值。百分比越高，图片中的颜色越浅（越白），反之亦然。
- **对比度**：用来设置图片的对比度，及调整图片的最浅和最深部分之间的差异程度。百分比越高，图片中的颜色对比越强烈。百分比越低，颜色越相似。
- **灰度系数**：用来调整图片的灰度级别（中间色调）。数字越高，中间色调越浅。
- **自动平衡**：自动调整所选图片的亮度、对比度和灰度系数设置。
- **透明度**：用来设置图片的透明度。其中，0%表示完全不透明，100%表示完全透明。
- **虚化**：轮廓鲜明的边线或区域变模糊以减少细节。百分比越高，图片越模糊。
- **锐化**：使模糊的边线变得轮廓鲜明以提高清晰度或突出焦点。百分比越高，图片轮廓越鲜明。
- **去除杂质**：去除杂色（斑点）。百分比越高，图片中的杂色越少。使用此选项可减少扫描的图像或通过无线传输收到的图像中可能出现的杂色。
- **实时预览更新**：根据各选项的调整，及时更新预览图像。

5. 压缩图片

压缩图片是通过压缩图片来减小图片的大小。选择图片，执行【图片工具】|【调整】|【压缩图片】命令，在弹出的【设置图片格式】对话框中的【压缩】选项卡中，设置其压缩参数，如图 5-15 所示。

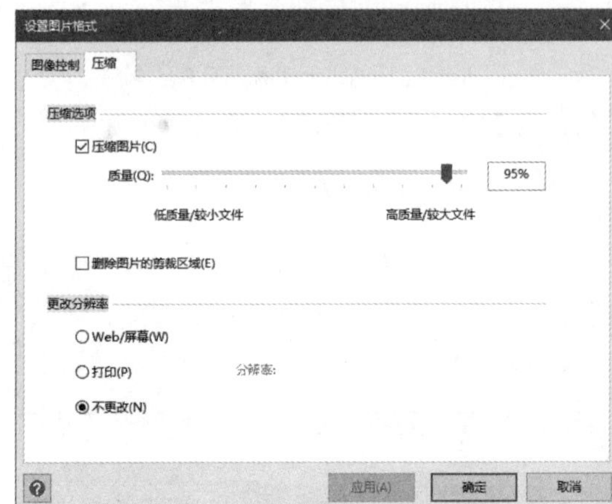

图 5-15 压缩图片

【压缩】选项卡中，各选项的功能如下所示。

- 压缩图片：表示将 JPEG 压缩应用到图像，从而减小增强色图片的文件大小，但也可能导致图像质量下降。
- 删除图片的剪裁区域：通过放弃图像的剪裁区域来减小图像大小。
- Web/屏幕：表示将输出分辨率更改为每英寸 96 点（dpi）。
- 打印：表示将输出分辨率更改为每英寸 200 点（dpi）。其中，【分辨率】表示以每英寸点数（dpi）为单位显示分辨率。分辨率越高，提供的内容越详细，但文件也会越大。
- 不更改：保留当前图像分辨率。

提　示

当图片被压缩后，将无法对其恢复到原始状态。另外，图像的分辨率只可以降低，不可以提高。

5.3.2 设置线条样式

除了调整图片的亮度、对比度和灰度系数之外，还可以通过设置图片线条样式的方法，来增加图片的整体美观度。

1. 设置纯色填充

选择图片，执行【图片工具】|【格式】|【图片样式】|【线条】命令，在其列表中选择一种线条颜色，如图 5-16 所示。

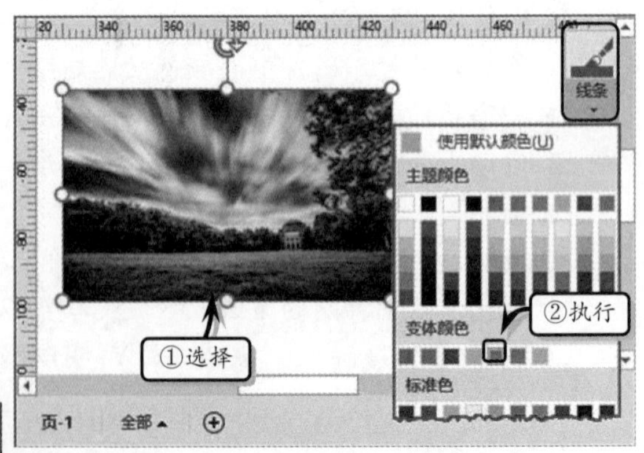

图 5-16 设置线条颜色

提　示

用户可通过执行【图片工具】|【格式】|【图片样式】|【线条】|【其他颜色】命令，来自定义纯色填充颜色。

2. 设置线条样式

选择图片，执行【图片工具】|【格式】|【图片样式】|【线条】|【粗细】和【虚线】命令，在其列表中选择一种选项，即可设置图片线条的粗细度和虚线类型，如图 5-17 所示。

另外，选择图片，执行【图片工具】|【格式】|【图片样式】|【线条】|【线条选项】命令。在弹出的【设置形状格式】任务窗格中，展开【线条】选项，通过设置其宽度、复合类型、短划线等选项，来自定义线条的样式，如图 5-18 所示。

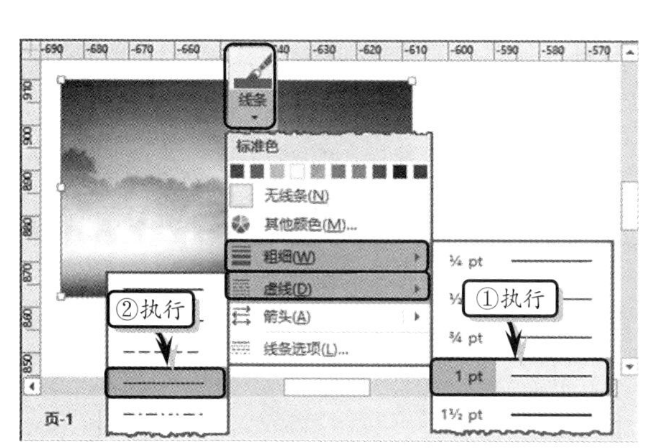

图 5-17 设置线条样式

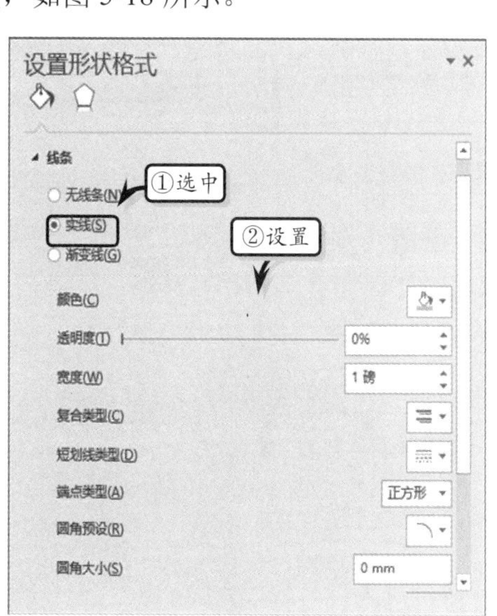

图 5-18 自定义线条样式

3. 设置渐变填充

选择图片，执行【图片工具】|【格式】|【图片样式】|【线条】|【线条选项】命令。在弹出的【设置形状格式】任务窗格中，展开【线条】选项，选中【渐变线】选项，在其列表中设置渐变选项即可，如图 5-19 所示。

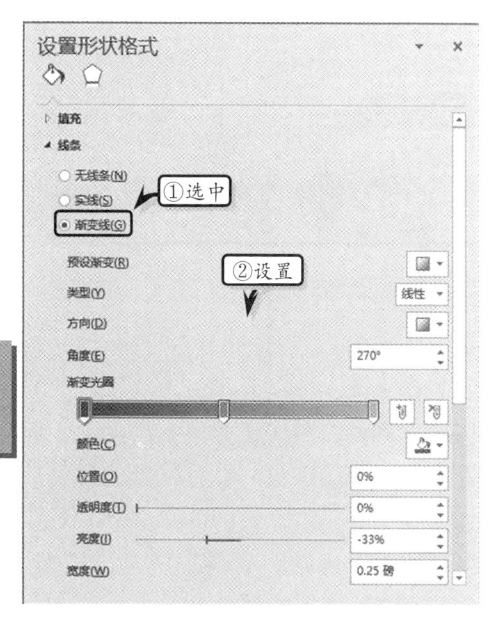

图 5-19 设置渐变填充

提 示

为图片设置线条样式之后，执行【图片工具】|【格式】|【图片样式】|【线条】|【无线条】命令，可取消线条样式。

5.3.3 设置显示效果

在 Visio 中，用户可以像设置形状那样设置图片的阴影、映像、发光、柔化边缘、三维格式等显示效果，以增强图片的整体美观度。

1. 设置阴影效果

选择图片，右击执行【设置形状格式】命令，在弹出的【设置形状格式】任务窗格中，激活【效果】选项卡，展开【阴影】选项组，设置阴影的透明度、颜色、大小等选项即可，如图 5-20 所示。

提　示

在【阴影】列表中，单击【预设】下拉按钮，在其下拉列表中选择一种选项，即可快速应用内置的阴影效果。

2. 设置映像效果

选择图片，右击执行【设置形状格式】命令，在弹出的【设置形状格式】任务窗格中，激活【效果】选项卡，展开【映像】选项组，设置阴影的透明度、颜色、大小等选项即可，如图 5-21 所示。

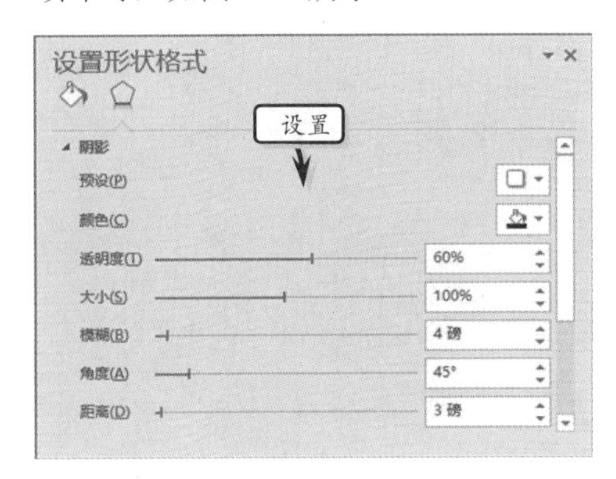

图 5-20 设置阴影选项

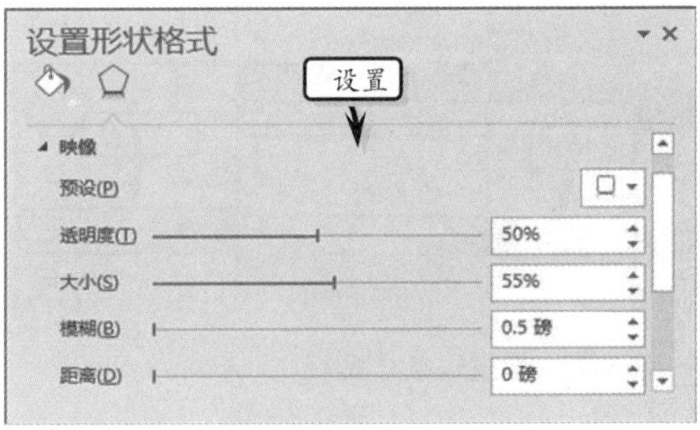

图 5-21 设置映像效果

提　示

在【映像】列表中，单击【预设】下拉按钮，在其下拉列表中选择【无映像】选项，即可取消所设置的映像效果。

3. 设置发光效果

选择图片，右击执行【设置形状格式】命令，在弹出的【设置形状格式】任务窗格中，激活【效果】选项卡，展开【发光】选项组，设置发光的颜色、大小和透明度选项即可，如图 5-22 所示。

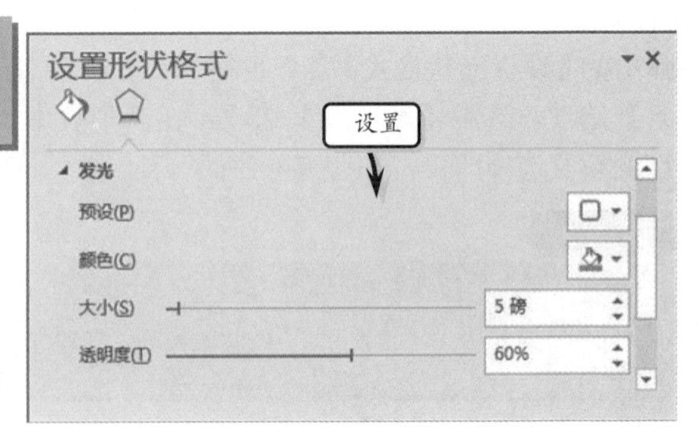

图 5-22 设置发光效果

提　示

用户还可以在【设置形状格式】任务窗格中，展开【柔化边缘】、【三维格式】和【三维旋转】选项组，设置图片的柔化变化效果、三维格式和三维旋转效果。

5.4 创建图表

图表是一种生动的描述数据的方式，可以将表中的数据转换为各种图形信息。在 Visio 中，用户可以插入图表来分析表格中的数据，从而使表格数据更具有层次性与条理性，并能及时反映数据之间的关系与变化趋势。

5.4.1 插入图表

Visio 为用户提供了图表功能，该功能是利用 Excel 2013 来提供的一些高级绘图功能。一般情况下，用户可以通过下列两种方法，为绘图页插入图表。

1. 创建图表

在 Visio 中创建图表时，其实是在 Excel 中编辑图表数据，并将图表数据与 Visio 保存在一起。执行【插入】|【插图】|【图表】命令，系统会自动启动 Excel，显示图表，如图 5-23 所示。此时，在 Excel 工作表中包含图表与图表数据两个工作表。

提 示

在绘图页中创建图表之后，单击绘图页非图表区域，即可结束图表的编辑操作。

2. 粘贴图表

在 Visio 中，用户还可以将已保存的 Excel 图表直接粘贴到 Visio 图表中，并保持被粘贴图表与 Excel 文件保持链接。此时，用户只能在 Excel 中修改图表数据，并在 Visio 中刷新数据。

首先，打开 Excel 工作表，创建图表并保存工作表。然后，复制 Excel 图表，切换到 Visio 中，执行【开始】|【剪贴板】|【粘贴】命令即可，如图 5-24 所示。

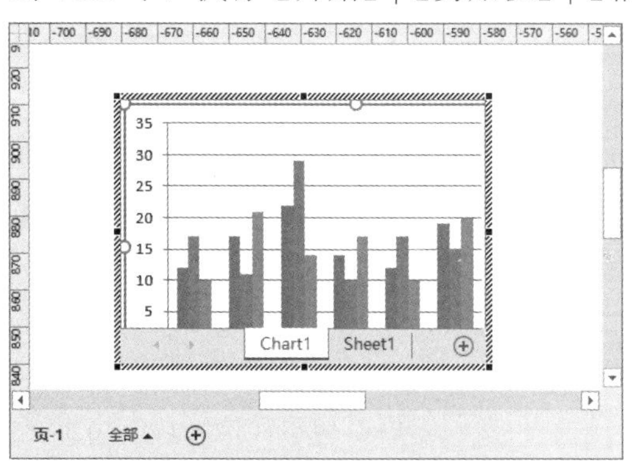

图 5-23 插入图表

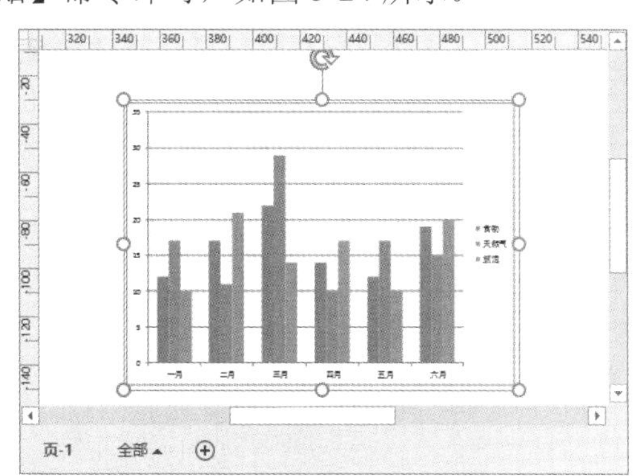

图 5-24 粘贴图表

5.4.2 调整图表

在绘图页中创建图表之后，需要通过调整图表的位置、大小与类型等编辑图表的操作，来使图表符合绘图页的布局与数据要求。

1. 调整图表的位置

默认情况下，插入的 Excel 图表为被放置在单独的工作表中，此时用户可以将该工作表调整为嵌入式图表，即将图表移动至数据工作表中。选择图表，在 Excel 中执行【图表工具】|【设计】|【位置】|【移动图表】命令，在弹出的【移动图表】对话框中选择图表放置位置即可，如图 5-25 所示。

2. 调整图表的大小

将图表移动到数据工作表中，即可像在 Excel 工作表中那样调整图表的大小了。一般情况下主要包括以下三种方法。

- **使用【大小】选项组** 选择图表，在【格式】选项卡【大小】选项组中的【高度】与【宽度】文本框中分别输入调整数值即可。
- **使用【设置图表区格式】对话框** 单击【格式】选项卡【大小】选项组宏的【对话框启动器】命令，在弹出的【设置图表区格式】对话框中，设置【高度】与【宽度】选项值即可，如图 5-26 所示。

移动图表
①设置
选择放置图表的位置:
新工作表(S):
Chart1
对象位于(O):
Sheet1
②单击
确定
取消

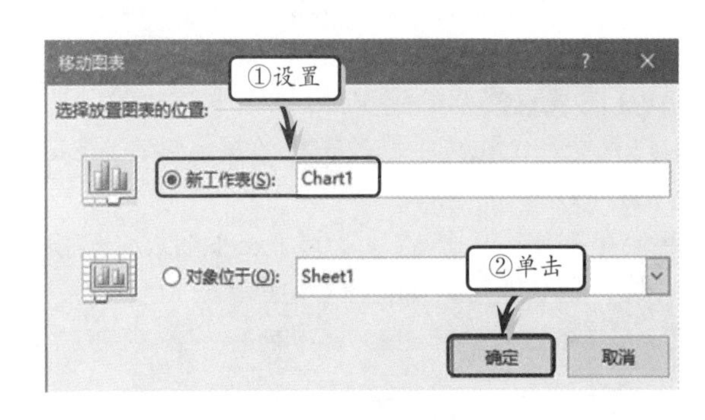

图 5-25 调整图表的位置

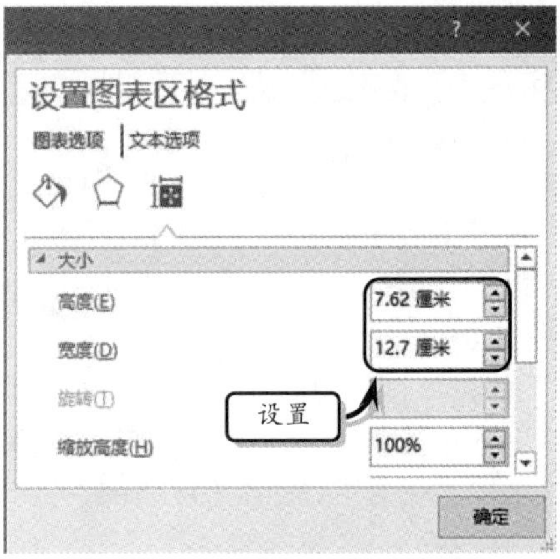

设置图表区格式
图表选项
文本选项
大小
高度(E)
7.62 厘米
宽度(D)
12.7 厘米
旋转(T)
设置
缩放高度(H)
100%
确定

图 5-26 设置图表大小

- **手动调整** 选择图表，将光标置于图表区的边界中的“控制点”上，当光标变成双向箭头时，拖动鼠标即可调整大小。

3. 更改图表类型

更改图表类型是将图表由当前的类型更改为另外一种类型，通常用于多方位分析数据。执行【图表工具】|【设计】|【类型】|【更改图表类型】命令，在弹出的【更改图表类型】对话框中选择一种图表类型即可，如图 5-27 所示。

提 示

在【更改图表类型】对话框中，激活【推荐的图片】选项卡，可以使用系统根据数据类型自动推荐的图表类型。

5.4.3 编辑图表数据

创建图表之后，为了达到详细分析图表数据的目的，用户还需要对图表中的数据进行选择、添加与删除操作，以满足分析各类数据的要求。

1. 编辑现有数据

双击图表对象，激活图表，此时系统会自动切换到 Excel 界面中。选择图表数据工作表，在该工作表中编辑图表数据即可，如图 5-28 所示。

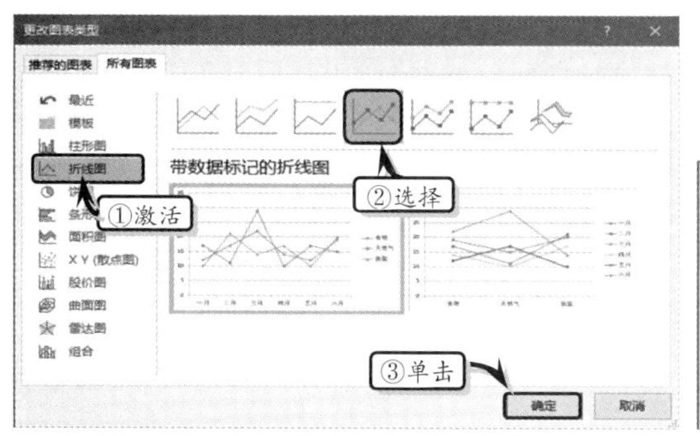

图 5-27 更改图表类型

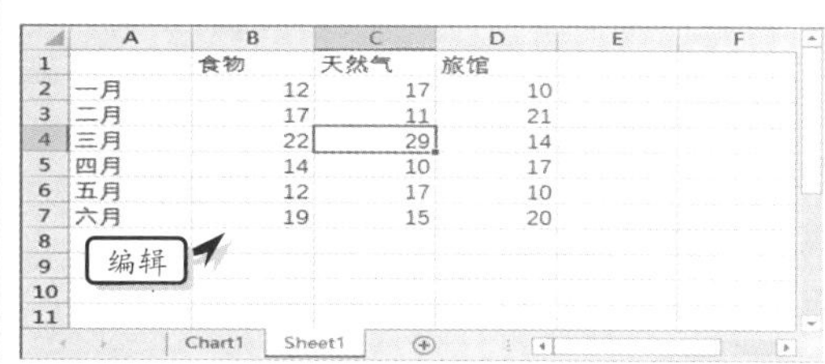

图 5-28 编辑现有数据

另外，选择图表，执行【图表工具】|【设计】|【数据】|【选择数据】命令，在弹出的【选择数据源】对话框中，单击【图表数据区域】右侧的折叠按钮，并在 Excel 工作表中重新选择数据区域，如图 5-29 所示。

2. 添加数据区域

选择图表，执行【图表工具】|【数据】|【选择数据】命令，单击【添加】按钮。在【编辑数据系列】对话框中，分别设置【系列名称】和【系列值】选项，如图 5-30 所示。

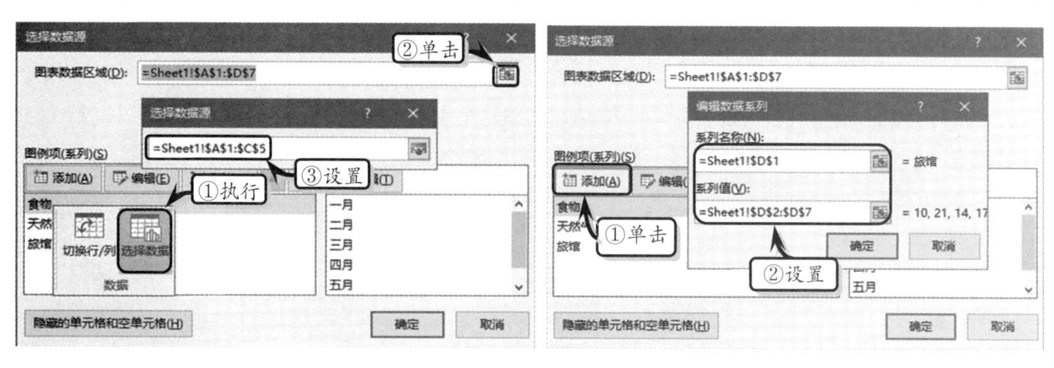

图 5-29 选择数据

图 5-30 添加数据

提 示

在【编辑数据系列】对话框中的【系列名称】和【系列值】文本框中直接输入数据区域，也可以选择相应的数据区域。

3. 删除数据区域

对于图表中多余的数据，也可以对其进行删除。选择表格中需要删除的数据区域，按 Delete 键，即可删除工作表和图表中的数据。若用户选择图表中的数据，按 Delete 键，此时，只会删除图表中的数据，不能删除工作表中的数据。

另外，选择图表，执行【图表工具】|【数据】|【选择数据】命令，在弹出的【选择数据源】对话框中的【图例项（系列）】列表框中，选择需要删除的系列名称，并单击【删除】按钮即可，如图 5-31 所示。

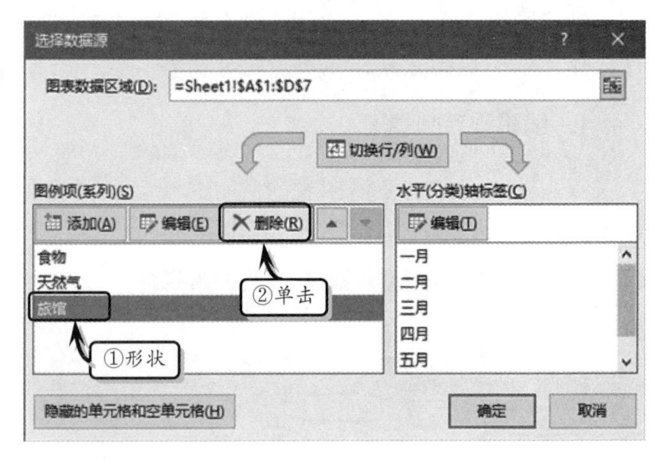

图 5-31 删除数据系列

提 示

用户也可以选择图表，通过在工作表中拖动图表数据区域的边框，更改图表数据区域的方法，来删除图表数据。

5.5 设置图表布局

图表布局直接影响到图表的整体效果，用户可根据工作习惯设置图表的布局以及图表样式，从而达到美化图表的目的。

5.5.1 使用预定义图表布局

用户可以使用 Excel 提供的内置图表布局样式来设置图表布局。选择图表，执行【图表工具】|【设计】|【图表布局】|【快速布局】命令，在其级联菜单中选择相应的布局，如图 5-32 所示。

5.5.2 自定义图表布局

在 Visio 中的 Excel 工作表中，除了使用预定义图表布局之外，用户还可以通过手动设置来调整图表元素的显示方式。

1. 设置图表标题

选择图表，执行【图表工具】|【设计】|【图表布局】|【添加图表元素】|【图表标

题】命令，在其级联菜单中选择相应的选项即可，如图 5-33 所示。

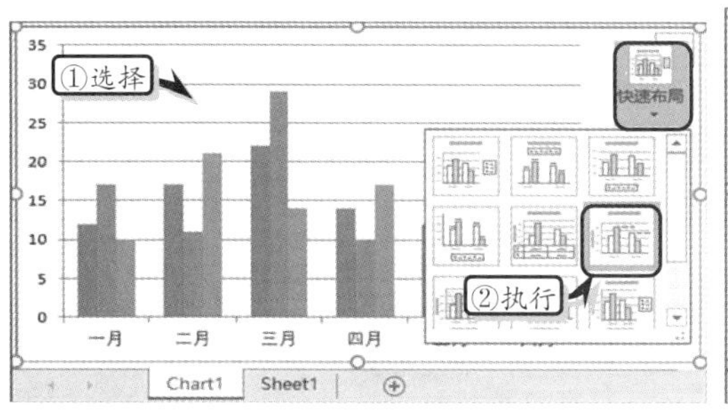

图 5-32 使用预定义图表布局

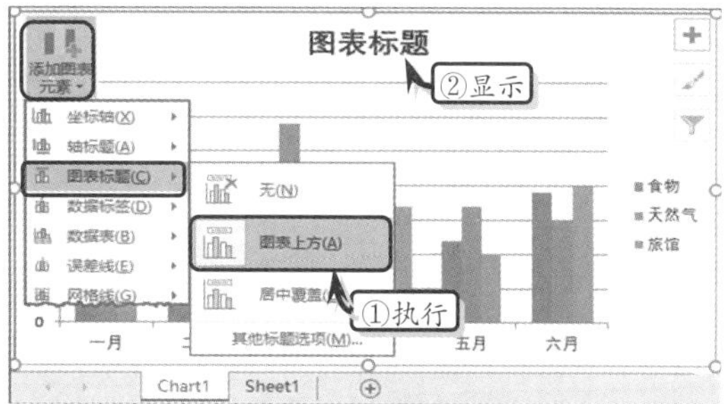

图 5-33 添加图表标题

提 示

在【图表标题】级联菜单中的【居中覆盖】选项表示在不调整图表大小的基础上，将标题以居中的方式覆盖在图表上。

2. 设置数据表

选择图表，执行【图表工具】|【设计】|【图表布局】|【添加图表元素】|【数据表】命令，在其级联菜单中选择相应的选项即可，如图 5-34 所示。

3. 设置数据标签

选择图表，执行【图表工具】|【设计】|【图表布局】|【添加图表元素】|【数据标签】命令，在其级联菜单中选择相应的选项即可，如图 5-35 所示。

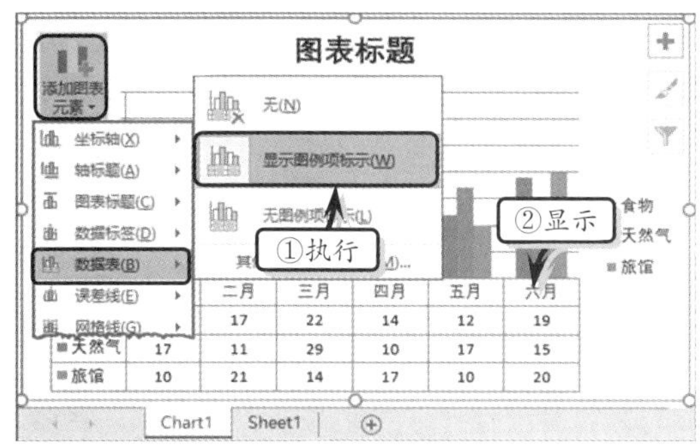

图 5-34 添加数据表

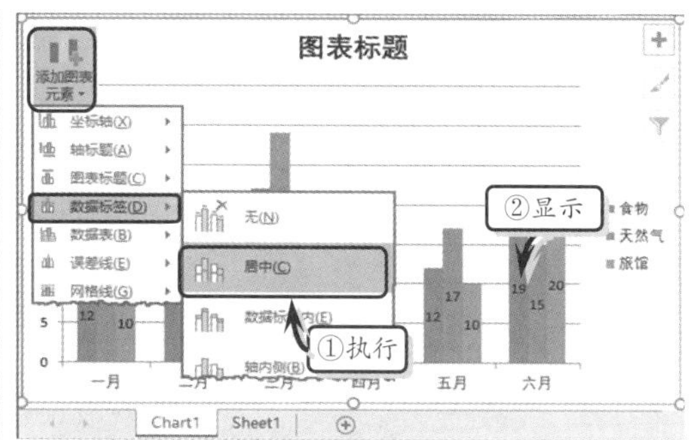

图 5-35 添加数据标签

提 示

使用同样的方法，用户还可以通过执行【添加图表元素】命令，添加图例、网格线、坐标轴等图表元素。

5.5.3 添加分析线

Excel 中的分析线只适用于部分图表，主要包括误差线、趋势线、线条和涨/跌柱线。

具体添加方法如下所述。

1. 添加误差线

误差线主要用来显示图表中每个数据点或数据标记的潜在误差值，每个数据点可以显示一个误差线。

选择图表，执行【图表工具】|【设计】|【图表布局】|【添加图表元素】|【误差线】命令，在其级联菜单中总选择误差线类型，如图 5-36 所示。

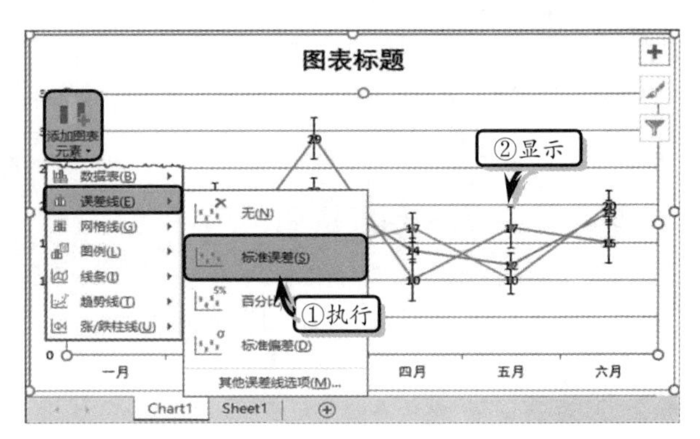

图 5-36 添加无查询

各类型的误差线含义，如表 5-1 所述。

表 5-1 误差线含义

类型	含义
标准误差	显示使用标准误差的图表系列误差线
百分比	显示包含 5%值的图表系列的误差线
标准偏差	显示包含一个标准偏差的图表系列的误差线

2. 添加趋势线

趋势线主要用来显示各系列中数据的发展趋势。选择图表，执行【图表工具】|【设计】|【图表布局】|【添加图表元素】|【趋势线】命令，在其级联菜单中选择趋势线类型，在弹出的【添加趋势线】对话框中，选择数据系列即可，如图 5-37 所示。

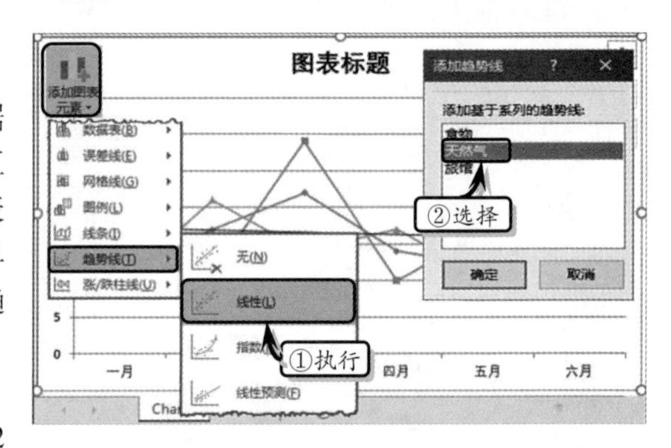

图 5-37 添加趋势线

其他类型的趋势线的含义，如表 5-2 所述。

表 5-2 趋势线含义

类型	含义
线性	为选择的图表数据系列添加线性趋势线
指数	为选择的图表数据系列添加指数趋势线
线性预测	为选择的图表数据系列添加两个周期预测的线性趋势线
移动平均	为选择的图表数据系列添加双周期移动平均趋势线

提 示

在 Excel 中，不能向三维图表、堆积型图表、雷达图、饼图与圆环图中添加趋势线。

3. 添加线条

选择图表，执行【图表工具】|【设计】|【图表布局】|【添加图表元素】|【线调】命令，在其级联菜单中选择线条类型，如图 5-38 所示。

4．添加涨/跌柱线

选择图表，执行【图表工具】|【设计】|【图表布局】|【添加图表元素】|【涨/跌柱线】|【涨/跌柱线】命令，即可为图表添加涨/跌柱线，如图 5-39 所示。

提　示

用户也可以单击图表右侧的 + 按钮，即可在弹出的列表中快速添加图表元素。

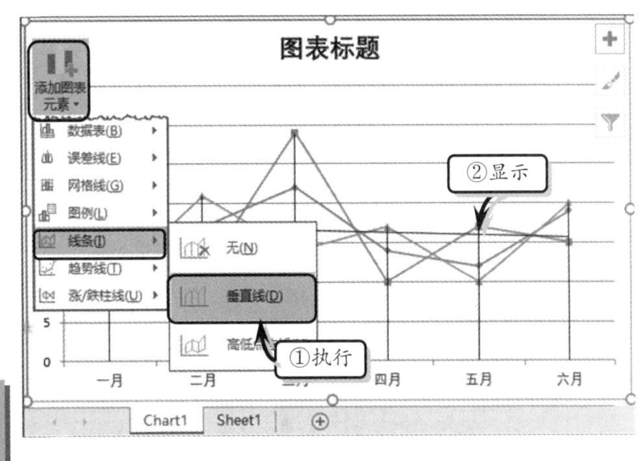

图 5-38 添加线条

5.6 设置图表格式

在 Visio 中的 Excel 中，用户还可以通过设置图表区的边框颜色、边框样式、三维格式与旋转等操作来美化图表。

5.6.1 设置图表区格式

选择图表，执行【图表工具】|【格式】|【当前所选内容】|【图表元素】命令，在其下拉列表中选择【图表区】选项。然后，执行【设置所选项内容格式】命令，即可在弹出的【设置图表区格式】对话框中，设置图表区的填充颜色、阴影效果、三维格式等图表区格式。

1．设置填充效果

在弹出的【设置图表区格式】对话框中的【填充】选项组中，选择一种填充效果，设置相应的选项，设置各选项参数即可，如图 5-40 所示。

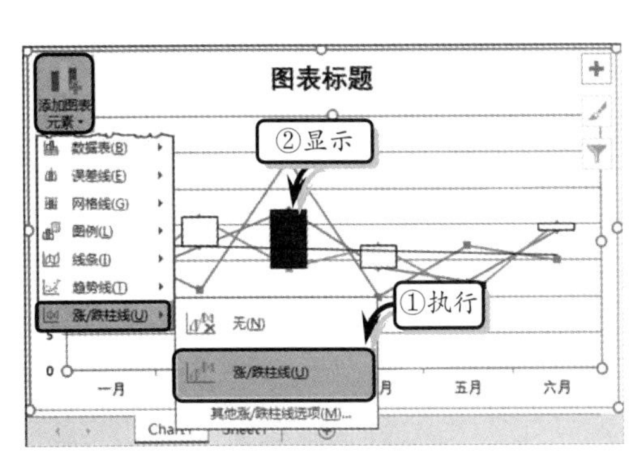

图 5-39 添加涨/跌柱线

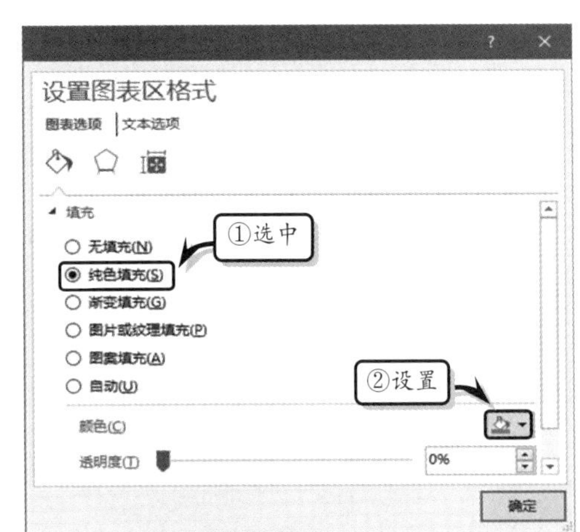

图 5-40 设置填充效果

在【填充】选项组中，主要包括 6 种填充方式，其具体情况如表 5-3 所示。

表 5-3 【填充】选项及说明

选 项	子 选 项	说 明
无填充		不设置填充效果
纯色填充	颜色	设置一种填充颜色
	透明度	设置填充颜色透明状态
渐变填充	预设渐变	用来设置渐变颜色，共包含 30 种渐变颜色
	类型	表示颜色渐变的类型，包括线性、射线、矩形与路径
	方向	表示颜色渐变的方向，包括线性对角、线性向下、线性向左等 8 种方向
	角度	表示渐变颜色的角度，其值介于 1°~360°之间
	渐变光圈	可以设置渐变光圈的结束位置、颜色与透明度
图片或纹理填充	纹理	用来设置纹理类型，一共包括 25 种纹理样式
	插入图片来自	可以插入来自文件、剪贴板与剪贴画中的图片
	将图片平铺为纹理	表示纹理的显示类型，选择该选项则显示【平铺选项】，禁用该选项则显示【伸展选项】
	伸展选项	主要用来设置纹理的偏移量
	平铺选项	主要用来设置纹理的偏移量、对齐方式与镜像类型
	透明度	用来设置纹理填充的透明状态
图案填充	图案	用来设置图案的类型，一共包括 48 种类型
	前景	主要用来设置图案填充的前景颜色
	背景	主要用来设置图案填充的背景颜色
自动		选择该选项，表示图表的图表区填充颜色将随机进行显示，一般默认为白色

2. 设置边框格式

在【设置图表区格式】对话框中的【边框】选项组中，设置边框的样式和颜色即可。在该选项组中，包括【无线条】、【实线】、【渐变线】与【自动】4 种选项，如图 5-41 所示。例如，选中【实线】选项，在列表中设置【颜色】与【透明度】选项，然后设置【宽度】、【复合类型】和【短划线类型】选项。

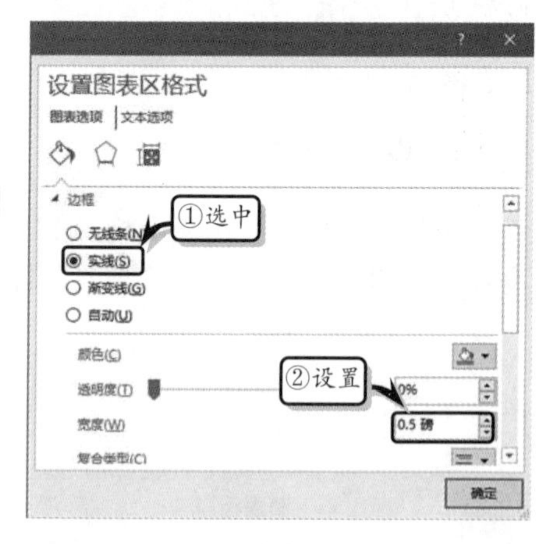

图 5-41 设置边框格式

3. 设置阴影和三维格式

在【设置图表区格式】对话框中，激活【效果】选项卡，在【阴影】选项组中设置图表区的阴影效果，如图 5-42 所示。

在【设置图表区格式】对话框中的【三维格式】选项组中，设置图表区的顶部棱台、底部棱台和材料选项，如图 5-43 所示。

提 示

在【效果】选项卡中，还可以设置图表区的发光和柔化边缘效果。

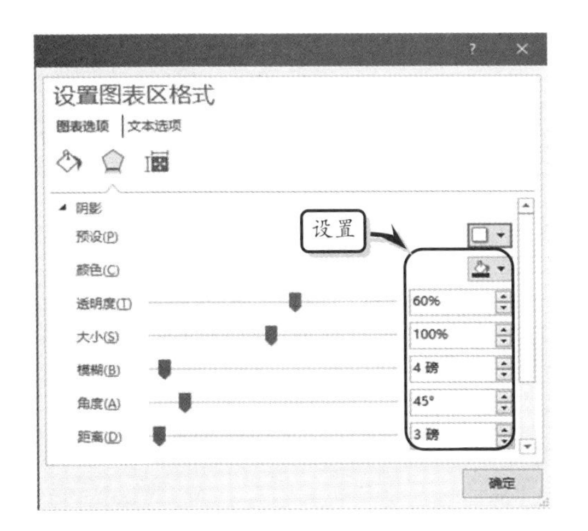

图 5-42 设置阴影格式

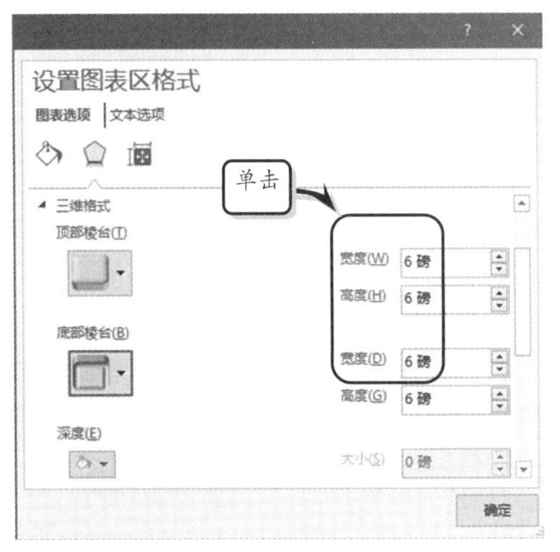

图 5-43 设置三维格式

5.6.2 设置数据系列格式

数据系列是图表中的重要元素之一，用户可以通过设置数据系列的形状、填充、边框颜色和样式、阴影以及三维格式等效果，达到美化数据系列的目的。

1. 更改形状

执行【当前所选内容】|【图表元素】命令，在其下拉列表中选择一个数据系列。然后，执行【设置所选内容格式】命令，在弹出的【设置数据系列格式】对话框中的【系列选项】选项卡中，选中一种形状。然后，调整或在微调框中输入【系列间距】和【分类间距】的值，如图 5-44 所示。

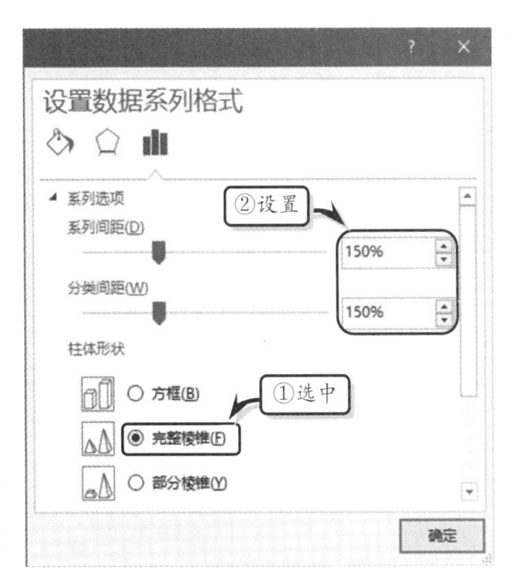

图 5-44 更改数据系列形状

提 示

在【系列选项】选项卡中，其形状的样式会随着图表类型的改变而改变。

2. 设置填充颜色

激活【填充线条】选项卡，在该选项卡中可以设置数据系列的填充颜色，包括纯色填充、渐变填充、图片和纹理填充、图案填充等，如图 5-45 所示。

提 示

用户也可以展开【边框】选项组，设置数据系列的边框颜色和样式。

5.6.3 设置坐标轴格式

坐标轴是标示图表数据类别的坐标线，用户可以在【设置坐标轴格式】任务窗格中，设置坐标轴的数字类别与对齐方式。

1. 调整坐标轴选项

双击水平坐标轴，在【设置坐标轴格式】任务窗格中，激活【坐标轴选项】下的【坐标轴选项】选项卡。在【坐标轴选项】选项组中，设置各选项，如图 5-46 所示。

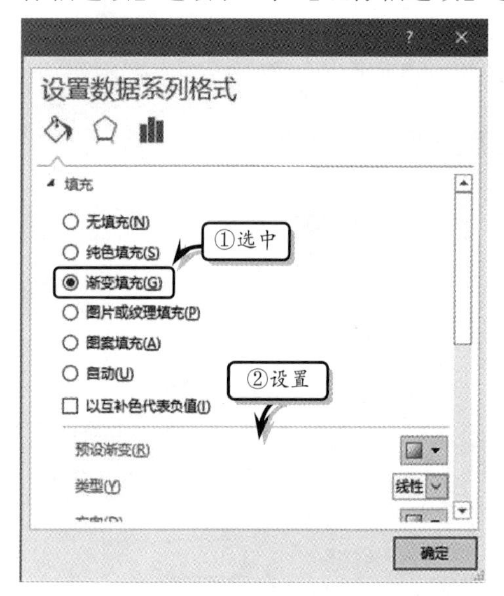

图 5-45 设置填充颜色

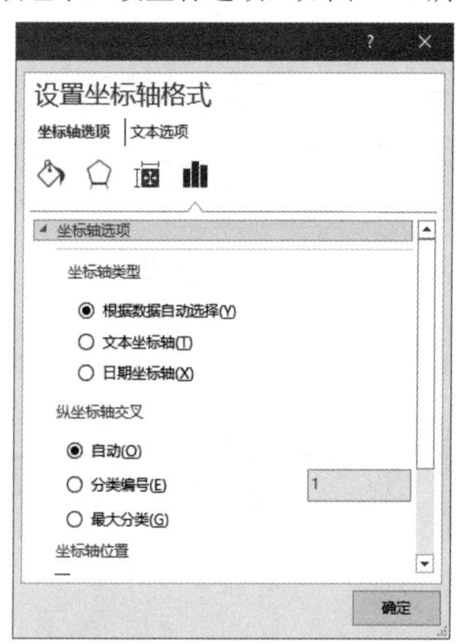

图 5-46 设置水平坐标轴选项

其中，在【坐标轴选项】选项组中，主要包括表 5-4 中的各选项。

表 5-4 【坐标轴选项】选项及说明

选　项	子 选 项	说　明
坐标轴类型	根据数据自动选择	选中该单选按钮将根据数据类型设置坐标轴类型
	文本坐标轴	选中该单选按钮表示使用文本类型的坐标轴
	日期坐标轴	选中该单选按钮表示使用日期类型的坐标轴
纵坐标轴交叉	自动	设置图表中数据系列与纵坐标轴之间的距离为默认值
	分类编号	自定义数据系列与纵坐标轴之间的距离
	最大分类	设置数据系列与纵坐标轴之间的距离为最大显示
坐标轴位置	逆序类别	选中该复选框，坐标轴中的标签顺序将按逆序进行排列

另外，双击垂直坐标轴，在【设置坐标轴格式】任务窗格中，激活【坐标轴选项】下的【坐标轴选项】选项卡。在【坐标轴选项】选项组中，设置各选项，如图 5-47 所示。

2. 调整数字类别

双击坐标轴，在弹出的【设置坐标轴格式】任务窗格中，激活【坐标轴选项】下的

【坐标轴选项】选项卡。然后，在【数字】选项组中的【类别】列表框中选择相应的选项，并设置其小数位数与样式，如图 5-48 所示。

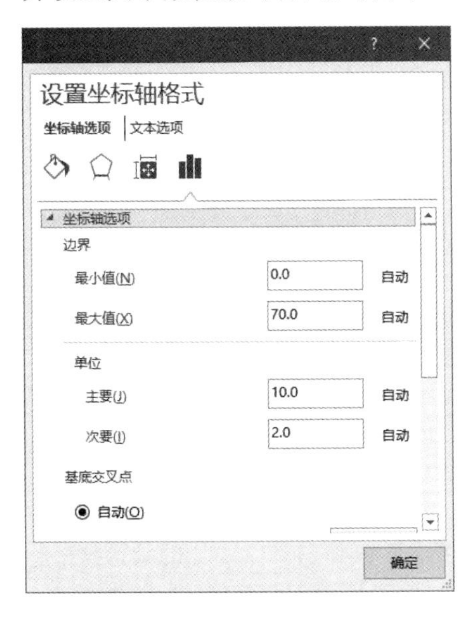

图 5-47 设置垂直坐标轴格式

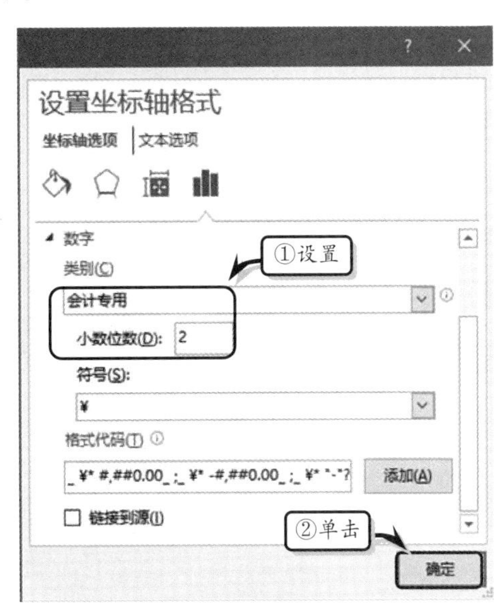

图 5-48 设置数字类别

5.7 课堂练习：甘特图

甘特图是一个水平条形图，常用于项目管理，其作用类似于 Visio 中的【项目管理】类型中的【甘特图】模板。在本练习中，将运用 Visio 中的插入图表功能，来制作一份显示任务进度的甘特图，如图 5-49 所示。

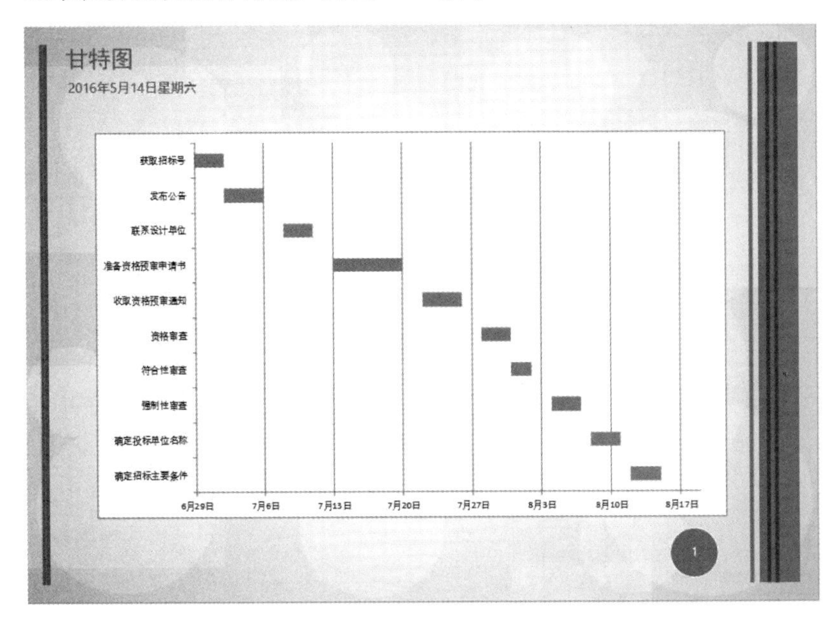

图 5-49 甘特图

操作步骤：

1 新建空白文档，将纸张方向设置为横向。执行【插入】|【插图】|【图表】命令，如图 5-50 所示。

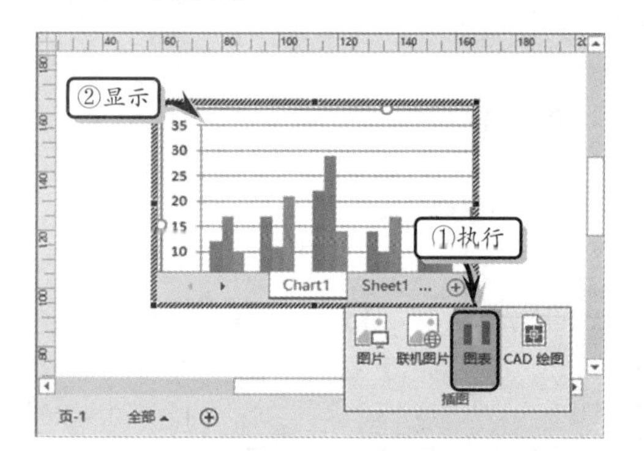

图 5-50 插入图表

2 在 Excel 组件中，单击状态栏中的 Sheet1 标签，切换到该工作表内，输入图表基础数据，如图 5-51 所示。

	A	B	C	D
1	任务名称	开始时间	工期	
2	获取招标号	2015/6/29	3	
3	发布公告	2015/7/2	4	
4	联系设计单位	2015/7/8	3	
5	准备资格预审申请书	2015/7/13	7	
6	收取资格预审通知	2015/7/22	4	
7	资格审查	2015/7/28	3	
8	符合性审查	2015/7/31	2	
9	强制性审查	2015/8/4	3	
10	确定投标单位名称	2015/8/8	3	
11	确定招标主要条件	2015/8/12	3	

Chart1 Sheet1

图 5-51 输入图表数据

3 选择图表，执行【设计】|【类型】|【更改图表类型】命令，选择【堆积条形图】选项，如图 5-52 所示。

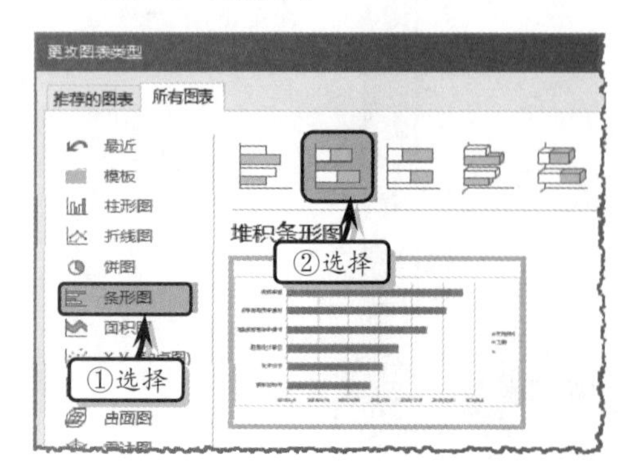

图 5-52 更改图表类型

4 执行【设计】|【数据】|【选择数据】命令，选择【图例项（系列）】列表框中的【空白系列】选项，单击【删除】按钮，如图 5-53 所示。

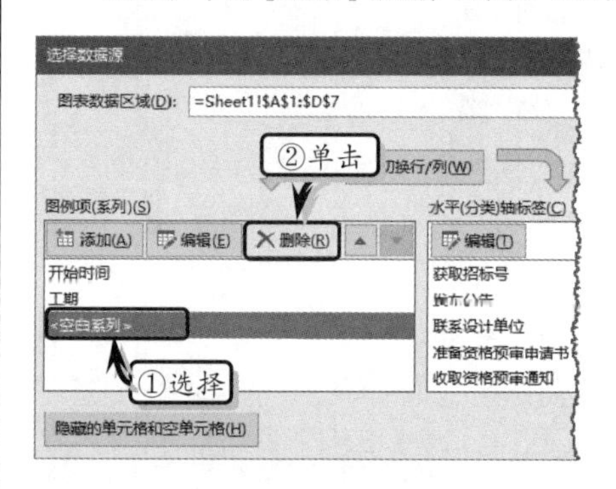

图 5-53 删除图表数据

5 选择【开始时间】选项，单击【编辑】按钮，编辑系列值，如图 5-54 所示。同样方法，编辑【工期】的系列值。

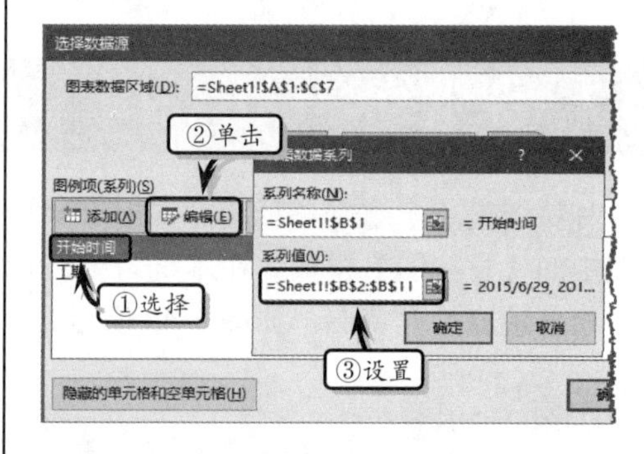

图 5-54 编辑数据区域

6 在【水平（分类）轴标签】列表框中，单击【编辑】按钮，编辑轴标签区域，如图 5-55 所示。

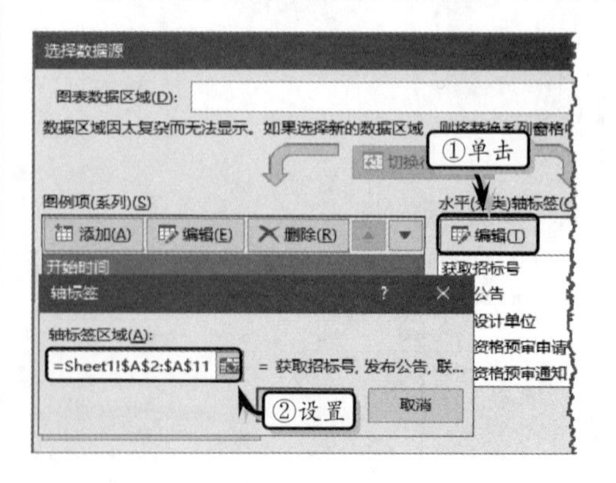

图 5-55 编辑水平轴数据

7 删除图例，双击【垂直（类别）轴】，启用【逆序类别】与【最大分类】选项，如图 5-56 所示。

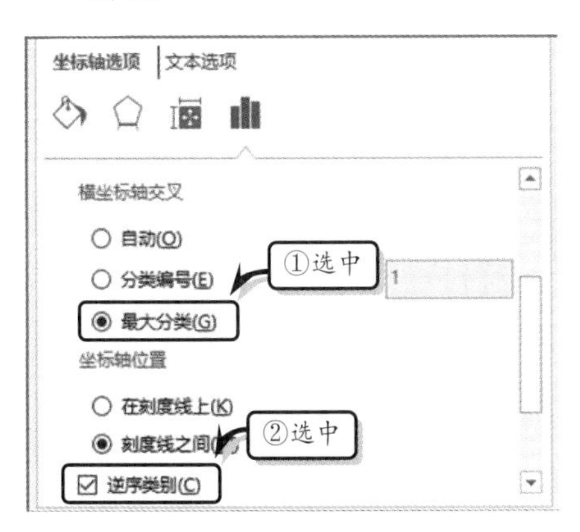

图 5-56 设置垂直数据轴

8 双击【开始时间】数据系列，在【填充】选项卡中，启用【无填充】选项，如图 5-57 所示。

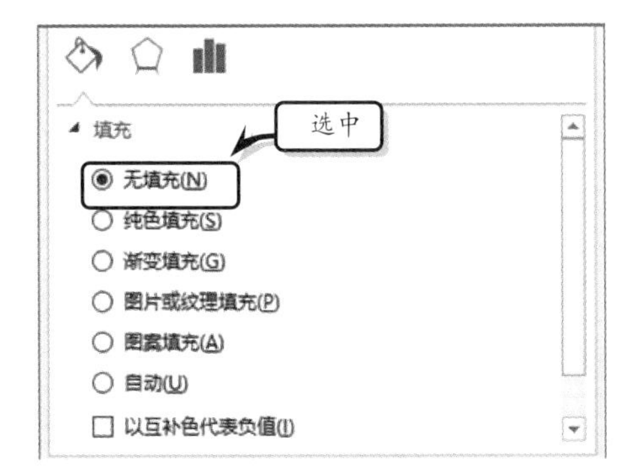

图 5-57 设置数据系列格式

9 双击【水平（值）轴】，将【最小值】、【最大值】与【主要刻度单位】分别设置为 42184、42235 与 7，如图 5-58 所示。

图 5-58 设置水平数据轴

10 在【数字】选项组中，将日期格式设置为【3 月 14 日】，如图 5-59 所示。

图 5-59 设置数字格式

11 执行【设计】|【主题】|【线性】命令，设置图表的主题效果，如图 5-60 所示。

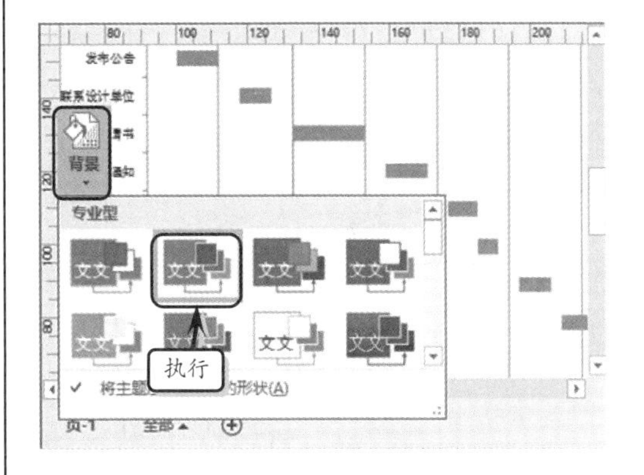

图 5-60 设置主题效果

12 同时，执行【设计】|【背景】|【背景】|【货币】命令，设置其背景效果，如图 5-61 所示。

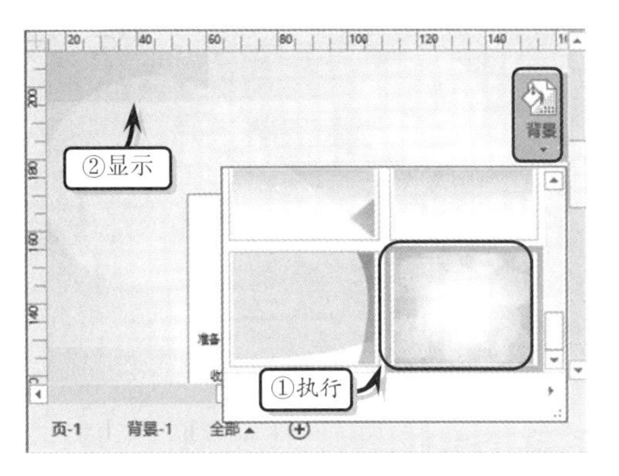

图 5-61 设置背景效果

13 执行【设计】|【背景】|【边框和标题】|【凸窗】命令，添加边框和标题，如图 5-62 所示。

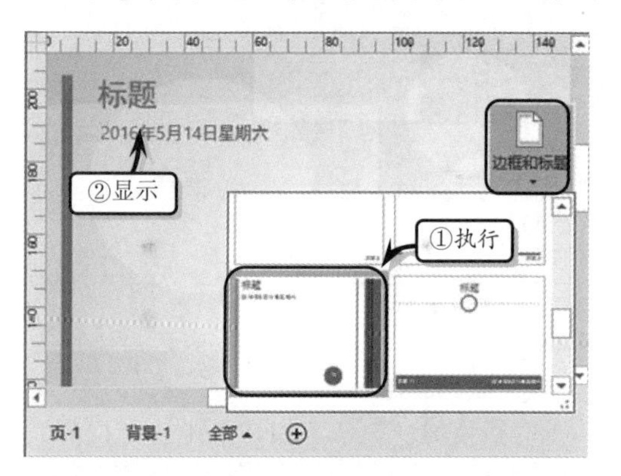

图 5-62 添加边框和标题

14 现在【背景-1】标签中，切换到背景页中，双击标题输入标题文本，如图 5-63 所示。

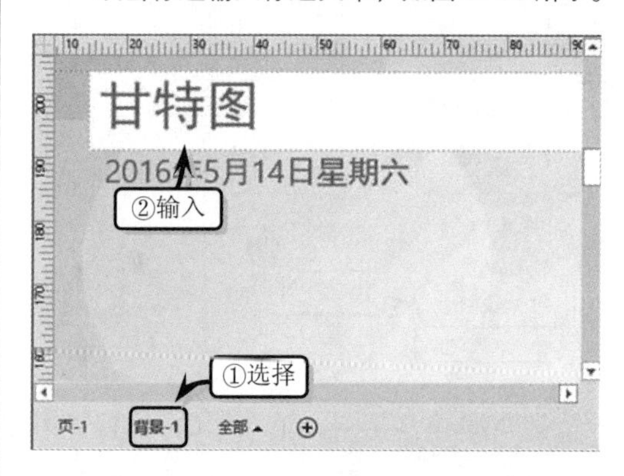

图 5-63 更改标题

5.8 课堂练习：淡水的组成

地球上的水一般存储在海洋、陆地和大气中，可分为淡水和咸水，而淡水又分为土壤水、河水和沼泽水等多种。在本练习中，将运用 Visio 2013 中的图表功能，详细展示地球上淡水的组成，如图 5-64 所示。

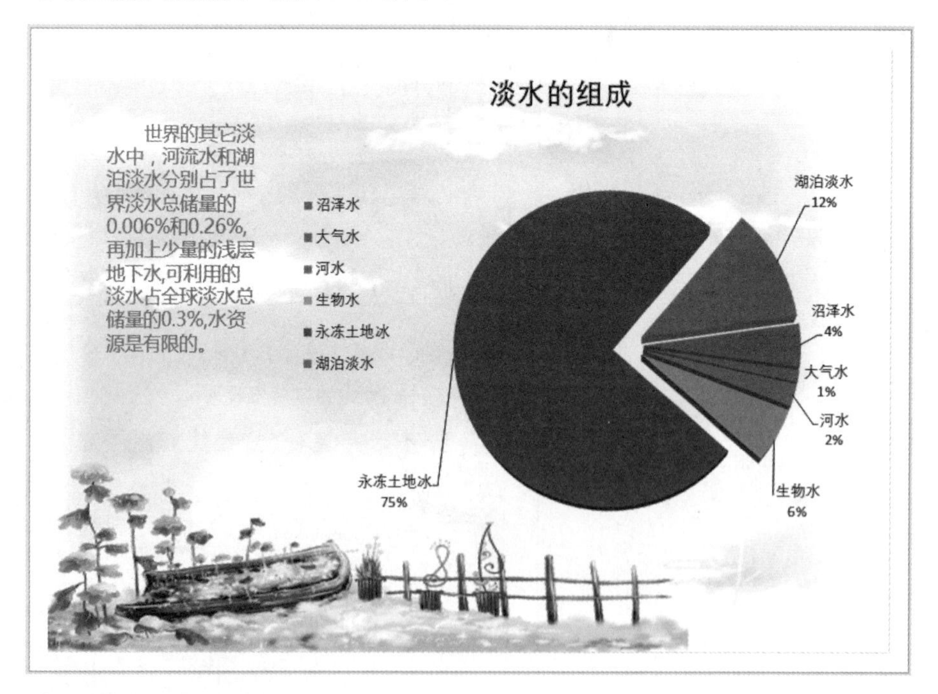

图 5-64 淡水的组成

操作步骤：

1 新建一个空白文档，执行【设计】|【页面设置】|【纸张方向】|【横向】命令，设置纸

张方向，如图 5-65 所示。

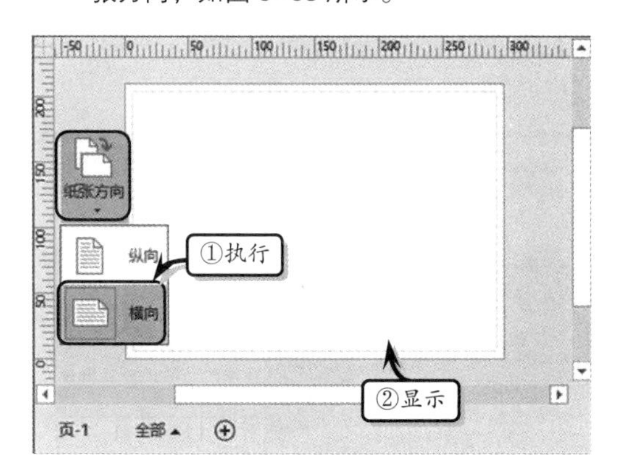

图 5-65 设置纸张方向

2 执行【插入】|【插图】|【图片】命令，选择图片文件，单击【打开】按钮，如图 5-66 所示。

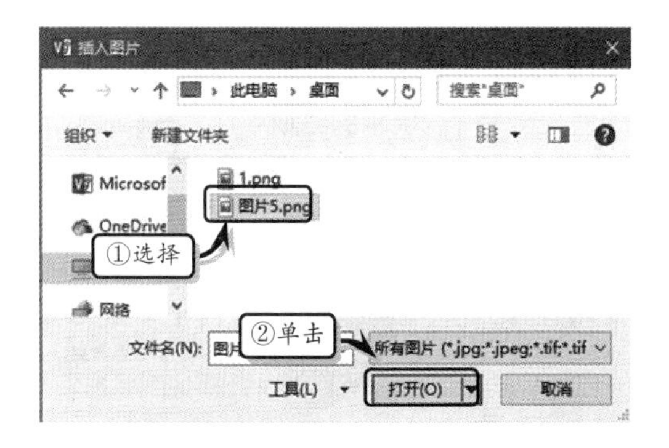

图 5-66 插入图片

3 执行【插入】|【插图】|【图表】命令，插入图表并调整图表的大小，如图 5-67 所示。

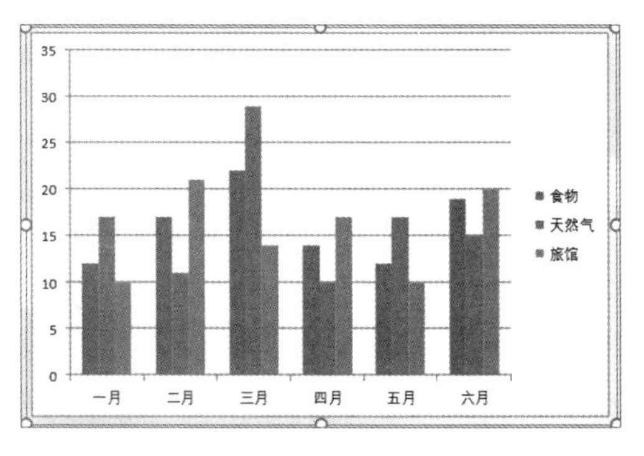

图 5-67 插入图表

4 选择 Sheet1 工作表，在工作表中输入图表数据，如图 5-68 所示。

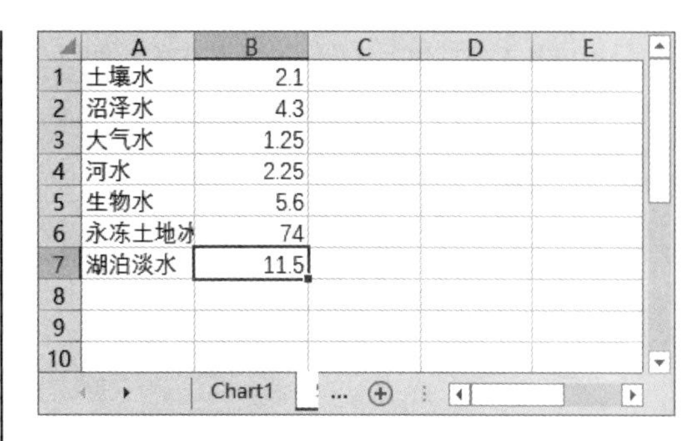

	A	B	C	D	E
1	土壤水	2.1			
2	沼泽水	4.3			
3	大气水	1.25			
4	河水	2.25			
5	生物水	5.6			
6	永冻土地冰	74			
7	湖泊淡水	11.5			
8					
9					
10					

图 5-68 输入图表数据

5 选择 Chart1 工作表，执行【设计】|【类型】|【更改图表类型】命令，选择【三维饼图】选项，并单击【确定】按钮，如图 5-69 所示。

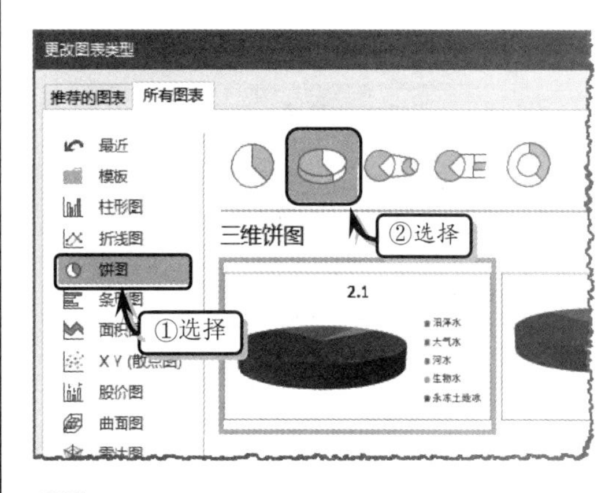

图 5-69 更改图表类型

6 选择图表，双击数据系列，设置数据系列的起始角度和分离程度，并单击【确定】按钮，如图 5-70 所示。

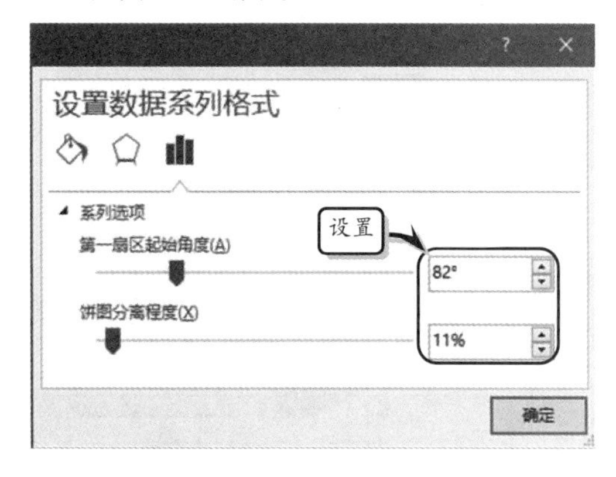

图 5-70 设置起始角度和分离程度

7 双击图表区，激活【效果】选项卡，展开【三维旋转】选项组，将【Y 旋转】设置为 80°，如图 5-71 所示。

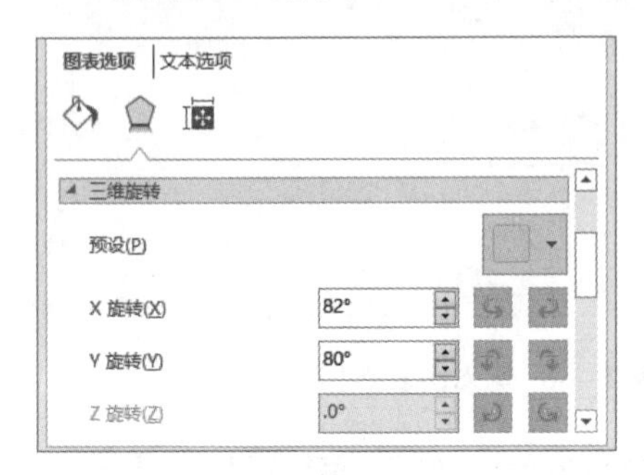

图 5-71 设置旋转角度

8 更改图表标题，同时执行【设计】|【图表布局】|【快速布局】|【布局 1】命令，设置图表布局，如图 5-72 所示。

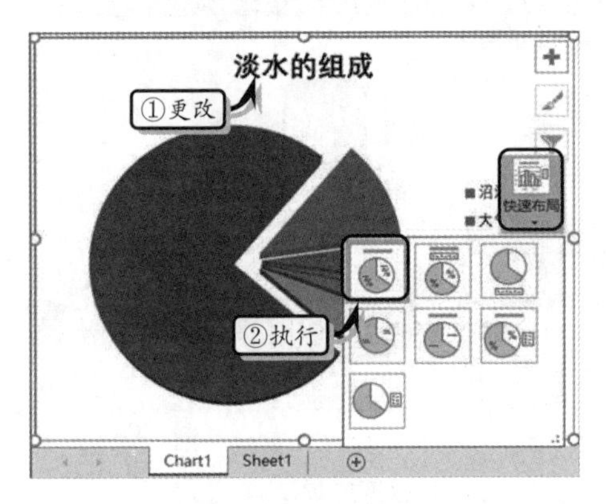

图 5-72 设置图表布局

9 然后，执行【设计】|【图表布局】|【添加图表元素】|【图例】|【左侧】命令，如图 5-73 所示。

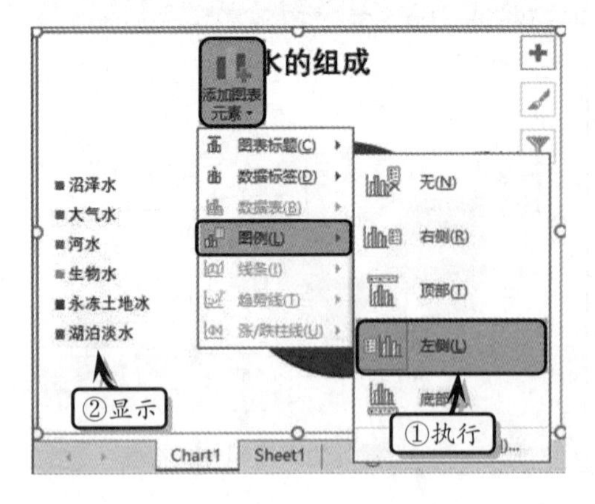

图 5-73 添加图例

10 选择图表，执行【格式】|【形状样式】|【形状填充】|【无填充颜色】命令，如图 5-74 所示。

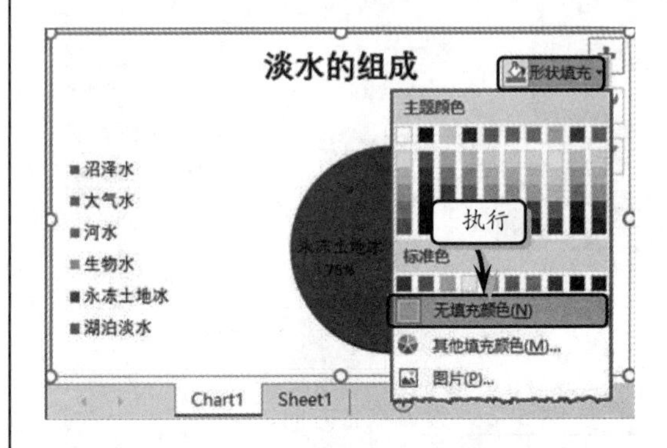

图 5-74 设置填充效果

11 执行【格式】|【形状样式】|【形状轮廓】|【无轮廓】命令，并调整数据标签的显示位置，如图 5-75 所示。

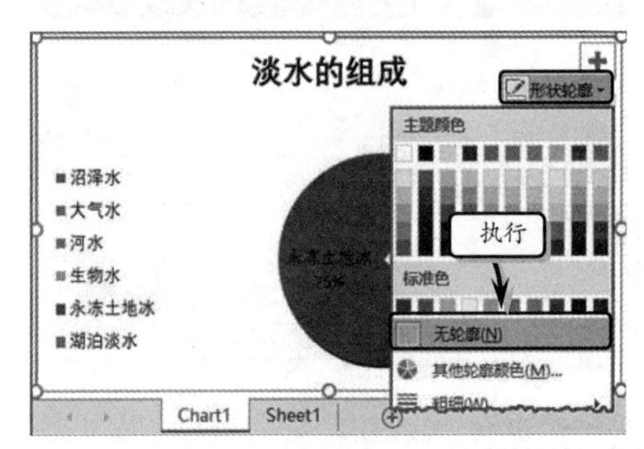

图 5-75 设置轮廓样式

12 执行【插入】|【文本】|【文本框】|【横排文本框】命令，输入文本并设置文本的字体格式，如图 5-76 所示。

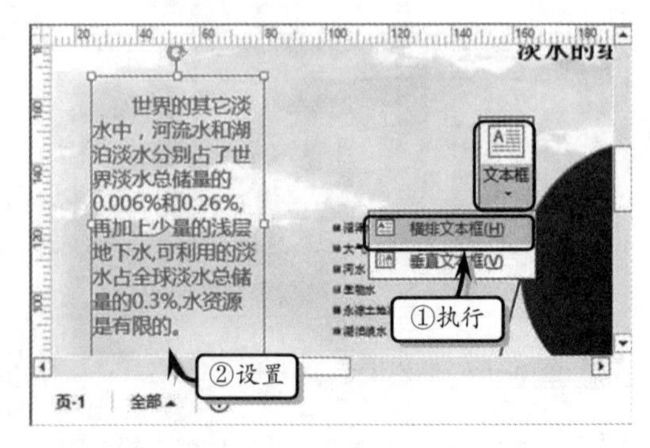

图 5-76 设置说明性文本

思考与练习

一、填空题

1. 在【插入图片】对话框中，单击【打开】下拉按钮，在其列表中选择______________选项，则表示以只读的方式插入图片。

2. 在 Visio 中，系统将_______功能代替了【剪贴画】功能。通过该功能可以插入网络中的搜索图片。

3. 趋势线主要用来________，而误差线主要用来显示________，每个数据点可以显示一个误差线。

4. Visio 为用户提供了向右旋转 90°、_______、_______与_______4 种旋转方式。

5. 对于图表中多余的数据，也可以对其进行删除。选择表格中需要删除的数据区域，按_______键，即可删除工作表和图表中的数据。

6. 在 Visio 中，用户可以像设置形状那样设置图片的阴影、_______、_______、_______、三维格式等显示效果，以增强图片的整体美观度。

二、选择题

1. 下列选项中，对编辑图片操作描述错误的一项为_____。

A. 选择图片，此时图片四周将会出现 8 个控制点，将光标置于控制点上，当光标变成“双向箭头”形状时↘，拖动鼠标即可调整图片的大小

B. 选择图片，将光标放置于图片中，当光标变成四向箭头时，拖动图片至合适位置，松开鼠标即可调整图片的位置。

C. 选择图片，将光标移至图片上方的旋转点处，当光标变成⟳形状时，按住鼠标左键，当光标变成⟳形状时，旋转鼠标即可旋转图片

D. 当绘图页中存在多个对象时，选择图片，执行【图片工具】|【格式】|【排列】|【位置】命令，即可调整图片的显示层次

2. 在美化图片时，其自动平衡效果是自动调整图片的亮度、对比度和_____。

A. 更正

B. 饱和度

C. 色差

D. 灰度系数

3. 将图表移动到数据工作表中，即可像在 Excel 工作表中那样调整图表的大小了。下列选项中，描述错误的一项为_____。

A. 选择图表，在【格式】选项卡【大小】选项组中的【形状高度】与【形状宽度】文本框中分别输入调整数值即可调整图表的大小

B. 单击【格式】选项卡【大小】选项组宏的【对话框启动器】命令，在弹出的【设置图表区格式】对话框中，设置【高度】与【宽度】选项值即可调整图表的大小

C. 选择图表，将光标置于图表区的边界中的“控制点”上，当光标变成双向箭头时，拖动鼠标即可调整图表的大小

D. 选择图表，将光标移至图片上方的旋转点处，当光标变成⟳形状时，即可调整图表的大小

4. Excel 图表中的误差线包括标准误差、百分比和_____。

A. 偏差

B. 指数误差

C. 标准偏差

D. 线性误差

5. 在 Visio 中，除了可以插入本地图片和必应 Bing 图像搜索图片之外，还可以插入_____中

的图片。

A. 云

B. 工作组

C. OneDrive-个人

D. 共享图片

三、问答题

1. 如何插入 Office.com 剪贴画？

2. 如何更改图表的类型？

3. 如何设置图表区的渐变填充格式？

四、上机练习

1. 制作折线图图表

在本练习中，主要利用 Visio 中的插入图表功能，来制作一份销售数据折线图，如图 5-77 所示。首先，执行【插入】|【插图】|【图表】命令，插入图表并输入图表数据。然后，选择图表，执行【设计】|【类型】|【更改图表类型】命令，在弹出的【更改图表类型】对话框中，选择【带数据标记的折线图】选项，并单击【确定】按钮。然后，选择图表，执行【设计】|【图表布局】|【添加图表原始】|【数据标签】|【上方】命令，添加图表标签。最后，选择图表区，执行【格式】|【形状样式】|【细微效果-橙色,强调颜色 2】命令，设置图表区格式。

2. 为图表设置纹理填充效果

在本练习中，将利用 Visio 中的图表功能，为已制作的图片设置纹理填充效果，如图 5-78 所示。首先，选择【插入】|【插图】|【图表】命令，在绘图页中插入一个图表。然后，选择图表，执行【格式】|【形状样式】|【其他】|【彩色轮廓-橙色,强调颜色 2】命令，设置其形状样式。最后，执行【格式】|【形状样式】|【形状填充】|【纹理】|【水滴】命令，设置图表的纹理填充效果。

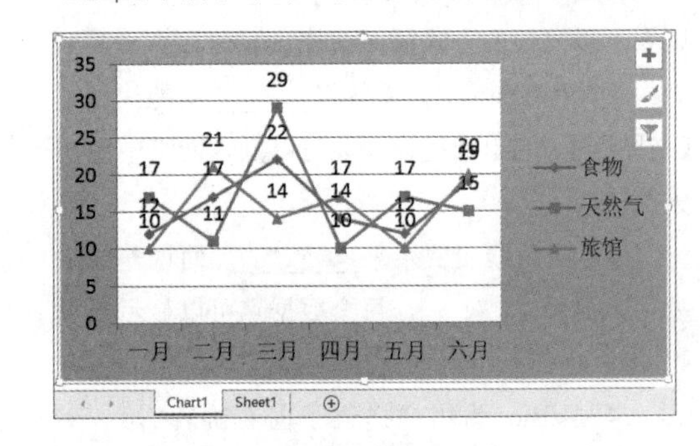

图 5-77 折线图图表

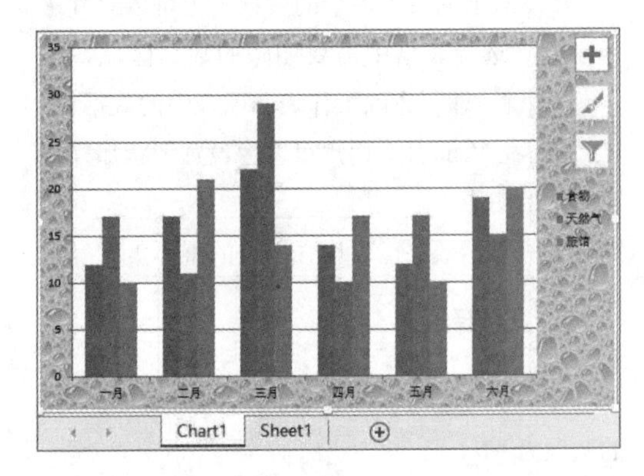

图 5-78 插入图片

第 6 章

使用图部件和文本对象

在制作绘图时，用户可以通过 Visio 提供的容器与标注工具，快速为已添加的形状增加边框和注释内容。除此之外，用户还可以通过 Visio 中多种类型的对象功能，来丰富和明晰绘图内容；例如，可以通过插入 Microsoft 公式对象来注释绘图页中的数学、物理或化学公式，以及通过超链接功能将对象链接到其他文件。在本章中，将详细介绍使用图部件和文本对象的基础知识和操作技巧。

本章学习目的：

- 使用超链接
- 使用容器
- 使用标注
- 使用公式
- 添加屏幕提示
- 插入其他对象

6.1 使用超链接

在 Visio 中，超链接是最简单和最便捷的导航手段，不仅可以链接绘图页与其他 Office 组件，而且还可以从其他 Office 组件中链接到 Visio 绘图中。链接后的对象，将以下划线文本、图表等标识来显示导航目的地。

6.1.1 插入超链接

插入超链接是将本地、网络或其他绘图页中的内容链接到当前绘图页中，主要包括与超链接形状、图表形状与绘图相关联的超链接。执行【插入】|【链接】|【超链接】命

令，在弹出的【超链接】对话框中设置各选项，如图 6-1 所示。

在该对话框中，主要包括下列几种选项。

- **地址** 该选项用于输入要链接到的网站的 URL（以协议开头，如 http://）或者本地文件（本地计算机或网络上的文件）的路径。单击【浏览】按钮可以定位本地文件或网站地址。
- **子地址** 该选项用于链接到另一个 Visio 绘图中的网站锚点、页面或形状。单击【浏览】按钮，可以在弹出的【超链接】对话框中指定需要链接的绘图页、绘图页中的形状以及缩放比例，如图 6-2 所示。

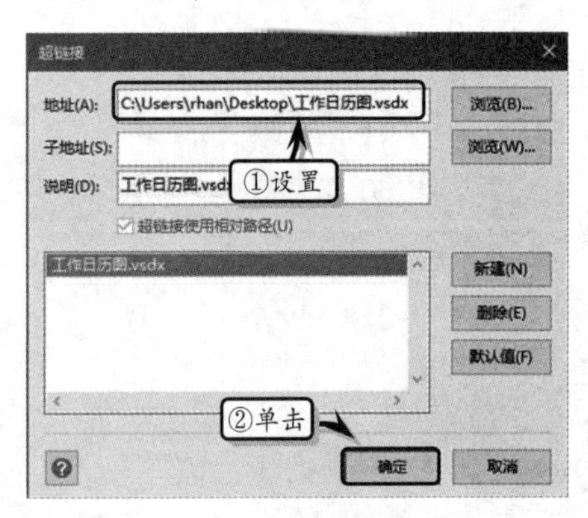

图 6-1 插入超链接

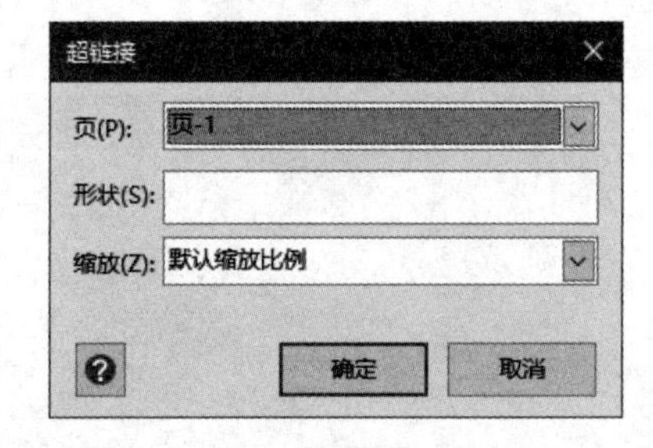

图 6-2 连接绘图页

- **说明** 用于显示链接的说明，在绘图页中将鼠标指针暂停在该链接上时会显示此文本。
- **超链接使用相对路径** 用于指定描述链接的文件相对于 Visio 绘图位置的相对路径。
- **超链接列表** 列出在当前选择中提供的所有超链接。
- **新建** 将新的超链接添加到当前选择。
- **删除** 删除所选的超链接。
- **默认值** 指定在选择包含多个超链接的网页中的所选形状时激活哪个超链接。

6.1.2 链接其他文件

在绘图过程中，如果需要使用其他文件中的信息，或在使用其他文件时需要使用 Visio 绘图信息时，可以通过使用 Visio 中的超链接功能来实现。链接其他文件后，在应用程序中会以图表或者其他文件标志来显示链接状态，双击该链接图标，被链接的文件会在单独的窗口中打开。

1. 将绘图链接到其他文档

将绘图链接到其他文件，在其他应用程序中打开并显示 Visio 中的图表内容，例如在 Word、Excel 或 PowerPoint 文件中打开 Visio 绘图文件。

首先，在链接之前需要同时打开其他文档与 Visio 绘图文件，并显示需要链接到其

他文档中的绘图页。在绘图页中确保没有选择任何形状的情况下，执行【开始】|【剪贴板】|【复制】命令，如图 6-3 所示。

然后，切换到其他文档窗口中，选择链接位置并执行【开始】|【剪贴板】|【粘贴】|【选择性粘贴】命令，弹出【选择性粘贴】对话框。执行【粘贴】选项，在列表框中选择【Microsoft Visio 绘图对象】选项，启用【显示为图标】复选框即可，如图 6-4 所示。

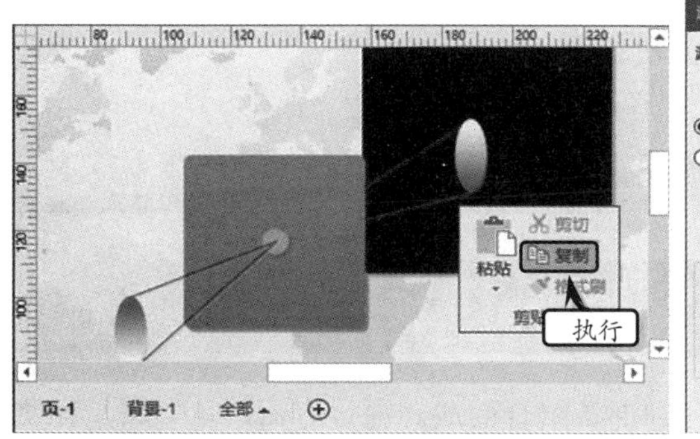

图 6-3 复制绘图

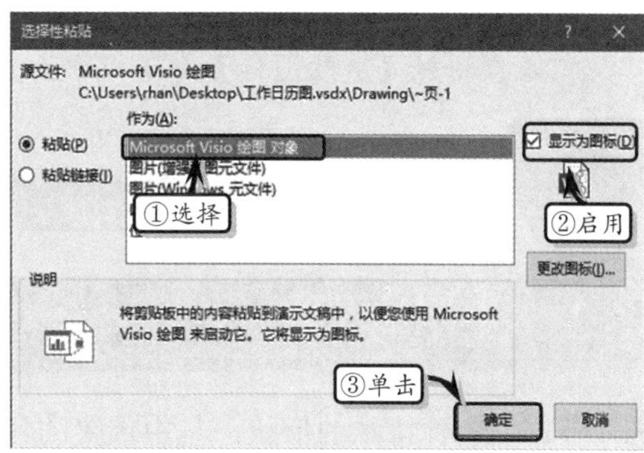

图 6-4 创建连接

提 示

在其他文档中，双击链接图标即可在单独的窗口中打开绘图文件。

2．将其他文档链接到绘图

将其他文件链接到绘图，是在 Visio 绘图中打开其他文档，例如，打开 Word、Excel 或 PowerPoint 文件。同时打开其他文件与 Visio 绘图文件，在绘图文件中执行【插入】|【文本】|【对象】命令，弹出【插入对象】对话框。选中【根据文件创建】选项，并设置相应的选项，如图 6-5 所示。

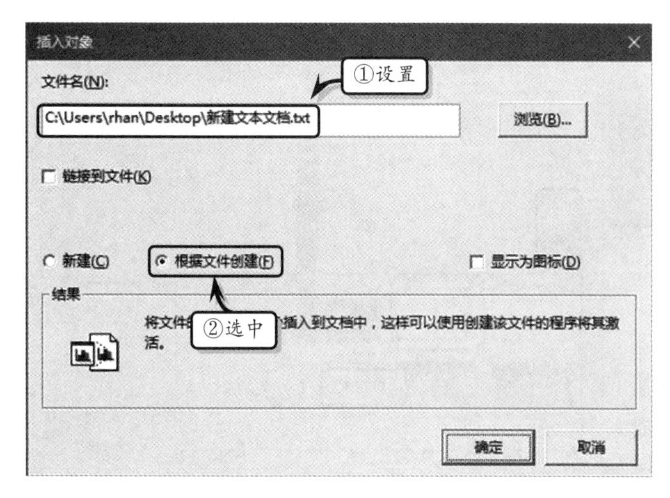

图 6-5 根据文件创建

此处主要设置以下选项。

- **文件名** 用户输入或显示插入的文件地址与名称。单击【浏览】按钮，可在弹出的【浏览】对话框中选择链接文件。
- **链接到文件** 该选项用于链接插入的对象，取消该选项则表示在绘图页中嵌入对象。
- **显示为图标** 将链接的对象或嵌入的对象显示为图标而不是插入内容。
- **更改图标** 该选项只有在勾选【显示为图标】复选框时才可用。执行该选项，可在弹出的【更改图标】对话框中设置图标样式。

提 示

用户可以复制其他文件到绘图页中，并执行【选择性粘贴】命令来嵌入部分对象。

6.2 使用容器

容器是一种特殊的形状，是由预置的各种形状组合而成。通过容器，可以将绘图文档中的局部内容与周围内容分割开来。另外，使用包含形状的容器可以移动、复制与删除形状。

6.2.1 插入容器

默认情况下，Visio 为用户提供了 14 种容器风格，每种容器风格都包含容器的内容区域和标题区域，以帮助用户快速使用容器对象。

1. 创建单个容器

新建绘图文档，执行【插入】|【图部件】|【容器】命令，在级联菜单中选择一种容器风格即可，如图 6-6 所示。

提 示

用户选择绘图页中的形状，执行【插入】|【图部件】|【容器】命令，即可将所选形状添加到容器中；或者创建容器之后直接将形状拖动到容器内部。

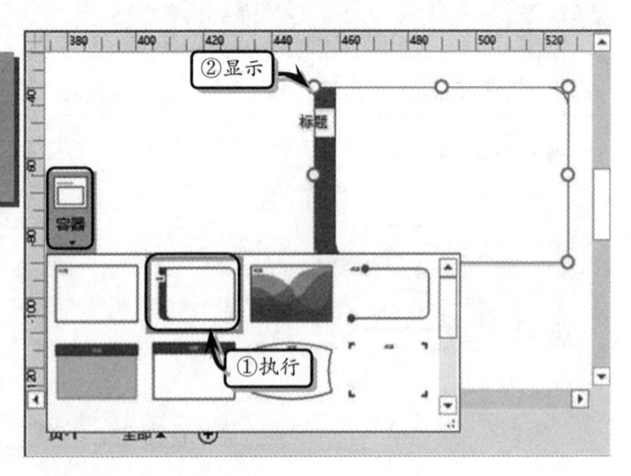

图 6-6 插入容器

2. 创建嵌套容器

首先在绘图页中插入一个容器对象，然后选择该容器对象，再次执行【插入】|【图部件】|【容器】命令，在级联菜单中选择一种容器风格，即可创建嵌套容器，如图 6-7 所示。

提　示

用户也可以选择容器，右击容器执行【容器】|【添加到新容器】命令，创建嵌套容器。

6.2.2 编辑容器尺寸

在 Visio 中，用户可根据容器所包含的具体内容，来设置容器的大小和边距，以期可以容纳更多的对象。

1. 调整容器大小

插入容器之后，将光标移至容器四周的控制点上，拖动鼠标即可调整容器的大小。另外，选择容器，执行【格式】|【大小】|【自动调整大小】命令，在其级联菜单中选择相应的选项即可，如图 6-8 所示。

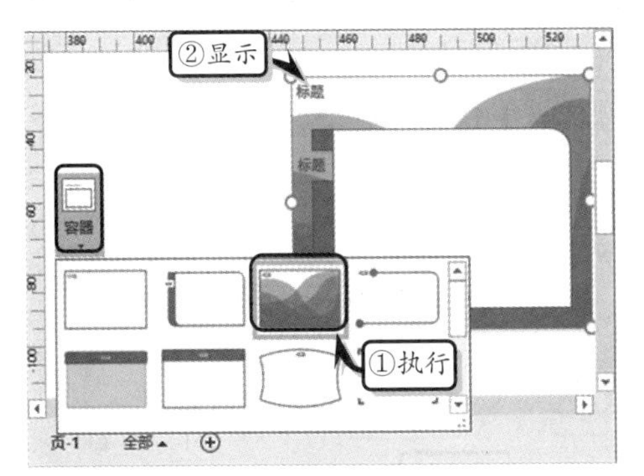

图 6–7 创建嵌套容器

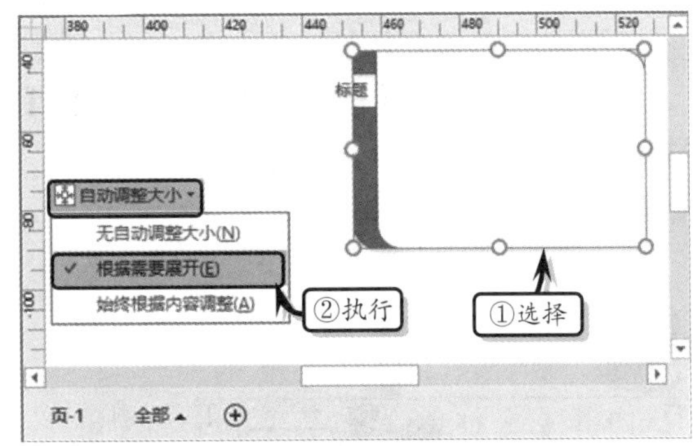

图 6–8 调整容器大小

其中，【自动调整大小】命令中包括下列三种选项。

- **无自动调整大小**　选择该选项，表示容器只能以用户定义的尺寸进行显示。
- **根据需要展开**　该选项为默认选项，表示容器在内容未超出容器尺寸时显示原始尺寸，而当内容超出容器尺寸时则会自动展开容器。
- **始终根据内容调整**　选择该选项，表示容器的尺寸将随时根据内容的数量进行扩展或缩小。

提　示

用户也可以通过执行【格式】|【大小】|【根据内容调整】命令，使容器根据自身内容调整其大小。

2. 设置容器边距

容器边距是设置容器形状的边界以及内容的间距。Visio 为用户提供了 9 种边距样式，用户只需选择容器，执行【格式】|【大小】|【边距】命令，在其级联菜单中选择相应的选项即可，如图 6-9 所示。

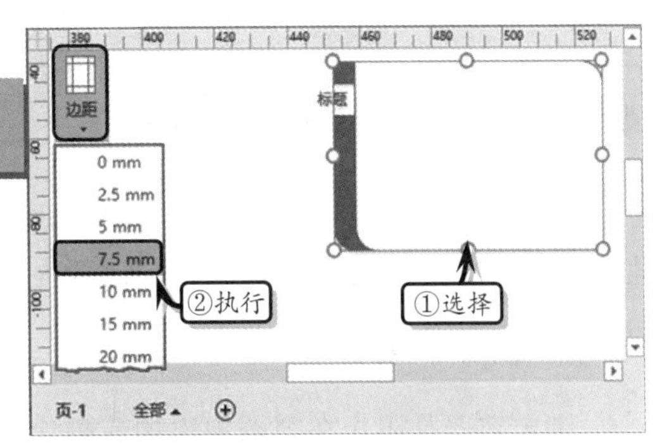

图 6–9 设置容器边距

第 6 章 使用图部件和文本对象

6.2.3 设置容器样式

Visio 为用户提供了 14 种容器样式，以及相应的标题样式。创建容器对象之后，用户还可以根据绘图页的整体风格，设置容器对象的样式与标题样式。

1. 设置容器样式

Visio 内置的容器样式相似于【插入】选项卡中的【容器】类型。选择插入的容器，执行【格式】|【容器样式】|【容器样式】命令，在其级联菜单中选择一种样式即可，如图 6-10 所示。

2. 设置标题样式

标题样式主要是设置容器的标题的样式和显示位置，其标题样式并不是一成不变的，它会根据容器样式改变而自动改变。

选择容器，执行【格式】|【容器样式】|【标题样式】命令，在其级联菜单中选择一种样式即可，如图 6-11 所示。

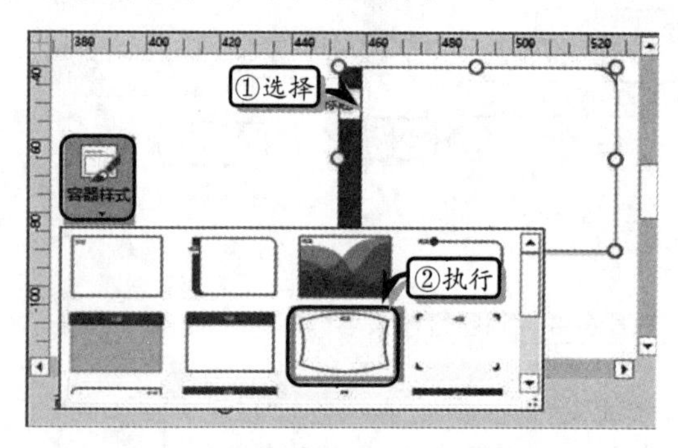

图 6-10 设置容器样式

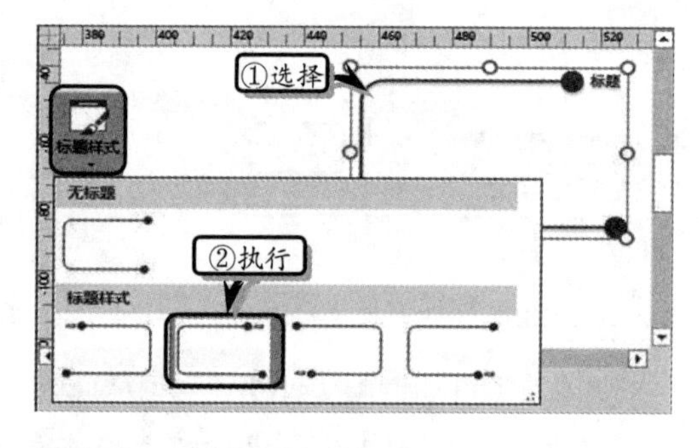

图 6-11 设置标题样式

提 示

用户为容器设置标题样式之后，可通过执行【格式】|【容器样式】|【标题样式】|【无标题】命令，来隐藏容器中的标题。

6.2.4 定义成员资格

在 Visio 中，用户可以使用成员资格的各种属性设置，来编辑容器的内容。成员资格主要包括锁定容器、解除容器与选择内容三个方面。

1. 锁定容器

锁定容器是阻止在容器中添加或删除形状，选择容器，执行【格式】|【成员资格】|【锁定容器】命令，即可锁定该容器禁止添加或删除形状，如图 6-12 所示。

提　示

锁定容器之后，无论用户如何拖动容器内的形状，其容器都会根据形状的位置而自动扩大，并始终包含形状。

2. 解除容器

解除容器是删除容器而不删除容器中的形状。在使用【解除容器】功能之前，用户还需要先禁用【锁定容器】功能，否则无法使用该功能。

选择容器，执行【格式】|【成员资格】|【解除容器】命令，即可删除容器对象，如图 6-13 所示。

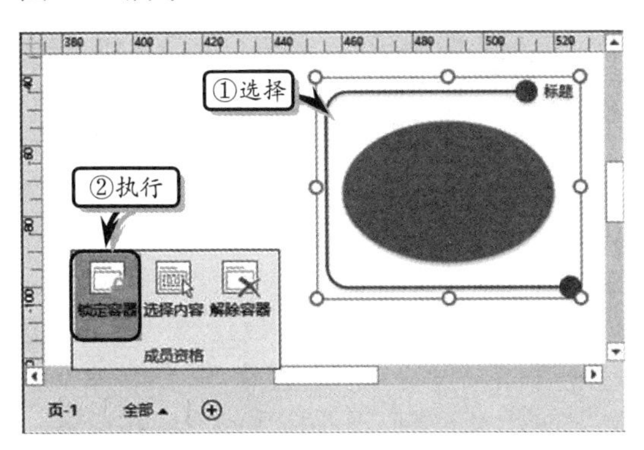

图 6-12 锁定容器

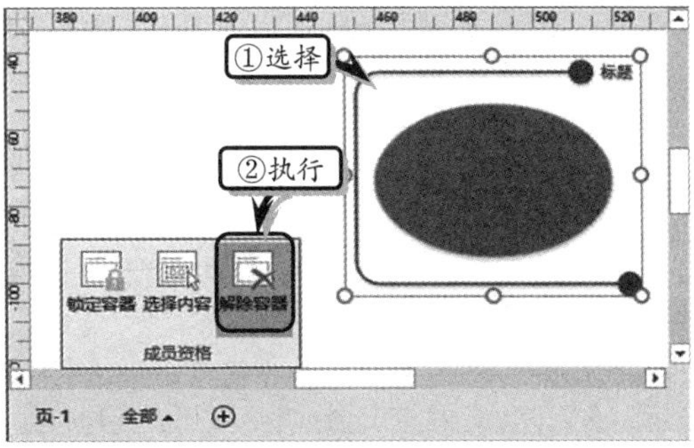

图 6-13 解除容器

3. 选择成员

选择内容表示可以选择容器中的形状。选择容器，执行【格式】|【成员资格】|【选择内容】命令，即可选择容器中的所有成员，如图 6-14 所示。

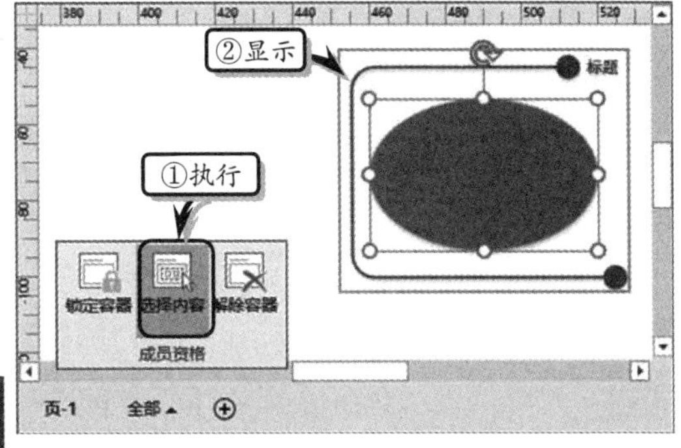

图 6-14 选择成员

提　示

在普通状态下，用户可选择容器内的形状，直接按下 Delete 键进行删除；或者直接选择容器，按下 Delete 键删除容器及容器内的对象。

6.3 使用标注

标注是 Visio 中一种特殊的显示对象，具有为形状提供外部的文字说明，以及连接形状和文字的连接线。使用标注可将批注添加到图表中的形状，标注会随其附加的形状移动、复制与删除。

6.3.1 插入标注

Visio 内置了 14 种标注，用户只需执行【插入】|【图部件】|【标注】命令，在其级

联菜单中选择一种选项即可，如图 6-15 所示。选择标注，用户可以像移动形状那样，移动标注以调整标注的显示位置。

插入标注之后，用户可以通过双击标注，或者右击标注执行【编辑文本】命令，来为标注添加文本，如图 6-16 所示。

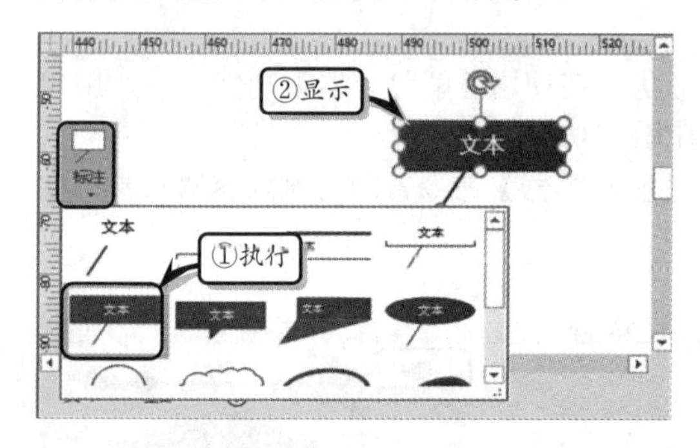

图 6-15 插入标注

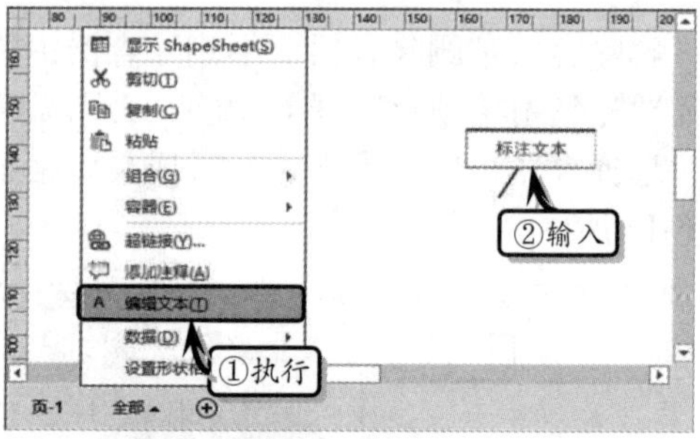

图 6-16 添加文本

6.3.2 编辑标注

插入标注之后，为适应整体绘图页的布局及应用，还需要设置标注的形状和样式，以及将标注关联到形状中等。

1. 关联到形状

标注可以作为单独的对象进行显示，也可以将其关联到形状中，与形状一起移动或删除。首先，在绘图页中添加一个形状，然后拖动标注对象中的黄色控制点，将其连接到形状上，即可将标注关联到形状中，如图 6-17 所示。

2. 更改标注形状

当用户感觉所插入的标注对象与绘图页或形状搭配不合理时，可以右击标注，在弹出的快捷菜单中，执行【更改形状】命令，在其级联菜单中选择一种形状样式即可，如图 6-18 所示。

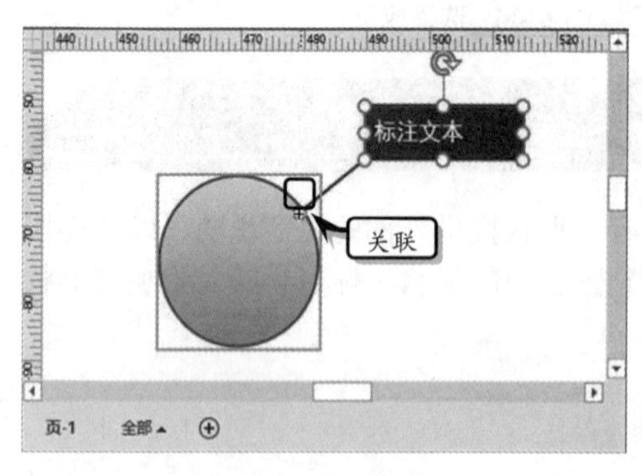

图 6-17 关联到形状

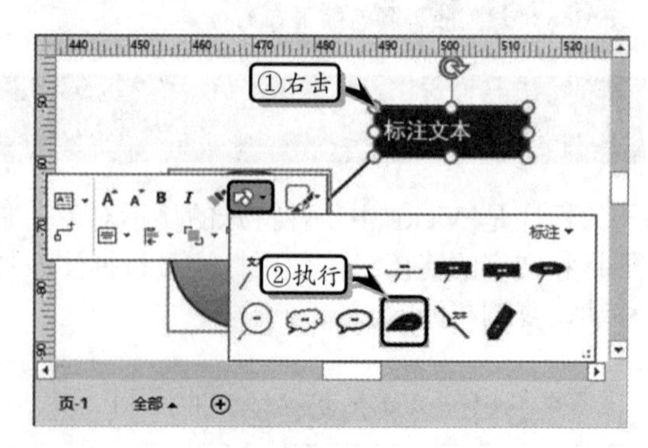

图 6-18 更改标注形状

提 示

选择标注，将光标移至标注四周的控制点上，拖动鼠标即可调整标注对象的大小。

3. 设置标注样式

标注属于形状的一种，用户可以像设置形状那样设置标注的样式。选择标注，执行【开始】|【形状样式】|【快速样式】命令，在其级联菜单中选择一种样式即可，如图 6-19 所示。同样方法，用户还可以执行【开始】|【形状样式】|【填充】、【线条】或【效果】命令，来自定义标注的样式。

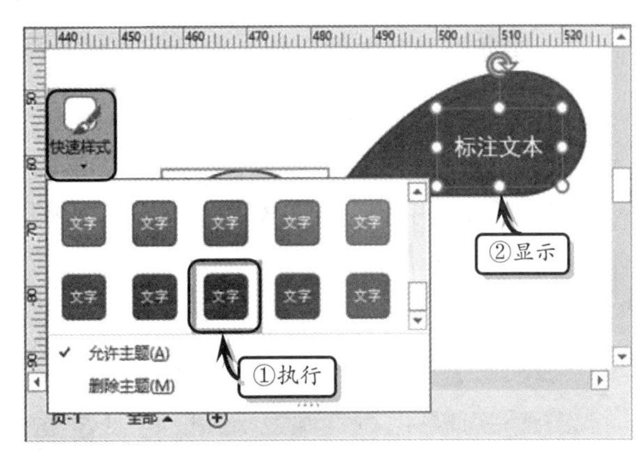

图 6-19 设置形状样式

提 示

用户可以右击标注，在弹出的快捷菜单中，执行【样式】命令，在其级联菜单中选择一种样式，即可设置标注的样式。

6.4 使用文本对象

文本对象是 Visio 中的一种嵌入对象，是指插入到绘图页中的文档或其他文件。其中，文本对象包括文本符号、公式、屏幕提示，以及 Excel 图表等其他对象。

6.4.1 使用公式

公式是一个等式，是一个包含数据和运算符的数学方程式。在绘图页，可以运用公式功能，来表达一些物理、数学或化学方程式，以充实绘图内容。

1. 插入公式

执行【插入】|【文本】|【对象】命令，在弹出的【插入对象】对话框中，选择列表框中的【Microsoft 公式 3.0】选项，并单击【确定】按钮，如图 6-20 所示。

此时，系统会自动弹出公式编辑器。直接输入表示公式的字母和符号，例如输入“*S*=”，然后选择【分式和根式模板】|【分号】选项，插入分号，并输入分子和分母，如图 6-21 所示。

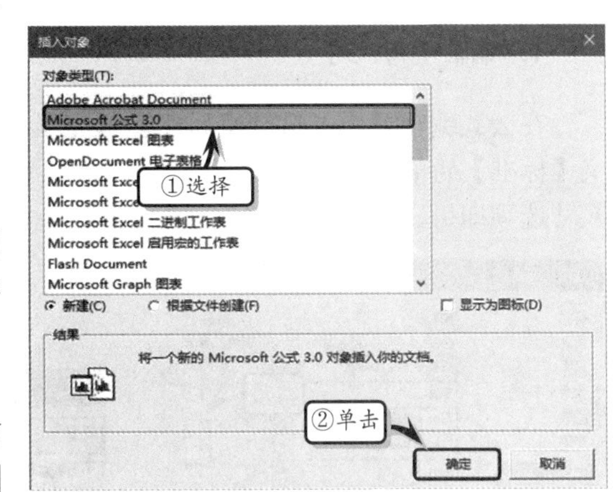

图 6-20 插入公式

提 示

输入完公式，关闭公式编辑器之后，系统将自动以图片的方式将公式显示在绘图页中。

2. 编辑公式的字符间距

字符间距是表达式中各种字符之间的距离，以磅为单位。在 Visio 绘图页中插入公式之后，为了美化公式，还需要编辑公式的字符间距。

双击绘图页中的公式对象，进入公式编辑器中。选择公式，执行【格式】|【间距】命令，在弹出的【间距】对话框中，设置【行距】值，并单击【确定】按钮即可，如图 6-22 所示。

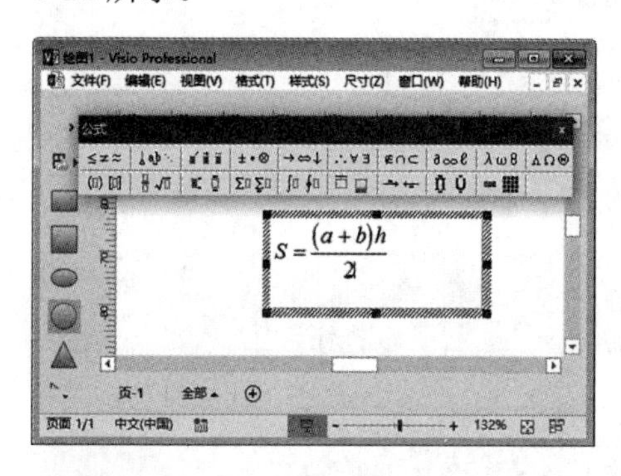

图 6-21 输入公式

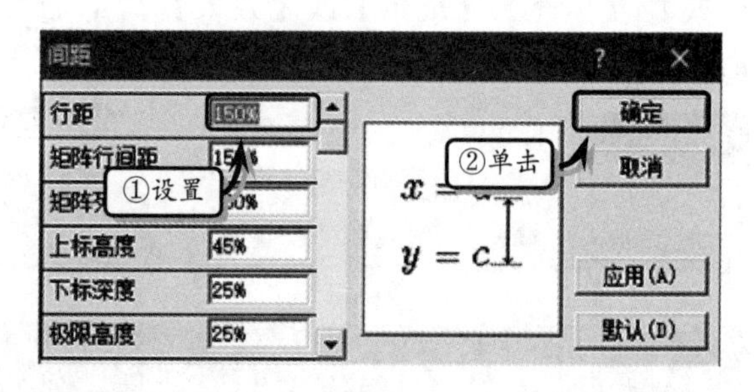

图 6-22 编辑字符间距

3. 编辑字符样式

在公式编写过程中，用户还可以设置字符的字体、粗体、斜体等字符样式。在公式编辑器中，执行【样式】|【定义】命令。在弹出的【样式】对话框中，设置【函数】字符格式，并单击【确定】按钮，如图 6-23 所示。然后，选择公式，使用新定义的字符样式即可。

4. 编辑字符尺寸

在公式编辑器中，执行【尺寸】|【定义】命令，在弹出的【尺寸】对话框中，自定义【标准】磅值，单击【确定】按钮，如图 6-24 所示。然后，选择公式，使用新定义的尺寸选项即可。

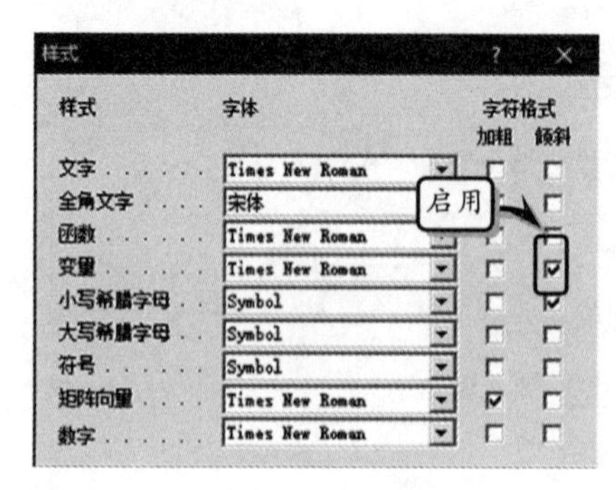

图 6-23 编辑字符样式

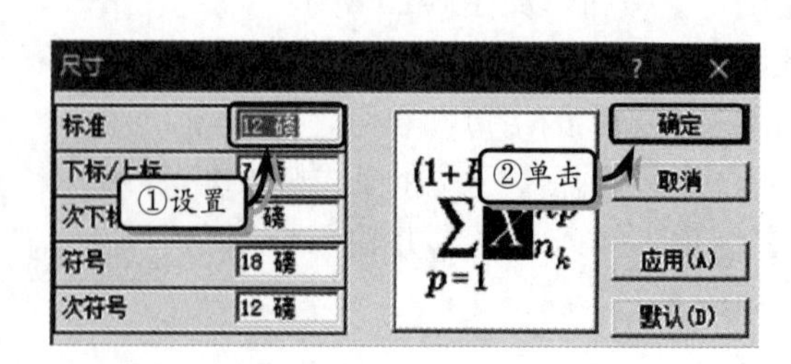

图 6-24 编辑字符尺寸

6.4.2 添加屏幕提示

屏幕提示主要是为形状添加一种提示性文本。为形状添加屏幕提示之后，将光标移至形状上方，系统将会自动显示提示文本。

选择形状，执行【插入】|【文本】|【屏幕提示】命令，在弹出的【形状屏幕提示】对话框中输入提示内容，单击【确定】按钮即可，如图 6-25 所示。

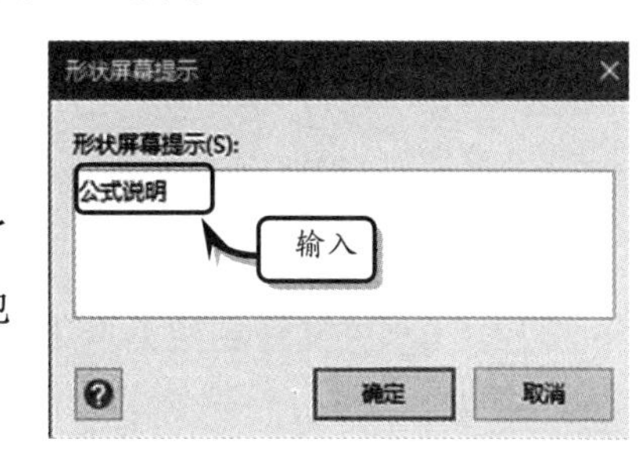

图 6-25 添加屏幕提示

6.4.3 插入其他对象

除了公式和屏幕提示之外，Visio 还为用户提供了插入演示文稿、根据文件创建，以及特殊符号等其他对象，以帮助用户丰富绘图页的内容。

1. 插入符号

在绘图页中双击形状，进入编辑文本状态；或者在绘图页中插入一个文本框。然后，执行【插入】|【文本】|【符号】|【其他符号】命令，在弹出的【符号】对话框中，选择相应的符号，单击【插入】按钮即可，如图 6-26 所示。

提 示

在【符号】对话框中，激活【特殊字符】选项卡，可在绘图页中插入特殊字符。

2. 插入演示文稿对象

在 Visio 中，用户可以像插入公式那样，插入演示文稿对象，以方便用户充分展示绘图页内容。执行【插入】|【文本】|【对象】命令，在弹出的【插入对象】对话框中，选择列表框中的【Microsoft PowerPoint 演示文稿】选项，单击【确定】按钮即可，如图 6-27 所示。

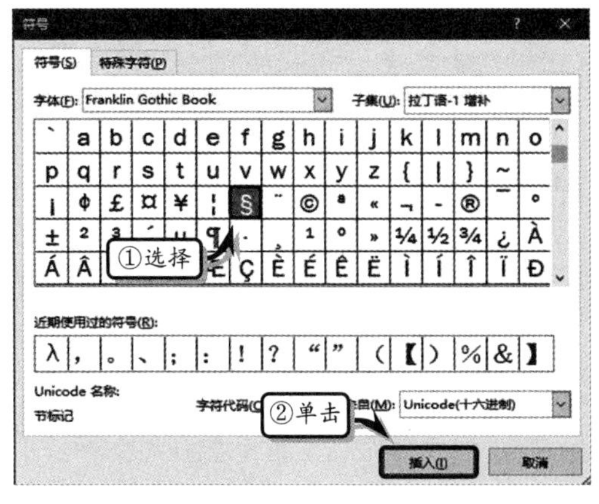

图 6-26 插入符号

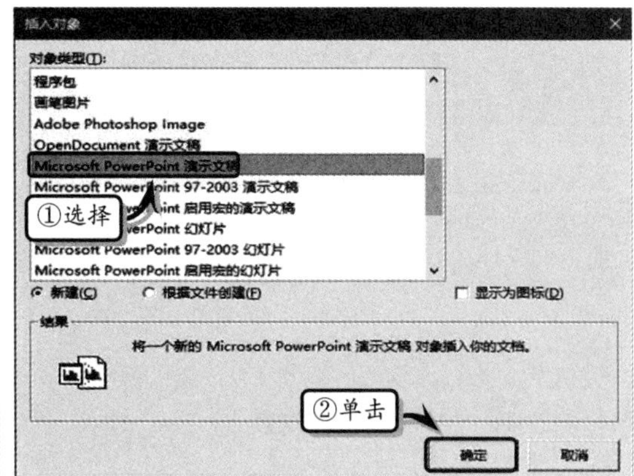

图 6-27 插入演示文稿对象

此时，系统会像插入图表那样自动在绘图页中显示演示文稿页面，用户在该页面中直接编辑演示文稿内容，单击绘图页其他位置即可结束编辑。此时，系统将以图片的方式显示演示文稿内容，如图 6-28 所示。

提 示

在绘图页中双击演示文稿对象，则会自动以幻灯片的方式播放演示文稿。另外，选择演示文稿对象，右击执行【演示文稿对象】|【编辑】命令，则可以打开演示文稿页面，对其进行编辑操作。

3. 根据文件创建对象

当 Visio 所提供的【插入对象】功能无法满足用户的需求时，则可以使用【根据文件创建对象】功能，插入自定义对象。

在绘图页中，执行【插入】|【文本】|【对象】命令，在弹出的【插入对象】对话框中，选中【根据文件创建】选项，单击【浏览】按钮，如图 6-29 所示。

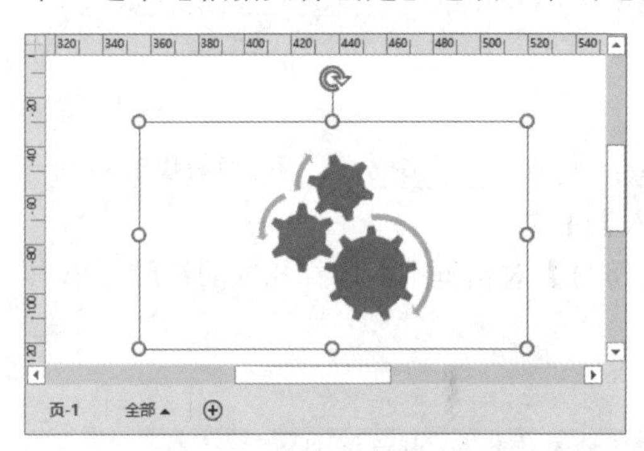

图 6-28 显示演示文稿对象

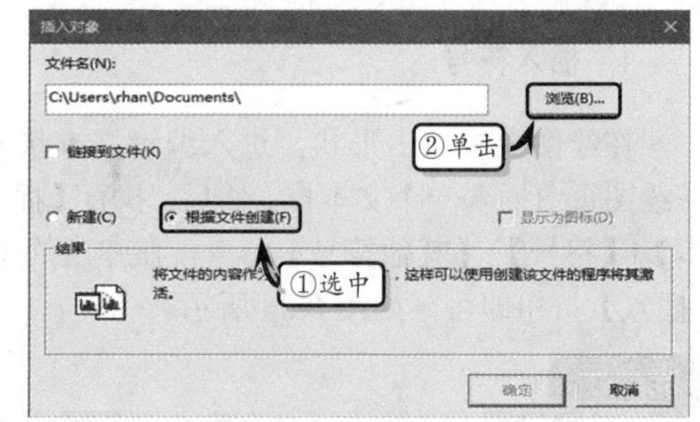

图 6-29 设置创建类型

然后，在弹出的【浏览】对话框中，选择需要插入的文件类型，单击【打开】按钮，即可将文件以对象的方式插入到绘图页中，如图 6-30 所示。为绘图页插入对象之后，双击表示对象的图标，即可以对象本身的文件格式运行该对象。

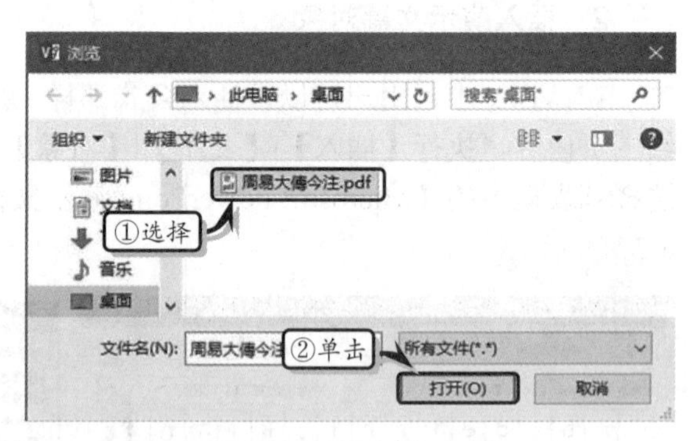

图 6-30 选择对象

6.5 使用批注

批注也是一种特殊的显示对象，当用户在查看绘制完成的文档后，可通过批注内容，写下对绘图文档的意见，而原作者用 Visio 打开文档时，即可根据批注内容进行修改。

6.5.1 创建批注

每一个批注名称都是由 Word 用户名的缩写开头，也就是批注的添加者；除此之外，在批注中还会显示批注添加的时间、批注内容和答复内容等。

1. 新建批注

在绘图中选择需要添加批注的形状，执行【审阅】|【批注】|【新建批注】命令，在批注框中，输入批注内容即可，如图 6-31 所示。

2. 答复批注

添加批注之后，系统会自动在所选形状的右上角显示批注标记。此时，单击批注标记，即可在弹出的窗格中，输入答复内容，对批注内容进行答复操作，如图 6-32 所示。

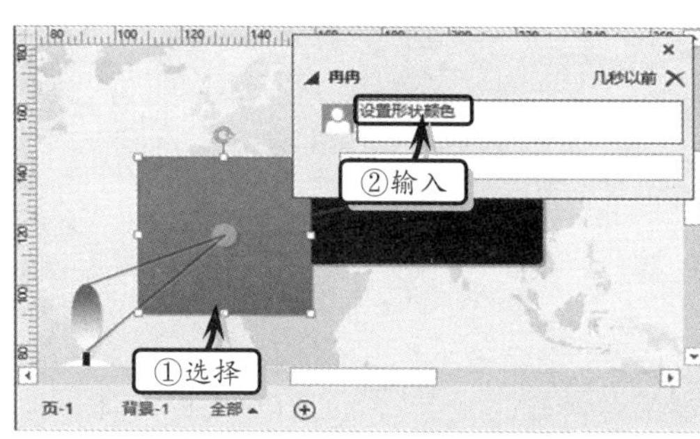

图 6-31 创建批注

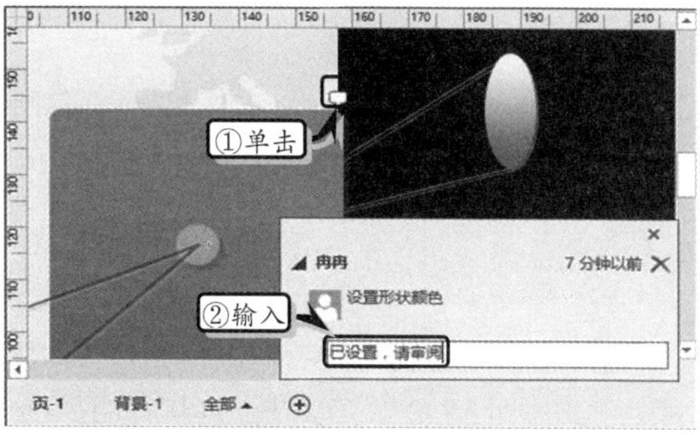

图 6-32 答复批注

提 示

答复完批注之后，用户可通过单击绘图页其他位置，取消对批注的选择状态。

6.5.2 编辑批注

当用户为绘图文档添加批注之后，则可以通过下列方法对批注进行一系列的编辑操作，包括隐藏批注、查看批注、删除批注等。

1. 查看批注

创建批注之后，用户可直接单击批注标记，在弹出的窗格中查看单个批注内容，如图 6-33 所示。

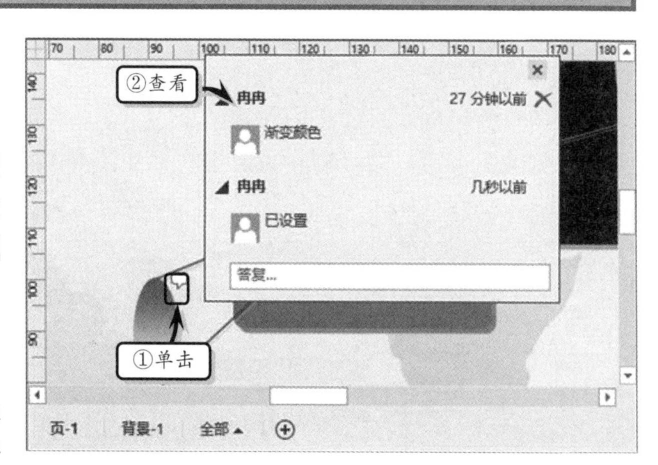

图 6-33 查看批注

除此之外，用户还可以执行【审阅】|【批注】|【注释窗格】|【注释窗格】命令，在打开的【注释】窗格中查看所有批注，如图 6-34 所示。在【注释】窗格中，用户还可以通过单击【上一条】和【下一条】按钮，来查看不同的批注。

2. 隐藏批注

如果用户不想在窗口中显示批注标记，则需要执行【审阅】|【批注】|【注释窗格】|【显示标记】命令，隐藏批注标记。再次执行该命令，则可以显示批注标记，如图 6-35 所示。

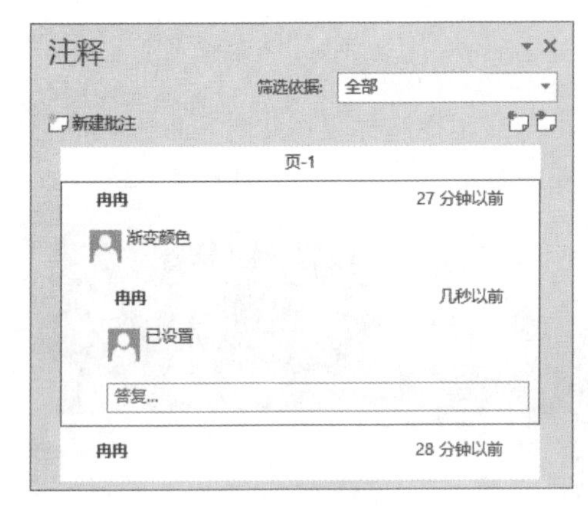

图 6-34 【注释】窗格

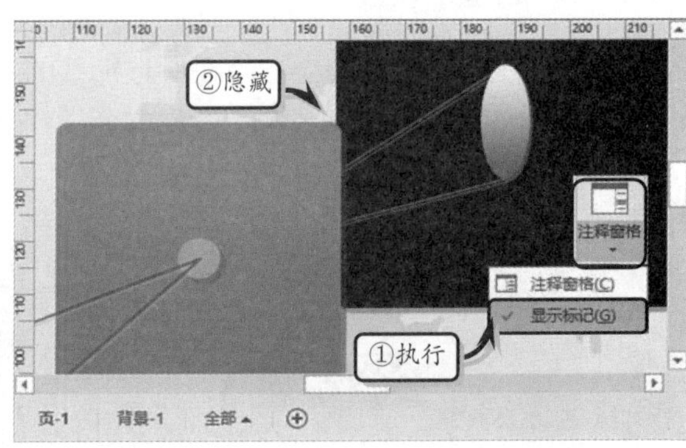

图 6-35 隐藏批注

3. 筛选批注

当绘图文档中存在多个批注时，用户可在【注释】窗格中，单击【筛选依据】下拉按钮，在其下拉列表中选择相应的选项，即可按照所选内容筛选所需查看的批注，如图 6-36 所示。

4. 删除批注

当用户为相同的对象添加多余的批注之后，可单击批注标记，在弹出的批注窗格中，单击【删除】按钮，即可删除当前批注，如图 6-37 所示。

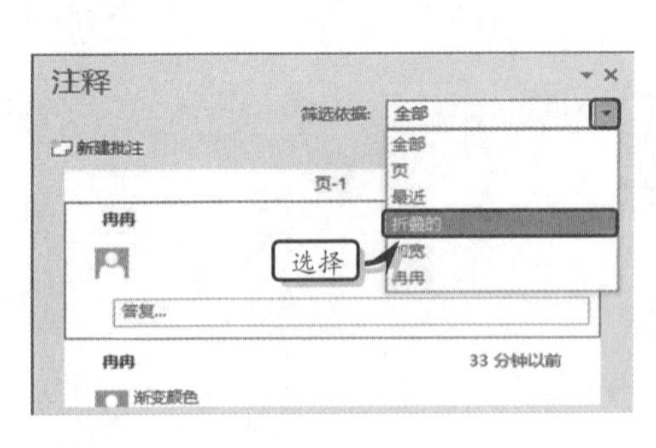

图 6-36 筛选批注

图 6-37 删除批注

提　示

在【注释】窗格中，选择所需要删除的批注，单击其右上角中的【删除】按钮，即可删除所选批注。

6.6 课堂练习：系统结构示意图

系统结构示意图主要用于显示某个系统结构设计和制作中的板块内容，而用户在制作某个系统时，需要将系统划分为不同的板块，并将每个板块封装到一个容器中，以便区分系统局部内容与周围的内容。在本练习中，将运用 Visio 中的容器对象，来制作一个“系统结构示意图”图表，如图 6-38 所示。

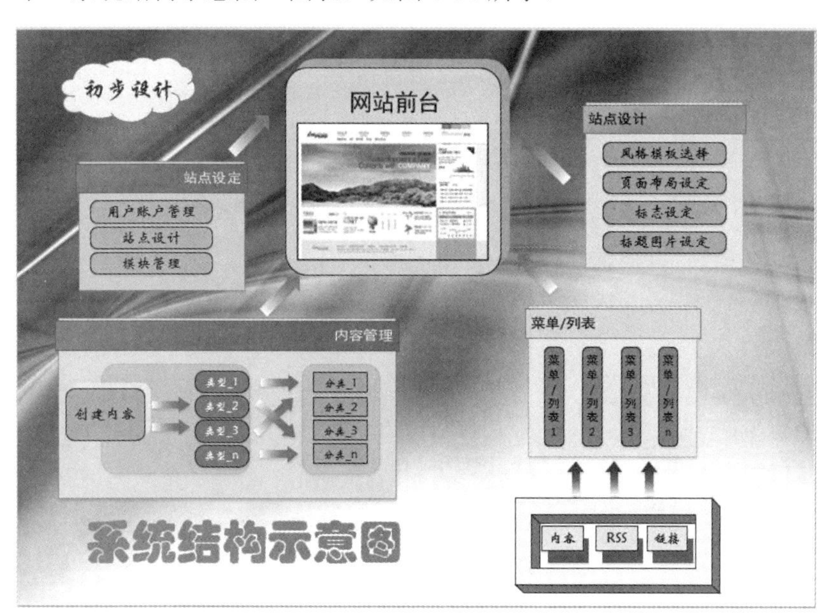

图 6-38 系统结构示意图

操作步骤：

1 执行【文件】|【新建】命令，在展开的列表中双击【基本框图】选项，创建模板文档，如图 6-39 所示。

图 6-39 创建模板文档

2 执行【插入】|【插图】|【图片】命令，在弹出的【插入图片】对话框中，选择图片文件，如图 6-40 所示。

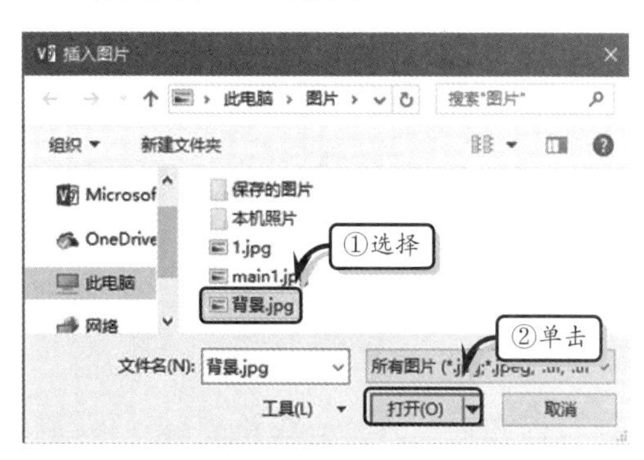

图 6-40 选择图片文件

3 调整图片大小，执行【开始】|【编辑】|【图层】|【分配层】命令，输入图层名称，如图

6-41 所示。

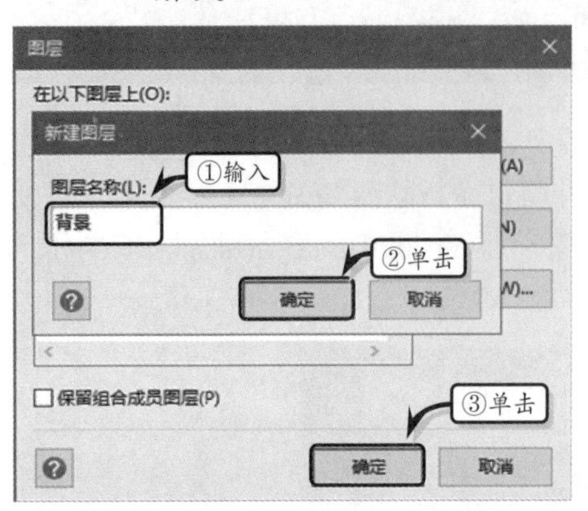

图 6-41 分配层

4 执行【开始】|【编辑】|【图层】|【层属性】命令，启用【背景】行中的【锁定】复选框，如图 6-42 所示。

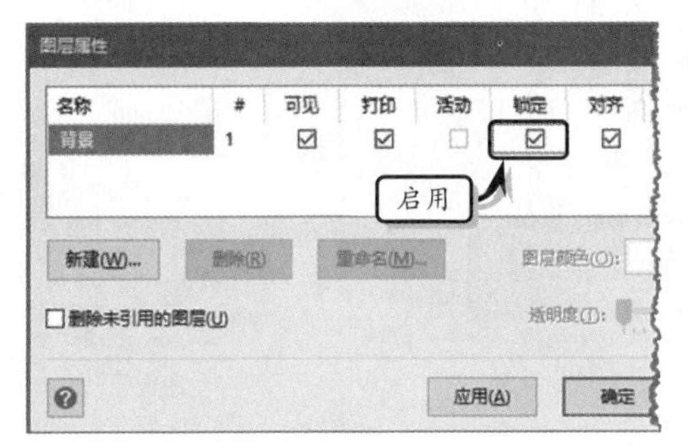

图 6-42 编辑层属性

5 将【基本形状】模具中的【圆角矩形】形状添加到绘图页中，并调整形状大小和位置，如图 6-43 所示。

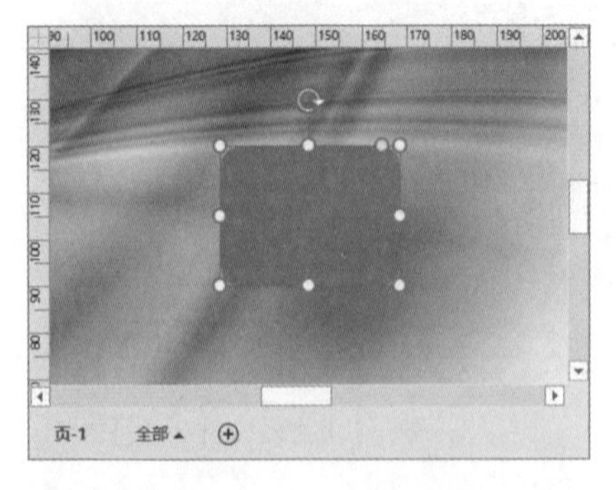

图 6-43 添加【圆角矩形】形状

6 选择形状，执行【开始】|【形状样式】|【填充】|【其他颜色】命令，自定义填充颜色，如图 6-44 所示。

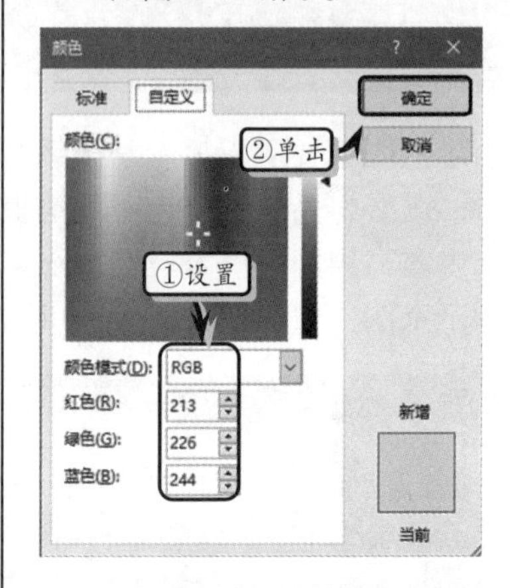

图 6-44 自定义填充颜色

7 同时，执行【开始】|【形状样式】|【线条】|【黑色,黑色】命令，设置线条颜色，如图 6-45 所示。

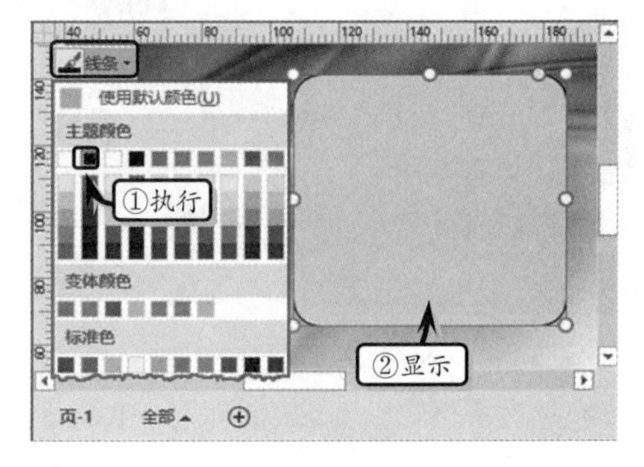

图 6-45 设置线条颜色

8 右击形状执行【设置形状格式】命令，展开【阴影】选项组，将【颜色】设置为【白色,白色,深色 255】，并设置阴影颜色并修改阴影参数，如图 6-46 所示。

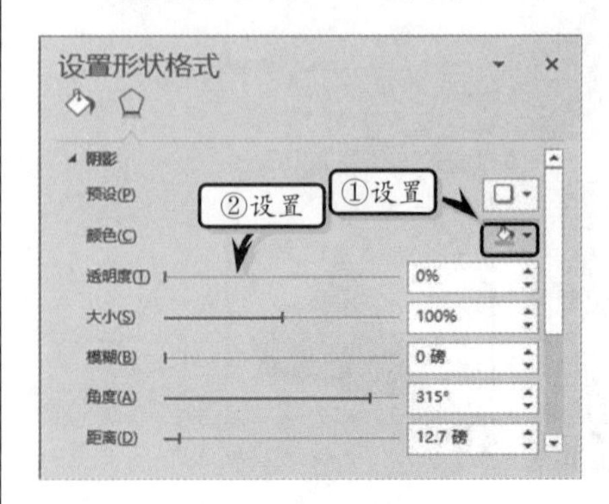

图 6-46 设置阴影格式

9 执行【插入】|【文本】|【文本框】|【横排文本框】命令，插入横排文本框，输入文本并设置文本的字体格式，如图 6-47 所示。

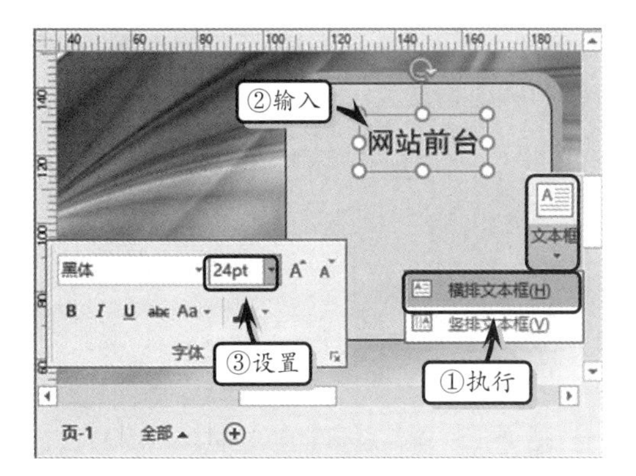

图 6-47 输入文本

10 执行【插入】|【插图】|【图片】命令，选择图片文件，如图 6-48 所示。

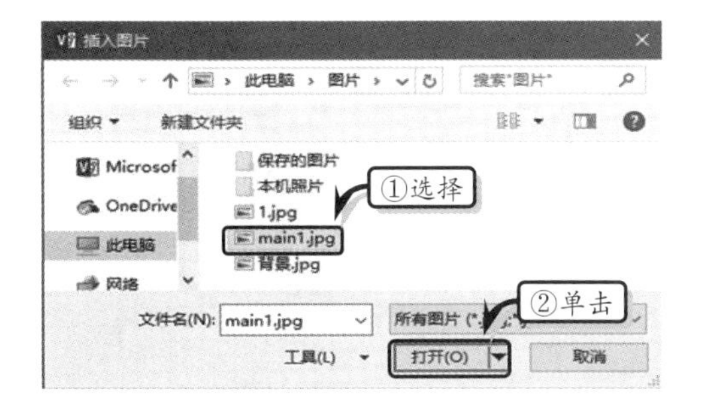

图 6-48 插入图片

11 执行【开始】|【形状样式】|【线条】|【黑色,黑色】命令，同时执行【粗细】命令，选择粗细类型，如图 6-49 所示。

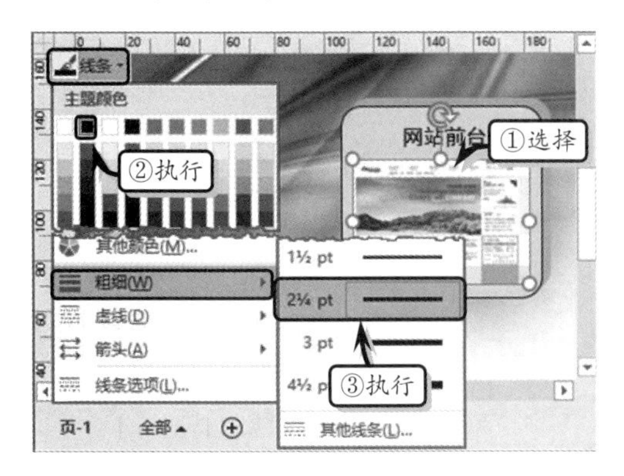

图 6-49 设置线条样式

12 执行【插入】|【图部件】|【容器】|【带】命令，插入容器，如图 6-50 所示。

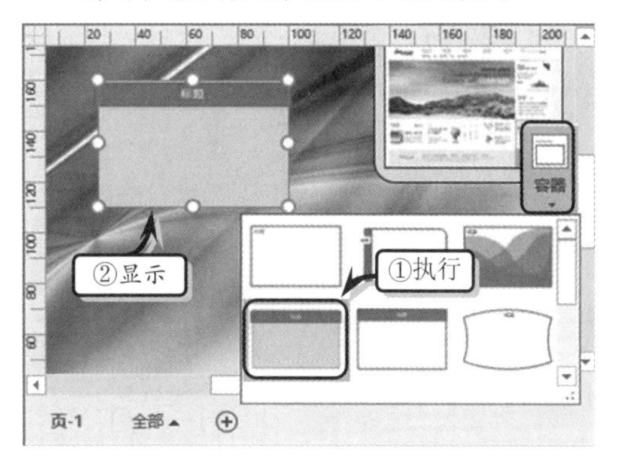

图 6-50 插入容器

13 选择容器，执行【开始】|【形状样式】|【快速样式】|【强烈效果-蓝色,变体着色 6】命令，如图 6-51 所示。

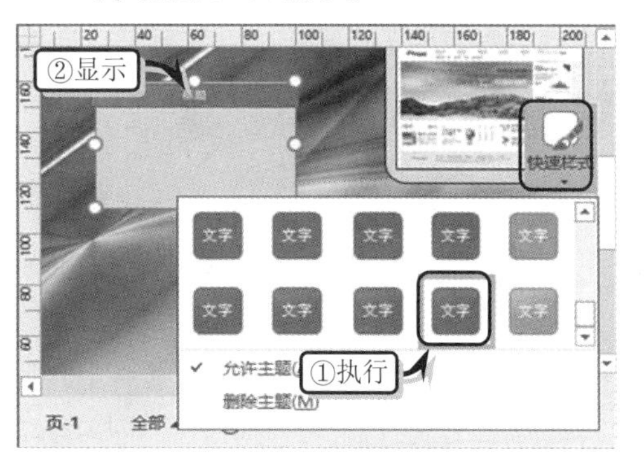

图 6-51 设置容器形状样式

14 输入容器标题，选择标题文本，在【字体】和【段落】选项组中设置其字体和对齐格式，如图 6-52 所示。

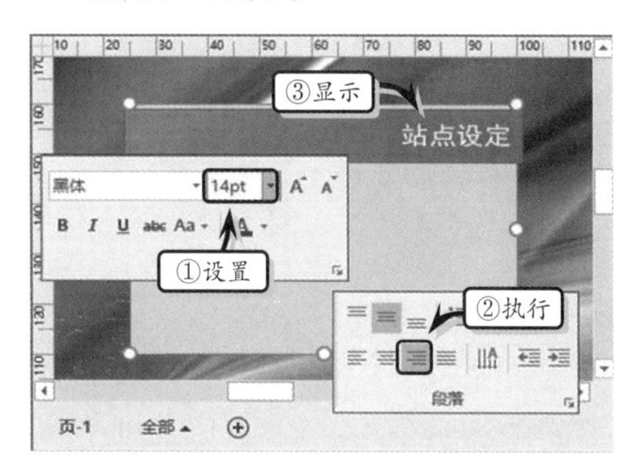

图 6-52 设置字体和对齐格式

15 将【圆角矩形】形状添加到容器中，调整形状大小和位置，并设置其填充颜色和边框样式，如图 6-53 所示。

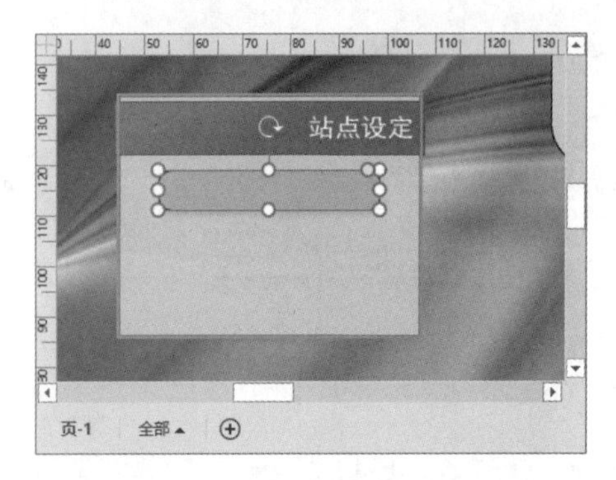

图 6-53 添加【圆角矩形】形状

16 复制【圆角矩形】形状，调整形状位置并输入形状文本，如图 6-54 所示。使用同样方法，制作站点设计部分。

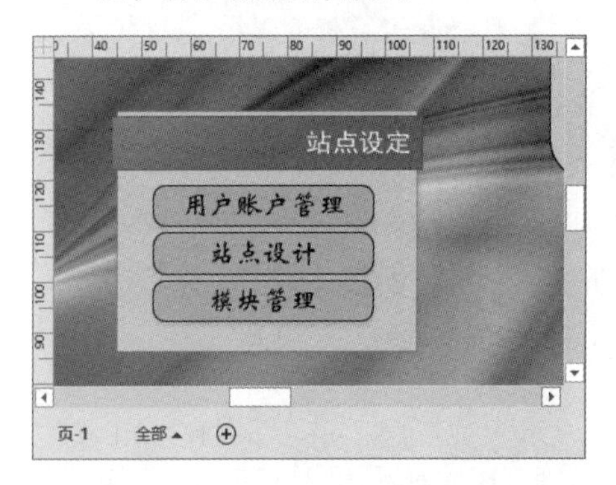

图 6-54 复制形状并输入文本

17 复制容器形状，删除内容形状，更改形状的填充样式和标题文本的对齐格式，并调整其大小和位置，如图 6-55 所示。

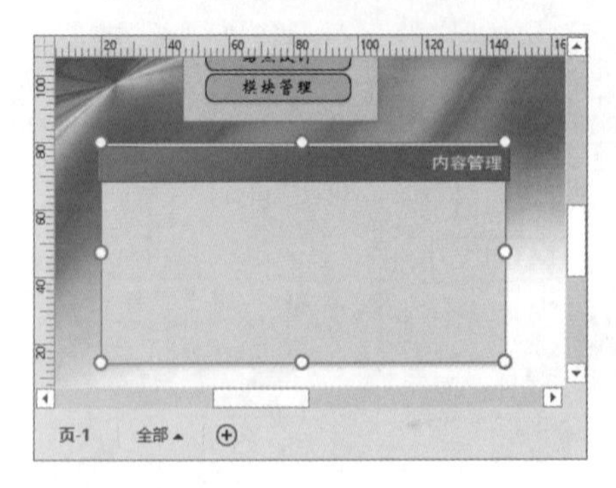

图 6-55 复制容器

18 将【圆角矩形】添加到容器中，设置其大小和位置，输入文本并设置文本的字体格式，如图 6-56 所示。

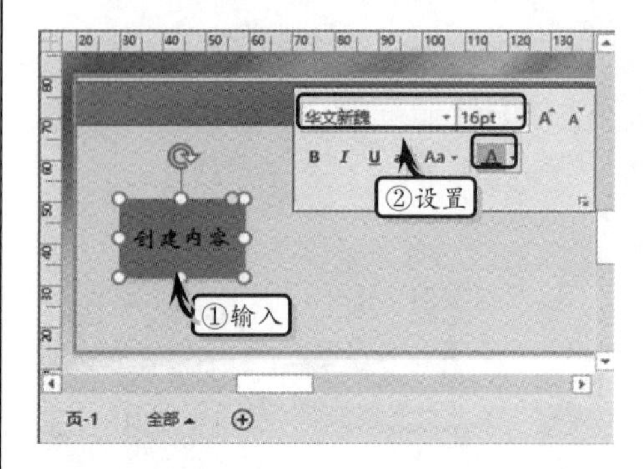

图 6-56 添加形状并输入文本

19 执行【开始】|【形状样式】|【填充】|【浅绿】命令，同时执行【线条】|【黑色,黑色】命令，如图 6-57 所示。

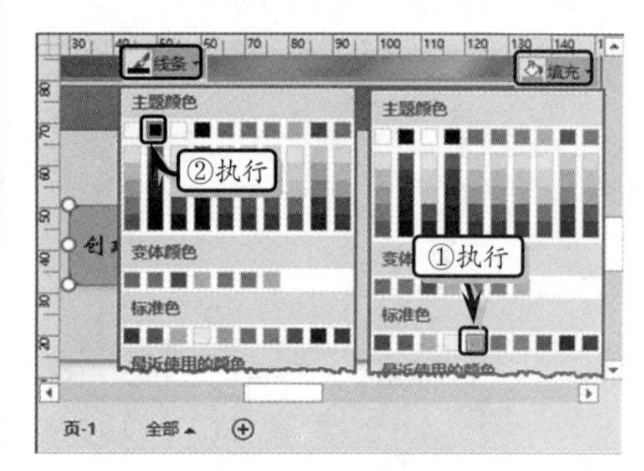

图 6-57 设置填充和线条样式

20 右击形状执行【设置形状格式】命令，展开【阴影】选项组，设置阴影颜色和参数值，如图 6-58 所示。

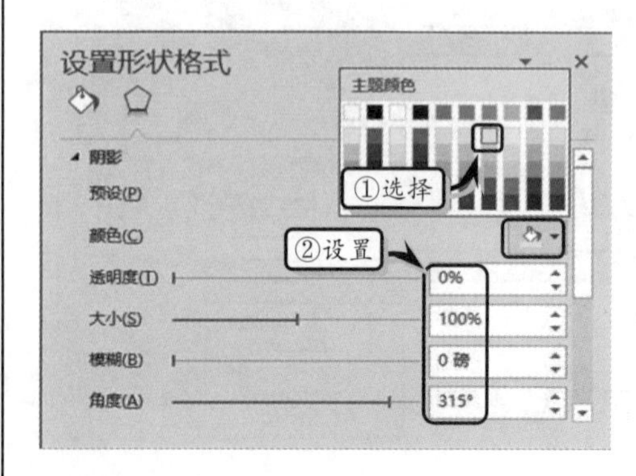

图 6-58 设置阴影选项

21 再次将【圆角矩形】添加到容器中，调整大小和位置，右击执行【设置形状格式】命令，展开【填充】选项卡，设置其填充颜色，如图 6-59 所示。

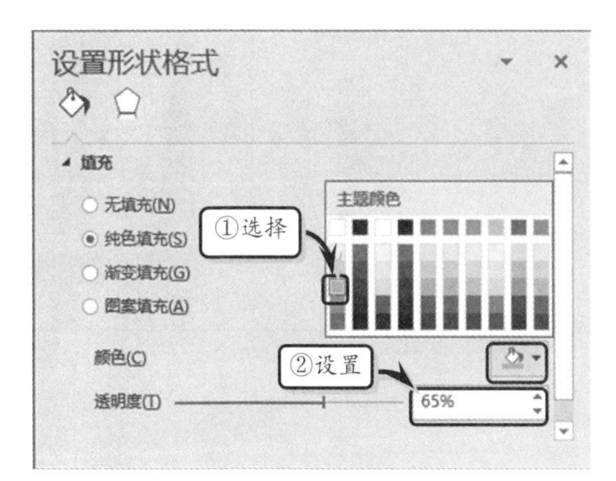

图 6-59 设置填充格式

22 使用同样的方法，在容器中分别添加【圆角矩形】形状和【矩形】形状，设置其大小、位置和填充颜色，输入文本并设置文本的字体格式，如图 6-60 所示。

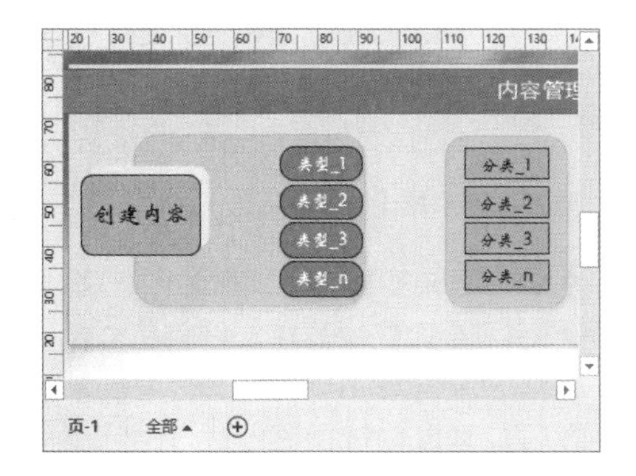

图 6-60 制作其他形状

23 将【普通箭头】形状添加到容器中，按住 Shift 键调整形状的大小和位置，如图 6-61 所示。

24 右击【普通箭头】形状，执行【设置形状格式】命令，展开【填充】选项卡，选中【渐变填充】选项，设置【类型】和【方向】选项，如图 6-62 所示。

25 删除多余的渐变光圈，选择左侧的渐变光圈，将【颜色】设置为【白色,白色】，如图 6-63 所示。

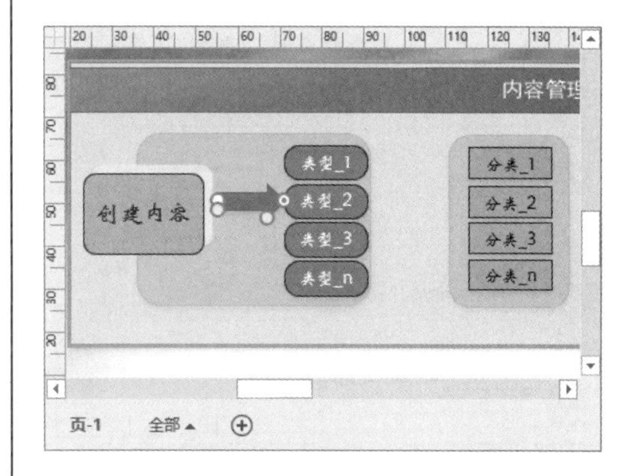

图 6-61 添加箭头

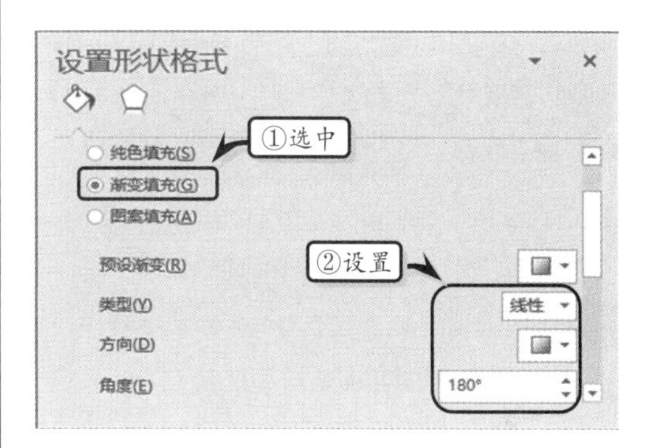

图 6-62 设置渐变选项

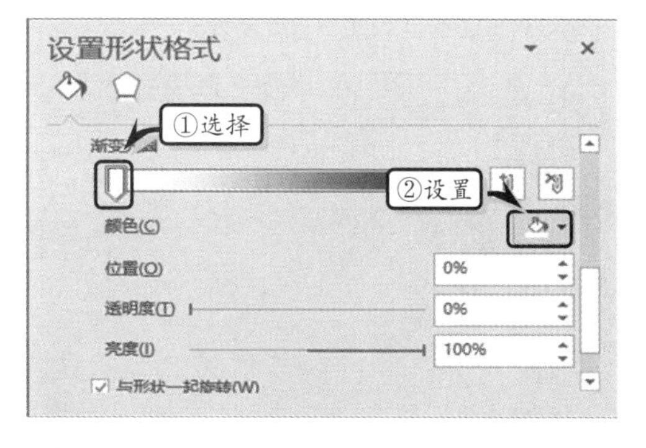

图 6-63 设置左侧渐变光圈

26 选择右侧的渐变光圈，将【位置】设置为 73%，单击【颜色】下拉按钮，选择【其他颜色】选项，自定义渐变光圈的颜色，如图 6-64 所示。

27 复制【普通箭头】形状，按住 Shift 键调整形状方向，如图 6-65 所示。

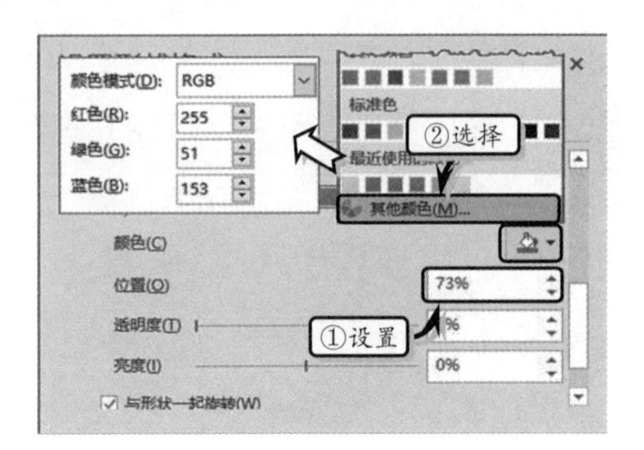

图 6-64 设置右侧渐变光圈

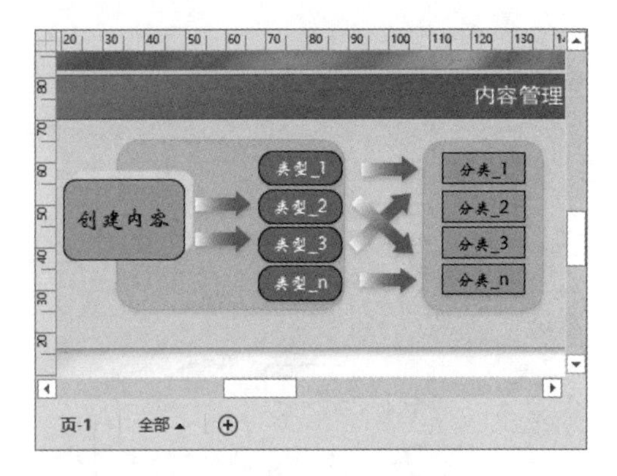

图 6-65 复制并调整箭头形状

28 复制容器形状，删除内容形状，更改形状的填充样式和标题文本的对齐格式，并调整其大小和位置，如图 6-66 所示。

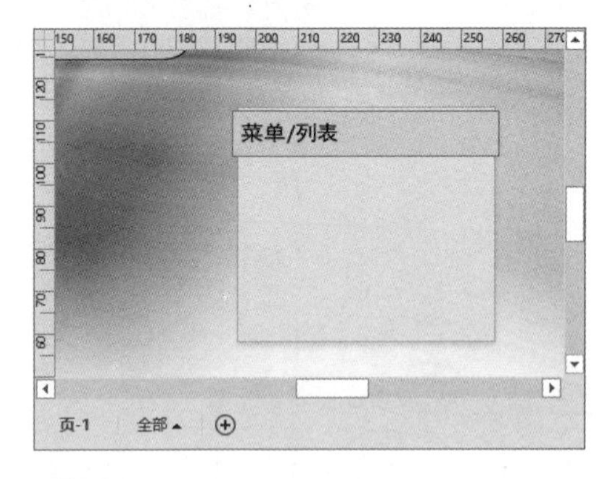

图 6-66 复制容器

29 将【圆角矩形】添加到容器中，设置其大小、位置和形状样式，输入文本并设置文本的字体格式，如图 6-67 所示。

30 添加【具有凸起效果的块】模具，将该模具中的【框架】形状添加到绘图页中，并调整其大小和形状样式，如图 6-68 所示。

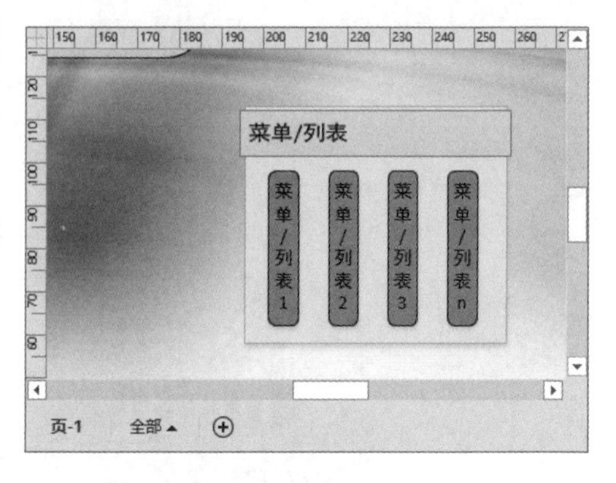

图 6-67 添加内容形状

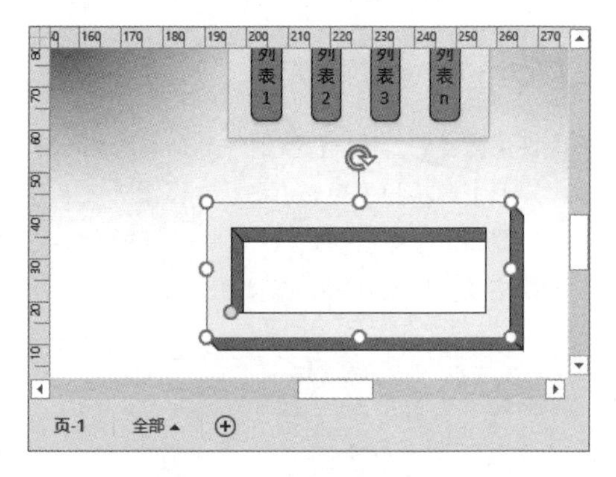

图 6-68 添加【框架】形状

31 添加两个【矩形】形状，调整大小、位置，设置其填充颜色和边框样式，并调整其显示层次，使深色颜色的形状位于浅色颜色形状的下方，如图 6-69 所示。

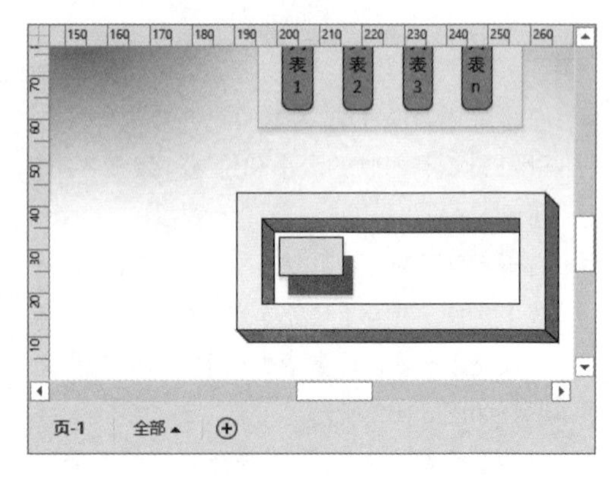

图 6-69 添加【矩形】形状

32 在浅色颜色【矩形】形状中输入文本，设置文本字体格式并组合两个形状。复制组合形状，更改形状文本并调整其排列位置，如图6-70所示。

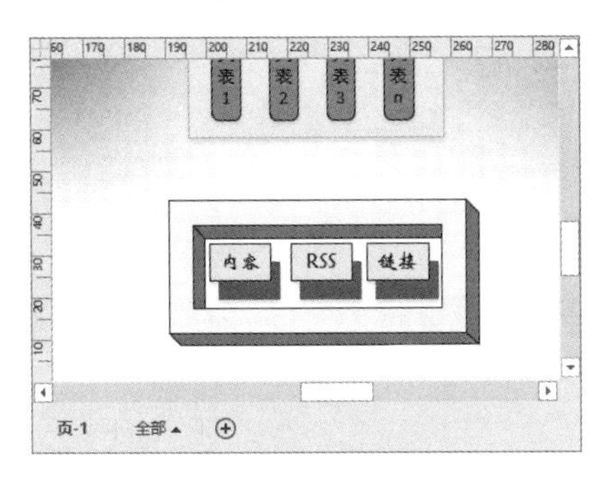

图 6-70 输入文本并组合形状

33 复制【普通箭头】形状，调整形状的位置和方向，并分别更改形状的渐变填充颜色，如图6-71所示。

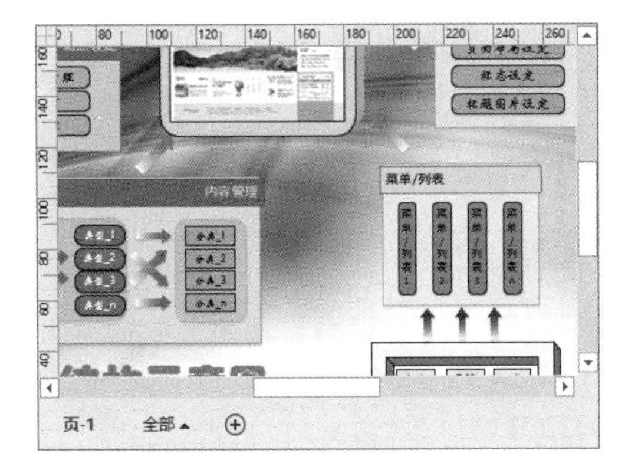

图 6-71 复制箭头形状

34 将【图案形状】模具中的【云朵】形状添加到绘图页中，设置其填充颜色，输入文本并设置文本的字体格式，如图6-72所示。

图 6-72 添加【云朵】形状

35 执行【开始】|【工具】|【文本块】命令，在绘图页中输入标题文本并设置文本的字体格式，如图6-73所示。

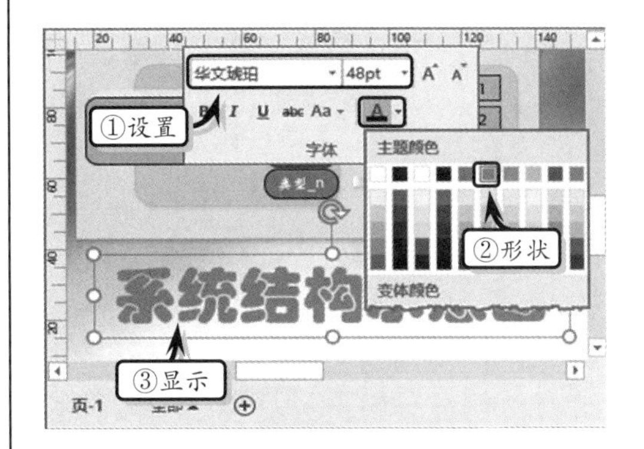

图 6-73 制作标题文本

6.7 课堂练习：分层数据流程图

在 Visio 中通过使用层，可以方便地管理绘图页中的各类对象。在本练习中，将通过制作“分层数据流程图”，来学习创建层，以及将对象分配到层等有关层使用的基础知识和实用技巧，如图 6-74 所示。

操作步骤：

1 执行【文件】|【新建】命令，在展开的列表中选择【基本框图】选项，如图6-75所示。

2 在弹出的窗口中，单击【创建】按钮，创建模板文档，如图6-76所示。

3 在【形状】任务窗格中，单击【更多形状】下拉按钮，选择【常规】|【方块】选项，如图6-77所示。

4 执行【设计】|【主题】|【主题】|【线性】

命令，设置主题效果，如图 6-78 所示。

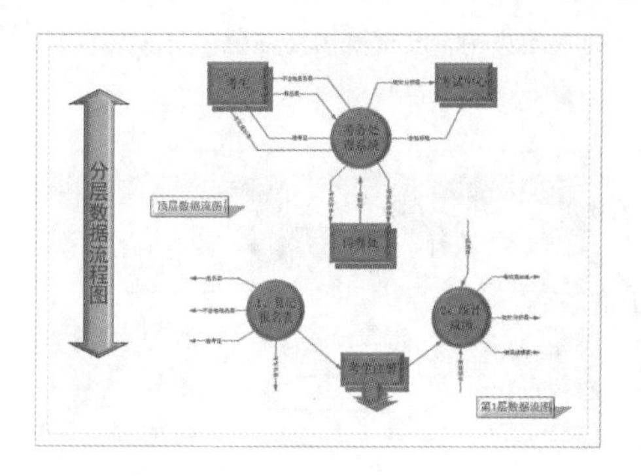

图 6-74 分层数据流程图

图 6-75 选择模板文件

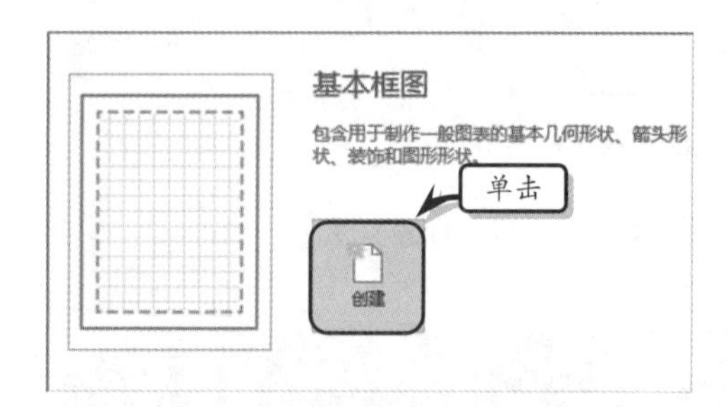

图 6-76 创建模板文档

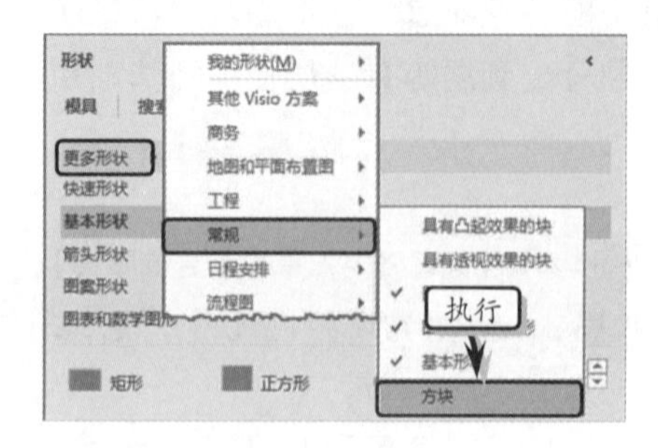

图 6-77 添加模具

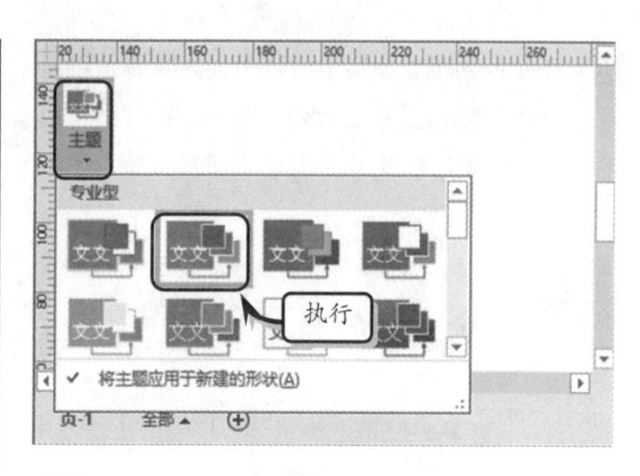

图 6-78 设置主题效果

5 同时，执行【设计】|【变体】|【线性,变量 3】命令，设置变体效果，如图 6-79 所示。

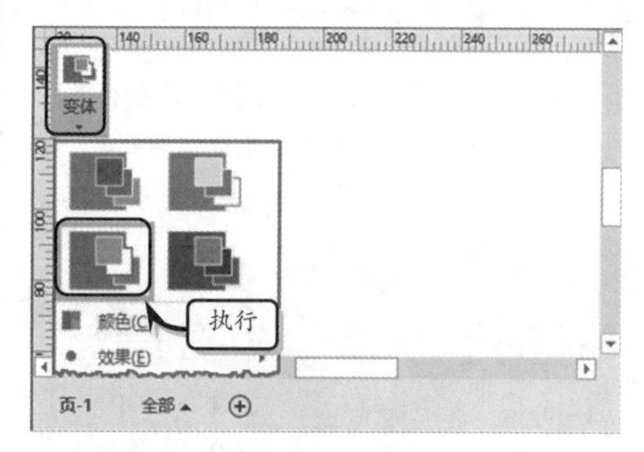

图 6-79 设置变体效果

6 将【方块】模具中的【二维双向箭头】形状添加到绘图页中，并调整其大小，如图 6-80 所示。

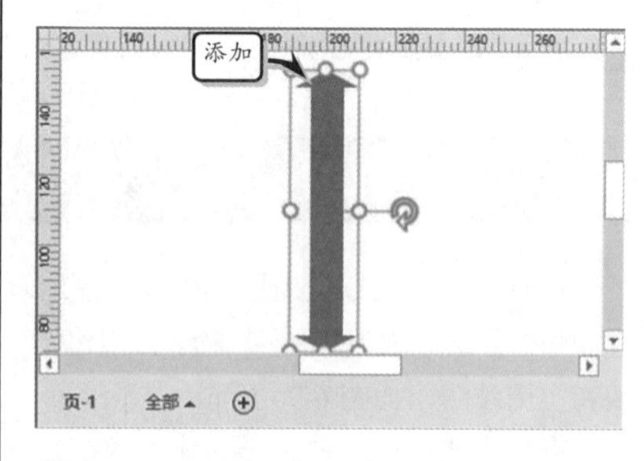

图 6-80 添加双向箭头形状

7 右击形状，执行【设置形状格式】命令，展开【填充】选项组，选中【渐变填充】选项，将【预设渐变】设置为【中等渐变,着色 4】，如图 6-81 所示。

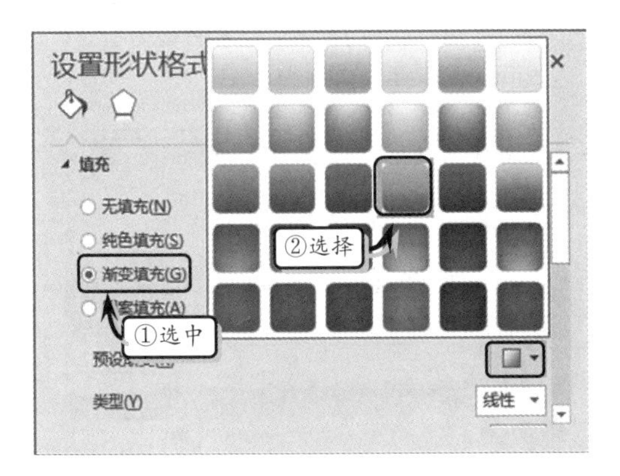

图 6-81 设置渐变填充效果

8 展开【线条】选项，将【颜色】设置为【黑色,黑色】，如图 6-82 所示。

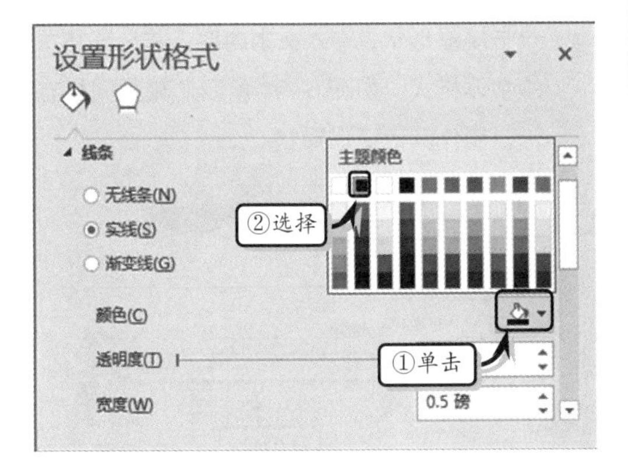

图 6-82 设置线条颜色

9 执行【插入】|【文本】|【文本框】|【垂直文本框】命令，绘制文本框，输入文本并设置其字体格式，如图 6-83 所示。

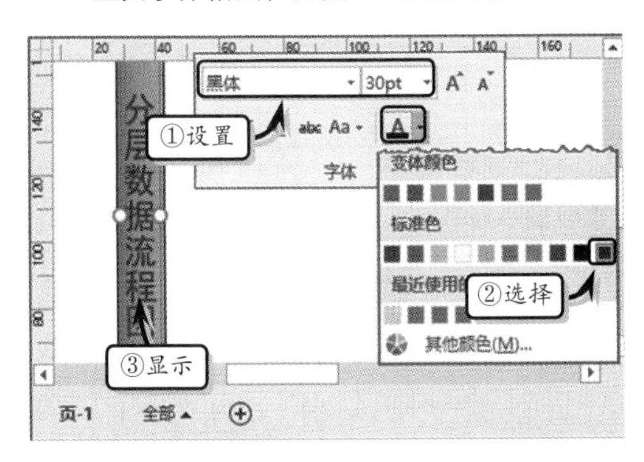

图 6-83 制作标题文本

10 在绘图页中，插入三个【基本形状】模具中的【圆形】形状，调整其大小，输入文本并设置文本的字体格式，如图 6-84 所示。

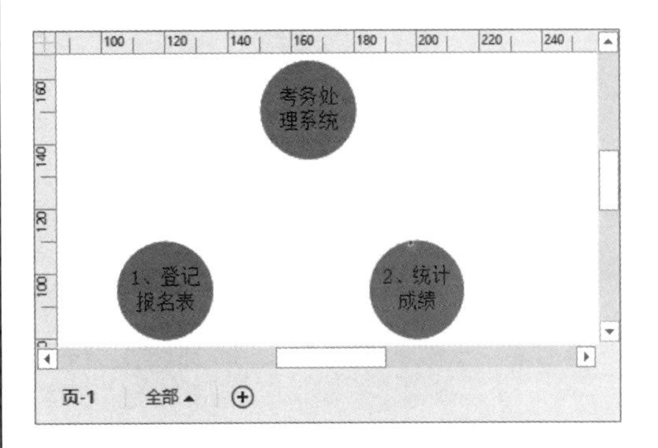

图 6-84 添加圆形形状

11 将【方块】模具中的【框】形状添加到绘图页中，调整其大小和位置，如图 6-85 所示。

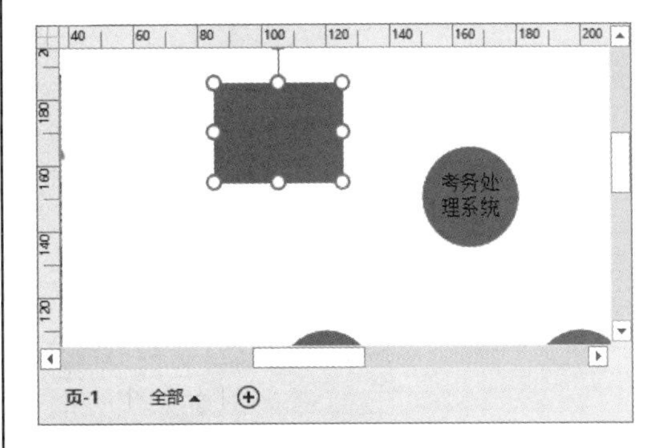

图 6-85 添加框形状

12 选择框形状，执行【开始】|【形状样式】|【填充】|【绿色,着色 2】命令，设置形状的填充颜色，如图 6-86 所示。

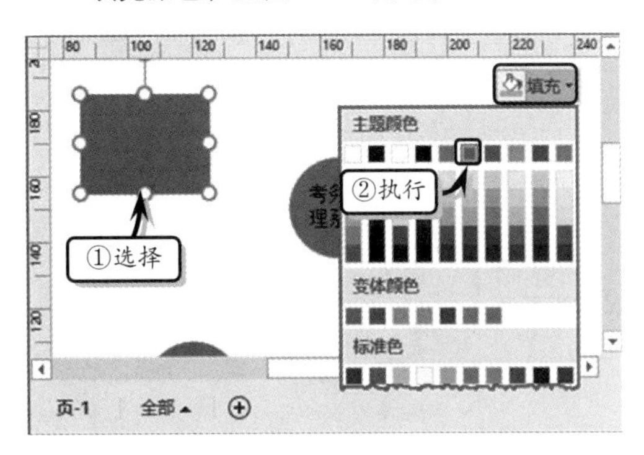

图 6-86 设置填充颜色

13 执行【开始】|【形状样式】|【效果】|【阴影】|【阴影选项】命令，在展开的【阴影】选项组中，设置阴影参数，如图 6-87 所示。

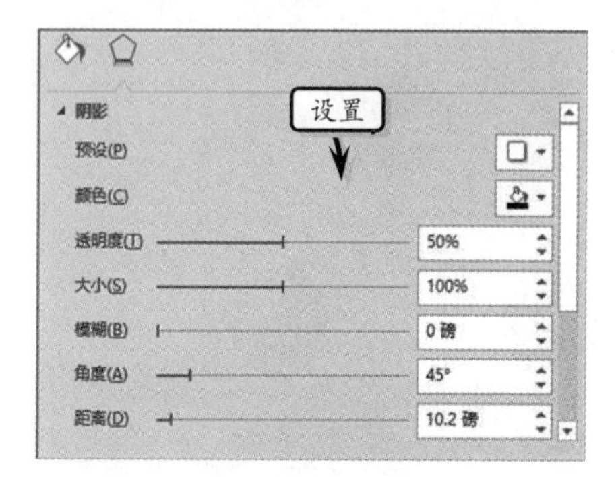

图 6-87 设置阴影效果

14 双击形状，输入文本并设置文本的字体格式，如图 6-88 所示。使用同样方法，分别制作其他流程图形状。

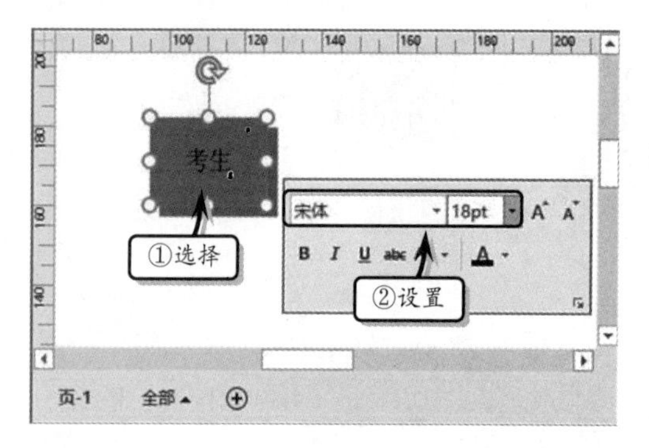

图 6-88 输入文本

15 将【基本形状】模具中的【矩形】形状添加到绘图页中，并执行【开始】|【形状样式】|【快速样式】|【细微效果-橙色,变体着色 1】命令，如图 6-89 所示。

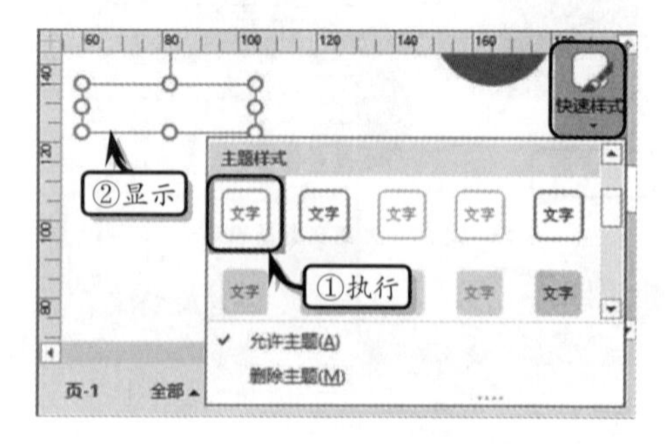

图 6-89 设置形状样式

16 执行【开始】|【形状样式】|【效果】|【阴影】|【阴影选项】命令，设置阴影选项参数，如图 6-90 所示。

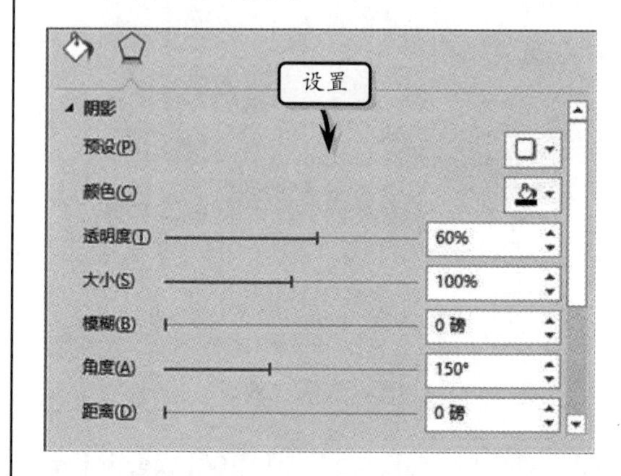

图 6-90 设置形状样式

17 双击矩形形状，输入文本内容，并设置文本的字体格式，如图 6-91 所示。使用同样方法，制作其他矩形形状。

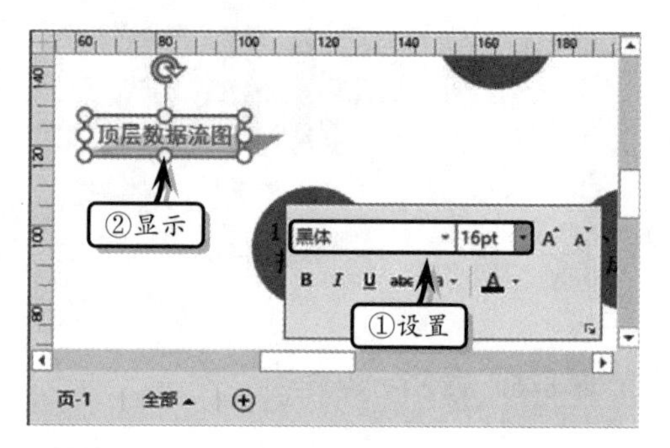

图 6-91 输入形状文本

18 执行【开始】|【工具】|【绘图工具】|【线条】命令，绘制多条线条，并输入注释文本，如图 6-92 所示。

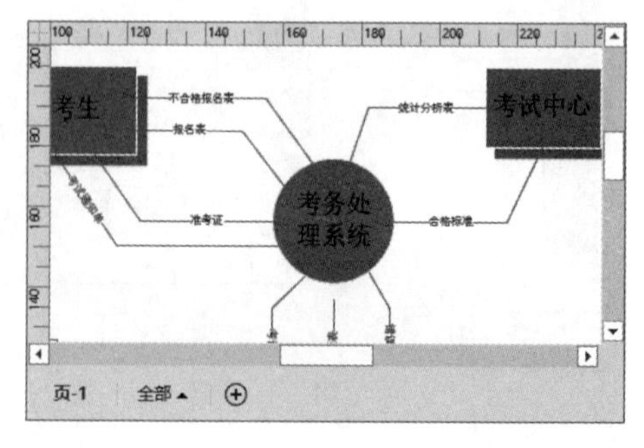

图 6-92 绘制线条

19 选择第一条线条，执行【开始】|【形状样式】|【线条】|【箭头】命令，选择相应的选项，如图 6-93 所示。使用同样方法，设置其他线条的箭头样式。

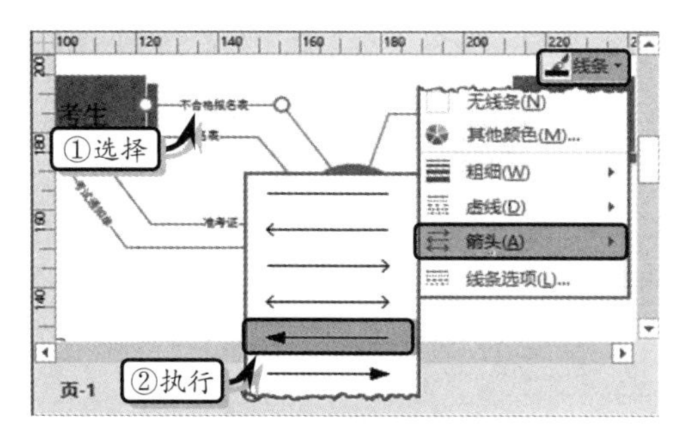

图 6-93 设置箭头样式

20 选择绘图页中的所有形状，执行【开始】|【形状样式】|【效果】|【棱台】|【艺术装饰】命令，如图 6-94 所示。

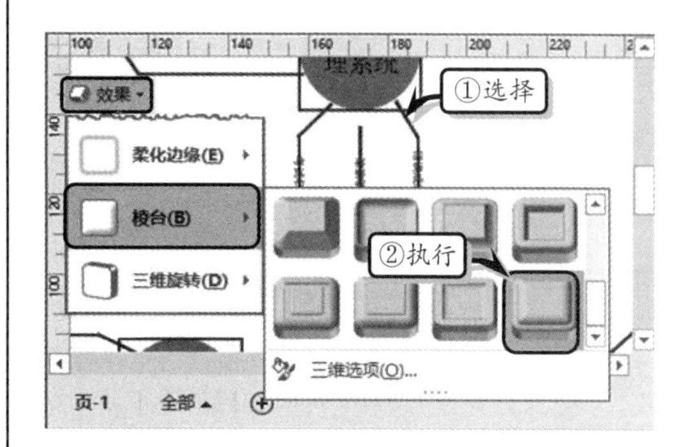

图 6-94 设置棱台效果

思考与练习

一、填空题

1．插入超链接是将本地、网络或其他绘图页中的内容链接到当前绘图页中，主要包括______________、______________与绘图相关联的超链接。

2．链接其他文件后，在应用程序中会以________________来显示链接状态。

3．_________是一种特殊的形状，是由预置的各种形状组合而成。

4．_________之后，无论用户如何拖动容器内的形状，其容器都会根据形状的位置而自动扩大，并始终包含形状。

5．在使用【解除容器】功能之前，用户还需要先禁用_________功能，否则无法使用该功能。

6．在普通状态下，用户可选择容器内的形状，直接按下______键进行删除；或者直接选择容器，按下______键删除容器及容器内的对象。

7．_____是 Visio 中一种特殊的显示对象，具有为形状提供外部的文字说明，以及连接形状和文字的连接线。

二、选择题

1．在创建超链接时，【超链接】对话框中的【子地址】表示________。

A．用于输入网站的链接地址

B．用于输入本地链接地址

C．用于链接到另一个 Visio 绘图中的网站锚点、页面或形状

D．用于链接到另一个 Visio 绘图中的形状或页面

2．插入容器之后，可通过相关选项来调整容器的大小，下列选项中表示错误的一项为________。

A．【无自动调整大小】选项表示容器只能以用户定义的尺寸进行显示

B．【根据需要展开】选项表示容器需要根据用户指定进行调整

C．【始终根据内容调整】选项表示容器的尺寸将根据内容的数量进行扩展或缩小

D．【根据内容调整】选项表示使容器根据自身内容调整其大小

3．在 Visio 中，用户可以使用成员资格的各种属性设置，来编辑容器的内容。成员资格主要包括锁定容器、解除容器与_______三个方面。

A．删除容器

B. 选择成员

C. 嵌套容器

D. 复制容器

4. Visio 为用户提供了____种容器样式，以及相应的标题样式，以方便用户根据绘图页的整体风格，设置容器对象的样式与标题样式。

A. 10

B. 11

C. 12

D. 14

5. 文本对象是 Visio 中的一种嵌入对象，是指插入到绘图页中的文档或其他文件，包括文本符号、公式、____，以及 Excel 图表等其他对象。

A. 形状

B. 对象

C. 屏幕提示

D. 链接

三、问答题

1. 什么是超链接？超链接的存在形式有几种？

2. 如何设置嵌套容器？

3. 如何为形状添加屏幕提示？

四、上机练习

1. 制作嵌套容器

在本练习中，主要利用 Visio 中的【容器】功能，来制作一个嵌套容器，如图 6-95 所示。首先，选择绘图页中所有形状，执行【插入】|【图部件】|【容器】|【线】命令，插入一个容器对象。然后，再次执行【插入】|【图部件】|【容器】|【交替】命令，创建嵌套容器。最后，执行【设计】|【主题】|【主题】|【离子】命令，设置绘图页的主题效果。

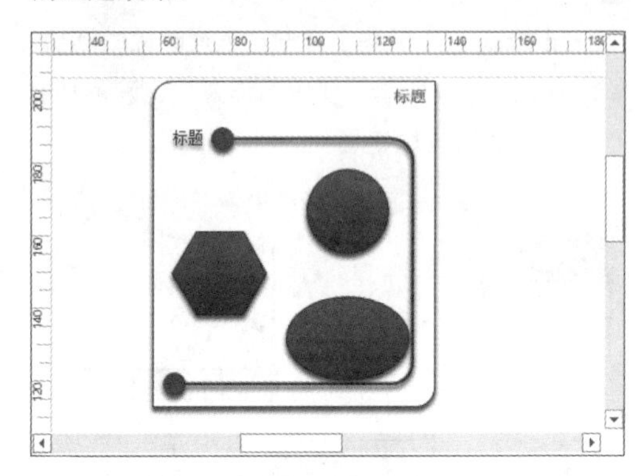

图 6-95 嵌套容器

2. 嵌入 PowerPoint 对象

在本练习中，将利用 Visio 中的【对象】功能，为绘图插入一个 PowerPoint 对象，如图 6-96 所示。首先，执行【插入】|【文本】|【对象】命令，选择【Microsoft PowerPoint 演示文稿】选项，并单击【确定】按钮。然后，在展开的 PowerPoint 窗格中，执行【插入】|【插图】|SmartArt 命令，选择一种图形，并单击【确定】按钮。最后，选择 SmartArt 图形，执行【设计】|【SmartArt 样式】|【卡通】命令，同时执行【更改颜色】|【彩色范围,着色 4 至 5】命令，设置其样式和颜色。

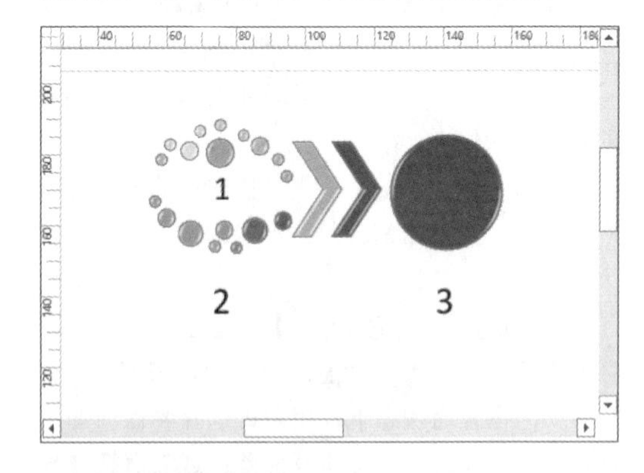

图 6-96 嵌入 PowerPoint 对象

第 7 章

使用主题和样式

Visio 为用户提供了一系列的主题和变体效果，通过该主题和变体效果可以设置图表元素的格式，从而帮助用户为图表创建各种艺术效果，使设计的绘图令人耳目一新。另外，用户还可以通过自定义主题和样式，使绘图具有清晰的版面与优美的视觉效果。

本章学习目的：

- 应用内置主题
- 创建自定义主题
- 应用样式
- 自定义样式
- 自定义图案

7.1 应用主题

主题是一组富有新意、具有专业设计水平外观的颜色和效果。用户不仅可以使用 Visio 中存储的内置主题美化绘图，而且还可以使用变体功能增加主题的美观性和可读性。

7.1.1 应用主题和变体

主题样式是一组搭配协调颜色与相关字体、填充、阴影等效果的命令组合。Visio 为用户提供了专业型、现代、新潮和手工绘制 4 大类型二十多种内置主题样式，以供用户进行选择使用。

1. 直接应用主题

在 Visio 中，执行【设计】|【主题】|【主题】命令，选择一种主题样式即可直接应

用主题效果，如图 7-1 所示。

提　示

在应用内置主题效果时，执行【设计】|【主题】|【将主题应用于新建的形状】命令，即可将主题应用到新建形状中；如果禁用该命令，则表示不将主题应用到新建形状中。

Visio 默认情况下是将所选主题只应用于当前页中，此时用户可以选择某种主题效果，右击该主题执行【应用于所有页】命令，即可将该主题应用到所有页中，如图 7-2 所示。

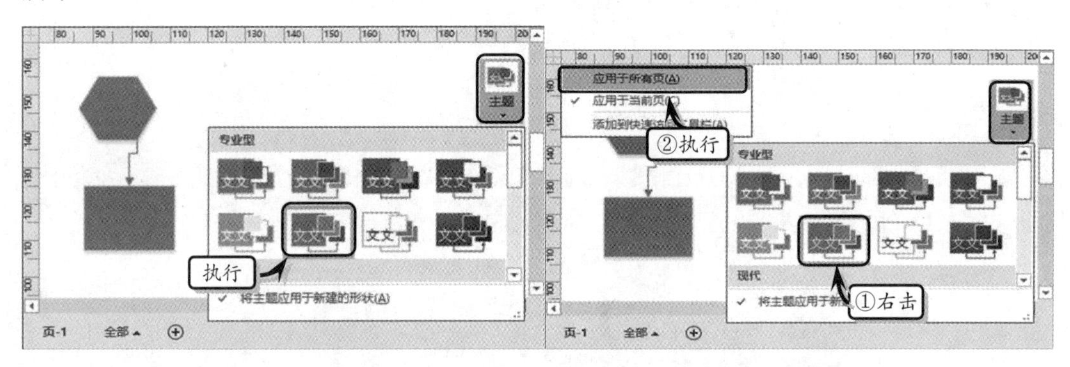

图 7–1　应用主题　　　　图 7–2　应用于所有页

2．应用内置变体

Visio 为用户提供了【变体】样式，该样式会随着主题的更改而自动更换。在【设计】选项卡【变体】选项组中，系统会自动提供 4 种不同背景颜色的变体效果，用户只需选择一种样式进行应用即可，如图 7-3 所示。

提　示

右击变体效果，执行【添加到快速访问工具栏】命令，即可将该变体效果添加到【快速访问工具栏】中，方便用户快速应用变体效果。

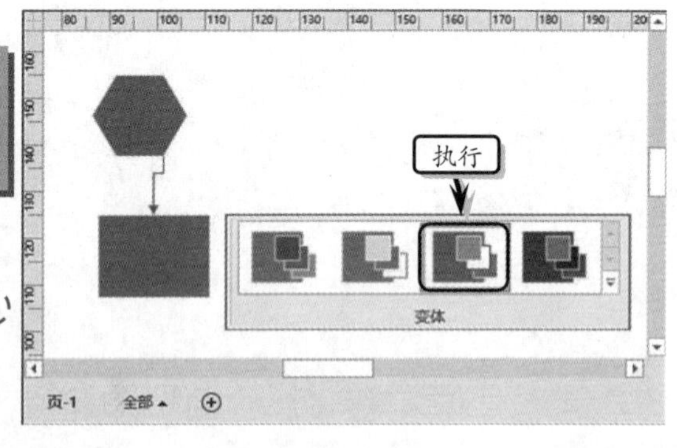

图 7–3　应用内置变体

7.1.2　防止主题影响形状

Visio 中的某些形状是使用颜色和轮廓来传达意义的，对于这些形状而言，主题可能会改变形状要表达的意思。此时，为了保护形状不受主题的影响，需要进行防止主题影响形状的操作。

1．禁止使用主题

禁止使用主题是在应用主题时，某些特定的形状将不受主题效果与主题颜色的影响。在绘图页中选择形状，执行【开始】|【形状样式】|【快速样式】|【允许主题】命令，取消【允许主题】选项的使用，如图 7-4 所示。

2. 保护形状

选择形状，执行【开发工具】|【形状设计】|【保护】命令，在弹出的【保护】对话框中，启用【来自主题颜色】与【来自主题效果】选项即可，如图 7-5 所示。

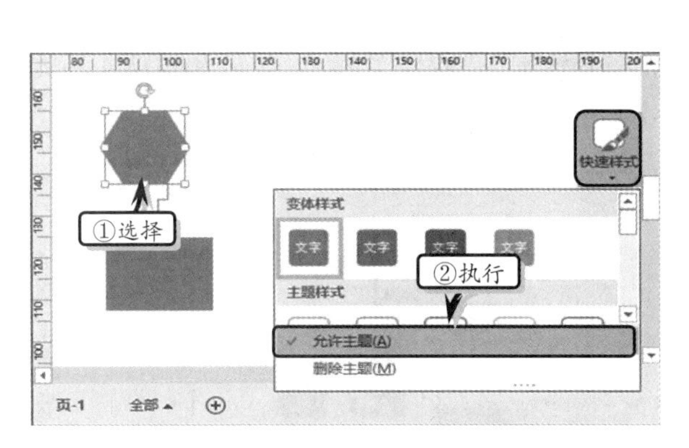

图 7-4 禁止使用主题

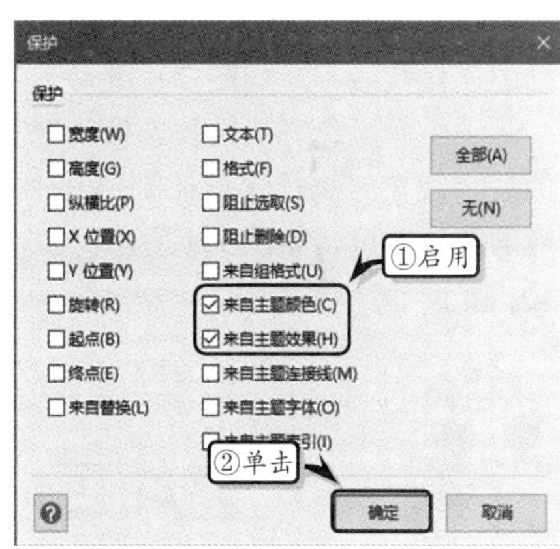

图 7-5 保护形状

7.2 自定义主题

在 Visio 中，用户不仅可以使用存储的内置主题美化绘图，而且还可以创建并使用自定义主题，来创造具有个性与新颖的绘图。

7.2.1 自定义颜色和效果

Visio 为用户提供了 26 种内置的主题颜色。首先，在绘图文档中应用相应的内置主题效果。然后，执行【设计】|【主题】|【变体】|【其他】|【颜色】命令，在其级联菜单中选择相应的选项即可，如图 7-6 所示。

同样，Visio 也为用户提供了 26 种主题效果。执行【设计】|【变体】|【其他】|【效果】命令，在其级联菜单中选择相应的选项，即可更改主题效果，如图 7-7 所示。

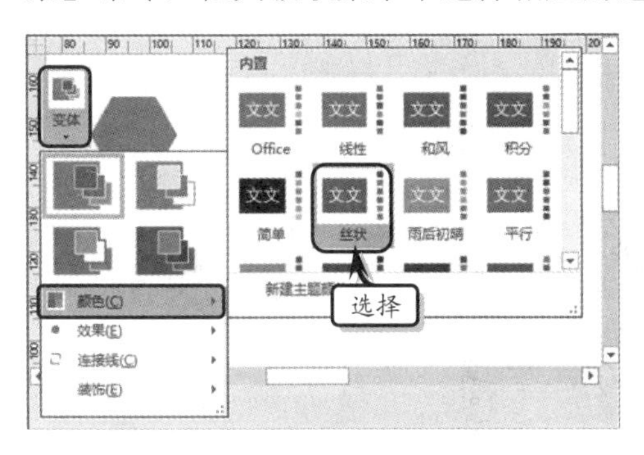

图 7-6 编辑主题颜色

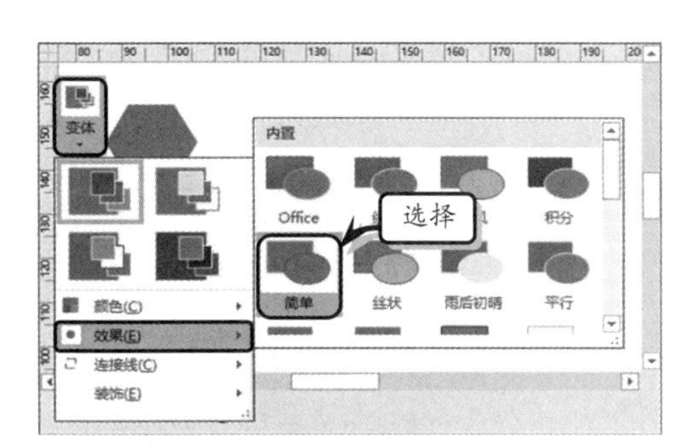

图 7-7 编辑主题效果

7.2.2 自定义连接线和装饰

Visio 为用户提供了 26 种内置的连接线类型。为绘图页应用主题效果之后，执行【设计】|【变体】|【其他】|【连接线】命令，在其级联菜单中选择相应的选项，即可更改主题的连接线效果，如图 7-8 所示。

除了主题颜色、效果和连接线之外，Visio 还为用户提供了高、中、低和自动 4 种类型的装饰效果。执行【设计】|【变体】|【其他】|【装饰】命令，在其级联菜单中选择相应的选项即可，如图 7-9 所示。

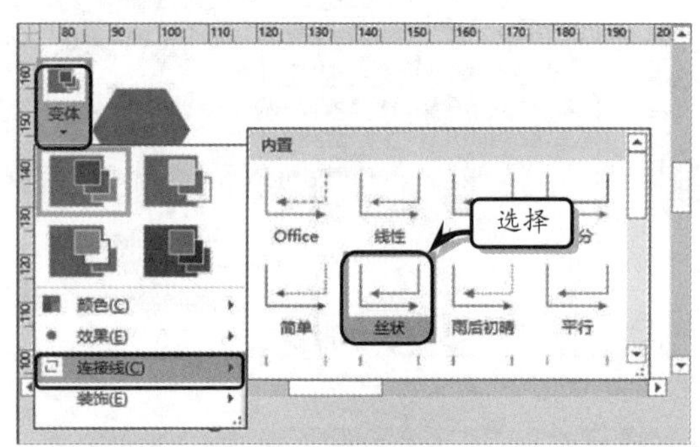

图 7-8 编辑连接线效果

图 7-9 设置装饰效果

7.2.3 新建主题颜色

除了 Visio 内置的 26 种主题颜色之外，用户还可以新建主题颜色。执行【设计】|【变体】|【其他】|【颜色】|【自定义颜色】命令，在弹出的对话框中自定义主题颜色，如图 7-10 所示。

新建主题颜色之后，选择【设计】|【主题】|【变体】|【其他】|【颜色】命令，在级联菜单中的【自定义】列表中选择相应的主题，即可应用新建主题颜色，如图 7-11 所示。

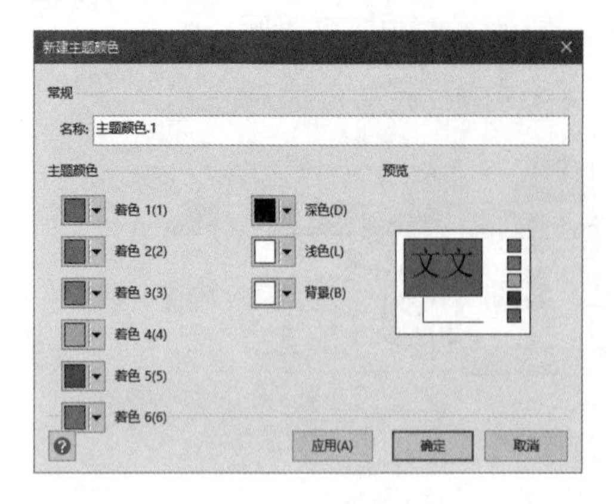

图 7-10 主题颜色

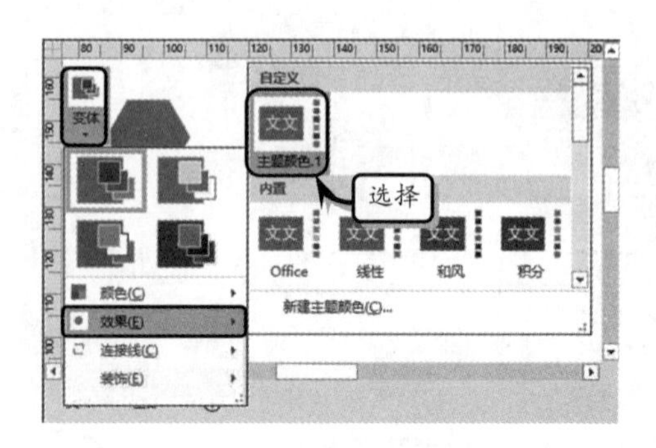

图 7-11 应用新建主题颜色

提 示

选择新建的主题颜色，右击执行【删除】命令，即可删除新建主题颜色。

7.2.4 复制主题

在绘图文档中，选择任意一个应用自定义主题的形状。当将该形状复制到其他绘图文档中时，用于此形状的自定义主题将被自动添加到其他文件中的【颜色】列表中。

另外，用户也可以执行【设计】|【变体】|【颜色】命令，在列表中右击该主题并执行【复制】命令，即可将主题颜色复制到本文件中，如图 7-12 所示。

提 示

在自定义主题上，右击鼠标执行【编辑】命令，即可在弹出的对话框中编辑主题颜色。

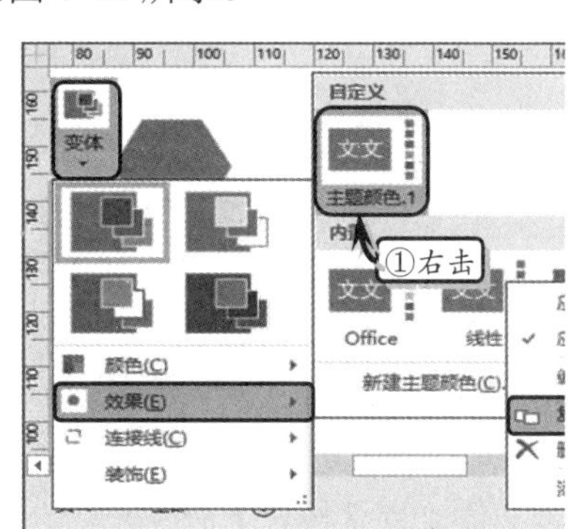

7.3 应用样式

在 Visio 中，除了可以使用主题来改变形状的颜色与效果之外，还可以使用样式来定制形状格式。定制形状格式，即是将文本、线条与填充格式汇集到一个格式包中，从而达到一次性使用多种格式的快速操作。

7.3.1 添加样式命令

在 Visio 中新增的【主题】特性可以满足一般用户的需要，对于重复使用多种相同格式的用户来讲，可以使用【样式】功能，来达到使用需求。

其中，样式是一组集形状、线条、文本格式于一体的命令体，用户可通过使用该功能，快速设置形状的样式。由于 Visio 没有将样式功能放置在选项组中，所以在使用样式之前，还需要添加该命令。

1. 自定义选项组

当用户将某些命令添加到功能区时，需要新建一个选项组，否认将无法添加该命令。执行【文件】|【选项】命令，激活【自定义功能区】选项卡。在【主选项卡】列表框中选择一个选项卡，然后单击【新建组】按钮，如图 7-13 所示。

然后，选择新建组，单击【重命名】按钮，在弹出的【重命名】对话框中，输入新组名称，选择组符号，单击【确定】按钮即可，如图 7-14 所示。

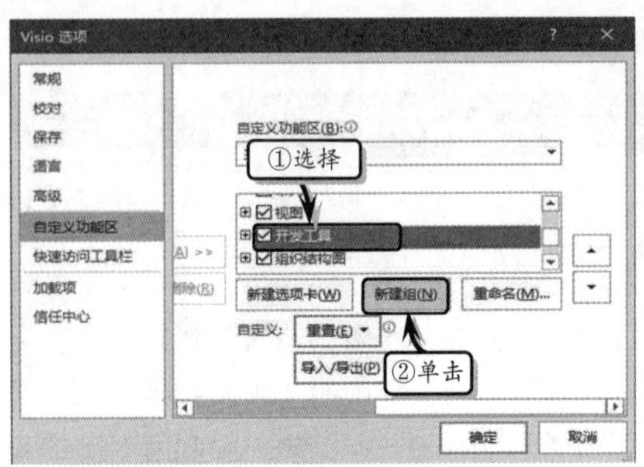

图 7-13 自定义选项组

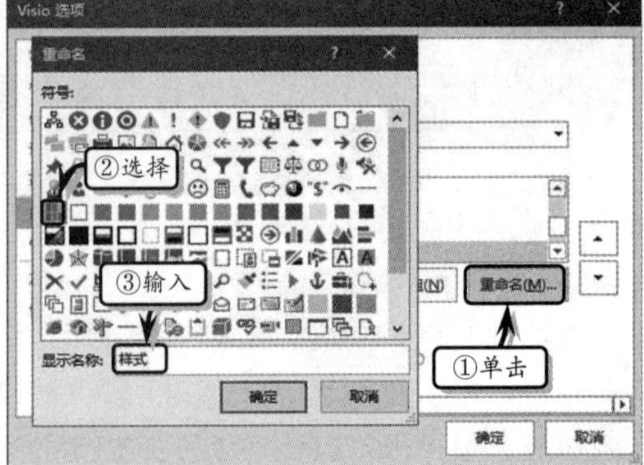

图 7-14 重命名

2. 添加命令

在【自定义功能区】选项卡中，将【从下列位置选择命令】选项设置为【所有命令】。然后，在列表中选择【样式】选项，单击【添加】按钮，如图 7-15 所示。

7.3.2 使用样式

添加完【样式】命令之后，执行【开发工具】|【样式】|【样式】命令，在弹出的【样式】对话框中设置文本、线条与填充样式即可，如图 7-16 所示。其中，【保留局部格式设置】选项表示在使用 Visio 对选定形状应用该样式时，将保留已经应用的格式。

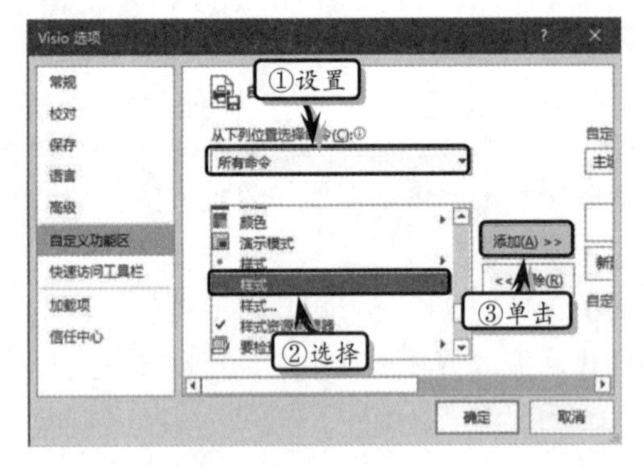

图 7-15 添加命令

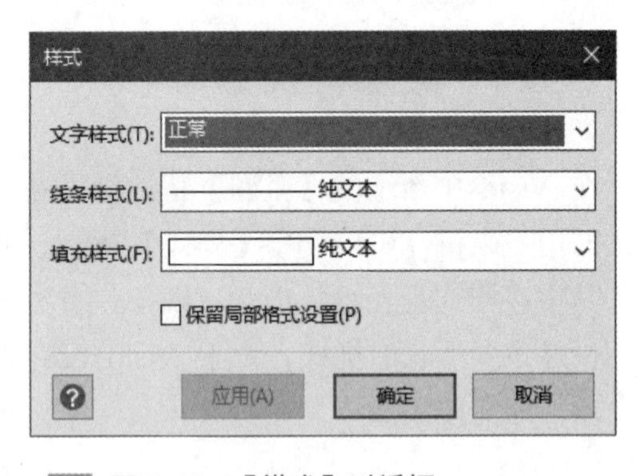

图 7-16 【样式】对话框

该对话框中的文本、线条与填充样式中，包含下列几种样式。

- **无样式** 该样式中的【文字样式】为无空白、文本块居中与 Arail 12 磅黑色格式，【线条样式】为黑色实线格式，【填充样式】为实心白色格式。
- **纯文本** 该样式与【无】样式具有相同的格式，
- **无** 无线条与填充且透明的格式，【文字样式】为 Arail 12 磅黑色格式。
- **正常** 该样式与【无样式】具有相同的格式，但该样式中的文本是从左上方开始排列。
- **参考线** 该样式中的【文字样式】为 Arail 9 磅蓝色格式。【线条样式】为蓝色虚线格式，【填充样式】为不带任何填充色、背景色且只显示形状边框格式。

- ❑ **使用主控形状格式**　该样式与形状中默认的格式一致。
- ❑ **主题**　该样式表示与主题中默认的样式一致。

7.3.3 定义样式

当 Visio 中自带的样式无法满足绘图需要时，用户可通过执行【开发工具】|【显示/隐藏】|【绘图资源管理器】命令，显示【绘图资源管理器】窗格。然后，在【绘图资源管理器】窗格中，右击【样式】选项，执行【定义样式】命令。在弹出的【定义样式】对话框中，重新设置线条、文本与填充格式，如图 7-17 所示。

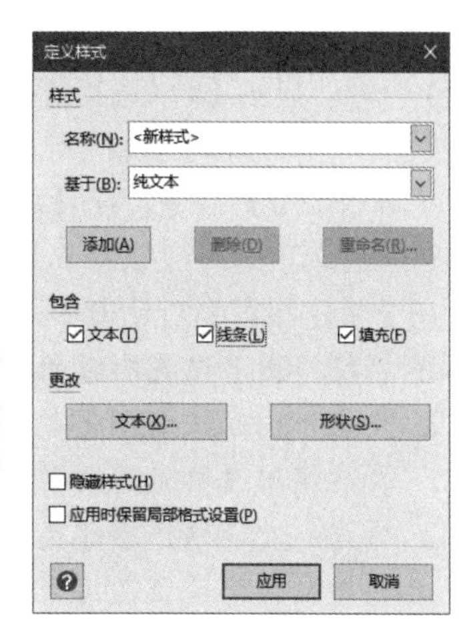

图 7-17 【定义样式】对话框

【定义样式】对话框中各选项的功能介绍，如表 7-1 所示。

表 7-1 【定义样式】选项

选项组	选项	说明
样式	名称	用于设置现有样式以及新建样式。如果在绘图页中选择了一个形状，则该形状的样式将会显示在该选项列表中
	基于	用于设置所选样式基于的样式
	添加	用于添加新样式或修订样式并保持此对话框处于打开状态
	删除	用于删除在【名称】列表中选中的样式
	重命名	启用该选项，在弹出的【重命名样式】对话框中设置样式名称
包含	文本	表示所选样式是否包含文本属性
	线条	表示所选样式是否包含线条属性
	填充	表示所选样式是否包含填充属性
更改	文本	启用该选项，在弹出的【文本】对话框中定义样式的文本属性
	形状	启用该选项，在弹出的【设置形状格式】对话框中定义样式的形状格式
隐藏样式		启用该选项，将隐藏所选样式。【样式】对话框中不再显示样式名称，并且该选项只有在【定义样式】对话框与【绘图资源管理器窗口】中可用
应用时保留局部格式设置		表示在使用 Visio 对选定形状应用该样式时，将保留已经应用的格式

7.4 自定义图案样式

在使用 Visio 绘制图表的过程中，还可以根据工作需要自定义图案样式，包括填充图案、线条图案和线条端点图案三种图案样式。

7.4.1 自定义填充图案样式

自定义填充图案样式是一个相对复杂的操作过程，包括新建图案、编辑图案形状和应用图案三个步骤，其具体操作方法如下所述。

1. 新建图案

图 7-18 新建填充图案

执行【开发工具】|【显示/隐藏】|【绘图资源管理器】命令，显示【绘图资源管理器】窗格。在弹出的【绘图资源管理器】窗口中右击【填充图案】选项，执行【新建图案】命令。在【新建图案】对话框中，设置相应的选项即可，如图 7-18 所示。

在【新建图案】对话框中，主要包括下列选项。

- **名称** 用来设置图案的名称。
- **类型** 用来设置图案的类型，在该对话框中只能应用【填充图案】类型。
- **行为** 此选项根据【类型】的改变而改变。其中，【填充图案行为】表示图案在可用空间中是重复（平铺）、居中还是最大化以及图案是否可以缩放。
- **按比例缩放** 在绘图页比例更改时缩放图案。

2. 编辑图案

在【绘图资源管理器】窗口中，右击【填充图案】文件夹下的图案选项，执行【编辑图案形状】命令。此时，系统会自动弹出一个空白文档，使用【绘图工具】功能绘制一个形状，关闭该窗口并在弹出对话框中单击【是】按钮，如图 7-19 所示。

3. 应用图案

在绘图页中选择一个形状，右击执行【设置形状格式】命令，在弹出的【设置形状格式】任务窗格中，展开【填充】选项组。选中【图案填充】选项，单击【模式】下拉按钮，选择新建图案样式即可，如图 7-20 所示。

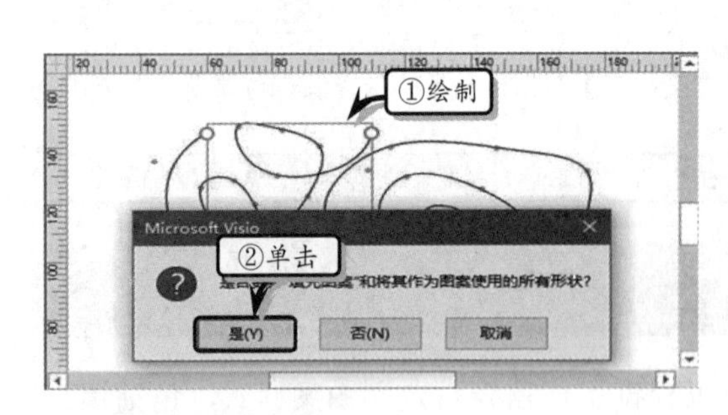

图 7-19 编辑图案

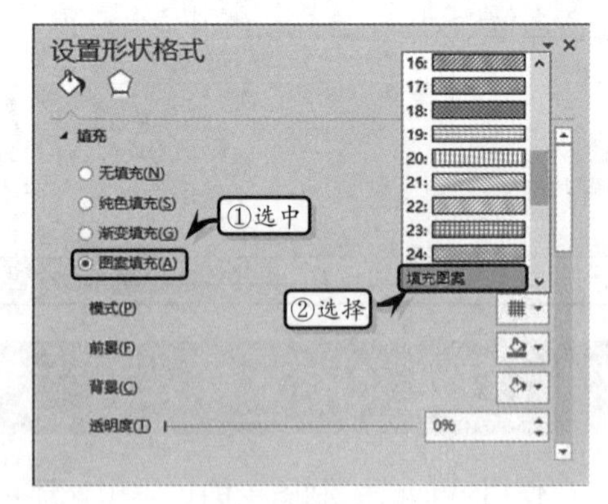

图 7-20 应用新建图案

7.4.2 自定义线条图案样式

自定义线条图案样式也包括新建图案、编辑图案形状和应用图案三个步骤，其具体操作方法如下所述。

1. 新建图案

在【绘图资源管理器】窗口中右击【线型】选项，执行【新建图案】命令。在弹出的【新建图案】对话框中设置【名称】、【行为】与【按比例缩放】选项即可，如图 7-21 所示。其中，【线型行为】表示线条弯曲时所绘制的图案在空间中是连接还是断开。

2. 编辑图案

在【绘图资源管理器】窗口中，右击【线型】文件夹中新建图案，执行【编辑图案】命令，在弹出窗口中绘制自定义线条样式图案。单击【关闭】按钮，并在弹出对话框中单击【是】按钮，如图 7-22 所示。

图 7-21 新建线条图案

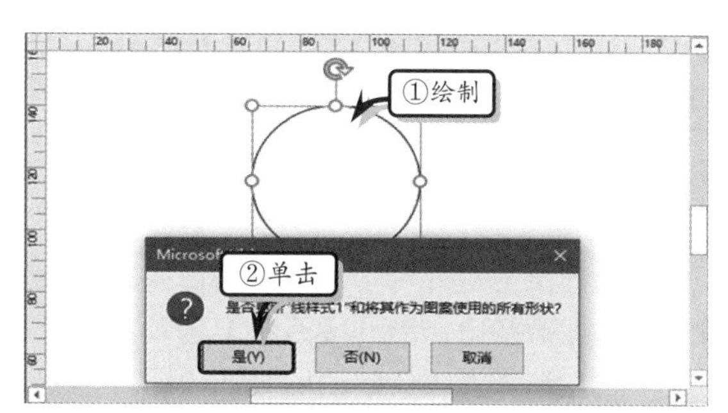

图 7-22 编辑图案

3. 应用图案

在绘图页中选择一个形状，右击形状执行【设置形状格式】命令，展开【线条】选项组。单击【短划线类型】下拉按钮，选择上述新建的图案选项即可，如图 7-23 所示。

7.4.3 自定义线条端点图案样式

自定义线条端点图案与自定义其图案的方法一样，也包括新建图案、编辑图案形状和应用图案三个步骤，其具体操作方法如下所述。

1. 新建图案

在【绘图资源管理器】窗口中右击【线条端点】选项，执行【新建图案】命令。在弹出的【新建图案】对话框中设置【名称】与【行为】选项即可，如图 7-24 所示。其中，【线型行为】表示线端是否应随线条旋转以及线端是否可以缩放。

2. 编辑图案

在【绘图资源管理器】窗口中，右击【线条端点】文件夹中新建图案，执行【编辑图案】命令，在弹出窗口中绘制自定义线条样式图案。单击【关闭】按钮，并在弹出对话框中单击【是】按钮，如图 7-25 所示。

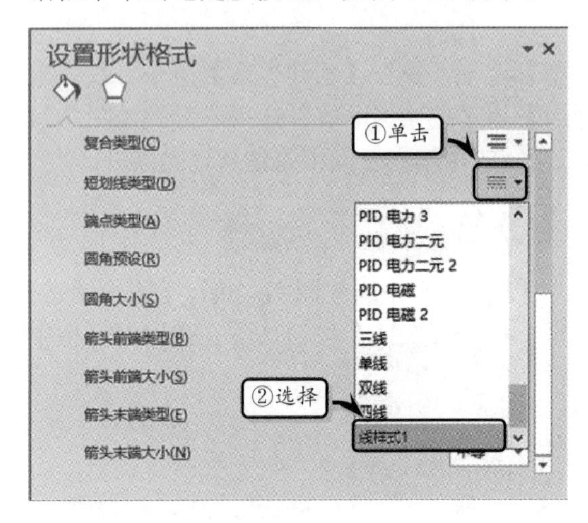

图 7-23 应用新建图案

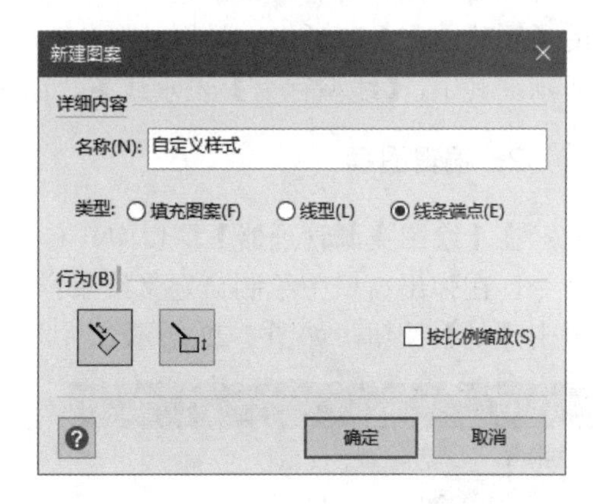

图 7-24 新建线条端点图案

3. 应用图案

在绘图页中选择一个形状，右击执行【设置形状格式】命令，在弹出的【设置形状格式】任务窗格中，展开【线条】选项组。单击【箭头前端形状】与【箭头末端形状】下拉列表，选择上述新建的图案选项即可，如图 7-26 所示。

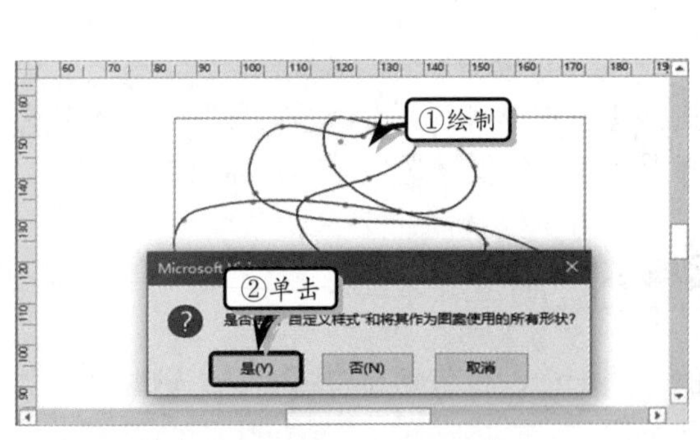

图 7-25 编辑图案

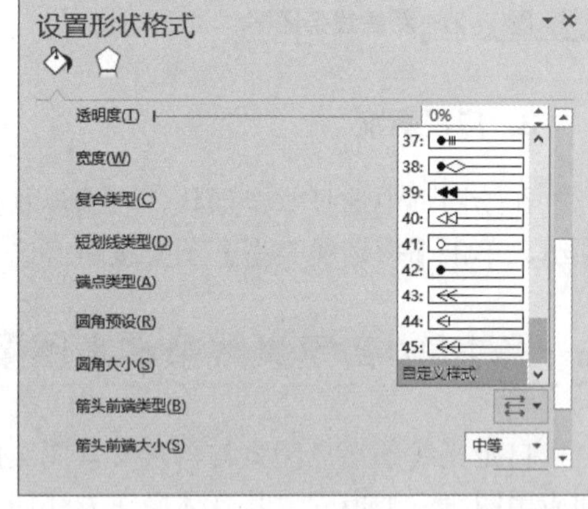

图 7-26 应用新建图案

提 示

在编辑新建图案时，在各个文档中直接双击新建图案即可打开编辑窗口。

7.5 课堂练习：货品延误因果分析图

在货品交易过程中，延迟交货有时是难于避免的情况。Visio 软件可以以图形、图表的形式表现出货品延误的因果关系。在本练习中，将使用【因果图】模板，来构建一份货品延误因果分析图，如图 7-27 所示。

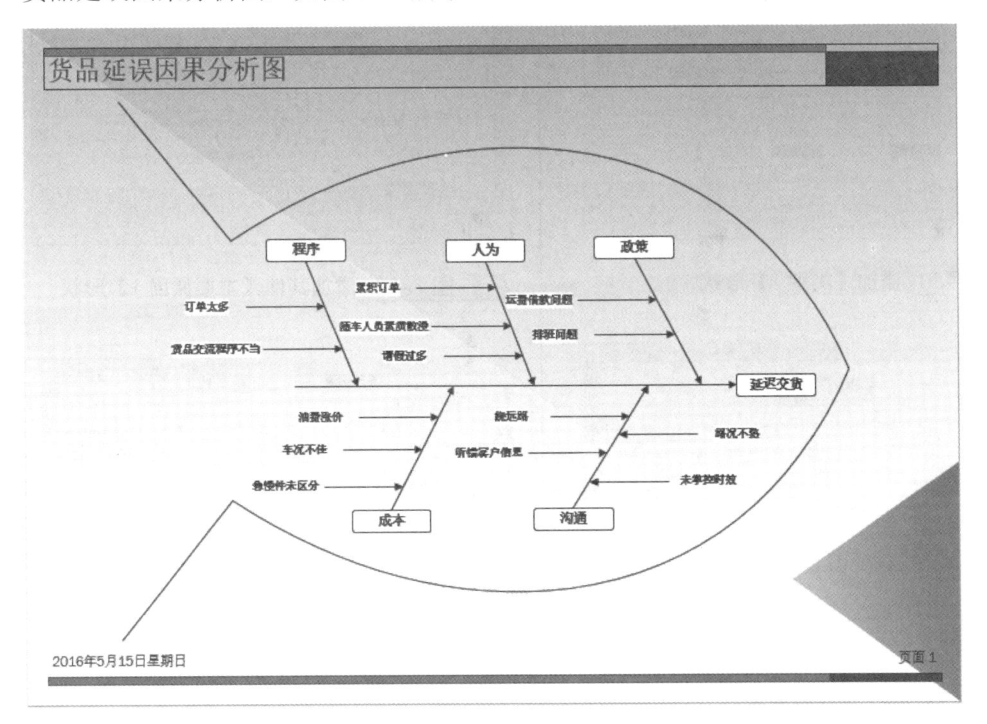

图 7-27 货品延误因果分析图

操作步骤：

1 创建模板文档。执行【文件】|【新建】命令，选择【类别】选项，在展开的列表中选择【商务】选项，如图 7-28 所示。

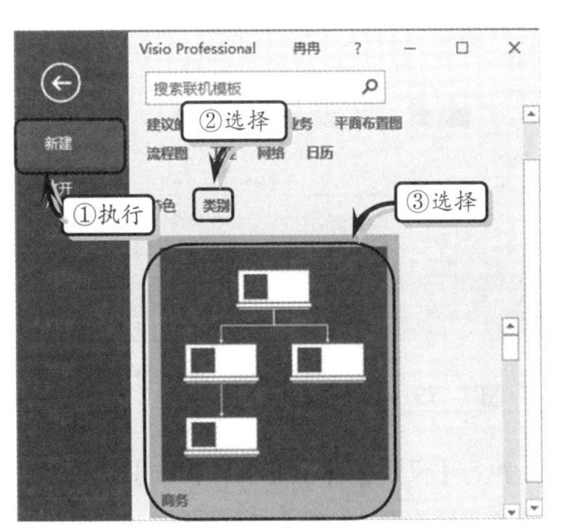

图 7-28 选择模板类型

2 在弹出的【商务】列表中，双击【因果图】选项，创建模板文档，如图 7-29 所示。

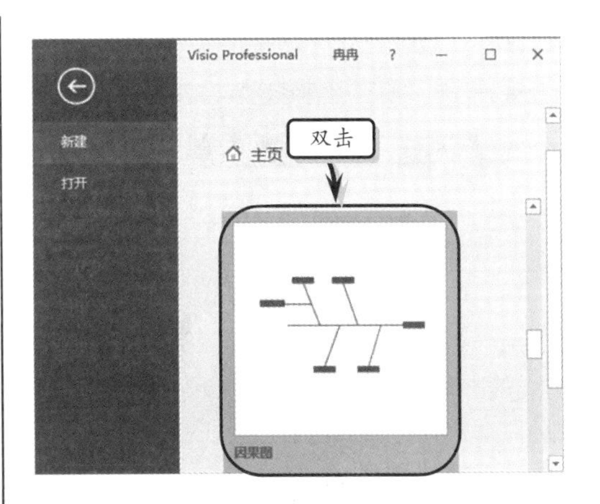

图 7-29 选择模板

3 将【因果形状】模具中的【类别 1】形状添加到绘图页中，并调整形状的大小和位置，如图 7-30 所示。

4 双击【类别 1】形状，依次输入相应的说明性文本，并设置其字体格式，如图 7-31 所示。

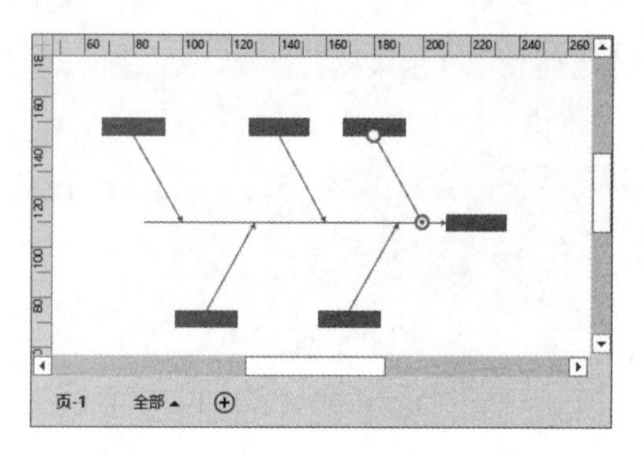

图 7-30 添加【类别 1】形状

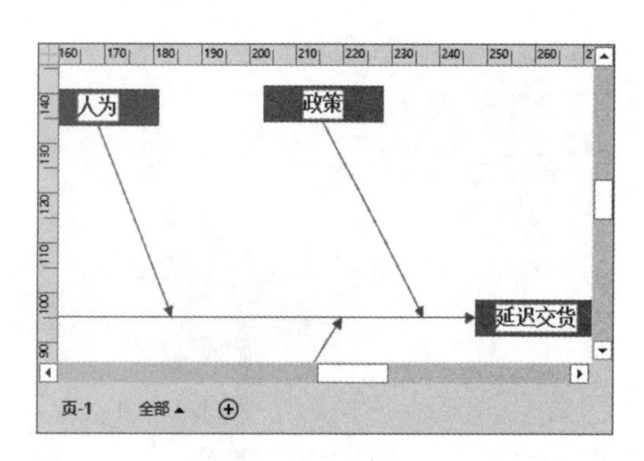

图 7-31 输入说明性文本

5 将【因果形状】模具中的【主要原因 1】形状添加到绘图页中，双击该形状输入说明性文本，如图 7-32 所示。

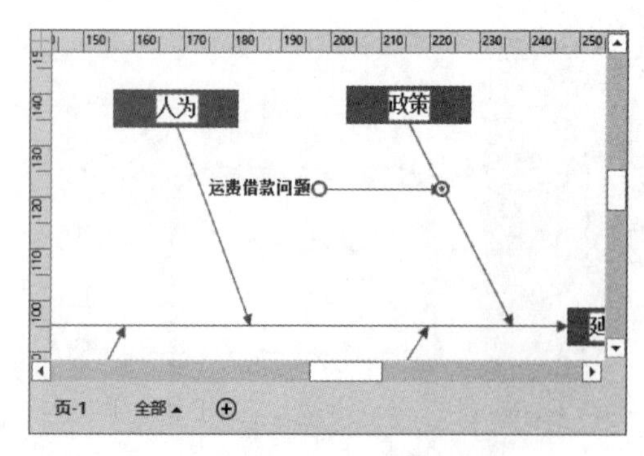

图 7-32 添加【主要原因 1】形状

6 使用同样方法，分别为每个【类别 1】形状添加【主要原因 1】形状，并输入说明性文本，如图 7-33 所示。

7 将【因果形状】模具中的【主要原因 2】形状添加到【沟通】类别中，并输入说明性文本，如图 7-34 所示。

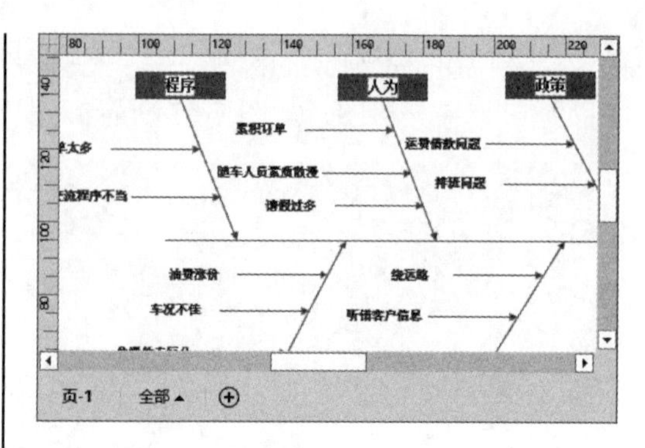

图 7-33 添加其他【主要原因 1】形状

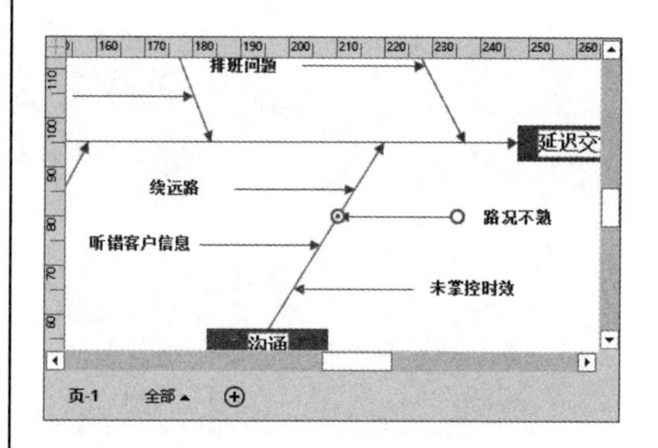

图 7-34 添加【主要原因 2】形状

8 将【因果形状】模具中的【鱼骨框架】形状添加到绘图页中，并调整形状的大小和位置，如图 7-35 所示。

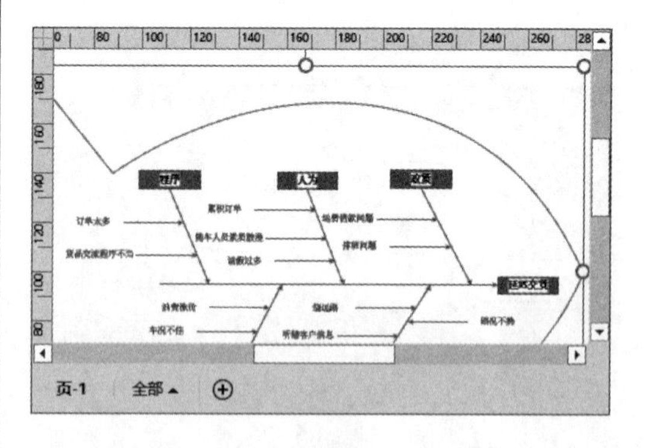

图 7-35 【鱼骨框架】形状

9 执行【设计】|【主题】|【离子】命令，设置主题效果，如图 7-36 所示。

10 同时，执行【设计】|【变体】|【离子,变量 4】命令，设置图表的变体效果，如图 7-37 所示。

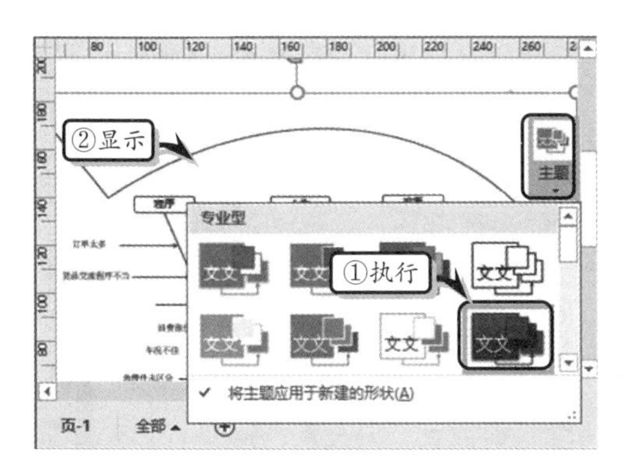

图 7-36 设置主题效果

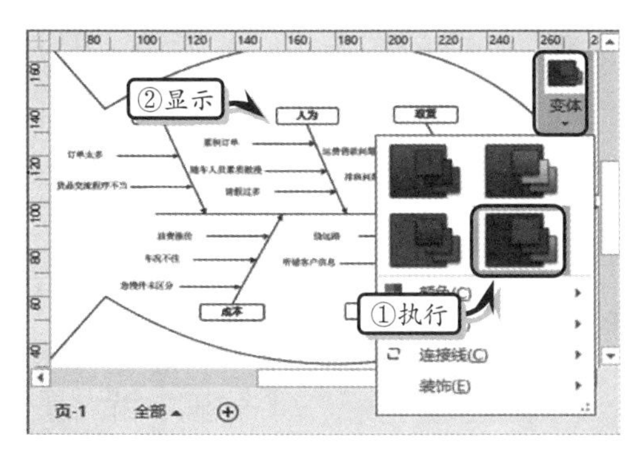

图 7-37 设置变体效果

11 执行【设计】|【背景】|【背景】|【活力】命令，为图表添加背景效果，如图 7-38 所示。

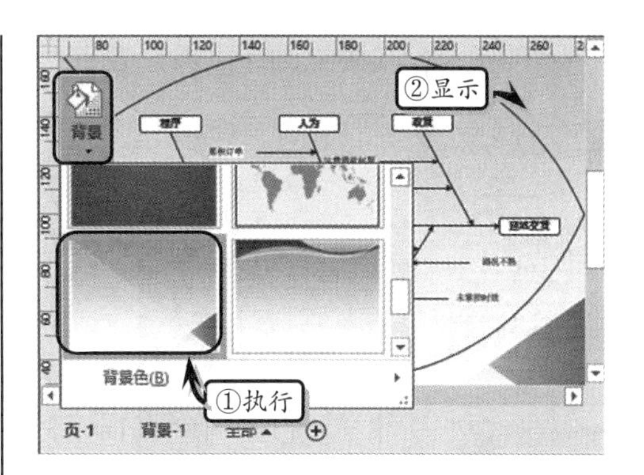

图 7-38 添加背景

12 执行【设计】|【背景】|【边框和标题】|【方块】命令，为图表添加边框和标题样式，并修改标题名称，如图 7-39 所示。

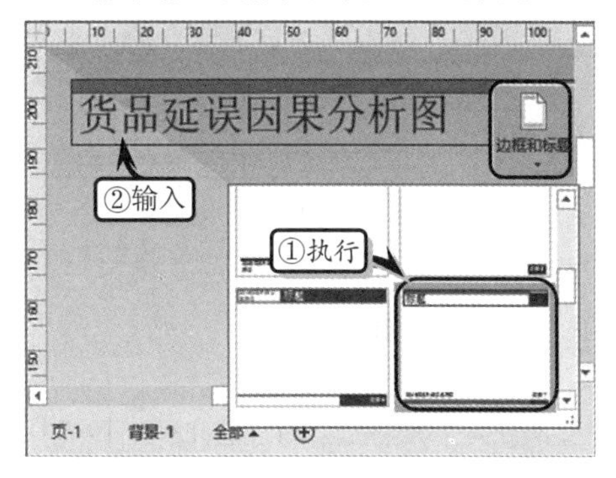

图 7-39 添加边框和标题

7.6 课堂练习：京城地铁示意图

随着科技的发展，地铁已成为市民出行的主要交通工具。在乘坐地铁时，用户需要通过浏览地铁示意图，来查找乘车路线、换乘方式、路程距离与行进方向等信息。在本练习中，将通过使用 Visio 中的绘制工具与模板，来制作一份京城地铁示意图，如图 7-40 所示。

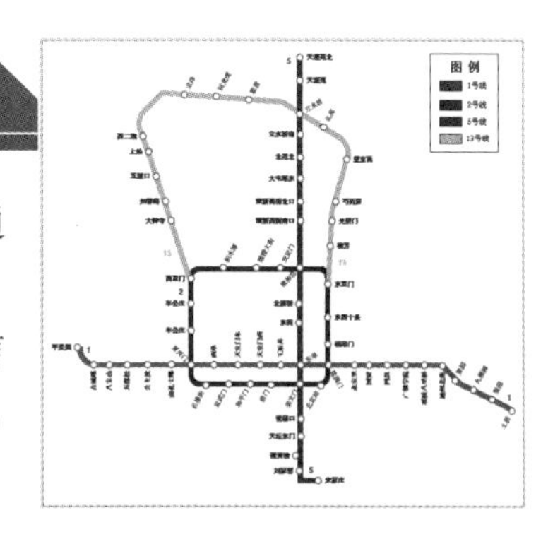

图 7-40 京城地铁示意图

操作步骤：

1 新建空白绘图文档，执行【设计】|【页面设置】|【大小】|【其他页面大小】命令，选中【自定义大小】选项，分别输入“260”，如图 7-41 所示。

2 在【形状】任务窗格中，单击【更多形状】下拉按钮，选择【地面和平面布置图】|【地图】|【地铁形状】选项，如图 7-42 所示。

3 将【地铁形状】模具中的【地铁线路】形状拖动到绘图页中，并调整其大小和位置，如

图 7-43 所示。

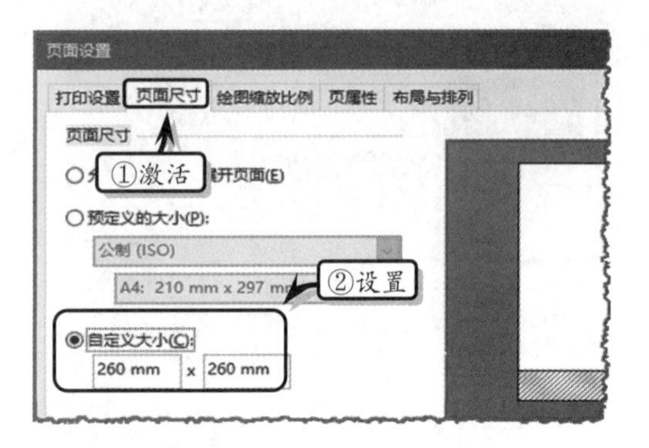

图 7-41 设置页面大小

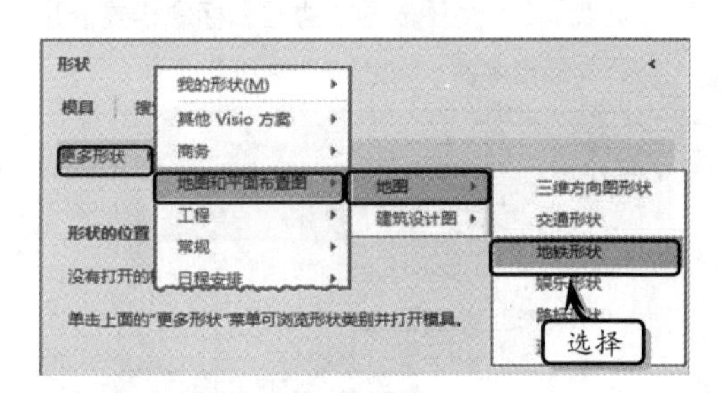

图 7-42 添加模具

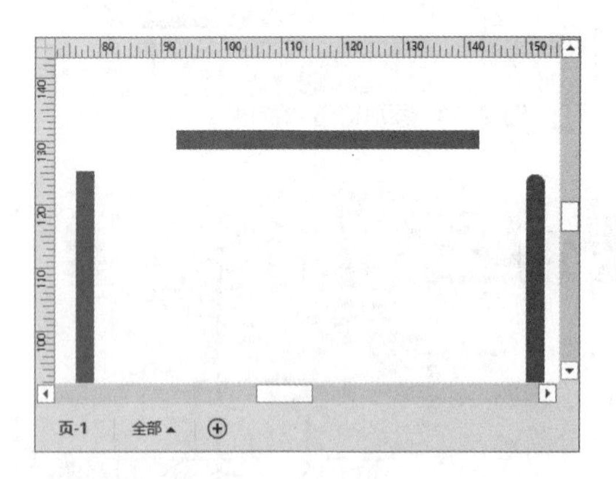

图 7-43 添加地铁路线形状

4 将【地铁弯道 1】形状拖动到绘图页中，并叠放在【地铁线路】形状上。使用同样的方法，添加并叠加剩余形状，如图 7-44 所示。

5 将【站】形状拖动到绘图页中的叠加形状上，并在形状上输入站名，如图 7-45 所示。

6 重复上述步骤，分别制作其他地铁路线，如图 7-46 所示。

7 选择环形地铁线中的所有【地铁线路】形状，执行【开始】|【形状样式】|【填充】|【其他颜色】命令，自定义填充颜色，如图 7-47 所示。使用同样方法，设置其他填充颜色。

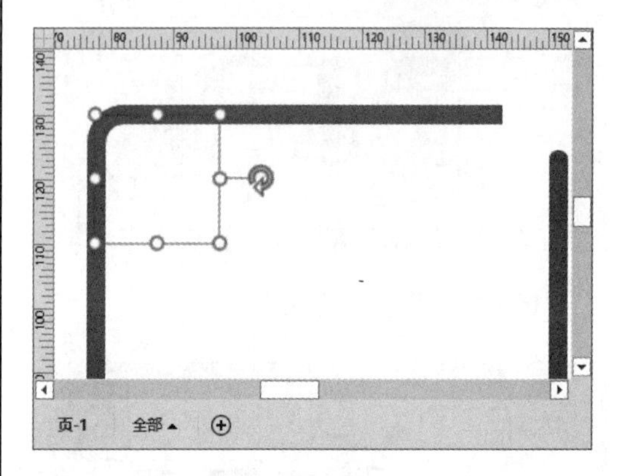

图 7-44 添加地铁弯道形状

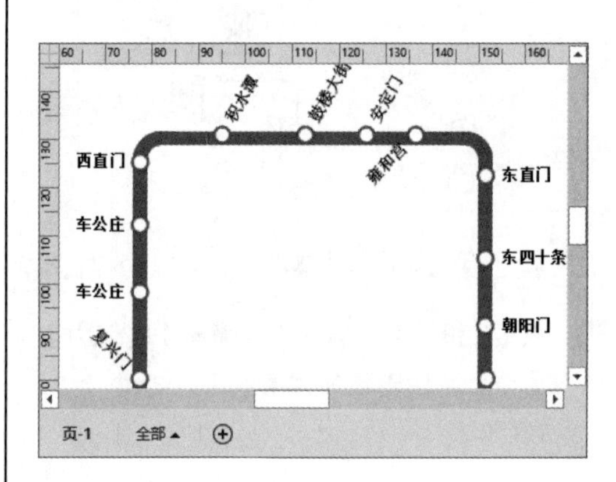

图 7-45 添加【站】形状

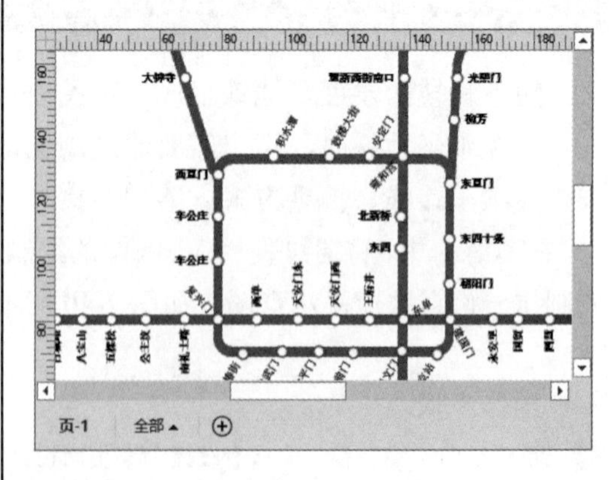

图 7-46 制作其他地铁路线

8 执行【开始】|【工具】|【文本】命令，在绘图页中绘制文本块，为各条地铁线路添加编号，如图 7-48 所示。

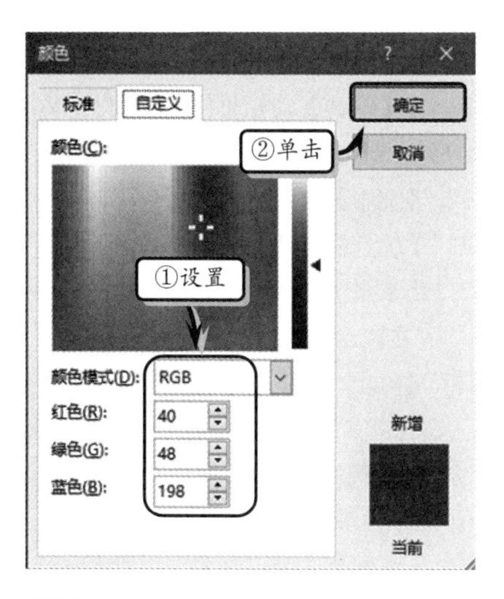

图 7-47 设置填充颜色

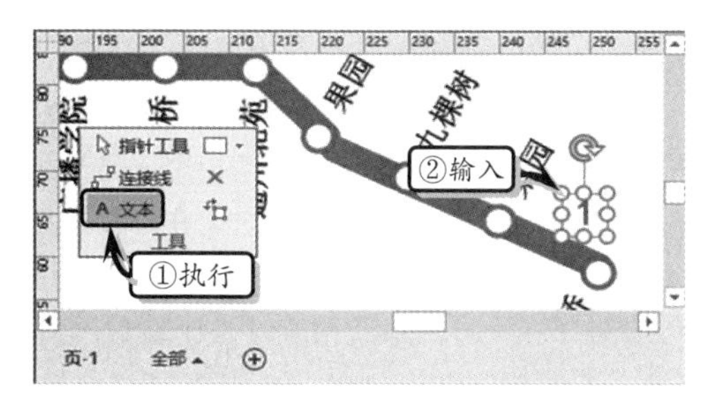

图 7-48 添加编号

9 执行【开始】|【工具】|【绘图工具】|【矩形】命令，在绘图页中绘制一个矩形，如图 7-49 所示。

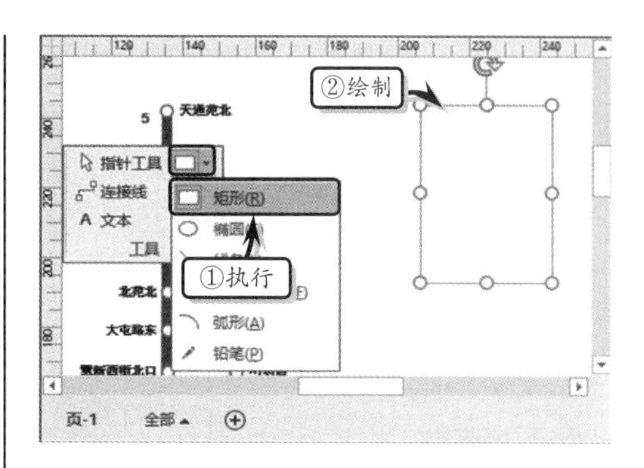

图 7-49 绘制矩形形状

10 然后，在矩形中绘制 4 个小矩形，并根据地铁线路设置各自的颜色，并输入相应的线路编号，如图 7-50 所示。

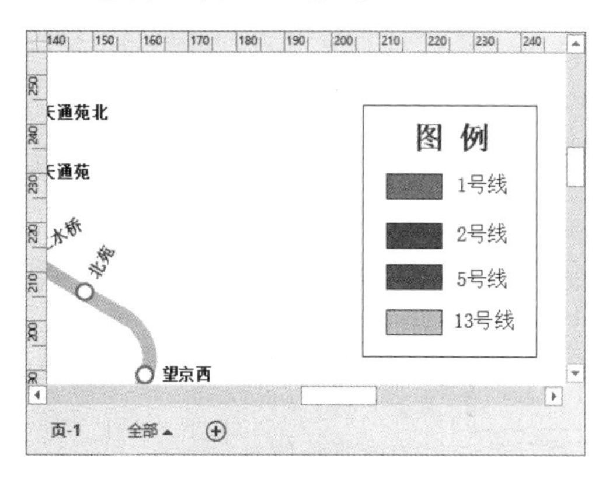

图 7-50 绘制其他矩形形状

思考与练习

一、填空题

1．主题是一组富有新意、具有专业设计水平外观的________________。

2. Visio 为用户提供了专业型、__________、新潮和__________4 大类型二十多种内置主题样式，以供用户进行选择使用。

3．Visio 为用户提供了________样式，该样式会随着主题的更改而自动更换。

4. 除了主题颜色、效果和连接线之外，Visio 还为用户提供了____、____、____和自动 4 种类型的装饰效果。

5. 在自定义主题时____________________，即可删除自定义主题。

6．Visio 中的“样式”是一组集______、______、______格式的命令体。

7. 在使用 Visio 绘制图表的过程中，还可以根据工作需要自定义图案样式，包括_________、_________和线条端点图案三种图案样式。

二、选择题

1．Visio 中存储的自定义主题包含__________与__________两部分。

A．主题色彩

B．主题格式

C．主题效果

D．主题颜色

2．在自定义主题时，右击自定义主题执行______命令，可以删除主题。

A．删除

B．添加

C．隐藏

D．编辑

3．在使用样式时，【样式】对话框中各选项，描述错误的为_____。

A．【纯文本】选项表示与【无】选项具有相同的格式

B．【正常】选项表示与【无样式】具有相同的格式

C．【参考线】选项表示所应用于参考线中的格式

D．【无】选项表示无线条与填充且透明的格式

4．Visio 中的主题不仅可以应用到当前绘图页中，而且还可以应用到______中。

A．模板

B．其他文档中

C．所有绘图页中

D．其他 Office 组件中

5．可以在【保护】对话框中，启用______选项来保护形状不受主题的影响。

A．【文本】与【格式】

B．【起点】与【终点】

C．【来自主题颜色】与【来自主题效果】

D．【阻止选取】与【阻止删除】

三、问答题

1．如何新建主题颜色？

2．如何防止主题影响形状？

3．简述自定义图案的种类及作用？

四、上机练习

1．在绘图中应用主题

在本练习中，将为“流程图”应用主题颜色与主题效果，如图 7-51 所示。首先，在绘图页中添加一个【圆形】与 4 个【五角星形】形状，并将形状连接在一起。然后，执行【设计】|【主题】|【离子】命令。最后，执行【设计】|【主题】|【离子】命令，应用主题效果；同时执行【变体】|【离子,变量 4】命令。

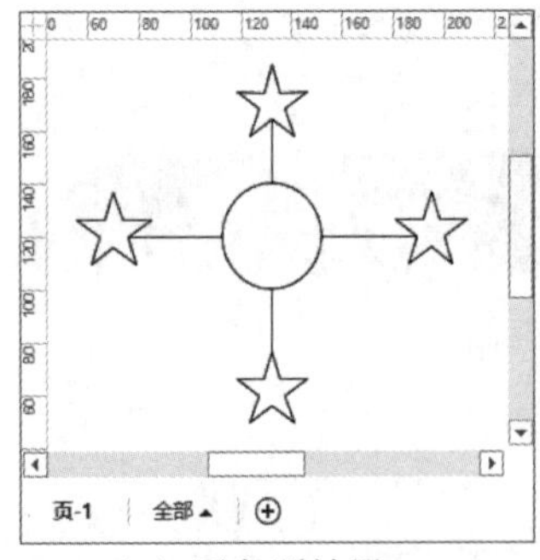

（a）无主题效果

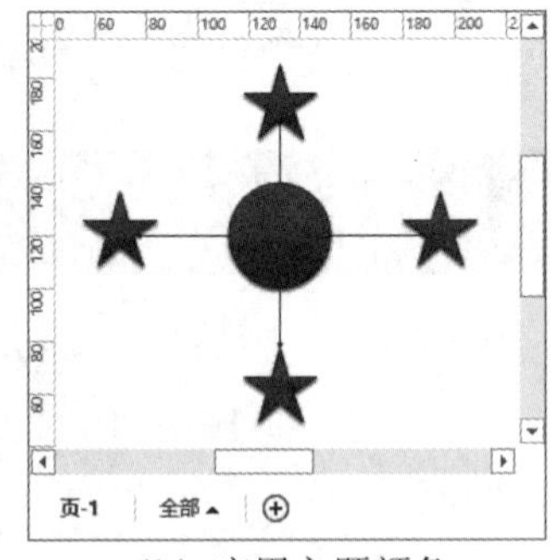

（b）应用主题颜色

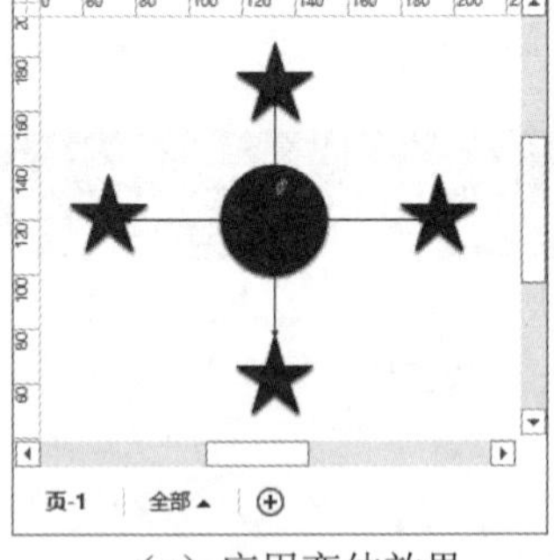

（c）应用变体效果

图 7-51 在绘图中应用主题

2．应用自定义图案

在本练习中，将利用 Visio 中自定义图案的操作方法，为绘图中的形状应用新创建的填充图案，如图 7-52 所示。首先，在练习 7-2 的绘图页中，执行【开发工具】|【显示/隐藏】|【绘图资源管理器】命令，右击【填充图案】文件夹并执行【新建图案】命令。在【新建图案】对话框中，设置名称并选择第二种行为类型，启用【按比例缩放】复选框，单击【确定】按钮。然后，在【填充图案】文件夹中右击【新建图案】选项，执行【编辑图案形状】命令，在弹出的窗口中使用【绘图工具】中的【线条】工具，绘制一个形状。关

闭窗口并单击【是】按钮。最后，选择所有形状，执行【开始】|【形状样式】|【填充】|【填充选项】命令，在【图案】下拉列表中选择新建图案选项即可。

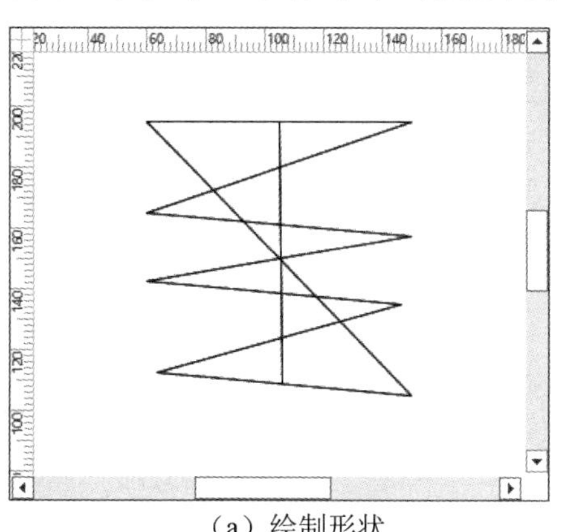
（a）绘制形状

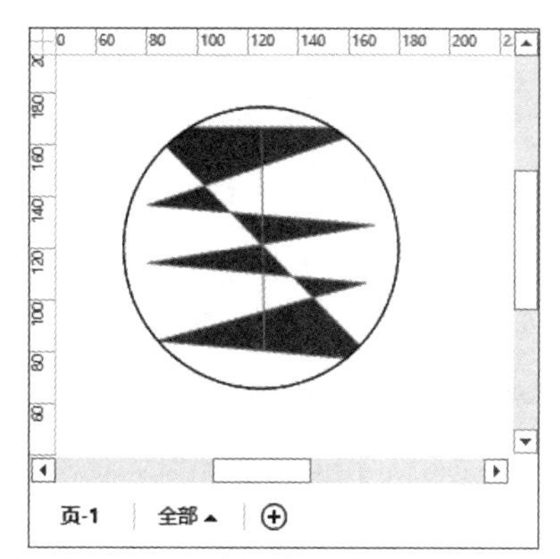

（b）应用自定义图案

图 7-52 应用自定义图案

第 8 章

应用 Visio 数据

用户在使用 Visio 绘制形状之后，还可以为形状定义数据信息，以及利用 Visio 中的【数据链接】新增特性，可以将数据链接到绘图中，或将数据与形状相融合，从而帮助用户以动态式与图形化的方式来显示数据，便于查看数据的发展趋势以及数据中存在的问题。除此之外，还可以使用 Visio 直观地跟踪多个数据源中的数据，将数据链接到图表中的形状上，并显示图表中的数据，甚至将数据导出（生成 Excel 报告）。本章主要学习 Visio 与数据之间的关系，掌握制作有关的数据图表的方法。

本章学习目的：

- 定义形状数据
- 导入形状数据
- 使用图例
- 新建数据项目
- 设置数据显示类型
- 设置形状表数据
- 创建形状报告
- 创建数据透视关系图

8.1 设置形状数据

由于形状是绘图中的主要元素，所以形状也成为绘图页中主要的设置对象。除了可以设置形状的外观效果与颜色之外，还可以设置形状中与之关联的数据，包括定义形状数据、导入外部数据、更改形状数据，以及使用图例等内容。

8.1.1 定义形状数据

形状数据是与形状直接关联的一种数据表，主要用于展示与形状相关的各种属性及

属性值。在绘图页中选择一个形状，执行【数据】|【显示/隐藏】|【形状数据窗口】命令，在弹出的【形状数据】任务窗格中，设置形状的数据，如图 8-1 所示。

另外，右击形状执行【数据】|【定义形状数据】命令，在弹出的【定义形状数据】对话框中，设置形状的各项数据，如图 8-2 所示。

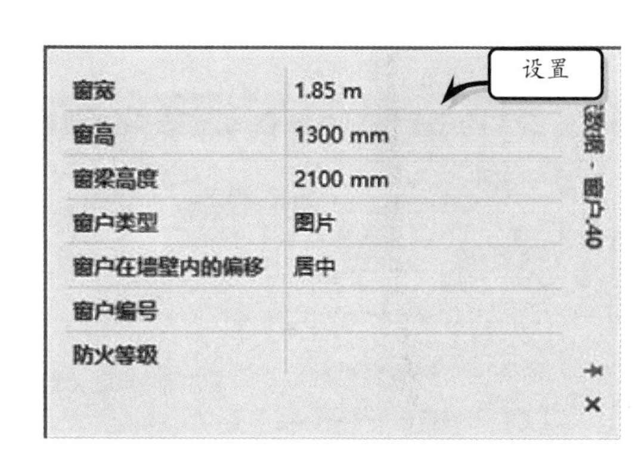

图 8-1 设置形状数据

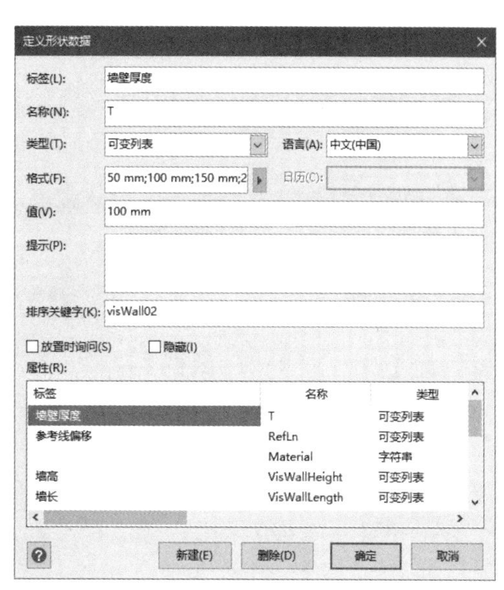

图 8-2 定义形状数据

在【形状数据】对话框中，需要设置以下选项。

- **标签** 用于设置数据的名称，由字母、数字、字符组成，包括下划线 (_) 字符。
- **名称** 用于设置 ShapeSheet 电子表格中的数据的名称。只有在以开发人员模式运行时，该选项才可用。
- **类型** 用于设置数据值的数据类型。
- **语言** 用于标识与【日期】和【符串】数据类型关联的语言。
- **格式** 用于设置所指定数据的显示方式，其方式取决于【类型】和【日历】设置。
- **日历** 可将日历类型设置为用于选定的语言。其中，日历类型将会影响【格式】列表中的可用选项。
- **值** 用来设置包含数据的初始值。
- **提示** 用来指定在【形状数据】对话框中选择属性，或将光标悬停于【形状数据】窗口中的数据标签上时，所显示的说明性文本或指导性文本。
- **排序关键字** 用来指定【形状数据】对话框和【形状数据】窗口中数据的放置方式。只有在以开发人员模式运行下，该选项才可用。
- **放置时询问** 当用户创建形状的实例或重复形状时，提示用户输入形状的数据。只有在以开发人员模式运行下，该选项才可用。
- **隐藏** 启用该选项，将对用户隐藏属性。只有在以开发人员模式运行下，该选项才可用。
- **属性** 用于显示所选形状或数据集定义的所有属性。选择属性后可对其进行编辑或删除。

- **新建** 启用该选项，将向属性列表添加新属性。
- **删除** 启用该选项，将删除所选属性。

提 示

【定义形状数据】对话框中的【格式】选项，不可用于布尔值数据类型。

8.1.2 导入外部数据

在 Visio 中，除了直接定义形状数据之外，还可以将外部数据快速导入到形状中，并直接在形状中显示导入的数据。

1. 导入数据

执行【数据】|【外部数据】|【自定义导入】命令，弹出【数据选取器】对话框。在【要使用的数据】列表中选择使用的数据类型，并单击【下一步】按钮，如图 8-3 所示。

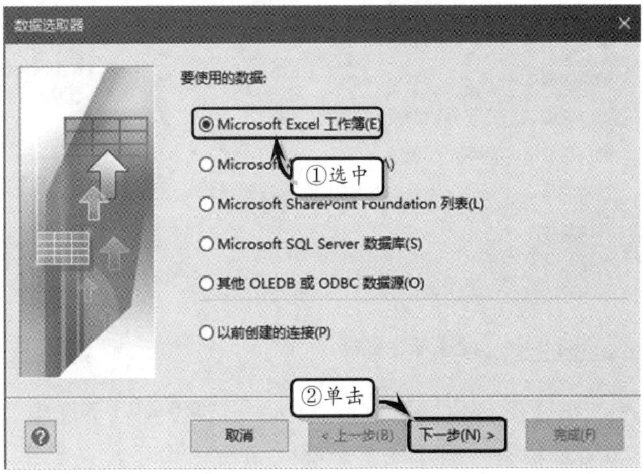

图 8-3 选择数据类型

在数据类型列表中，主要包括 Microsoft Excel 工作簿、Microsoft Access 数据库等 6 种数据源类型。

单击【下一步】按钮，系统会根据所选择的数据源类型，来显示不同的步骤。其中，每种数据源所显示的步骤如下所述。

- **Microsoft Excel 工作簿** 在【要导入的工作簿】中选择工作簿文件，单击【下一步】按钮。在【要使用的工作表或区域】中选择工作表，执行【选择自定义范围】选项可以选择工作表中的单元格范围。
- **Microsoft Access 数据库** 在【要使用的数据库】中选择 Access 数据库文件，在【要导入的表】下拉列表中选择数据表，并单击【下一步】按钮。
- **Microsoft SharePoint Foundation 列表** 在【网站】文本框中输入需要链接的 SharePoint 网页的地址，并单击【下一步】按钮。
- **Microsoft SQL Server 数据库** 在【服务器名称】文本框中指定服务器名称，获得允许访问数据库的授权。然后，在【登录凭据】选项组中设置登录用户名与密码，并单击【下一步】按钮。
- **其他 OLEDB 或 ODBC 数据源** 在数据源列表中选择数据源类型，并指定文件和授权。
- **以前创建的连接** 在【要使用的链接】下拉列表中选择链接，或单击【浏览】按钮，在弹出的【现有链接】对话框中选择链接文件。

在弹出的【连接到 Microsoft Excel 工作簿】对话框中，单击【浏览】按钮，在弹出的【数据选取器】对话框中选择 Excel 数据文件，并单击【打开】按钮。然后，返回到【连接到 Microsoft Excel 工作簿】对话框中，单击【下一步】按钮，如图 8-4 所示。

在弹出的对话框中的【要使用的工作表或区域】下拉列表中，设置工作表或区域；同时，启用【首行数据包含有列标题】复选框，并单击【下一步】按钮，如图 8-5 所示。

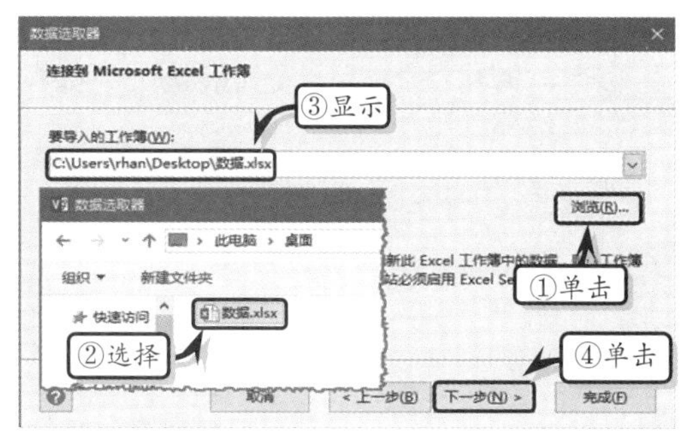

图 8-4 选择数据文件

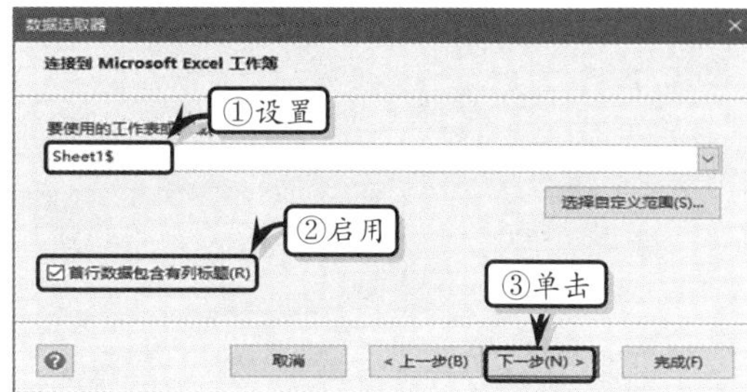

图 8-5 选择数据区域

提 示

在选择数据区域时，用户可通过单击【选择自定义范围】按钮，在弹出的 Excel 工作表中自定义数据区域。

此时，系统会自动弹出【连接到数据】对话框，在此选择【所有列】和【所有行】中的数据，来选择需要链接的行和列；或者保持系统默认设置，并单击【下一步】按钮，如图 8-6 所示。

最后，在弹出的【配置刷新唯一标识符】对话框中，保持默认设置，并单击【完成】按钮，如图 8-7 所示。其中，【使用以下列中的值唯一标识我的数据中的行】选项表示选择数据中的行来标识数据的更改，该选项为默认选项，也是系统推荐的选项。而【我的数据中的行没有唯一标识符，使用行的顺序来标识更改】选项表示不存在标识符，Visio 基于行的顺序来更新数据。

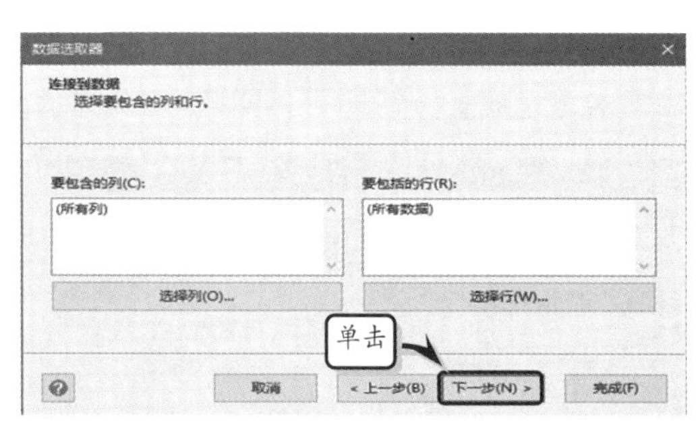

图 8-6 选择数据列和行

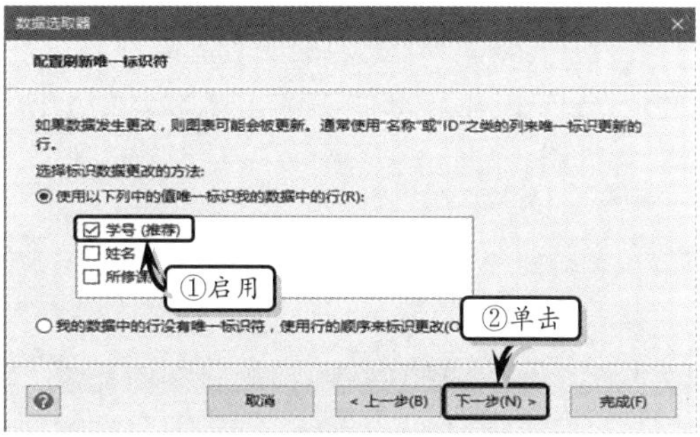

图 8-7 配置标识符

提 示

用户还可以将绘图连接到多个数据源上，在【外部数据】窗口中的任意位置中，右击鼠标并执行【数据源】|【添加】命令，系统会自动弹出【数据选取器】对话框，遵循“将绘图连接到数据源”小节中的步骤即可。

2. 链接数据到形状

在绘图页中添加形状，并在【外部数据】窗口中，选择一行数据，拖至形状上，当光标变成“链接”箭头时，松开鼠标，可将数据链接到形状上，如图 8-8 所示。

另外，用户也可以选择一个形状，然后在【外部数据】窗口中，选择一行要链接到形状上的数据，右击执行【链接到所选的形状】命令，即可将数据链接到形状上，如图 8-9 所示。

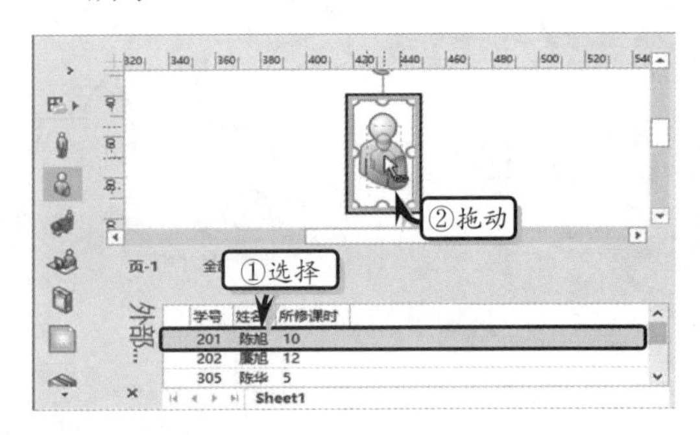

图 8-8 手动链接形状

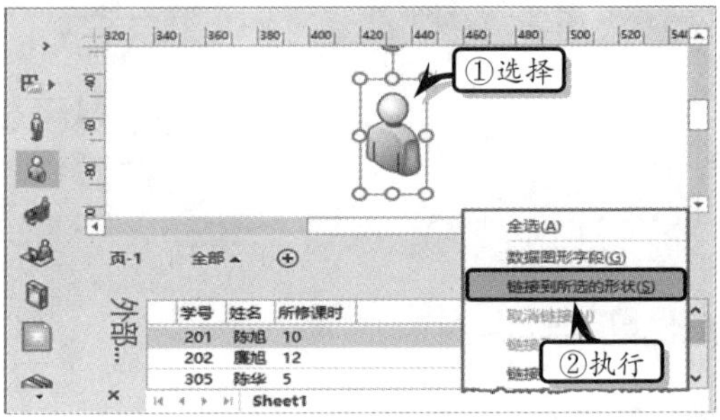

图 8-9 命令法链接形状

提 示

在【形状】模具中选择要添加数据的形状，并在【外部数据】窗口中，选择一行数据，并拖至绘图页中，即可将数据链接至形状上。

3. 自动链接数据

自动链接适用于数据容量很大或修改很频繁时，在绘图页中执行【数据】|【高级的数据链接】|【链接数据】命令，系统会自动弹出【自动链接】对话框。在【希望自动链接到】选项组中选择需要链接的所选形状或全部形状，并单击【下一步】按钮，如图 8-10 所示。

在【数据列】与【形状字段】下拉列表中选择需要链接的数据，及在形状中显示数据的字段。对于需要链接多个数据列的形状来讲，可以单击【和】按钮，增加链接数据列与形状字段。然后，启用【替换现有链接】复选框，以当前的链接数据替换绘图页中已经存在的链接。最后，单击【下一步】按钮并单击【完成】按钮即可，如图 8-11 所示。

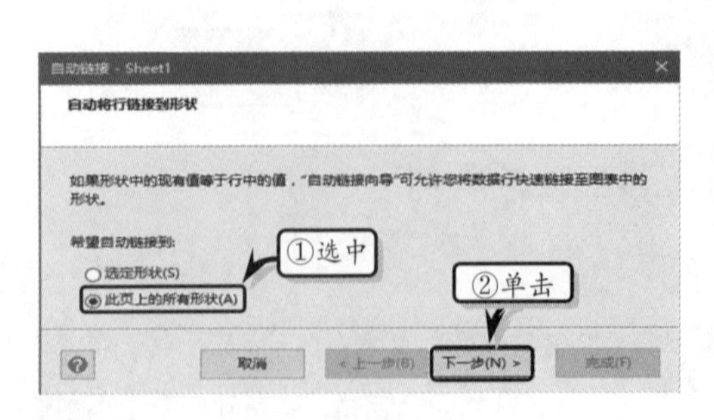

图 8-10 选择链接类型

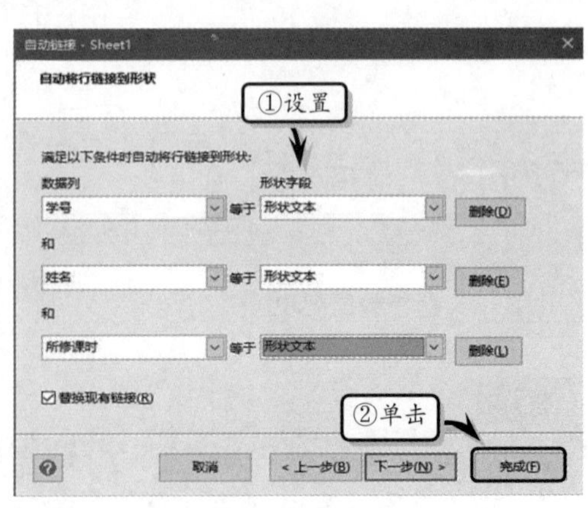

图 8-11 设置链接数据

提　示

只有当形状数据中的值与数据源字段的值相匹配时，自动链接功能才可以用。

4．添加形状到链接

当用户为绘图页添加新的形状时，可同时添加数据链接。首先，在模具中选择将要添加的形状。然后，在【外部数据】窗口中拖动一行数据记录到绘图页中，即可在绘图页中同时添加形状与数据链接，如图 8-12 所示。

8.1.3　更改形状数据

默认情况下，为形状链接数据之后，将在形状中显示数据的任意内容。当导入的数据包含多列内容时，用户可通过更改形状数据的方法，来设置形状的显示格式。

在导入的外部数据列表中，右击执行【列设置】命令，在弹出的【列设置】对话框中，提供了数据表中的各个列，此时用户可以通过修改列属性来更改形状的显示格式，如图 8-13 所示。

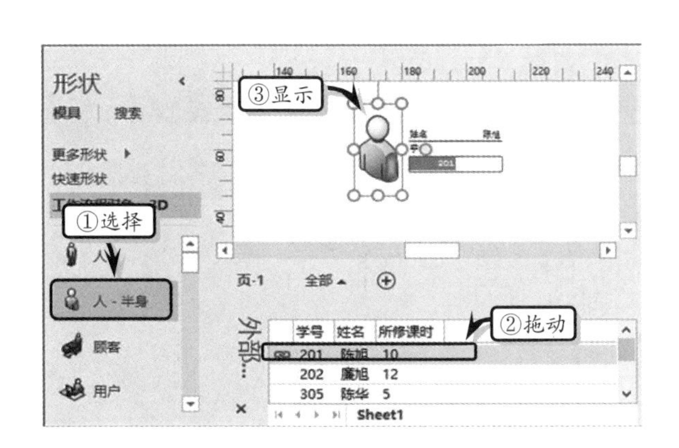

图 8-12　添加形状到链接

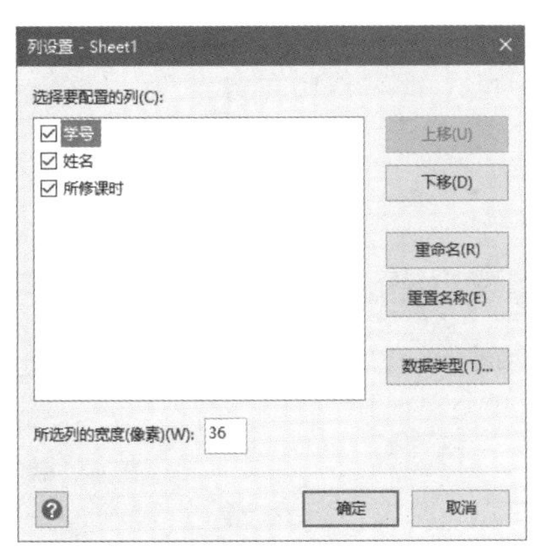

图 8-13　【列设置】对话框

提　示

在【列设置】对话框中，用户可通过设置【所选列的宽度（像素）】选项，来设置列的宽度像素值。

在【选择要配置的列】列表框中选择列之后，可通过单击【上移】或【下移】按钮，来调整列的显示顺序。另外，单击【重命名】按钮，则可以更改所选列的名称；而单击【重置名称】按钮，则可以恢复被修改的列名称。除此之外，单击【数据类型】按钮，可在弹出的【类型和单位】对话框中，设置该列内容的数据类型、单位、货币等属性，如图 8-14 所示。

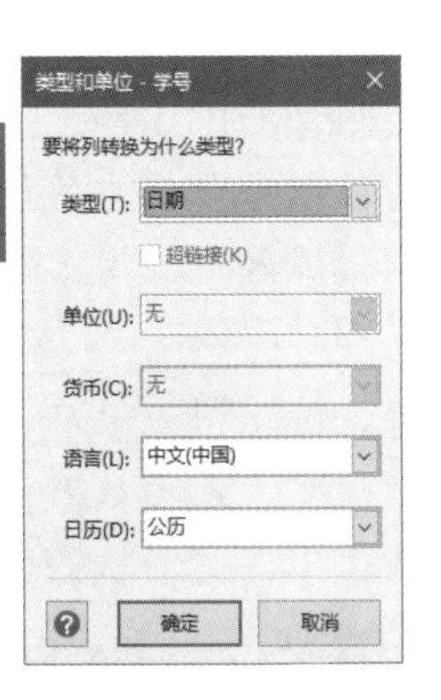

图 8-14　设置类型和单位

其中，Visio 中主要包含货币、数值、布尔型等 6 种数据类型，其每种数据类型的具体含义如下所述。

- **数值** 该数据类型为系统默认数据类型，表示普通的数值。
- **布尔型** 该数据类型是由 True（真）和 False（假）组成的逻辑数据。
- **货币** 该数据类型是由两位小数的数字和货币符号构成的数值。
- **日期** 该数据类型是一种日期格式的数据，是一种可通过日历更改的日期时间。
- **持续时间** 该数据类型是由整数和时间单位构成的数值。
- **字符串** 该数据类型为普通的字符。

8.1.4 刷新数据

链接完数据之后，为了及时更新形状数据，还需要利用 Visio 中的【刷新数据】向导来刷新数据。在绘图页中，执行【数据】|【外部数据】|【全部刷新】|【刷新数据】命令，弹出【刷新数据】对话框。在该对话框中选择需要刷新的数据源，单击【刷新】按钮即可刷新数据。另外，直接单击【全部刷新】按钮，即可对绘图页中的所有链接进行刷新操作，如图 8-15 所示。

另外，用户也可以配置数据刷新的间隔时间、唯一标识符等数据源信息。在列表框中选择一个数据源，单击【配置】按钮，在弹出的【配置刷新】对话框中设置相应的选项即可，如图 8-16 所示。

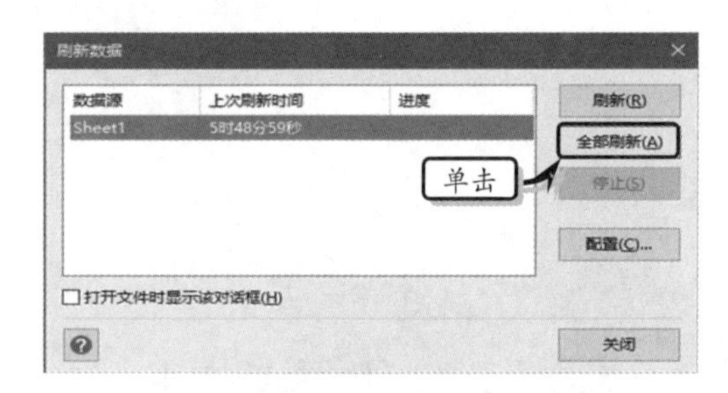

图 8-15 【刷新数据】对话框

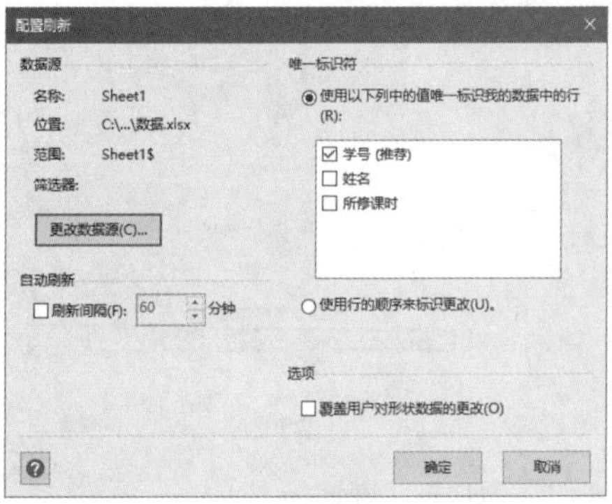

图 8-16 【配置刷新】对话框

在该对话框中，需要设置下列几种选项。

- **更改数据源** 启用该选项，可在弹出的【数据选取器】对话框中重新设置数据源。
- **自动刷新** 启用【刷新时间间隔 分钟】选项，并在微调框中输入或设置刷新时间即可。
- **唯一标识符** 用户设置数据源的唯一标识符，执行【使用行的顺序来表示更改】选项时，表示数据源没有标识符。
- **覆盖用户对形状数据的更改**：启用该选项，可以覆盖形状数据属性中的值。

8.2 使用数据图形增强数据

Visio 为用户提供了显示数据的【数据图形】工具，该工具是一组增强元素，可以形象地显示数据信息。利用该工具，在绘图时具有大量信息的情况下，可以保证信息的传递通畅。

8.2.1 选择数据图形样式

Visio 为用户提供了两种数据图形类型，即普通数据和高级数据图形。用户可根据设计需求来应用不同的数据图形。

1. 添加普通数据图形

通常情况下，Visio 会以默认的数据图形样式来显示形状的数据。此时，用户可执行【数据】|【数据图形】|【数据图形】命令，在其级联菜单中选择一种样式选项，即可快速设置数据图形的样式，如图 8-17 所示。

提 示

用户可通过执行【数据】|【数据图形】|【数据图形】|【无数据图形】命令，取消已设置的数据图形样式。

2. 添加高级数据图形

执行【数据】|【高级的数据链接】|【高级数据图形】命令，在其级联菜单中选择一种样式选项，即可快速设置数据图形的样式，如图 8-18 所示。

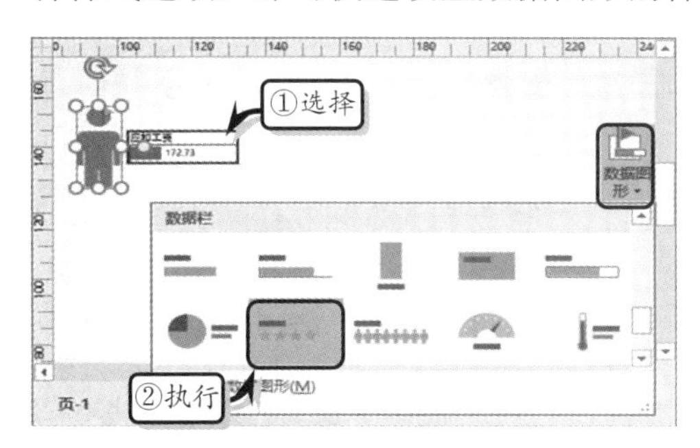

图 8-17 使用数据图形样式

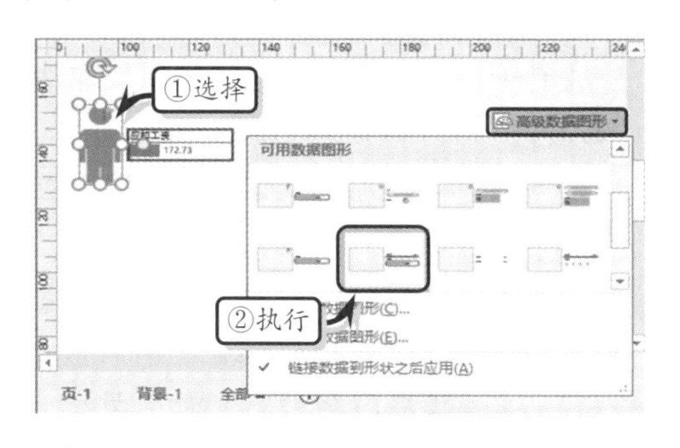

图 8-18 添加高级数据图形

3. 设置显示位置

为形状添加数据图形之后，可根据绘图页的整体布局，来调整数据图形的显示位置。

选择数据形状，执行【数据】|【数据图形】|【位置】命令，在其级联菜单中选择相应的选项即可，如图 8-19 所示。

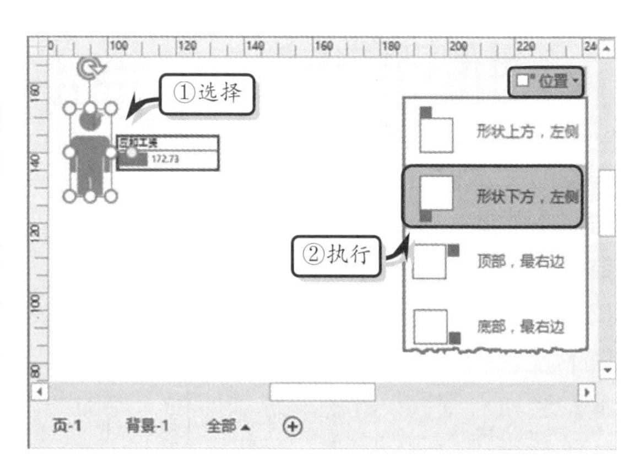

图 8-19 调整显示位置

8.2.2 编辑数据图形

除了可以使用 Visio 内置的数据图形

样式之外，用户还可以自定义现有的数据图形样式，以使数据图形样式完全符合形状数据的类型。

1. 设置数据图形

右击形状执行【数据】|【编辑数据图形】命令，在弹出的【编辑数据图形】对话框中，设置数据图形的位置及显示标注，如图 8-20 所示。

在该对话框中，主要可以执行下列几种操作。

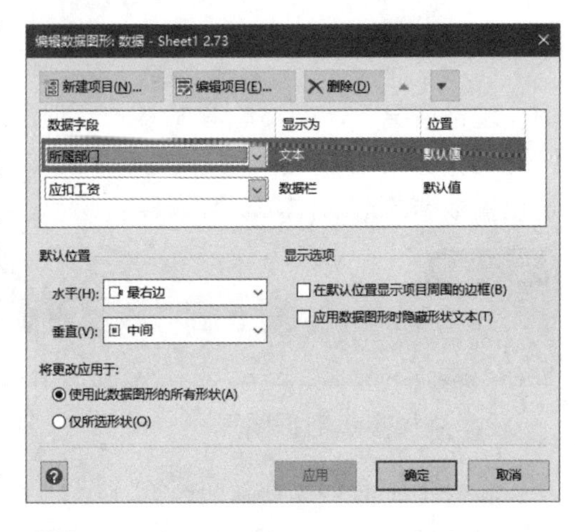

图 8-20 【编辑数据图形】对话框

- ❑ **创建新项目** 启用【新建项目】选项，选择相应的选项即可在弹出的对话框中设置项目属性。该选项中可以设置文本、数据栏、图表集与按值显示颜色 4 种类型。
- ❑ **编辑项目** 启用【编辑项目】选项，即可在弹出的对话框中重新设置项目的属性。
- ❑ **删除项目** 启用【删除】选项，即可删除选中的项目。
- ❑ **排列项目** 该选项适用于将所有项目放置于同一个位置。选择项目，单击【上三角形】按钮与【下三角形】按钮即可。
- ❑ **设置位置** 启用【默认位置】选项组中的【水平】与【垂直】选项，即可设置项目的排放位置。
- ❑ **设置显示** 可以通过启用【在默认位置显示项目周围的边框】选项，将项目中周围的边角显示在默认位置。同时，可以启用【应用数据图形时隐藏形状文本】选项，在应用【数据图形】时隐藏形状的文本。

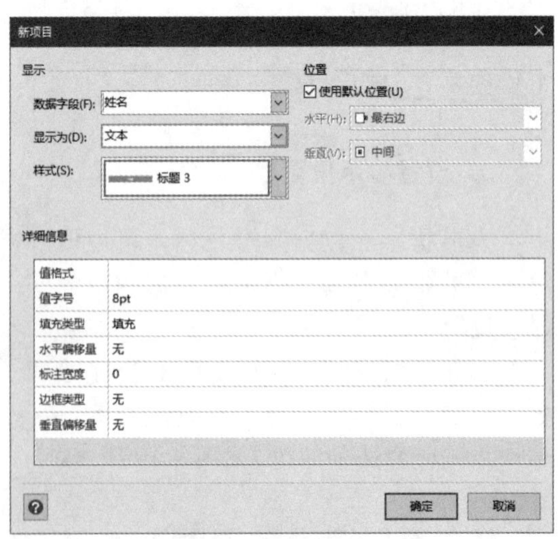

图 8-21 文本增强数据

2. 使用文本增强数据

在绘图时，用户可以使用包含列名与列值的文本标注，或只显示数据值的标题的文本样式，来显示形状数据。在【编辑数据图形】对话框中，单击【新建项目】按钮，在【新项目】对话框中，设置【数据字段】选项，并将【显示为】设置为【文本】选项，然后设置各项选项即可，如图 8-21 所示。

在该对话框中的详细信息中，其各项

标注的含义如下所述。

- ❑ **值格式** 用来设置文本标注中所显示值的格式。单击该选项右侧的□按钮，即可在弹出的【数据格式】对话框中，设置显示值的数据格式。
- ❑ **值字号** 用来设置文本值的字体大小，用户在其文本框中直接输入字号数据即可。
- ❑ **边框类型** 用来设置文本标签的边框显示样式，主要包括【无】、【靠下】、【轮廓】等样式。
- ❑ **填充类型** 用来设置在显示文本数据时是否显示填充颜色。
- ❑ **水平偏移量** 用来设置标签的水平位置，包括【无】与【靠右】选项。
- ❑ **标注宽度** 用来设置文本标注的宽度，可以直接在文本框中输入宽度值。
- ❑ **垂直偏移量** 用来设置标签的水平位置，包括【无】与【向下】选项。

提 示

【详细信息】选项组中的各项选项，会随着【标注】的改变而改变。

3. 使用数据栏增强数据

数据栏是以缩略图表或图形的方式动态显示数据。在【新项目】对话框中，将【显示为】选项设置为【数据栏】，并在【样式】下拉列表中选择一种样式。然后，设置各选项即可，如图 8-22 所示。

图 8-22 数据栏增强数据

在该对话框中，【详细信息】选项组中的各选项功能如下所述。

- ❑ **最小值** 用来显示数据范围中的最小值，默认情况下该值为 0。
- ❑ **最大值** 用来显示数据范围中的最大值，默认情况下该值为 100。指定该值之后，数据条不会因形状数据的值比最大值大而变大。
- ❑ **值位置** 用来设置数据值的显示位置，可以将其设置为相对数据栏的靠上、下、左、右或内部位置。同时，用户也可以通过选择【不显示】选项来隐藏数据值。
- ❑ **值格式** 用来设置数据值的数据格式，单击该选项后面的按钮，即可在【数据格式】对话框中设置数据显示的格式。
- ❑ **值字号** 用来设置标志中字体显示的字号，用户可以直接输入表示字号的数值。
- ❑ **标签位置** 用来显示数据标签的位置，可以将其设置为靠上、下、左、右或内部位置。
- ❑ **标签** 用来设置标签显示名称，系统默认为形状数据字段的名称，可直接在文本框中输入文字。
- ❑ **标签字号** 用来设置标签显示名称的字号，用户可以直接输入表示字号的数值。

- **标注偏移量** 用来设置文本数据标注是靠右侧偏移还是靠左侧偏移。
- **标注宽度** 用来设置标注的具体宽度，用户可以直接输入表示宽度的数值。

提 示

当用户选择【标注】中的【多栏图形】样式或其以后的样式时，在【详细信息】选项组中将添加标签与字段多种选项。

4．使用图标集增强数据

用户还可以使用标志、通信信号和趋势箭头等图标集来显示数据。图标集的设置方法与 Excel 中的“条件格式”相同，系统会根据定义的第一个规则来检测形状数据中的值，以根据数据值来判断用什么样的图标来标注值。如果第一个值没有通过系统的检测，那么系统会使用第二个规则继续检测，以此类推，直到检测到符合标准的值。

在【新项目】对话框中，将【显示为】设置为【图标集】，并在【样式】下拉列表中选择一种样式。然后设置各项选项即可，如图 8-23 所示。

该对话框中，各选项的功能如下所述。

- **显示** 用来设置数据字段名称与标注样式。
- **位置** 用来设置标注的水平与垂直位置。当启用【使用默认设置】选项时，【水平】与【垂直】选项将不可用。
- **显示每个图标的规则** 用来设置每个图标所代表的值、包含的值范围或表达式。

5．使用颜色增强数据

另外，还可以通过应用颜色来表示唯一值或范围值。其中，每种颜色代表一个唯一值，用户也可以将多个具有相同值的形状应用相同的颜色。在【新项目】对话框中，将【显示为】选项设置为【按值显示颜色】，并在【着色方法】下拉列表中选择一种选项。然后设置各项选项即可，如图 8-24 所示。

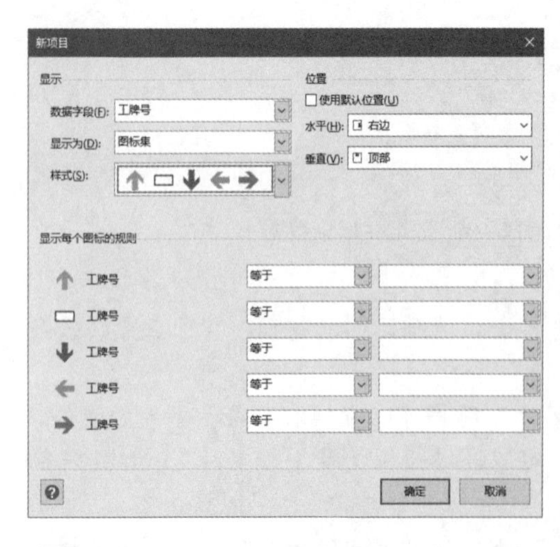

图 8-23 图标集增强数据

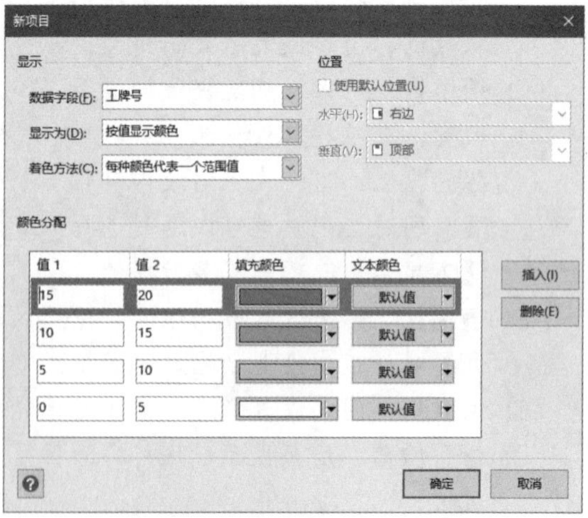

图 8-24 颜色增强数据

该对话框中的各选项的功能，如下所述。

- ❑ **数据字段** 用于设置数据字段的名称。
- ❑ **着色方法** 用于设置应用颜色的方法。启用【每种颜色代表一个唯一值】选项，表示可向相同值的所有形状应用同一种颜色。启用【每种颜色代表一个范围值】选项，表示可以使用整个范围内从鲜亮到柔和的各种颜色，来表示一个范围内的各个不同值。
- ❑ **颜色分配** 用于设置具体数据值，及数据值的填充颜色与文本颜色。用户可单击【插入】按钮来插入新的值列，单击【删除】按钮删除选中的值列。

8.3 设置形状表数据

Visio 是一种面向对象的形状绘制软件，其每一个 Visio 中的显示对象都具有可更改的数值属性。在本节中，将详细介绍查看形状表数据、使用公式，以及管理表数据节等设置形状表数据的基础知识。

8.3.1 查看形状表数据

形状表又称为 ShapeSheet，主要用于显示形状的各种关联数据。在绘图页中选择形状，右击执行【显示 ShapeSheet】命令，即可显示形状数据窗口，将该窗口最大化后，用户便可以详细查看表中的各种数据，如图 8-25 所示。

提 示

用户也可以执行【开发工具】|【形状设计】|【显示 ShapeSheet】|【形状】命令，打开形状表数据窗口。

另外，在形状表数据窗口中，选择一个单元格，在【数据栏】中的“=”号后面输入新的表数据值和单位，单击【接受】按钮，即可完成形状数据的编辑操作，如图 8-26 所示。

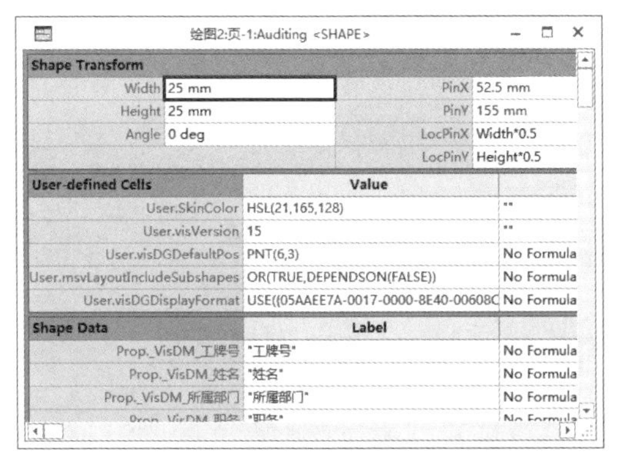

图 8-25 形状数据表窗口

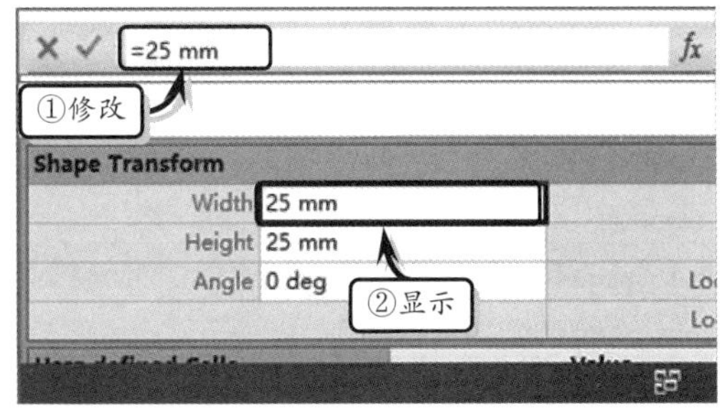

图 8-26 编辑数据

8.3.2 使用公式

当用户想通过运算功能来实现数值的编辑时，可以单击【数据栏】右侧的【编辑公式】按钮，在弹出的【编辑公式】对话框中，可根据提示信息输入公式内容，并单击【确定】按钮完成公式的输入操作，如图 8-27 所示。

提　示

在输入公式时，Visio 会显示一些简单的公式代码提示，帮助用户进行简单的公式计算，例如，允许用户使用三角函数、乘方开方等数学计算。

另外，用户也可以执行【SHAPESHEET 工具】|【设计】|【编辑】|【编辑公式】命令，在弹出的【编辑公式】对话框中，对公式进行编辑操作，如图 8-28 所示。

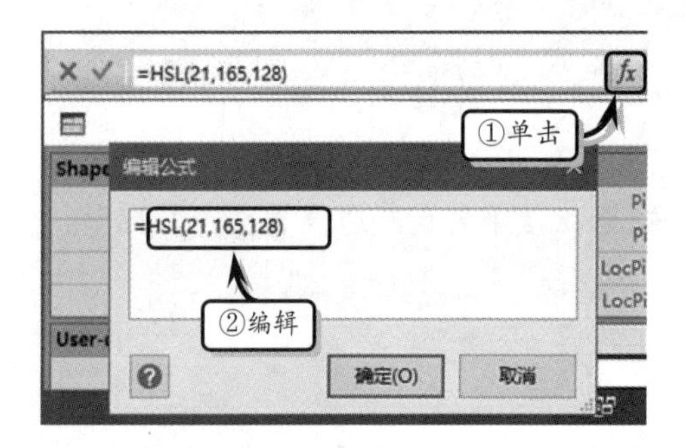

图 8-27 输入公式

图 8-28 编辑公式

8.3.3 管理表数据节

默认状态下，形状表数据可以分为 18 种，它们是以节的方式显示于形状表的窗口中。各节的作用如表 8-1 所示。

表 8-1 表数据节介绍

表数据类型	作　用	表数据类型	作　用
Shape transform	形状变换属性，包括宽度和高度等	Fill format	形状填充格式
User-defined cells	用户定义表，包括各种主题设置	Character	字符格式
Shape Data	形状数据信息	Paragraph	段落格式
Controls	用户控制信息	Tabs	表格格式
Protection	锁定形状属性信息	Text block format	文本框格式
Miscellaneous	调节手柄设置	Tex transform	文本变换属性
Group properties	形状组合设置	Events	事件属性
Line format	形状线条格式	Image properties	图片属性
Glue info	粘贴操作信息	Shape layout	形状层属性设置

当用户需要查看节数据时，可执行【设计】|【视图】|【节】命令，在弹出的【查看内容】对话框中选择需要显示的形状数据即可，如图 8-29 所示。

在形状表窗口中，用户可以选择任意一个节中的表数据，执行【设计】|【节】|【删除】命令，即可删除表数据，如图 8-30 所示。

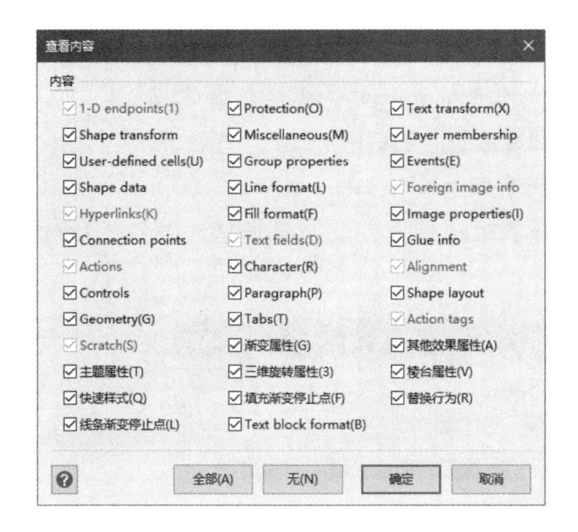

图 8-29 查看节数据

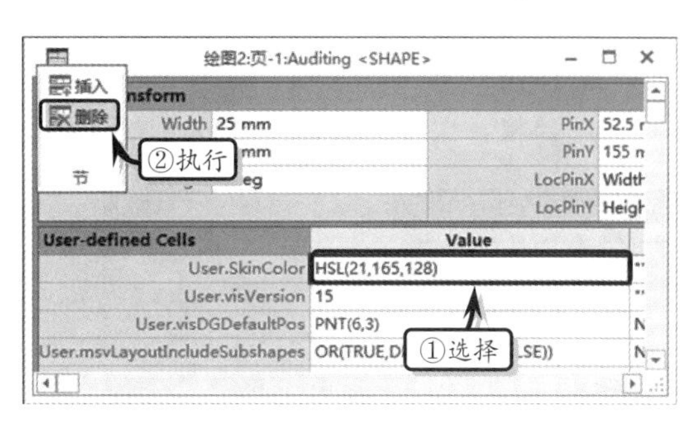

图 8-30 删除节数据

另外，用户还可以执行【设计】|【节】|【插入】命令，在弹出的【插入内容】对话框中，选择需要插入的内容，单击【确定】按钮，在表数据窗口中插入相应的表内容，如图 8-31 所示。

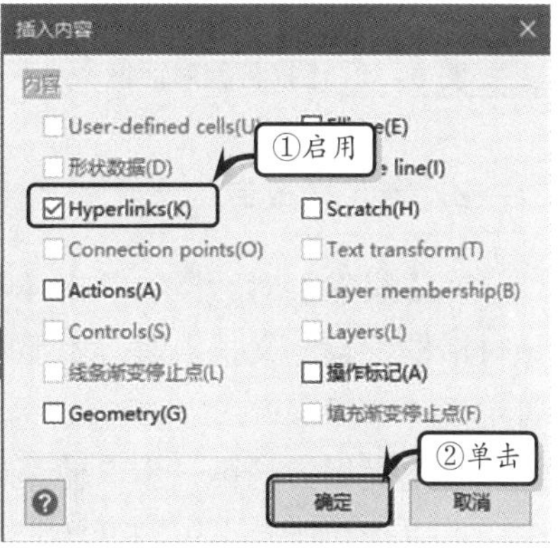

图 8-31 插入表数据

提 示

用户也可以通过执行【设计】|【行】|【插入】和【删除】命令，为数据表插入新行或删除所选行。

8.4 显示形状数据

Visio 为用户提供了一些显示形状数据的功能，例如，可通过创建数据报告来显示和分析形状数据；或者通过创建数据透视关系图形象地显示不同类型的形状数据。

8.4.1 创建数据报告

Visio 为用户提供了预定义报告的功能，用户可利用这些报告来查看与分析形状中的数据。同时，用户还可以根据工作需求创建新报告，以便用来专门分析与保存报告数据。

1. 使用预定义报告

在绘图页中，执行【审阅】|【报表】|【形状报表】命令，在弹出的【报告】对话框中，选择报告类型并运行该报告即可，如图 8-32 所示。

该对话框中的各选项的功能，如下所述。

- **新建** 启用该选项，可以在弹出的【报告定义向导】中创建新报告。
- **修改** 启用该选项，可以在弹出的【报告定义向导】中修改报告。
- **删除** 改用该选项，可以从列表中删除选定的报告定义。但只能删除保存在绘图中的报告定义。要删除保存在文件中的报告定义，应删除包含该报告的文件。

- **浏览** 用于搜索存储在不存在于任何默认搜索位置的文件中的报告定义。
- **仅显示特定绘图的报告** 用来指示是否将报告定义列表限制为与打开的绘图相关的报告。如果清除此复选框，将列出所有报告定义。
- **运行** 启用该选项，在弹出的【运行报告】对话框中，设置报告格式并基于所选的报告定义创建报告，如图 8-33 所示。

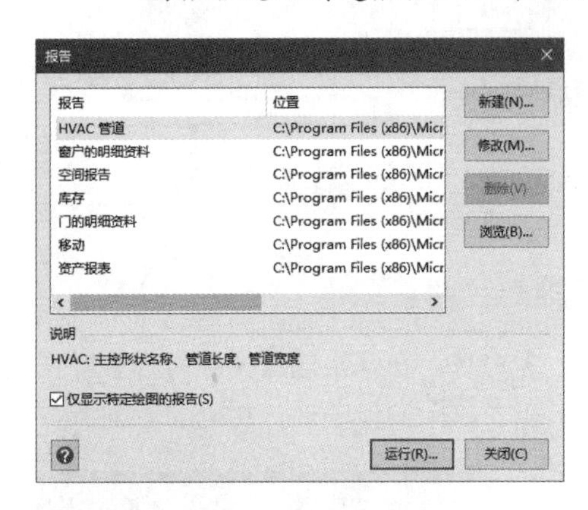

图 8-32 【报告】对话框

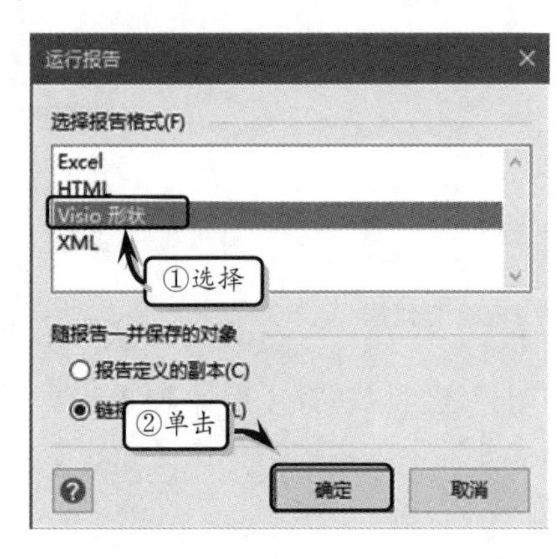

图 8-33 运行报告

2. 自定义报告

在【报告】对话框中单击【新建】按钮，即可弹出【报告定义向导】对话框。通过该对话框中自定义报告时，主要分为选择报告对象、选择属性、设置报告格式与保存报告定义 4 个步骤。

自定义报告的第一步，便是选择报告对象。在【报告定义向导】对话框的首个页面中，可以选择所有页上的形状、当前页上的形状、选定的形状以及其他列表中的形状，并单击【下一步】按钮，如图 8-34 所示。

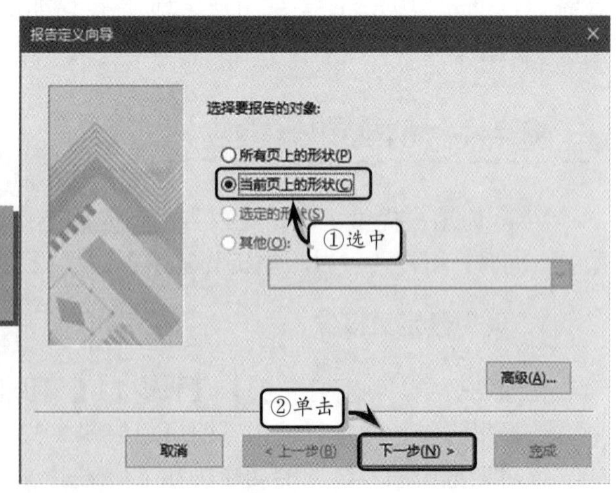

图 8-34 选择报告对象

提 示

用户也可以通过单击【高级】按钮，在弹出的【高级】对话框中定义形状的标准，用来筛选符合条件的形状。

在弹出的对话框中，启用【显示所有属性】复选框，显示所有的属性。然后，在【选择要在报告中显示为列的属性】列表框中，选择要在报告中显示为列的属性，并单击【下一步】按钮，如图 8-35 所示。

然后，在弹出的对话框中，设置报告标题、分组依据、排序依据和格式，并单击【下一步】按钮，如图 8-36 所示。

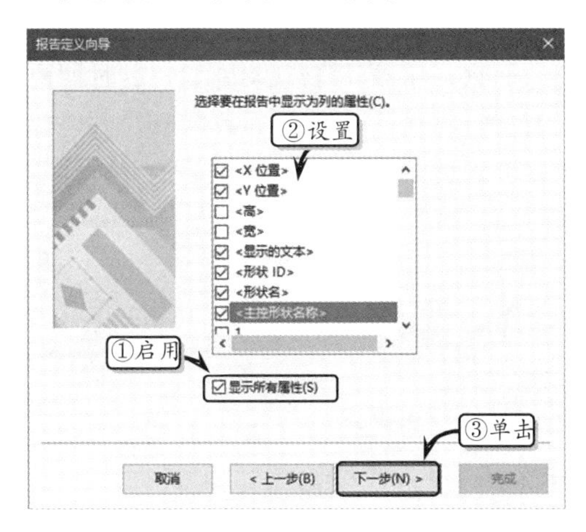

图 8-35 选择列属性

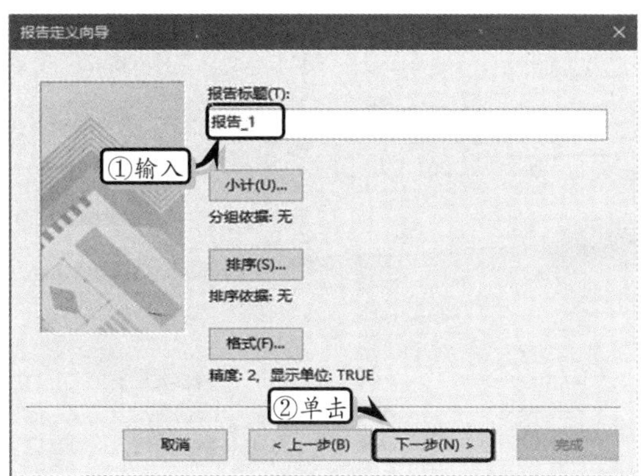

图 8-36 设置报告格式

最后，在弹出的对话框中设置保存报告定义名称、说明及位置，并单击【完成】按钮，完成自定义报告的操作步骤，如图 8-37 所示。在【报告】对话框中，选择自定义报告，单击【运行】按钮即可看到保存后的报告。

8.4.2 使用图例

图例是结合数据显示信息而创建的一种特殊标记，当设置列数据的显示类型为数据栏、图标集或按值显示颜色时，便可以为数据插入图例。

在包含形状数据的绘图页中，执行【数据】|【显示数据】|【插入图例】命令，在其级联菜单中选择一种选项即可，如图 8-38 所示。此时，Visio 会根据绘图页中所设置的数据显示方式，自动生成关于数据的图例。

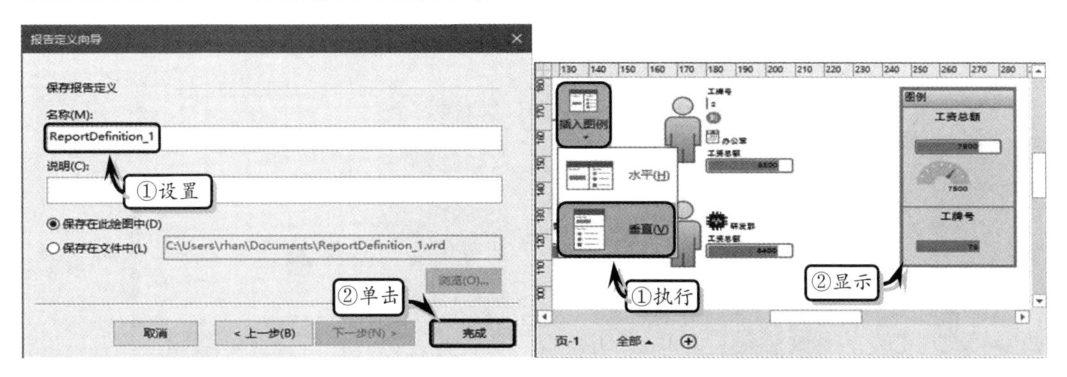

图 8-37 设置保存报告定义选项

图 8-38 插入图例

提 示

当系统生成的图例项比较多时，则比较适合使用垂直类型的图例。

8.5 课堂练习：考核成绩统计图

考核成绩统计图是根据员工实际考核成绩统计而来，主要用于记录员工一定时期内的培训情况，具有督促员工学习的功能。在本练习中，将运用导入外部数据以及创建数据形状，并通过对数据图形进行相关增强数据效果的设置等内容，来制作一个“考核成绩统计图”图表，如图 8-39 所示。

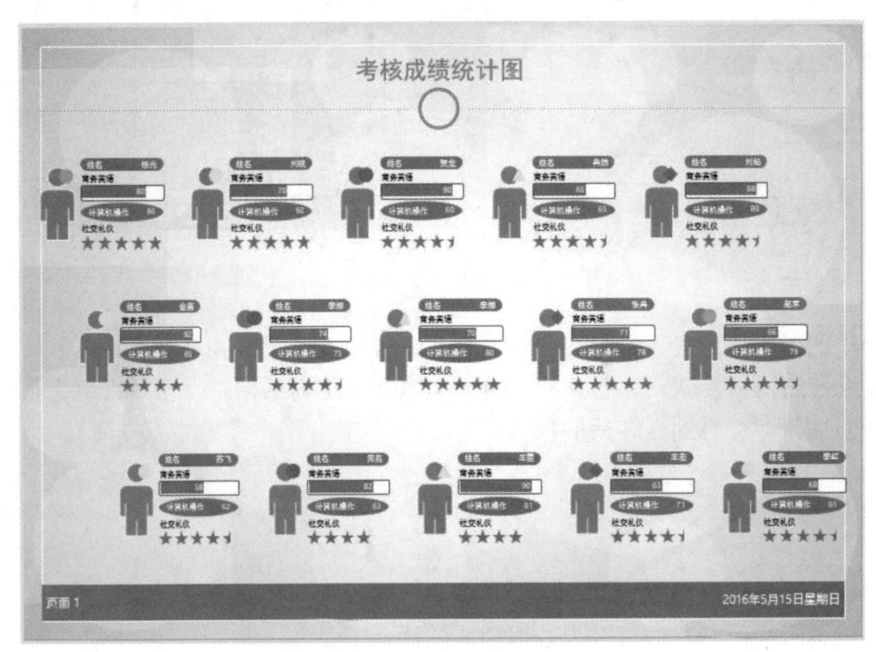

图 8-39 考核成绩统计图

操作步骤：

1 执行【文件】|【新建】命令，在展开的列表中选择【类别】选项，同时选择【流程图】选项，如图 8-40 所示。

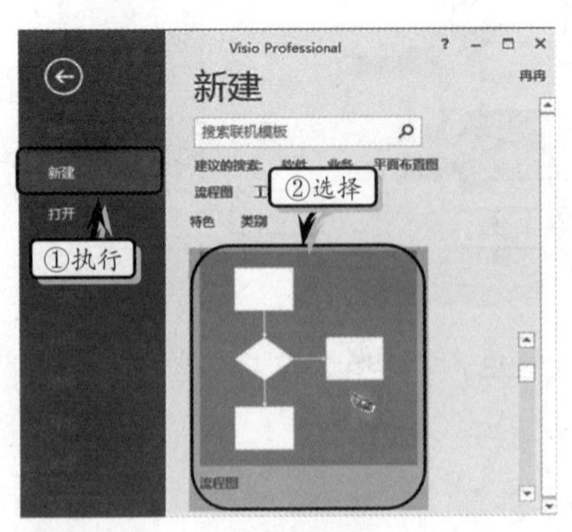

图 8-40 选择模板类型

2 然后，在展开的列表中，双击【工作流程图】选项，如图 8-41 所示。

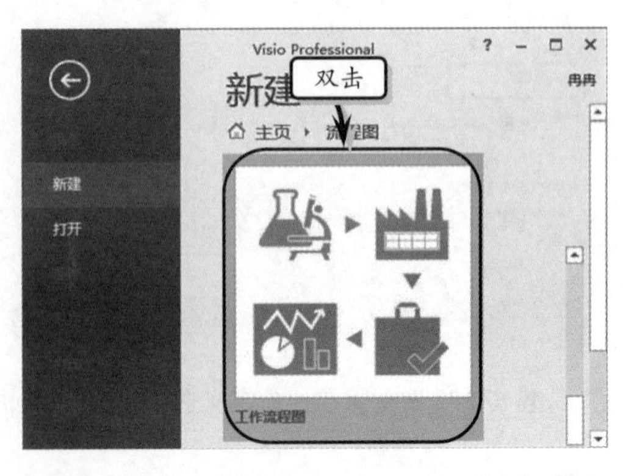

图 8-41 创建模板文档

3 执行【数据】|【外部数据】|【自定义导入】

命令，选中【Microsoft Excel 工作簿】选项，并单击【下一步】按钮，如图 8-42 所示。

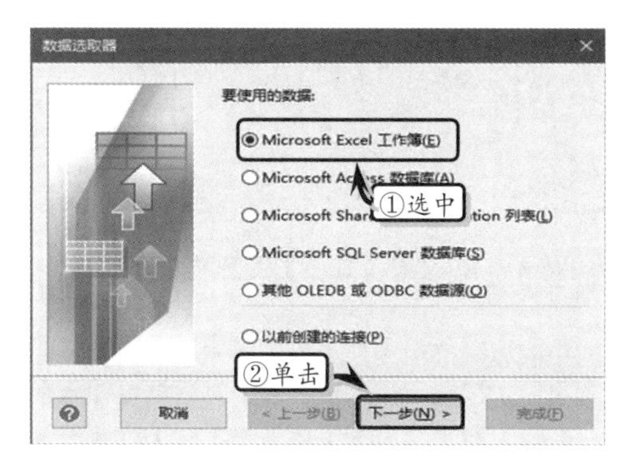

图 8-42 选择数据类型

4 单击【浏览】按钮，选择相应的工作簿文件，并单击【下一步】按钮，如图 8-43 所示。

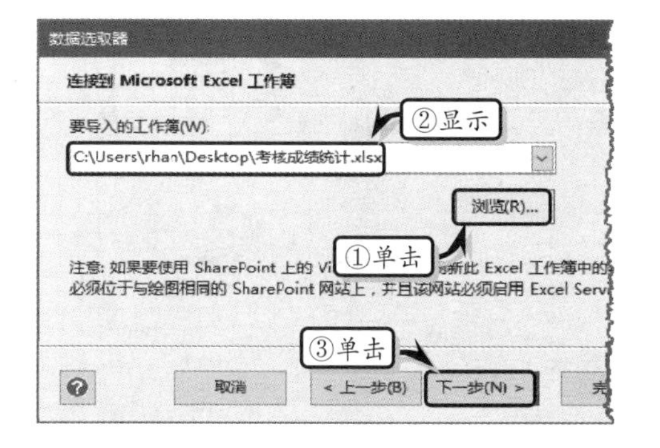

图 8-43 选择数据表

5 在【要使用的工作表或区域】文本框中，保持现有选项，单击【下一步】按钮，如图 8-44 所示。

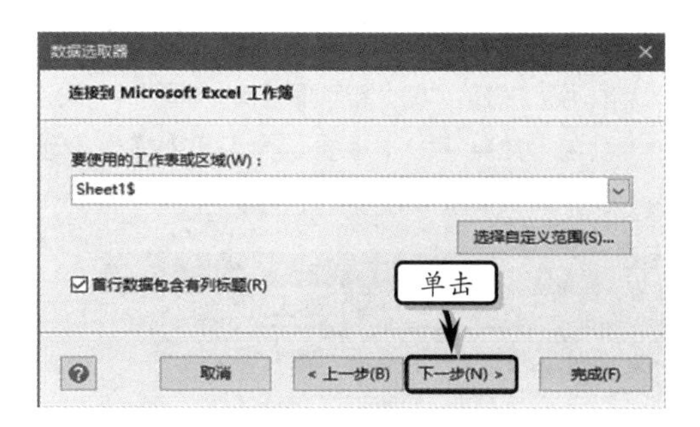

图 8-44 选择工作表

6 在【数据选取器】对话框中，保持默认选项，并单击【完成】按钮，如图 8-45 所示。

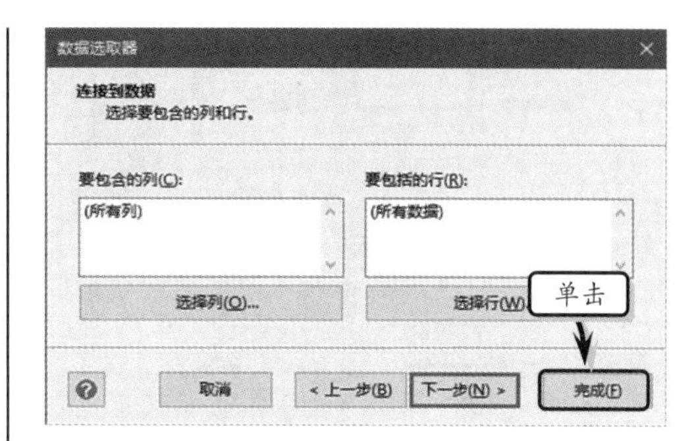

图 8-45 完成向导

7 在【工作流程对象】中选择【人员】形状，然后拖动【外部数据】窗格中的第一条数据至绘图页中，添加数据形状，如图 8-46 所示。

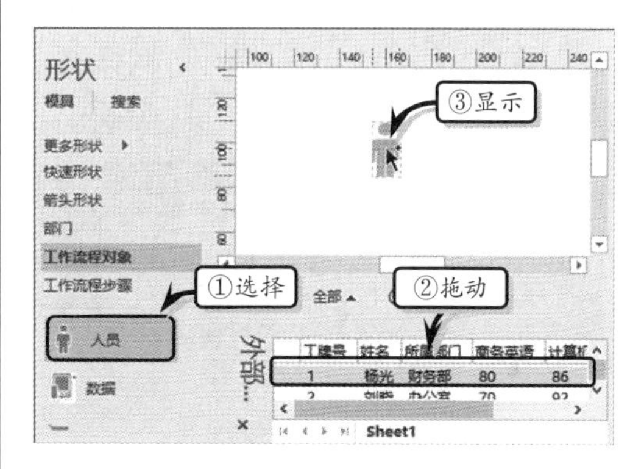

图 8-46 链接形状与数据

8 使用同样方法，依次添加其他数据形状，并调整其显示位置，如图 8-47 所示。

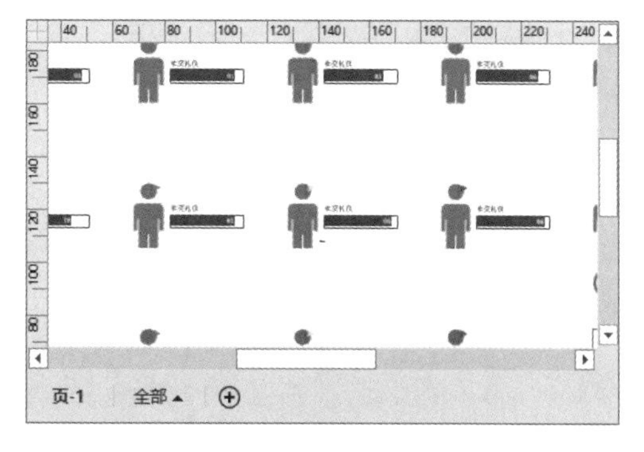

图 8-47 链接其他形状与数据

9 选择所有的形状，执行【开始】|【排列】|【位置】|【横向分布】命令，横向排列形状，如图 8-48 所示。

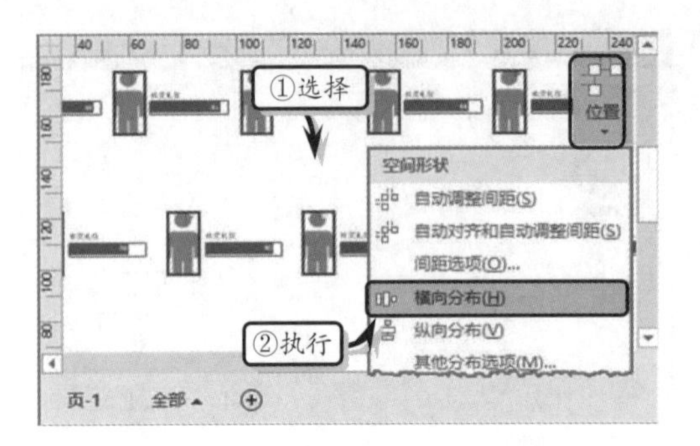

图 8-48 横向分布形状

10 选择第一排内的所有形状，执行【开始】|【排列】|【位置】|【自动调整间距】命令，自动调整形状间距，如图 8-49 所示。同样方法，调整其他形状的间距。

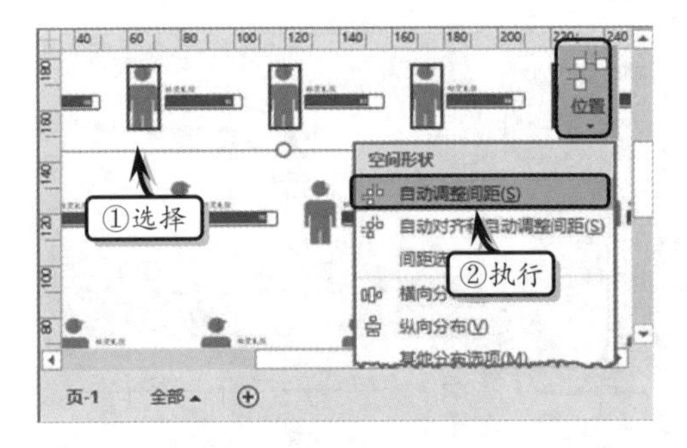

图 8-49 自动调节形状间距

11 选择所有形状，执行【数据】|【高级的数据链接】|【高级数据图形】|【新建数据图形】命令，并单击【新建项目】按钮，如图 8-50 所示。

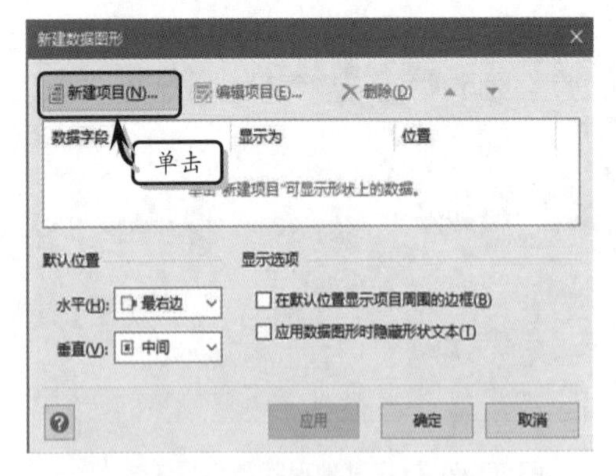

图 8-50 【新建数据图形】对话框

12 在【新项目】对话框中，分别设置【数据字段】、【显示为】和【样式】选项，如图 8-51 所示。

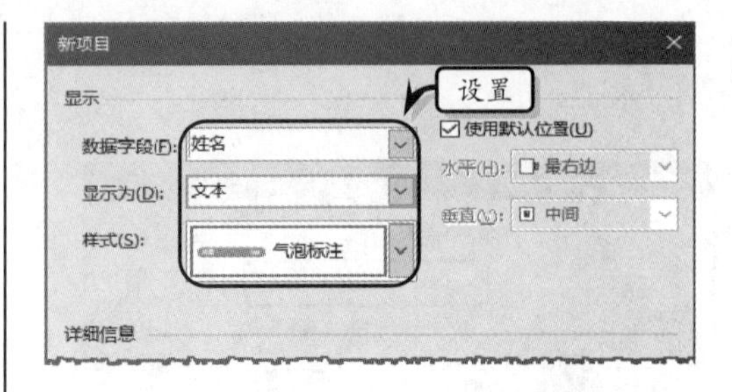

图 8-51 设置【姓名】图形项目

13 在【新建数据图形】对话框中，单击【新建项目】按钮。在【新项目】对话框中，分别设置【数据字段】、【显示为】和【样式】选项，以及【显示每个图标的规则】选项，如图 8-52 所示。

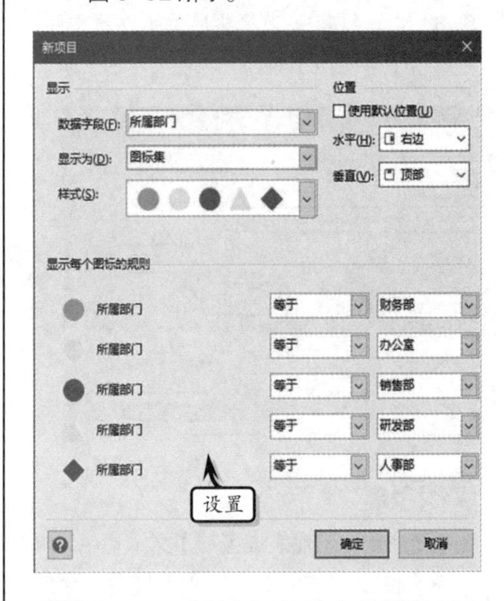

图 8-52 设置【所属部门】图形项目

14 在【新建数据图形】对话框中，单击【新建项目】按钮。在【新项目】对话框中，分别设置【数据字段】、【显示为】和【样式】选项，如图 8-53 所示。

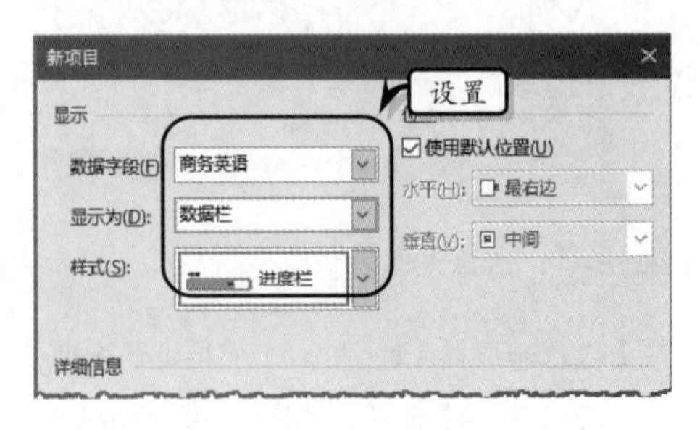

图 8-53 设置【商务英语】图形项目

15 在【新建数据图形】对话框中，单击【新建项目】按钮。在【新项目】对话框中，分别设置【数据字段】、【显示为】和【样式】选项，如图 8-54 所示。

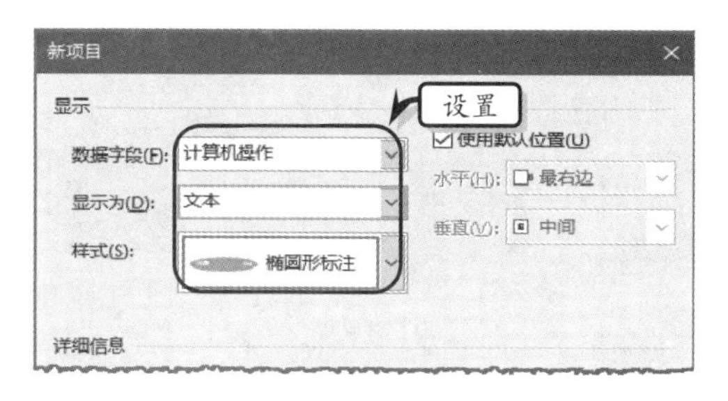

图 8-54 设置【计算机操作】图形项目

16 在【新建数据图形】对话框中，单击【新建项目】按钮。在【新项目】对话框中，分别设置【数据字段】、【显示为】和【样式】选项，如图 8-55 所示。

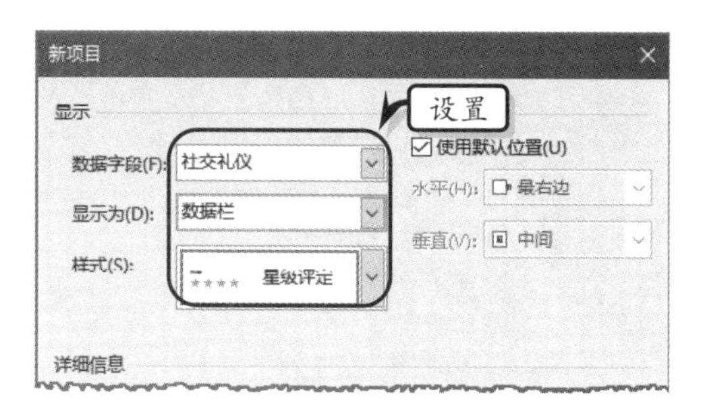

图 8-55 设置【社交礼仪】图形项目

17 执行【设计】|【主题】|【主题】|【线性】命令，设置绘图页的主题效果，如图 8-56 所示。

18 执行【设计】|【背景】|【背景】|【货币】命令，设置绘图页的背景样式，如图 8-57 所示。

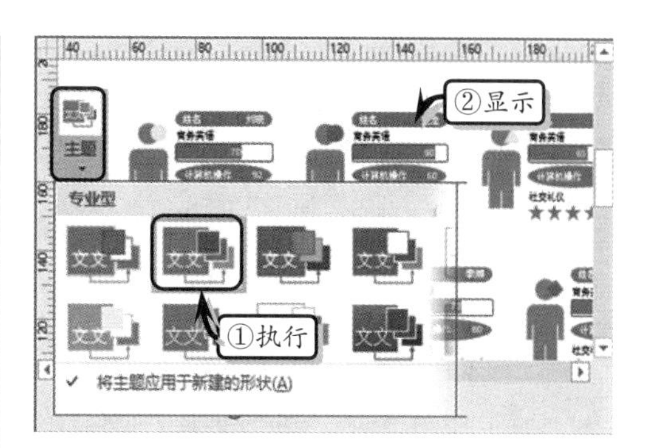

图 8-56 设置主题

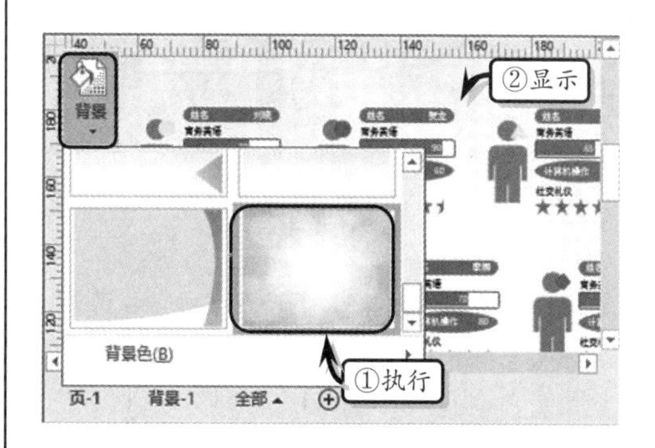

图 8-57 设置背景

19 执行【设计】|【背景】|【边框和标题】|【市镇】命令，添加边框和标题，切换到【背景-1】页中输入标题文本，如图 8-58 所示。

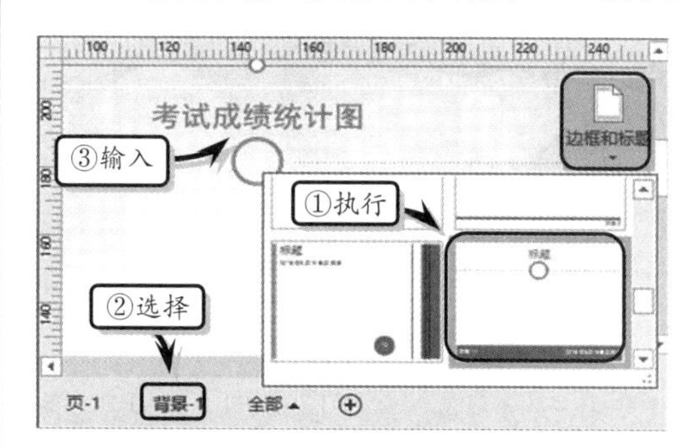

图 8-58 设置边框和标题

8.6 课堂练习：产品销售数据透视表

数据透视关系图是按树状结构排列的形状集合，是以一种可视化、易于理解的数据显示样式，来显示、分析与汇总绘图数据。在本练习中，将运用【数据透视图表】模板来制作一份“产品销售额数据透视图”图表，如图 8-59 所示。

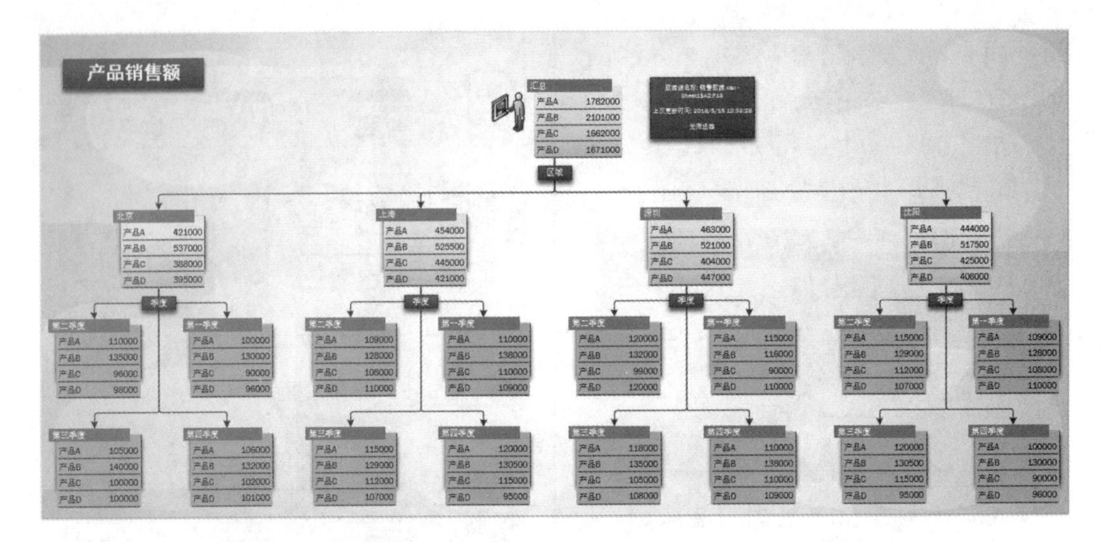

图 8-59 产品销售数据透视表

操作步骤：

1 执行【文件】|【新建】命令，选择【类别】选项，在展开的列表中选择【商务】选项，如图 8-60 所示。

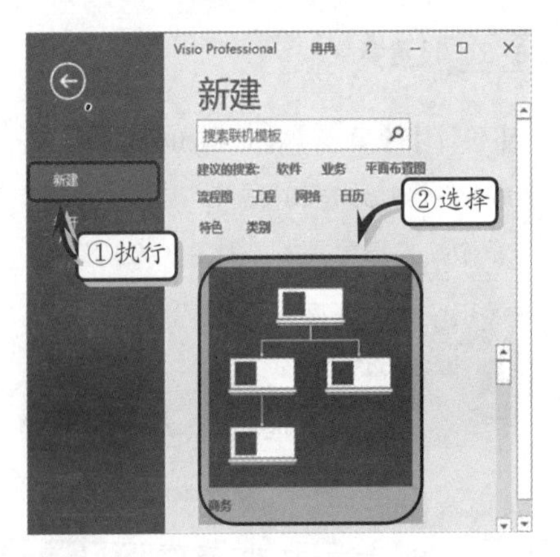

图 8-60 选择模板类型

2 然后，在弹出的窗口中，双击【数据透视图表】选项，创建模板文档，如图 8-61 所示。

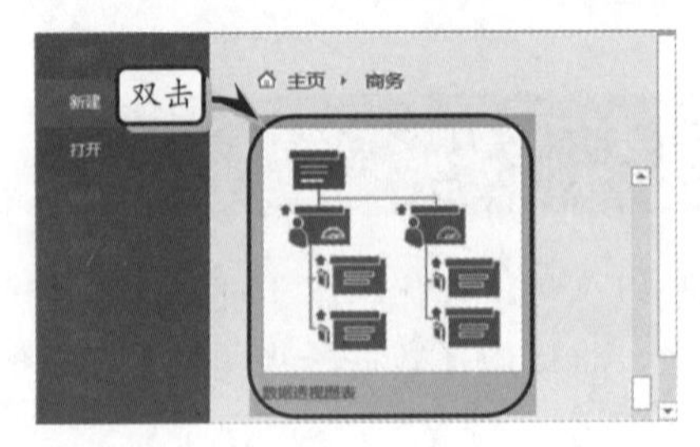

图 8-61 创建模板文档

3 在弹出的【数据选取器】对话框中，保持默认选项，单击【下一步】按钮，如图 8-62 所示。

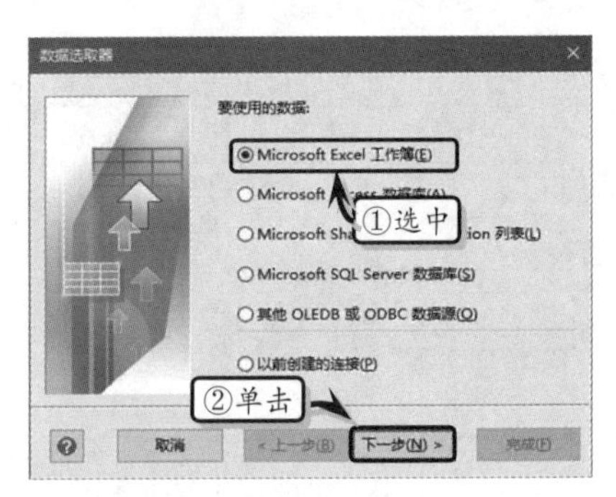

图 8-62 选择数据类型

4 然后，在展开的对话框中单击【浏览】按钮，选择数据文件，并单击【下一步】按钮，如图 8-63 所示。

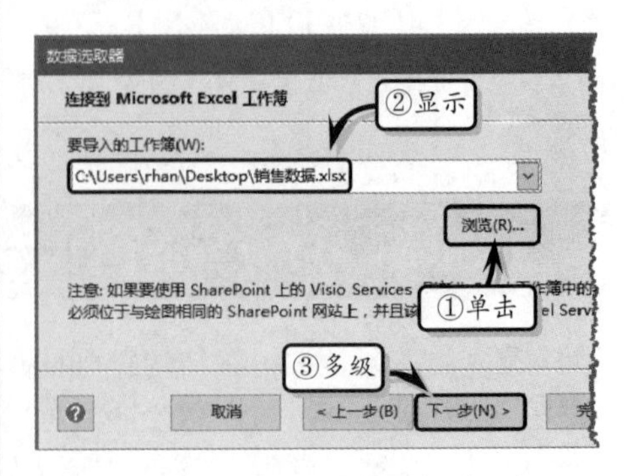

图 8-63 选择数据文件

5 在弹出的对话框中单击【选择自定义范围】按钮，在展开的Excel窗口中选择数据区域，如图8-64所示。

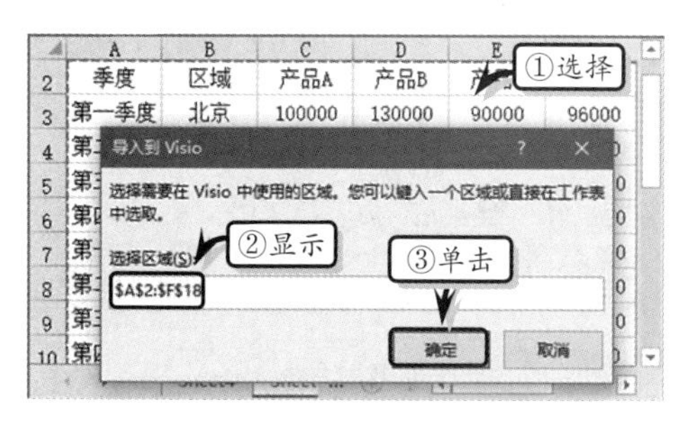

图 8-64 选择数据区域

6 然后，在【数据选取器】对话框中，单击【完成】按钮，如图8-65所示。

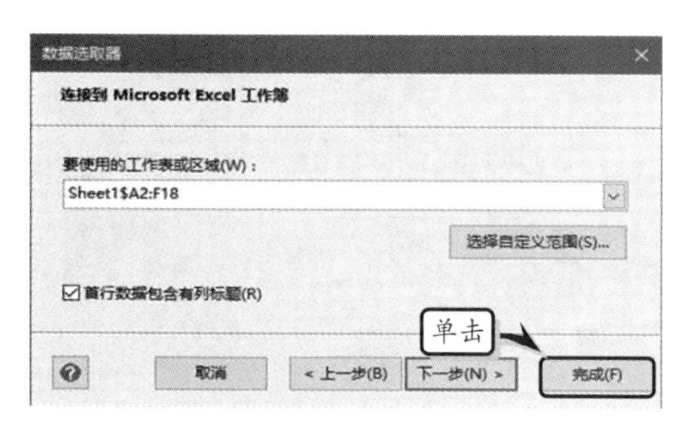

图 8-65 完成导入数据

7 在【数据透视关系图】任务窗格中的【添加汇总】列表中，启用【产品A】至【产品D】复选框，如图8-66所示。

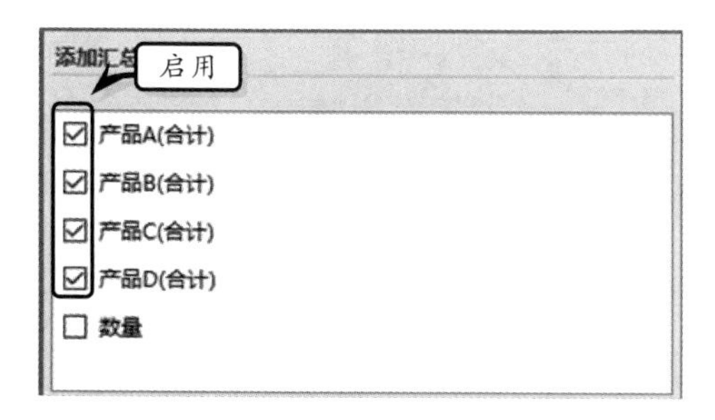

图 8-66 添加数据字段

8 然后，在【添加类别】列表框中，先启用【区域】选项，再启用【季度】选项，如图8-67所示。

9 选择【汇总】形状，执行【数据透视关系图】|【格式】|【应用形状】命令。在【模具】下拉列表中选择【部门】，并在列表框中选择【营销】选项，如图8-68所示。

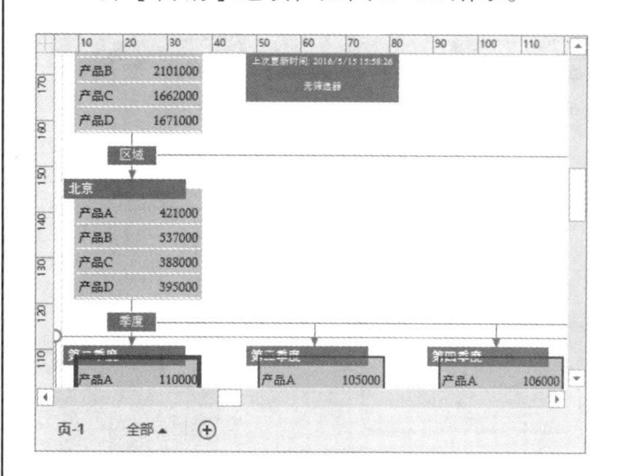

图 8-67 添加数据类别

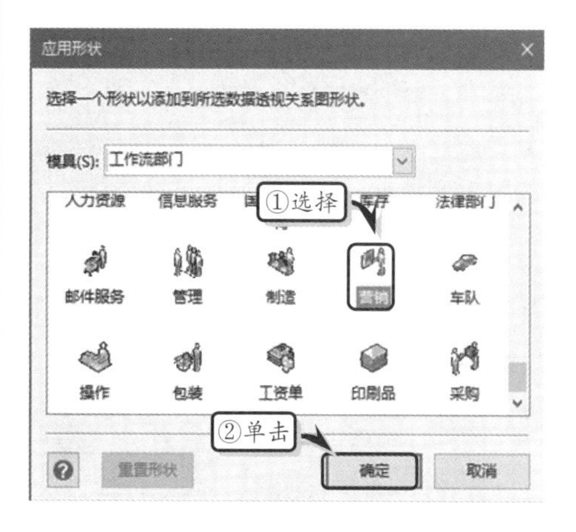

图 8-68 应用形状

10 执行【数据透视图表】|【布局】|【全部重新布局】|【全部重新布局】命令，调整图表的位置和顺序，如图8-69所示。

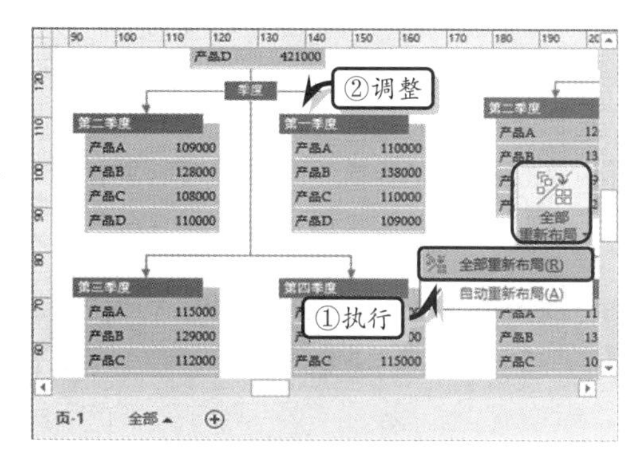

图 8-69 调整显示位置和顺序

11 执行【设计】|【页面设置】|【大小】|【其

他页面大小】命令，自定义页面大小，如图 8-70 所示。

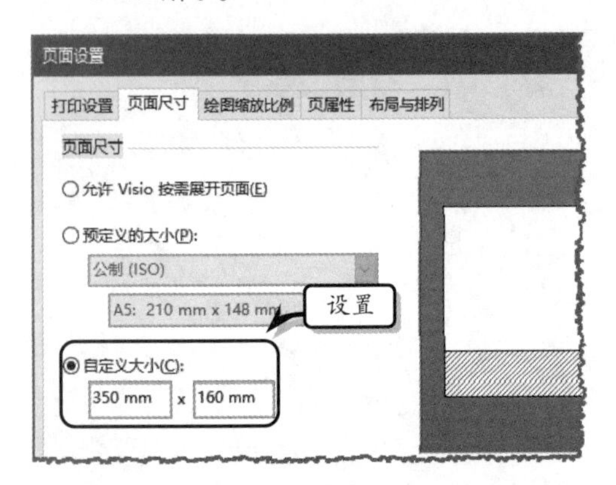

图 8-70 自定义页面大小

12 执行【设计】|【主题】|【主题】|【离子】命令，设置绘图页的主题效果，如图 8-71 所示。

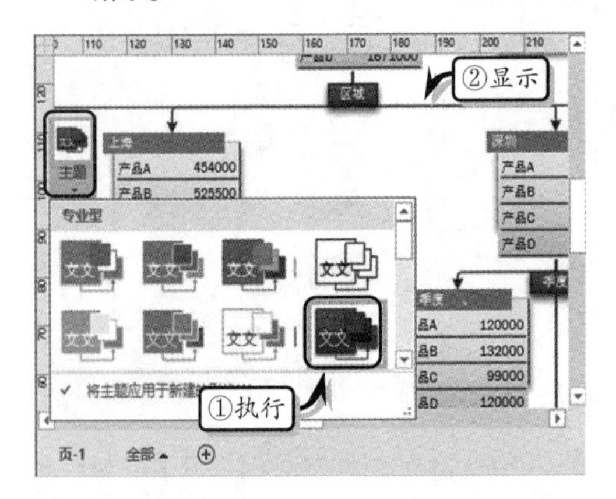

图 8-71 设置主题效果

13 选中下两排的所有形状，执行【开始】|【形状样式】|【填充】|【浅绿】命令，设置形状填充颜色，如图 8-72 所示。

14 双击左上角的标题形状，输入标题文本并设置文本的字体和样式，如图 8-73 所示。

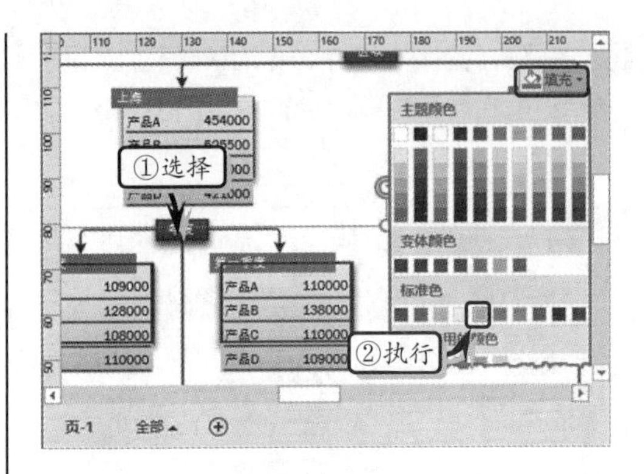

图 8-72 设置填充颜色

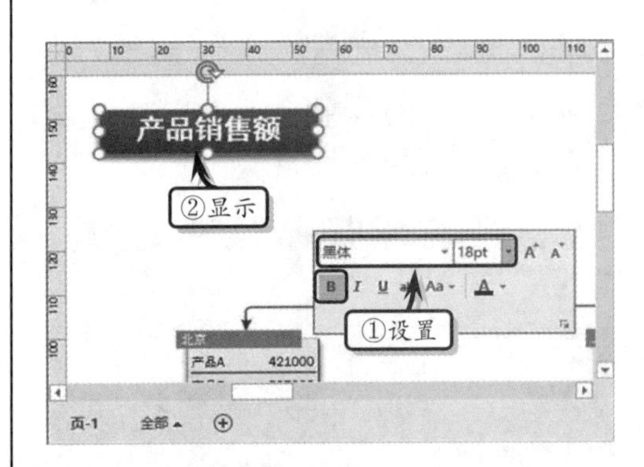

图 8-73 制作标题

15 执行【设计】|【背景】|【背景】|【货币】命令，为绘图页添加背景效果，如图 8-74 所示。

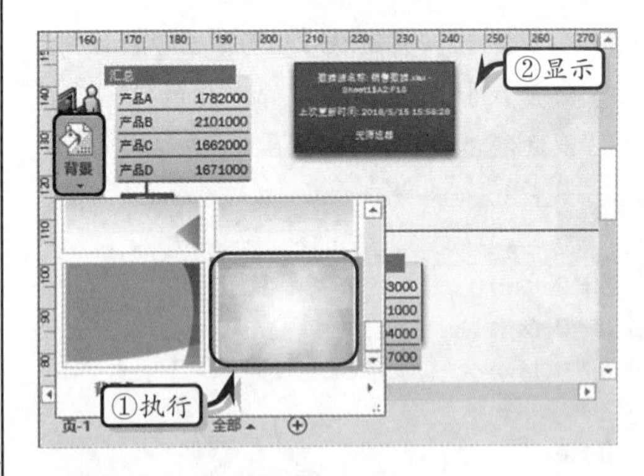

图 8-74 添加背景效果

思考与练习

一、填空题

1. 在 Visio 中，除了可以设置形状的外观效果与颜色之外，还可以设置形状中与之关联的数据，包括______、______、更改形状数据，以及使用______等内容。

2．形状数据是与形状直接关联的一种______，主要用于展示与形状相关的各种属性及______。

3．在定义形状数据时，【定义形状数据】对话框中的________选项，不可用于布尔值数据类型。

4．用户还可以将绘图连接到多个数据源上，在【外部数据】窗口中的任意位置，右击鼠标并执行____________命令，系统会自动弹出____________对话框，遵循【将绘图连接到数据源】中的步骤即可。

5．在链接数据到形状时，用户可以使用直接链接、自动链接与________方法链接形状。

6．Visio 为用户提供了显示数据的________工具，该工具是一组________，可以形象地显示数据信息。

7．形状表又称为____________，主要用于显示形状的各种关联数据。

8．默认状态下，形状表数据可以分为______种，它们是以节的方式显示于形状表的窗口中。

二、选择题

1．____是结合数据显示信息而创建的一种特殊标记，当设置列数据的显示类型为数据栏、图标集或按值显示颜色时，便可以使用它。

A．图例

B．数据表

C．数据节

D．图形增强样式

2．在【报告】对话框中单击【新建】按钮，即可弹出【报告定义向导】对话框。通过该对话框自定义报告时，主要分为选择报告对象、选择属性、______与保存报告定义 4 个步骤。

A．设置报告数据

B．设置报告格式

C．设置数据类型

D．插入数据表

3．对于表数据节中表数据类型的描述，错误的一项为_____。

A．Shape transform 表示形状变换属性，包括宽度和高度等

B．User-defined cells 表示用户定义表，包括各种主题设置

C．Paragraph 表示字符格式

D．Shape layout 表示形状层属性设置

4．默认情况下，为形状链接数据之后，将在形状中显示数据的任意内容。当导入的数据包含多列内容时，用户可通过右击执行_____命令的方法，来设置形状的显示格式。

A．【配置刷新】

B．【行设置】

C．【列设置】

D．【刷新数据】

5．下列哪种说法是正确的？________

A．刷新数据是为了杜绝数据之间的冲突问题

B．刷新数据时可以配置刷新的间隔时间

C．刷新数据时可以解决刷新中的冲突问题

D．数据行被删除可以造成刷新冲突

6．用户可以通过【数据图形】中的________方式，用颜色来表示形状数据的唯一值与范围值。

A．文本

B．数据栏

C．图标集

D．按值显示颜色

三、问答题

1．如何导入外部数据？

2．如何创建数据报告？

3．如何查看形状表数据？

四、上机练习

1．自定义形状数据

在本练习中，主要利用 Visio 中的【形状数据】功能，为选中的形状自定义形状数据，如图 8-75 所示。首先，在绘图页中选择一个形状，右击执行【数据】|【定义形状数据】命令，设置形状数据的【名称】、【类型】以及【格式】等选项，

并单击【确定】按钮。最后，右击形状执行【数据】|【编辑数据图形】命令，在弹出的【编辑数据图形】对话框中，单击【新建项目】按钮。设置【数据字段】选项，并将【显示为】设置为【文本】选项。最后，设置【样式】与【详细信息】样式，单击【确定】按钮即可。

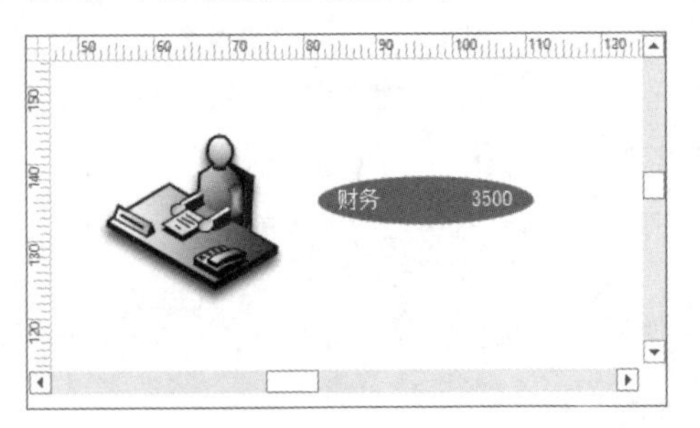

图 8-75 自定义形状数据

2. 添加数据图例

在本练习中，将利用 Visio 中的【插入图例】功能，为形状数据添加图例，如图 8-76 所示。首先，在绘图页中添加【工作流对象-3D】模具中的【用户】形状，并排列形状。然后，将外部数据导入到绘图页中，并链接到形状中。同时，执行【数据】|【显示数据】|【数据图形】|【新建数据图形】命令，添加文本、图标集等数据图形。最后，执行【数据】|【显示数据】|【插入图例】|【垂直】命令，插入数据图例。

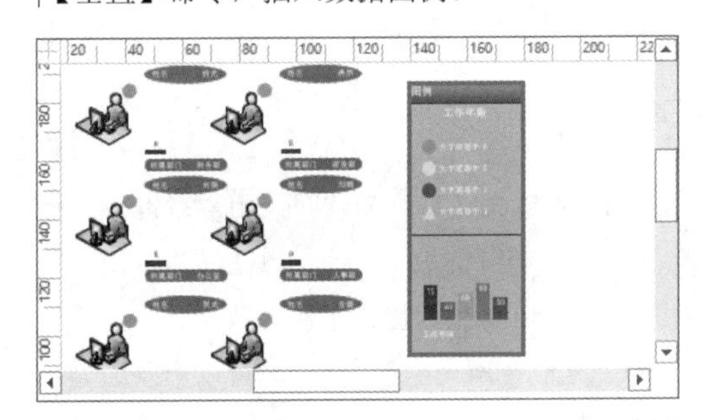

图 8-76 添加数据图例

第 9 章

构建基本图表

构建基本图表是指在 Visio 中创建块图与图表。其中，块图是制作图表的主要元素，不仅易于创建，而且还易于传达数量比较大的信息。而图表是在数据表的基础上，用来展示、分析与交流绘图数据的图形。通过构建基本图表，可以帮助用户利用绘图清晰、逻辑地显示与分析绘图中的数据。本章主要讲解构建不同类型的块图、图表及营销图表的基础知识与操作技巧。

本章学习目的：

- 创建框图
- 创建扇状图
- 创建条形图
- 创建比较图表
- 创建中心辐射图表
- 编辑图表

9.1 构建块图

构建块图是通过使用 Visio 中内置的【框图】模板，来创建与编辑各种类型的块图。在 Visio 中，【框图】模板是绘图中最常用的模板，由二维与三维形状组合而成。其形状主要由【基本形状】、【块图】、【具有凸起效果的块】与【具有透视效果的块】4 种模具组合而成。

9.1.1 创建块图

块图又分为【块】、【树】与【扇状图】三种类型。其中，【块】用来显示流程中的步骤，【树】用来显示层次信息，而【扇状图】用来显示了从核心到外表所构建的数据关系。创建块图是将不同模具中的形状拖动到绘图页中，其具体操作步骤如下所述。

1. 创建方块图

在绘图页中，执行【文件】|【新建】命令，在【类别】列表中选择【常规】选项，并双击【框图】选项。在【形状】任务窗格中，将【方块】或【具有凸起效果的块】模具中的形状拖到绘图页中。使用【自动链接】命令链接形状，或将【方块】模具中的【箭头】类型的形状拖动到绘图页中。将【箭头】类型形状的一端链接到一个形状上，拖动【箭头】类型形状的另一端，将其链接到第二个形状上即可，如图 9-1 所示。

提 示

在使用【箭头】类型形状链接形状时，成功链接形状后，在【箭头】类型形状上将会以一个红点显示链接点。

2. 创建层级树

创建层级树，主要使用【方块】形状中的【树】类型形状来创建。在【形状】任务窗格中，将【方块】模具中的【树】类型形状拖到绘图页中。例如，将“双树枝直角”形状拖动到绘图页中，并链接到绘图页中的其他形状中。另外，用户还可以通过双击该形状，在【树】类型形状的干枝上输入文本，如图 9-2 所示。

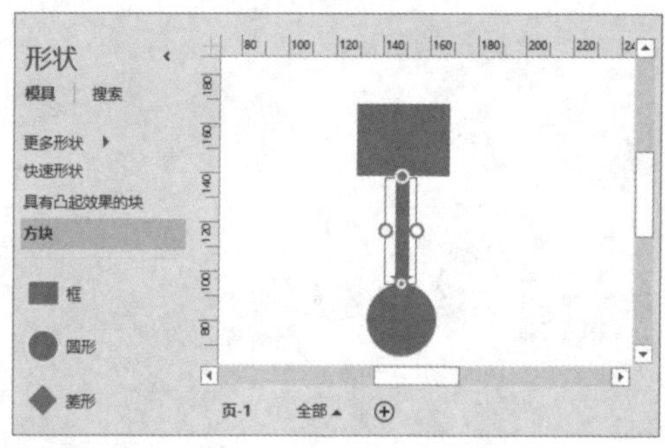

图 9-1 创建方块图

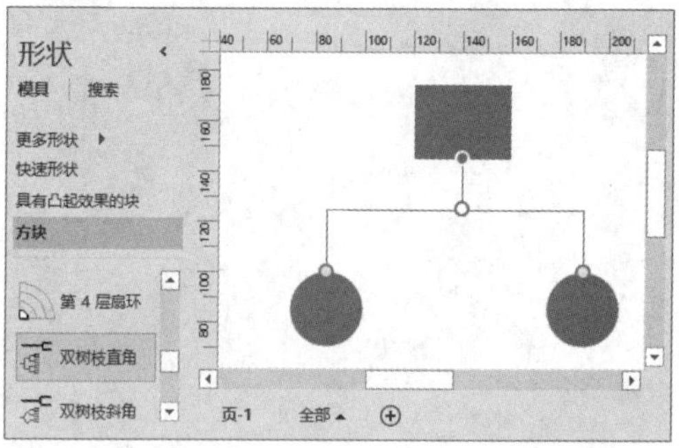

图 9-2 创建层级树

提 示

在使用【箭头】类型形状链接形状时，成功链接形状后，在【箭头】类型形状上将会以一个红点显示链接点。

3. 创建扇状图

创建扇状图，主要使用【方块】模具中的【同心圆】与【扇环】类型形状来创建。在【形状】任务窗格中的【方块】模具中，将【同心圆中心层】形状拖到绘图页中，创建扇状图的最里层。然后，将【同心圆第 3 层】形状拖到绘图页中，创建扇状图的第二层。以此类推，在绘图页中创建 4 层的扇状图，如图 9-3 所示。

提 示

利用【扇环】类型形状创建扇状图时，也是按照顺序将【第 1 层扇环】、【第 2 层扇环】等形状拖放在一起。

4．创建三维块图

三维块图是一种由具有透视效果的形状组合而成的图表，可以形象地表现绘图内容。其形状的深度与方向可以通过绘图中的【消失点】来改变。创建三维块图，主要使用【具有透视效果的块】模具中的形状来创建。在【形状】任务窗格中，单击【更多形状】下拉按钮，选择【常规】|【具有透视效果的块】选项，将【具有透视效果的块】模具中的形状拖到绘图页中即可，如图 9-4 所示。

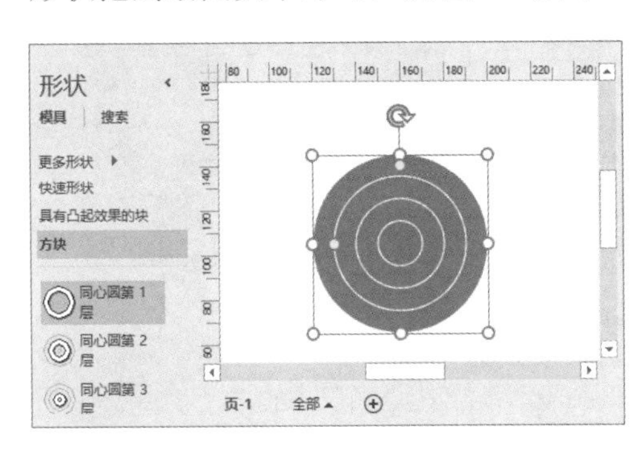

图 9-3 创建扇状图

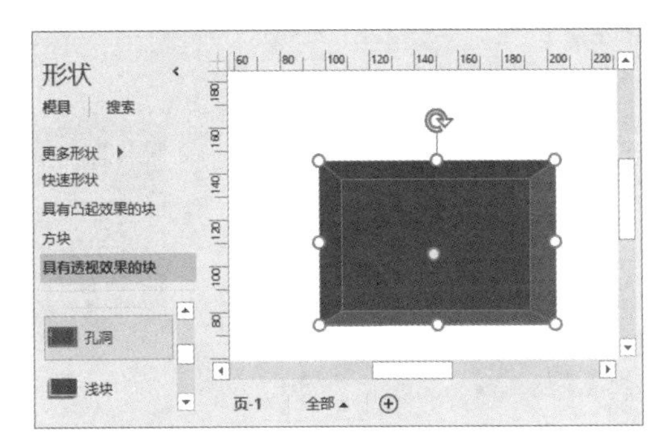

图 9-4 创建三维块图

提 示

只有【具有透视效果的块】模具中的形状才具有【消失点】。

9.1.2 编辑方块图

编辑块图，即调整方块图表的外观、格式化树图的方框与文本，及编辑同心圆的层次、同心圆环等。

1．编辑方块图

Visio 中的方块图所包含的形状都是一些普通的形状，可以使用基本的 Visio 操作方法，来编辑方块图的形状与外观。

1）编辑形状

用户可以使用下列任意一种操作方法，来编辑方块图中的形状。

- ❑ **调整形状关系** 可通过改变连接符或“箭头”形状端点的方法，来调整形状之间的关系。
- ❑ **调整形状大小** 可以通过拖动“选择手柄”来调整形状的大小，或拖动形状的角来按比例调整形状的大小。
- ❑ **调整形状的弯曲程度** 拖动形状中的“顶点”或“离心手柄”即可调整形状的弯曲程度。
- ❑ **调整形状的叠放顺序** 选择形状，执行【开始】|【排列】|【置于顶层】|【上移

一层】命令，或执行【置于底层】|【下移一层】等命令即可。

- ❑ **设置形状格式**　右击形状，执行【设置形状格式】命令即可。
- ❑ **设置阴影颜色**　用于设置【具有凸起效果的块】与【具有透视效果的块】模具中形状的阴影颜色。右击形状，执行【自动添加阴影】或【手动添加阴影】命令即可。其中，执行【自动添加阴影】命令时，形状阴影的颜色由主题颜色决定。而执行【手动添加阴影】命令后，执行【开始】|【形状样式】|【效果】|【阴影】|【阴影选项】命令，即可在打开的对话框中设置阴影颜色。

2）编辑外观

Visio 中的方块图中的形状具有可调特性，用户可以通过形状中的"控制点"或文本来调整形状的外观，如图 9-5 所示。

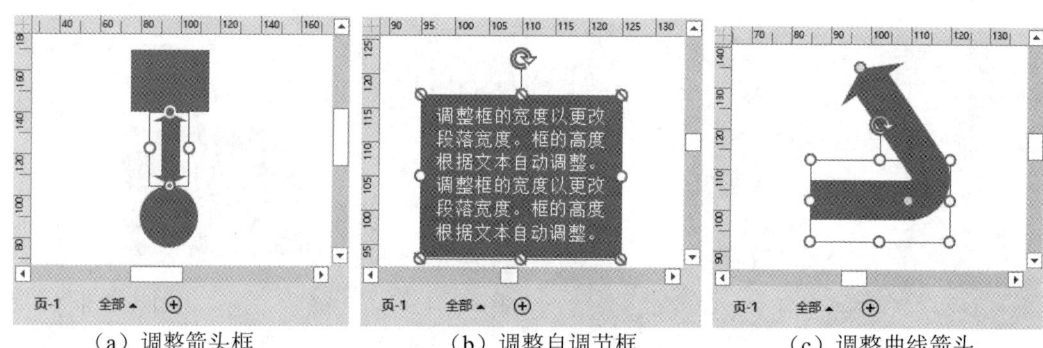

（a）调整箭头框　（b）调整自调节框　（c）调整曲线箭头

图 9-5 调整形状外观

- ❑ **调整箭头框**　通过调整箭头的控制点来调整箭头的宽度，还可以通过调整【框】形状中箭头端点与框交点处的控制点来调整箭头的长度。
- ❑ **调整可变箭头**　通过调整箭头的控制点来调整箭头的宽度、箭头形状与尾部形状。
- ❑ **调整曲线箭头**　通过调整箭头的控制点来调整箭头的位置，还可以通过调整弧线上的控制点来调整弧度。
- ❑ **调整自调节框**　通过输入文字来调整框的高度与宽度。

3）调整闭合形状

调整闭合状态是打开或闭合形状的边界。用户可对【方块】模具中的【箭头】类型形状及【具有凸起效果的块】模具中的【箭头】类型、【条】类型与【肘形】类型的形状，进行打开或闭合边界的操作，如图 9-6 所示。

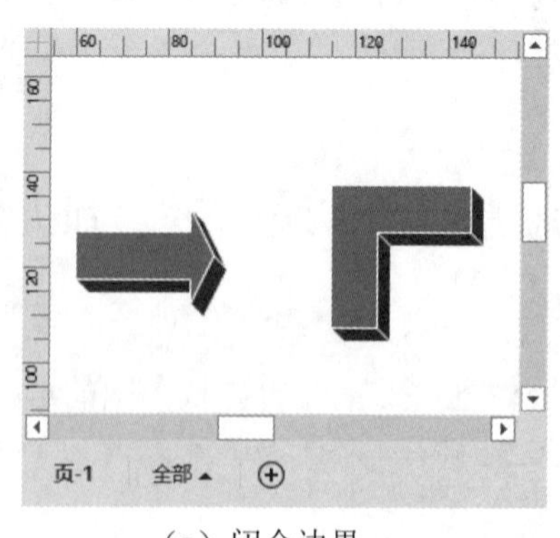

（a）闭合边界

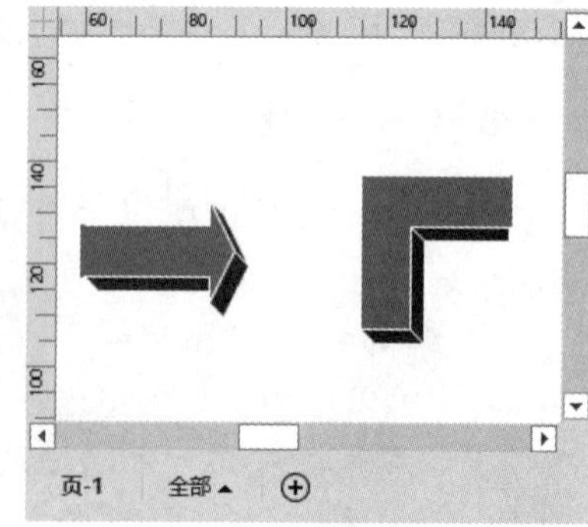

（b）打开边界

图 9-6 调整闭合状态

一般情况下，用户可通过下列方法来打开或闭合形状的边界。

- ❑ **打开箭头边界**　右击形状，在快捷菜单中执行【箭尾开放】命令。

- ❑ **闭合箭头边界** 右击形状，在快捷菜单中执行【箭尾闭合】命令。
- ❑ **打开/闭合【条】类型与【肘形】类型形状的边界** 右击形状，在快捷菜单中执行【左端开发】、【底端开放】、【两端开放】或【两端闭合】命令。

提 示

对于【垂直条】形状来讲，右击形状，快捷菜单中出现的前两项命令是【仅顶端开放】与【仅底端开放】。

2．编辑层级树

编辑层级树主要是增减【多树枝】形状树的主干与分支，以及调整树枝之间的位置与距离。用户可通过下列基础操作，来编辑层级树。

选择【多树枝】形状，拖动主干上的控制手柄至合适的位置即可。一个【多树枝】形状最多可以添加 4 个分支。当用户需要 6 个以上的分支时，可以为绘图添加第二个【多树枝】形状。将第二个【多树枝】形状放置在第一个【多树枝】形状上面，并拖动主干上的控制手柄添加树枝，如图 9-7 所示。

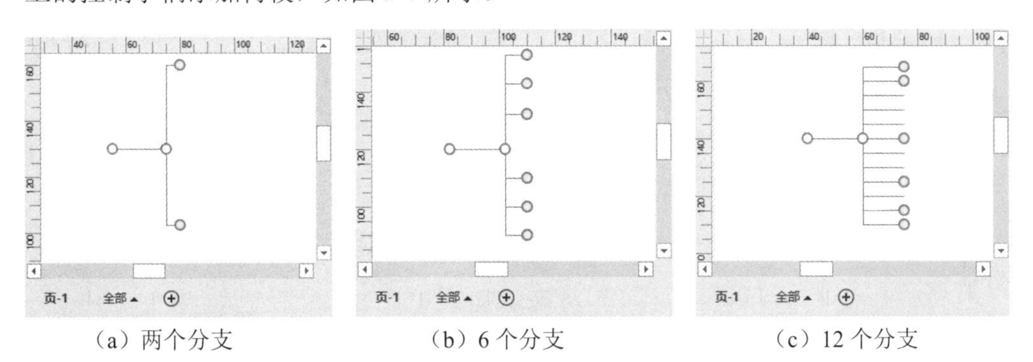

（a）两个分支　（b）6 个分支　（c）12 个分支

图 9–7 添加树枝

另外，用户还可以通过下列操作，对【多树枝】形状进行删除和调整操作。

- ❑ **删除树枝** 选择【多树枝】形状，拖动树枝端点的控制手柄至主干上，或其他树枝的端点处即可。
- ❑ **调整树枝位置** 拖动树枝端点的控制手柄至合适位置即可。
- ❑ **调整树枝间距** 拖动树枝端点的控制手柄或拖动粘贴在树枝上的形状，也可以使用【对齐形状】与【分布形状】命令。
- ❑ **调整主干位置** 选择【多树枝】形状，可以使用方向键移动形状，或使用鼠标直接拖动形状。

3．编辑扇状图

在 Visio 中，用户可以通过拖动选择手柄的方法，来改变形状的大小。另外，还可以通过拖动形状内边缘的控制手柄的方法，来改变形状的厚度。另外，用户还可以利用【扇环】形状分解【同心圆】形状，其具体操作步骤如下所述。

首先，用户可以对同心圆形状进行自由分解，即将【同心圆第 1 层】形状拖到绘图页中，同时将【第 1 层扇环】形状拖到【同心圆第 1 层】形状上，按 Ctrl+L 键调整【第

1 层扇环】形状，使其符合分解形状。以此类推，分别分解其他同心圆形状。

其次，用户也可以以固定的形状分解同心圆。首先，将【同心圆 1 层】、【同心圆 2 层】等同心圆形状组合在一起。然后，将【第 1 层扇环】、【第 2 层扇环】等形状组合在一起，并将扇环的组合形状拖到同心圆的组合形状上即可，如图 9-8 所示。

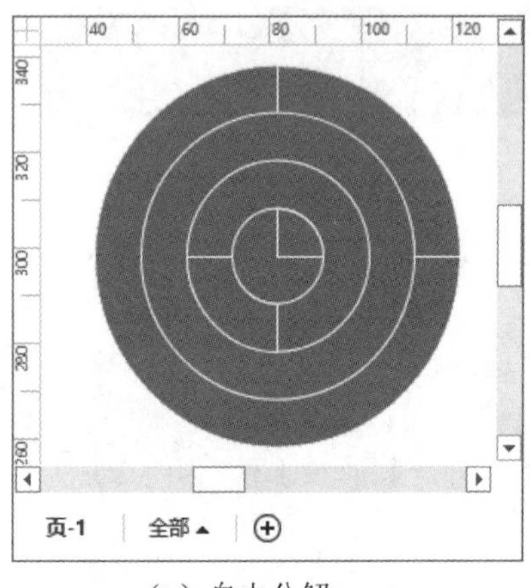

（a）自由分解

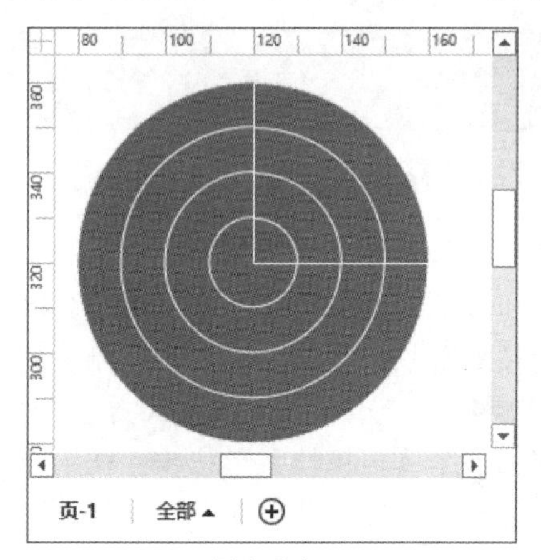

（b）固定分解

图 9-8 分解同心圆形状

4. 编辑三维块图

用户可以使用【消失点】来编辑透视图的透视性，及透视形状的透视性与深度，如图 9-9 所示。

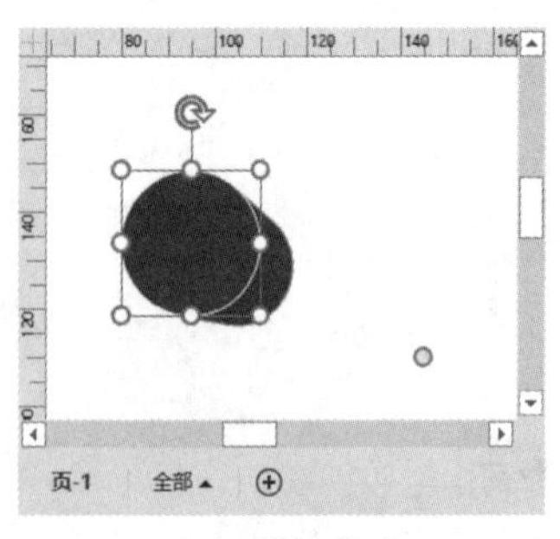

（a）原始状态

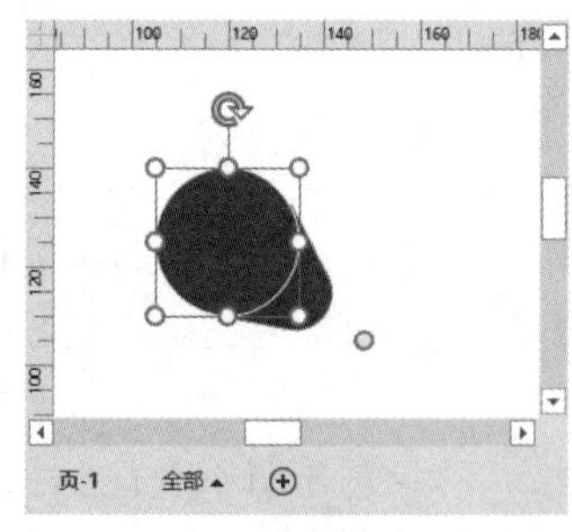

（b）调整深度

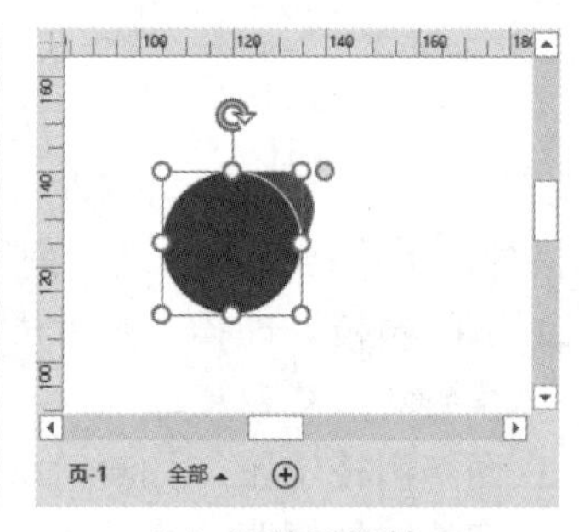

（c）调整透视性

图 9-9 编辑三维块图

编辑三维块图的具体操作方法如下所述。

- **链接形状与【消失点】** 将形状的控制手柄拖动到【消失点】形状的连接点上即可。
- **调整形状的透视性** 如果形状已链接到【消失点】上，拖动【消失点】至新位置即可。如果形状没有链接到【消失点】上，直接拖动形状上的控制手柄即可。
- **调整形状的深度** 右击形状并执行【设置深度】命令，在弹出的【形状数据】对话框中，设置深度值即可。

9.2 构建图表

Visio 为用户提供了演示数据等数据的图表形状，利用该形状可以根据数据类型与分析需求构建自定义图表。通过构建图表，可以帮助用户更好地分析数据统计结果与发展趋势。

9.2.1 创建条形图

Visio 为用户提供了二维条形图与三维条形图两种条形图形状，其中二维条形图最多可以显示 12 个条，而三维条形图最多可以显示 5 个条。

1. 创建二维条形图

执行【文件】|【新建】命令，在【类别】列表中选择【商务】选项，并双击【图表和图形】选项。将【绘制图表形状】模具中的二维条形图类型的"条形图 1"形状拖到绘图页中，在弹出的【形状数据】对话框中，设置条形数目并单击【确定】按钮，即可在绘图页中创建一个二维条形图，如图 9-10 所示。

2. 创建三维条形图

首先，将【绘制图表形状】模具中的【三维轴】形状拖到绘图页中，并拖动形状上的控制手柄调整形状的网格线、墙体厚度与第三维的深度。然后，将【三维条形图】形状拖到【三维轴】形状的原点处，在弹出的【形状数据】对话框中设置条形数、值与颜色，单击【确定】按钮即可在绘图页中创建一个三维条形图，如图 9-11 所示。

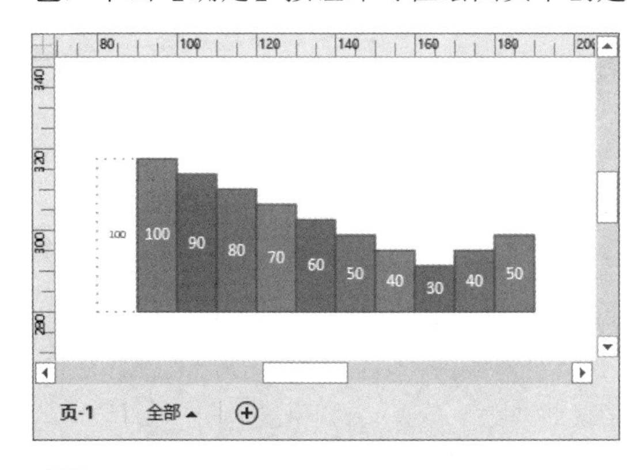

图 9-10 二维条形图

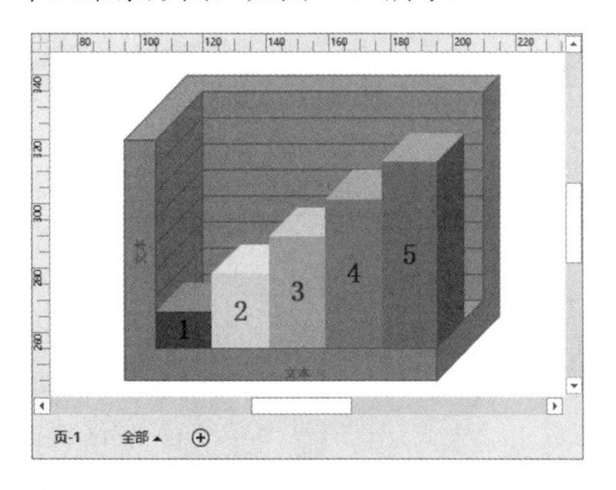

图 9-11 三维条形图

9.2.2 创建饼状图

Visio 还为用户提供了演示产品数据的饼状图，直接将【绘制图表形状】模具中的【饼图】拖到绘图页中，在弹出的【形状数据】对话框中设置扇区数量，单击【确定】按钮即可在绘图页中创建一个饼状图。

由于内置的【饼图】形状只能提供10个扇区，所以用户可以使用自定义饼状图的方法，来创建大于10个扇区的饼图。首先，将【绘制图表形状】模具中的【饼图扇区】拖到绘图页中。然后，将第二个【饼图扇区】拖到绘图页中，拖动第二个形状上右下方的选择手柄，将其粘附到第一个形状左上方的顶点上。拖动第二个形状左下方的选择手柄，将其粘附到第一个形状左下方的顶点上。最后，拖动形状上的控制手柄调整扇区的大小。以此类推，分别添加其他扇区形状，如图9-12所示。

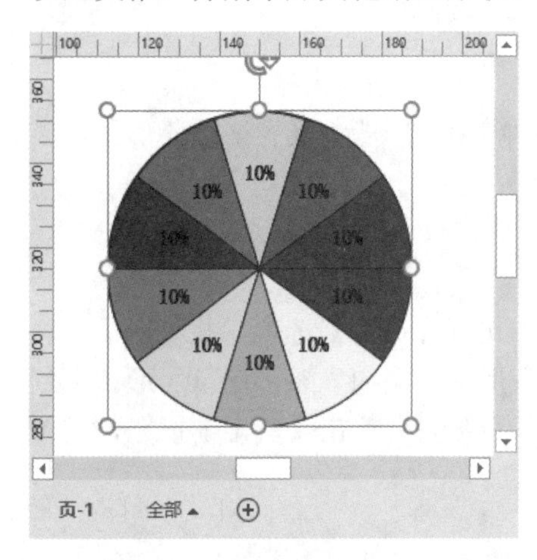

(a) 内置【饼图】形状

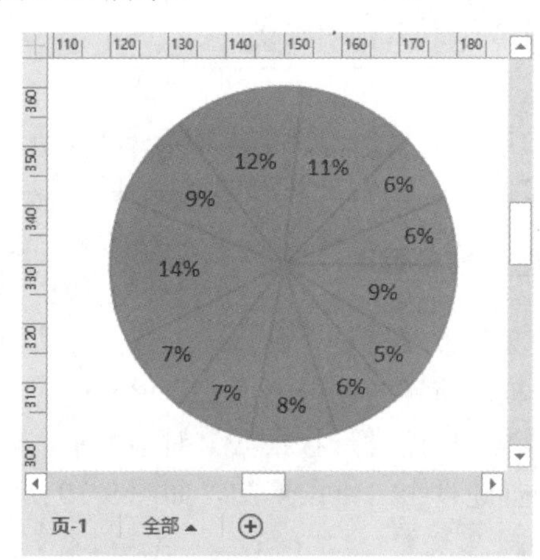

(b) 自定义【饼图】形状

图9-12 创建饼状图

提 示

在自定义【饼图】形状时，按住 Ctrl 键的同时选择所有的【饼图扇区】形状，右击执行【组合】|【组合】命令，组合所有的【饼图扇区】形状。

9.2.3 创建功能比较图表

功能比较图主要用来显示产品的特性。首先，在【形状】任务窗格中，将【绘制图表形状】模具中的【功能比较】形状拖到绘图页中，在弹出的【形状数据】对话框中设置产品与功能数量，单击【确定】按钮即可在绘图页中创建一个比较图表。

然后，将【功能开关】形状拖到【功能比较】图表上的单元格中，在弹出的【形状数据】对话框中，设置状态图标样式，单击【确定】按钮即可为图表添加状态标志，如图9-13所示。

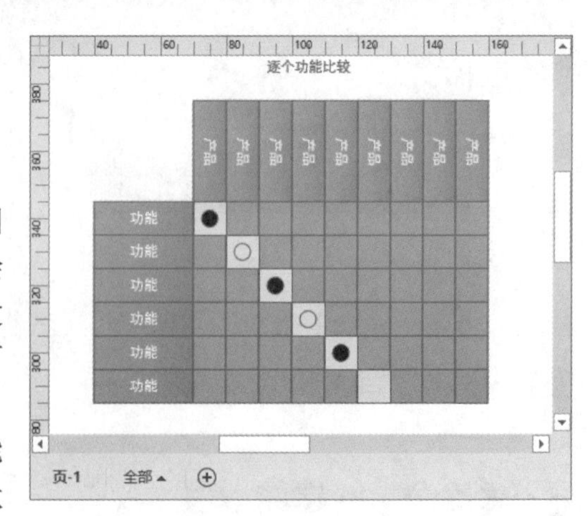

图9-13 创建功能比较图

提 示

【功能开关】形状包括空白、实心圆与空心圆三种状态标注。其中，空白表示产品不存在特性，实心圆表示产品提供特性，空心圆表示产品提供受限制的特性。

9.2.4 编辑条形图和饼状图

创建图表之后，为了使图表具有美观性，需要编辑图表的颜色、数量、高度等外观样式。另外，为了使图表具有实用性，还需要编辑图表的轴标签。

1. 编辑条形图

编辑条形图主要是更改条形图的高度、宽度、条值、数量、颜色等外观样式。其中，用户可根据下列方法，来编辑二维条形图。

- **调整高度与宽度** 可通过拖动【条形图】形状左上方的控制手柄，来调整条形图的高度。同时，通过拖动【条形图】中第一条右下方的控制手柄，来调整条形图的宽度。
- **指定条值** 选中【条形图】形状中的条，直接输入数值即可。
- **调整条数量** 右击【条形图】形状，执行【设置条形数目】命令，在弹出的【形状数据】对话框中设置条形数目值即可。
- **设置条颜色** 右击【条形图】形状，执行【设置形状格式】命令，在弹出的【设置形状格式】任务窗格中，可以设置条形图的填充线条样式和效果，如图 9-14 所示。
- **添加坐标轴** 将【绘制图表形状】模具中的【X-Y 轴】形状拖到图表中即可。
- **设置轴单位** 单击 X 轴或 Y 轴，在文本框中输入文本即可。

另外，用户可以使用下列方法，来编辑三维条形图。

- **调整高度与宽度** 可通过拖动【条形图】中的选择手柄，来调整条形图的高度。同时，通过拖动【条形图】形状中第一条右下方的控制手柄，来调整条形图的宽度。
- **指定条值与颜色** 右击【条形图】形状，执行【条形属性】命令，在弹出的【形状数据】对话框中，设置条值与颜色，如图 9-15 所示。

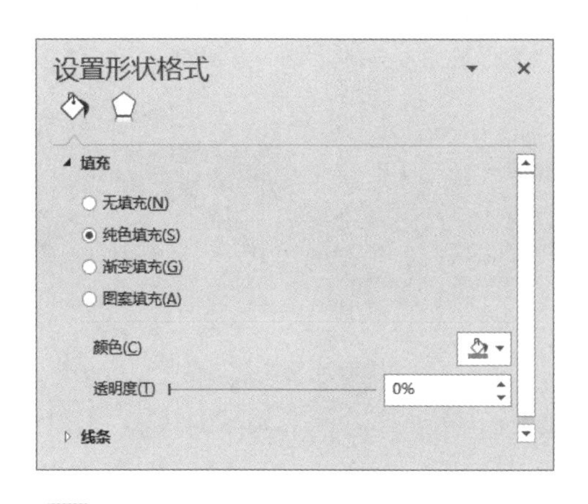

图 9-14 【设置形状格式】任务窗格

图 9-15 设置条值与颜色

- **隐藏条值** 右击【条形图】形状，执行【隐藏值】命令即可。
- **显示线条** 右击【条形图】形状，执行【显示线条】命令即可。
- **调整条数目** 右击【条形图】形状，执行【条形计数与范围】命令，在弹出的【形状数据】对话框中设置【条形计数】值即可，如图 9-16 所示。
- **调整相对高度** 右击【条形图】形状，执行【条形计数与范围】命令，在弹出的【形状数据】对话框中设置【范围】值即可。该【范围】值为 Y 轴顶端的值。

2. 编辑饼状图

用户可通过下列操作，编辑饼状图的值、颜色与大小。

- **设置扇区数目** 右击【饼图】形状，执行【设置扇区数目】命令，在弹出的【形状数据】对话框中设置【扇区】值即可。
- **设置扇区大小** 右击【饼图】形状，执行【设置扇区大小】命令，在弹出的【形状数据】对话框中设置数值即可，如图 9-17 所示。

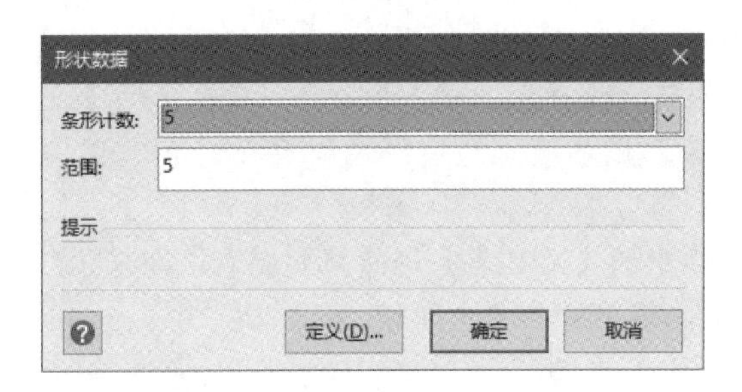

图 9-16 设置条形数量

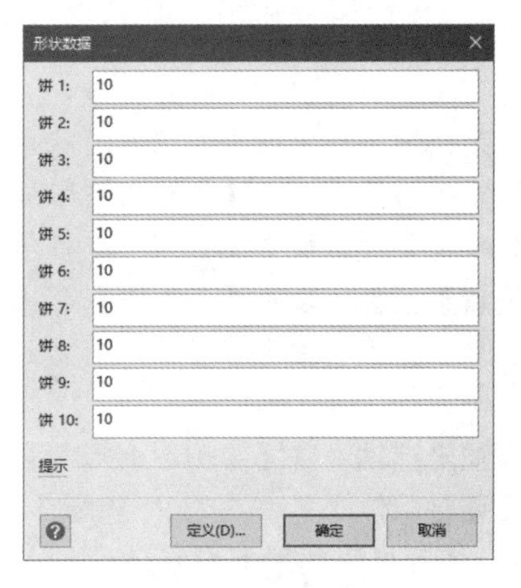

图 9-17 设置扇区大小

提 示

右击【功能图表】形状，执行【设置域】命令，即可更改图表的功能与产品数量。

3. 添加文字提示框

由于图表形状中无法输入过多的文字，所以需要通过添加文字提示框的方法，来增加图表的说明文本。在【绘制图表形状】模具中，将【2-D 提示框】或【1-D 提示框】形状拖到绘图页中即可，如图 9-18 所示。

用户可通过下列方法，来调整文字提示框。

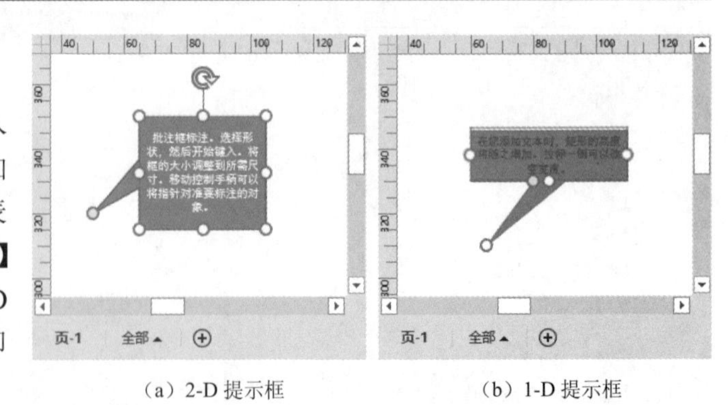

（a）2-D 提示框 （b）1-D 提示框

图 9-18 添加文字提示框

- ❑ **调整【2-D 提示框】形状** 可通过拖动提示框形状上的选择手柄，来调整提示框的大小。另外，通过拖动控制手柄来调整形状中的“重定位指针”的显示方向。
- ❑ **调整【1-D 提示框】形状** 用户可通过拖动提示框形状上的控制手柄，来调整提示框的高度、宽度与箭头长度。另外，通过拖动控制手柄来调整形状中的“重定位指针”的显示形状。

4．添加标注与批注

在【绘制图表形状】模具中，将【水平标注】或【批注】形状拖到绘图页中即可。当用户为形状输入文本时，形状的高度会根据文本的多少而自动调整。另外，用户可通过拖动选择手柄的方法，来调整形状的大小与标注线的方向、位置与长度，如图 9-19 所示。

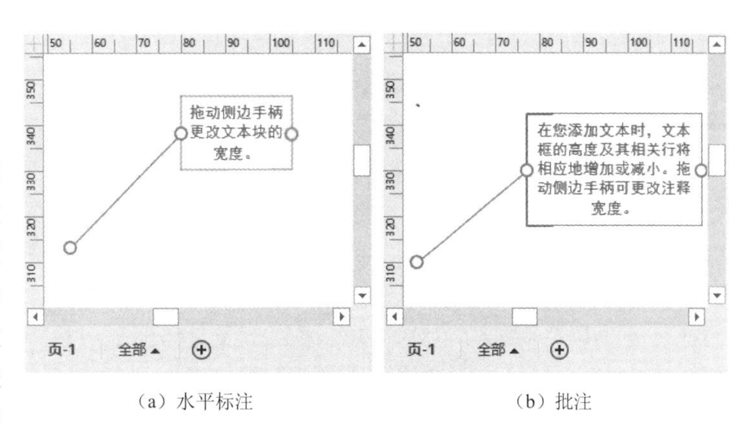

图 9-19 添加标注与批注

9.3 构建营销图表

Visio 为用户提供了显示销售数据的营销图表，利用该图表不仅可以帮助用户分析数据与数据之间的关系，而且可以帮助用户分析数据的层级、发展趋势，及产品的市场占有率。

9.3.1 创建中心辐射图表

中心辐射图表主要用来显示数据之间的关系，最多可包含 8 个数据关系。在绘图页中，执行【文件】|【新建】命令，在【类别】列表中选择【商务】选项，并双击【营销图表】选项，创建绘图。在【营销图表】模具中，将【中心辐射图】形状拖到绘图页中，在弹出的【形状数据】对话框中，指定【圆形数】值，单击【确定】按钮即可在绘图页中创建一个中心辐射图，如图 9-20 所示。

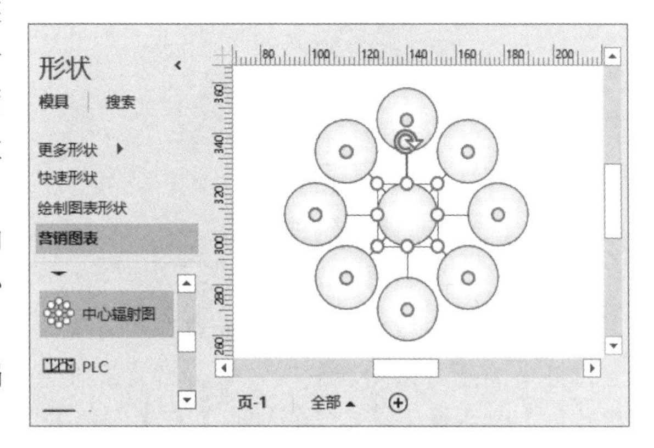

图 9-20 中心辐射图

另外，用户可通过下列方法，来编辑【中心辐射图】形状。

- ❑ **调整大小** 可通过拖动选择手柄的方法，来调整形状的大小。

- ❑ **调整外围圈的位置** 可通过拖动圆圈内的控制手柄的方法，来调整外围圈的位置。
- ❑ **调整外围圈的数目** 右击【中心辐射图】形状，执行【设置圆形数目】命令，在弹出的【形状数据】对话框中，设置【圆形数】值即可。
- ❑ **调整外围圈的颜色** 选择【中心辐射图】形状，单击单个围圈，右击执行【设置形状格式】命令，选择相应的颜色即可设置外围圈的颜色。

9.3.2 创建三角形

三角形主要用来显示数据的层次级别，最多可以设置 5 层数据。在【形状】任务窗格中的【营销图表】模具中，将【三角形】形状拖到绘图页中，在弹出的【形状数据】对话框中指定【级别数】值，单击【确定】按钮即可在绘图页中创建一个三角形，如图 9-21 所示。

另外，用户可通过下列方法，来编辑【三角形】形状。

- ❑ **调整大小** 可通过拖动选择手柄的方法，来调整形状的大小。
- ❑ **设置维度** 右击形状，执行【二维】或【三维】命令即可。
- ❑ **设置级别** 右击形状，执行【设置级别数】命令，在弹出的【形状数据】对话框中设置级别数值即可。
- ❑ **设置偏移量** 右击形状，执行【设置偏移量】命令，在弹出的【形状数据】对话框中设置偏移值即可。设置偏移量之后，形状中每个级别之间将由空格进行分隔，如图 9-22 所示。

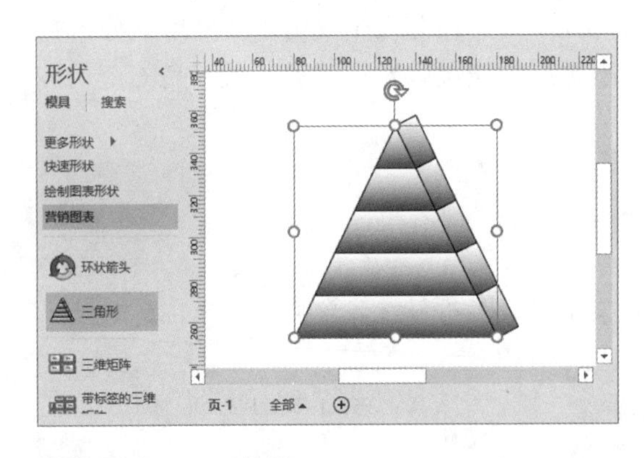

图 9-21 三角形

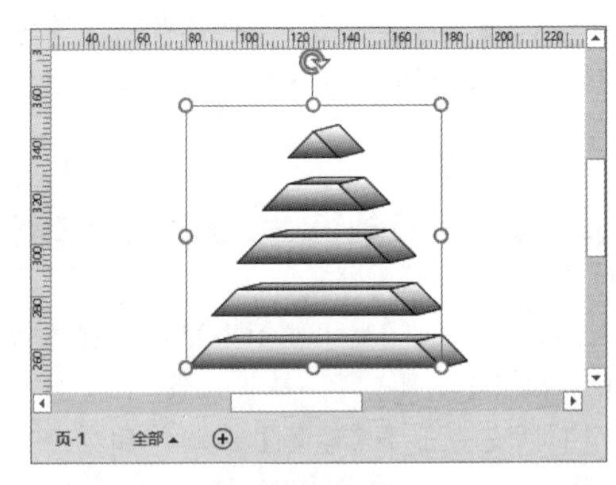

图 9-22 设置偏移量

9.3.3 创建金字塔

金字塔将以三维的样式显示数据的层级关系，最多可包含 6 层数据。在【形状】任务窗格中的【营销图表】模具中，将【三维金字塔】形状拖到绘图页中，在弹出的【形状数据】对话框中指定【级别数】与【颜色】，单击【确定】按钮即可在绘图页中创建一个金字塔，如图 9-23 所示。

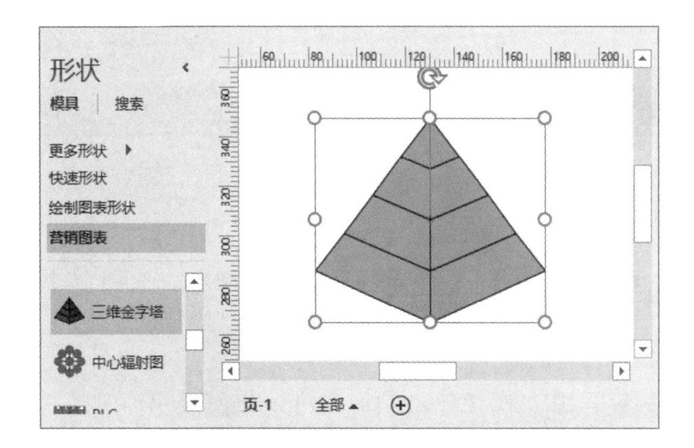

图 9-23 金字塔

另外，用户可通过下列方法，来编辑【三维金字塔】形状。

- **调整大小** 可通过拖动选择手柄的方法，来调整形状的大小。
- **设置级别数** 右击形状，执行【设置级别数】命令，在弹出的【形状数据】对话框中，设置【级别数】值即可。
- **设置金字塔颜色** 右击形状，执行【设置金字塔颜色】命令，在弹出的【形状数据】对话框中，设置【金字塔颜色】选项即可。
- **设置层颜色** 选择【三维金字塔】形状，单击单个层，右击执行【设置形状格式】命令，选择相应的颜色即可。

9.4 构建灵感触发图

灵感触发图主要用来显示标题、副标题之间的关系与层次。通过灵感触发图，可以使杂乱无章的信息流转换为易读且清晰的图表。在 Visio 中，用户不仅可以利用【灵感触发】模板来创建灵感触发图，而且还可以利用【灵感触发】菜单来设置图表的样式与布局。

9.4.1 创建灵感触发图

在 Visio 中，执行【文件】|【新建】命令，在【类别】列表中选择【商务】选项，并双击【灵感触发图】选项，创建新绘图。此时，在绘图页中可以利用【灵感触发形状】模具、【灵感触发】选项卡或【大纲窗口】视图来创建灵感触发图。

1. 创建主标题

用户可以使用下列方法，来创建主标题。

- **选项卡创建** 执行【灵感触发】|【添加主题】|【主要】命令，即可在绘图页中添加一个主标题。
- **大纲窗口创建** 右击文件名执行【添加主标题】命令即可。
- **模具创建** 在【灵感触发形状】模具中，将【主标题】形状拖到绘图页中即可。
- **快捷菜单创建** 右击绘图页，执行【添加主标题】命令即可。

提 示

在【大纲窗口】视图中右击标题，执行【删除标题】命令，即可删除标题。

2. 创建副标题

用户可以使用下列方法，来创建副标题。

- ❑ 选项创建　执行【灵感触发】|【添加主题】|【副标题】命令，即可在绘图页中添加一个副标题。
- ❑ 大纲窗口创建　右击主标题名并执行【添加副标题】命令即可。
- ❑ 模具创建　在【灵感触发形状】模具中，将【标题】形状拖到绘图页中即可。
- ❑ 快捷菜单创建　右击【主标题】形状，执行【添加副标题】命令即可。

提 示

在【大纲窗口】视图中右击标题，执行【重命名】命令，即可更改标题名称。

3. 创建对等标题

用户可以使用下列方法，来创建对等标题。

- ❑ 选项卡创建　执行【灵感触发】|【添加主题】|【对等】命令即可。
- ❑ 快捷菜单创建　右击【标题】形状，执行【添加对等标题】命令即可。

4. 同时创建多个标题

用户可以使用下列方法，同时创建多个标题。

- ❑ 选项卡创建　执行【灵感触发】|【添加主题】|【多个副标题】命令，在弹出的【添加多个标题】对话框中，输入标题名称并按Enter键，以此类推，如图9-24所示。
- ❑ 大纲窗口创建　右击标题名并执行【添加多个副标题】命令即可。
- ❑ 快捷菜单创建　右击【主标题】形状，执行【添加多个副标题】命令即可。

5. 连接标题

在【灵感触发形状】模具中，将【动态连接线】形状拖到绘图页中。将其中一个端点连接到一个形状上，然后将另外一个端点连接到另外一个形状上。同时，拖动离心率手柄来调整曲线连接线与关联连接线的曲率，如图9-25所示。

图 9-24 同时创建多个标题

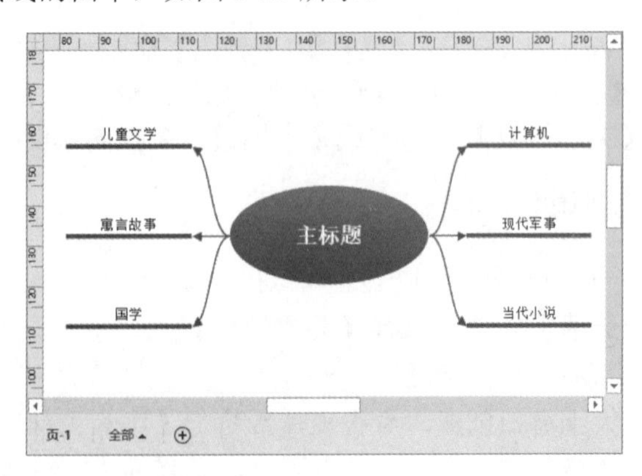

图 9-25 连接标题

9.4.2 导入与导出标题

在 Visio 中，用户可以将创建的灵感触发图导出为 Word、Excel 或 XML 格式的文件。另外，用户还可以将 XML 文件导入到 Visio 中的灵感触发图中。

1. 导出标题

在 Visio 绘图页中，执行【灵感触发】|【管理】|【导出数据】命令，在级联菜单中选择需要导出的程序，弹出【保存文件】对话框。在【文件名】文本框中输入保存名称，单击【保存】按钮，如图 9-26 所示。

当用户选择【导出数据】命令级联菜单中的 Microsoft Word 与 Microsoft Excel 程序，并在【保存文件】对话框中单击【保存】按钮时，Visio 将自动启动 Word 或 Excel 程序。

2. 导入标题

在 Visio 中，只能导入 XML 文件。执行【灵感触发】|【导入数据】命令，弹出【打开】对话框。选择需要导入的文件，单击【打开】按钮即可，如图 9-27 所示。

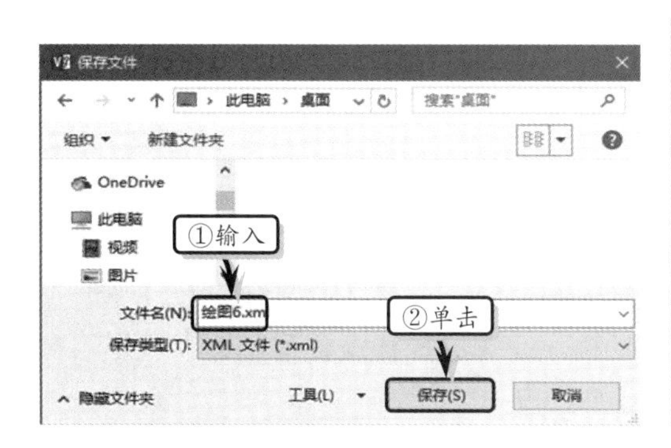

图 9-26 【保存文件】对话框

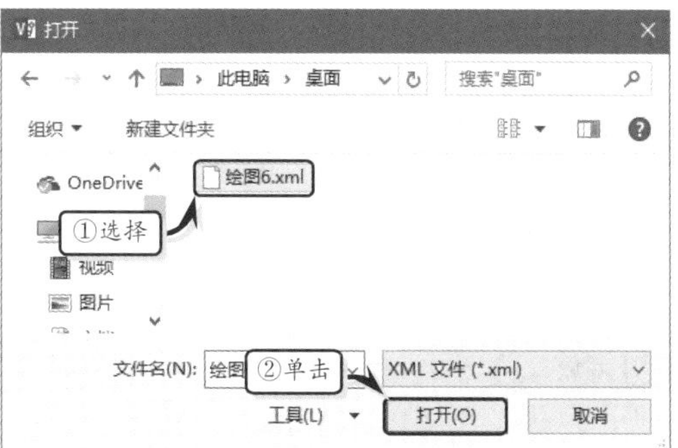

图 9-27 导入标题

另外，用户也可以先将灵感触发图导出为 XML 文件。在 XML 编辑器中编辑标题后，再将 XML 文件导入到 Visio 中。

9.4.3 编辑灵感触发图

在 Visio 中，用户可以通过编辑灵感触发图的布局与样式，使灵感触发图具有整洁外观与独特的个性。除此之外，用户还可以根据绘图需要，将标题移动到其他绘图页中，或在本绘图页中重新排列标题的先后顺序。

1. 排序与移动标题

用户可通过下列方法，对标题进行排序与移动。

- **排列标题** 执行【灵感触发】|【排列】|【自动排列】命令即可。
- **在当前页中移动标题** 直接拖动标题至新位置即可。

- **移动标题至新页中** 选择主标题，执行【灵感触发】|【排列】|【将标题移到新页】命令。在弹出的【移动标题】对话框中，选择【现有页】或【新建页】单选按钮即可，如图 9-28 所示。
- **复制标题至其他页中** 右击形状并执行【复制】命令，选择其他绘图页，右击绘图并执行【粘贴】命令即可。
- **调整标题的层次位置** 在【大纲窗口】视图中，将标题拖动到该标题的上级标题上，即可调整该标题的层次位置。

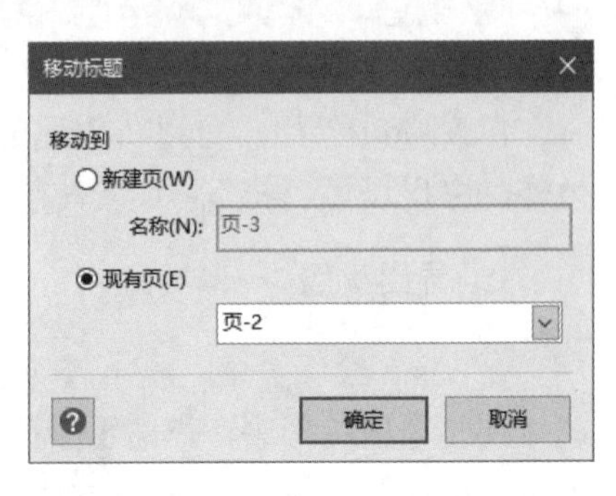

图 9-28 【移动标题】对话框

提 示

在复制标题时，按住 Shift 键的同时选择多个标题形状，右击形状并执行【复制】命令，即可同时复制多个标题形状。

2. 设置布局

通过设置布局，可以改变绘图页中标题形状的显示顺序。执行【灵感触发】|【排列】|【布局】命令，弹出【布局】对话框。在【选择布局】列表框中选择形状的布局样式，在【连接线】列表框中选择连接线的样式。最后，可以通过单击【应用】按钮，预览布局效果，如图 9-29 所示。

3. 设置样式

通过设置样式，可以改变每个层次结构中标题的形状。执行【灵感触发】|【管理】|【图表样式】命令，弹出【灵感触发样式】对话框。在【选择样式】列表框中选择相应的样式，并单击【应用】按钮，预览样式效果，如图 9-30 所示。

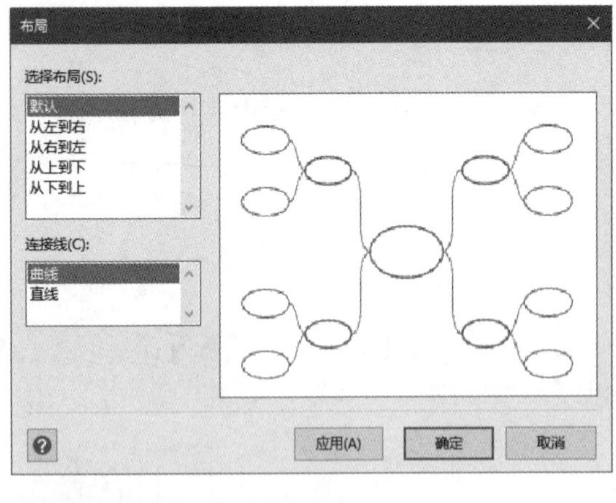

图 9-29 【布局】对话框

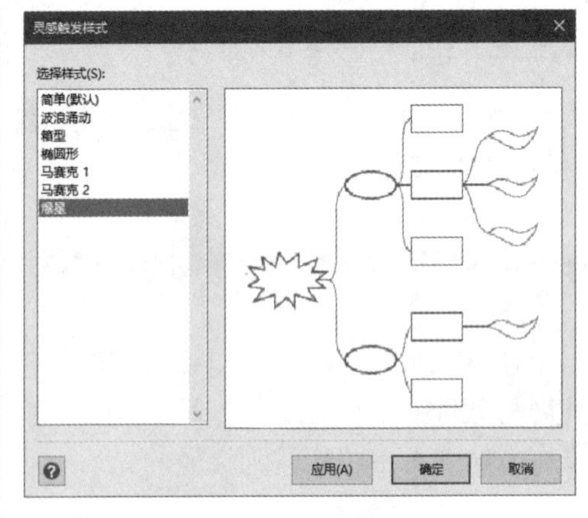

图 9-30 【灵感触发样式】对话框

提 示

右击标题形状执行【更改标题形状】命令，在弹出的【更改形状】对话框中选择形状样式，即可更改单个标题的样式。

9.5　课堂练习：网络营销策略思想图

灵感触发图是一种让人产生想法和创造性地解决问题的有效方法，主要显示层次结构中各标题之间的相互关系，是文字大纲的图形化表示方法，可以帮助用户达到预期的记录效果。在本练习中，将运用 Visio 中的灵感触发图模式，来制作一份网络营销策略思想图，如图 9-31 所示。

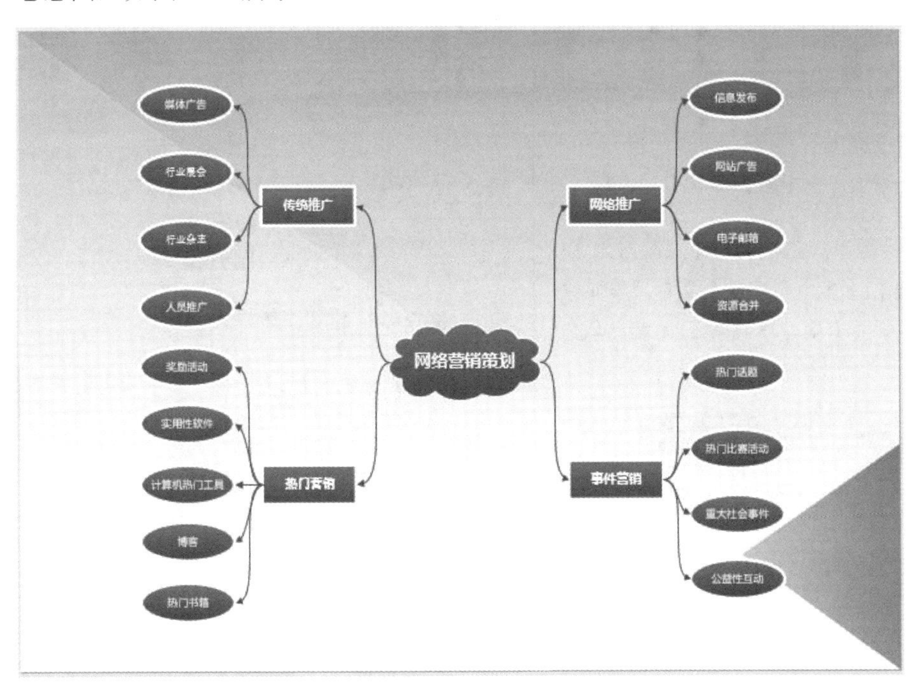

图 9-31　网络营销策略思想图

操作步骤：

1 执行【文件】|【新建】命令，选择【类别】选项，同时选择【商务】选项，如图 9-32 所示。

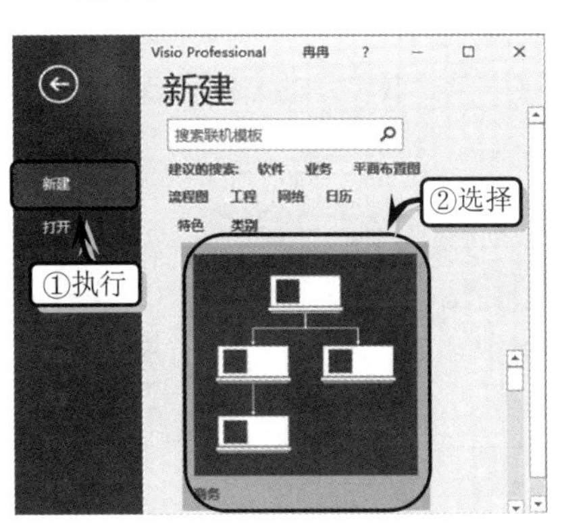

图 9-32　选择模板类型

2 然后，在展开的列表中双击【灵感触发图】选项，创建模板文档，如图 9-33 所示。

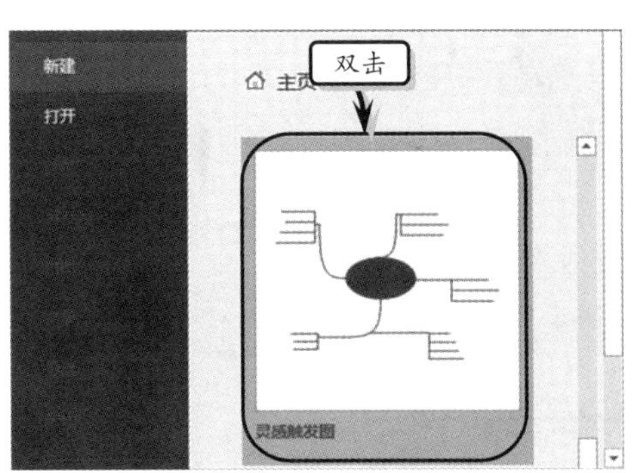

图 9-33　创建模板文档

3 将【灵感触发形状】模具中的【主标题】形

状拖到绘图页中，双击形状输入“网络营销策划”文本，如图 9-34 所示。

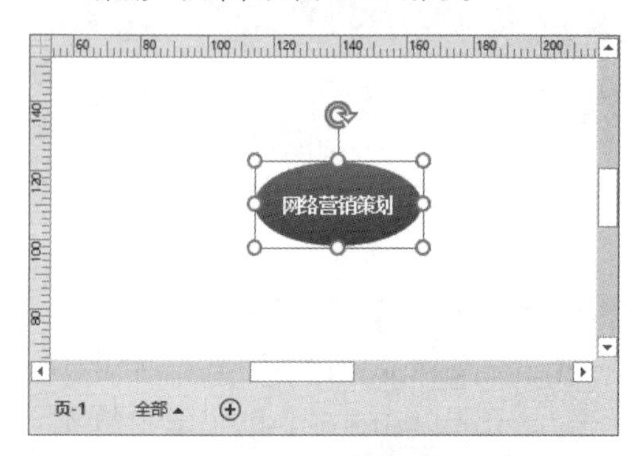

图 9-34 添加【主标题】形状

4 选择【主标题】形状，执行【灵感触发】|【添加主题】|【多个副标题】命令，添加标题名称并单击【确定】按钮，如图 9-35 所示。

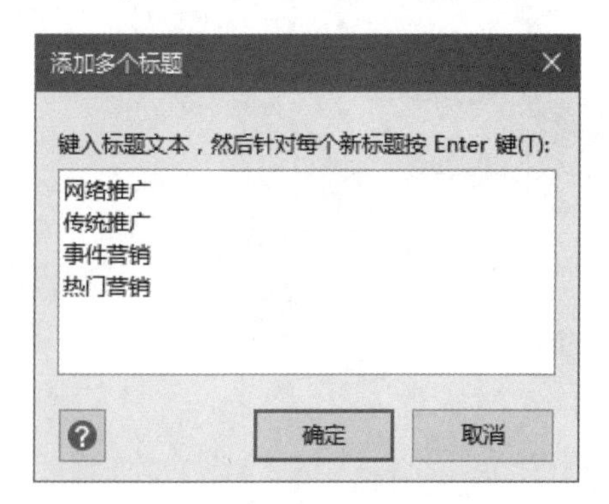

图 9-35 设置副标题

5 选择【网络推广】标题形状，右击并执行【添加多个副标题】命令，添加标题名称并单击【确定】按钮，如图 9-36 所示。

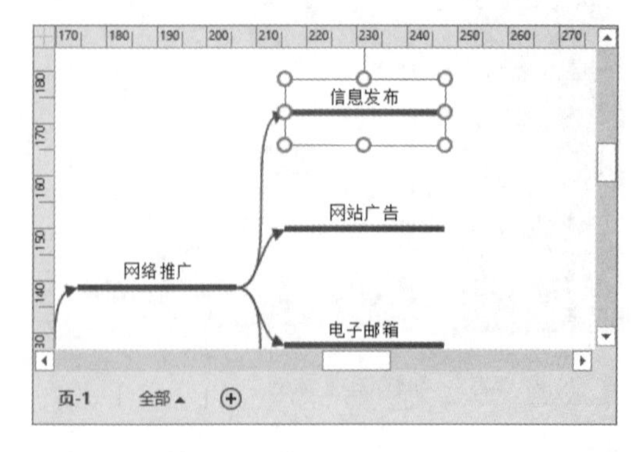

图 9-36 添加三级标题

6 利用上述方法，分别为其他标题添加三级标题。执行【灵感触发】|【管理】|【图表样式】命令，在弹出的【灵感触发样式】对话框中，选择【马赛克 1】选项，如图 9-37 所示。

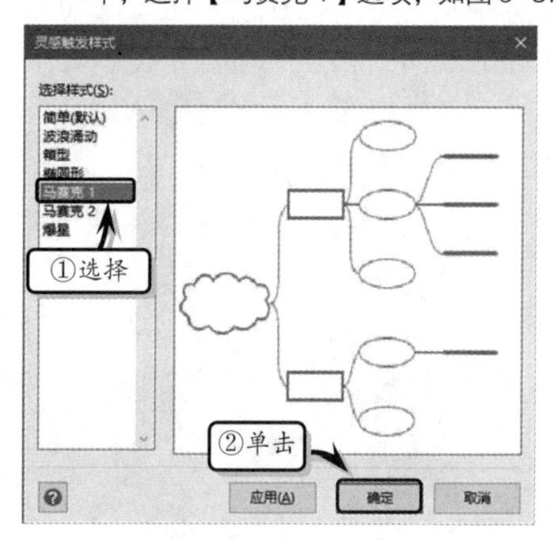

图 9-37 设置图表样式

7 选择【主标题】形状，执行【开始】|【字体】|【字体颜色】|【白色,白色】命令，更改字体颜色，如图 9-38 所示。

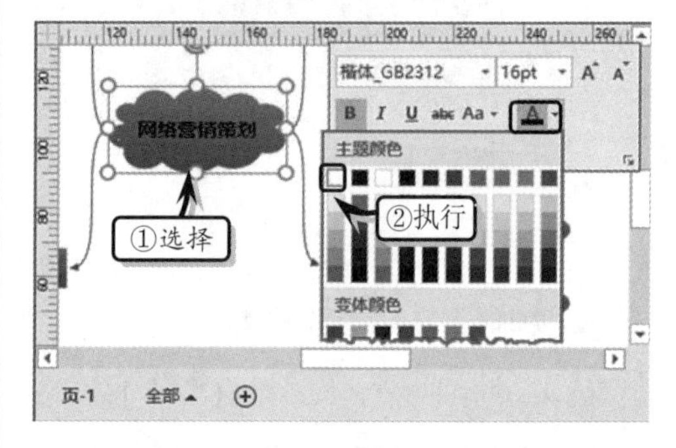

图 9-38 更改字体颜色

8 执行【设计】|【背景】|【背景】|【活力】命令，如图 9-39 所示。

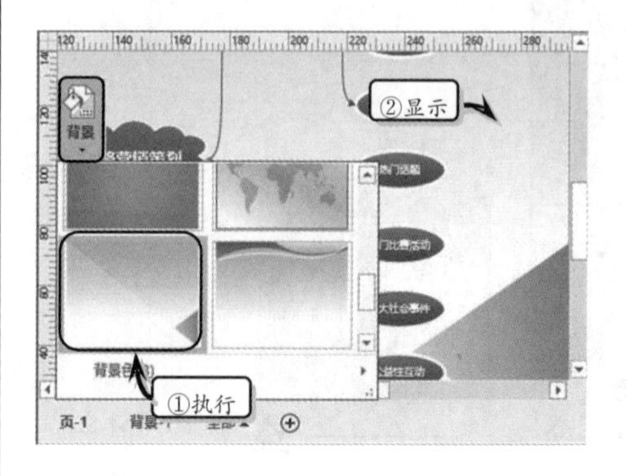

图 9-39 添加背景

9 执行【灵感触发】|【管理】|【导出数据】|【至 Microsoft Excel】命令，弹出【保存文件】对话框。在【文件名】文本框中输入“网络营销策略思想”文本，如图 9-40 所示。

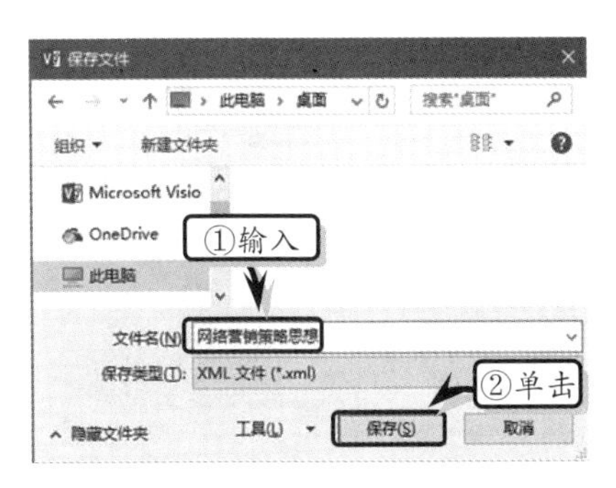

图 9-40 导出图表数据

10 在【保存文件】对话框中，单击【保存】按钮，系统将自动打开包含标题的 Excel 文件，如图 9-41 所示。

	A	B	C	D	E
1	T1	网络营销策划			
2	T1.1	事件营销			
3	T1.1.1	热门话题			
4	T1.1.2	公益性互动			
5	T1.1.3	热门比赛活动			
6	T1.1.4	重大社会事件			
7	T1.2	传统推广			
8	T1.2.1	行业杂志			
9	T1.2.2	行业展会			
10	T1.2.3	媒体广告			
11	T1.2.4	人员推广			
12	T1.3	热门营销			
13	T1.3.1	博客			
14	T1.3.2	热门书籍			

Sheet1

图 9-41 包含标题的 Excel 文件

9.6 课堂练习：麦肯锡/GE 矩阵

麦肯锡/GE 矩阵主要用来根据企业在市场上的实力和所在市场的吸引力来对该企业进行一系列的评估，以判断企业的强项和弱点。除此之外，当用户需要对企业的吸引力和业务实力进行预测时，则可以以麦肯锡/GE 矩阵为基础进行战略规划。在本练习中，将运用 Visio 中的【框图】模板，来制作一个麦肯锡/GE 矩阵图，如图 9-42 所示。

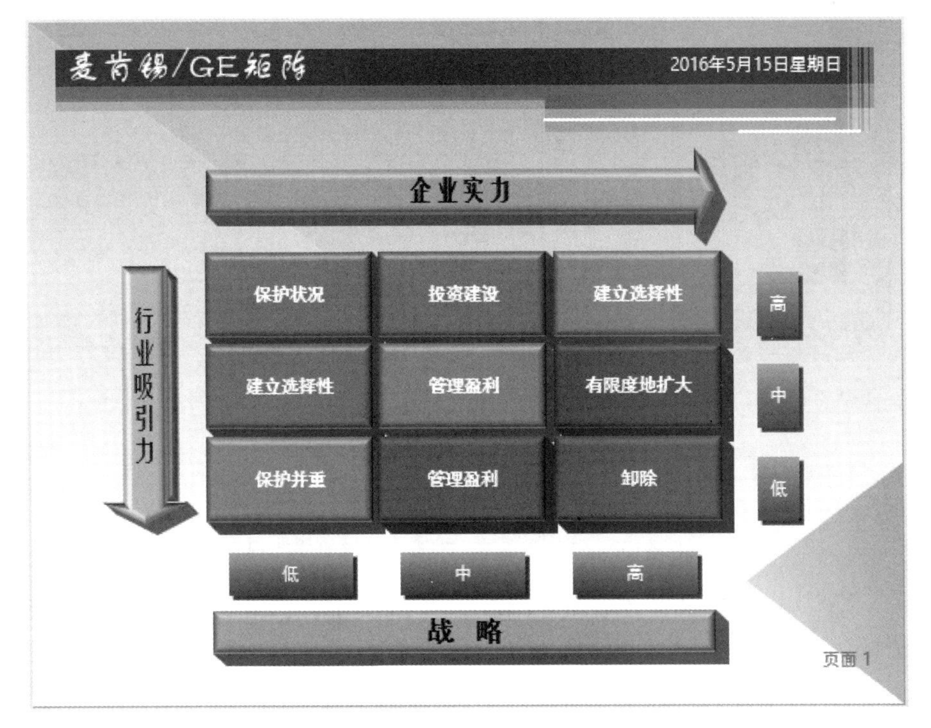

图 9-42 麦肯锡/GE 矩阵

操作步骤：

1 执行【文件】|【新建】命令，选择【类别】选项，同时选择【常规】选项，如图 9-43 所示。

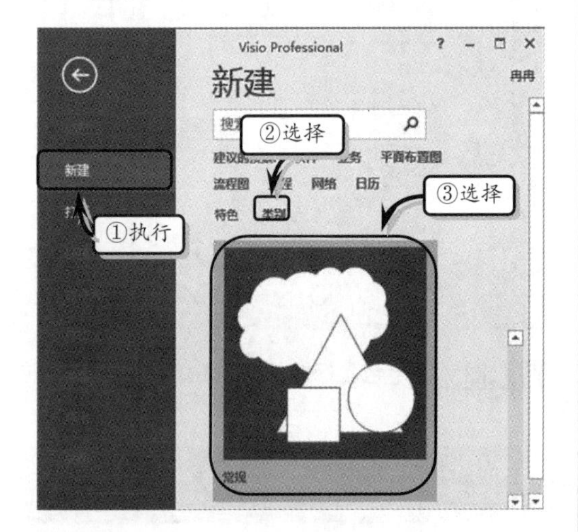

图 9-43 选择模板类型

2 在展开的列表中，双击【框图】选项，创建模板文档，如图 9-44 所示。

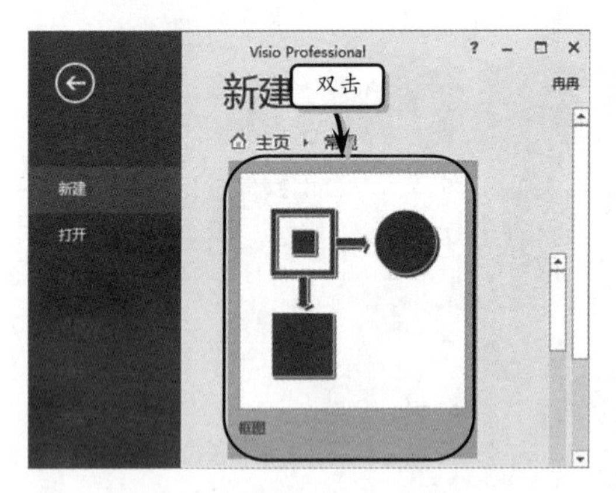

图 9-44 创建模板文档

3 执行【设计】|【页面设置】|【大小】|【其他页面大小】命令，选中【自定义大小】选项，自定义页面大小，如图 9-45 所示。

4 执行【设计】|【背景】|【背景】|【活力】命令，设置绘图页的背景效果，如图 9-46 所示。

5 执行【设计】|【主题】|【主题】|【线性】命令，设置绘图页的主题效果，如图 9-47 所示。

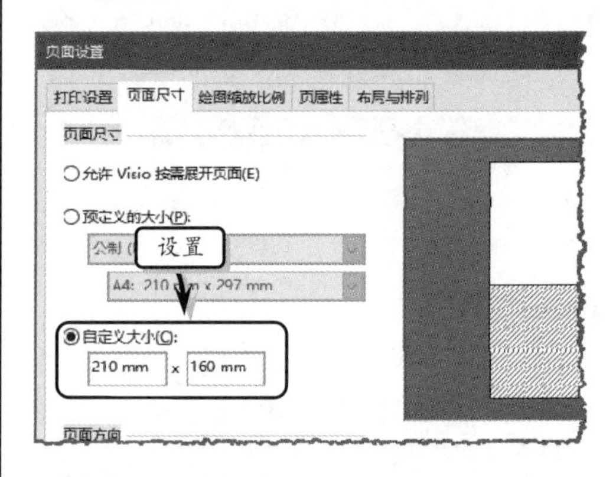

图 9-45 自定义页面大小

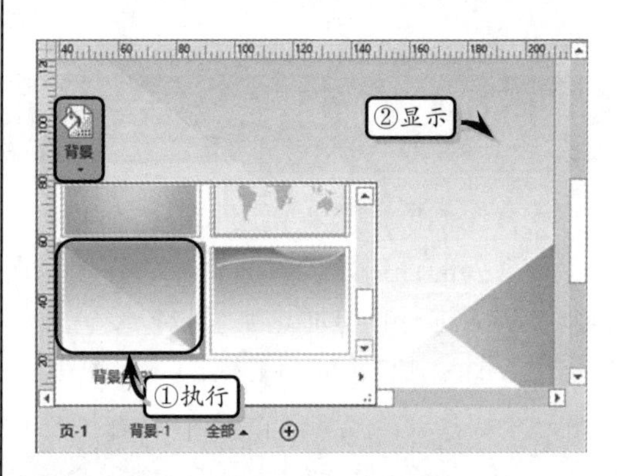

图 9-46 设置背景效果

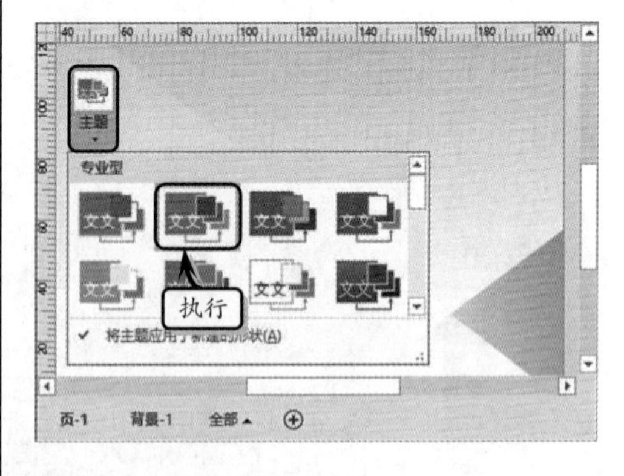

图 9-47 设置主题效果

6 执行【设计】|【背景】|【边框和标题】|【都市】命令，添加边框和标题，如图 9-48 所示。

7 选择【背景-1】页标签，双击标题文本区域，输入标题文本并设置文本的字体格式，如图

9-49 所示。

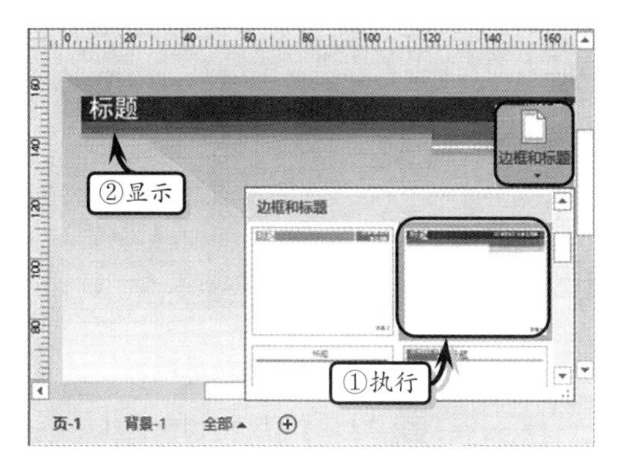

图 9-48 设置边框和标题

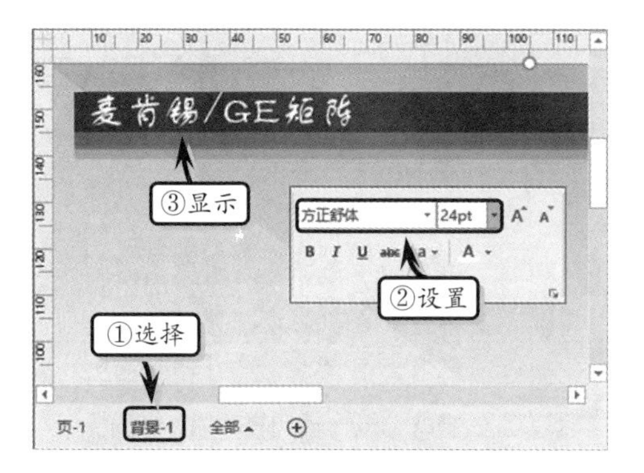

图 9-49 输入标题文本

8 切换到【页-1】页面中，将【具有凸起效果的块】模具中的【水平条】形状添加到绘图页中，并调整其大小和位置，如图 9-50 所示。

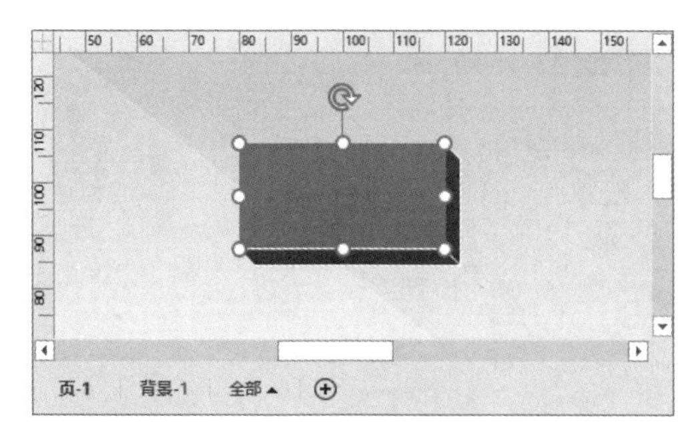

图 9-50 添加【水平条】形状

9 双击形状，输入形状文本，并在【开始】选项卡【字体】选项组中，设置文本的字体格式，如图 9-51 所示。

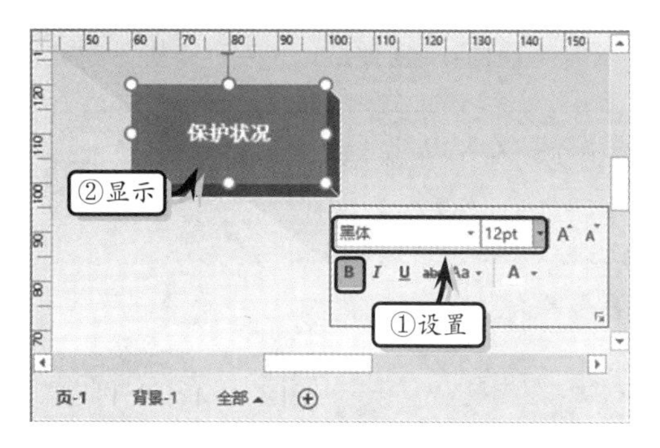

图 9-51 设置形状字体

10 执行【开始】|【形状样式】|【快速样式】|【绿色,变量 2】命令，设置形状样式，如图 9-52 所示。

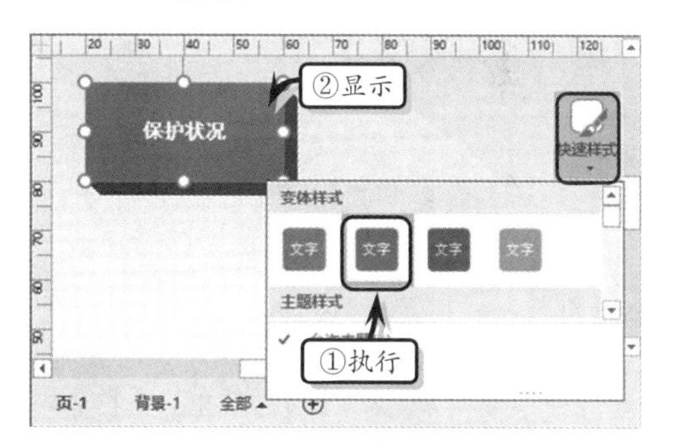

图 9-52 设置形状样式

11 执行【开始】|【形状样式】|【线条】|【无线条】命令，取消形状的线条样式，如图 9-53 所示。使用同样的方法，添加其他【水平条】形状。

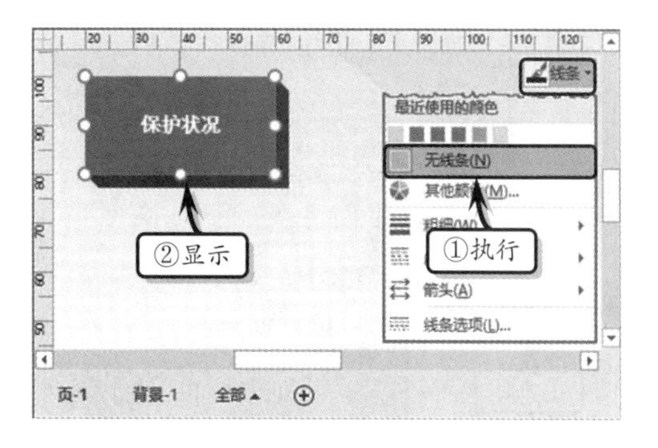

图 9-53 设置线条样式

12 将【具有凸起效果的块】模具中的【右箭头】形状添加到【水平条】形状的上方，调整其大小和位置，输入文本并设置文本的字体格式，如图 9-54 所示。

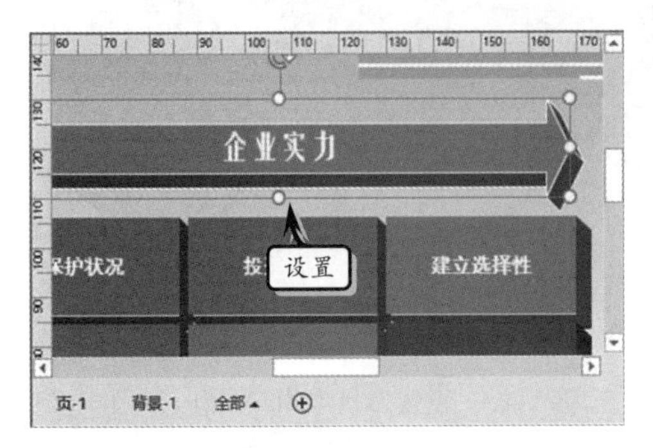

图 9-54 添加【右箭头】形状

13 然后，执行【开始】|【形状样式】|【填充】|【橙色,着色 4】命令，设置形状的填充颜色，如图 9-55 所示。

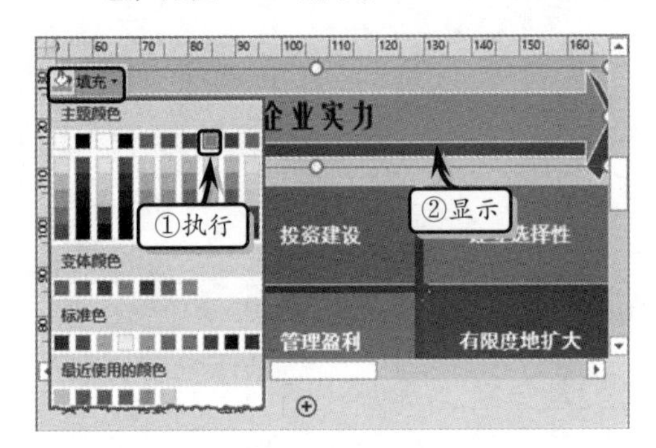

图 9-55 设置填充颜色

14 同时，执行【开始】|【形状样式】|【线条】|【无线条】命令，设置形状的线条样式，如图 9-56 所示。使用同样方法，分别添加箭头形状。

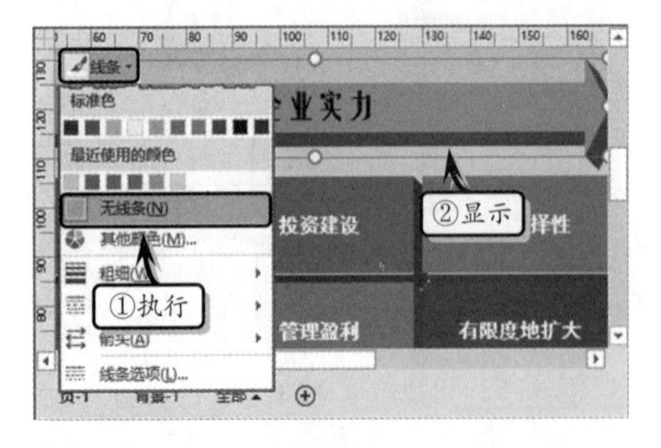

图 9-56 设置线条样式

15 将【方块】模具中的【框】形状添加到绘图页中，调整大小和位置，输入文本并设置其字体格式，如图 9-57 所示。

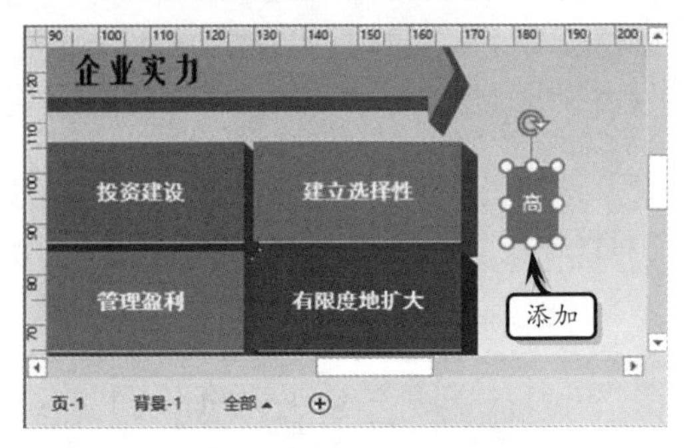

图 9-57 添加【框】形状

16 右击形状，执行【设置形状格式】命令。选中【渐变填充】选项，单击【预设渐变】下拉按钮，选择【中等渐变,个性色 2】选项，如图 9-58 所示。

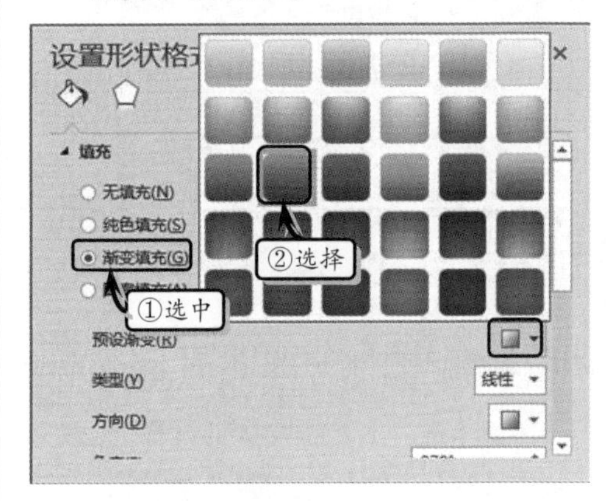

图 9-58 设置渐变填充效果

17 展开【线条】选项组，选中【无线条】选项，如图 9-59 所示。

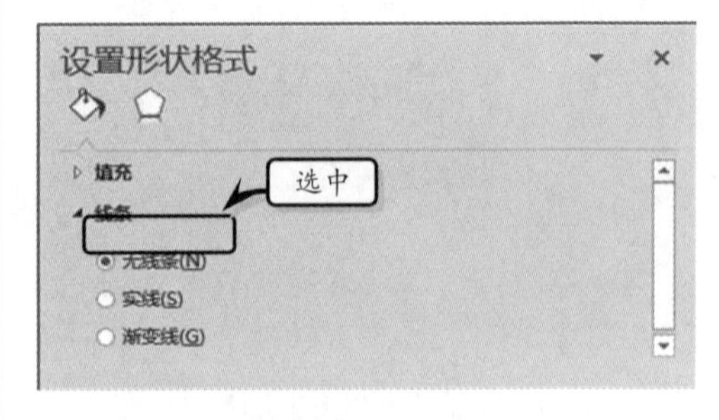

图 9-59 设置线条样式

18 激活【效果】选项卡，展开【阴影】选项组，设置阴影效果的参数值和阴影颜色，如图 9-60 所示。同样方法，制作其他【框】形状。

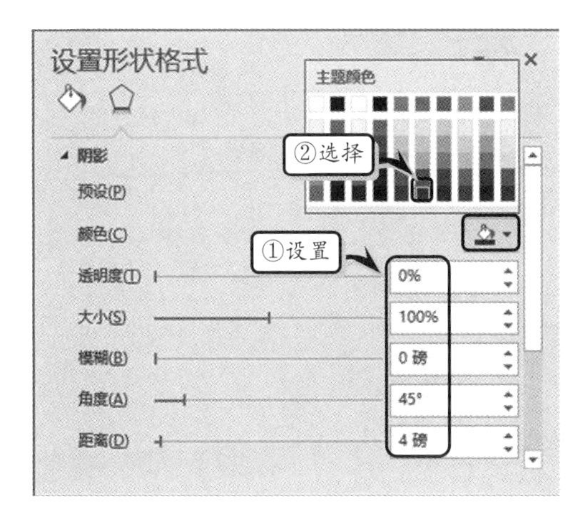

图 9-60 设置阴影效果

19 执行【开始】|【工具】|【文本】命令，在绘图页空白处单击输入文本，并设置文本的字体格式，如图 9-61 所示。

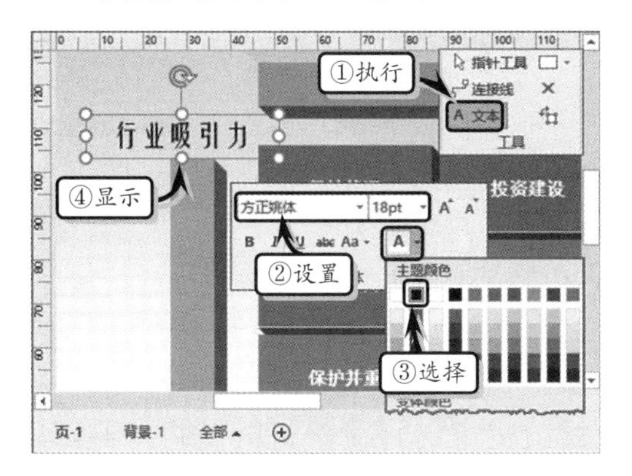

图 9-61 输入说明文本

20 执行【开始】|【段落】|【文字方向】命令，更改文字方向并调整文本块大小和位置，如图 9-62 所示。

21 选择除【框】形状之外的所有形状，执行【开始】|【形状样式】|【效果】|【棱台】|【圆】命令，设置形状的棱台效果，如图 9-63 所示。

22 选择最下面的【水平条】形状，执行【开始】|【形状样式】|【效果】|【三维旋转】|【适度宽松透视】命令，设置形状的三维旋转效果，如图 9-64 所示。

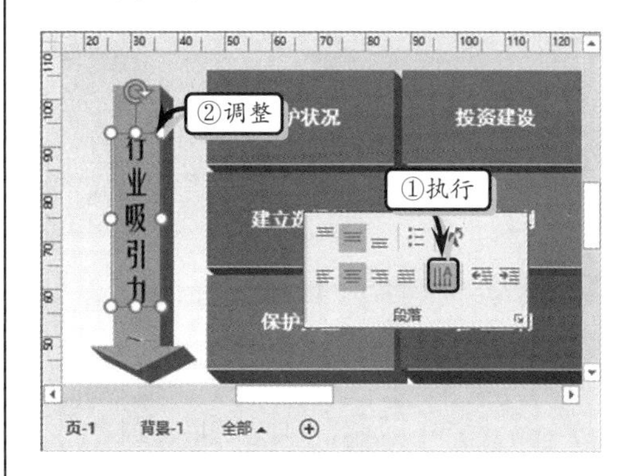

图 9-62 更改文字方向

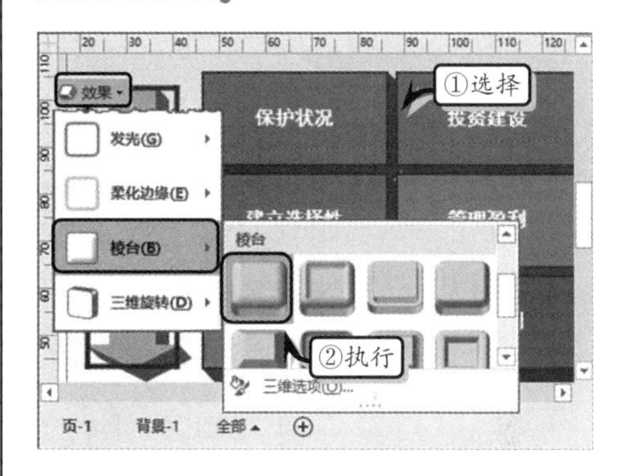

图 9-63 设置形状效果

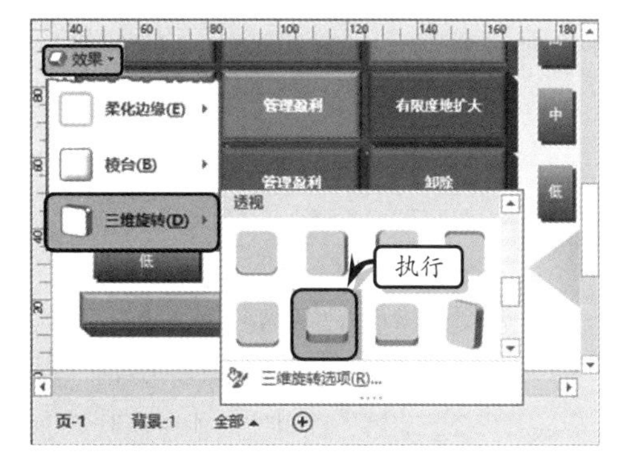

图 9-64 设置三维旋转效果

思考与练习

一、填空题

1. Visio 中内置的【方块图】模板，主要由________、________、________与【具有透视效果的块】4 种模具组合而成。

2. Visio 中的块图又分为【块】、【树】与

________三种类型。

3. 选择【树】类型形状，按________键可以将形状旋转 90°，按________键可以将形状从右向左翻转。

4. Visio 为用户提供了二维条形图与三维条形图两种条形图形状，其中二维条形图最多可以显示________条，而三维条形最多可以显示________条。

5. Visio 中内置的【饼图】形状只能提供________个扇区。

6.【功能开关】形状包括空白、实心圆与空心圆三种状态标注。其中，空白表示产品不存在特性，实心圆表示________，空心圆表示产品________。

7. 中心辐射图表主要用来显示数据之间的关系，最多可包含________个数据关系。

8. 三角形主要用来显示数据的层次级别，最多可以设置________层数据。而金字塔将以三维的样式显示数据的层级关系，最多可包含________层数据。

9. 灵感触发图主要用来显示________、________之间的关系与层次。

二、选择题

1. 下列说法正确的为________。
   A. 块图中的【树】主要用来显示流程中的步骤
   B. 条形图又分为二维条形图与三维条形图
   C. 可扩展形状是可以无限扩大的形状
   D. 右击【饼图扇区】形状，执行【重置】命令，即可删除形状

2. 在 Visio 中，可以通过_______来改变三维块图的深度与方向。
   A. 选择手柄
   B. 控制手柄
   C. 消失点
   D. 旋转手柄

3. 在 Visio 中，只有_______模具中的形状才具有消失点。
   A. 具有凸起效果的块
   B. 具有透视效果的块
   C. 方块
   D. 基本形状

4. 在绘图页中，可以使用_______键来复制扩展形状。
   A. Ctrl+C
   B. Ctrl+V
   C. Ctrl+D
   D. Alt+L

5. 在下列选项中的_______中，不可以同时创建多个标题。
   A.【灵感触发】选项卡
   B.【灵感触发形状】模具
   C.【灵感触发】工具栏
   D.【大纲窗口】视图

6. 在 Visio 中，用户可以将创建的灵感触发图导出为_______格式的文件。
   A. Word、Excel 或 Access
   B. Outlook、Excel 或 XML
   C. Word、Excel 或 PowerPoint
   D. Word、Excel 或 XML

7. 在编辑灵感触发图时，可以通过_______来更改单个标题的样式。
   A.【布局】对话框
   B.【灵感触发样式】对话框
   C.【更改形状】对话框
   D.【主题】命令

三、问答题

1. 块图主要分为哪几种类型？

2. 简述创建饼图的操作步骤。

3. 什么是灵感触发图？灵感触发图中主要包括哪几种形状？

四、上机练习

1. 创建二维条形图

在本案例中，将利用 Visio 基础操作，创建

一个含有坐标轴的二维条形图，如图 9-65 所示。首先，执行【文件】|【新建】命令，在【模板类别】列表中选择【类别】选项，同时选择【商务】选项，并选择【图表和图形】选项，并单击【创建】命令。将【绘制图表形状】模具中的【条形图 1】形状拖到绘图页中，并设置条形数目并单击【确定】按钮。然后，拖动【条形图】形状左上方的控制手柄，调整条形图的高度。拖动【条形图】形状中第一条右下方的控制手柄，调整条形图的宽度。最后，将【绘制图表形状】模具中的【X-Y 轴】形状拖到图表中，调整其位置并单击 X 轴或 Y 轴，在文本框中输入坐标轴文本。

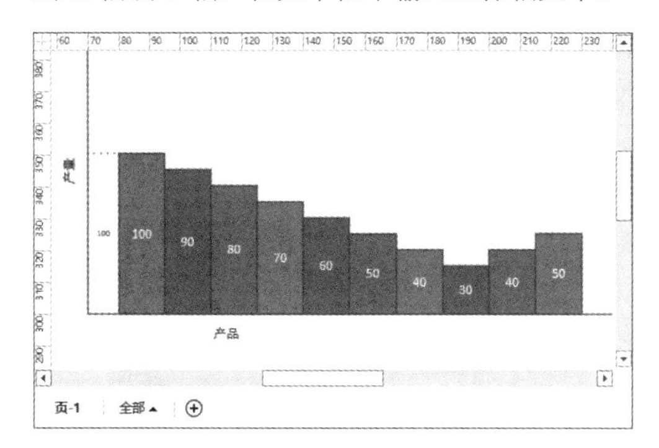

图 9-65 二维条形图

2. 创建灵感触发图

在本练习中，将制作一份销售产品思路的灵感触发图，如图 9-66 所示。首先，执行【文件】|【新建】命令，在【模板类别】列表中选择【类别】选项，同时选择【商务】选项，并选择【灵感触发图】选项，并单击【创建】按钮。将【灵感触发形状】模具中的【主标题】与【标题】形状拖到绘图页中。然后，利用【动态连接线】形状连接绘图页中的形状，并调整连接线形状。最后，执行【灵感触发】|【管理】|【图表样式】命令，在【选择样式】列表框中选择【爆星】选项，单击【确定】按钮即可。

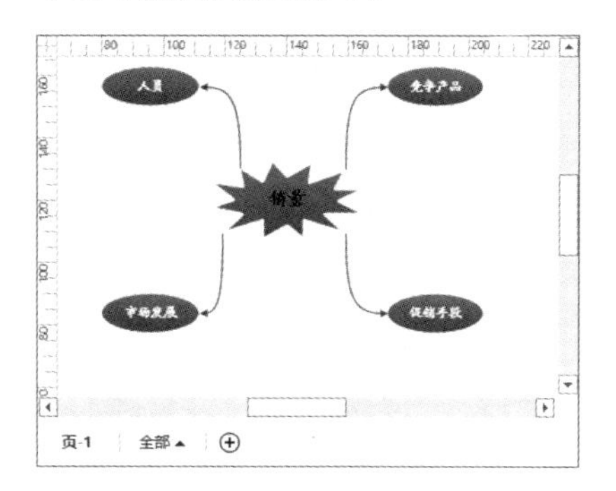

图 9-66 灵感触发图

第 10 章

构建流程图

流程图与组织结构图的应用范围相当广泛，都是最为常用的绘图类型之一。Visio 提供了基本流程图、跨职能流程图、数据流程图等 11 种流程图模板。用户不仅可以使用上述模板来构建流程图，而且也可以根据具体情况使用其他类型的模板来制作流程图。组织结构图是以图形的方式直观地表示组织中的结构与关系，用户还可以利用组织结构图直观地显示组织中的人员、操作、业务及部门之间的相互关系。本章将详细讲解创建、编辑流程图与组织结构图的基础知识与操作技巧。

本章学习目的：

- 发布数据
- 设置流程图效果
- 创建跨职能流程图
- 创建数据流程图
- 创建组织结构图
- 设置组织结构图
- 共享组织结构图

10.1 构建基本流程图

在日常工作中，用户往往需要以序列或流的方法显示服务、业务程序等工作流程。用户可以利用 Visio 中简单的箭头、几何形状等形状绘制基本流程图，同时还可以利用超链接或其他 Visio 基础操作，来设置与创建多页面流程图。

10.1.1 创建流程图

在 Visio 中，可以使用【基本流程图形状】模具创建基本流程图。另外，还可以利用【重新布局】命令，编辑流程图的布局。

1. 构建流程图

在绘图页中执行【文件】|【新建】命令，在【类别】列表中选择【流程图】选项。在展开列表中，选择【基本流程图】选项，并单击【创建】按钮。然后根据绘图内容与流程，将【基本流程图形状】模具中相应的形状拖到绘图页中，调整大小与位置。

另外，还需要单击【形状】任务窗格中的【更多形状】下拉按钮，选择【流程图】|【箭头】选项，以及【其他 Visio 方案】|【连接符】选项，添加相应的模具。并将【箭头形状】模具中相应的形状拖到绘图页中，调整大小与位置，链接绘图页中的形状。除此之外，用户还可以使用【连接符】模具中的【动态连接线】或【直线-曲线连接线】形状来链接绘图页中的形状，如图10-1 所示。

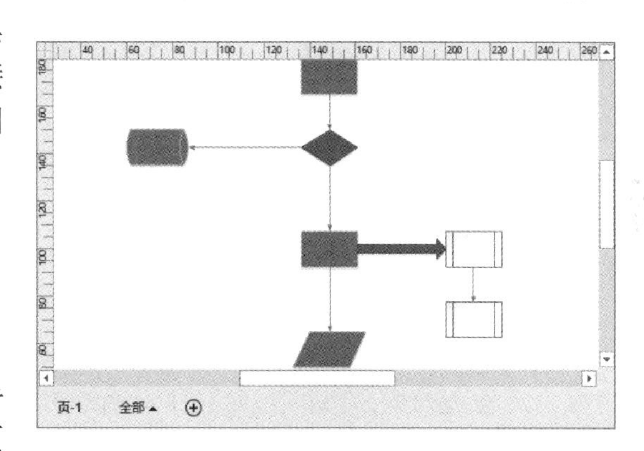

图 10-1 创建基本流程图

2. 设置布局

为了确保流程图中过程的流畅性，需要手动或自动编辑流程图的布局。

（1）手动排列形状　如果用户想手动排列流程图中的形状，只需将绘图页中的形状拖至新位置即可。如果用户想手动修改连接线，则需要拖动连接线上的绿色顶点。

（2）自动布局形状　在绘图页中，执行【设计】|【版式】|【重新布局页面】|【其他布局选项】命令，弹出【配置布局】对话框，如图 10-2 所示。在该对话框中，设置【放置】、【连接线】等选项即可。

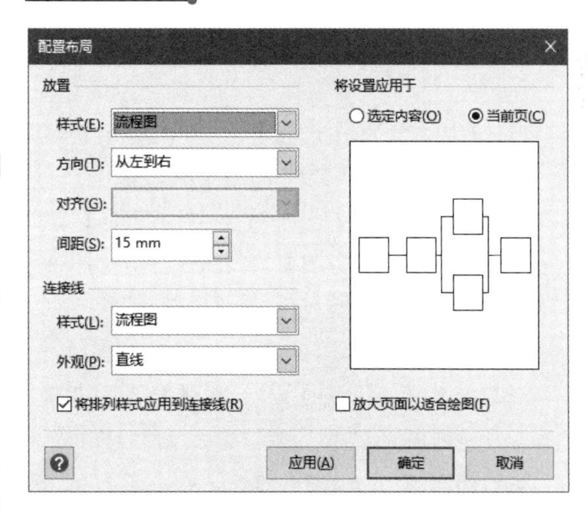

图 10-2 【配置布局】对话框

（3）更改形状的流向　用户不仅可以改变流程图的布局，而且还可以改变步骤之间连接线的方向。在绘图页中选择需要编辑的连接线，执行【开始】|【排列】|【位置】|【旋转形状】|【水平翻转】或【垂直翻转】命令即可。

10.1.2 设置流程图效果

创建完流程图之后，为了使流程图更具有说服力与美观性，需要设置流程图的效果，如图 10-3 所示。

用户可以通过下列几种方法，来设置流程图的效果。

- **显示流程图信息** 可以使用【数据图形】形象地强调流程中的值。
- **注解绘图** 可以使用具有描述性的文本的形状，或使用【边框和标题】样式来注解绘图。
- **设置图表外观** 可以使用【主题】命令，来设置流程图的主题颜色与主题效果。
- **添加背景** 可以将【背景】命令中的形状添加到绘图页中。
- **设置页面尺寸** 可以执行【设计】|【页面设置】|【对话框启动器】命令，在【页面设置】对话框中的【页面尺寸】或【打印设置】选项卡中，设置页面尺寸。

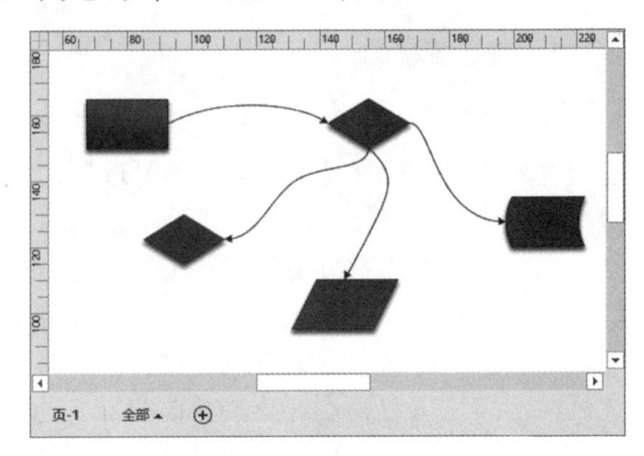

图 10-3 设置流程图效果

10.1.3 创建多页面流程图

对于大型流程图来讲，可以将不同的部分绘制在不同的绘图页中。例如，第一页中显示流程图的概括，第二页中显示流程图的主要步骤，后面的页面将显示细节流程图。此时，用户便需要通过【页面内引用】与【跨页引用】两种方法，来创建多页面流程图。

1. 跨页引用

在【基本流程图形状】模具中选择【跨页引用】形状，然后在绘图页中选择需要连接【跨页引用】形状的流程图形状，单击流程图形状周围的自动连接箭头，系统会自动连接【跨页引用】形状并弹出【跨页引用】对话框，如图 10-4 所示。

该对话框中主要包括下列几种选项。

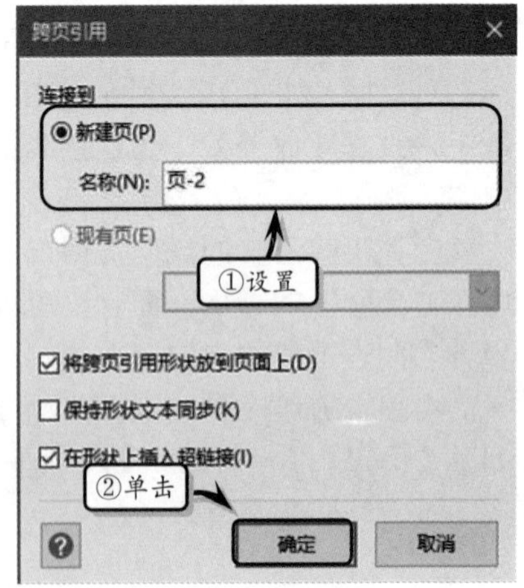

图 10-4 【跨页引用】对话框

- **新建页** 选择该选项，可以在图表中创建并命名新页，并且添加从【跨页引用】形状到该新页的链接。
- **现有页** 选择该选项，可以添加从【跨页引用】形状到图表中现有页的链接。
- **将跨页引用形状放到页面上** 启用该复选框，可以在原来的【跨页引用】形状所链接到的页上添加【跨页引用】形状。
- **保持形状文本同步** 启用该复选框，可以使【跨页引用】形状中输入的文本与另一页上该形状中的文本相匹配。
- **在形状上插入超链接** 启用该复选框，可以向 Web 网页中发布图表，并可以导航到图表中。

提　示

用户可以右击【跨页引用】形状，执行【传入】、【传出】等命令，来改变形状的观。

2. 页面内引用

在【基本流程图形状】模具中选择【页面内引用】形状，然后在绘图页中选择需要链接【页面内引用】形状的流程图形状，单击流程图形状周围的自动连接箭头，系统会自动链接【页面内引用】形状。选择【页面内引用】形状，为形状添加标注与文字。利用上述方法，在被链接的流程图步骤中再添加一个【页面内引用】形状，如图 10-5 所示。

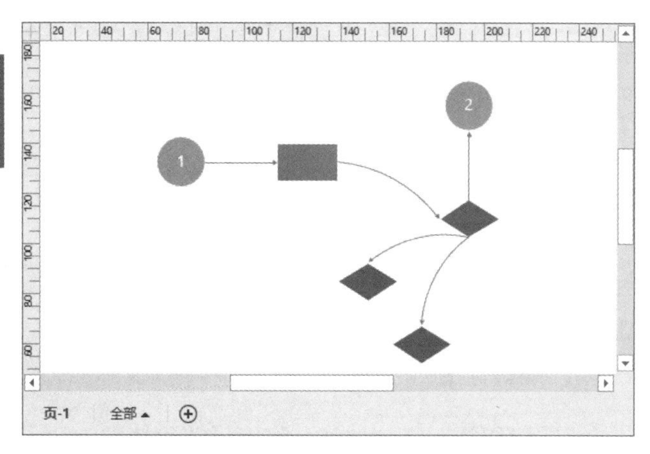

图 10–5　添加页面内引用

10.2　构建跨职能流程图

跨职能流程图主要用于显示商务流程与负责该流程的职能单位（例如部门）之间的关系。跨职能流程图中的每个部门都会在图表中拥有一个水平或垂直的带区，用来表示职能单位（例如部门或职位），而代表流程中步骤的各个形状被放置在对应于负责该步骤的职能单位的带区中。

10.2.1　创建跨职能流程图

在绘图页中，执行【文件】|【新建】命令，在【类别】列表中选择【流程图】选项，然后双击【跨职能流程图】选项，系统会自动弹出【跨职能流程图】对话框，如图 10-6 所示。

该对话框中主要包括下列几种选项。

- ❑ **水平**　选择该选项，可以将水平带区添加到跨职能流程图中。
- ❑ **垂直**　选择该选项，可以将垂直带区添加到跨职能流程图中。

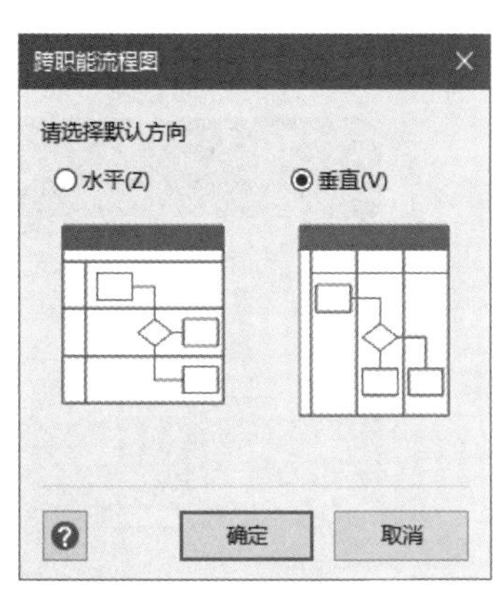

图 10–6　【跨职能流程图】对话框

在【跨职能流程图】对话框中单击【确定】按钮后，便可以在绘图页中创建一个跨职能流程图。选中跨职能流程图中的标题块带区与标注带区，输入相应的文本。然后，通过下列操作方法，为流程图添加代表流程过程与步骤的形状。

- ❑ **添加形状**　将【基本流程图形状】模具中相应的形状拖到绘图页中，定义形状之间的顺序与交互方向，并输入文本。

- 标注步骤　将表示步骤的形状拖到绘图页中，输入文本即可。
- 关联部门与步骤　拖动步骤形状的选择手柄，调整形状的大小，直到形状覆盖多个有关部门。

10.2.2　编辑跨职能流程图

创建跨职能流程图之后，为了使流程图更加符合绘图的要求，还需要添加、删除或排列流程图中的职能带区。另外，用户还需要利用“分隔符”来识别流程图的过程阶段。

1. 编辑泳道

用户可以通过下列方法，来编辑流程图的泳道。

- 添加职能带区　将【跨职能流程图形状】模具中的【泳道】形状拖到绘图页中，输入部门名称或职能名称即可。
- 删除职能带区　选择需要删除的职能带区，按 Delete 键即可。
- 调整职能带区的大小　选择某个职能带区，拖动选择手柄即可调整带区的大小。另外，选择流程图的边框或标题，拖动图表组合的选择手柄，可以调整泳道区的长度。
- 移动带区　在绘图页中直接拖动泳道至合适的位置即可。
- 插入泳道　选择某个泳道，右击执行【在此之前插入“泳道】或【在此之后插入“泳道”】命令即可。
- 更改带区标签方向　选择整个流程图，执行【跨职能流程图】|【排列】|【泳道方向】|【水平】或【垂直】命令即可。

2. 添加分隔符

在跨职能流程图中，用户可以使用【分隔符】形状来标识过程中的阶段。在【跨职能流程图形状】模具中，将【分隔符】形状拖到绘图页中，系统会根据流程图的大小自动调整【分隔符】形状的长度，如图 10-7 所示。

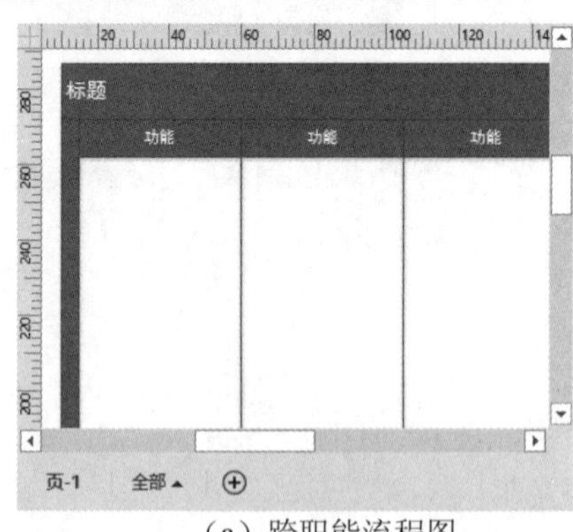

（a）跨职能流程图

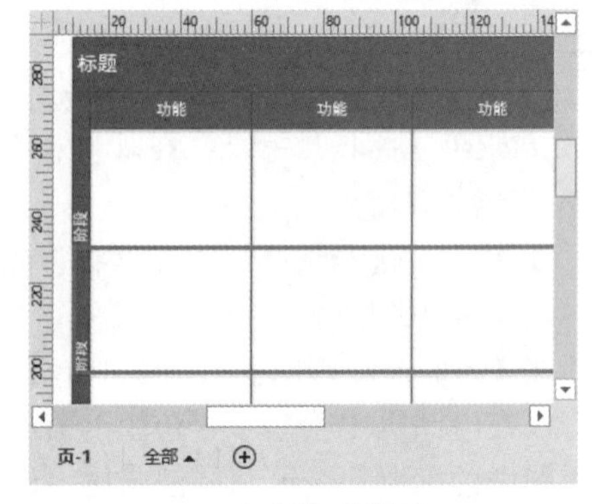

（b）添加分隔符

图 10-7　添加分隔符

添加【分隔符】形状之后，用户可以双击形状，在文本块中输入阶段名称。另外，用户还可以选择【分隔符】形状，按 Delete 键来删除【分隔符】形状。

10.3 构建数据流与工作流图

在 Visio 中，不仅可以构建基本流程图与跨职能流程图，而且还可以构建用于显示数据流在过程执行中的流向及数据存储位置的数据流图。另外，用户还可以使用 Visio 创建显示商务过程交互与控制的工作流程图。

10.3.1 创建数据流图

Visio 包含【数据流图】与【数据流模型图】两个模板，其中【数据流图】模板提供了代表过程中数据流的过程形状、实体形状与状态形状等形状，而【数据流模型图】模板提供了代表流程、接口与数据存储等形状。用户可以执行【文件】|【新建】命令，在【类别】列表中选择【软件和数据库】选项，同时选择【数据流图表】选项，并单击【创建】按钮。

在绘图页中，将【数据流图表形状】模具中的形状拖到绘图页中，即可创建数据流程图，如图 10-8 所示。

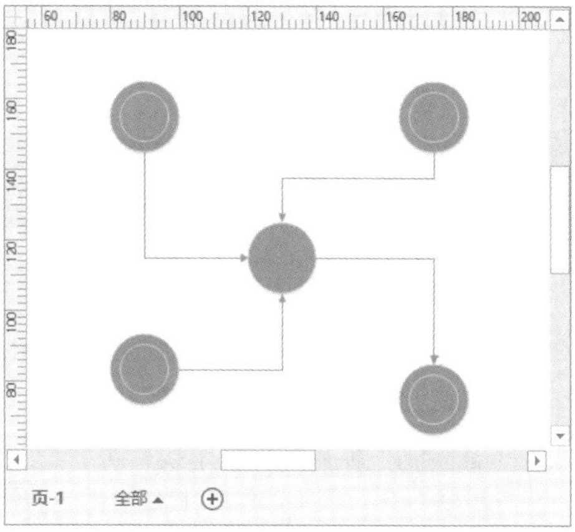

图 10-8 数据流程图

10.3.2 显示数据流

创建数据流程图之后，可以利用【从中心到中心】与【中心环绕】形状来显示形状之间的数据流与数据循环。

- **添加数据流形状** 将【数据流图表形状】模具中的【从中心到中心 1】形状拖到绘图页中的两个形状之间，调整其位置与大小，并将【从中心到中心 1】形状的两个端点分别粘附到每个形状的连接点上。
- **改变数据流方向** 选择数据流形状，执行【开始】|【排列】|【位置】|【旋转形状】|【水平翻转】或【垂直翻转】命令。
- **改变箭头的弯曲程度** 拖动弧中间的选择手柄可改变箭头的弯曲程度，拖动选择手柄可改变箭头的位置。

另外，用户可通过下列操作，来显示形状的数据循环。

- **添加数据循环形状** 将【数据流图表形状】模具中的【中心环绕】形状拖到绘图页中，并粘附在围绕循环流程的连接点即可。
- **调整形状** 拖动控制手柄与选择手柄可改变形状的方向与大小。

10.3.3 创建工作流图

执行【文件】|【新建】命令，在【类别】列表中选择【流程图】选项，同时选择【工

作流程图】选项，并单击【创建】按钮。将【工作流对象】模具中的形状拖到绘图页中，调整其大小与位置。然后，将【箭头形状】模具中的【普通箭头】形状拖到绘图页中的两个形状中间，用于连接形状，如图 10-9 所示。

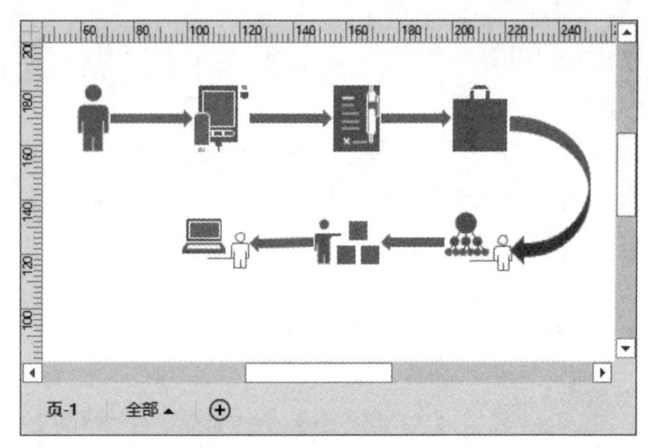

图 10-9 工作流程图

【工作流程图】模板中主要包括下列三种模具。

- 【部门】模具　主要包含代表人员与部门的形状。
- 【工作流对象】模具　主要包含存储仓库的形状集。
- 【箭头形状】模具　主要包含代表流程中的箭头形状。

10.4　创建组织结构图

创建组织结构图可分为手工创建与使用向导创建两种创建方法，其中，手工创建是运用【组织结构图】模板来创建结构图，该方法适用于创建规模比较小的结构图。另外，用户还可以运用【组织结构图向导】来创建具有外部数据的结构图，该方法适用于创建大型且具备数据源的结构图。

10.4.1　手工创建

在 Visio 中创建组织结构图时，如果用户手中没有已存在的数据源，则需要运用【组织结构图】模板进行手工创建组织结构图。首先，执行【文件】|【新建】命令，在【类别】列表中选择【商务】选项，并双击【组织结构图】选项。在【组织结构图形状】模具中，将相应的形状拖到绘图页中即可，如图 10-10 所示。

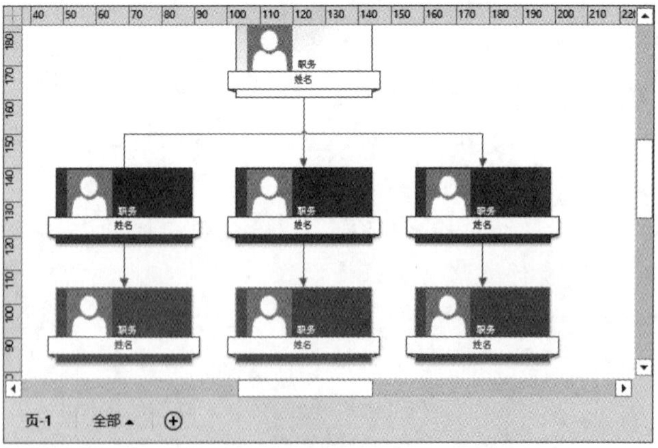

图 10-10 手动创建组织结构图

创建组织结构图框架之后，双击形状，在文本块中直接输入职位、姓名等形状数据。另外，用户也可以右击形状并执行【属性】命令，在弹出的【形状数据】对话框中设置相应的数据信息，如图 10-11 所示。

10.4.2 使用向导创建

如果用户手中存在已编辑的数据源，便可以执行【组织结构图】|【组织数据】|【导入】命令，在弹出的【组织结构图向导】对话框中，根据步骤创建组织结构图。

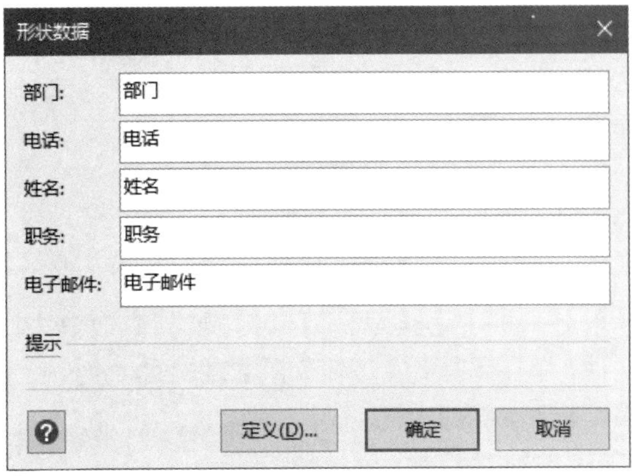

1. 使用向导输入信息创建

在【组织结构图向导】对话框中的【根据以下信息创建组织结构图】选项卡中，选中【使用向导输入的信息】选项，并单击【下一步】按钮。在【选择要向其输入数据的文件的类型】选项卡中，选中 Excel 选项，并单击【浏览】按钮，在弹出的【组织结构图向导】对话框中指定文件名称与路径，单击【保存】按钮。在【组织结构图向导】对话框中，单击【下一步】按钮，如图 10-12 所示。

图 10-11 【形状数据】对话框

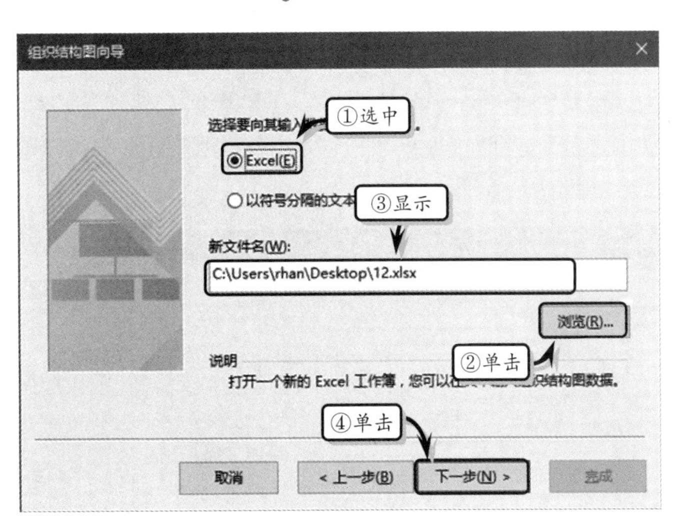

图 10-12 指定文件类型

在弹出的【组织结构图向导】对话框中，单击【确定】按钮，系统会自动弹出含有导出数据的 Excel 工作簿，如图 10-13 所示。

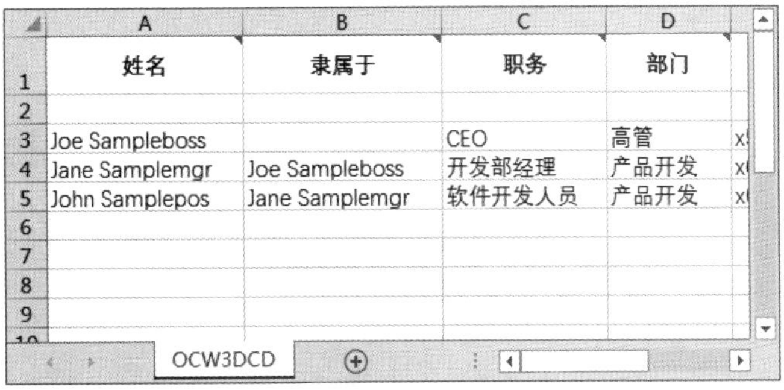

	A	B	C	D
1	姓名	隶属于	职务	部门
2				
3	Joe Sampleboss		CEO	高管
4	Jane Samplemgr	Joe Sampleboss	开发部经理	产品开发
5	John Samplepos	Jane Samplemgr	软件开发人员	产品开发

图 10-13 导出的信息

在工作簿中输入数据，保存并退出工作簿。系统会自动跳转到【组织结构图向导】对话框中。用户按照下面的步骤提示进行操作，即可创建组织结构图。

2. 使用已存在文件中的信息创建

在【组织结构图向导】对话框中的【根据以下信息创建组织结构图】选项卡中，选中【已存储在文件或数据库中的信息】选项，并单击【下一步】按钮。然后，选择【文本、OrgPlus(*.txt)或 Excel 文件】选项，并单击【下一步】选项，如图 10-14 所示。

在【定位包含组织结构信息的文件】选项卡中，单击【浏览】按钮，在弹出的【组织结构图向导】对话框中选择包含数据源的文件，单击【打开】按钮。在【组织结构图向导】对话框中，单击【下一步】按钮，如图 10-15 所示。

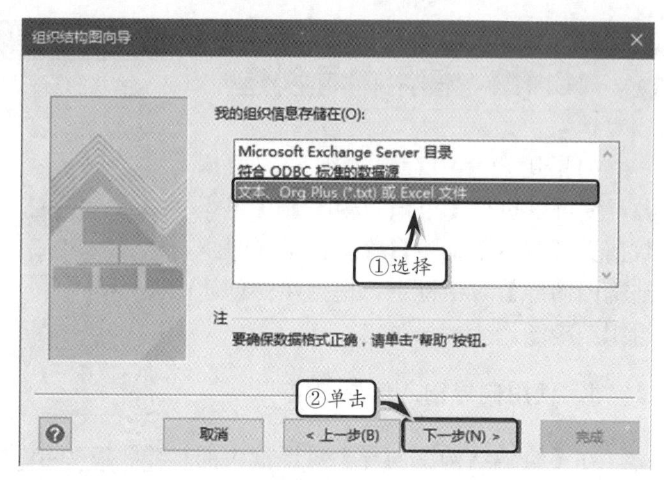

图 10-14 选择信息类型

在【从数据文件中包含组织结构定义信息的列】选项组中，设置【姓名】、【隶属于】信息的列，并单击【下一步】按钮。在【从数据文件中选择要显示的列（字段）】与【从数据文件中选择作为形状数据字段添加到组织结构图形状中的列】选项卡中，添加或删除列字段，如图 10-16 所示。

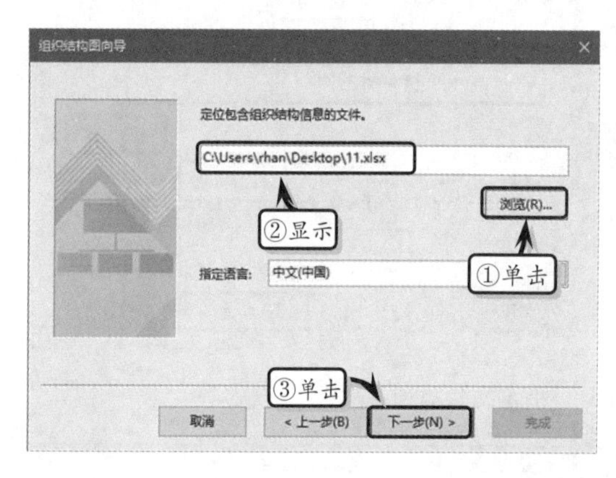

图 10-15 选择数据源

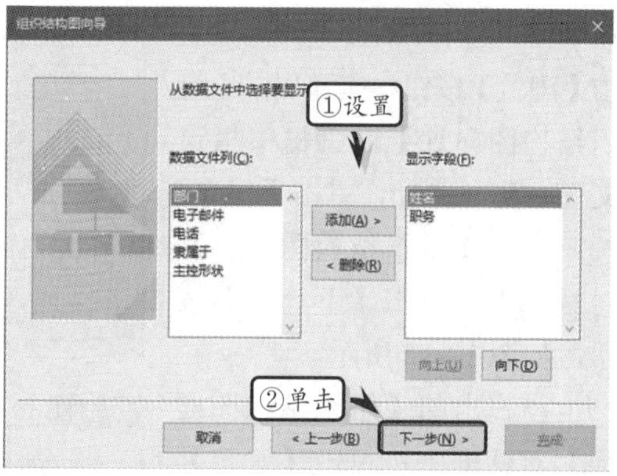

图 10-16 添加或删除列字段

单击【下一步】按钮，在弹出的【组织结构图向导】对话框中，设置组织结构图的布局，并单击【下一步】按钮，如图 10-17 所示。最后，单击【完成】按钮即可。

该对话框中主要包括下列几种选项。

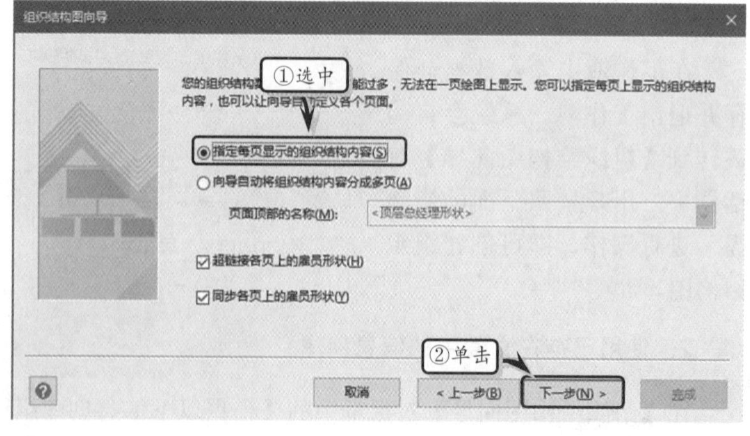

图 10-17 设计布局

- ❑ **指定每页显示的组织结构内容** 该选项主要用于指定每页中所显示的组织结构图内容。选择该选项时，并单击【下一步】按钮后，在弹出的新对话框中可以修改已定义的页、添加新页或者删除绘图页。
- ❑ **向导自动将组织结构内容分成多页** 该选项表示每页中所显示的组织结构图内容由系统决定。
- ❑ **页面顶部的名称** 主要用来指定组织结构图顶层的名称，只有选择【向导自动将组织结构内容分成多页】选项时，才会显示该选项。
- ❑ **超链接各页上的雇员形状** 启用该复选框，可以链接绘图页中的形状。
- ❑ **同步各页上的雇员形状** 启用该复选框，可以将更改自动应用到该形状在其他页上的所有副本。

10.5 设置组织结构图

为了保持组织结构图的实时更新，也为了美化组织结构图，需要设置组织结构图的格式与布局。同时，为了使组织结构图更具有实用性，还需要编辑与分布组织结构图。

10.5.1 编辑组织结构图

编辑组织结构图，主要是编辑组织结构图中的形状。即设置形状文本与数据值，改变组织结构图形状的类型等内容。组用户可通过下列几种方法，来编辑形状文本和数据。

- ❑ **编辑形状文本** 选择形状，直接输入文本字段即可。
- ❑ **编辑形状数据** 右击形状并执行【属性】命令，在弹出的【形状数据】对话框中设置数据值即可。
- ❑ **插入图片** 右击形状并执行【图片】命令，在级联菜单中选择相应的选项即可更改、删除或隐藏图片。
- ❑ **设置下属职务** 右击形状并执行【下属】命令，在级联菜单中选择相应的选项即可排列、隐藏或同步下属形状。
- ❑ **更改职务类型** 右击形状并执行【更改职务类型】命令，在弹出的【更改职务类型】对话框中选择相应的职务即可。
- ❑ **删除形状** 右击形状并执行【剪切】命令，或使用 Ctrl+X 键。

10.5.2 分页组织

分布组织是将组织结构图分布到多个页面中。在绘图页中选择需要移动的形状，执行【布局】|【同步】|【创建同步副本】命令，弹出【创建同步副本】对话框，如图 10-18 所示。

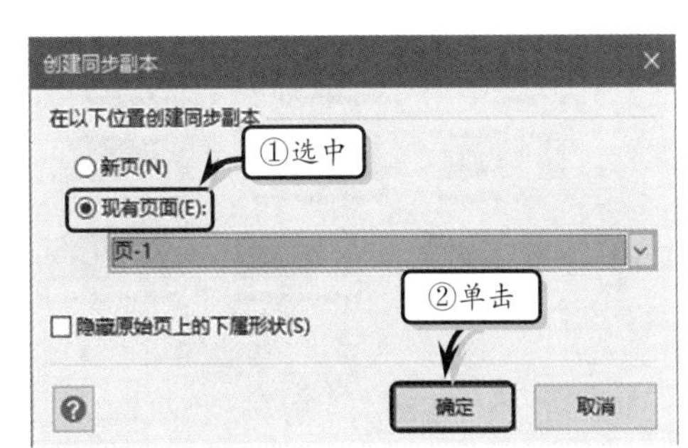

图 10-18 【创建同步副本】对话框

该对话框中主要包括下列几种选项。

- ❑ **新页** 选择该选项，可将在组织结构图绘图上创建一个新页面，并将原始页面中的副本放置在新页面中。

- **现有页面** 选择该选项，并在下拉列表中选择放置页的名称，即可将原始页面的部门副本放置在所选择的绘图页上。
- **隐藏原始页上的下属形状** 启用该复选框，可在原始页上隐藏下属形状。其上级形状的外观就会发生变化，指明其下属形状已隐藏。

提 示

如果绘图页中只包含一个页面，则【创建同步副本】对话框中的【现有页面】选项将不可用。

10.5.3 设置布局

在 Visio 中，可以使用【组织结构图】选项卡中的命令，来设置组织结构图的布局。其设置方法主要包括以下几种。

1. 设置团队布局

当用户为单个团队设置布局时，选择团队的上级形状，执行【组织结构图】选项卡【布局】选项组中的各项命令，或执行【布局】|【对话框启动器】命令，在【排列下属形状】对话框中选择相应的布局即可，如图 10-19 所示。

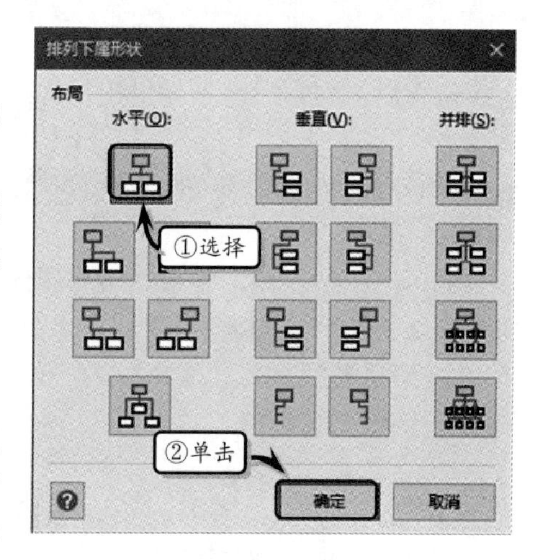

图 10-19 【排列下属形状】对话框

2. 优化布局

当用户修改组织结构图时，需要执行【组织结构图】|【布局】|【重新布局】命令，来优化布局。此时，系统会将组织结构图恢复到原始的排列方式。另外，用户也可以执行【组织结构图】|【布局】|【恰好适合页面】命令，优化整体布局。此时，系统会将组织结构图自动移动到绘图页的中上部，如图 10-20 所示。

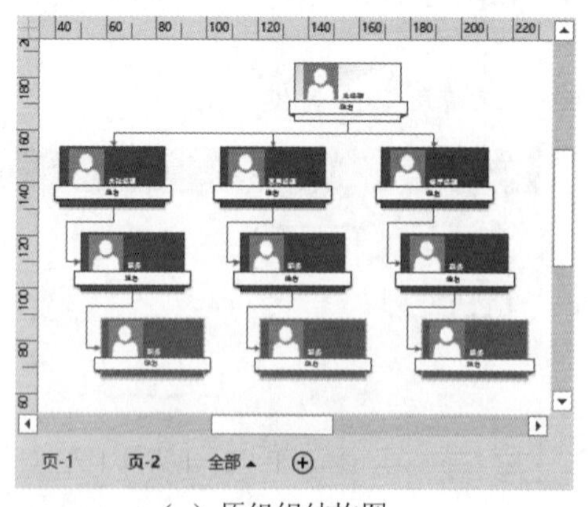

（a）原组织结构图

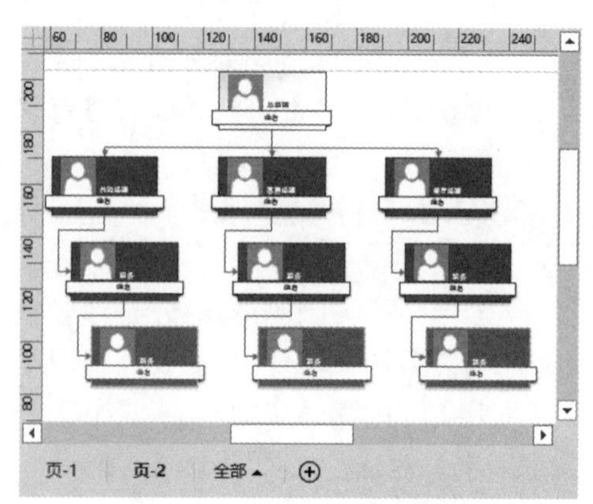

（b）整体优化后的组织结构图

图 10-20 优化布局

提 示

选择形状，执行【组织结构图】|【排列】|【右移/下移】或【左移/上移】命令，来移动形状。

10.5.4 设置格式

在 Visio 中，除了利用【主题】命令来设置形状的颜色与效果之外，还可以利用下述几种方法，来设置组织结构图的格式。

1．更改形状

在绘图页中，执行【组织结构图】|【形状】|【其他】命令，在其级联菜单中选择相应的选项节，如图 10-21 所示。

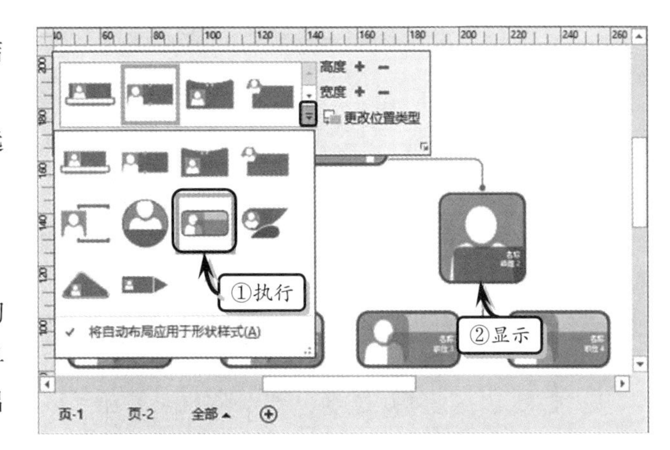

图 10-21 更改形状

2．设置选项

在绘图页中的【组织结构图】选项【形状】选项组中，单击【对话框启动器】按钮，弹出【选项】对话框。激活【选项】选项卡，设置相应的选项即可，如图 10-22 所示。

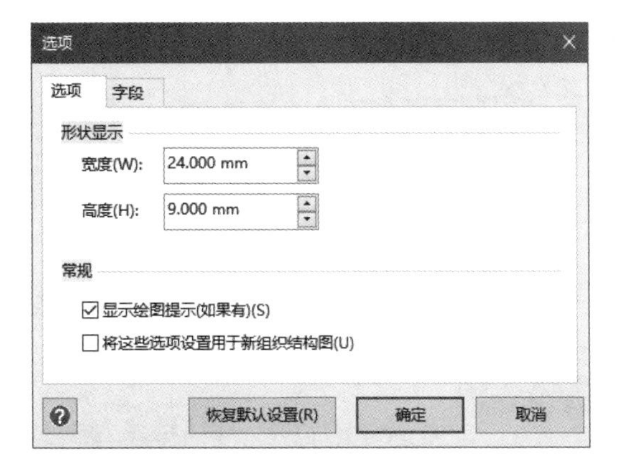

图 10-22 【选项】选项卡

该选项卡中主要包括下列选项。

- **宽度** 用于设置组织结构图中各框的宽度。
- **高度** 用于设置组织结构图中各框的高度。
- **显示绘图提示（如果有）** 启用该复选框，可以自动显示绘图提示（如果有提示）。
- **将这些选项设置用于新组织结构图** 启用该复选框，可将上述设置应用到以后使用该模板创建的所有组织结构图中。
- **恢复默认设置** 单击该按钮，可以取消此对话框中的所有选项卡，使之恢复成默认设置。

3．设置字段

在【选项】对话框中激活【字段】选项卡，并在【字段】选项卡中设置相应的选项，如图 10-23 所示。

该选项卡中主要包括下列选项。

- ❑ **块 1**　表示组织结构图形状的中心文本块。
- ❑ **上移**　单击该按钮，可以将所选的域向上移动一级。
- ❑ **下移**　单击该按钮，可以将所选的域向下移动一级。
- ❑ **块 2**　表示组织结构图形状上左上角的文本块。
- ❑ **恢复默认设置**　单击该按钮，可以取消此对话框中的所有选项卡，使之恢复成默认设置。

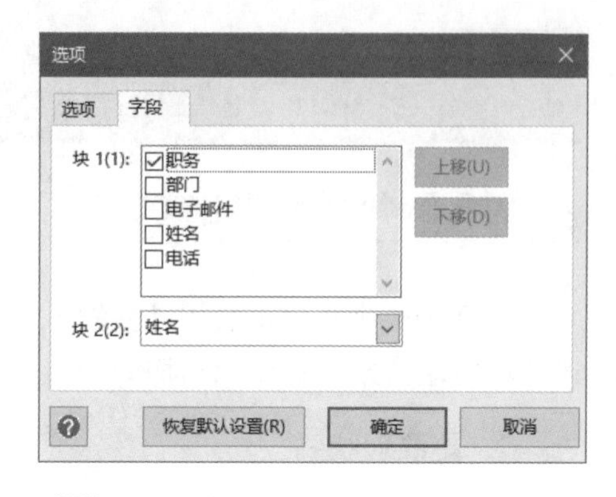

图 10-23　【字段】选项卡

4. 设置形状间距

在绘图页中，用户还可以设置形状之间的距离，在【组织结构图】选项卡【排列】选项组中，单击【对话框启动器】按钮，在弹出的【间距】对话框中设置相应的选项即可，如图 10-24 所示。

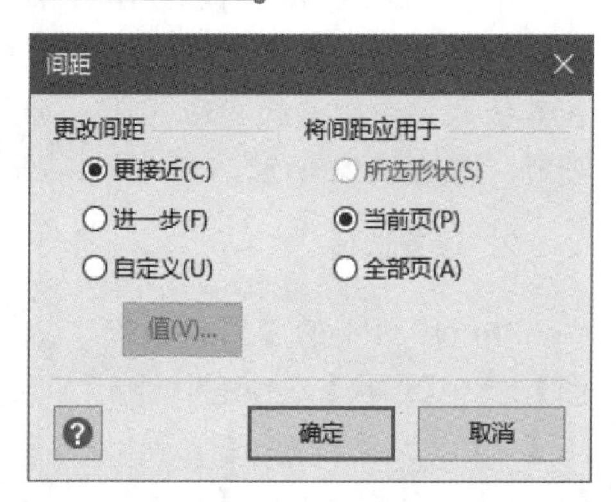

图 10-24　【间距】对话框

该对话框中主要包括下列选项。

- ❑ **更接近**　选择该选项，可以使组织结构图形状之间的间距缩小一个绘图页网格单位。
- ❑ **进一步**　选择该选项，可以使组织结构图形状之间的间距增加一个绘图页网格单位。
- ❑ **自定义**　选择该选项并单击【值】按钮，可以在弹出的【自定义间距值】对话框中设置布局类型，以及上级形状和下属形状之间、下属形状之间的准确间距。
- ❑ **所选形状**　选择该选项，可以将间距设置应用到打开此对话框之前选定的形状中。
- ❑ **当前页**　选择该选项，可以将间距设置应用到当前显示页面上的所有形状中。
- ❑ **全部页**　选择该选项，可以将间距设置应用到组织结构图中所有绘图页上的全部形状中。

用户也可以通过执行【组织结构图】|【排列】|【增加间距】或【减少间距】命令，来调整形状的间距。

10.5.5　共享组织结构图数据

在 Visio 中，用户可以通过报告与互换数据文件的方法，来共享组织结构图数据。

1. 生成报告

在绘图页中，执行【审阅】|【报表】|【形状报表】命令，弹出【报告】对话框。选择报告，新建或修改报告内容。单击【运行】按钮，即可生成组织结构图报告，如图 10-25 所示。

2．导出数据

导出数据是将组织结构图数据导出为 Excel 文件、文本文件等文本样式。执行【组织结构图】|【组织数据】|【导出】命令，弹出【导出组织结构数据】对话框。在【文件名】文本框中输入名称，在【文件类型】下拉列表中选择文件类型，单击【保存】按钮即可，如图 10-26 所示。

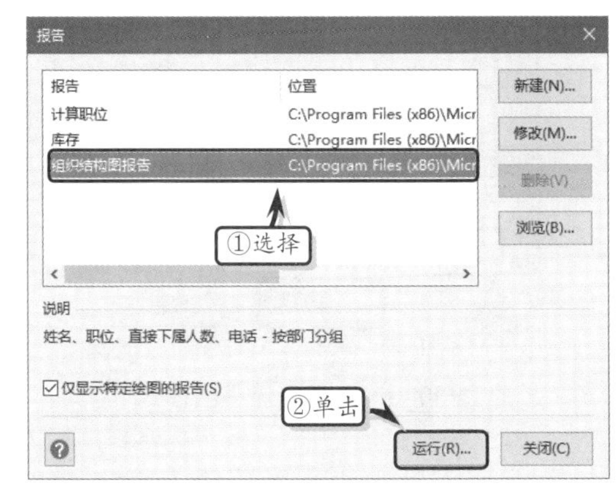

图 10-25 生成报告

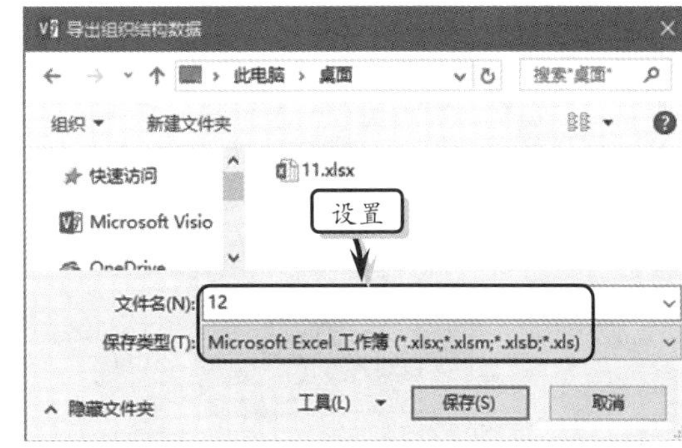

图 10-26 导出数据

10.6 课堂练习：整改物料业务流程图

通过整改物料业务流程图，可以清楚地查看及了解整个整改物料业务的工作流程及步骤，减少因业务生疏而造成的时间与资源的浪费。在本练习中，将运用 Visio 中的【跨职能流程图】模板与设置线条和形状格式等基础知识，来制作一份“整改物料业务流程图”图表，如图 10-27 所示。

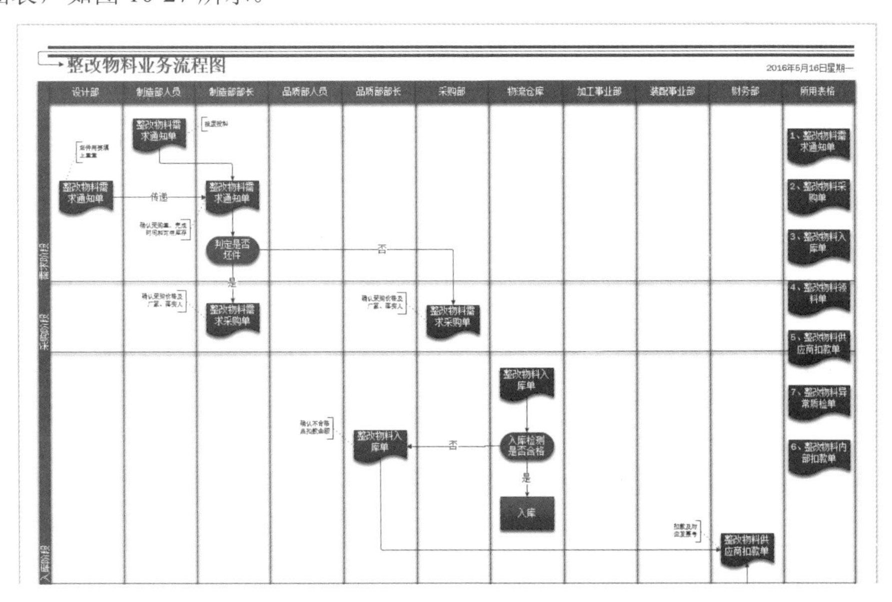

图 10-27 整改物料业务流程图

操作步骤：

1 执行【文件】|【新建】命令，选择【类别】选项，并选择【流程图】选项，如图 10-28 所示。

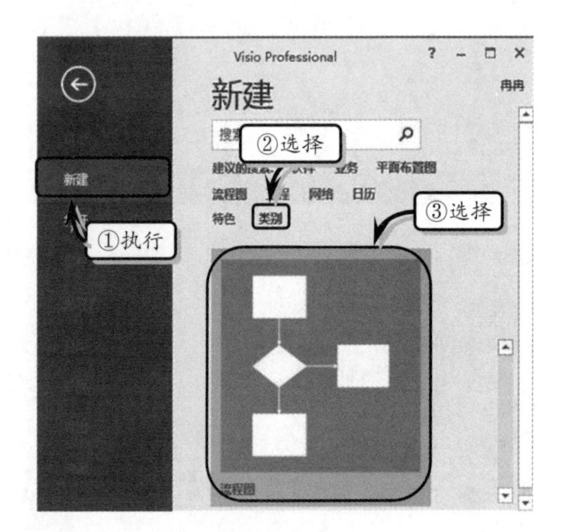

图 10-28 选择模板类型

2 然后，在展开的列表中双击【跨职能流程图】选项，创建模板文档，如图 10-29 所示。

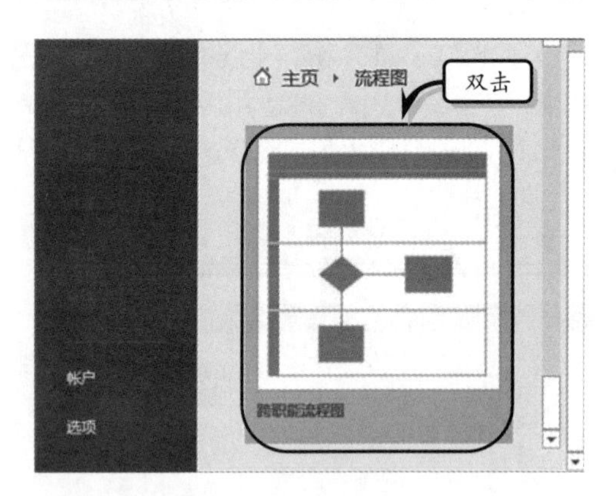

图 10-29 创建模板文档

3 在弹出的【跨职能流程图】对话框中，选择【垂直】选项，如图 10-30 所示。

4 在【跨职能流程图】选项卡【设计】选项组中，禁用【显示标题栏】复选框，如图 10-31 所示。

5 在流程图中添加 9 个【泳道（垂直）】形状，分别修改形状中的文字并调整其列宽，如图 10-32 所示。

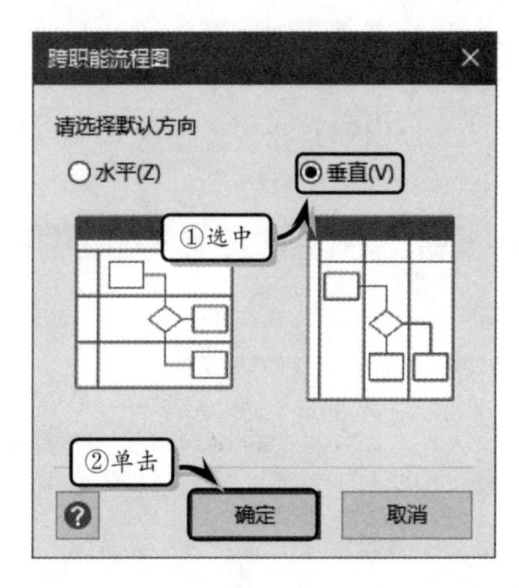

图 10-30 设置流程图模式

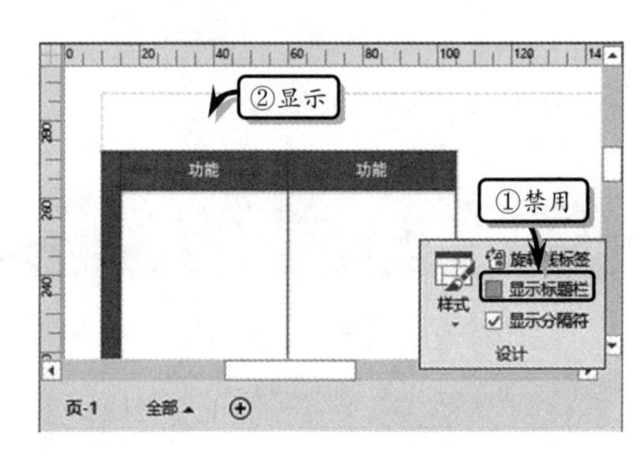

图 10-31 隐藏标题栏

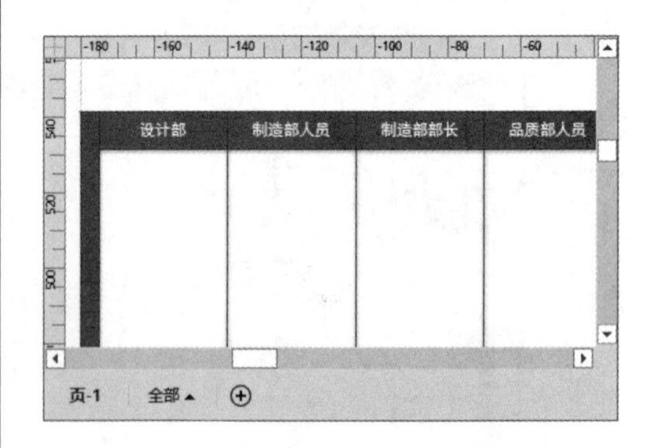

图 10-32 【泳道（垂直）】形状

6 将【垂直跨职能流程图形状】模具中的【分隔符（垂直）】形状拖到绘图页中，并修改其文本。使用相同方法，向绘图页内添加三个该形状，如图 10-33 所示。

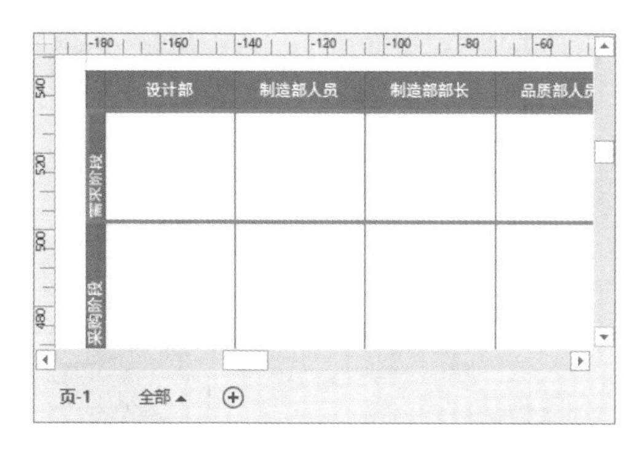

图 10-33　添加分隔符

7　将【基本流程图形状】模具中的【文档】形状，拖到流程图内，并输入相关文字并设置其字体格式，如图 10-34 所示。同样方法，添加其他【文档】形状。

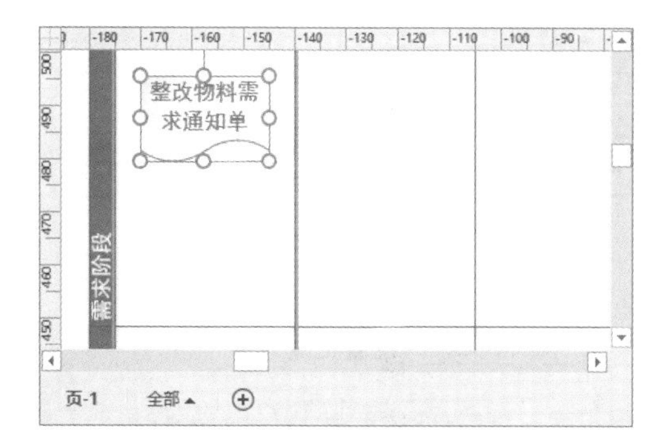

图 10-34　添加【文档】形状

8　将【基本流程图形状】模具中的【开始/结束】形状，拖到流程图内，输入相关文字并设置其字体格式，如图 10-35 所示。同样方法，添加其他【开始/结束】形状。

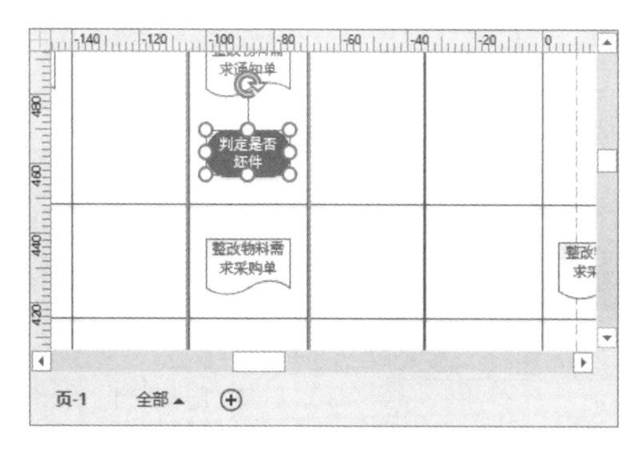

图 10-35　添加【开始/结束】形状

9　将【基本流程图形状】模具中的【流程】形状，拖到流程图内，输入相关文字并设置其字体格式，如图 10-36 所示。同样方法，添加其他【流程】形状。

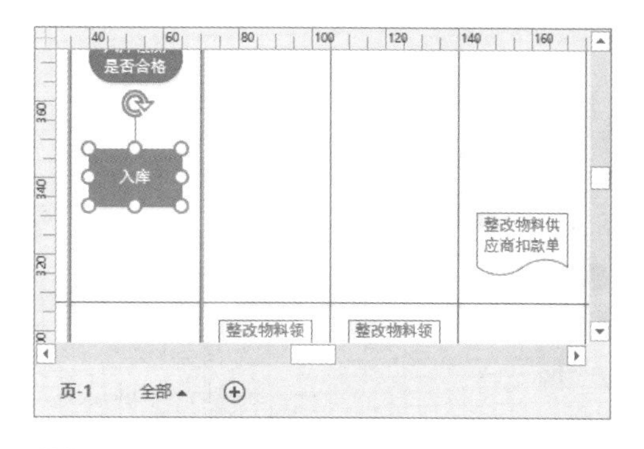

图 10-36　添加【流程】形状

10　执行【开始】|【工具】|【连接线】命令，在绘图页中绘制连接直线，如图 10-37 所示。

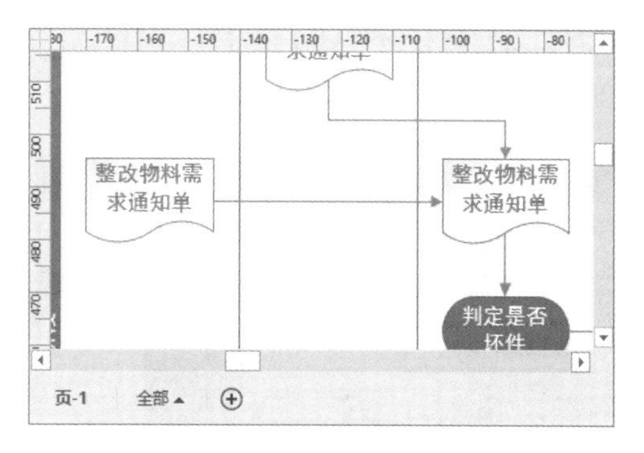

图 10-37　绘制连接线

11　双击第一条连接线，输入说明文本并设置其字体格式，如图 10-38 所示。同样方法为其他连接线输入说明文本。

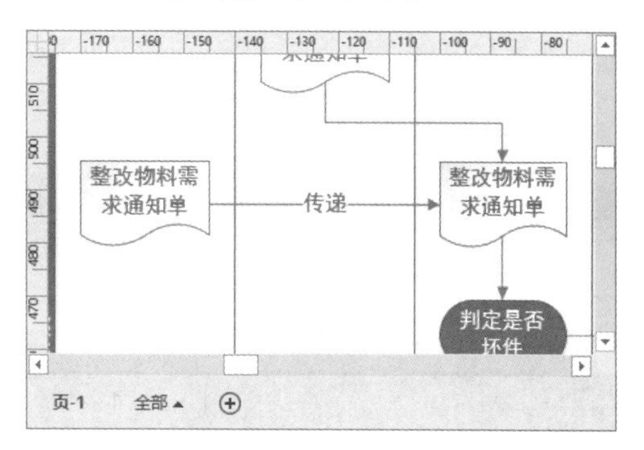

图 10-38　输入连接线文本

12 添加【标注】模具，将【批注】形状添加到第一个形状上，输入文本并调整其位置，如图 10-39 所示。同样方法，添加其他【批注】形状。

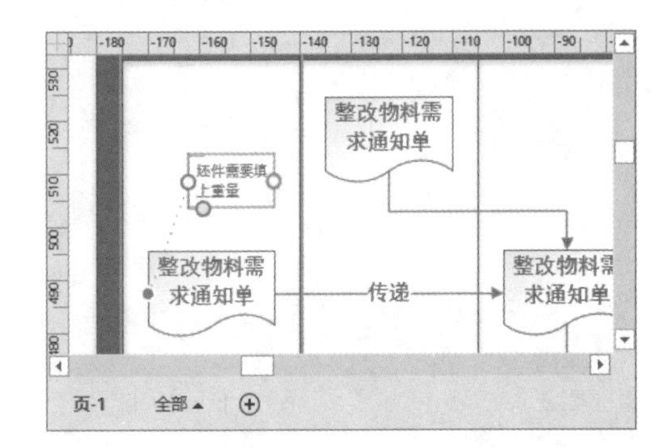

图 10-39 添加批注

13 执行【设计】|【页面设置】|【大小】|【其他页面大小】命令，激活【页面尺寸】选项卡，自定义页面大小，如图 10-40 所示。

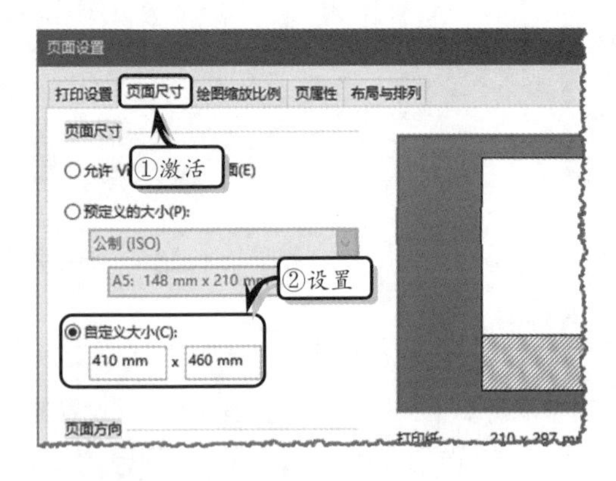

图 10-40 自定义页面大小

14 激活【打印设置】选项卡，在【打印缩放比例】选项组中设置缩放比例，如图 10-41 所示。

15 执行【设计】|【主题】|【主题】|【离子】命令，设置其主题效果，如图 10-42 所示。

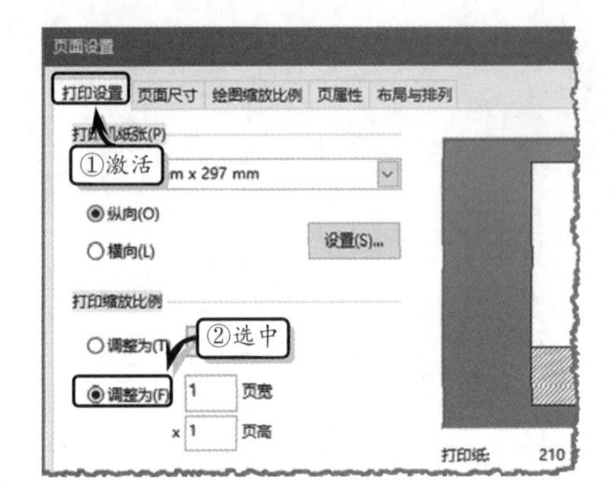

图 10-41 设置缩放比例

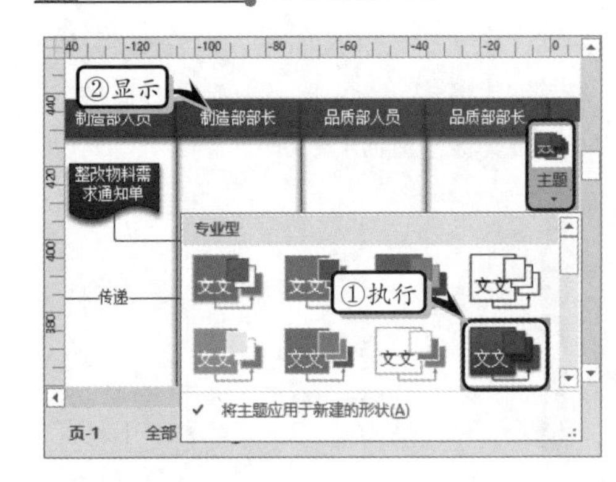

图 10-42 设置主题效果

16 执行【设计】|【背景】|【边框和标题】|【霓虹灯】命令，为绘图页添加边框与标题形状，在形状中输入标题文字，并设置文本的字体格式，如图 10-43 所示。

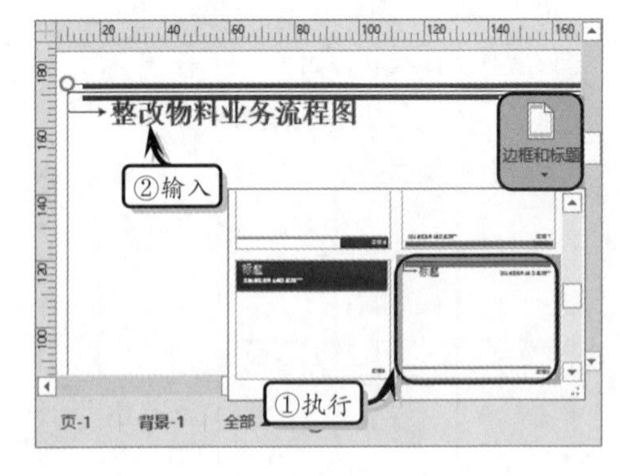

图 10-43 添加边框和标题

10.7 课堂练习：数据流程图

随着计算机的不断发展，数据流模型已引起了人们广泛的关注，并被应用到各种数据类型中。在本实例中，将运用【数据流图表】模板，来制作一个网站访问数据流程图，如图 10-44 所示。

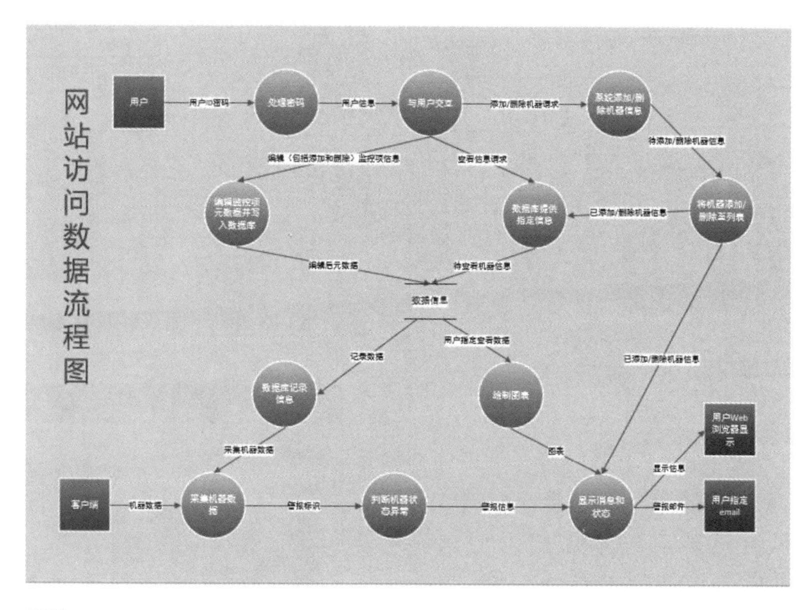

图 10-44 数据流程图

操作步骤：

1 执行【文件】|【新建】命令，在选择【类别】选项，同时选择【软件和数据库】选项，如图 10-45 所示。

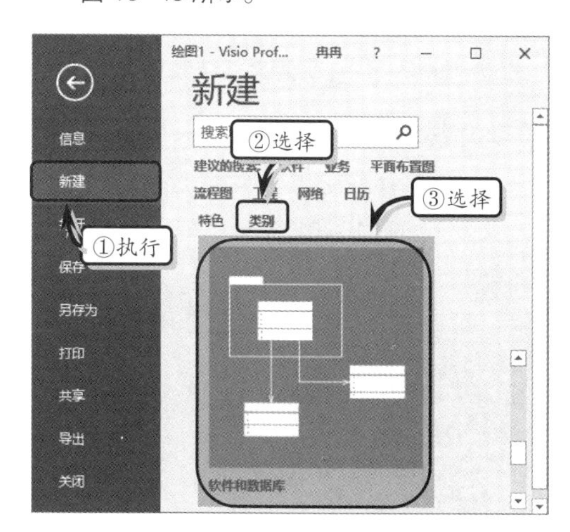

图 10-45 选择模板类别

2 在展开的列表中，双击【数据流图表】选项，如图 10-46 所示。

3 执行【设计】|【页面设置】|【纸张方向】|【横向】命令，设置纸张的显示方向，如图 10-47 所示。

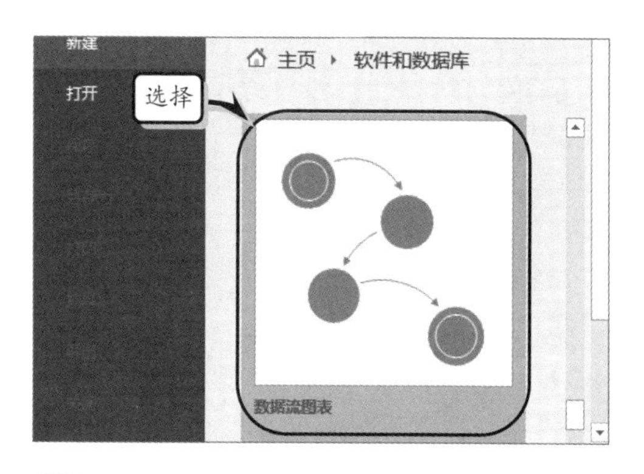

图 10-46 创建模板文档

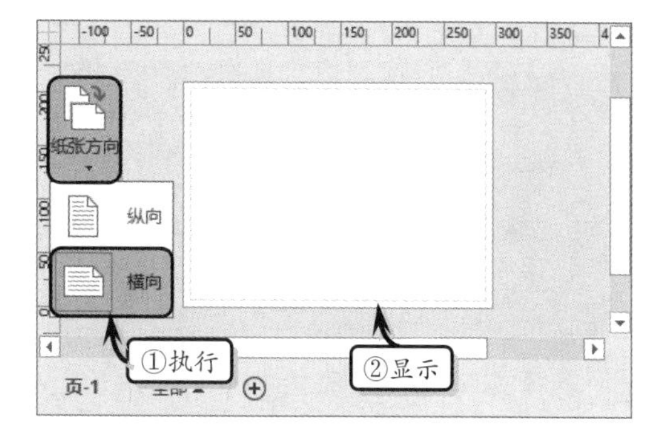

图 10-47 设置纸张方向

4 执行【设计】|【背景】|【背景】|【实心】命令，添加绘图页背景，如图 10-48 所示。

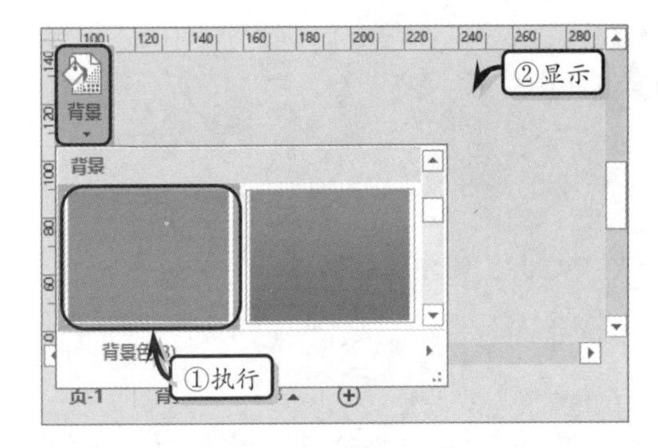

图 10-48 添加背景

5 切换到【背景-1】绘图页中，选择背景形状，执行【开始】|【形状样式】|【填充】|【其他颜色】命令，自定义填充颜色，如图 10-49 所示。

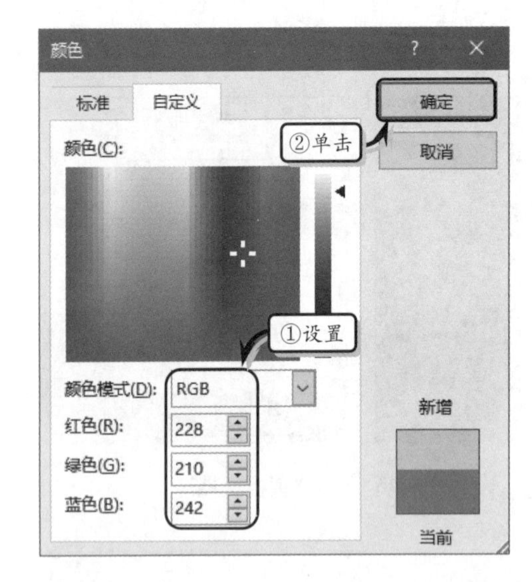

图 10-49 自定义填充颜色

6 切换到【页-1】绘图页中，执行【开始】|【工具】|【文本】命令，输入标题文本并设置文本的方向、字体格式，如图 10-50 所示。

7 选择文本，执行【开始】|【字体】|【字体颜色】|【其他颜色】命令，自定义字体颜色，如图 10-51 所示。

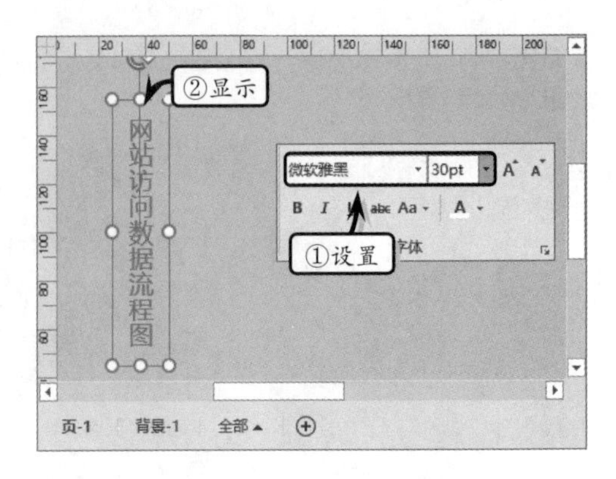

图 10-50 输入标题文本

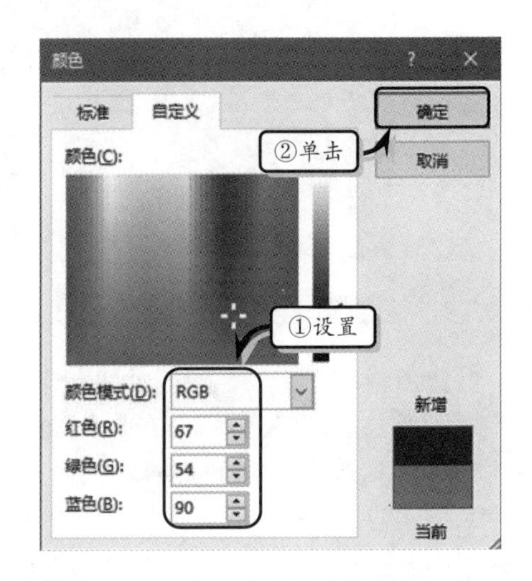

图 10-51 自定义字体颜色

8 将【数据流程图形状】模具中的【实体 1】形状拖到绘图页中，调整形状的位置并输入文本，如图 10-52 所示。

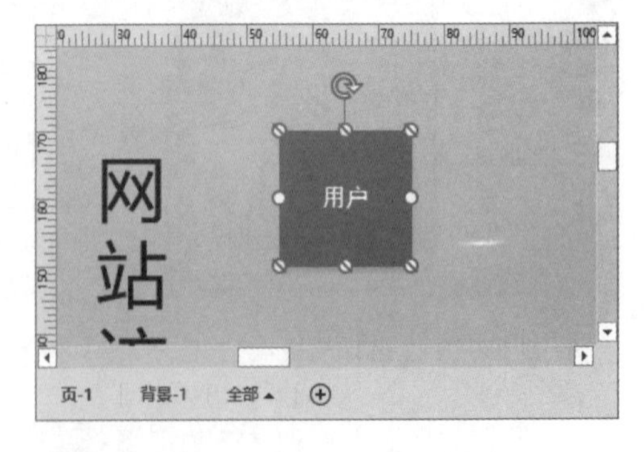

图 10-52 添加【实体 1】形状

9 将【数据流程】形状拖到【用户】形状的右侧，并输入“处理密码”文字，如图 10-53

所示。

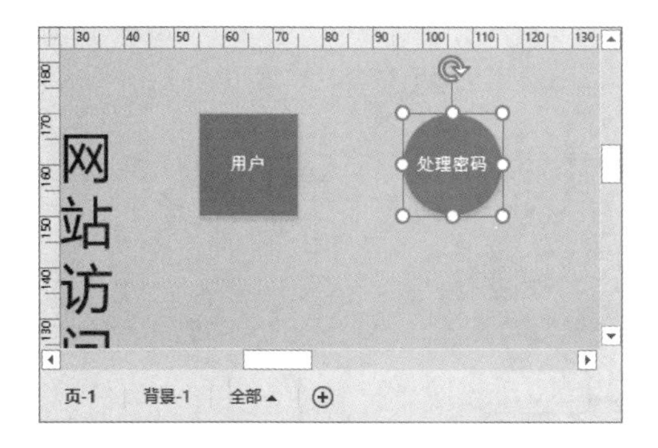

图 10-53 添加【数据流程】形状

10 使用【动态连接线】形状，连接【用户】与【处理密码】形状，如图 10-54 所示。

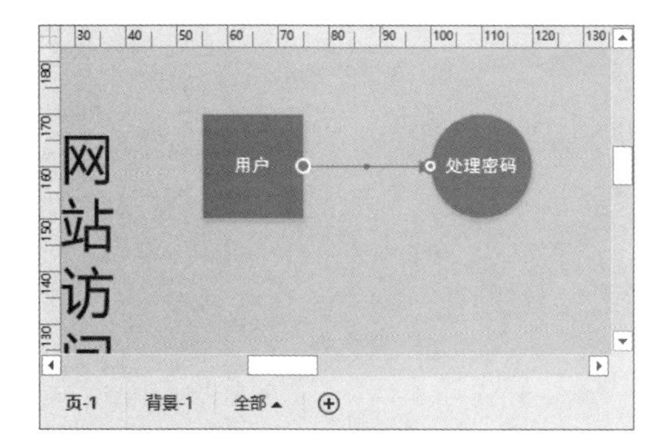

图 10-54 连接形状

11 双击连接线形状，输入“用户 ID 密码”文字，并设置文本的字体格式，如图 10-55 所示。

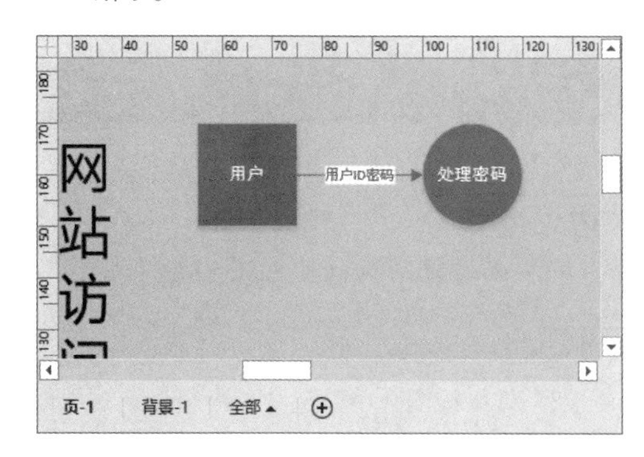

图 10-55 输入连接文本

12 使用上述方法，分别添加其他形状，排列形状并连接形状，如图 10-56 所示。

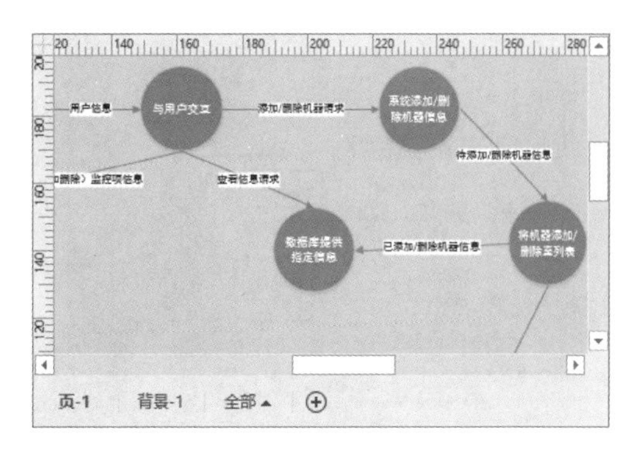

图 10-56 制作其他形状

13 将【数据流图表形状】模具中的【数据存储】形状拖到绘图页中，并输入相关文本，如图 10-57 所示。

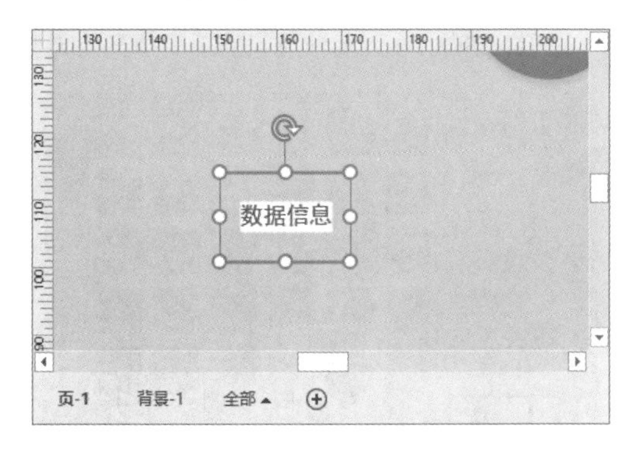

图 10-57 添加【数据存储】形状

14 使用【动态连接线】形状，将该形状与【数据流程】形状相连接，如图 10-58 所示。

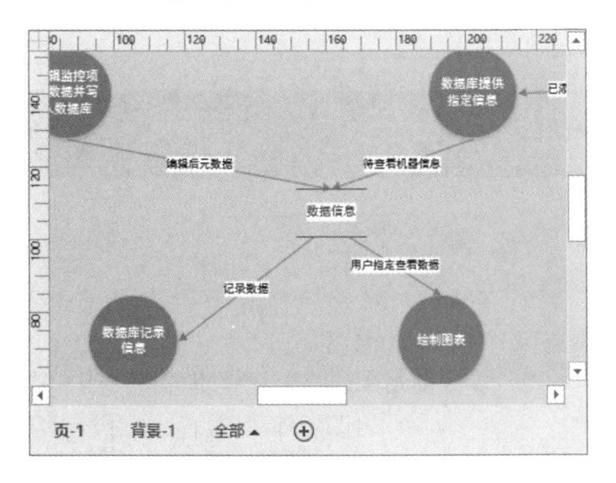

图 10-58 连接数据存储形状

15 执行【设计】|【主题】|【主题】|【切片】命令，设置绘图页的主题效果，如图 10-59 所示。

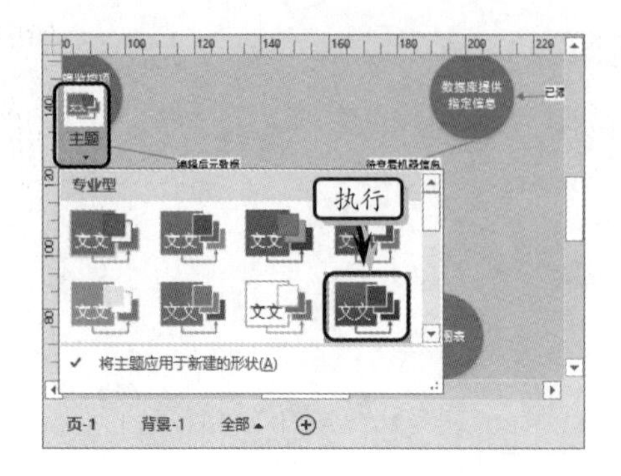

图 10-59 设置主题效果

16 选择【实体 1】形状，右击执行【设置形状格式】命令，选中【渐变填充】选项，并设置【预设渐变】选项，如图 10-60 所示。同样方法，设置其他形状的渐变填充效果。

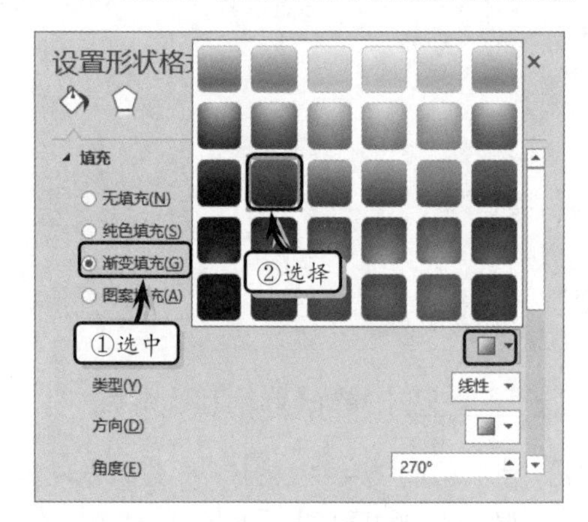

图 10-60 设置渐变填充效果

17 选择【数据存储】形状，执行【开始】|【形状样式】|【快速样式】|【细微效果-深蓝，变体着色 3】命令，如图 10-61 所示。

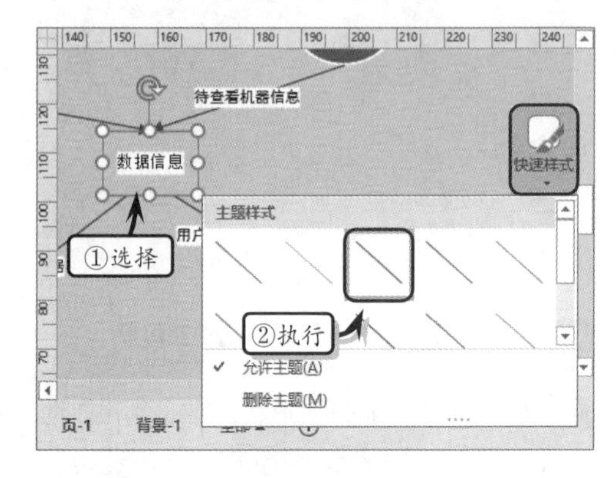

图 10-61 设置形状样式

思考与练习

一、填空题

1．在 Visio 中，可以利用________命令，编辑流程图的布局。

2．在绘图页中选择需要编辑的连接线，执行________命令即可改变形状的流向。

3．在 Visio 中，可以利用________与________两种方法，来创建多页面流程图。

4．在跨职能流程图中，用户可以使用________形状来标识过程中的阶段。

5．Visio 包含________与________两个数据流程图模板。

6．创建数据流程图之后，可以利用________与________形状来显示形状之间的数据流与数据循环。

7．在组织结构图中，右击形状并执行________命令，或使用________键，可以删除形状。

8．如果绘图页中只包含一个页面，则【创建同步副本】对话框中的________将不可用。

9．在 Visio 中，可以使用________与________，来设置组织结构图的布局。

二、选择题

1．在创建基本流程图时，可以通过________

命令来自动布局流程图的形状。

A．重新布局　　　B．配置布局

C．重新布局形状　　D．绘图矩阵

2．在跨职能流程图中，执行________命令可以更改泳道标签的方向。

A．水平显示所有带区标签

B．垂直显示所有带区标签

C．【排列】|【泳道方向】

D．【位置】|【顺序】

3．在 Visio 中，用户可以通过________与互换数据文件的方法，来共享组织结构图数据。

A．导出数据　　　B．报告

C．报表　　　　　D．复制数据

4．在组织结构图中，【间距】对话框中的【所选形状】选项表示________。

A．可以将间距设置应用到打开此对话框之前选定的形状中

B．可以将间距设置应用到当前显示页面上的所有形状中

C．可以将间距设置应用到组织结构图中所有绘图页上的全部形状中

D．可以将间距设置应用到组织结构图中

5．在组织结构图中，【选项】对话框中的【字段】选项卡中的【块 2】选项表示________。

A．组织结构图形状上右下角的文本块

B．组织结构图形状上左下角的文本块

C．组织结构图形状上右上角的文本块

D．组织结构图形状上左上角的文本块

6．在组织结构图中，选择形状，执行________命令，可以移动形状。

A．【右移/下移】或【左移/上移】

B．【右移】或【左移】

C．【下移】或【上移】

D．【左移/下移】或【右移/上移】

三、问答题

1．如何构建跨职能流程图？

2．如何设置组织结构图的布局？

3．如何显示数据流程图中的数据流？

四、上机练习

1．构建工作流程图

在本练习中，将使用【工作流程图】模板，来制作一个工作流程图，如图 10-62 所示。首先，执行【文件】|【新建】命令，选择【流程图】类别中的【工作流程图】选项，并单击【创建】按钮。然后，将【部门】与【工作流步骤】模具中的形状拖到绘图页中，调整大小与位置，并单击形状周围的连接箭头，连接形状。最后，将【箭头】模具中的【普通箭头】形状拖到绘图页中，连接第 4 个与第 5 个形状。

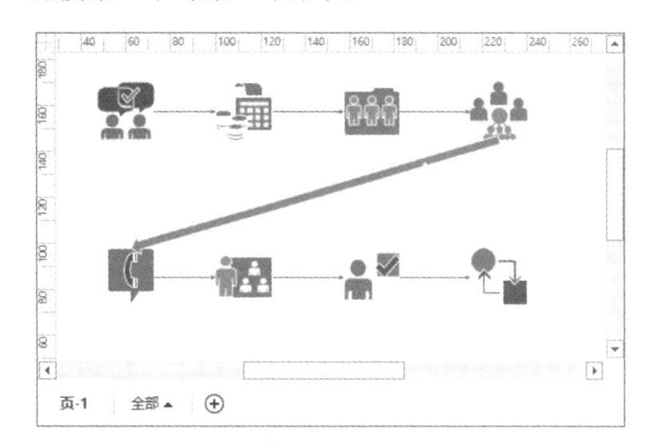

图 10-62　工作流程图

2．构建组织结构图

在本练习中，将利用【组织结构图】模板，来制作一个显示公司职务的组织结构图，如图 10-63 所示。首先，执行【文件】|【新建】命令，选择【商务】类别中的【组织结构图】选项，并单击【创建】按钮。然后，将【组织结构图形状】模具中的相关形状拖到绘图页中，为形状输入文本并连接绘图页中所有的形状。最后，选择经理职务的形状，执行【组织结构图】|【布局】|【布局】|【居中】命令，设置组织结构图的布局。

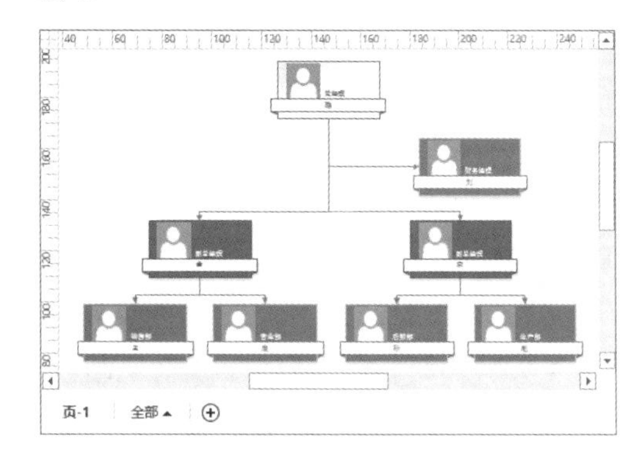

图 10-63　组织结构图

第 11 章 构建项目管理图

项目管理是用于规划、跟踪与管理项目的一系列的活动。一般情况下，项目经理会使用 Project 软件来规划、跟踪与控制项目计划。但是 Project 软件相对比较复杂，对于不熟悉该软件的用户，可以使用 Visio 中内置的日历、日程表、甘特图和 PERT 图，对简单的项目进行构建和创建报告。本章将详细介绍构建项目管理图的基础知识与操作技巧。

本章学习目的：

- 创建日历
- 导入日历数据
- 创建日程表
- 创建甘特图
- 设置甘特图格式
- 创建 PERT 图

11.1 使用日历

在 Visio 中，用户可以使用"日历"模板来构建一个单独的日历，用来记录日常事物、计划安排等日常计划。另外，用户也可以将已有的日历数据导入到 Visio 中，从而构建一份含有标注、说明与图片元素且丰富多彩的日历。

11.1.1 创建日历

在 Visio 中，日历按日期的长度可分为日、周、月、年 4 种类型。在绘图页中的【形状】任务窗格中，单击【更多形状】下拉按钮，执行【日程安排】|【日历形状】命令，即可打开【日历】模板。在该模板中，只包含【日历形状】一个模具。通过拖动该模具

中的形状，可以轻松快速地创建各种类型的日历。

1. 构建日日历

日日历适用于记录一天天或不连续的天构成的日历。在【日历形状】模具中，将【日】形状拖到绘图页中，弹出【配置】对话框。在该对话框中，将【日期】设置为当前日期，将【语言】设置为需要使用的语言，并在【日期格式】下拉列表中选择相应的日期格式，如图 11-1 所示。在【配置】对话框中，单击【确定】按钮即可在绘图页中添加一个日历形状。使用同样方法添加其他天的日历形状。

图 11-1 【配置】对话框

提 示

右击“日历”形状并执行【配置】命令，可在【配置】对话框中更改日期格式。

2. 构建周日历

周日历适用于记录规划一周或多周的日程。在【日历形状】模具中，将【周】形状拖到绘图页中，弹出【配置】对话框，如图 11-2 所示。

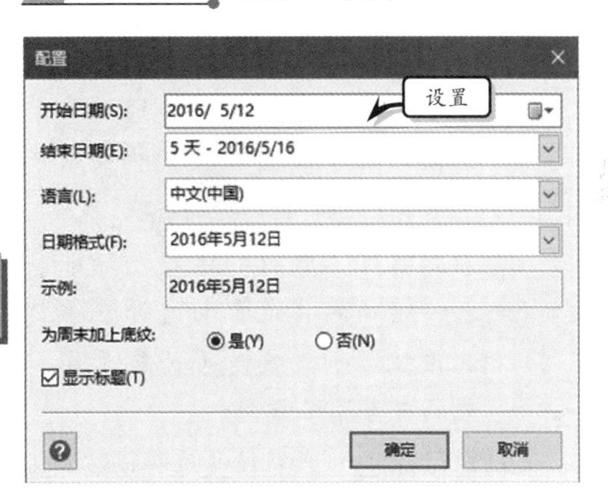

图 11-2 配置单周日历选项

该对话框中主要包括下列选项。

- **开始日期** 用来设置日历的开始日期，可以在下拉列表中选择日期，也可以直接输入日期。
- **结束日期** 用来设置日历的结束日期，可以在下拉列表中选择日期，也可以直接输入日期。
- **语言** 用来设置日历中所使用的语言。
- **日期格式** 用来设置日历中所显示的日期样式。该选项会跟随【语言】选项的改变而改变。
- **为周末加上底纹** 通过选择该选项组中的【是】与【否】单选按钮，来设置是否为表示周末的日期添加底纹。
- **显示标题** 启用该复选框，表示是否在日历中显示日历标题。

设置上述选项之后，单击【确定】按钮即可在绘图页中创建一个周日历。另外，对于需要设置多个周日历的用户来讲，可以将【日历形状】模具中的【多周】形状拖到绘图页中，在弹出的【配置】对话框中，设置【开始日期】、【结束日期】、【一周的第一天为】等选项即可，如图 11-3 所示。

3. 构建月日历

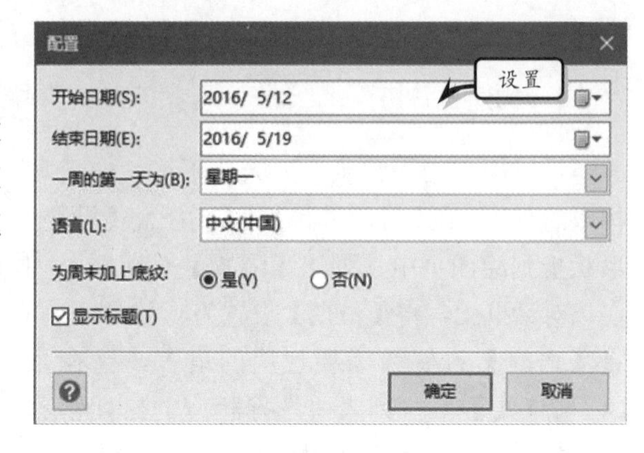

图 11-3　配置多周日历选项

月日历与周日历一样，不仅可以设置单月日历，也可以设置多月日历。在【日历形状】模具中，将【月】形状拖到绘图页中，弹出【配置】对话框，如图 11-4 所示。

该对话框中主要包括下列选项。

- ❑ **月**　用于设置日历的月份。
- ❑ **年**　用于设置日历的年份。
- ❑ **一周的第一天为**　用于设置日历中周开始的日。
- ❑ **语言**　用于设置日历中所使用的语言。
- ❑ **为周末加上底纹**　通过选择该选项组中的【是】与【否】单选按钮，来设置是否为表示周末的日期添加底纹。
- ❑ **显示标题**　启用该复选框，表示是否在日历中显示日历标题。

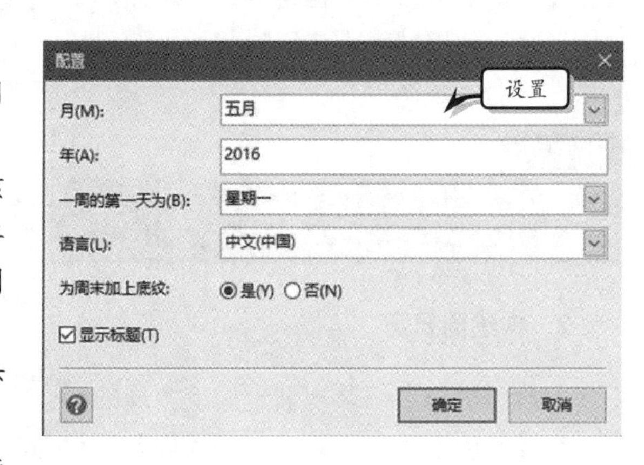

图 11-4　配置月日历选项

在【配置】对话框中设置完上述选项后，单击【确定】按钮即可在绘图页中添加月日历。如果用户想添加连续的多个月，可以右击绘图页标签，执行【插入页】命令。为绘图页添加新页，并在新页中创建月日历。

提　示

对于多月日历，可以将【月缩略图】形状添加到月日历旁边，用来显示上个月或下个月的具体情况。

4. 构建年日历

在【日历形状】模具中，将【年】形状拖到绘图页中，弹出【形状数据】对话框。在该对话框中设置年份、每周的开始日及语言即可，如图 11-5 所示。

如果用户想创建多个年日历，可以右击绘图页标签，执行【插入页】命令。在插入的新页中创建年日历即可。

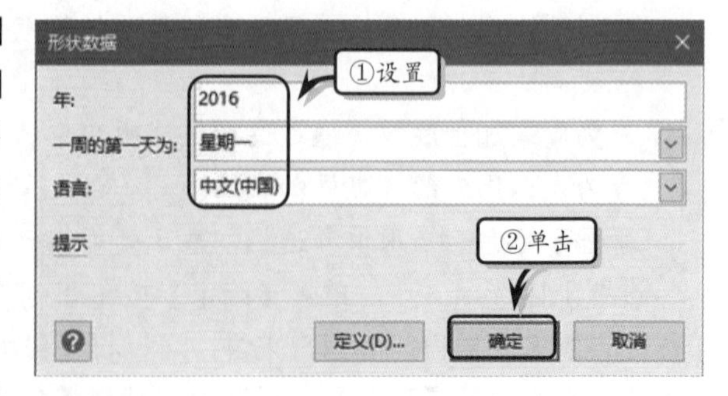

图 11-5　【形状数据】对话框

提　示

年日历适合使用“竖向”的页面，用户可在【页面设置】对话框中更改页面方向。

11.1.2　编辑日历

为了使日历具有强大的记录功能，也为了美化日历，需要对日历的颜色、标题、附属标志等进行编辑。

1．设置日历格式

创建日历之后，可以使用下列方法来设置日历的格式。

- ❑ **更改配置设置**　右击日历形状，执行【配置】命令即可。
- ❑ **使用主题颜色**　执行【设计】|【主题】|命令，选择相应的主题样式。同时，执行【设计】|【变体】命令，设置主题变体效果。
- ❑ **更改日历标题**　对于日、周与月日历，直接双击标题输入文本即可。对于年日历，应该右击形状并执行【配置】命令，在【形状数据】对话框中输入年份值即可。

2．添加约会事件

用户使用日历的主要作用是提醒用户计划中的任务、约会或时间的发生日期。将【日历形状】模具中的【约会】形状拖到绘图页中，弹出【配置】对话框，配置各选项即可，如图11-6所示。

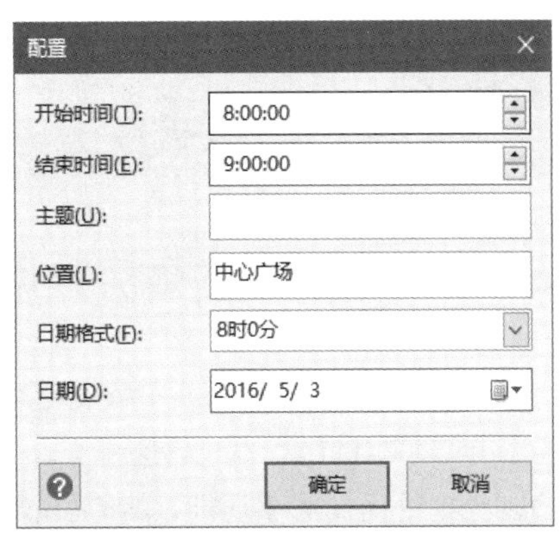

图 11-6　配置约会事件

该对话框中主要包括下列选项。

- ❑ **开始时间**　用于设置约会的开始时间。
- ❑ **结束时间**　用于设置约会的结束时间。
- ❑ **主题**　用于设置约会的描述性文本，该文本将会出现在日历中相应的约会上。
- ❑ **位置**　用于设置约会的地点，该选项内容不会显示在约会标识中，只会存储在形状数据中。
- ❑ **日期格式**　用于设置约会的时间格式。
- ❑ **日期**　用来设置约会的日期格式。

3．添加多日事件

当日历中出现同一个事件发生在多日时，可通过添加【多日事件】形状，来描述事件。将【日历形状】模具中的【多日事件】形状拖到绘图页中，弹出【配置】对话框，如图11-7所示。在对话框中设置事件的主题、位置及起至时间，单击【确定】按钮即可。

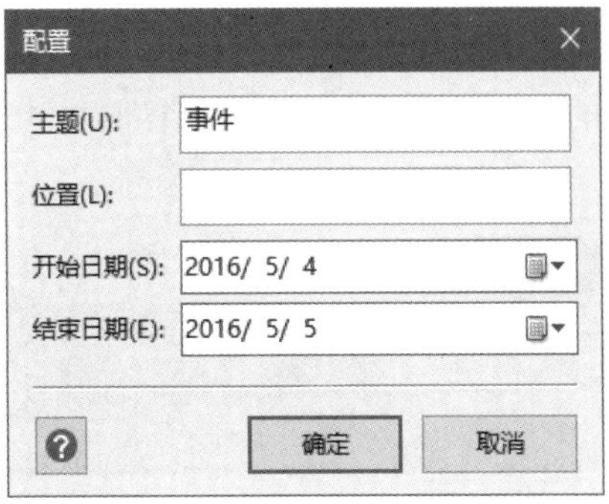

图 11-7　配置多日事件

4. 添加艺术形状

在日历中除了可以添加【约会】和【多日事件】形状来描述日历中所发生的事情之外，还可以通过添加艺术字形状，在美化日历的同时提醒用户日历中的特殊安排。

添加艺术形状比较简单，用户只需将【日历形状】模具中的艺术类形状添加到日历中即可。例如，将【构思】、【图钉】和【注意】等形状添加到日历中，如图 11-8 所示。

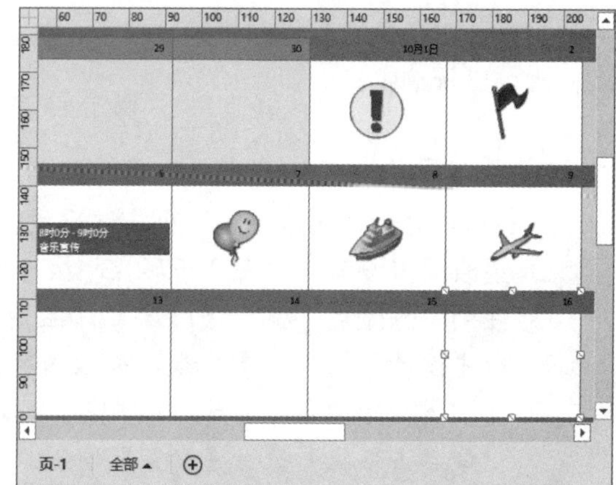

图 11-8 添加艺术形状

5. 编辑事件

编辑事件主要包括为事件添加文本、修改与删除事件。用户可通过下列操作方法来编辑事件。

- **添加文本** 双击事件或日历中的日，在文本块中直接输入文本即可。
- **编辑约会事件** 右击约会事件，执行【配置】命令，在【配置】对话框中修改相应的选项。
- **删除事件** 右击事件，执行【剪切】命令即可。

提 示

对于【月相】形状，可以通过右击并执行相应命令的方法，将形状设置为满月、新月等样式。

11.1.3 导入日历数据

如果用户在 Outlook 中安排了约会、计划等日历，可以使用【导入 Outlook 日历向导】功能，将 Outlook 中的日历导入到 Visio 中。执行【日历】|【导入 Outlook 数据向导】命令。在【将数据导入】选项组中选择【新的 Visio 日历】单选按钮，并单击【下一步】按钮，如图 11-9 所示。

导入 Outlook 数据向导

借助"导入 Outlook 数据向导"，您可以将 Outlook 日历数据导入新的或现有的 Visio 日历形状。

将数据导入：

新的 Visio 日历(W)

选定的 Visio 日历

①选中

②单击

取消 < 上一步(B) 下一步(N) > 完成

图 11-9 选择放置日历的位置

提 示

对话框中的【选定的 Visio 日历】单选按钮，只有在绘图页中选择日历的情况下才可用。

在【导入介于以下日期和时间之间的约会和事件】对话框中，在【开始时间】与【结束时间】下拉列表中选择相应的时间，在【开始日期】与【结束日期】下拉列表中选择相应的日期，并单击【下一步】按钮，如图 11-10 所示。

在【配置您的 Visio 日历】对话框中，将【日历类型】设置为【月】，将【一周的第一天为】设置为【星期一】，同时设置【语言】与【为周末加上底纹】选项并单击【下一步】按钮，如图 11-11 所示。最后，查看日历的设置参数，并单击【完成】按钮。

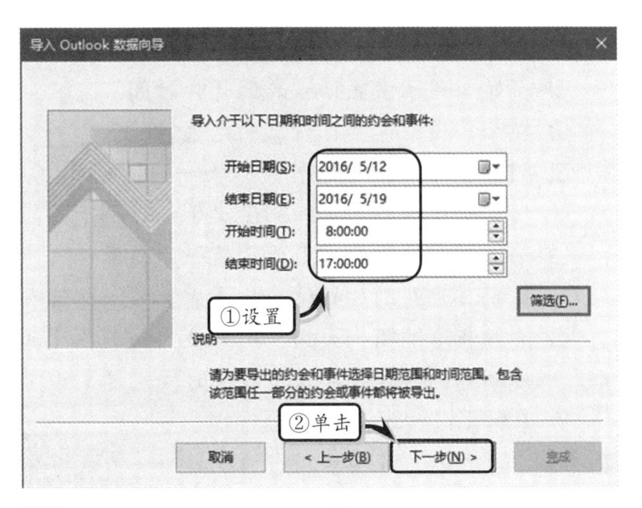

图 11-10　设置日期与时间

提　示

对于团队日常安排来讲，可以将 Visio 日历传送给每个队员，让队员使用【导入 Outlook 数据向导】功能将个人日历导入到 Visio 日历中，达到合并日历的效果。

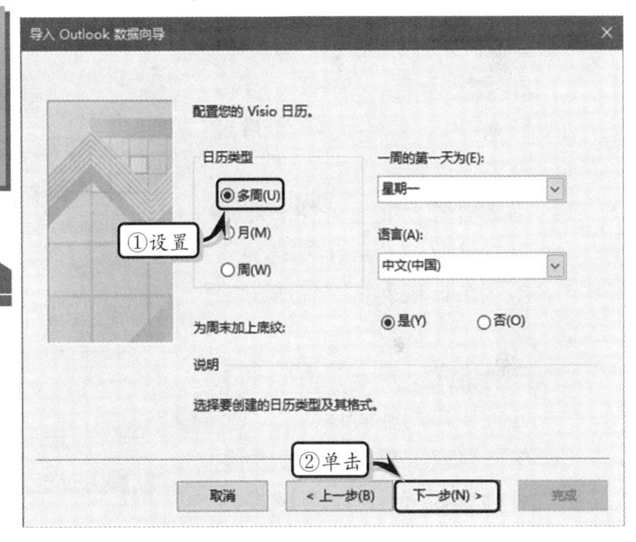

图 11-11　设置日历格式

11.2　使用日程表

用户可以使用 Visio 中的【日程表】模板，来创建沿着水平或垂直日程表显示任务、阶段或里程碑信息的日程表。另外，用户还可以利用导入与导出数据功能，将 Visio 中的数据信息与 Project 中的数据信息进行互换。

11.2.1　创建日程表

日程表用来显示某期间内的活动阶段与关键日期。在 Visio 中的【形状】任务窗格中，单击【更多形状】下拉按钮，执行【日程安排】|【日程表形状】命令，在【日程表形状】模具中，将【块状日程表】形状拖到绘图页中，系统会自动弹出【配置日程表】对话框，在【时间段】选项卡中设置日程表的时间段与刻度选项即可，如图 11-12 所示。

图 11-12　【时间段】选项卡

该选项卡中主要包括下列选项。

- ❑ **开始** 用于设置日程表的开始时间。
- ❑ **结束** 用于设置日程表的结束时间。
- ❑ **时间刻度** 用于设置日程表的时间刻度，应该选择小于指定日期范围的时间刻度。如果选择的时间刻度大于该日期范围，日程表上将不会显示时间单位。
- ❑ **一周的第一天为** 用于设置一周的开始日，主要用来指定日程表上的周间隔。只有将【时间刻度】设置为【周】时，此选项才可用。
- ❑ **财政年度的第一天为** 用来设置财政年度的月份和日，主要用来指定日程表上季度间隔的月和日。只有将【时间刻度】设置为【季度】时，此选项才可用。

在【配置日程表】对话框中，激活【时间格式】选项卡。在【时间格式】选项卡中设置日程表中的时间格式，如图 11-13 所示。

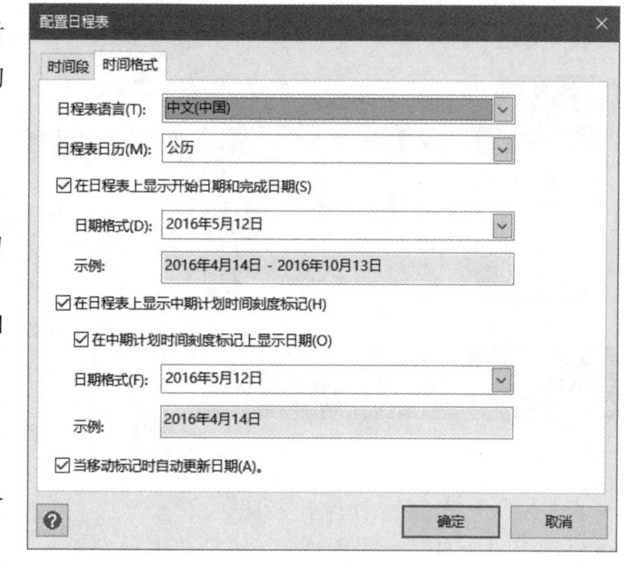

图 11-13 【时间格式】选项卡

该选项卡中主要包括下列选项。

- ❑ **日程表语言** 用于设置日程表中日期格式所使用的语言。
- ❑ **在日程表上显示开始日期和完成日期** 启用该复选框，可以在日程表上显示开始日期和完成日期。
- ❑ **日期格式** 用于设置日程表上的日期或时间格式。
- ❑ **在日程表上显示中期计划时间刻度标记** 启用该复选框，可以在日程表上显示各天、周、月或年时间单位。
- ❑ **在中期计划时间刻度标记上显示日期** 启用该复选框，可以在日程表上显示各中期计划标记的日期。只有启用了【在日程表上显示中期计划时间刻度标记】复选框，该复选框才可用。
- ❑ **日期格式** 主要用于设置时间刻度标记的日期格式。
- ❑ **当移动标记时自动更新日期** 启用该复选框后，在移动日程表上的标记、里程碑和间隔形状时，上述形状上的日期会自动更新。

提 示

创建日程表之后，右击【块状日程表】形状并执行【配置日程表】命令，可修改时间段与时间格式。

11.2.2 设置日程表

在 Visio 中只依靠单纯的【日程表】形状，无法形象地显示计划中的阶段与关键日期。只有为日程表添加间隔、里程碑等辅助形状，才可以充分发挥日程表的作用。

1. 添加间隔

间隔主要用来显示日程表上某时间段内的活动。在【日程表形状】模具中，将【块状间隔】形状拖到日程表上，在弹出的【配置间隔】对话框中，设置起止时间与日期、说明性文本及日期格式，单击【确定】按钮即可，如图 11-14 所示。

配置间隔
开始日期(S): 2016/5/29
开始时间(T): 0:00:00
完成日期(F): 2016/6/30
完成时间(M): 0:00:00
说明(E): 间隔说明
日期格式(D): 2016年5月12日
示例: 2016年5月29日 - 2016年6月30日
确定 取消

图 11-14 【配置间隔】对话框

2. 添加里程碑

里程碑主要用来显示某阶段内的特定事件。在【日程表形状】模具中，将【圆形里程碑】形状拖到日程表上，在弹出的【配置里程碑】对话框中，设置里程碑的日期、时间、说明性文本及日期格式，单击【确定】按钮即可，如图 11-15 所示。

图 11-15 【配置里程碑】对话框

提 示

右击【里程碑】形状，执行【置于顶层】|【置于顶层】命令，将该形状放置于绘图页的最上层，防止其他图形覆盖。

3. 展开日程表

展开日程表可以为总日程表中的某阶段创建详细的任务日程表。在【日程表形状】模具中，将【展开日程表】形状拖到日程表上，在弹出的【配置日程表】对话框中，设置【时间段】与【时间格式】选项卡中相应的选项。单击【确定】按钮，即可在绘图中显示【展开日程表】形状，如图 11-16 所示。

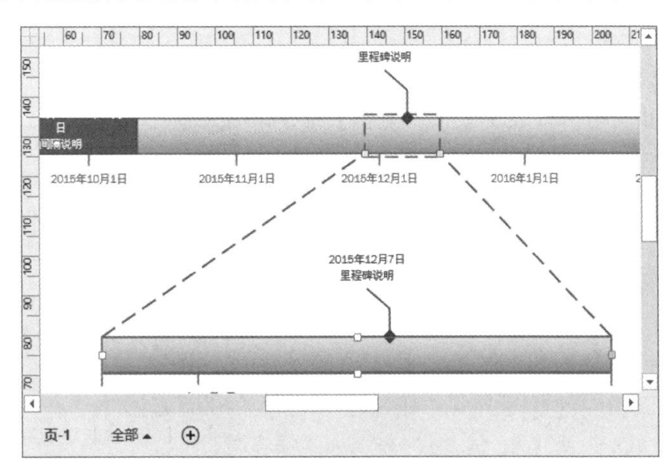

图 11-16 【展开日程表】形状

用户可通过下列操作，来编辑【展开日程表】形状。

- **移动** 直接拖动形状到新位置即可。
- **调整大小** 拖动形状中的选择手柄即可调整形状的大小。
- **调整开始与结束日期** 右击形状，执行【配置日程表】命令。
- **调整日程表类型** 右击形状，执行【日程表类型】命令，在级联菜单中选择相应的选项即可。

- ❑ **显示起始与完成箭头**　右击形状，执行【箭头】命令，在级联菜单中选择相应的选项即可。

4. 同步间隔与里程碑

在 Visio 中，可以实现同一页中多个日程表上的间隔与里程碑保持同步的状态。在绘图页中，选择在一个日程表上需要保持同步的【里程碑】形状，执行【日程表】|【里程碑】|【同步处理】命令，或选择【间隔】形状，执行【日程表】|【间隔】|【同步处理】命令，弹出【使间隔保持同步】对话框。在【使间隔与以下对象保持同步】下拉列表中选择相应的选项即可，如图 11-17 所示。

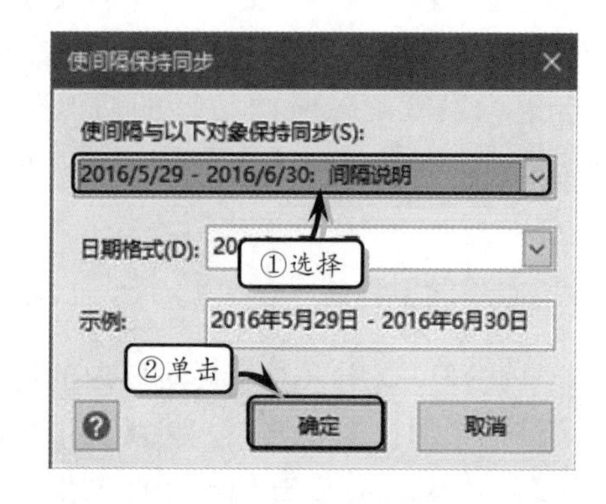

图 11-17　【使间隔保持同步】对话框

提　示

可以通过删除【间隔】或【里程碑】形状的方法，来删除形状之间的同步关联。

11.2.3　导入与导出数据

由于 Visio 程序属于 Office 办公套装中的一个组件，所以 Visio 程序可以与 Office 其他组件进行协同工作。在使用日程表时，便可以将 Visio 中的数据导出到 Project 程序中。同样，也可以将 Project 程序中的数据导入到 Visio 日程表中。

1. 将 Project 中的数据导入到 Visio 日程表中

用户可以将 Project 中的所有任务、摘要任务或里程碑等数据导入到 Visio 日程表中。执行【日程表】|【导入数据】命令，弹出【导入日程表向导】对话框。单击【浏览】按钮，在弹出的对话框中选择 Project 文件，并单击【打开】按钮，如图 11-18 所示。

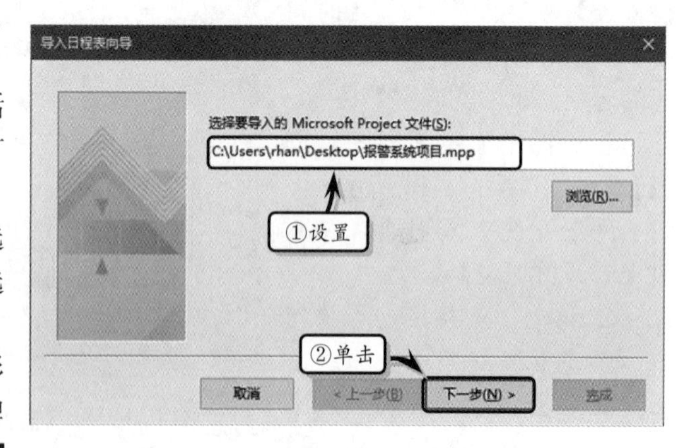

图 11-18　选择需要导入的文件

单击【下一步】按钮，在【选择要包含的任务类型】列表框中选择相应的选项，并单击【下一步】按钮。在【为 Visio 日程表选择形状】对话框中设置日程表、里程碑与间隔的形状类型，并单击【高级】按钮，在弹出的【高级日程表选项】对话框中，设置详细的刻度与时间格式。然后，单击【下一步】按钮，如图 11-19 所示。最后，单击【完成】按钮即可。

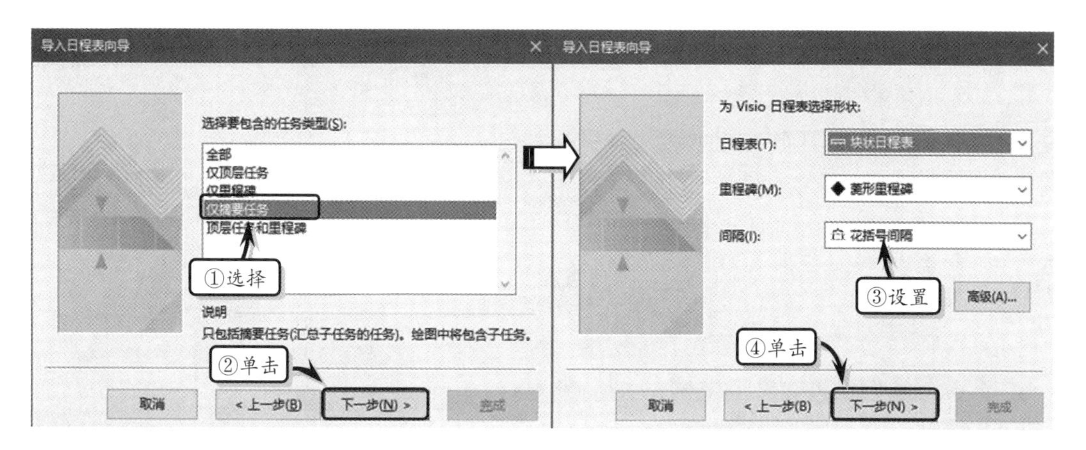

图 11-19 设置任务类型与形状

提 示

在导入 Project 数据时，应该确保 Project 文件处于关闭状态。

2．将 Visio 日程表导出到 Project 中

在绘图页中，选择需要导出的日程表，执行【日程表】|【导出数据】命令，弹出【导出日程表数据】对话框。设置文件保存路径及文件名，单击【保存】按钮，如图 11-20 所示。在弹出的对话框中，单击【确定】按钮即可。

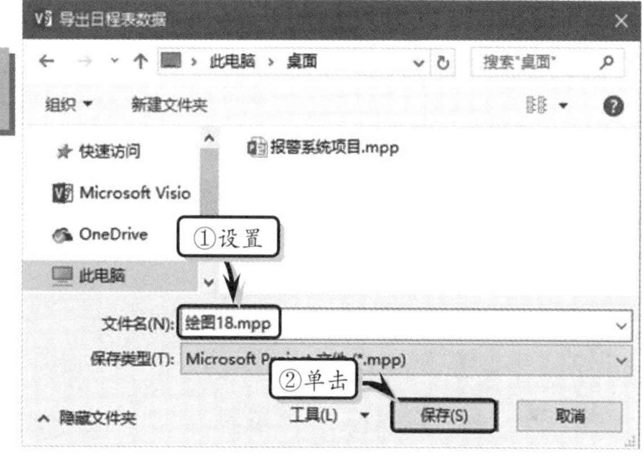

图 11-20 导出日程表数据

11.3 使用甘特图

在 Project 中，甘特图是用来显示任务信息最主要的图表之一。Visio 同样具有创建甘特图的功能，对于没有安装 Project 软件的用户来讲，可以通过 Visio 中的【甘特图】模板，来制作实用且美观的甘特图。对于安装了 Project 软件的用户来讲，可以将 Project 与 Visio 甘特图中的数据进行交互。

11.3.1 创建甘特图

甘特图主要用来显示项目中的任务名称、开始时间、结束时间、持续时间等任务信息。执行【文件】|【新建】命令，在【类别】列表中选择【日程安排】选项。同时选择【甘特图】选项，并单击【创建】按钮。此时，系统会自动弹出【甘特图选项】对话框。在【日期】选项卡中，设置相关选项即可，如图 11-21 所示。

该选项卡中主要包括下列选项。

- **任务数目** 用于设置在甘特图中显示的任务数量。

- ❑ **主要单位** 用于设置在时间刻度中使用的最大单位，如年或月等。在甘特图的时间刻度上，主要单位显示于次要单位之上。而主要单位和次要单位在很大程度上决定着甘特图的宽度。
- ❑ **次要单位** 用于设置在时间刻度中使用的最小单位。
- ❑ **格式** 用于设置在甘特图的【持续时间】列中显示的时间单位。
- ❑ **开始日期** 用于设置项目的开始日期和时间。只有将【次要单位】设置为【小时】时，才可以设置开始与完成时间。
- ❑ **完成日期** 用于设置项目的完成日期和时间。只有将【次要单位】设置为【小时】时，才可以设置开始与完成时间。

在【甘特图选项】对话框中，激活【格式】选项卡。在【格式】选项卡中主要设置甘特图的显示格式，如图 11-22 所示。

该选项卡中各选项的功能，如表 11-1 所示。

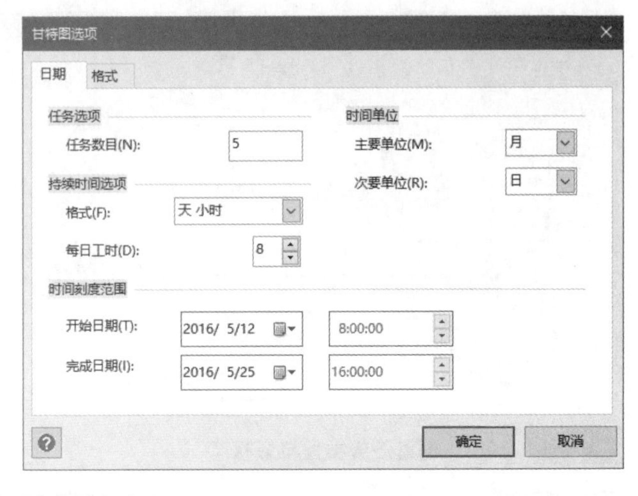

图 11-21 【日期】选项卡

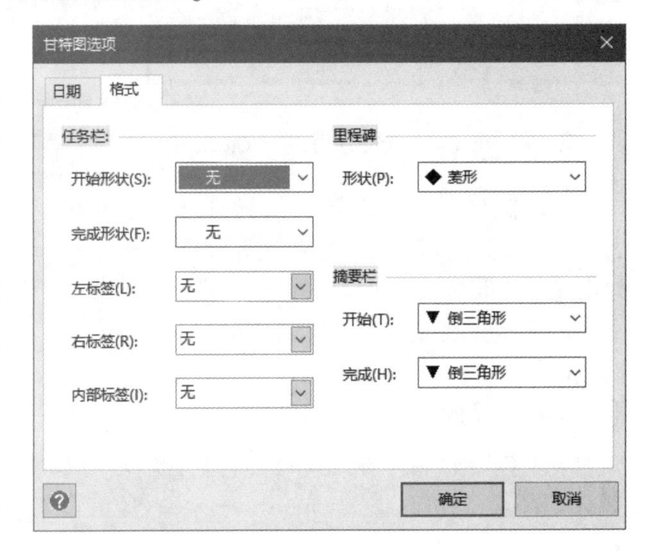

图 11-22 【格式】选项卡

表 11-1 【格式】选项卡

选 项 组	选 项	功 能
任务栏	开始形状	用于设置显示在所有任务栏开始处的形状类型
	完成形状	用于设置显示在所有任务栏结束处的形状类型
	左标签	用于设置作为标签而显示于所有任务栏左侧的列标题文本
	右标签	用于设置作为标签而显示于所有任务栏右侧的列标题文本
	内部标签	用于设置作为标签而显示于所有任务栏内部的列标题文本
里程碑	形状	用于表示所有里程碑的形状类型
摘要栏	开始	用于设置显示在所有摘要任务栏开始处的形状类型
	完成	用于设置显示在所有摘要任务栏结束处的形状类型

提 示

使用 Ctrl+A 键，拖动甘特图四周的选择手柄，可调整甘特图的大小。

在【甘特图选项】对话框中，单击【确定】按钮即可在绘图页中创建一个甘特图。在【任务名称】列中输入任务名称，并在【开始时间】列中输入任务的开始时间，然后在【持续时间】列中输入任务的持续时间。系统会根据用户输入的开始时间与持续时间，自动调整任务的完成时间。

11.3.2 设置甘特图

创建甘特图之后，为了完善甘特图中的任务，也为了充分显示甘特图的作用，用户还需要添加里程碑、组织与链接任务，以及设置甘特图的格式。

1. 导航任务

对于大型的甘特图来讲，往往需要包含大量的任务信息。为了快速查看任务信息，需要利用【甘特图】选项卡【导航】选项组中的各项命令，来查看各项任务。

- **转到开始** 执行该命令，可以显示项目的首个任务信息。
- **上一步** 执行该命令，可以转到甘特图时间刻度中的上一个任务或里程碑。
- **下一步** 执行该命令，可以转到甘特图时间刻度中的下一个任务或里程碑。
- **转到完成** 执行该命令，可以显示最后一个任务信息，即完成处。
- **滚动至任务** 执行该命令，可以显示当前选中的任务信息。

2. 添加里程碑

里程碑是标记项目中主要事件的参考点，用于监视项目的进度，里程碑的工期通常为零，但也不排除工期不为零的里程碑。Visio 中的里程碑任务的持续时间默认为零，并以【菱形】形状进行显示。

在【甘特图形状】模具中，将【里程碑】形状拖到甘特图中。在【任务名称】列中选择【新建任务】，并输入表示里程碑名称的文本。然后，在【开始日期】列中，设置里程碑的开始时间。在【持续时间】单元格中，将里程碑的持续时间设置为 0，如图 11-23 所示。

提 示

如果用户将【里程碑】的【持续时间】设置为非 0 值，则【里程碑】标记将会变成任务栏的标记。

ID	任务名称	开始时间	完成	持续时间
1	任务 1	2016/5/12	2016/5/12	1天
2	任务 2	2016/5/12	2016/5/12	1天
3	任务 3	2016/5/12	2016/5/12	1天
4	里程碑任务	2016/5/12	2016/5/12	0天
5	任务 4	2016/5/12	2016/5/12	1天
6	任务 5	2016/5/1	2016/5/12	1天

添加

图 11-23 添加里程碑

3. 组织任务

组织任务即是显示任务的上下级别，也就是 Project 中的升级与降级任务。在甘特图中选择任务，执行【甘特图】|【任务】|【降级】命令，即可将该任务变成上一个任务的

子任务。当用户组织任务之后，甘特图中将会显示摘要任务，而摘要任务中的字体将自动变成【加粗】格式，【开始时间】、【完成】与【持续时间】变成所有时间的累积值。另外，摘要任务的标记会变成【三角端点】形状，如图 11-24 所示。

ID	任务名称	开始时间	完成	持续时间
1	**任务 1**	**2016/5/12**	**2016/5/17**	**4天**
2	任务 2	2016/5/12	2016/5/12	1天
3	任务 3	2016/5/13	2016/5/13	1天
4	里程碑任务	2016/5/16	2016/5/16	0天
5	任务 4	2016/5/16	2016/5/16	1天
6	任务 5	2016/5/17	2016/5/17	1天

图 11-24　组织任务

> **提　示**
>
> 用户可以通过拖动任务名称前面的 ID，来移动任务。

4. 链接任务

为了保证任务的进度，需要链接任务。选择第一个任务，按住 Shift 或 Ctrl 键的同时按照顺序依次选择其他任务，执行【甘特图】|【任务】|【链接】命令，链接选中的任务，如图 11-25 所示。

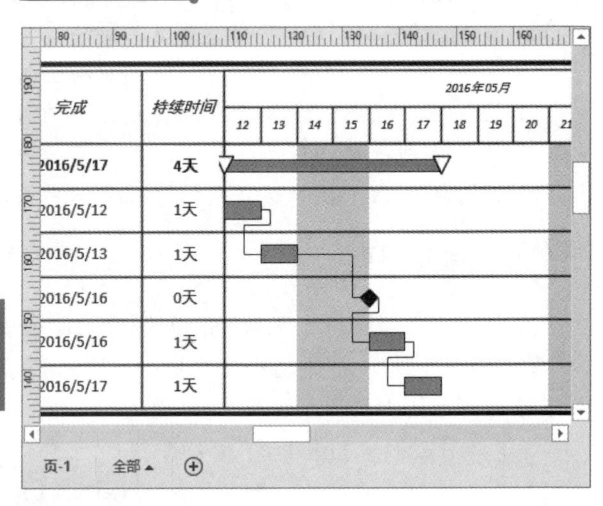

图 11-25　链接任务

> **提　示**
>
> 在 Visio 中，只能以【完成-开始】的方法链接任务，无法使用【完成-完成】、【开始-开始】等链接方式。

5. 设置甘特图内容

用户可通过下列方法，来添加或删除甘特图中的内容。

- **新建任务**　在甘特图中选择一个任务，执行【甘特图】|【任务】|【新建】命令，或将【甘特图形状】模具中的【行】形状拖到甘特图中。
- **删除任务**　选择任务，执行【甘特图】|【任务】|【删除】命令，或右击任务执行【删除任务】命令。
- **插入列**　选择需要插入列的任意位置，执行【甘特图】|【列】|【插入】命令，在弹出的【插入列】对话框中选择列类型。
- **隐藏列**　选择需要删除列的任意位置，执行【甘特图】|【列】|【隐藏】命令。

> **提　示**
>
> 通过执行【设计】选项卡【主题】选项组中的各项命令，可设置甘特图的外观。

11.3.3　导入与导出数据

甘特图与日程表一样，也可以与 Project 软件进行交互。不仅可以将 Visio 中甘特图的数据导出到 Project 程序中，而且也可以将 Project 程序中的数据导入到 Visio 甘特图中。

1. 导入 Project 数据

在甘特图绘图中，执行【甘特图】|【管理】|【导入数据】命令，弹出【项目数据导入向导】对话框。选择【已存储在文件中的信息】单选按钮，并单击【下一步】按钮，如图 11-26 所示。

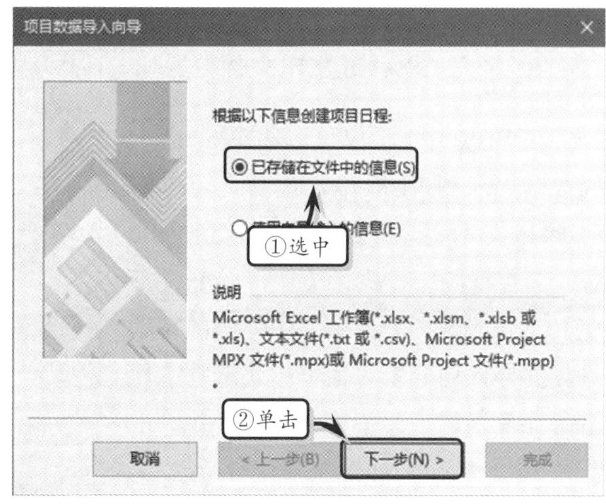

图 11-26 选择导入信息

在【选择项目数据的格式】列表框中选择【Microsoft Project 文件】选项，并单击【下一步】按钮。单击【浏览】按钮，在弹出的对话框中选择 Project 文件，并单击【确定】按钮，如图 11-27 所示。

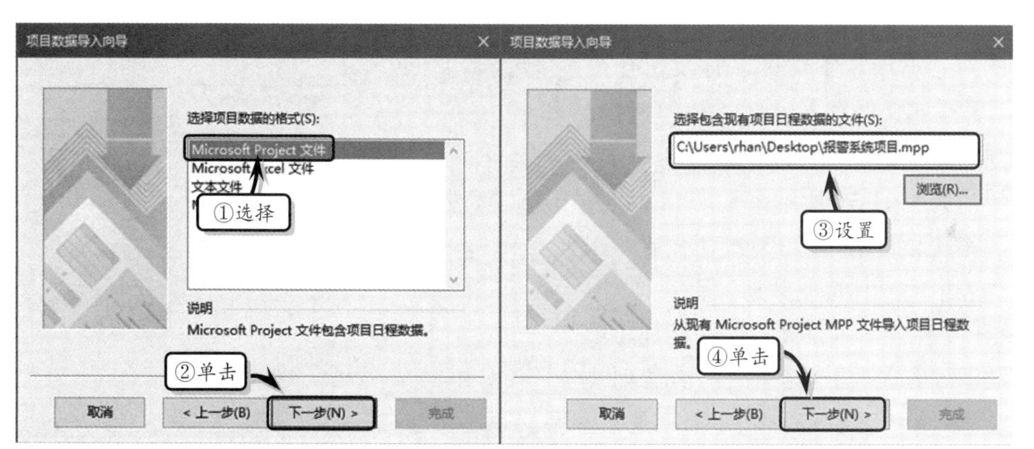

图 11-27 选择数据格式与数据文件

单击【下一步】按钮，在【时间刻度】选项组中设置主要刻度与次要刻度，在【格式】下拉列表中选择相应的格式。另外，用户还可以单击【高级】按钮，在弹出的【项目数据导入向导】对话框中设置甘特图的详细格式，如图 11-28 所示。

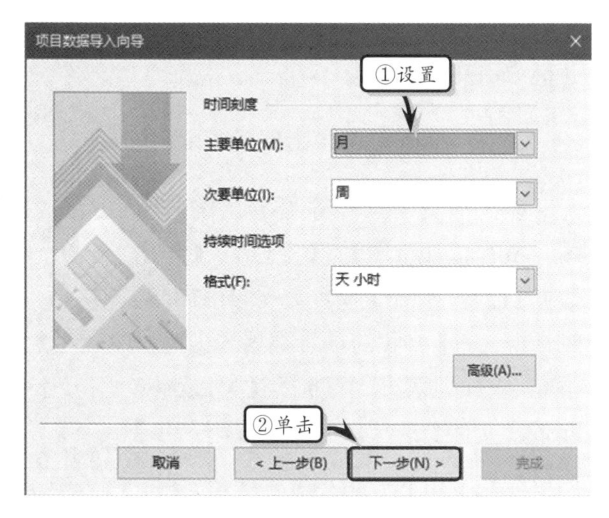

图 11-28 设置甘特图格式

单击【下一步】按钮，在【选择要包含的任务类型】列表框中，选择需要显示的内容，并单击【下一步】按钮，如图 11-29 所示。在【单击“完成”以创建具有以下属性的绘图】列表中，查看设置参数并单击【完成】按钮，完成数据的导入操作。

2. 导入 Excel 或文本文件数据

在 Visio 中，不仅可以将 Project 中的数据导入到 Visio 中，而且还可以将 Excel 或文本文件中的数据导入到 Visio 中。在甘特图中，执行【甘特图】|【管理】|【导入数据】命令，在弹出的【项目数据导入向导】对话框中，选择【使用向导输入的信息】单选按钮，并单击【下一步】按钮，如图 11-30 所示。

在【选择要向其中输入数据的文件类型】选项组中，选择 Microsoft Excel 单选按钮，并单击【浏览】按钮，在弹出的对话框中设置文件名称及保存位置，并单击【保存】按钮。在【项目数据导入向导】对话框中，单击【下一步】按钮，如图 11-31 所示。

系统会自动弹出 Excel 工作表，在工作表中输入甘特图数据，保存并退出 Excel 工作表，系统会自动切换到【项目数据导入向导】对话框中。查看列映射信息，并单击【下一步】按钮。最后，根据向导提示完成导入数据的操作。后面的操作步骤可参考前面“导入 Project 数据”中的操作步骤。

3. 将 Visio 数据导出到 Project 中

在绘图页中选择需要导出的甘特图，执行【甘特图】|【管理】|【导出数据】命令，弹出【项目数据导出向导】对话框。在【将我的项目数据导出为以下格式】列表框中选择【Microsoft Project 文件】选项，并单击【下一步】按钮，如图 11-32 所示。

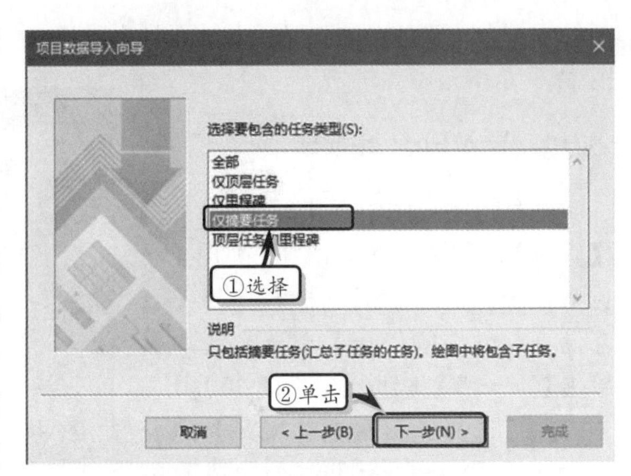

图 11-29　选择显示的任务类型

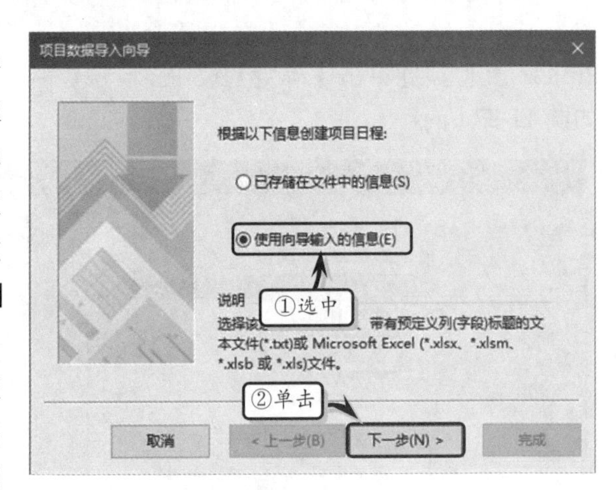

图 11-30　选择导入信息

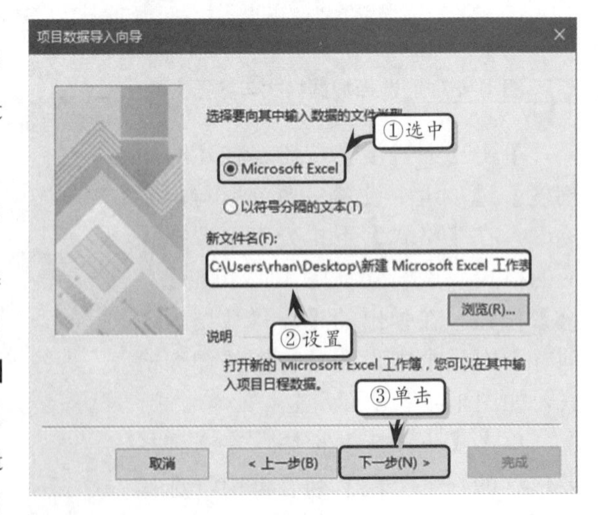

图 11-31　选项数据文件

单击【浏览】按钮，在弹出的【项目数据导出向导】对话框中设置文件名及保存路径，并单击【保存】按钮返回到向导对话框中，如图 11-33 所示。单击【下一步】按钮，并单击【完成】按钮，在弹出的对话框中单击【确定】按钮，即完成导出数据的操作步骤。

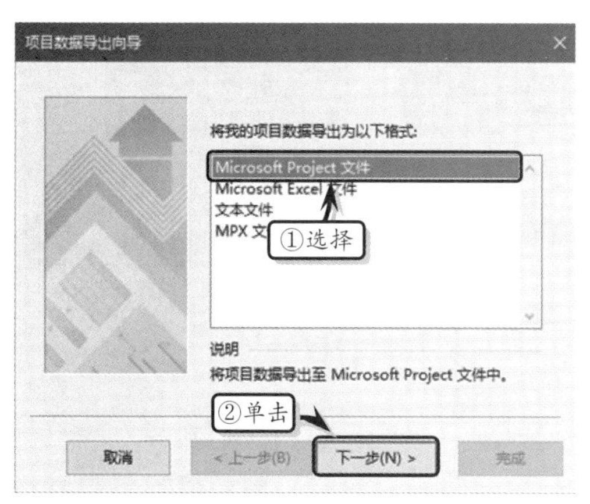

图 11-32 选择文件类型

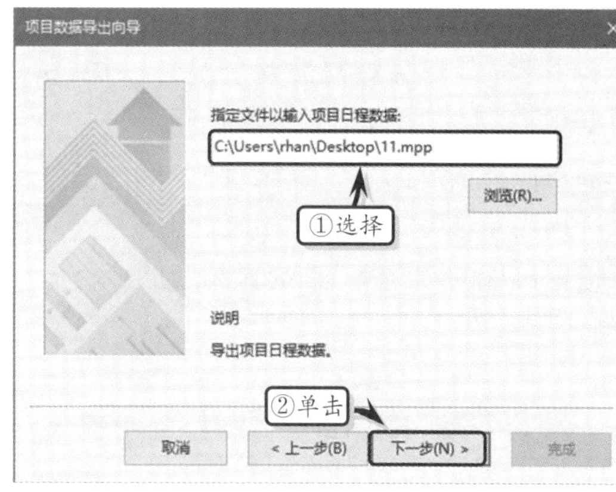

图 11-33 设置导出文件的名称与位置

11.4 构建 PERT 图表

PERT 图又称为“计划评审技术”，它是一种采用网络图来描述项目任务的有向图表，用于创建项目或任务管理的 PERT 图、日程、日程表、议程、任务分解结构、关键路径和日程表等图表。

11.4.1 创建 PERT 图表

PERT 图表不仅描述了每个任务的开始时间、结束时间、持续时间和可宽延时间等任务所需要的时间，而且还使用连接线显示了任务之间的依赖关系。

在绘图页中，执行【文件】|【新建】命令，选择【类别】选项，同时选择【日程安排】选项。然后，在展开的列表中双击【PERT 图】选项，创建 PERT 图模板，如图 11-34 所示。

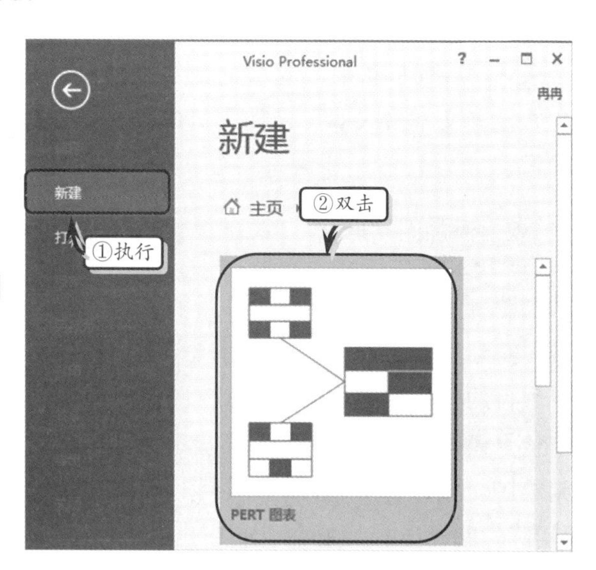

图 11-34 创建模板文档

在【PERT 图】模板中，系统只提供了【PERT 图表形状】模具，用户可将相应的形状添加到绘图页中，按照一定的规则排列和连接，并输入相应的任务信息，如图 11-35 所示。

在【PERT 图表形状】模具中，主要包括 PERT 1 和 PERT 2 主形状。其中，PERT 1 形状主要包括任务名称和用来描述任务信息的 6 个方块，而 PERT 2 形状则包括任务名称和用来描述任务信息的 4 个方块。两个形状所描述的任务信息各不相同，用户可根据日程的实际情况，选择相应的形状。

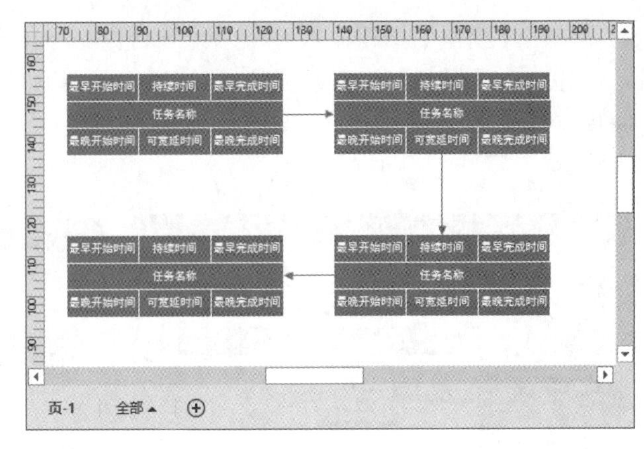

图 11-35 添加形状

11.4.2 编辑 PERT 图表

创建 PERT 图表后，还需要通过为其添加图例、摘要结构或标注等方法，来完善 PERT 图表的功能。

1. 添加标注形状

在【PERT 图表形状】模具中，包括【水平标注】和【直角水平】两种标注形状，以帮助用户记录项目中的特殊事件。用户只需将【水平标注】或【直角水平】形状添加到绘图中，链接到相应的形状中，输入说明性文本并设置文本格式即可，如图 11-36 所示。

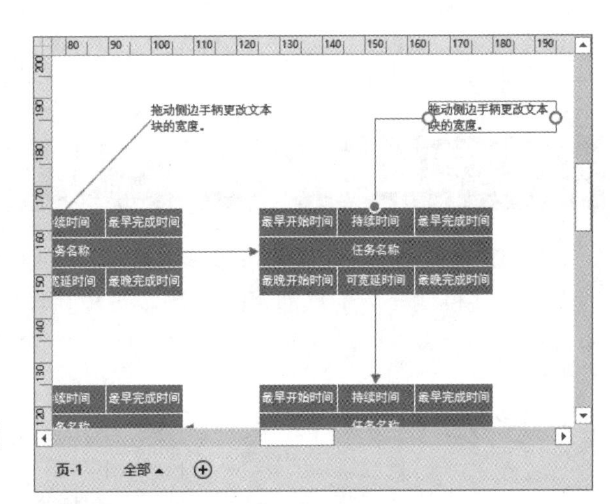

图 11-36 添加标注形状

2. 添加图例形状

图例主要用来显示整个项目的计划、实际和当前值，以帮助用户来了解项目的整体状况。在【PERT 图表形状】模具中，将【图例】形状添加到绘图页中，并分别修改“计划”、“实际”和“当前”文本，如图 11-37 所示。

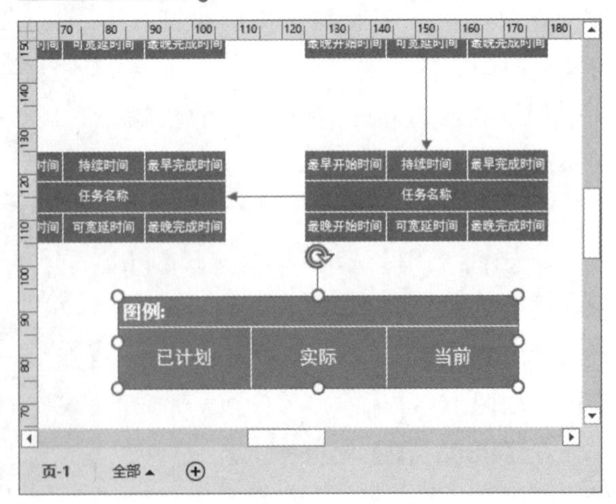

图 11-37 添加图例形状

提　示

用户可以直接选择【图例】形状中的【计划】、【实际】和【当前】方块，为其添加文本。并可以选中文本块，通过按下空格键的方法来删除文本块中的文本。

3．添加摘要结构

摘要结构形状除了用于描述某个任务形状的具体情况之外，还可以以单独的形状显示项目的大纲组织结构。用户只需将【PERT 图表形状】模具中的【摘要结构】形状添加到绘图页中即可，如图 11-38 所示。

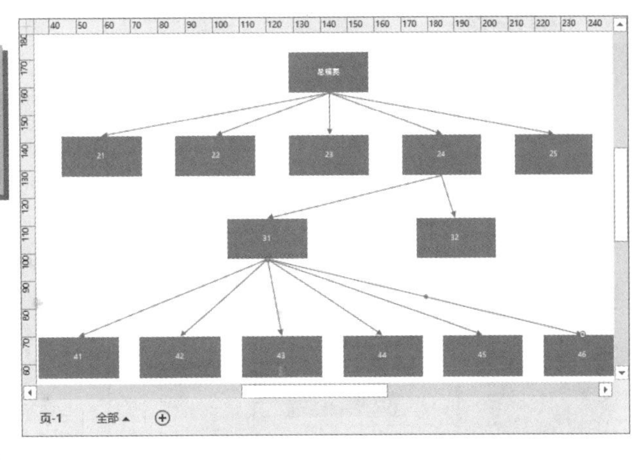

图 11-38　添加摘要结构

提　示

添加【摘要结构】形状之后，可使用【连接符】工具链接各个形状，同时双击形状即可输入形状文本。

11.5　课堂练习：考研时间安排表

Visio 中的【日程表】主要以图解的方式说明某项目或进行的生命周期内的里程碑和间隔，用户可以在日常工作与学习中，通过使用 Visio 中的【日程表】功能来解决记录考试、学习或工作时间的安排情况。在本练习中，将利用该功能制作一份“考研时间安排表”图表，如图 11-39 所示。

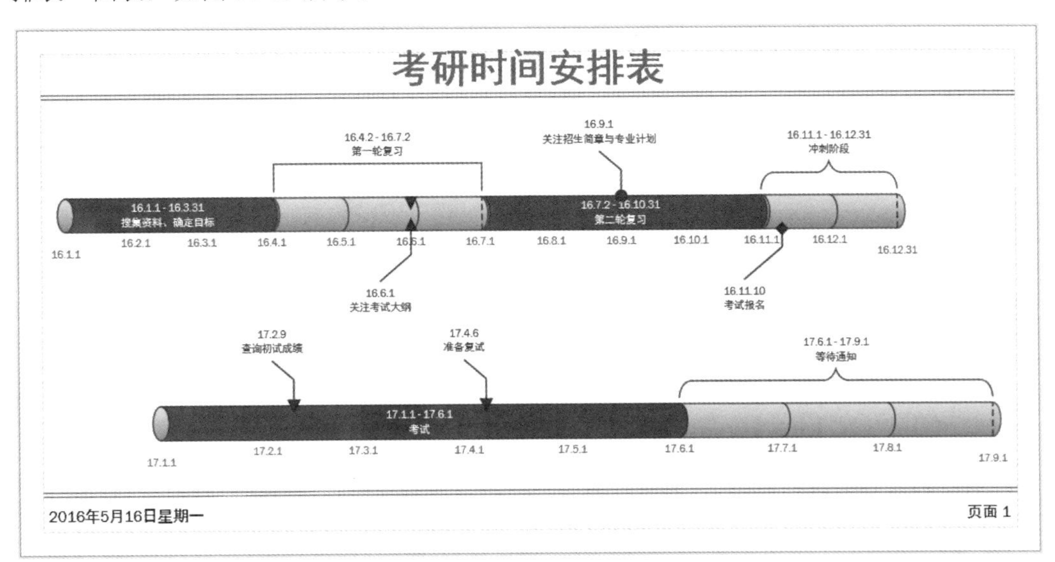

图 11-39　考研时间安排表

操作步骤：

1 执行【文件】|【新建】命令，在【类别】列表中选择【日程安排】选项，并双击【日程表】选项，如图 11-40 所示。

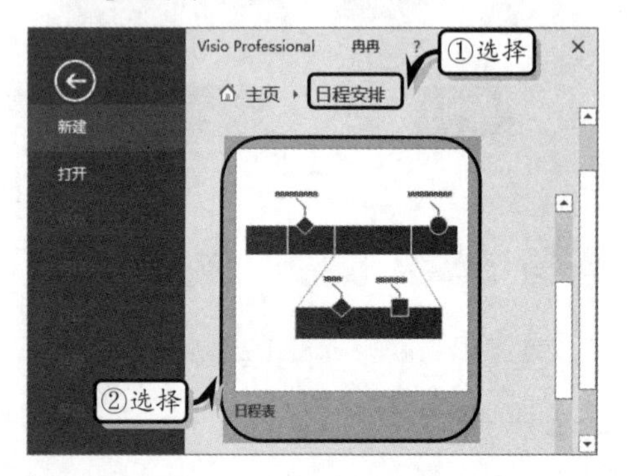

图 11-40 创建模板文档

2 执行【设计】|【背景】|【边框和标题】|【字母】命令，输入标题文本并设置其字体格式，如图 11-41 所示。

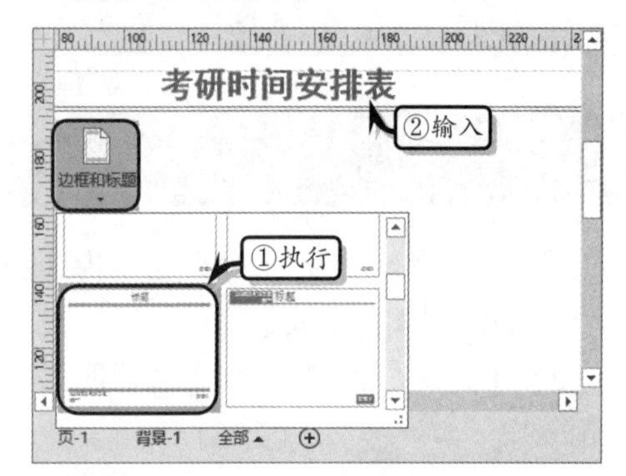

图 11-41 添加边框和标题

3 将【圆柱形日程表】形状拖至绘图页中，在【配置日程表】对话框中，设置开始和结束日期，如图 11-42 所示。

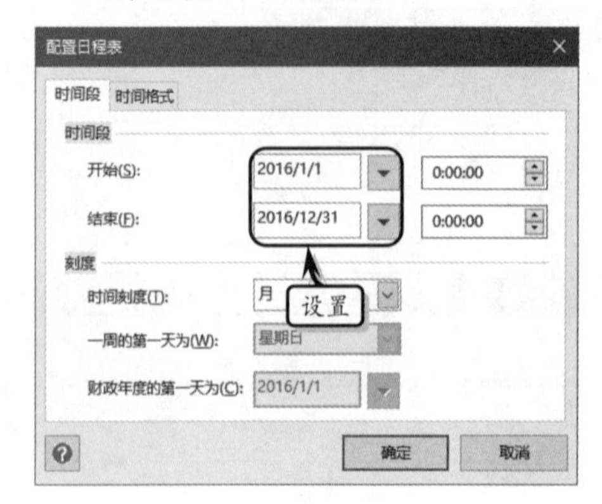

图 11-42 设置起止时间

4 激活【时间格式】选项卡，设置开始时间、结束时间及中期计划时间的显示格式，如图 11-43 所示。使用同样方法，添加其他【圆柱形日程表】形状。

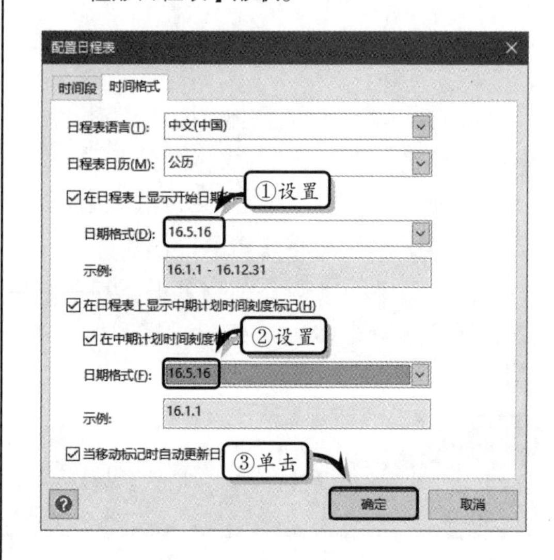

图 11-43 设置时间格式

5 选择第一个日程表，将【日程表形状】模具中的【菱形里程碑】形状拖到绘图页中，将【里程碑日期】设置为 2016/11/10，并在【说明】文本框中输入“考试报名”文本，如图 11-44 所示。

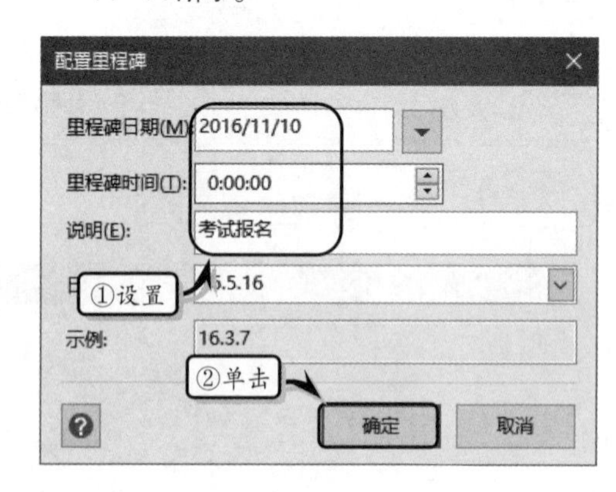

图 11-44 添加里程碑

6 选择第一个日程表，将【圆形里程碑】形状拖到绘图页中，在弹出的【配置里程碑】对话框中，设置各选项，如图 11-45 所示。利用上述方法，添加其他里程碑。

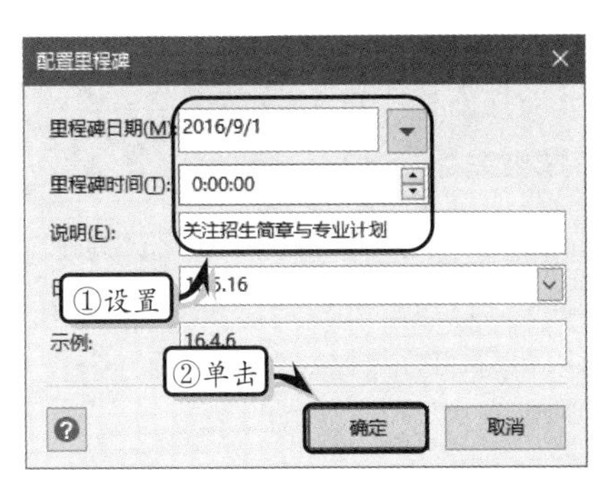

图 11-45 添加第二个里程碑

7 选择第二个日程表，将【块状间隔】形状，拖到绘图页中。在【配置间隔】对话框中，设置各选项，如图 11-46 所示。

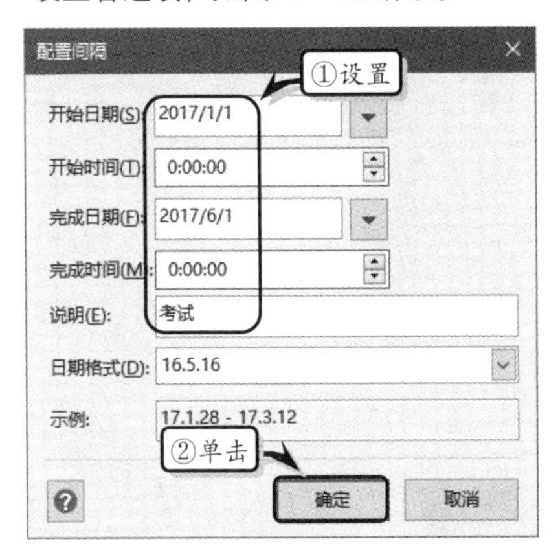

图 11-46 添加第一个分隔

8 选择第二个日程表，将【花括号间隔】形状，拖到绘图页中，并设置说明选项，如图 11-47 所示。

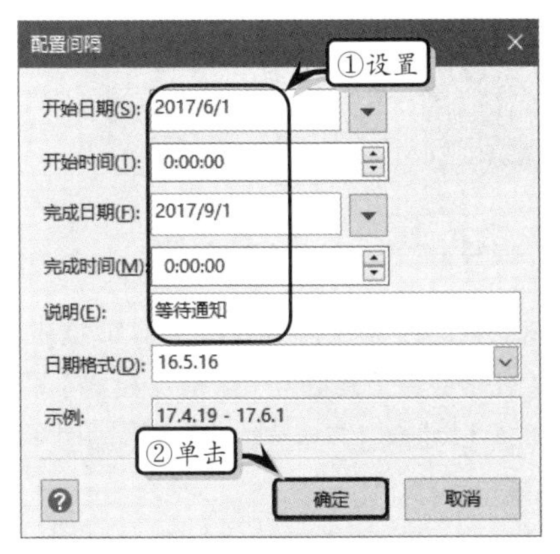

图 11-47 添加第二个分隔

9 将【方括号间隔】形状，拖到第一个日程表中，设置配置间隔，并调整形状大小与高度，如图 11-48 所示。使用上述方法，为日程表添加其他分隔。

图 11-48 添加第二个分隔

10 执行【设计】|【主题】|【主题】|【丝状】命令，设置主题效果，如图 11-49 所示。

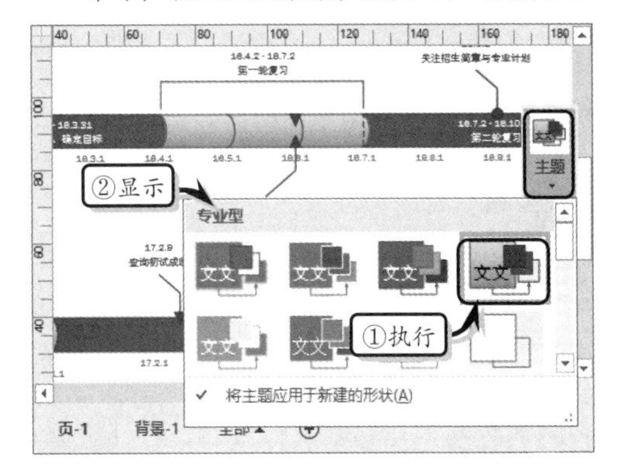

图 11-49 设置主题效果

11 执行【设计】|【页面设置】|【大小】|【其他页面大小】命令，自定义页面大小，如图 11-50 所示。

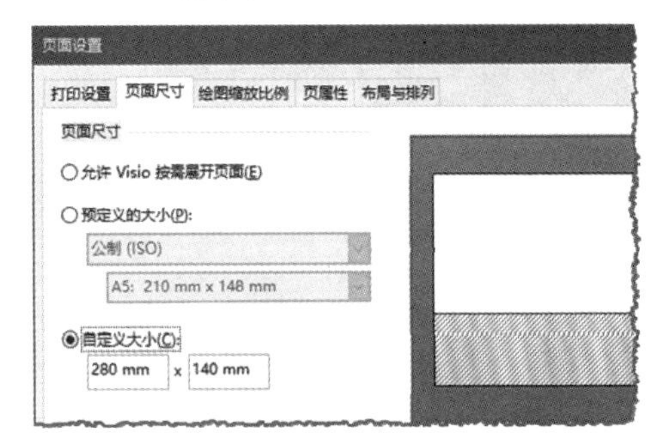

图 11-50 设置页面大小

11.6　课堂练习：洗衣机研发进度表

在项目实施之前，用户需要先使用甘特图图表来规划项目的进度，以保证项目可以在预定时间内完成。其中，甘特图主要用来显示活动及持续时间的条形图，主要用来显示项目中的任务名称、开始时间、结束时间、持续时间等任务信息。在本练习中，将运用 Visio 中的【甘特图】模板，来构建洗衣机研发进度表，如图 11-51 所示。

洗衣机研发进度表

ID	任务名称	开始时间	完成	持续时间
1	**洗衣机研发项目**	**2016/5/16**	**2016/9/1**	**79天**
2	**总体设计**	**2016/5/16**	**2016/6/9**	**19天**
3	总体方案设计	2016/5/16	2016/5/25	8天
4	技术规格设计	2016/5/26	2016/6/2	6天
5	外形设计	2016/6/3	2016/6/9	5天
6	**筒体研制**	**2016/6/10**	**2016/7/5**	**18天**
7	筒体研发	2016/6/10	2016/6/21	8天
8	筒体试制	2016/6/22	2016/6/28	5天
9	筒体测试	2016/6/29	2016/7/5	5天

图 11-51　洗衣机研发进度表

操作步骤：

1 执行【文件】|【新建】命令，在列表中选择【类别】列表中，选择【日程安排】选项，如图 11-52 所示。

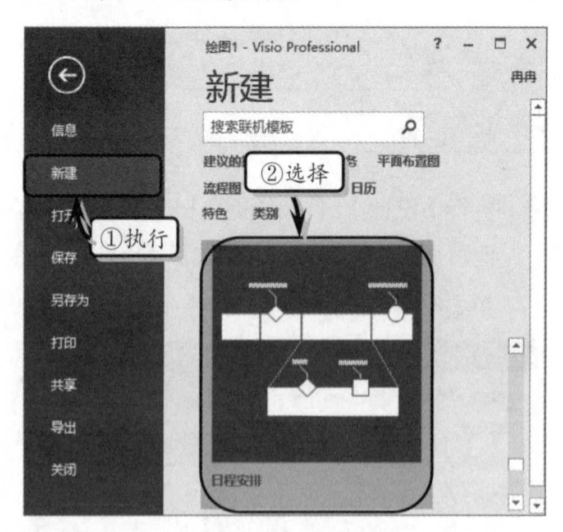

图 11-52　选择模板类型

2 然后，在展开的【日程安排】列表中，双击【甘特图】选项，创建模板文档，如图 11-53 所示。

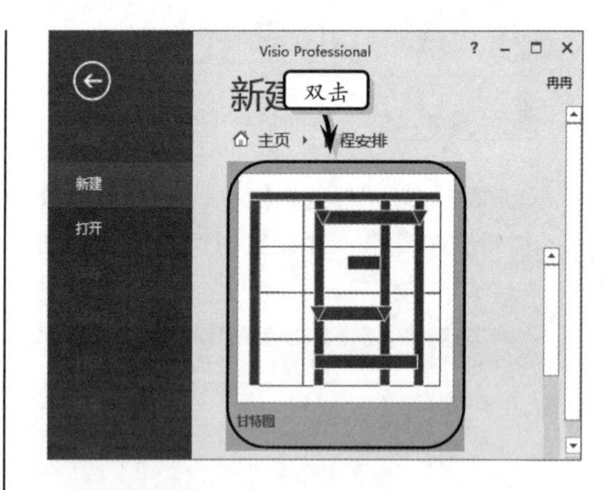

图 11-53　创建模板文档

3 在弹出的【甘特图选项】对话框中，将【任务数目】设置为 13，将【格式】设置为【天】，并设置开始与结束日期，如图 11-54 所示。

4 按 Ctrl+A 键，将鼠标置于选择手柄上，向下拖动，调整甘特图的位置，如图 11-55 所示。

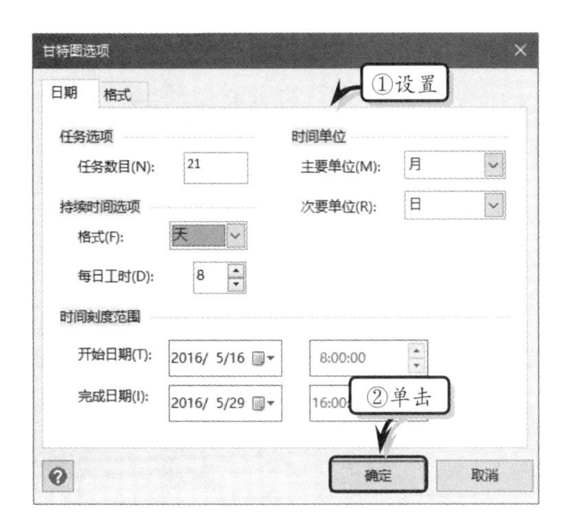

图 11-54　设置日期选项

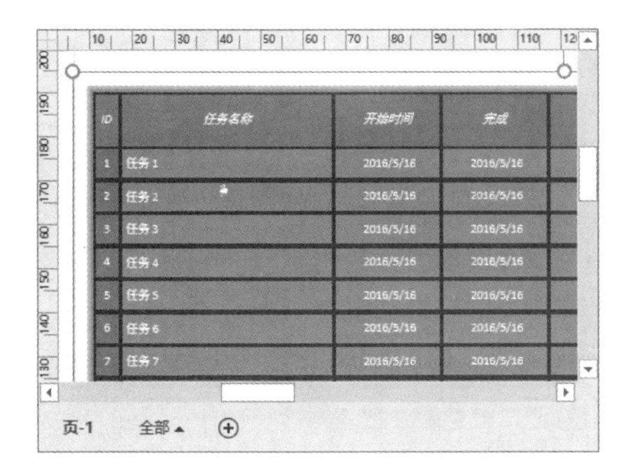

图 11-55　调整甘特图的位置

5 在甘特图中输入任务名称和持续时间，并设置文本的字体格式，如图 11-56 所示。

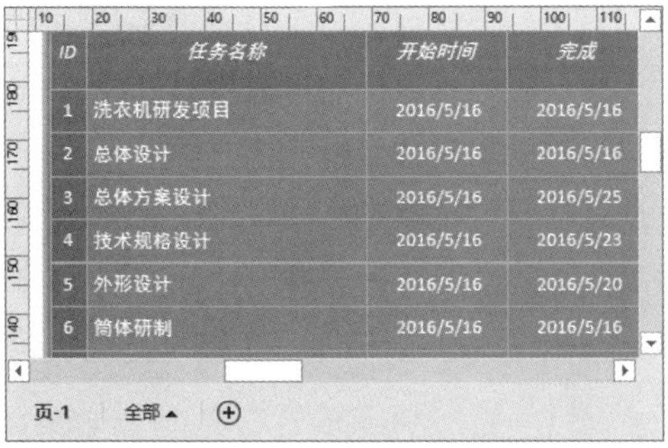

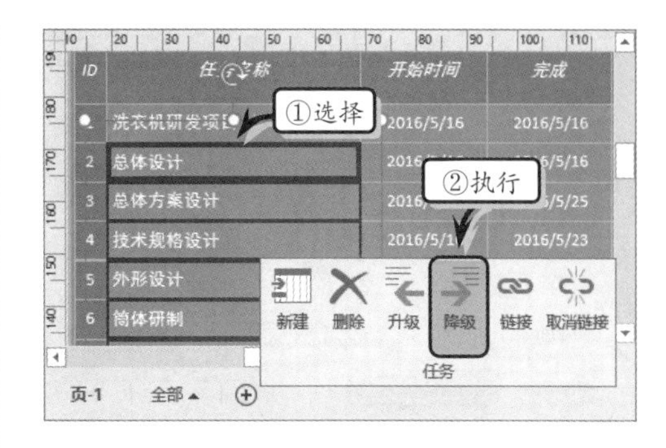

图 11-56　输入任务名称和持续时间

6 按住 Ctrl 键同时选择第 2~21 个任务，执行【甘特图】|【任务】|【降级】命令，降级任务，如图 11-57 所示。

图 11-57　降级二级任务

7 按住 Ctrl 键同时选择第 3~5 个任务，执行【甘特图】|【任务】|【降级】命令，如图 11-58 所示。同样方法，降级其他任务。

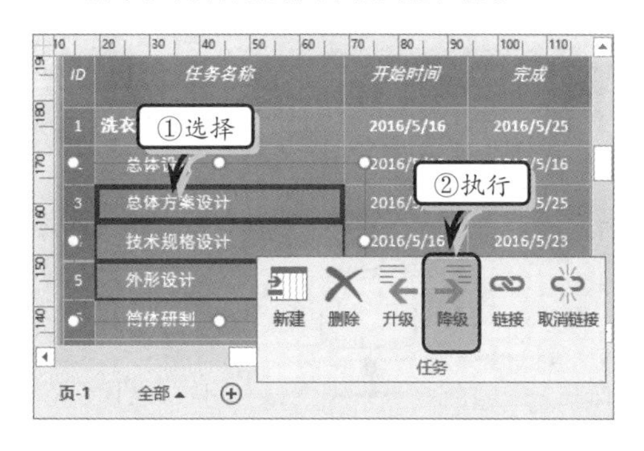

图 11-58　降级三级任务

8 按住 Ctrl 键同时选择所有的子任务，执行【甘特图】|【任务】|【链接】命令，链接任务，如图 11-59 所示。

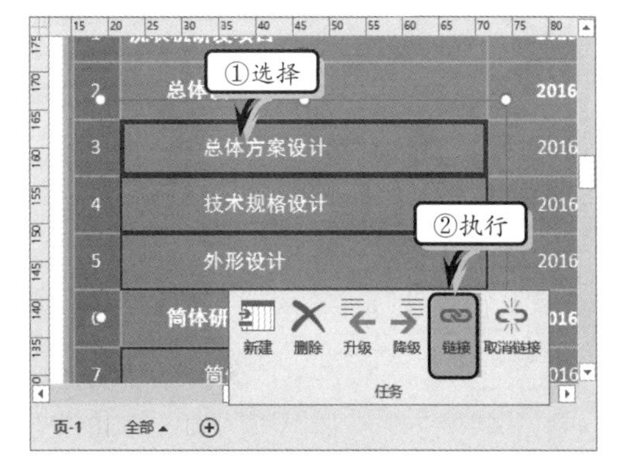

图 11-59　链接任务

9 执行【甘特图】|【管理】|【图表选项】命令，激活【格式】选项卡，设置甘特图的格式，如图 11-60 所示。

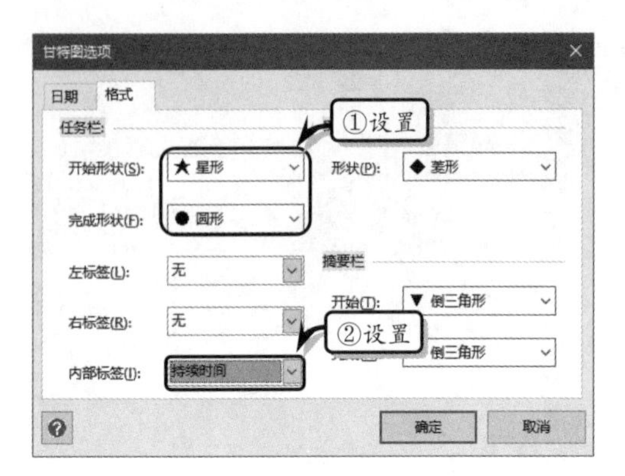

图 11-60 设置甘特图格式

10 执行【设计】|【主题】|【序列】命令，设置主题效果，如图 11-61 所示。

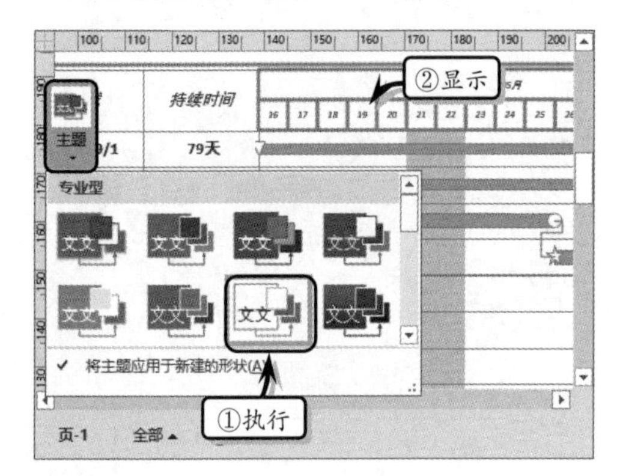

图 11-61 设置主题效果

11 同时，执行【变体】|【序列,变量 4】命令，设置变体效果，如图 11-62 所示。

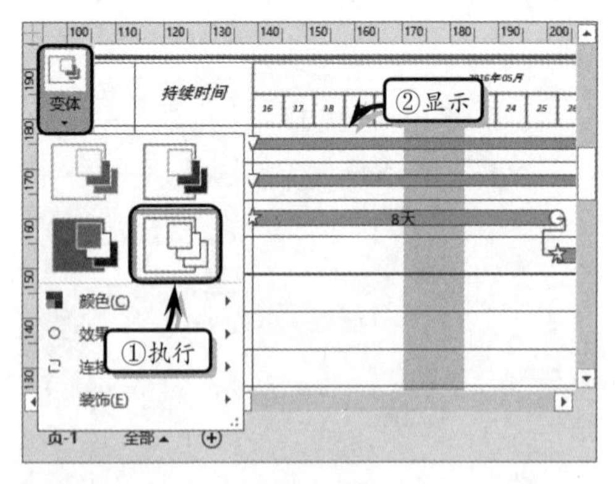

图 11-62 设置变体效果

12 执行【设计】|【背景】|【边框和标题】|【霓虹灯】命令，添加边框和标题样式，同时在【背景-1】页面中修改标题文本，如图 11-63 所示。

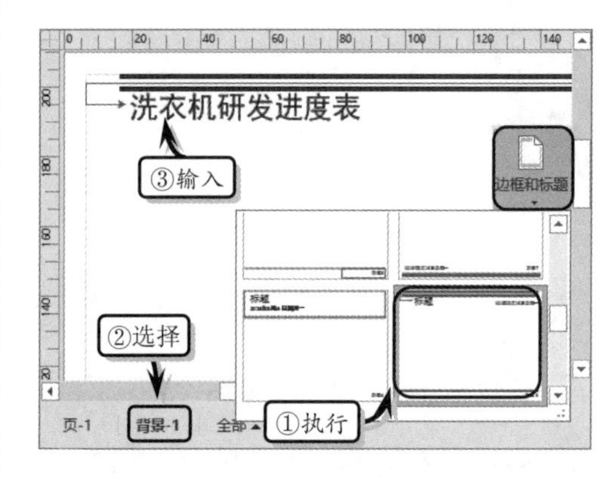

图 11-63 设置边框和标题

13 在【设计】选项卡【页面设置】选项组中，单击【对话框启动器】按钮。激活【打印设置】选项卡，设置缩放比例，如图 11-64 所示。

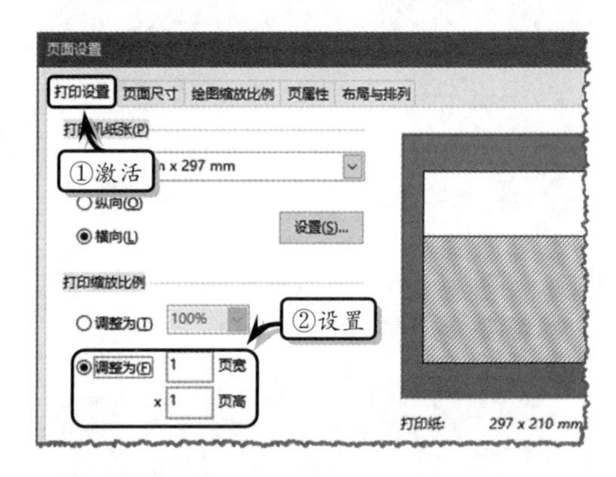

图 11-64 设置缩放比例

思考与练习

一、填空题

1. 在 Visio 中，日历按日期的长度可分为________、________、________、________4 种类型。

2．在 Visio 中，周日历分为________与________。

3．对于多月日历，可以将________形状添加到月日历旁边，用来显示上个月或下个月的具体情况。

4．对于________形状，可以通过右击并执行相应命令的方法，将形状设置为满月、新月等样式。

5．在日程表中，可以通过________方法，来删除形状之间的同步关联。

6．在甘特图中，系统会根据用户输入的开始时间与持续时间，自动调整任务的________。

7．甘特图中________任务的【持续时间】必须设置为非 0 值。

8．在甘特图中，可以通过拖动________，来移动任务。

二、选择题

1．年日历适合使用________的页面，用户可在【页面设置】对话框中更改页面方向。

A．横向　　B．竖向

C．自定义　　D．A4

2．使用________键，拖动甘特图四周的选择手柄，可调整甘特图的大小。

A．Ctrl+A　　B．Ctrl+B

C．Ctrl+C　　D．Ctrl+D

3．在甘特图中，可以按________键选择任务，并执行【甘特图】|【链接任务】命令，来链接选中的任务。

A．Shift 或 Ctrl　　B．Alt 或 Ctrl

C．Shift 或 Alt　　D．Alt 或 Ctrl

4．在 Visio 中，不仅可以将 Project 中的数据导入到 Visio 中，而且还可以将 Excel 或________中的数据导入到 Visio 中。

A．JPG 图像文件　　B．文本文件

C．PowerPoint　　D．位图文件

5．对于日、周与月日历，可以通过直接双击标题的方法来更改标题。而对于年日历，应该右击形状并执行________命令，在【形状数据】对话框中输入年份值。

A．属性　　B．配置

C．格式　　D．数据

6．在日历中，可以通过右击事件并执行________命令的方法，来删除事件。

A．剪切　　B．复制

C．粘贴　　D．格式

7．下列选项中，描述错误的为________。

A．可以实现单个日程表上的间隔与里程碑保持同步的状态

B．可以实现不同页中多个日程表上的间隔与里程碑保持同步的状态

C．可以实现同一页中多个日程表上的间隔与里程碑保持同步的状态

D．可以实现同一页中两个日程表上的间隔与里程碑保持同步的状态

8．在甘特图中，组织任务之后，摘要任务栏中的标记会变成________。

A．三角端点　　B．菱形

C．圆形　　D．正方形

三、问答题

1．如何将 Outlook 中的数据导入到 Visio 日历中？

2．如何使日程表上的间隔与里程碑保存同步状态？

3．在甘特图中，如何链接所有的任务？

四、上机练习

1．创建年日历

在本练习中，将利用【日历】模板，制作一份年日历，如图 11-65 所示。首先，执行【文件】|【新建】命令，在【类别】列表中选择【日程安排】选项，同时选择【日历】选项，并单击【创建】按钮。执行【设计】|【页面设置】|【纸张方向】|【纵向】命令。然后，将【年】形状拖到绘图页中，在弹出的【形状数据】对话框中，设置【年】与【一周的第一天为】，并单击【确定】按钮。最后，执行【设计】|【主题】|【离子】命令，同时执行【设计】|【变体】|【离子,变量 4】命令。

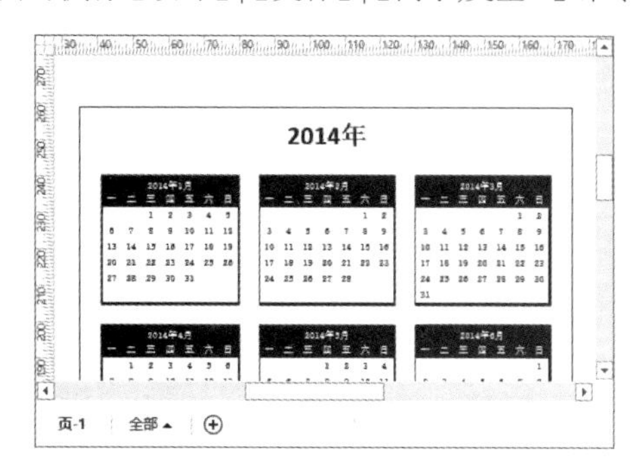

图 11-65　创建年日历

2. 周工作计划表

在本练习中，将利用【日程表】模板，来制作一份周工作计划表，如图 11-66 所示。首先，执行【文件】|【新建】命令，在【类别】列表中选择【日程安排】选项，同时选择【日程表】选项，并单击【创建】按钮。将【日程表形状】模具中的【圆柱形日程表】形状拖到绘图页中。在弹出的【配置日程表】对话框中设置时间段与时间格式。然后，将【花括号间隔 1】形状拖到日程表上，在弹出的【配置间隔】对话框中设置时间、日期与说明性文本。将【圆形里程碑】形状拖到绘图页中，设置时间与描述文字。最后，右击日程表，分别执行【箭头】|【结束】命令，并执行【设计】|【主题】|【丝状】命令。

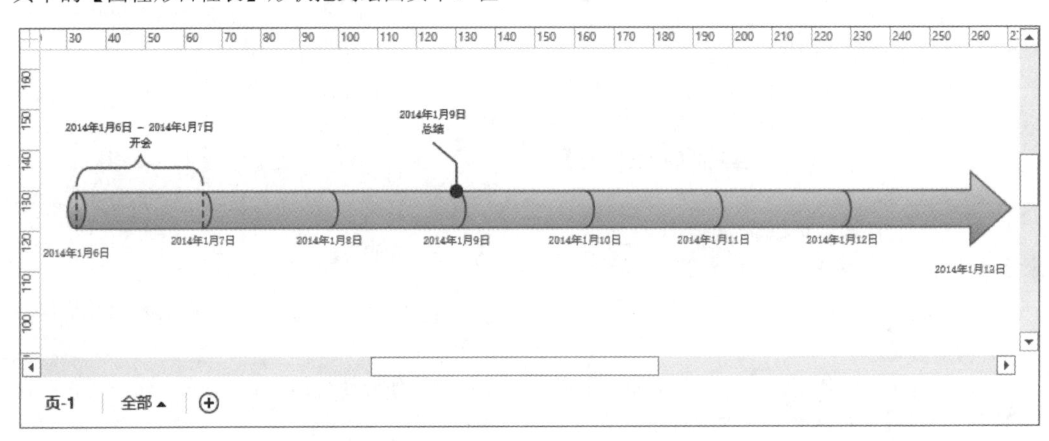

图 11-66 周工作计划表

第 12 章

构建网络图

Visio 为用户提供了强大的网站图模板，用于规划网站的结构与导航、维护和刷新现有网站的状态，以及查看当前网站内容、组织及断链情况。同时，还可以规划网络设备、记录目录服务，或将网络设备布局到支架上的网路图模板。另外，Visio 为用户提供的软件模板，可以帮助用户创建不同类型的用于记录软件系统的图表。本章将详细介绍使用 Visio 创建网站图、网络图，以及创建目录服务图表与机架设备图表的基础知识与操作技巧。

本章学习目的：

- 创建网站图
- 设置网站图
- 创建网络图
- 设置网络图
- 构建软件开发图

12.1 构建网站图

Visio 中的网站图，不仅可以具备维护网站、搜索与显示网站中元素的功能，而且还具备发现与显示网站中的修改、断链等功能。通过构建网站图，可以帮助用户分析与维护已有的网站。

12.1.1 创建网站总体设计图

在构建网站图之前，需要先创建一个网站总体设计图，以便可以形象地显示网站中各元素的组织结构。首先，启动 Visio 程序，在【类别】列表中选择【软件和数据库】选项，然后选择【网站总体设计】选项，单击【创建】按钮，如图 12-1 所示。

然后，将【网站总体设计形状】模具中的相应形状拖到绘图页中，调整形状大小与位置，并为形状输入文本标志。最后，将【动态连接线】或【曲线连接线】形状拖到绘图页中，将各形状连接在一起。另外，用户还可以利用【主题】或【填充】等命令，设置形状的颜色与效果，如图 12-2 所示。

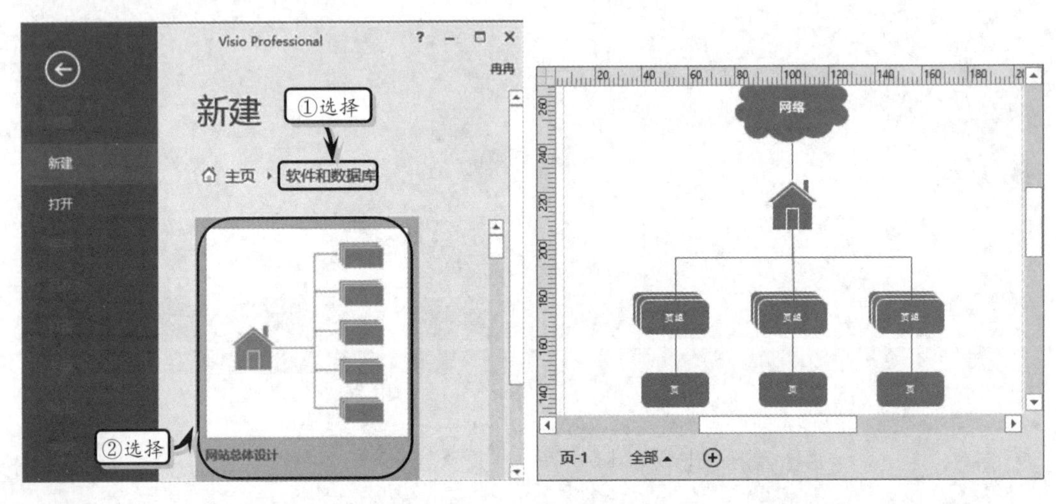

图 12-1 创建【网站总体设计】模板

图 12-2 创建网站总体设计图

提 示

【网站总体设计图】模板中的【网站图形状】模具适用于创建单个网页中的详细布局。

12.1.2 创建网站图

在绘图页中，执行【文件】|【新建】命令，在【类别】列表中选择【软件和数据库】选项，同时选择【网站图】选项，并单击【创建】按钮。此时，系统会自动弹出【生成站点图】对话框。在【地址】文本框中输入网站地址，或单击【浏览】按钮，在弹出的【打开】对话框中选择网页文件，单击【确定】按钮，如图 12-3 所示。

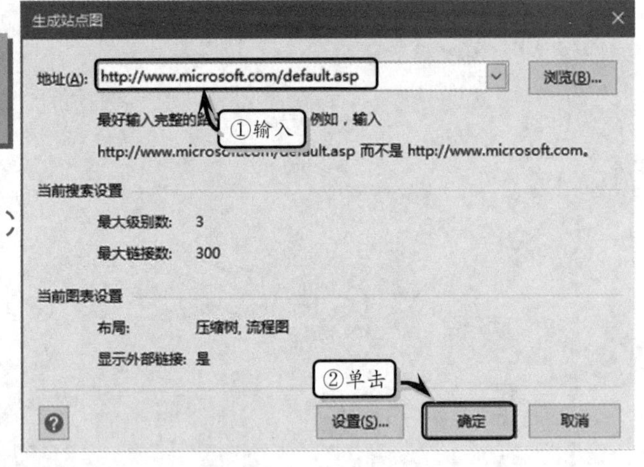

图 12-3 设置网站地址

另外，在【生成站点图】对话框中单击【设置】按钮，即可在弹出【网站图设置】对话框中修改网站图设置。其中，主要包括布局、扩展名、协议、属性与高级 5 种设置。

1. 设置布局

在【布局】选项卡中，设置网站的搜索级数、布局样式、形状大小等选项即可，如图 12-4 所示。

图 12-4 【布局】选项卡

该选项卡中各选项的功能，如表 12-1 所示。

表 12-1 【布局】选项卡

选项组	选　　项	功　　能
搜索	最大级别数	用于设置要搜索的级别数，取值介于 1～12 之间
	最大链接数	用于设置要搜索的 Web 链接的最大数量。其最大值为 5000
	搜索到最大链接数后完成当前级别	启用该复选框，可以完成对网站某一级的搜索
布局样式	放置	用于显示网站图初始布局中的形状放置样式
	传送	用于显示网站图初始布局中的连接线样式
	修改布局	可以在【排放形状】对话框中更改网站图的初始布局
形状文本	默认形状文本	用于设置形状文本的显示样式。其中，【绝对 URL】表示以根开头显示每个链接的完整 URL。【相对 URL】表示显示每个链接相对于其父级的 URL。【仅文件名】表示显示每个链接的文件名。【HTML 标题】表示显示每个链接的<TITLE>标记内的文本。【无文本】表示在每个链接上不显示文本
形状大小	形状大小随级别变化	该复选框表示链接形状的大小随级别的改变而改变
	根	用来设置根链接的大小
	第 1 级	用来设置链接的第一级的大小
	第 2 级	用来设置链接的第二级的大小
	更深级别	用来设置链接的其余级别的大小

2. 设置扩展名

在【网站图设置】对话框中，激活【扩展名】选项卡，设置网站图的文件类型，以及用于表示这些类型的形状，如图 12-5 所示。

该选项卡中主要包括下列选项。

- ❑ **名称** 用于显示文件类型的名称。启用【名称】列左侧的复选框，即可将该文件类型纳入生成的网站图。
- ❑ **扩展名** 用来显示该文件类型的扩展名。
- ❑ **形状** 用来显示在生成的网站图中表示该文件类型的形状，每个形状只能用于一种文件类型。

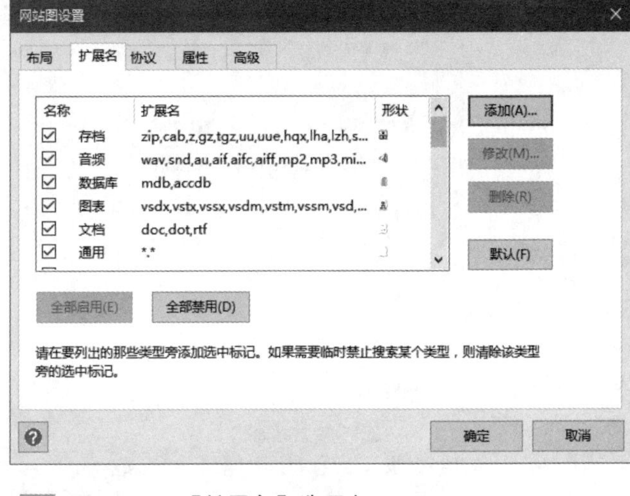

图 12-5 【扩展名】选项卡

- ❑ **添加** 单击该按钮，可在【添加扩展名】对话框中设置扩展名的名称、形状等属性，单击【确定】按钮即可将新设置的扩展名添加到【扩展名】列表中。
- ❑ **修改** 单击该按钮，可在【修改扩展名】对话框中编辑所选文件类型的属性。
- ❑ **删除** 单击该按钮，可以删除【扩展名】列表中所选的文件类型。
- ❑ **默认** 单击该按钮，将恢复【扩展名】列表中的默认文件类型（包括已经删除的类型），并且撤销所做的任何修改。
- ❑ **全部启用** 单击该按钮，可选择【扩展名】列表中的所有文件类型。
- ❑ **全部禁用** 单击该按钮，可以清除【扩展名】列表中的所有文件类型。

提 示

用户也可以通过禁用名称左侧复选框的方法，删除【扩展名】列表中的文件类型。

3. 设置协议

在【网站图设置】对话框中激活【协议】选项卡，设置要纳入网站图的协议，以及用于表示它们的形状，如图 12-6 所示。

该选项卡中主要包括下列选项。

- ❑ **名称** 用于显示协议类型的名称。启用【名称】列左侧的复选框，即可将该协议类型纳入生成的网站图。
- ❑ **协议** 用来显示每种协议类型中的协议。

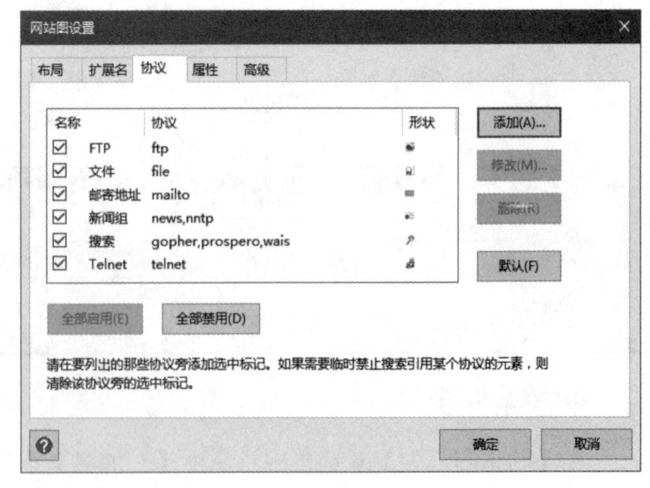

图 12-6 【协议】选项卡

- ❑ **形状** 用来显示在生成的网站图中表示该协议类型的形状，每个形状只能用于一种文件类型。
- ❑ **添加** 单击该按钮，可在【添加协议】对话框中设置扩展名的名称、形状等属性，单击【确定】按钮即可将新设置的协议添加到【协议】列表中。
- ❑ **修改** 单击该按钮，可在【修改协议】对话框中编辑所选协议的属性。
- ❑ **删除** 单击该按钮，可以删除【协议】列表中所选的协议类型。
- ❑ **默认** 单击该按钮，将恢复【协议】列表中的默认协议类型（包括已经删除的类型），并且撤销所做的任何修改。
- ❑ **全部启用** 单击该按钮，可选择【协议】列表中的所有文件类型。
- ❑ **全部禁用** 单击该按钮，可以清除【协议】列表中的所有文件类型。

提 示

由于无法删除或禁用 HTTP，所以该协议未列在【协议】选项卡中。

4. 设置属性

在【网站图设置】对话框中，激活【属性】选项卡，设置【网站图】模板要搜索的 HTML 属性，如图 12-7 所示。

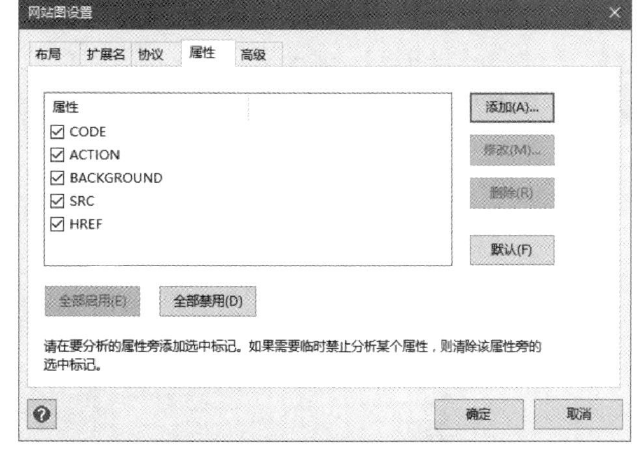

图 12-7 【属性】选项卡

该选项卡中主要包括下列选项。

- ❑ **属性** 用来显示 HTML 属性列表。启用【属性】列旁边的复选框，即可在搜索过程中搜索该属性以查找链接，并在生成的网站图上显示这些链接。
- ❑ **添加** 单击该按钮，可在【添加属性】对话框中设置属性名称。
- ❑ **修改** 单击该按钮，可在【修改属性】对话框中编辑所选属性的名称。
- ❑ **删除** 单击该按钮，可以删除【属性】列表中所选的协议类型。
- ❑ **默认** 单击该按钮，将恢复【属性】列表中的默认属性（包括已经删除的属性），并且撤销所做的任何修改。
- ❑ **全部启用** 单击该按钮，可选择【属性】列表中的所有文件类型。
- ❑ **全部禁用** 单击该按钮，可以清除【属性】列表中的所有文件类型。

5. 高级设置

在【网站图设置】对话框中，激活【高级】选项卡，限制网站搜索的范围、选择要显示的链接，以及为需要 HTTP 验证的网站设置验证名称与密码，如图 12-8 所示。

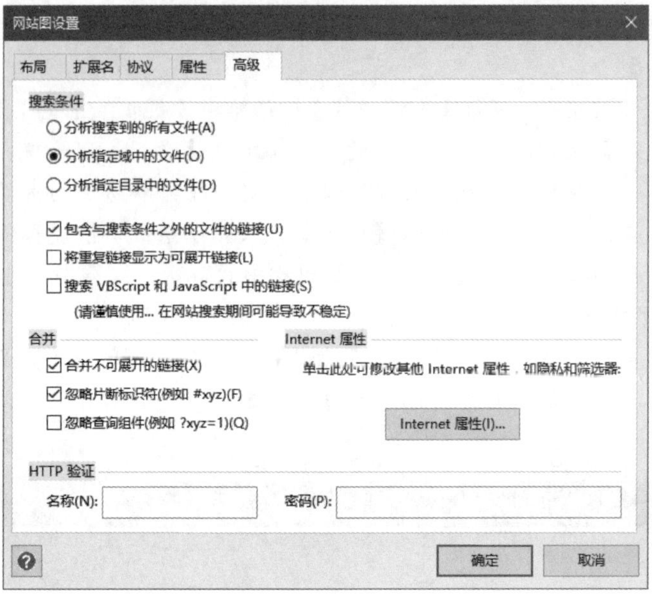

网站图设置

布局 扩展名 协议 属性 高级

搜索条件

○分析搜索到的所有文件(A)

◉分析指定域中的文件(O)

○分析指定目录中的文件(D)

☑包含与搜索条件之外的文件的链接(U)

☐将重复链接显示为可展开链接(L)

☐搜索 VBScript 和 JavaScript 中的链接(S)

(请谨慎使用... 在网站搜索期间可能导致不稳定)

合并

☑合并不可展开的链接(X)

☑忽略片断标识符(例如 #xyz)(F)

☐忽略查询组件(例如 ?xyz=1)(Q)

Internet 属性

单击此处可修改其他 Internet 属性，如隐私和筛选器:

Internet 属性(I)...

HTTP 验证

名称(N): 密码(P):

确定 取消

图 12-8 【高级】选项卡

该选项卡中各选项的功能，如表 12-2 所示。

表 12-2 【高级】选项卡

选项组	选　项	功　能
搜索条件	分析搜索到的所有文件	表示可以搜索能找到的所有链接。该选项搜索范围最广
	分析指定域中的文件	表示只搜索位于指定域中的链接
	分析指定目录中的文件	表示只搜索位于指定文件夹中的文件
	包含与搜索条件之外的文件的链接	表示包含与上述所选搜索条件以外的文件的链接
	将重复链接显示为可展开链接	表示将重复链接显示为可展开的形状
	搜索 VBScript 和 JavaScript 中的链接	表示尝试搜索 HTML 嵌入式脚本内的链接
合并	合并不可展开的链接	表示将不可展开的链接合并为一个形状
	忽略片段标识符	表示将带有片断标识符的链接合并为一个形状。这样的链接在地址后面有一个“#”符号
	忽略查询组件	表示将带有查询组件的链接合并为一个形状。这样的链接在地址后面有一个“?”。其中，查询组件通常用于服务器端脚本
Internet 属性	Internet 属性	可以在【Internet 属性】对话框中编辑用于 Web 搜索的内容或安全筛选器
HTTP 验证	名称	表示在要搜索的网站中输入 HTTP 验证名称
	密码	表示在要搜索的网站中输入 HTTP 验证密码

12.1.3 设置网站图

生成站点之后，在【网站图】模板中提供了查看网站模型信息的【筛选器窗口】与

【列表窗口】及【网站图】菜单方式，通过上述方式，可以帮助用户查看概括与详细的网站图。

1. 交互网站

创建网站图之后，网站中的某些区域未被填充。此时，为了保证网站的搜索进展，需要对网站本身进行交互，也就是对网站图中受保护的区域进行映射。首先，在网站图中选择包含链接的形状，右击该形状并执行【交互式超链接选择】命令，弹出【交互式搜索】对话框，如图 12-9 所示。

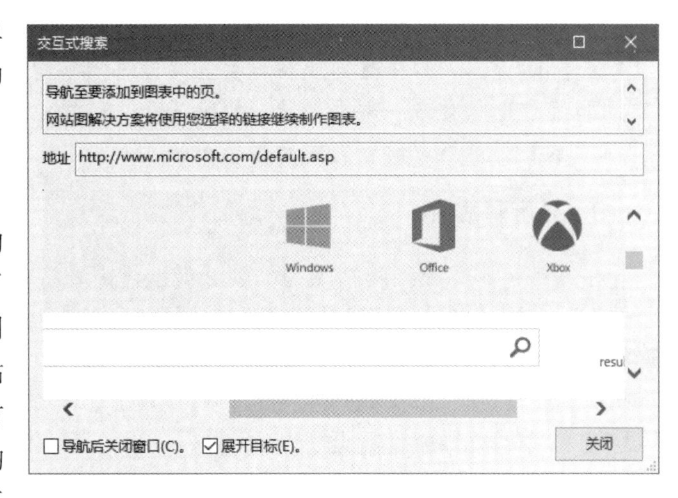

图 12-9 【交互式搜索】对话框

在该对话框中，用户可以直接选择【相关搜索】下面的链接，也可以在【搜索】文本框中输入搜索内容，单击【搜索】按钮即可。最后，单击【关闭】按钮，选择的链接便会自动添加到网站图中，如图 12-10 所示。

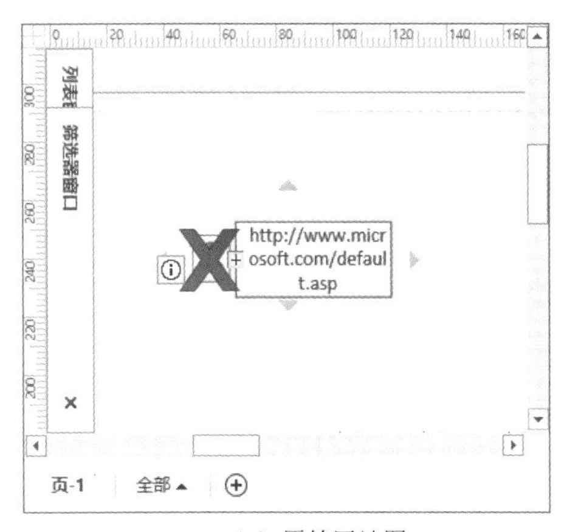

（a）原始网站图

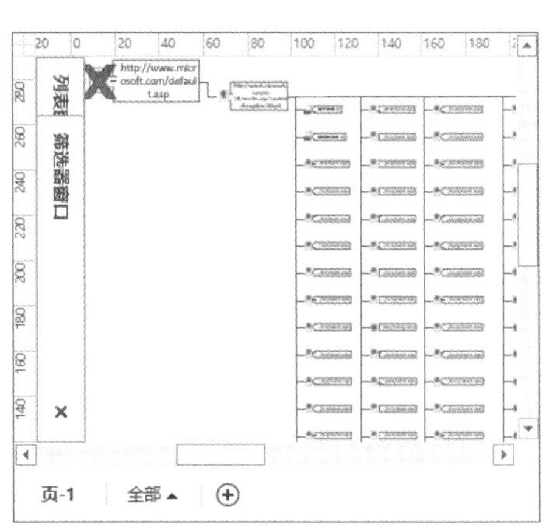

（b）交互后的网站图

图 12-10 交互网站

2. 编辑网站图

用户可通过下列操作，来编辑网站图。

- **展开链接** 右击形状，执行【展开超链接】命令，或在【列表窗口】与【筛选器窗口】中单击元素左边的加号。
- **展开所有链接** 右击形状，执行【选择其下所有超链接】命令。
- **叠平链接** 在【列表窗口】与【筛选器窗口】中单击元素左边的减号。
- **集中元素** 右击【列表窗口】与【筛选器窗口】中的元素，执行【在页面上显示】命令。

- ❑ **添加超链接**　右击【列表窗口】与【筛选器窗口】中的元素，执行【配置】命令。
- ❑ **删除元素**　右击【列表窗口】与【筛选器窗口】中的元素，执行【删除】命令。
- ❑ **修改形状文本**　右击形状，执行【修改形状文本】命令，在弹出的【修改形状文本】对话框中设置文本的显示方法。

3. 显示网站图

在 Visio 中，大型网站图为了划分类别，需要将不同的类别分布到多个页面上。为了便于查看网站图的结构，需要导航放置不同类型网站图的绘图页。首先，右击子链接形状，执行【创建子页】命令，系统会自动添加新页，并在网站图中添加【离页链接】形状，如图 12-11 所示。创建子页之后，双击【离页链接】形状，或右击该形状并执行【页-2】命令即可导航到新页中。

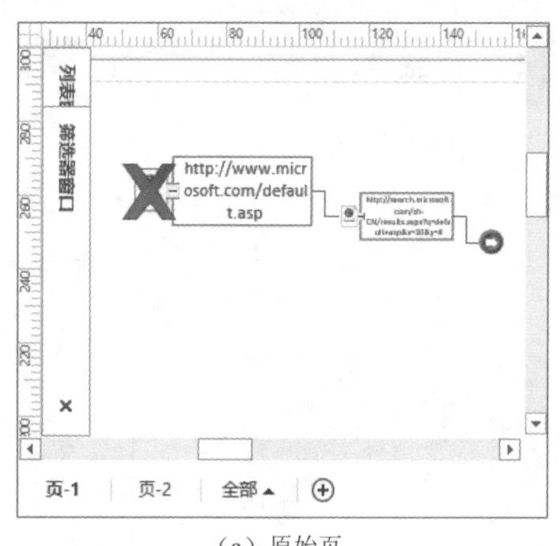

（a）原始页

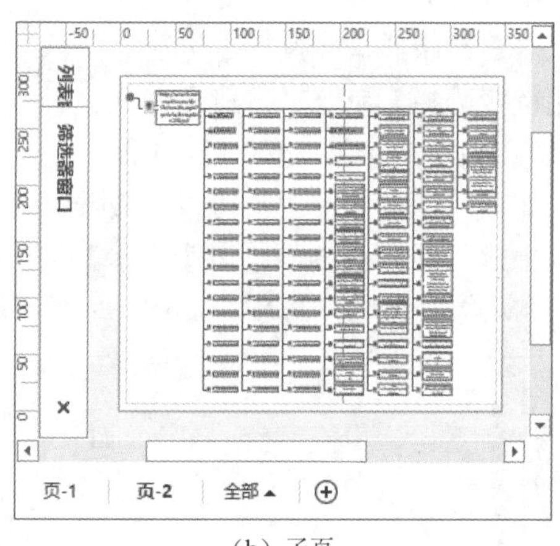

（b）子页

图 12-11　创建子页

12.1.4　解决断链问题

在 Visio 中，网站图将以红色的 X 显示链接或元素的断链情况。用户可通过【列表窗口】或【筛选器窗口】，或右击链接并执行【在页面上显示】命令来查找断链。查找到断链之后，可以通过下列方法来修复网站中的断链。

- ❑ **检查网站地址**　仔细检查网站地址，确保正确地输入地址中的每一个字符。如果输入的地址为 HTML 文件的路径，应该确保 HTML 文件位于该路径中。
- ❑ **刷新链接**　可以通过使用【交互式搜索】对话框，来解决某个链接连接到网站图中需要验证身份的问题。
- ❑ **修复链接**　如果无法解决断链问题，可以在网站中修复超链接。修复链接后需要右击链接并执行【刷新父链接】命令，系统会再次生成父 HTML 页与该页的超链接。

另外，用户还可以使用网址链接报告，来查看或解决断链问题。在绘图页中，执行【网站图】|【管理】|【创建报表】命令，弹出【报告】对话框，如图 12-12 所示。

在列表框中选择【网站图所有链接】选项，并单击【运行】按钮，在弹出的【运行报告】对话框中选择报告格式，并单击【浏览】按钮，在弹出的对话框中选择保存位置。最后，单击【确定】按钮即可，如图 12-13 所示。

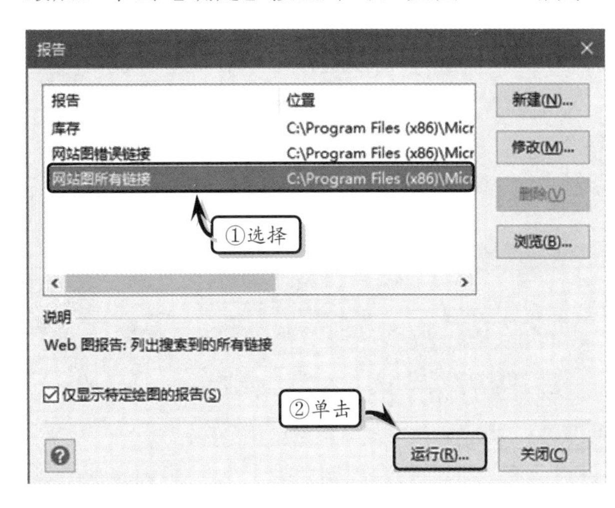

图 12-12 【报告】对话框

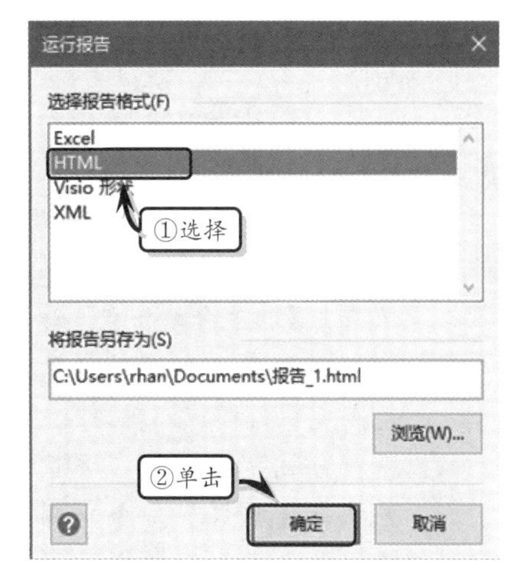

图 12-13 【运行报告】对话框

提 示

如果选择 Excel 格式，系统将自动打开 Excel 工作簿。

12.2 构建网络图

Visio 为用户提供的网络图中包含高层网络设计、详细逻辑网络设计以及物理网络设计、机架网络设备 4 类模板。利用上述模板，可以创建用于记录目录服务，或将网络设备布局到支架上的基本网络图。

12.2.1 创建网络图

在绘图页中，执行【文件】|【新建】命令，在【类别】列表中选择【网络】选项，同时双击【详细网络图】选项。Visio 会创建【详细网络图】模板，并创建一个标准信纸大小的绘图页。创建模板之后，用户便可以添加节点、网络拓扑、记录目录服务及布局设备架了。

1. 添加节点与网络拓扑

在【网络和外设】模具中，将代表网线的形状拖到绘图页中，拖动选择手柄调整形状大小。然后，将【计算机和显示器】、【服务器】等模具中的形状拖到绘图页中。最后，选择代表网线的形状，拖动形状上的控制手柄链接其他形状，如图 12-14 所示。

2. 布局设备架

在绘图页中，单击【形状】任务窗格中的【更多形状】下拉按钮，执行【网络】|

【机架式安装设备】命令。在【机架式安装设备】模具中，将【机架】或【机柜】形状拖到绘图页中。然后，将【服务器】、【路由器】及【电源】等形状拖到【机架】或【机柜】形状中，如图12-15所示。

另外，用户可通过下列操作来调整【机架】类形状。

- ❑ **设置的高度**　拖动形状中选择手柄，或右击形状并执行【属性】命令，在【形状数据】窗口中设置【单元高度】值即可。
- ❑ **设置孔间宽度**　右击形状并执行【属性】命令，在【形状数据】窗口中设置【孔间宽度】值即可。

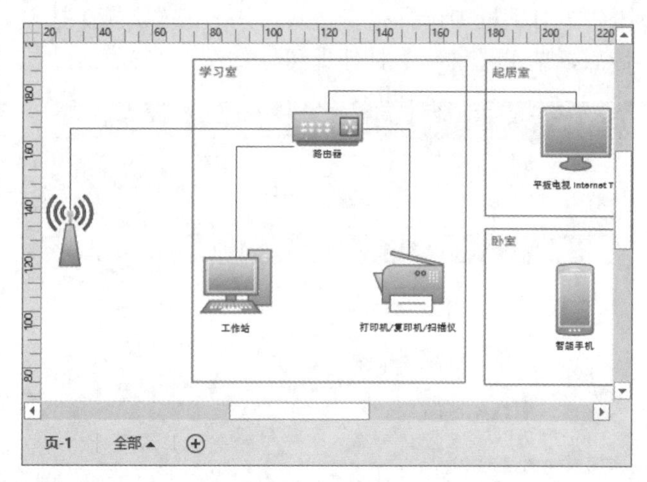

图 12-14　添加节点与网络拓扑

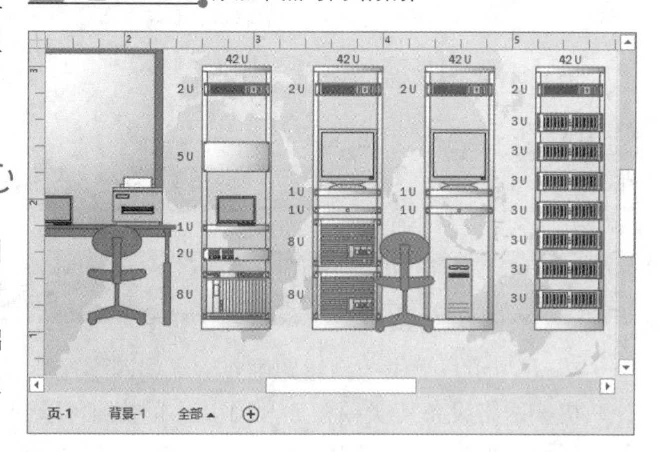

图 12-15　设备架

12.2.2　设置网络图

创建网络图之后，为了增加图表的美观性，也为了存储或查看网络设备数据，需要利用 Visio 基础知识设置网络图的格式、批注以及存储网络信息。

1．设置网络图格式

用户可通过下列方法，来设置网络图的格式。

- ❑ **添加文本或批注形状**　可以执行【开始】|【工具】|【文本】命令，为网络图添加文本。另外，还可以将【批注】模具中的文本形状与批注形状拖到绘图页中，用来记录网络数据。
- ❑ **编号网络形状**　可以执行【视图】|【宏】|【加载项】|【其他 Visio 方案】|【给形状编号】命令，在弹出的【给形状编号】对话框中设置编号格式。
- ❑ **设置形状格式**　选择需要设置格式的形状，右击执行【设置形状格式】命令，在弹出的【设置形状格式】任务窗格中设置形状的填充、线条和阴影效果等。

2．存储与报告网络信息

用户可通过下列方法，来存储和报告网络信息。

- ❑ **添加形状数据值**　选择形状，执行【数据】|【显示/隐藏】|【形状数据窗口】命令，在弹出的【形状数据】窗口中输入相应的数据即可。

- ❑ **创建新的形状数据属性** 右击形状执行【数据】|【定义数据】命令，在弹出的【定义形状数据】对话框中设置新的数据属性即可。
- ❑ **将形状链接到数据库字段** 选择形状，执行【数据】|【外部数据】|【将数据链接到形状】命令，在弹出的【数据选取器】对话框中，依据提示步骤完成操作即可。
- ❑ **生成设备报告** 执行【审阅】|【报表】|【形状报表】命令，在弹出的【报告】对话框中选择报告类型，并单击【运行】按钮。

12.3 构建软件开发图

在 Visio 中用户只需要掌握基本的 Visio 操作技术，便可以构建各种类型的软件开发图。本节将详细介绍使用不同类型的软件模板创建软件开发图的基础知识，以及创建应用窗口开发图表、向导以及对话框。

12.3.1 创建软件开发图

Visio 为用户提供了多种类型的模板，用户可以根据设计需求利用不同的软件模板，创建多类型的软件图。下面将详细讲解创建 COM 和 OLE 图，以及数据流模型图的操作方法。

1. 创建 COM 和 OLE 图

在 Visio 中，在【文件】任务窗格中单击【更多形状】下拉按钮，选择【软件和数据库】|【软件】|【COM 和 OLE】选项。将【COM 和 OLE】模具中的形状拖到绘图页中，调整形状大小与位置，并连接形状，如图 12-16 所示。

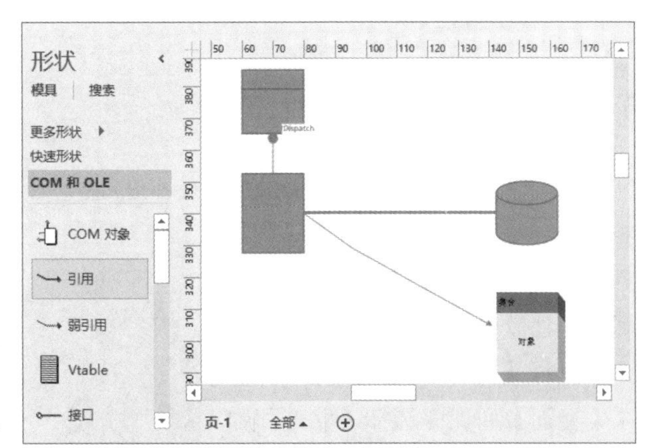

图 12-16 COM 和 OLE 图

用户可通过下列操作，设置 COM 和 OLE 图。

- ❑ **操作 IUnkown 接口** 该接口为 COM 对象默认的接口，可以通过拖动控制手柄的方法，调整接口的位置。
- ❑ **为 COM 形状添加接口** 将形状中央的控制手柄拖到 COM 对象的接口处即可。
- ❑ **设置 COM 形状的外观** 右击形状，执行【COM 样式 1】或【COM 样式 2】命令。
- ❑ **设置 Vtable 形状显示的数目** 右击形状，执行【设置单元格的数目】命令，在弹出的【形状数据】对话框中重新设置单元格的数目。

- **创建 COM、Vtable 与接口之间的连接** 将模具中的【引用】或【弱引用】形状拖到绘图页中，连接形状即可。

提 示

可以将 Vtable 形状添加到 COM 形状中，而且还可以在 COM 形状中拖动 Vtable 形状。

2. 创建数据流模型图

数据流模型图可以显示数据存储、转换数据的过程与数据流。在绘图页中，执行【文件】|【新建】命令，在【类别】列表中选择【软件和数据库】选项，双击【数据流模型图】选项即可。然后，将 Gane-Sarson 模具中的形状拖到绘图页中，调整并连接形状即可，如图 12-17 所示。

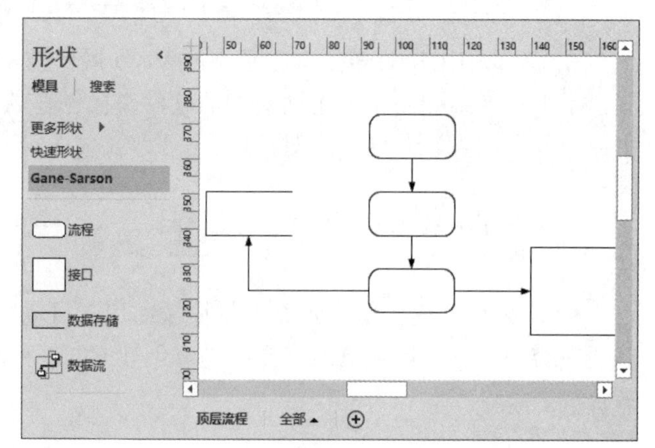

图 12-17 数据流模型图

Gane-Sarson 模具中主要包括下列 4 种形状。

- **流程** 该形状表示操作数据中的过程。
- **接口** 该形状表示流程图中实体的接口。
- **数据存储** 该形状表示数据存储器。
- **数据流** 该形状表示数据流方向。

12.3.2 创建界面图

一般情况下，开发人员通过使用专业的原型构建工具，以及 Visual Basic 来开发软件界面图。对于普通用户来讲，利用 Visio 中的【线框图表】模板，一样可以创建软件应用界面图。

执行【文件】|【新建】命令，在【类别】列表中选择【软件和数据库】选项。然后，选择【线框图表】选项，并单击【创建】按钮。将【对话框】模具中的【对话框窗体】形状拖到绘图页中，调整形状大小及位置。然后，将相应的形状拖到【对话框窗体】形状中即可，如图 12-18 所示。

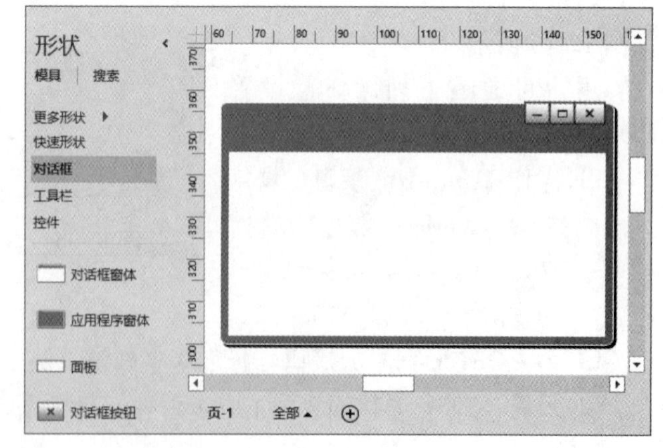

图 12-18 创建登录窗口

用户可通过下列操作，来添加窗体内的主要形状。

- **在标题栏上添加按钮** 将【对话框】模具中的【对话框按钮】形状拖到窗体中的右上角处，在弹出的【形状数据】对话框中选择按钮类型即可。
- **添加状态栏** 将【对话框】模具中的【状态栏图标】形状拖到【对话框窗体】形状中，并将【状态栏拆分器】形状拖到【状态栏】形状中。
- **添加上/下选项卡** 将【对话框】模具中的【上选项卡项目】或【下选项卡项目】形状拖到【对话框窗体】形状中即可。
- **添加滚动条** 将【对话框】模具中的【滚动条】形状拖到【对话框窗体】形状中。
- **添加按钮** 将【控件】模具中的【按钮】形状拖到【对话框窗体】形状中，并双击按钮形状添加按钮文本。

12.4 课堂练习：网络计费系统拓扑图

网络拓扑图是一种由网络节点设备和通信介质构成的网络结构图，可以清楚地标明该网络内各设备间的逻辑关系。在本练习中，将通过使用详细网络图模板并添加形状，来绘制网络计费系统拓扑图，如图 12-19 所示。

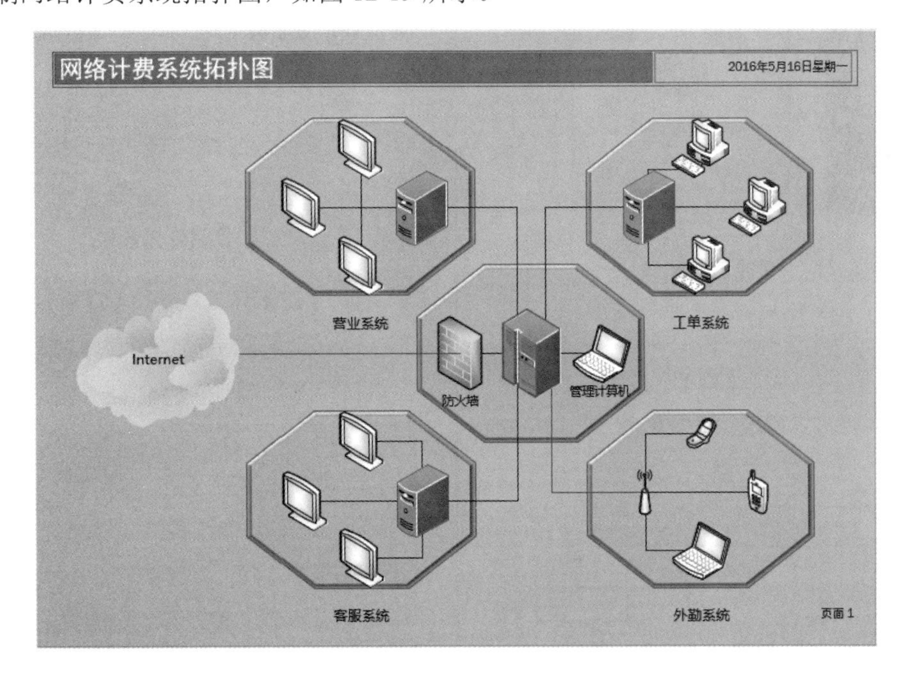

图 12-19 网络计费系统拓扑图

操作步骤：

1 执行【文件】|【新建】命令，选择【类别】选项，同时选择【网络】选项，如图 12-20 所示。

2 然后，在展开的【网络】列表中，双击【详细网络图-3D】选项，创建模板文档，如图 12-21 所示。

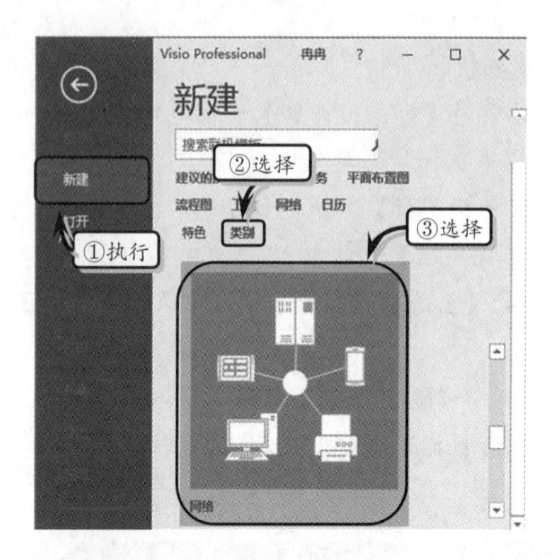

图 12-20 选择模板类型

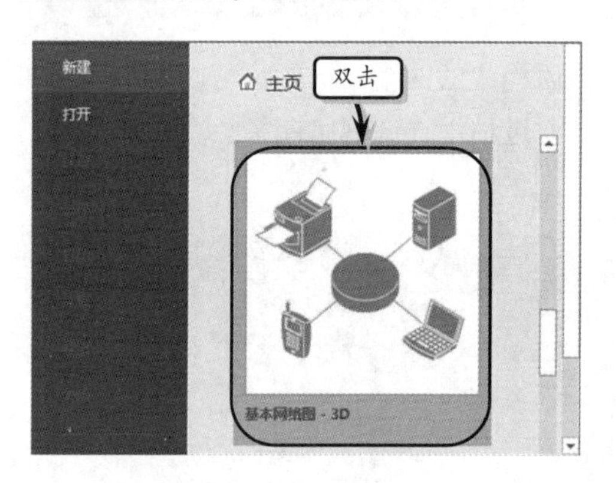

图 12-21 创建模板文档

3 在【形状】任务窗格中，单击【更多形状】下拉按钮，选择【常规】|【基本形状】选项，如图 12-22 所示。同样方法，添加其他形状。

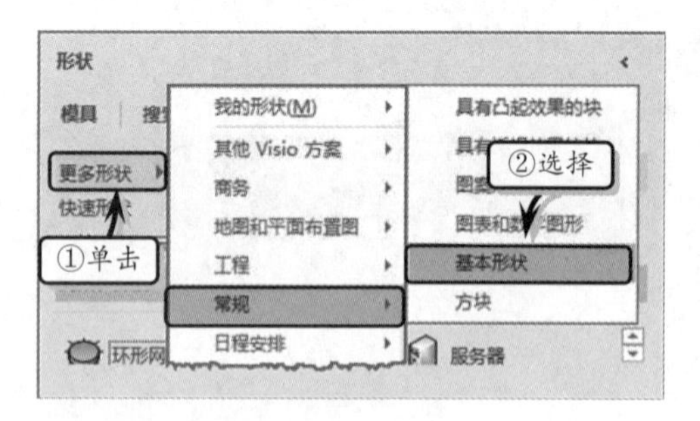

图 12-22 添加基本形状

4 执行【设计】|【主题】|【丝状】命令，设置主题效果，如图 12-23 所示。

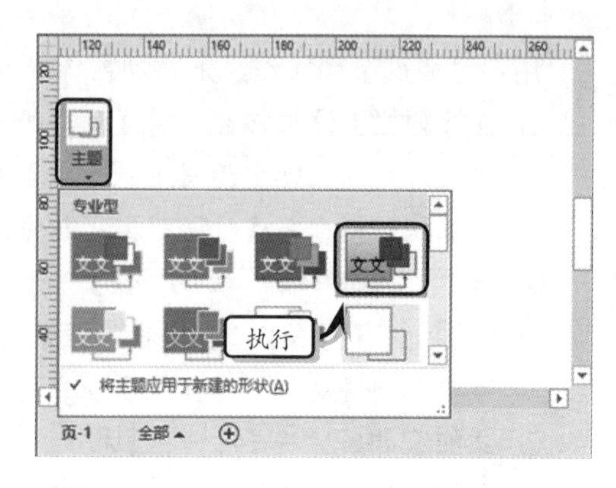

图 12-23 设置主题效果

5 同时，执行【设计】|【变体】|【丝状,变量 2】命令，设置变体效果，如图 12-24 所示。

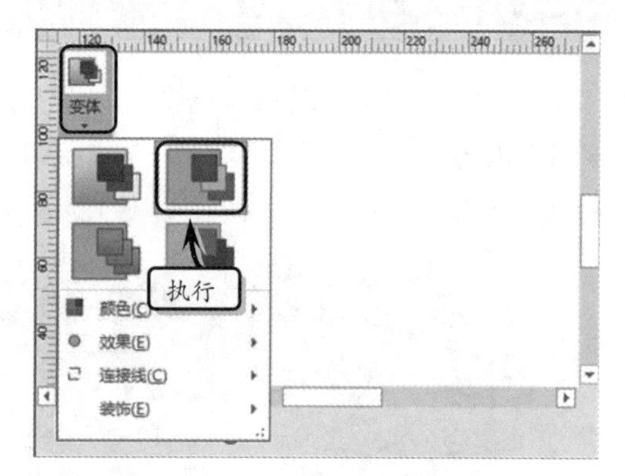

图 12-24 设置变体效果

6 执行【设计】|【背景】|【背景】|【实心】命令，设置绘图页的背景样式，如图 12-25 所示。

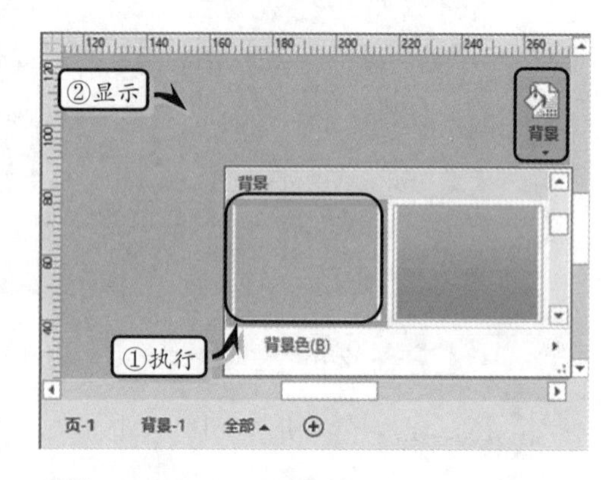

图 12-25 设置背景

7 执行【设计】|【背景】|【边框和标题】|【平铺】命令，添加边框和标题样式，并修改标

题文本，如图 12-26 所示。

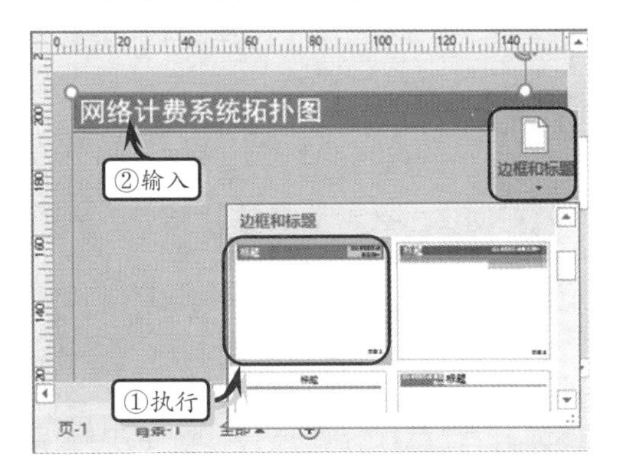

图 12-26 设置边框和标题

8 将【基本形状】模具中的“八边形”形状添加到绘图页中，并调整其大小和位置，如图 12-27 所示。同样方法，添加其他“八边形”形状。

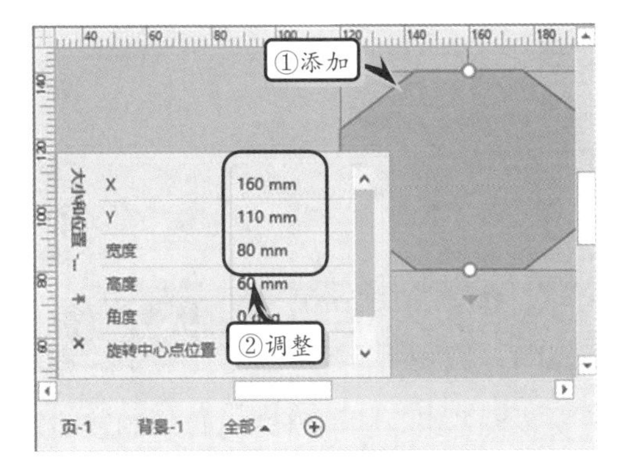

图 12-27 添加“八边形”形状

9 执行【开始】|【工具】|【文本块】命令，在周围 4 个八边形形状下方添加文本，如图 12-28 所示。

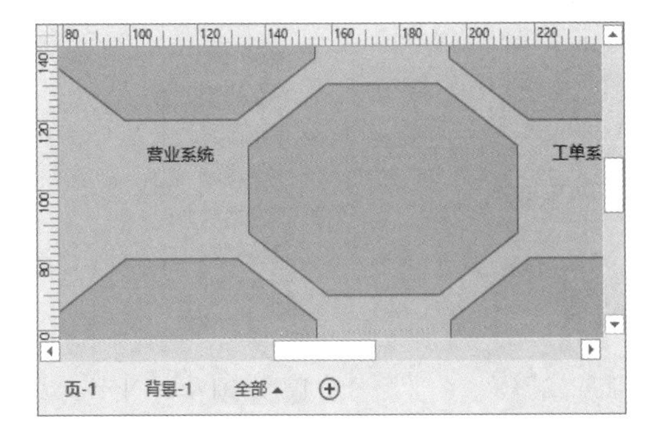

图 12-28 添加文本

10 同时选择所有的八边形形状，执行【开始】|【形状样式】|【效果】|【棱台】|【凸起】命令，如图 12-29 所示。

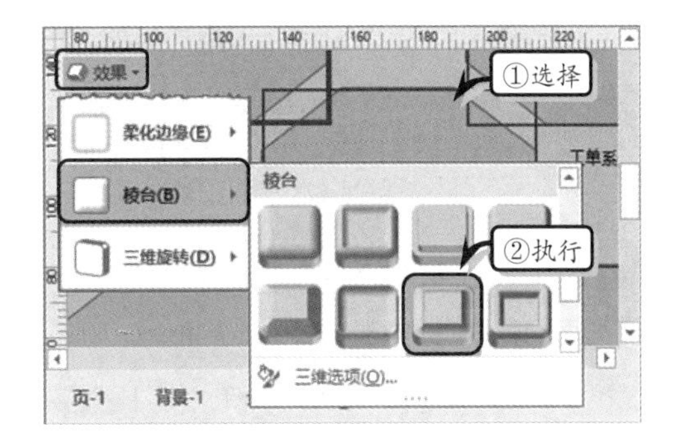

图 12-29 设置棱台效果

11 将【Active Directory 站点和服务】模具中的 WAN 形状拖至绘图页中，并输入文本“Internet”。同时将【计算机和显示器-3D】模具中的【LCD 显示器】形状放置在【营业系统】形状中，如图 12-30 所示。

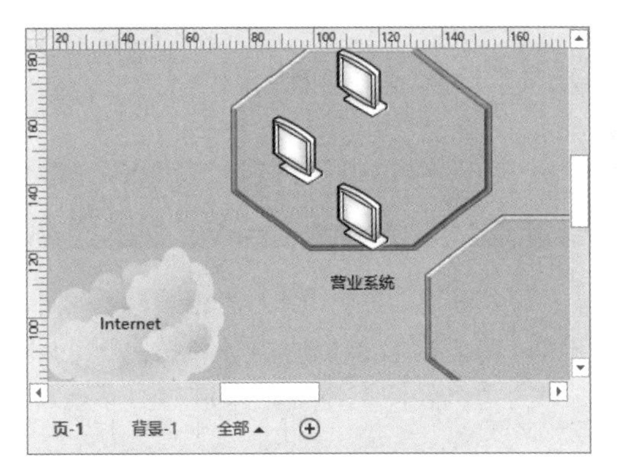

图 12-30 添加 **WAN** 和【**LCD** 显示器】

12 将【网络和外设-3D】模具中的【服务器】形状拖至【营业系统】和【工单系统】形状中，并放置在相应的位置。然后，分别将【计算机和显示器-3D】模具中的 PC 形状拖至【工单系统】形状中，如图 12-31 所示。

13 将【网络和外设-3D】模具中的【防火墙】和【大型机】形状，以及【计算机和显示器】模具中的【便捷电脑】形状添加到中间的八边形形状中，并输入说明性文本，如图 12-32 所示。

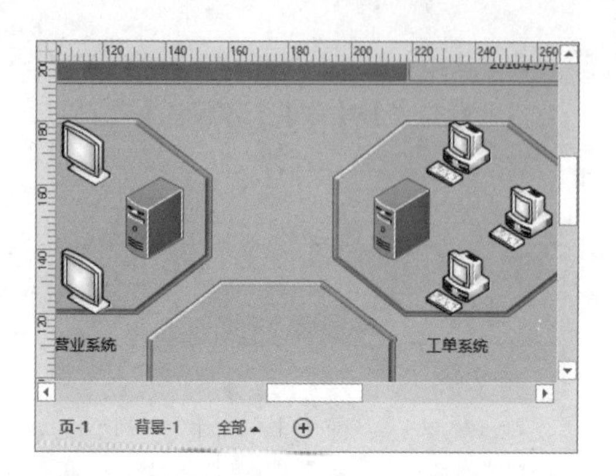

图 12-31　添加【服务器】和 PC

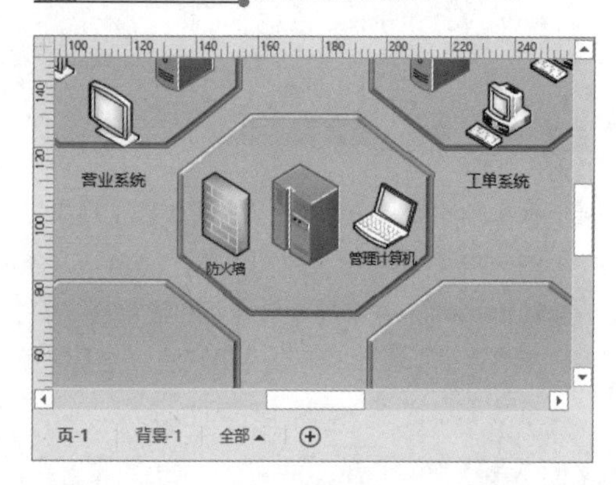

图 12-32　添加其他形状

14 使用同样的方法，添加其他形状。最后，执行【开始】|【工具】|【连接线】命令，连接各个形状，如图 12-33 所示。

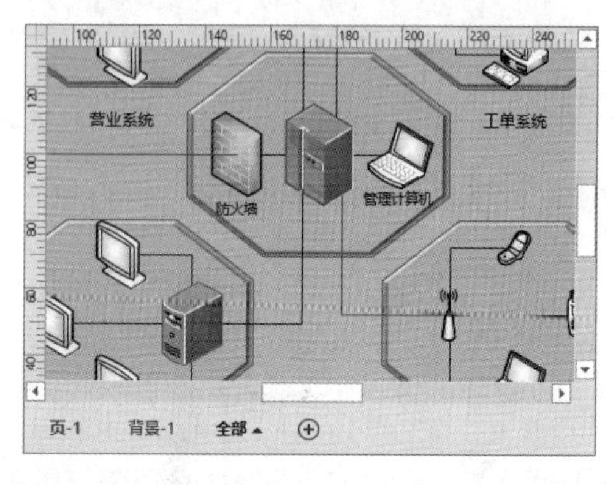

图 12-33　连接形状

12.5　课堂练习：多媒体网站自建机房机架图

机房机架图是一种由网络节点设备和机架式安装设备组合的网络结构图，通过机架图可以清楚地显示机房内各设备之间的逻辑关系。在本练习中，将运用【网络】模板类别中的【机架图】模板，来创建"多媒体网站自建机房机架图"图表，如图 12-34 所示。

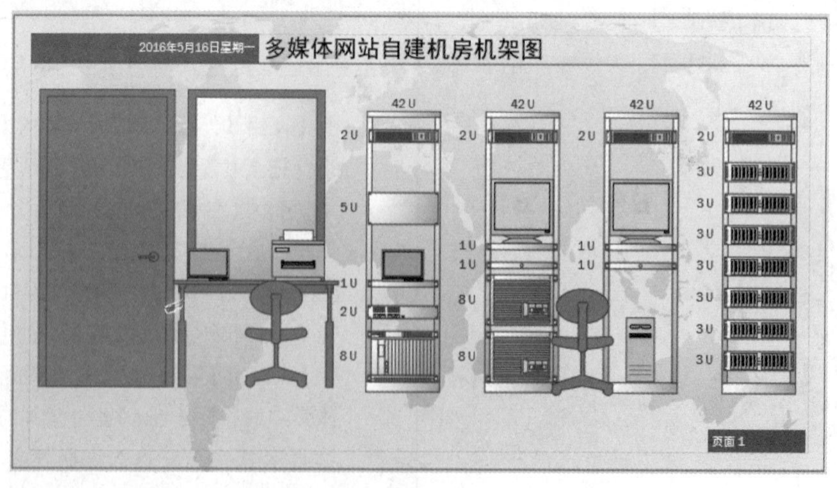

图 12-34　多媒体网站自建机房机架图

操作步骤：

1 执行【文件】|【新建】命令，在【类别】列表中选择【网络】选项，同时双击【机架图】选项，如图 12-35 所示。

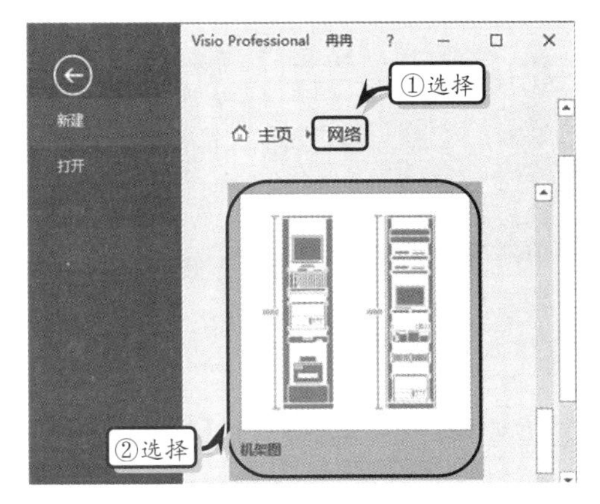

图 12-35 创建模板文档

2 执行【设计】|【背景】|【背景】|【世界】命令，设置绘图页的背景效果，如图 12-36 所示。

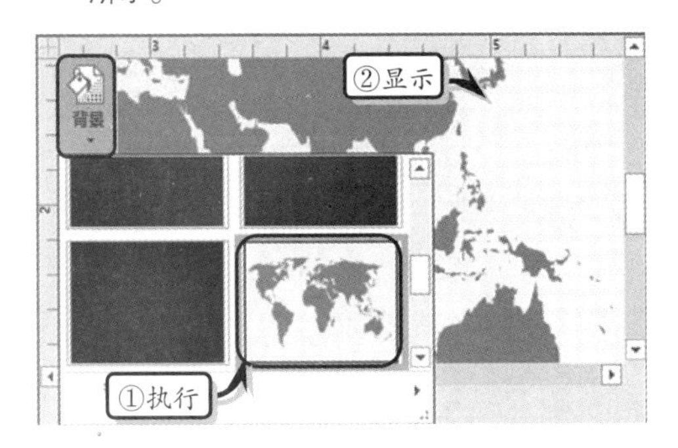

图 12-36 设置绘图背景

3 执行【设计】|【背景】|【边框和标题】|【简朴型】命令，输入标题文本并设置文本的字体格式，如图 12-37 所示。

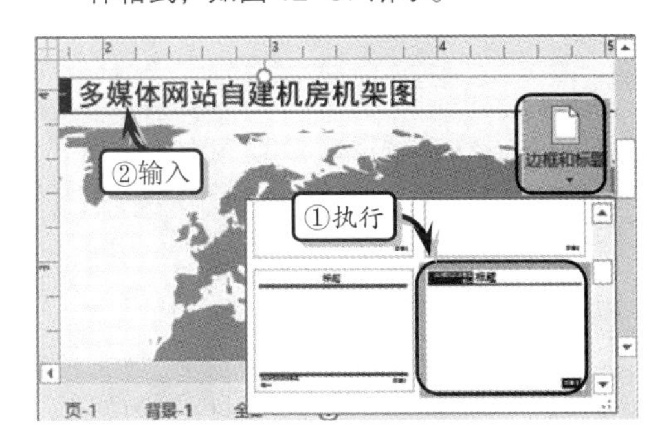

图 12-37 添加边框和标题

4 执行【设计】|【主题】|【主题】|【丝状】命令，设置绘图页的主题效果，如图 12-38 所示。

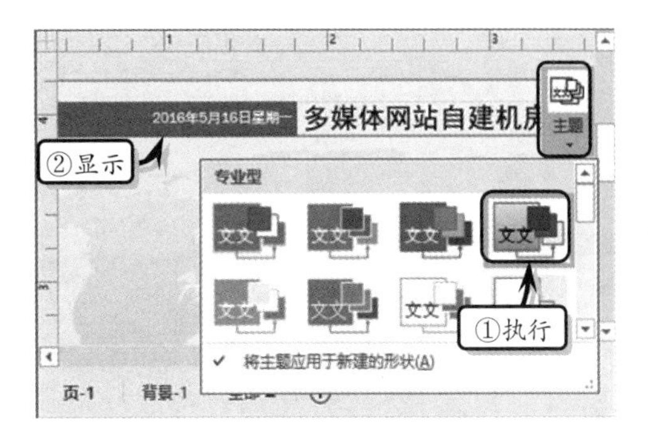

图 12-38 设置主题效果

5 将【网络房间元素】模具中的【门】、【窗户】、【桌子】、【椅子】形状添加到绘图页中，并调整其大小与位置，如图 12-39 所示。

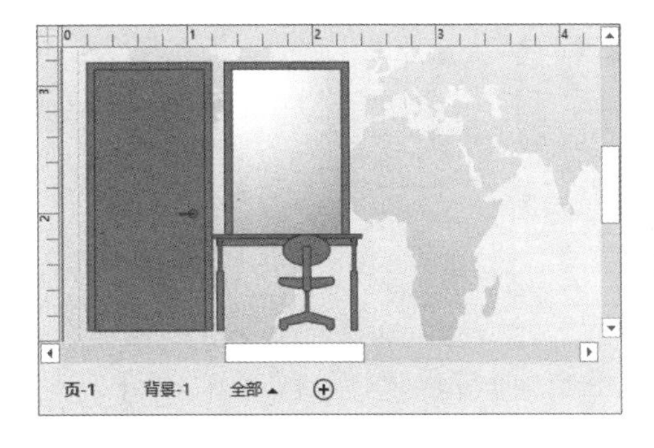

图 12-39 添加网络房间元素

6 将【独立式机架设备】模具中的【便捷】和【打印机】形状添加到【桌子】形状上，然后将 4 个【机架】形状添加到绘图页中，如图 12-40 所示。

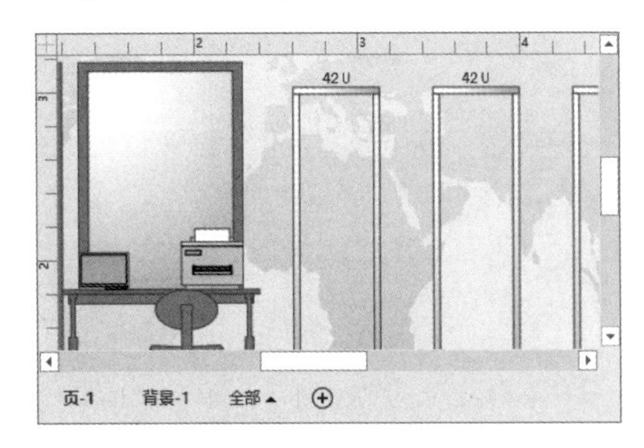

图 12-40 添加机架

7 分别将【机架式安装设备】模具中的【电源/UPS】、【电缆托架/定位架】、【架】、【交换机】与【路由器 2】形状添加到【机柜】形状中，如图 12-41 所示。

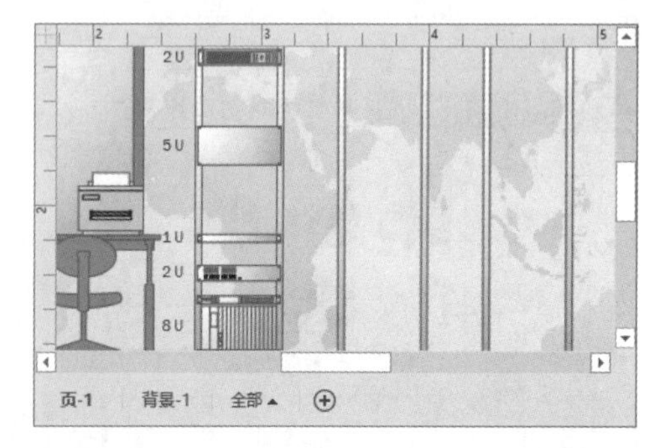

图 12-41 添加第一个【机柜】形状

8 将【独立式机架设备】模具中的【便捷】形状添加到【机柜】形状中，并放置在【架】形状上，如图 12-42 所示。

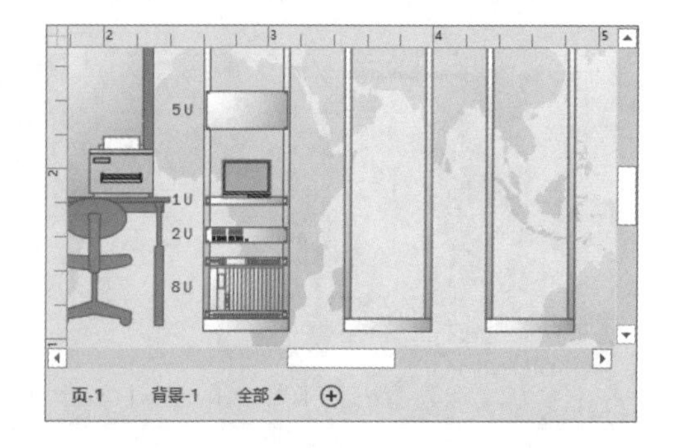

图 12-42 添加【便捷】形状

9 将【电源/UPS】、【键盘托架】、【架】、【服务器】形状添加到第二个【机柜】形状中，将【显示器】形状添加到【架】形状上，如图 12-43 所示。

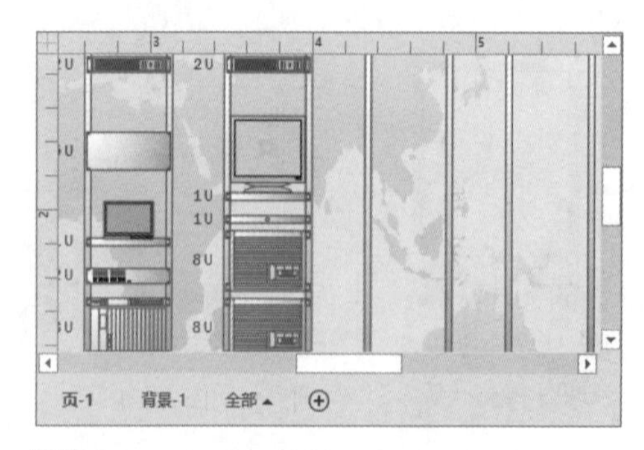

图 12-43 添加第二个【机柜】形状

10 同样方法，将【电源/UPS】、【键盘托架】、【架】、【显示器】和【服务器】形状添加到第三个【机柜】形状中，并添加【椅子】形状，如图 12-44 所示。

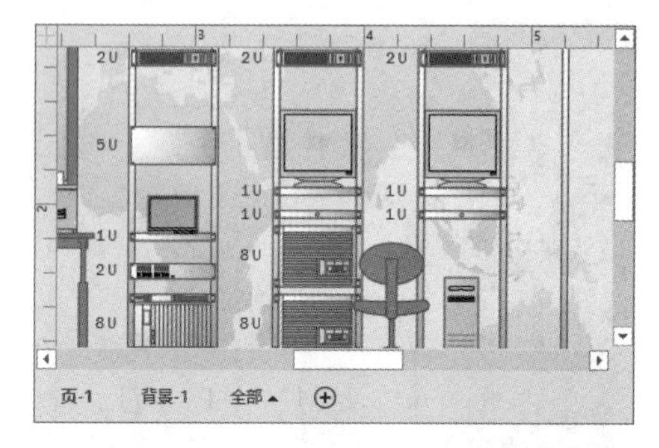

图 12-44 添加第三个【机柜】形状

11 将【电源/UPS】和【RAID 阵列】形状添加到第 4 个【机柜】形状中，并调整其位置与大小，如图 12-45 所示。

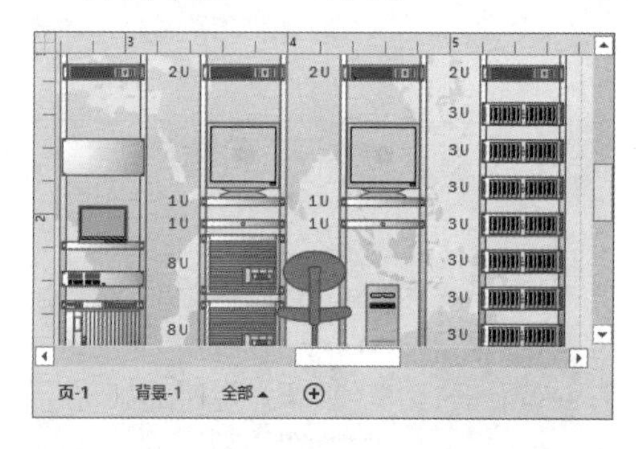

图 12-45 添加第 4 个【机柜】形状

12 执行【设计】|【页面设置】|【大小】|【其他页面大小】命令，自定义页面大小，如图 12-46 所示。

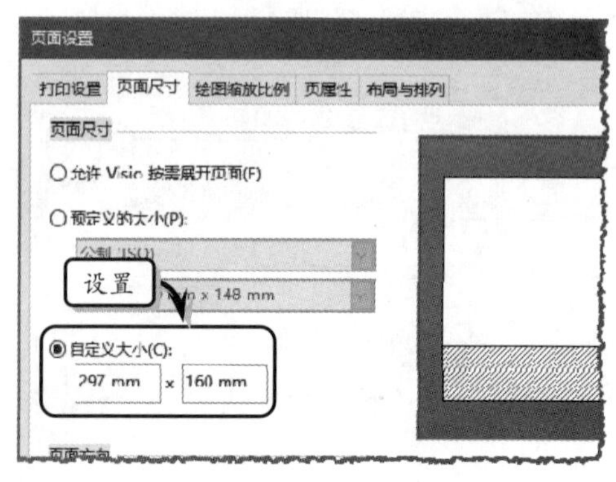

图 12-46 自定义页面大小

思考与练习

一、填空题

1.【网站总体设计图】模板中的________模具适用于创建单个网页中的详细布局。

2. 在【网站图设置】对话框中的【协议】选项卡中，由于________，所以该协议未列在【协议】选项卡中。

3. 生成站点之后，在【网站图】模板中提供了查看网站模型信息的________与________及________菜单方式。

4. 为了便于查看网站图的结构，需要使用________方法来导航放置不同类型网站图的绘图页。

5. 在 Visio 中，网站图将以________显示链接或元素的断链情况。

6. Visio 为用户提供的网络图中包含高层网络设计、详细逻辑网络设计以及________、________4 类模板。

7. 在创建软件开发图时，________形状可以添加到 COM 形状中，而且还可以在 COM 形状中拖动该形状。

8. 用户利用 Visio 中的________模板，一样可以创建界面图。

二、选择题

1. 在【网站图设置】对话框中，【布局】选项卡中的【最大级别数】的取值范围为________。

A. 1～10　　B. 1～11
C. 1～12　　D. 1～20

2. 在【网站图设置】对话框中，【布局】选项卡中的【最大连接数】的最大值为________。

A. 1000　　B. 20
C. 200　　D. 5000

3. 在【网站图设置】对话框中的【高级】选项卡中，表示搜索范围最广的选项为________。

A. 分析搜索到的所有文件
B. 分析指定域中的文件
C. 分析指定目录中的文件
D. 搜索 VBScript 和 JavaScript 中的链接

4. 创建网站图之后，为了保证网站的搜索进展，需要使用________命令对网站进行交互。

A. 交互式超链接选择
B. 展开链接
C. 在页面上显示
D. 叠平链接

5. 在 Visio 中，可以使用________命令来导航网站图中的页面。

A. 展开链接
B. 叠平链接
C. 创建子页
D. 交互式超链接选择

6. 下面描述解决断链问题的选项，说法错误的为________。

A. 检查网站地址
B. 刷新链接
C. 修复链接
D. 展开链接

7. 用户可通过右击形状，执行________命令来调整【机架】类形状的高度与宽度。

A. 属性　　B. 形状
C. 格式　　D. 粘贴

三、问答题

1. 如何创建网站总体设计图?
2. 如何创建网站图中的断链问题?
3. 简述创建网络图的操作方法。

四、上机练习

1. 制作详细网络图

在本练习中，将利用【详细网络图】模具，制作一份校园网络结构图，如图 12-47 所示。首先，执行【文件】|【新建】命令，在【类别】列表中选择【网络】选项。同时，选择【详细网络图-3D】选项，并单击【创建】按钮。将【网络和外设】模具中的【以太网】形状拖到绘图页中。然后，分别将【路由器】、【交换机】、【防火墙】等形状拖到绘图页中。并将【云】形状，及代表【服务器】类型的形状拖到绘图页中，调整其位置。最后，使用【通信链路】形状，及【动态连接线】来连接绘图中的形状。

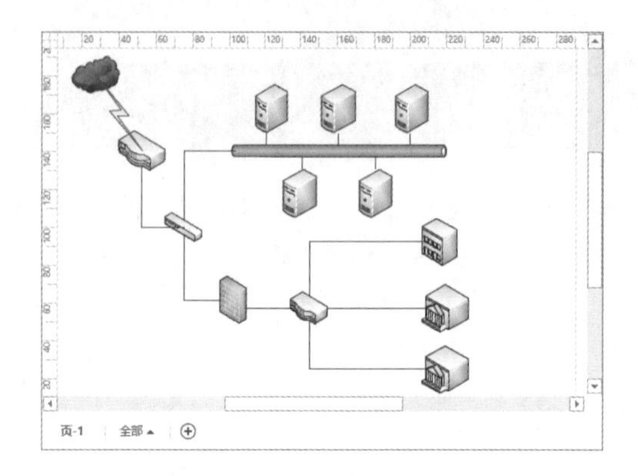

图 12-47　详细网络图

2．制作网站总体设计图

在本练习中，将利用【网站总体设计图】模板，制作一份网站总体设计图，如图 12-48 所示。首先，执行【文件】|【新建】命令，在【类别】列表中选择【软件和数据库】选项，同时选择【网站总体设计】选项，并单击【创建】按钮。然后，将【网站总体设计形状】模具中的相关形状拖到绘图页中，调整位置及大小，并在形状中输入文本。执行【开始】|【工具】|【线条】命令，拖动鼠标链接形状。最后，执行【设计】|【主题】|【丝状】命令，设置其主题效果。

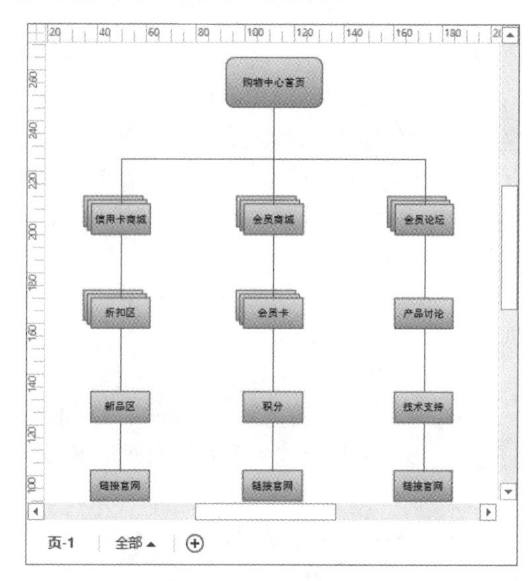

图 12-48　网站总体设计图

第 13 章

构建建筑与工程图

在日常工作中，建筑设计图与工程图属于常用绘图类型。用户可以通过 Visio 中的建筑设计图模板，绘制办公室布局及家居设计等图表。另外，用户还可以使用部件和组件及电路和逻辑电路等模板，来绘制丰富多彩的机械、工艺及电气等工程图。除此之外，用户还可以在 Visio 中快速、方便地绘制各种类型的地图与平面布置图。本章将利用上述模板，详细讲解构建建筑与工程图的基础知识与操作技巧。

本章学习目的：

- 构建建筑图
- 创建服务设置平面图
- 创建现场屏幕图
- 绘制方向图
- 构建空间设计图
- 构建机械工程图
- 构建工艺流程图

13.1 构建建筑图

在构建建筑图时，用户习惯使用 AutoCAD 程序来绘制。但是，对于不熟悉 AutoCAD 程序的用户来讲，可以使用 Visio 程序来构建。Visio 不像 AutoCAD 程序那样，具有复杂而庞大的绘图命令。用户只需使用 Visio 中的建筑图模具中的形状，即可轻松而快速地绘制各种类型的建筑图。

13.1.1 使用【墙】

构建建筑图的第一步便是构建建筑物的外围，可以使用 Visio 中的【墙】形状来构建不同类型的外墙与内墙。该形状主要包含在【墙壁、外壳和结构】与【墙壁和门窗】模具中，使用该形状可以轻松地链接墙的行为。

1. 将【空间】转换为【墙】

在 Visio 中，可以使用【转换为墙壁】命令快速地将空间形状转换为墙壁形状。在绘图页中，单击【形状】任务窗格中的【更多形状】下拉按钮，选择【地面和平面布置图】|【建筑设计图】|【墙壁、外壳和结构】选项。将【空间】形状拖到绘图页中，并执行【计划】|【转换为背景墙】命令，弹出【转换为墙壁】对话框，如图 13-1 所示。

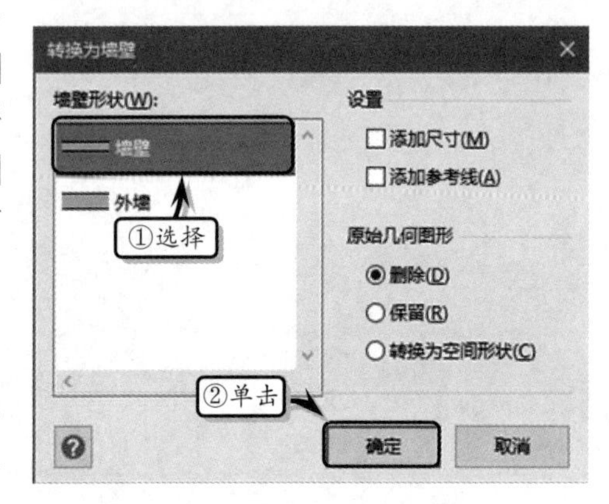

图 13-1 【转换为墙壁】对话框

该对话框中主要包括下列几种选项。

- ❑ **墙壁形状** 用来显示模具中的墙壁形状。
- ❑ **添加尺寸** 启用该复选框，可以将尺寸添加到新墙壁上。其中，所添加的尺寸将作为单独形状粘附在墙壁或墙壁的参考线上。
- ❑ **添加参考线** 启用该复选框，可以将参考线添加到新墙壁上。其中，墙壁端点和尺寸端点将粘附到墙壁参考线的交叉点上。
- ❑ **删除** 选择该单选按钮，可在转换时删除原始形状。
- ❑ **保留** 选择该单选按钮，可在转换时保留原始形状，并自动计算墙壁占用的面积。
- ❑ **转换为空间形状** 选择该单选按钮，可在待转换为墙壁的形状区域中创建空间形状，并删除原始形状。

提 示

在绘图页中，右击形状并执行【转换为墙壁】命令，可打开【转换为墙壁】对话框。

2. 创建【墙】

在【墙壁、外壳和结构】模具中，将【外墙】形状拖到绘图页中。同时，将【墙壁】与【弯曲墙】形状拖到绘图页中。拖动【弯曲墙】与【墙壁】形状，使其粘贴在【外墙】形状上，如图 13-2 所示。

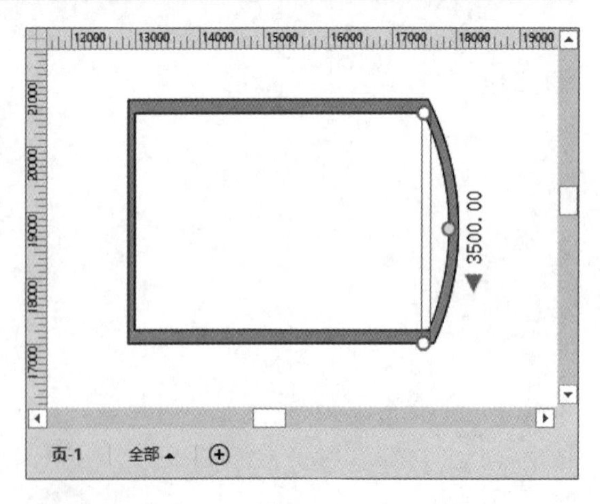

图 13-2 创建【墙】

将墙壁粘贴在一起时，Visio 会自动整理墙角与交接面。用户可通过下列几种方法，将形状粘附到参考线上，从而确保墙壁的粘贴状态。

- ❑ **现有参考线** 将形状拖动到参考线上，或将形状的一个端点拖到参考线即可。

- **使用【转换为墙壁】对话框创建参考线** 在【转换为墙壁】对话框中，启用【添加参考线】复选框。
- **右击【墙壁】形状创建参考线** 右击形状并执行【添加一个参考线】命令即可。

将形状粘附到参考线之后，移动参考线即可移动形状。此时，任何与该形状相连的【墙壁】形状都会随着该形状的移动而拉伸或收缩。

提 示

为了使形状能够自动连接与自动整理交接面，需要单击【视图】选项卡【视觉帮助】选项组中的【对话框启动器】按钮，确保【对齐和粘贴】对话框中的【对齐】与【粘贴】复选框为启用状态。

3. 设置形状数据

创建【墙】之后，为了适应整个绘图的尺寸，需要设置墙壁的厚度、长度、高度等属性。在绘图页中选择【墙壁】形状，执行【数据】|【显示/隐藏】|【形状数据窗口】命令，弹出【形状数据】窗格，如图 13-3 所示。

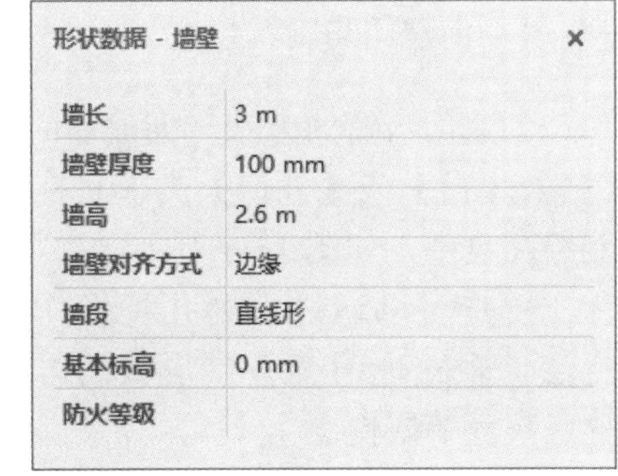

图 13-3 【形状数据】对话框

该对话框中主要包括下列几种选项。

- **墙长** 用于设置墙壁的长度，可以在下拉列表中选择或在文本框中直接输入长度值。
- **墙壁厚度** 用来设置墙壁的厚度，可以在下拉列表中选择或在文本框中直接输入厚度值。
- **墙高** 用来设置墙壁的高度。
- **墙壁对齐方式** 用来设置墙壁形状的排列方式，其中，【边缘】表示根据选择手柄排列形状，而【居中】表示可以根据形状的中心点排列形状。
- **墙段** 用来设置墙壁形状的弯曲程度，其中，【直线形】表示形状以直线的方式进行显示，而【曲线形】表示形状以弯曲的方式进行显示。
- **基本标高** 用来设置墙壁形状底部的海拔高度。
- **防火等级** 用来设置墙壁形状的防火等级，该数据一般用在材料报告中。

提 示

在选择【弯曲墙】形状时，【形状数据】窗格中将会增加【墙半径】选项。

4. 设置显示方式

为了增加形状的美观度，还需要设置形状的显示方式、颜色与样式等形状外观。在绘图页中，执行【计划】|【计划】|【显示选项】命令，弹出【设置显示选项】对话框。激活【墙】选项卡，在【墙壁显示为】选项组中设置相应的选项即可，如图 13-4 所示。

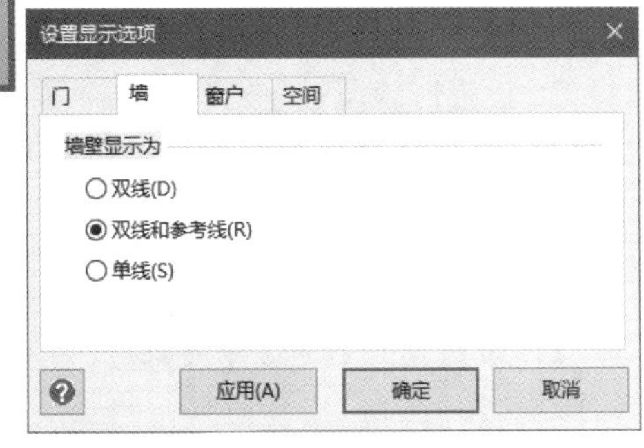

图 13-4 【墙】选项卡

该选项卡中主要包括下列三种选项。

- **双线** 选择该单选按钮，可以将所有墙壁显示为双线墙壁。

- **双线和参考线** 选择该单选按钮，可以将所有墙壁显示为双线墙壁，同时还显示墙壁参考线。
- **单线** 选择该单选按钮，可以将所有墙壁显示为单线墙壁，而且所显示的线为墙壁参考线。

提 示

用户可通过执行【设计】|【主题】命令，设置墙壁的颜色与外观效果。

13.1.2 使用【门】与【窗】

创建完墙壁之后，还需要为墙壁添加出口，即为墙壁添加门、窗或其他通道。另外，用户还可以设置门或窗的开口方向、位置及显示状态。

1. 创建门与窗

创建门与窗的方法与创建墙的方法大体一致，即将【墙壁、外壳和结构】模具中的【门】、【窗】或【开口】类形状拖到绘图页中，如图 13-5 所示。

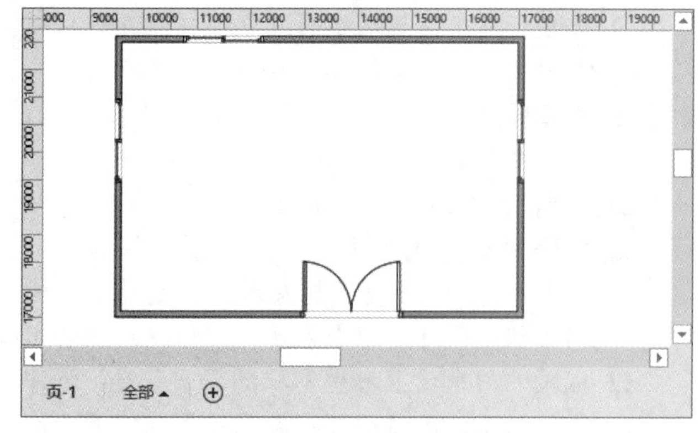

图 13-5 添加门和窗

用户可以通过下列几种操作方法，轻松地改变开口形状的方向、尺寸等属性。

- **改变形状方向** 右击形状并执行【向里打开/向外打开】命令，或者拖动控制手柄。
- **改变形状转向** 右击形状并执行【向左打开/向右打开】命令即可。
- **调整形状位置** 直接拖动形状即可。
- **更改形状尺寸** 拖动形状中的选择手柄即可。
- **设置形状属性** 选择形状，执行【数据】|【显示/隐藏】|【形状数据窗口】命令，在【形状数据】窗格中设置形状属性值即可。

2. 设置【门】的显示方式

在绘图页中选择【门】形状，执行【计划】|【计划】|【显示选项】命令，弹出【设置显示选项】对话框，在【门】选项卡中设置相应的选项即可，如图 13-6 所示。

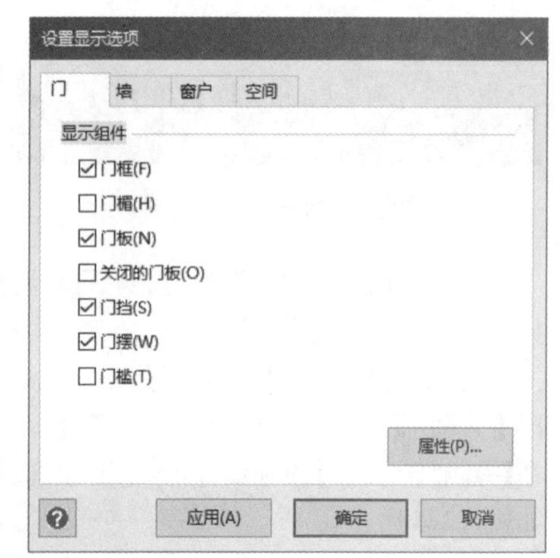

图 13-6 【门】选项卡

在该选项卡中，用户可通过启用或禁用【显示组件】选项组中的各项复选框，来显示或隐藏门框、门楣、门板等门组件。另外，用户可通过单击【属性】按钮，在弹出的【设置门组件属性】对话框中设置门组件的默认属性，如图 13-7 所示。

【门】形状中的各组件的具体位置与组成情况如图 13-8 所示。

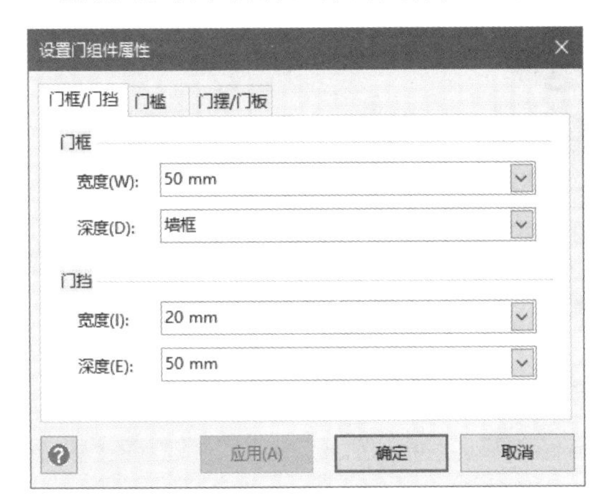

图 13-7 【设置门组件属性】对话框

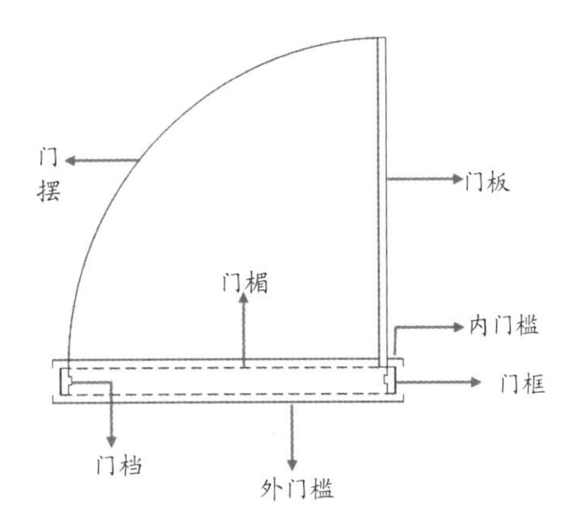

图 13-8 【门】组件

3. 设置【窗】的显示方式

在绘图页中选择【窗】形状，执行【设计】|【设计】|【显示选项】命令，弹出【设置显示选项】对话框。在【窗户】选项卡中设置相应的选项，如图 13-9 所示。

图 13-9 【窗户】选项卡

在该选项卡中，用户可通过启用或禁用【显示组件】选项组中的各项复选框，来显示或隐藏窗框、窗楣、窗扇与窗台组件。另外，用户可通过单击【属性】按钮，在弹出的【设置窗户组件属性】对话框中设置窗户组件的默认属性，如图 13-10 所示。

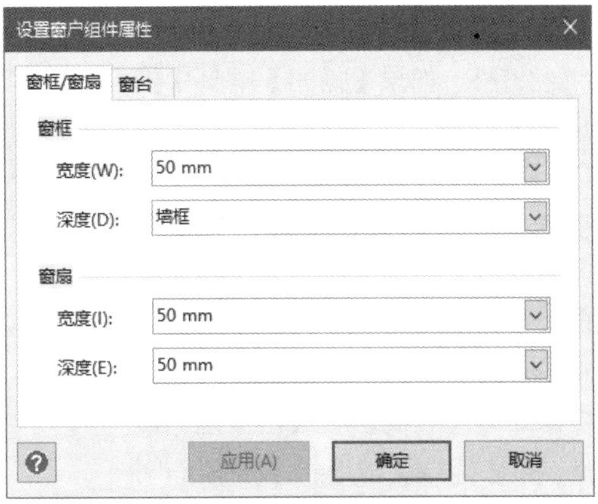

图 13-10 【设置窗户组件属性】对话框

提 示

用户可通过为绘图页添加【门的明细资料】与【窗户的明细资料】形状的方法，来创建门与窗户的明细资料。

13.1.3 使用隔间与家具

创建完墙、门与窗等外围设施之后，便可以创建内部的隔间与家具等设施了。在 Visio 中，包含隔间与家具形状的模具主要有【办公室家具】、【办公室设备】与【隔间】等。

1. 使用家具

在绘图页中，单击【形状】任务窗格中的【更多形状】下拉按钮，执行【地面和平面布置图】|【建筑设计图】|【办公室家具】命令。在【办公室家具】模具中，将相应的形状拖到绘图页中即可。另外，用户也可以在【办公室设备】模具中，将电话、传真机等办公室设备拖到绘图页中，如图 13-11 所示。

另外，用户也可以单击【形状】任务窗格中的【更多形状】下拉按钮，执行【地面和平面布置图】|【建筑设计图】|【家具】命令，在【家具】模具中，将相应的形状添加到绘图页中。

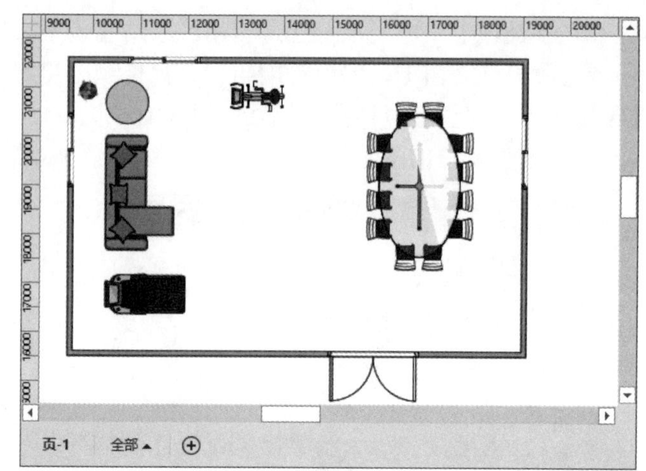

图 13-11 添加家具与设备形状

2. 使用隔间

对于大型办公室来讲，需要添加隔间来设置办公室的布局。在绘图页中，单击【形状】任务窗格中的【更多形状】下拉按钮，执行【地面和平面布置图】|【建筑设计图】|【隔间】命令。在【隔间】模具中，将【平直工作台】、【L 工作台】、【议事工作台】、【立方工作台】、【L 形工作台】或【U 形工作台】形状拖到绘图页中，如图 13-12 所示。

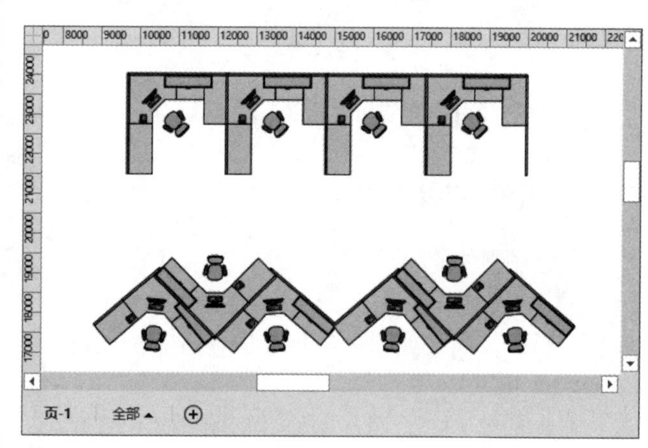

图 13-12 使用隔间形状

另外，如果【隔间】模具中的形状无法满足绘图的需求，可以使用【隔间】模具中的【嵌板】与【嵌板支柱】形状来自定义办公室隔间。首先，将【嵌板】或【曲线型嵌板】形状拖到绘图页中。然后，将【嵌板支柱】形状添加到绘图页中，并与【嵌板】形状相粘连。最后，将家具与设备形状添加到隔间中，如图 13-13 所示。

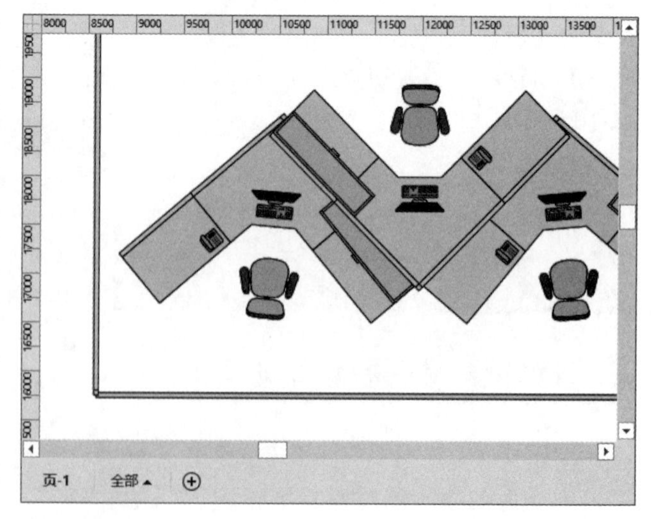

图 13-13 自定义隔间

提 示

用户可以使用 Ctrl+D 键，来复制绘图页中的形状。

13.2 构建建筑附属图

在建筑图中，除了墙壁、门与窗户等基本元素之外，还需要绘制通风、管道、空调等服务设施元素，以及道路、停车场等现场与景观元素。另外，为了使客户能准确找到公司或厂房地址，还需要绘制包含公司附近道路、交通线路以及地标的方向图。

13.2.1 创建服务设施平面图

建筑图中的电气、管道及安全系统等维持建筑运转的设备与服务设施，与门、窗、墙壁元素一样具有重要的地位。

1. 使用 HVAC 服务设施

Visio 为用户提供了【HVAC 规划图】与【HVAC 控制逻辑图】两种类型的 HVAC 服务设施。其中，【HVAC 规划图】主要包括显示管道系统、设备系统和排气扩散器等形状，而【HVAC 控制逻辑图】主要包括传感器、测定数量与空气温度的控制设备。

1）HVAC 规划图

执行【文件】|【新建】命令，在【类别】列表中选择【地面和平面布置图】选项，同时选择【HVAC 规划】选项，并单击【创建】按钮，如图 13-14 所示。

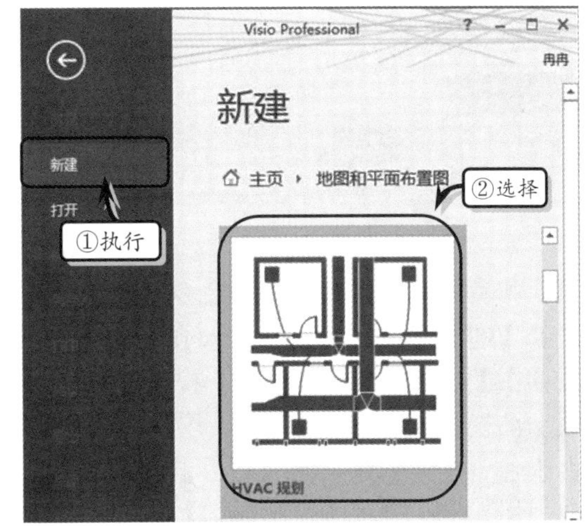

图 13-14 创建【HVAC 规划图】模板

在【HVAC 规划图】模板中，将模具中的形状拖到绘图页中即可创建服务设置图。该模板中主要包括下列几种模具。

- **HVAC 设备** 主要包含泵、冷凝器、风扇等 HVAC 设备。
- **HVAC 管道** 主要包括管道、接合、过渡等 HVAC 管道。
- **通风装置格栏和扩散器** 主要包括回风、送风、线性扩散器与格栏等服务设施。
- **绘图工具形状** 主要包含测量工具、直角、反切线等构建管道系统所用的构造集合形状。
- **建筑物核心** 主要包括楼梯、水池、马桶等附属设施。

提 示

用户可以通过右击并执行相应命令的方法，来设置 HVAC 规划形状的属性。

2）逻辑图

执行【文件】|【新建】命令，在【类别】列表中选择【地面和平面布置图】选项，同时选择【HVAC 控制逻辑图】选项，单击【创建】按钮，即可创建控制逻辑图模板。在该模板中，主要包括【HVAC 控制】与【HVAC 控制设备】模具。用户直接将模具中相应的形状拖到绘图页中即可，如图 13-15 所示。

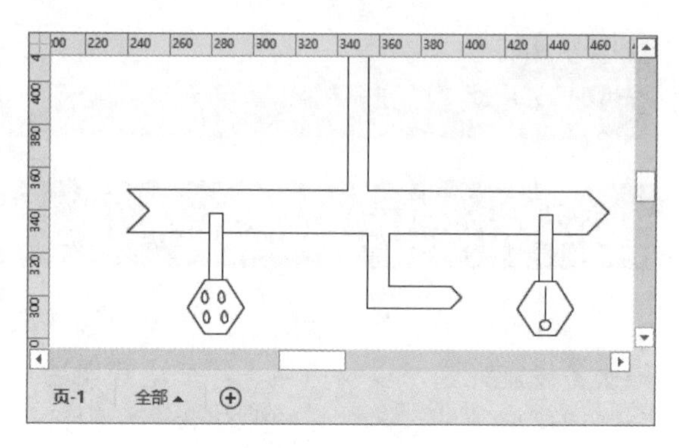

图 13-15　HVAC 控制逻辑图

选择绘图页中的控制形状，右击执行【数据】|【形状数据】命令，在弹出的【形状数据】窗格中设置形状的属性，如图 13-16 所示。

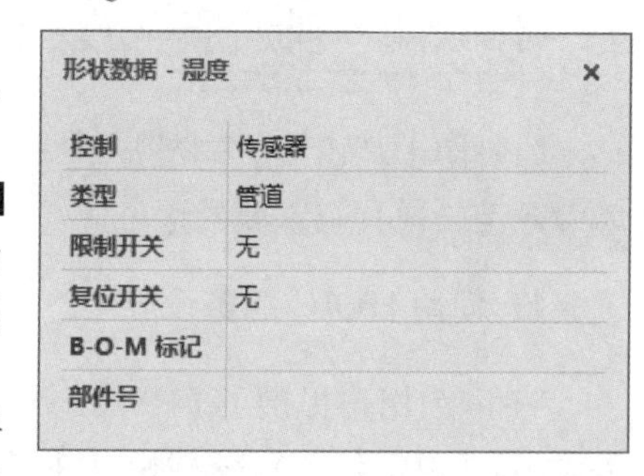

图 13-16　【形状数据】对话框

该对话框中主要包括下列几种选项。

- **控制**　用来设置形状的控制种类。【传感器】表示所选形状代表的是测量 HVAC 系统中的设备，而【控制器】表示形状代表的是控制 HVAC 系统功能的设备。
- **类型**　用来设置形状在不同状态下的显示样式，该选项中的显示样式会跟随形状的改变而改变。
- **限制开关**　用来设置形状的关闭开关的显示或隐藏状态。
- **复位开关**　用来设置具有复位开关形状的显示或隐藏状态。
- **B-O-M 标记**　用来设置控制设备的 ID。
- **部件号**　用来设置部件的编号，便于跟踪部件。

提　示

【形状数据】窗格中的选项会根据形状的改变而改变，但是【HVAC 控制】模具中的大多数形状都具有相同的选项。

3）天花板反向图

执行【文件】|【新建】命令，在【类别】列表中选择【地面和平面布置图】选项，同时选择【天花板反向图】选项，单击【创建】按钮，即可创建天花板反向图模板。创建模板之后，用户会发现在该模板中并未包含任何创建反向天花板设计图的工具。用户可以使用绘制工具或【排列形状】命令，来制作天花板反向图。

首先，在绘图页中绘制【矩形】形状，复制形状并在形状上添加【电气和电信】与【通风装置格栅和扩散器】模具中的形状。然后，选择所有形状，执行【视图】|【宏】|【加载项】|【其他 Visio 方案】|【排列形状】命令，在弹出的【排列形状】对话框中，设置相应的选项即可，如图 13-17 所示。

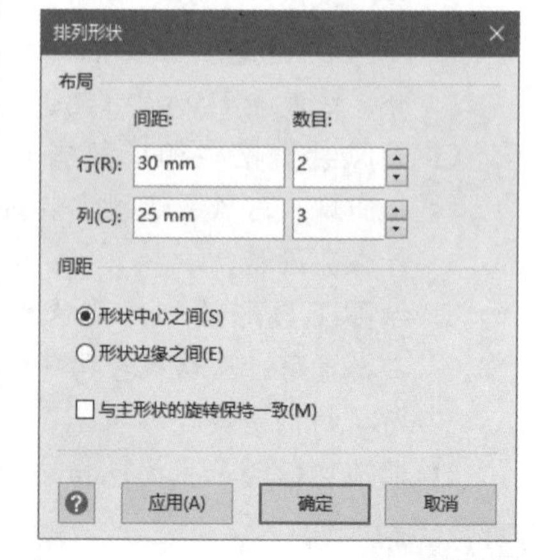

图 13-17　【排列形状】对话框

2. 使用电气与电信设施

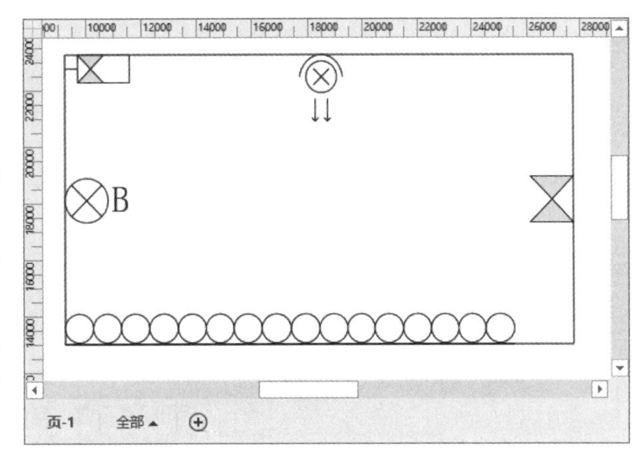

图 13-18 使用电气与电信设施

执行【文件】|【新建】命令，在【模板类别】列表中选择【地面和平面布置图】选项，同时选择【电气和电信规划】选项，单击【创建】按钮。将【电气和电信】模具中代表灯光设施、电气开关、插座等电气设备形状拖到绘图页中，即可创建电气和电信设施图，如图 13-18 所示。

添加完形状之后，用户可以使用【电线连接线】形状链接绘图中的电气形状。另外，还可以通过执行【开始】|【工具】|【绘图工具】命令中的【线条】、【弧形】、【任意多边形】或【铅笔】工具来连接形状。

提 示

用户可以通过拖动形状中的选择手柄来旋转形状，还可以使用 Ctrl+L 与 Ctrl+R 键将形状向左或向右旋转 90°。

3. 使用管道设施

执行【文件】|【新建】命令，在【类别】列表中选择【地面和平面布置图】选项，同时选择【管线和管道平面图】选项，单击【创建】按钮。将相关模具中代表阀门、供水设施与锅炉设施等形状拖到绘图页中，即可创建管道设施图，如图 13-19 所示。

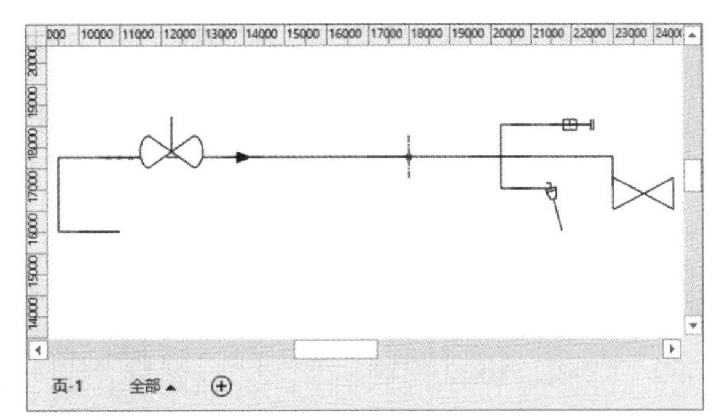

图 13-19 管道设施图

【管线和管道平面图】模板中主要包括下列几种模具。

- **管道和阀门-管道 1 和管道 2** 在【管道和阀门-管道 1】与【管道和阀门-管道 2】两个模具中，主要包含代表管线和管道设施的线性形状。
- **管道和阀门-阀门 1 和阀门 2** 在【管道和阀门-阀门 1】与【管道和阀门-阀门 2】两个模具中，主要包含用于粘附管线形状的所有类型的阀门。
- **水管设备** 该模具中主要包含锅炉、散热板等标准类型的水暖设备形状。

4. 使用安全与门禁设施

执行【文件】|【新建】命令，在【类别】列表中选择【地面和平面布置图】选项，同时选择【安全和门禁平面图】选项，单击【创建】按钮。将相关模具中代表刷卡器、键盘、打印机与探测器等形状拖到绘图页中，即可创建安全与门禁设施，如图 13-20

所示。

【安全和门禁平面图】模板中主要包括下列几种模具。

- ❑ **警报和出入控制** 主要包含代表刷卡器、摄像机、探测器等形状的门禁设施。
- ❑ **启动和通知** 主要包含对讲机、打印机、面板等形状。
- ❑ **视频监视** 主要包含探测器、传感器、摄像机等视频设备形状。

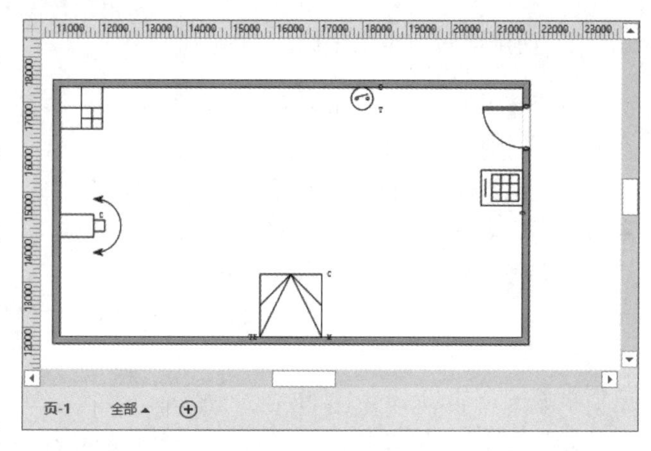

图 13-20 安全和门禁平面图

13.2.2 创建现场平面图

现场平面图主要用来显示花园、停车场等现场设施中的元素。启动 Visio 程序，执行【文件】|【新建】命令，在【类别】任务窗格中选择【地面和平面布置图】选项，同时选择【现场平面图】选项，单击【创建】按钮，即可创建现场平面图模板。

1. 添加景观元素

景观元素即是在绘图页中添加代表植物与结构图景观特性的形状，通过上述形状可以美化商业景观与院落花园，如图 13-21 所示。

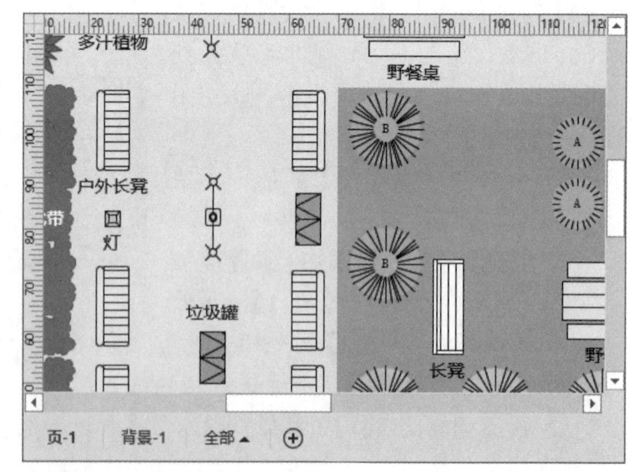

图 13-21 景观平面图

在【现场平面图】模板中，可以利用下列几种模具来创建景观平面图。

- ❑ **庭院附属设施** 主要包含代表通道、围墙、门、天井等形状。
- ❑ **灌溉** 主要包括代表灌溉管道、喷头、阀门等灌溉形状，该类型的形状包含用户设置形状属性的形状数据。
- ❑ **植物** 主要包括代表不同类型的树木、灌木、绿化带、盆栽植物等形状，可以使用【植物标注】形状来描述植物。
- ❑ **运动场和娱乐场** 主要包括代表游泳池、秋千、篮球场等形状。

提 示

对于以固定间距摆放的形状，可以使用【排列形状】命令来快速创建多个相同的形状。

2．创建道路与停车场

用户可以使用【现场平面图】模板中的【停车场和道路】与【机动车】模具中的形状，来绘制道路或停车场平面图。用户可以使用下列操作方法，来创建道路和停车场。

- ❑ **添加【路缘】与【车道】形状**　将形状拖到绘图页中，并使用【连接线】工具连接形状。
- ❑ **添加【停车带】、【停车】与【安全岛】形状**　将形状拖到绘图页中，将形状的端点粘附到参考线中，便于重新定位形状。
- ❑ **添加附属形状**　将【机动车】、【现场附属设施】与【植物】模具中代表机动车、停车场、室外设施与植物等的形状拖到绘图页中。

对于【停车场和道路】模具中的停车带与隔栏形状，用户可以通过拖动选择手柄来调整形状的大小，还可以通过右击形状并执行【密闭环绕】命令，来改变停车带的环绕形式。另外，右击形状执行【数据】|【形状数据】命令，在弹出的【形状数据】窗格中设置形状属性，如图 13-22 所示。

形状数据 - 停车带 1　×

隔栏宽度	2500 mm
隔栏长度	5000 mm
隔栏角度	70 deg

图 13-22　【形状数据】对话框

该窗格中主要包括下列三种选项。

- ❑ **隔栏宽度**　用来设置形状隔栏的宽度。
- ❑ **隔栏长度**　用来设置形状隔栏的长度。
- ❑ **隔栏角度**　用来设置形状隔栏的角度，其默认值为 70 deg。

13.2.3　绘制方向图

方向图主要用来显示道路地图、地铁路线图等面积较大的现场平面图。在 Visio 中，方向图又分为平面方向图与三维方向图。

1．创建平面方向图

启动 Visio 程序，执行【文件】|【新建】命令，在【类别】列表中选择【地面和平面布置图】选项，同时选择【方向图】选项，单击【创建】按钮，即可创建方向图模板。在该模板中，用户可以通过下列操作来绘制方向图。

- ❑ **添加道路**　在【道路形状】模具中，将【方端道路】、【圆端道路】等形状拖到绘图页中，并拖动形状的端点来改变形状的长度。另外，可以使用【绘图】工具栏中的【铅笔】工具，拖动路的顶点来改变道路的弯曲程度，或按住 Ctrl 键为道路添加顶点。
- ❑ **设置道路的厚度**　选择道路形状，右击执行【数据】|【形状数据】命令，在【路宽】文本框中输入数值。或右击形状并执行【狭窄道路】、【宽阔道路】或【自定义】命令。
- ❑ **添加岔路口**　将【三向】、【四向】或【菱形立交桥】形状拖到绘图页中，并将【道路】形状粘附在岔路口的形状的连接点上。

- ❑ **绘制地铁线路** 在【地铁形状】模具中，将代表地铁线路、站或换乘站的形状拖到绘图页中，并拖动形状的端点来改变形状的大小。
- ❑ **添加河流、机场等地标** 在【路标形状】模具中，将代表房屋、购物中心、机场等地标的形状拖到绘图页中，并拖动选择手柄调整形状的大小。
- ❑ **添加交通标志** 在【交通形状】模具中，将代表红绿灯、城市点、高速公路等交通标志的形状拖到绘图页中，并拖动选择手柄调整形状的大小与方向。
- ❑ **添加娱乐区域标志** 在【娱乐形状】模具中，将代表滑冰、码头、骑马等娱乐标注的形状拖到绘图页中，并拖动选择手柄调整形状的大小。

2. 创建三维方向图

执行【文件】|【新建】命令，在【类别】列表中选择【地面和平面布置图】选项，同时选择【三维方向图】选项，单击【创建】按钮，即可创建【三维方向图】模板。在该模板中，只包含【三维方向图形状】模具，将该模具中的形状按照绘图顺序拖到绘图页中即可创建三维方向图，如图13-23所示。

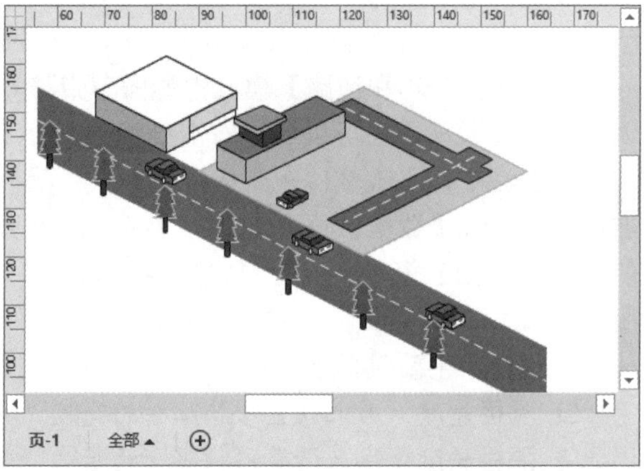

图 13-23 三维方向图

用户可通过下列操作，来编辑三维方向图。

- ❑ **改变形状大小** 可以通过拖动形状上的选择手柄来改变形状的大小。
- ❑ **复制形状** 可以使用 Ctrl+D 键来快速复制形状。
- ❑ **旋转形状** 可以通过形状上的旋转手柄来旋转形状。
- ❑ **组合形状** 选择需要组合的形状，右击并执行【组合】|【组合】命令。

13.3 构建空间设计图

空间设计图主要用来安排建筑中的空间，从而帮助用户合理分配建筑空间。另外，利用 Visio 创建的空间设计图，还可以帮助用户记录空间的使用、标识资源以及分派资源等空间情况。

13.3.1 创建空间设计图

在 Visio 中用户不仅可以利用【空间规划启动向导】构建空间设计图，而且还可以使用【导入数据向导】或直接为绘图添加空间形状的方法，来构建空间设计图。

1. 使用【空间规划启动向导】

空间规划启动向导是基于 Excel 中的房间编号来创建空间的，它只是简化了创建空间的步骤，并不能按照用户的设计需要创建功能齐全的空间设计图。执行【文件】|【新

建】命令，在【类别】列表中选择【地面和平面布置图】选项，同时选择【空间规划】选项，并单击【创建】按钮。此时，系统会自动弹出【空间规划启动向导】对话框，如图13-24 所示。

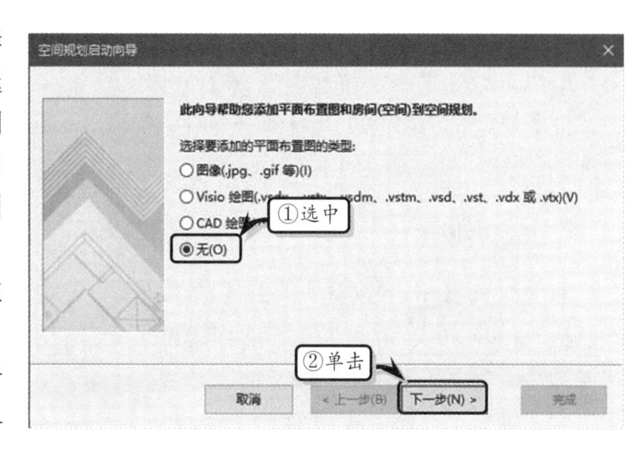

图 13-24 空间规划启动向导

在对话框中的首个界面中，主要可以设置平面布局图和房间。

- ❑ **图像** 选择该单选按钮，将显示建筑的 JPG 或 GIF 图像文件。
- ❑ **Visio 绘图** 选择该单选按钮，可以设置一个现有的 Visio 绘图，作为空间设计图的基础规划。
- ❑ **CAD 绘图** 选择该单选按钮，可以选择一个 CAD 格式的平面布置图。
- ❑ **无** 选择该单选按钮，表示将使用 Visio 工具绘制建筑图的轮廓。

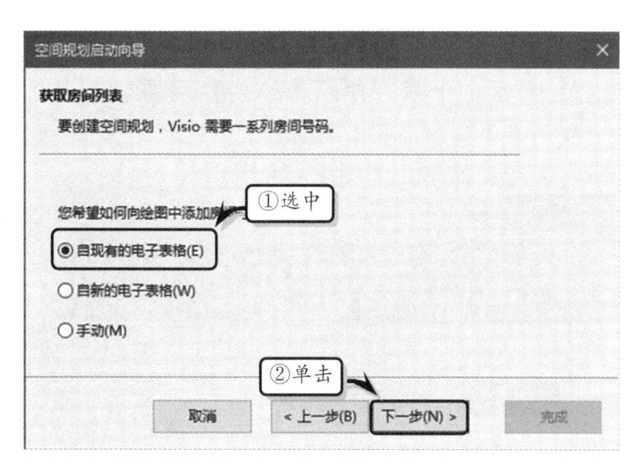

图 13-25 获取房间列表

当用户选中【图像】、【Visio 绘图】或【CAD 绘图】选项时，则系统会自动弹出选择文件的对话框。当用户选择【无】单选按钮时，单击【下一步】按钮，将切换到【获取房间列表】界面中，选择数据来源并单击【下一步】按钮即可，如图 13-25 所示。

在【获取房间号码】界面中，单击【浏览】按钮，在弹出的【打开】对话框中，选择数据源文件。在【选择工作表或范围】下拉列表中选择相应的选项，并在【选择包含房间号码的列】下拉列表中选择相应的选项，如图 13-26 所示。单击【下一步】按钮，在【正在完成“空间规划启动向导”】界面中，单击【完成】按钮即可完成整个向导的规划。

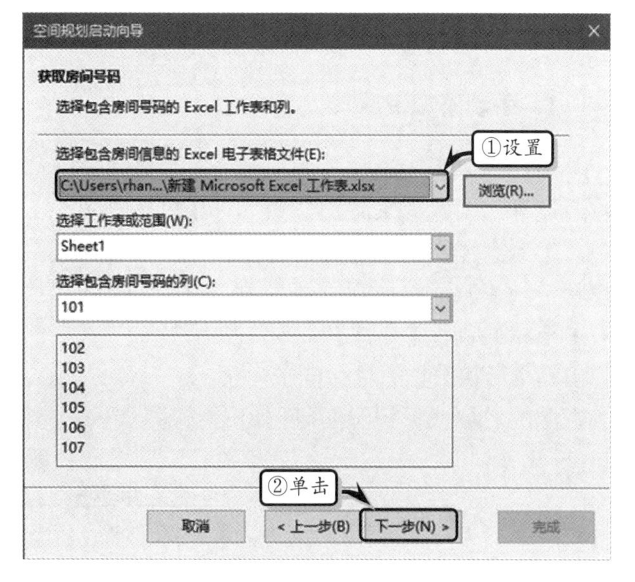

图 13-26 获取房间号码

如果向导没有将空间放置在绘图页中，用户可以在【空间资源管理器】窗口中，将【未定位的数据】文件夹下面的空间拖到绘图页中，如图 13-27 所示。

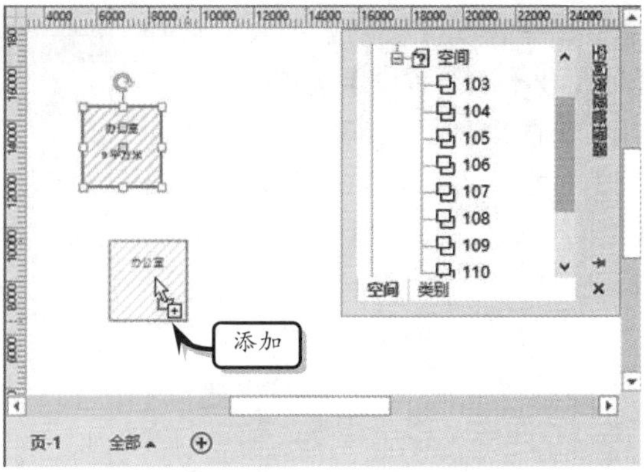

图 13-27　添加房间

2. 手动创建

首先，将【资源】模具中的【边界】形状拖到绘图页中，拖动选择手柄调整形状的大小。然后，将【空间】形状拖到绘图页中，调整形状大小。并使用【绘图工具】中的【折线图】工具，根据边界线条绘制空间的轮廓。最后，选择所有【直线】形状，右击形状并执行【组合】|【组合】命令。选择组合后的形状，执行【计划】|【形状】|【分配类别】命令，在【类别】下拉列表中选择【空间】选项即可，如图 13-28 所示。

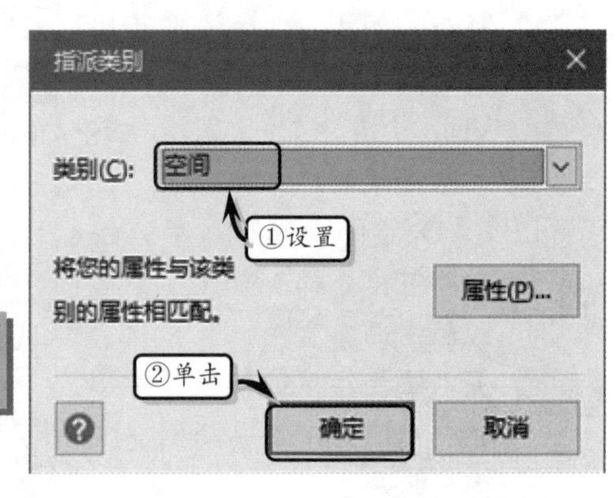

图 13-28　【指派类别】对话框

提　示

在绘图页中，只可以将代表部门的空间形状放置在边界形状中，不能把人员或资源指派给边界形状。

13.3.2　分派资源

在 Visio 中，必须将人员、设备、家具等项目指派给类别，并指派给空间规划中的空间，才可以记录与管理空间资源。

1. 手动添加资源

用户可以手动添加资源，也可以通过导入源数据来添加资源。其中，手动添加资源即是将【资源】模具中的资源形状拖到绘图页中，右击形状并执行【属性】命令，在弹出的【形状数据】对话框中，输入资源的名称或标识符即可，如图 13-29 所示。

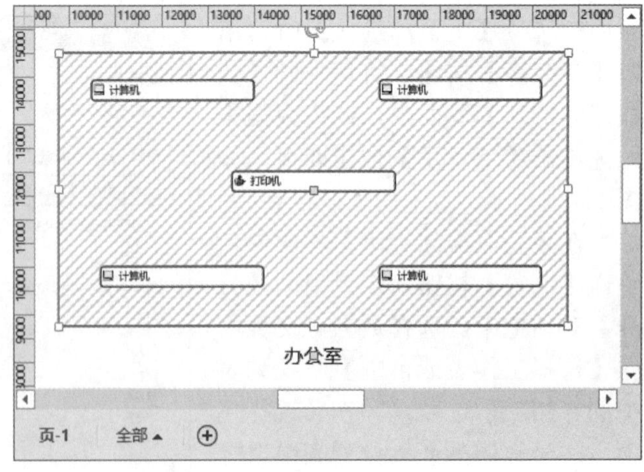

图 13-29　添加资源

2. 导入资源数据

执行【计划】|【数据】|【导入数据】命令，在弹出的【导入数据向导】对话框中，选择存放导入数据的位置，如图 13-30 所示。

【要在何处存放数据？】列表中主要包括下列两种选项。

- ❑ **存入我将要手动放置的形状** 选择该选项组中的单选按钮，可以将数据存放在需要创建的形状中，主要包括存放在层叠的页面上，或存放在【类别资源管理器】窗口中的【未定位的数据】文件夹中。
- ❑ **存入我的绘图中已有的形状** 选择该选项组中的单选按钮，可以将数据存放在绘图中已存在的形状中，主要包括存放在形状数据中，或作为新形状存放在现有的形状上面。

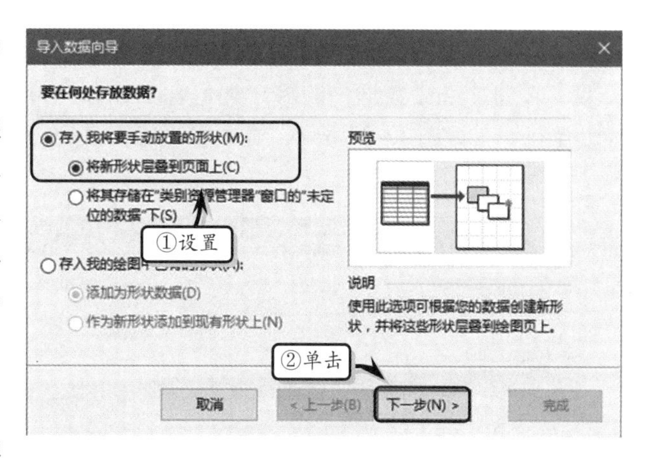

图 13-30 选择导出位置

单击【下一步】按钮，在【您要使用什么数据源？】列表中的【类型】下拉列表中选择数据类型。单击【浏览】按钮，在弹出的【打开】对话框中选择相应的文件，并单击【下一步】按钮，如图 13-31 所示。

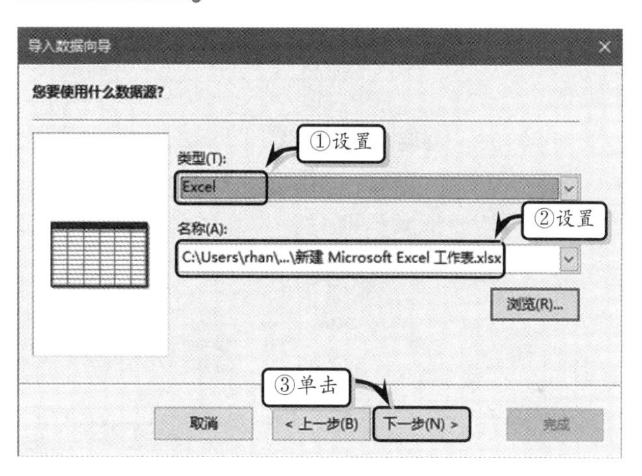

图 13-31 选择数据类型

在【您要导入哪些数据？】列表中，选择工作表名称，并设置列字段与行记录，单击【下一步】按钮。在【您要向绘图添加哪种形状？】列表中的【模具】下拉列表中选择模具类型，并可单击【浏览】按钮，在弹出的【打开模具】对话框中选择自定义模具，如图 13-32 所示。

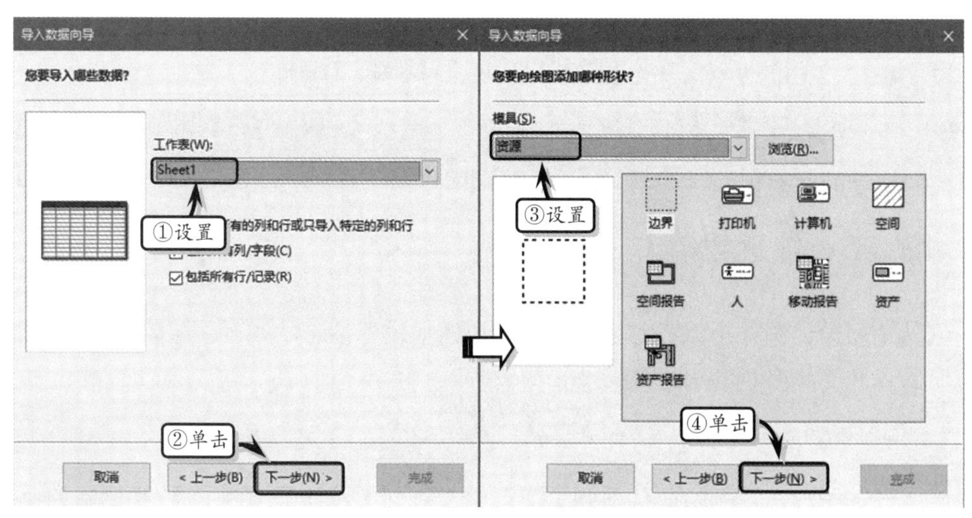

图 13-32 添加数据与标签

在【是否要为您的形状添加标签？】列表中，选择需要添加的标签项，并单击【下一步】按钮。在【数据中的哪一列包含唯一标识符】列表中选择唯一标识，并单击【下一步】按钮，如图 13-33 所示。最后，在【正在完成“导入数据向导”】列表中，单击【完成】按钮即可。

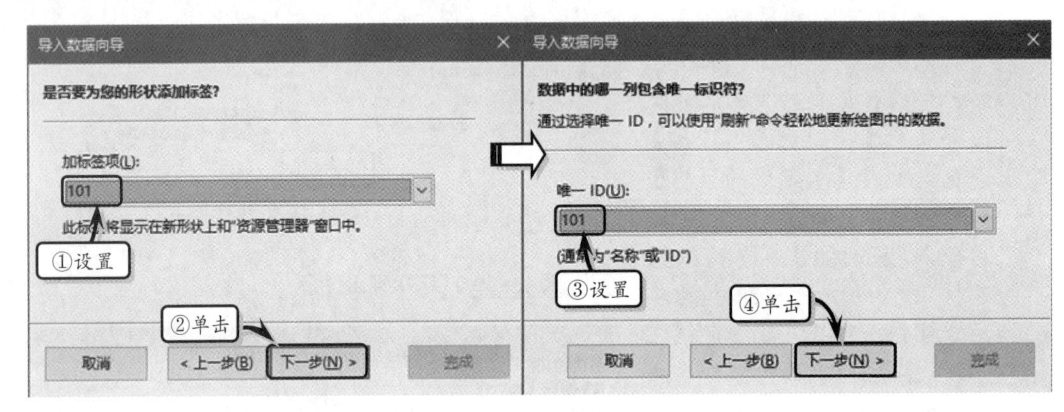

图 13-33 指定形状与数据

3. 为资源指派类别

在绘图页中选择需要指派给同一类别的所有资源，执行【设计】|【形状】|【分配类别】命令，弹出【指派类别】对话框。在【类别】下拉列表中选择相应的选项，并单击【属性】按钮，弹出【属性】对话框。在【属性】列表框中选择相应的选项，然后在【类别属性】列表框中选择相应的选项，单击【添加】按钮即可，如图 13-34 所示。

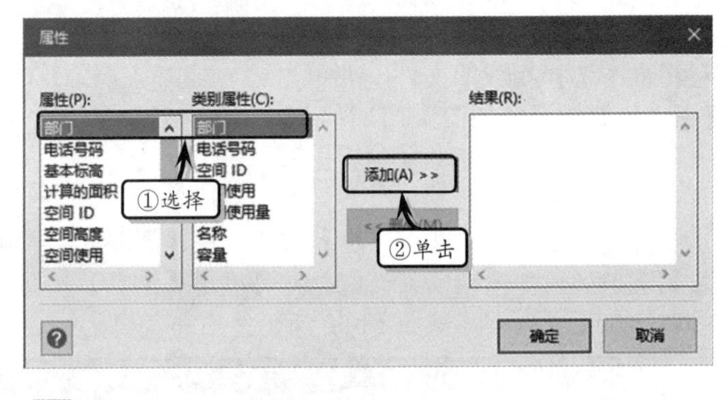

图 13-34 【属性】对话框

提 示

在【属性】对话框中的【结果】列表框中选择相应的选项，单击【删除】按钮即可删除已选的结果选项。

13.3.3 管理设施

创建空间设计图并指派资源之后，用户还需通过标注形状、产生报告等方法来管理绘图中的设施，从而帮助用户准确地记录资源。

1. 刷新规划数据

确保源数据没有被删除或移动到绘图页中，执行【设计】|【数据】|【刷新】命令，系统会自动刷新数据并弹出【刷新数据】对话框。在对话框中查看【绘图更新摘要】情

况，如图 13-35 所示。

2．标注形状

选择需要标注的形状，执行【设计】|【形状】|【标签形状】命令，弹出【给形状加标签】对话框，如图 13-36 所示。

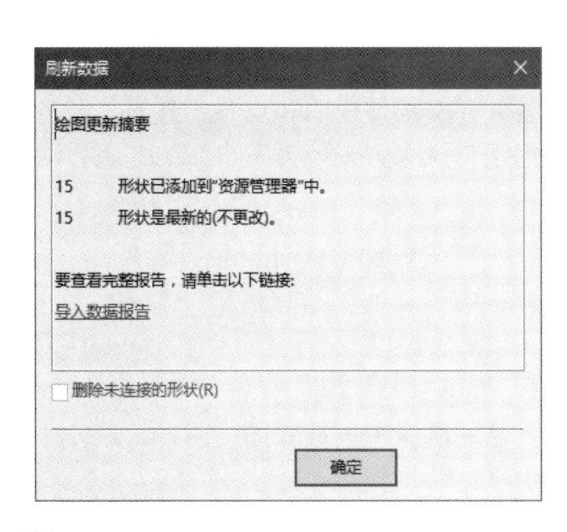

图 13-35 【刷新数据】对话框

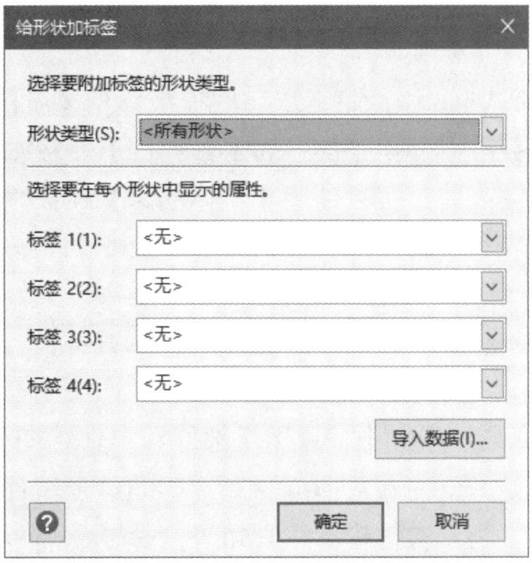

图 13-36 【给形状加标签】对话框

该对话框中主要包括下列几种选项。

- **形状类型** 用来设置需要添加标签的形状类型。
- **选择要在每个形状中显示的属性** 用来设置显示形状标签的形状数据，最多可以设置 4 个标签。
- **导入数据** 单击该按钮，可在弹出的【导入数据向导】对话框中导入外部数据。

3．查找与移动资源

由于各类资源在绘图中的频繁变动，空间规划也会随之变动。为了能轻松而快速地管理与规划资源，用户需要查找与移动绘图规划中的资源。

用户可以通过下列几种方法来查找资源。

- **使用【资源管理器】窗口** 在【空间或类别资源管理器】窗口中，右击需要定位的资源名称，执行【显示】命令。在绘图页中，定位所显示的形状即可。
- **使用【查找】命令** 执行【开始】|【编辑】|【查找】命令，在【查找内容】文本框中输入需要查找的文本，在【搜索范围】选项组中选择相应的选项，并单击【查找下一个】按钮即可，如图 13-37 所示。

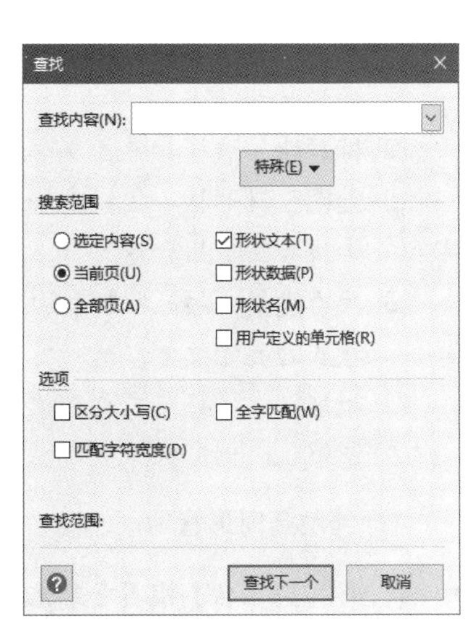

图 13-37 【查找】对话框

另外，用户也可以通过下列几种方法来移动资源。

- **使用【资源管理器】窗口**　在【空间或类别资源管理器】窗口中，将文件夹中的资源拖到绘图页中即可。
- **直接移动**　在绘图页中直接拖动需要移动的资源即可。

13.4　构建机械工程图

Visio 中的机械工程图模板包括【流体动力】与【部件和组件绘图】两个模板，用户不仅可以使用【部件和组件绘图】模板来构建包含详细部件说明和设备工具的复杂机械绘图；而且可以使用【流体动力】模板来创建用于记录水力或风力发电系统、流体动力图表和装备等图表。

13.4.1　绘制部件和组件

在 Visio 中，运用【部件和组件绘图】模板，可以绘制一份具有详细说明部件尺寸、边缘、位面和弯曲度，以及明确显示组件组合方法的机械工程技术图、图表、设计图、示意图、设计机械工具和机械装置等图表。

执行【文件】|【新建】命令，在【类别】列表中选择【工程】选项，同时选择【部件和组件绘图】选项，单击【创建】按钮，创建模板文档。在该模板中，主要包括下列 9 种模具。

- **紧固件 1**　该模具中主要存放代表螺母和螺钉的形状。
- **紧固件 2**　该模具中主要存放代表铆钉、螺钉和垫圈的形状。
- **弹簧和轴承**　该模具中主要存放弹簧和不同类型的轴承形状。
- **焊接符号**　该模具中主要存放了代表不同类型焊接的标准形状。
- **几何尺寸度量和公差**　该模具中主要存放了代表显示尺度度量原点和公差符号的形状。
- **标题块**　该模具中主要存放了边框、表格、标题块和修订区域形状。
- **绘图工具形状**　该模具中主要存放了用于部件和组件的几何形状，包括圆切线、垂线和圆角矩形等。
- **尺寸度量-工程**　该模具中主要存放了对直线和射线度量使用标注工程尺寸度量模式的尺寸度量形状。
- **批注**　该模具中主要存放了标注、文本块、向北箭头和引用等标注形状，以及绘图缩放比例形状。

1．绘制几何形状

【绘图工具形状】模具中的形状不同于 Visio 其他模具中的形状，该模具中的形状简化了绘制几何形状的工作，无须使用【形状操作】工具，便可以独立绘制机械类部件。用户只需将该模具中的形状添加到绘图页中，调整并排列形状即可，如图 13-38 所示。

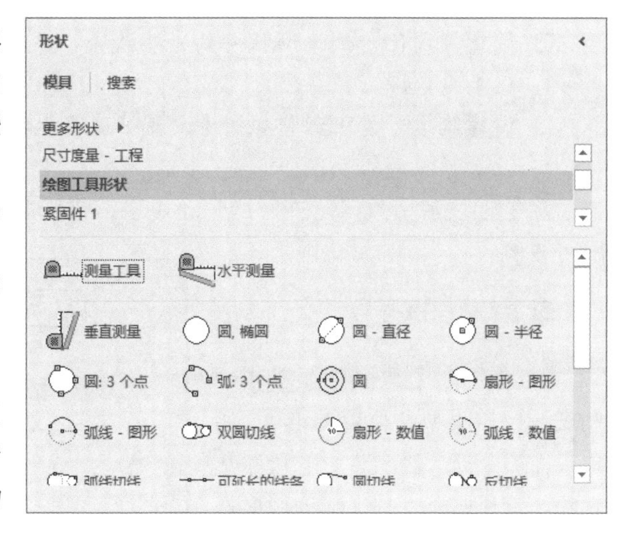

图 13-38　绘图工具形状

【绘图工具形状】模具使用了 4 种不同的数据集和 4 种不同类型的矩形，来绘制圆形状。该模具中一些常用形状的介绍和说明，如下所述。

- **尺寸度量**　尺寸度量形状类似于测量带，包括测量工具、水平测量和垂直测量三种形状，可通过拖动形状端点，来调整度量距离。
- **圆切线和弧线切线**　该类型的形状适用于绘制由传送带和轮子组成的系统。【弧线切线】形状中的黄色控制手柄，可以调整切线的长度和端点的位置。
- **圆角矩形**　使用该类型的形状可以绘制过程存储池，同时还可以拖动控制手柄来改变圆角的弧度。
- **扇形-图形和弧线-图形**　模具中的【扇形-图形】形状是一种饼状切块，具有选择手柄和控制手柄，其选择手柄可以调整其半径、原点和切块的旋转，而控制手柄则可以改变扇形的角度。【弧线-图形】形状与【扇形-图形】形状具有同样的行为。
- **扇形-数据和弧线-数值**　该类型的形状类似于【扇形-图形】和【弧线-图形】形状，唯一不同的是该类型的形状必须依靠输入的角度值来更改其角度。
- **三角形状**　该类型的形状主要用于绘制各种不同的三角形，以及通过控制手柄调整三角形中的高度、直角边和角度。
- **多边形形状**　该类形状包括【正多边形边】和【正多边形中心】两种形状，将该形状添加到绘图页中，右击形状可更改多边形，最多为八边形。

2. 绘制弹簧、轴承和扣件

在【弹簧和轴承】模具中，包含一些常用的弹簧、轴承和扣件形状。该模具中的形状除了可以配置其形状数据之外，还可以通过右击鼠标，执行相应命令的方法，来调整形状的尺寸、阴影线和替代符号等。由于每种形状所涉及的数据类型不同，所以下面将介绍一些形状常用数据的设置方法。

- **设置尺寸**　右击形状执行【设置尺寸】命令，可在弹出的【形状数据】对话框中，设置形状的尺寸大小。
- **使用手柄调整大小**　右击形状执行【使用手柄调整大小】命令，可解除形状的锁定状态，通过拖动手柄即可调整形状的大小。
- **标阴影线**　右击选择执行【标阴影线】命令，即可为形状添加交叉影线。
- **取消阴影线**　右击选择执行【取消阴影线】命令，即可取消形状的交叉影线。

- **简化** 简化是删除形状中的一些线条，显示形状的简化版本，右击形状执行【简化】命令即可。
- **设置维度** 右击形状执行【设置维度】命令，可在弹出的【形状数据】对话框中，设置形状的维度值。

除了上述常用数据之外，用户还可以右击形状，设置形状的直径、孔切角、切角角度等数值。

3. 绘制焊接符号

【焊接符号】模具中显示了一些表示焊接类型和位置的形状，用户只需将表示"箭头"的形状添加到绘图页中，右击形状执行相应命令即可。例如，将【带弯头的箭头】形状添加到绘图页中，右击形状执行【显示所有圆环】和【显示尾部】命令，显示形状尾部和圆环，如图13-39所示。

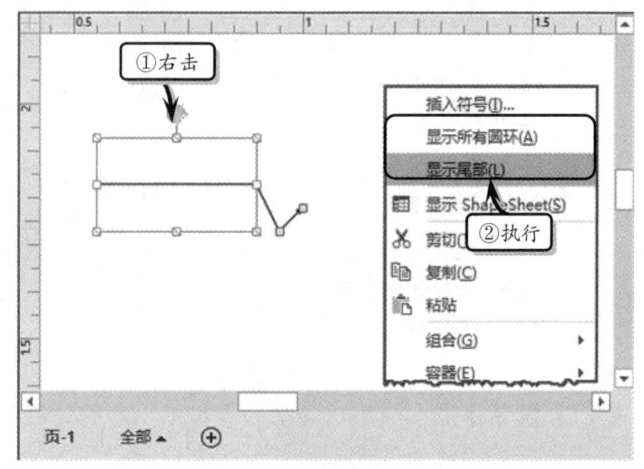

图 13-39 绘制焊接符号

提 示

显示形状的圆环和尾部之后，右击形状执行【隐藏所有圆环】和【隐藏尾部】命令，即可隐藏形状中的圆环和尾部形状。

13.4.2 构建流体动力图

Visio 中的流体动力图主要用于创建带有批注的液压和气体系统、流体流量组件、流量控制装置、流动线路、阀和阀组件以及流体动力设备等图表。

在绘图页中，执行【文件】|【新建】命令，在【类别】列表中选择【工程】选项，同时选择【流体动力】选项，并单击【创建】按钮，创建模板文档。

1. 组建流体动力图

在该模板中一共包含【流体动力-设备】、【流体动力-阀装组件】、【流体动力-阀】、【连接符】和【批注】5 种模具。用户可将不同模具中的形状添加到绘图页中，并排列连接形状，来构建流体动力图，如图 13-40 所示。

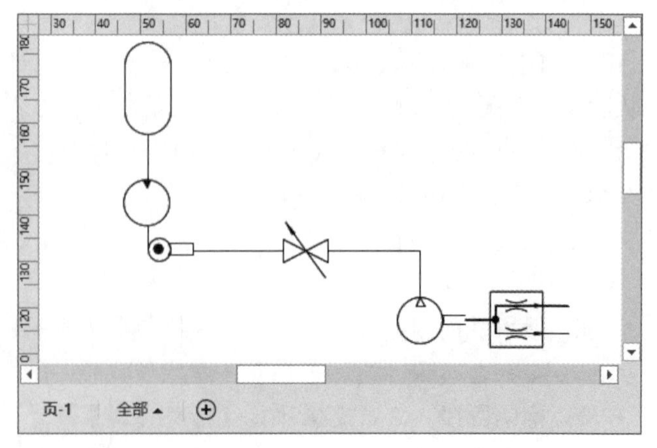

图 13-40 组建流体动力图

2. 调整流体动力形状

在绘图页中添加流体动力形

状之后，除了通过拖动形状手柄的方法来调整形状的大小和方向之外，还可以右击形状，通过执行相应命令的方法，来调整流体动力形状的类型和外观。

例如，选择绘图页中的【泵】类形状，右击执行【气压】命令，即可将该形状的液压状态更改为气压，如图 13-41 所示。

同样道理，用户还可以右击执行相应命令，来更改【泵】的类型和外观；或者拖动形状中间的黄色控制手柄，调整其具体显示位置。

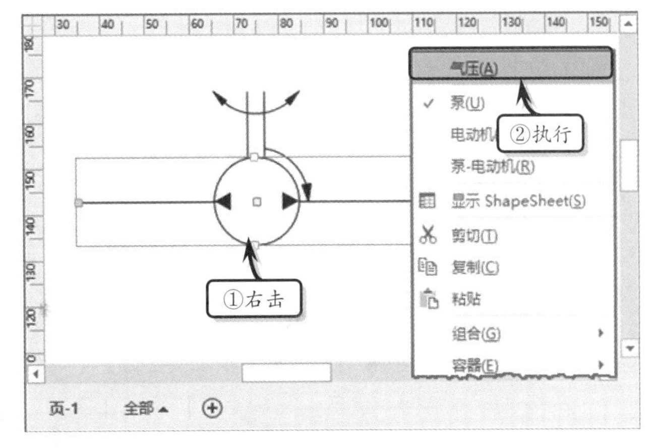

图 13-41　调整流体动力图

13.5　构建工艺流程图

Visio 为用户提供了用于创建管道和仪器图和工艺流程图的工艺流程图模板，该类型模板主要用于创建管线工程系统（工业、炼制、真空、流体、水力和气体）、管线工程支持、材料配送和液体输送系统等方面的图表。

13.5.1　创建 PFD 或 P&ID 图

在实际操作中，管道和仪器图又称为 P&ID 图，而工艺流程图又称为 PFD 图。用户只需在绘图页中，执行【文件】|【新建】命令，在【类别】列表中选择【工程】选项，然后选择【工艺流程图】或【管道和仪表设备图】选项，单击【创建】按钮即可。

Visio 中的【工艺流程图】和【管道和仪表设备图】模板中具有相同的模具，用户只需要创建一个模板文档，将不同模具中的形状按照设计要求添加到绘图页中，便可以制作各种类型的工艺流程图图表。

1. 重新编排

重新编排是根据定义的标记格式将编号应用到组件形状。当用户创建图表之后，系统会根据形状类别自动为形状添加编号。此时，执行【工艺工程】|【组件】|【重新编排】命令，在弹出的【重新对组件编号】对话框中，可以为绘图页中的形状进行重新编号，如图 13-42 所示。

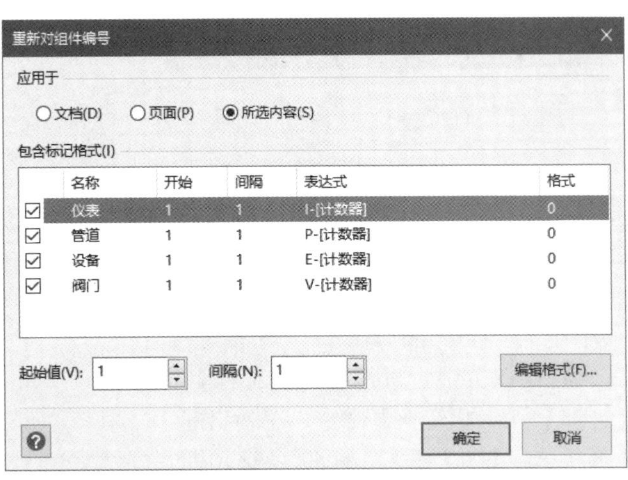

图 13-42　重新对组件编号

在【重新对组件编号】对话

框中，主要包括下列选项。

- ❑ **文档** 表示对当前绘图文档中的所有组件重新编号。
- ❑ **页面** 表示对当前绘图页中所有组件重新编号。
- ❑ **所选内容** 表示只对所选组件重新编号。
- ❑ **包含标记格式** 在该列表框中显示了绘图文档中所有类型的组件信息，可通过启用或禁用【名称】前面复选框的方法，来选中或取消组件重新编号。
- ❑ **起始值** 表示编号的开始数值。
- ❑ **间隔** 表示两个编号之间的增量值。
- ❑ **编辑格式** 单击该按钮，可在弹出的【编辑标记格式】对话框中，自定义标记格式。

提 示

对组件进行重新编号后，新添加组件的标记将从最后一个被编号组件的结束值开始编号。

2. 应用标记格式

Visio 使用标记来标识工艺流程图中的形状，默认情况下标记出现在形状下方的文本块中。当用户不满足于系统自带的标记样式时，可以使用标记格式将组件属性和数字计数器嵌入到各个形状的组件标记中。

在绘图页中，执行【工艺工程】|【组件】|【应用标记格式】命令，在弹出的【应用标记格式】对话框中，设置【标记格式】选项，并设置应用范围，如图 13-43 所示。

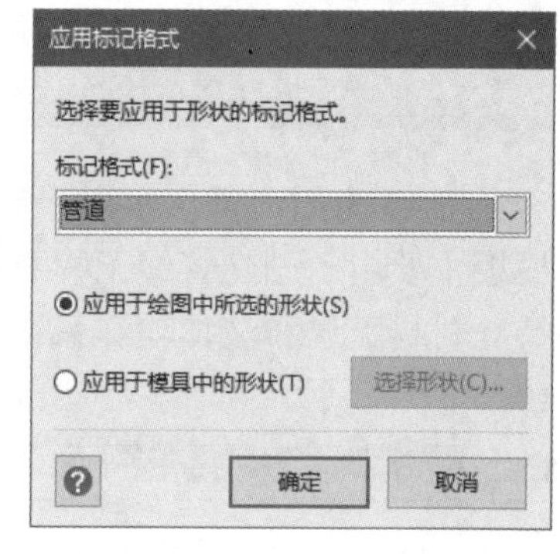

图 13-43 应用标记格式

当用户选中【应用于绘图中所选的形状】选项时，可以将标记格式应用到用户所选择的形状中；而选中【应用于模具中的形状】选项时，则表示将标记格式应用到主控形状中。

提 示

选中【应用于模具中的形状】选项，单击【选择形状】按钮，可在弹出的【选择形状】对话框中，选择所需应用的形状类型。

3. 形状转换

当 Visio 提供的工艺流程图形状无法满足用户需求时，可以使用【形状转换】功能，将其他源中的形状或对象转换成自定义 Visio 形状或 CAD 符号以便用作工艺程序组件。

在绘图页中，执行【工艺工程】|【管理】|【形状转换】命令，在弹出的【形状转换】对话框中，设置各选项即可，如图 13-44 所示。

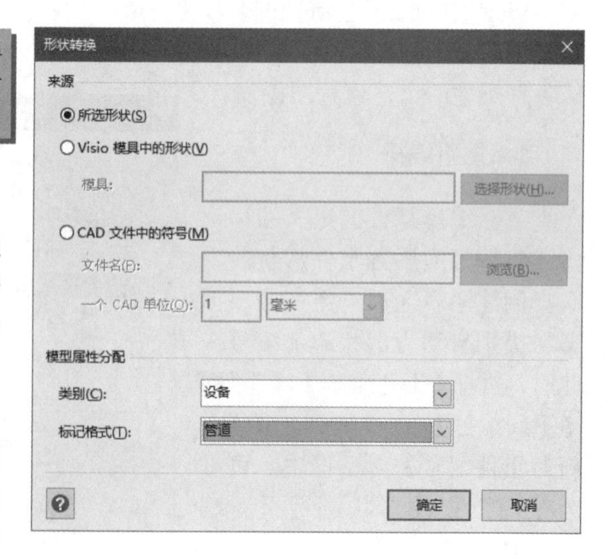

图 13-44 形状转换

在【形状转换】对话框中，主要包括下列一些选项。

- ❑ **所选形状** 表示转换用户选中的形状。
- ❑ **Visio 模具中的形状** 表示转换 Visio 模具中的主控形状，单击【选择形状】按钮，可选择形状类型。
- ❑ **CAD 文件中的符号** 表示转换 CAD 文件中的符号，单击【浏览】按钮可以选择需要转换符号的 CAD 文件。如需设置绘图缩放比例，则需要设置【一个 CAD 单位】选项。
- ❑ **类别** 用来设置将其分派给转换形状的类别名称。
- ❑ **标记格式** 用来设置将其分派给转换形状的标记格式。

13.5.2 设置管道

在工艺流程图中，管道是连接设备的必备组件。在连接过程中，Visio 默认将【管道】形状拆分为多个独立的形状，其各个独立的形状共享【管道】相同的标记和数据。

当用户需要更改管道的某些行为时，可执行【工艺工程】|【管理】|【图表选项】命令，在弹出的【图表选项】对话框中，设置管道布局选项即可，如图 13-45 所示。

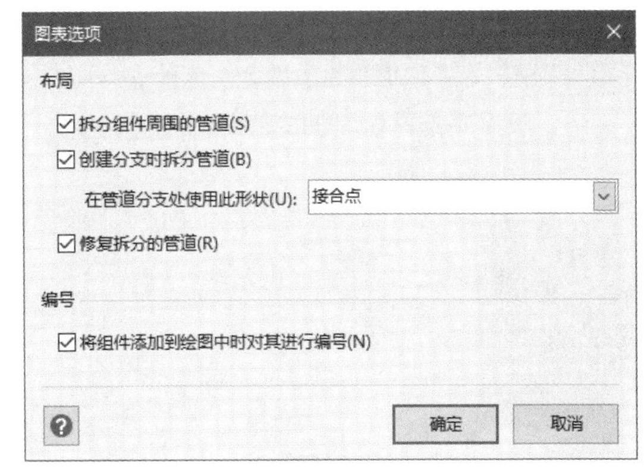

图 13-45 设置图表选项

其中，在【图表选项】对话框中，包括下列 4 种选项。

- ❑ **拆分组件周围的管道** 该选项表示将形状添加到【管道】形状上时，系统将自动拆分【管道】形状。
- ❑ **创建分支时拆分管道** 该选项表示将其他【管道】形状添加到【管道】形状上时，系统将自动拆分【管道】形状；可单击【在管道分支处使用此形状】下拉按钮，来设置插入作为分支的形状。
- ❑ **修复拆分的管道** 该选项表示当删除组件或其他【管道】形状时，系统会自动恢复【管道】形状的最初状态。
- ❑ **将组件添加到绘图中时对其进行编号** 该选项表示 Visio 将自动对组件添加编号。

13.6 课堂练习：小区建筑规划图

开发商在建造小区之前，往往需要通过规划部门将小区的整体规划设计为图纸或模型，以便可以直观地反映给建设者与客户。在本实例中，将运用【三维方向图】模板，创建一份小区建筑规划图，如图 13-46 所示。

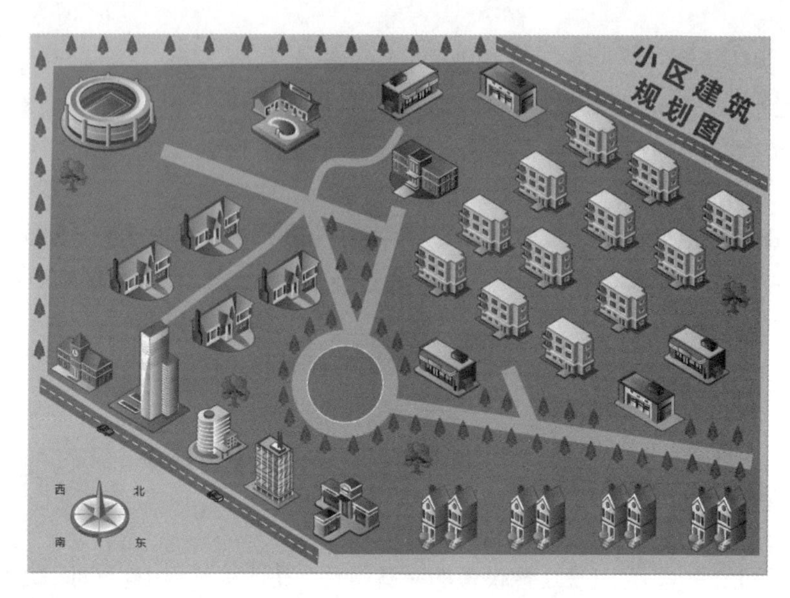

图 13-46 小区建筑规划图

操作步骤：

1 执行【文件】|【新建】命令，选择【类别】选项，同时选择【地图和平面布置图】选项，如图 13-47 所示。

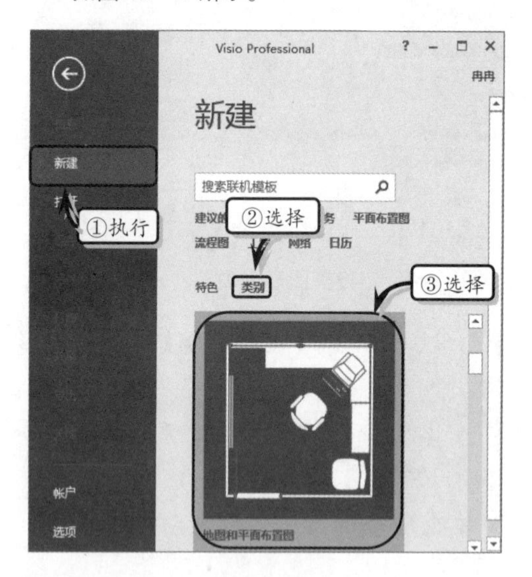

图 13-47 选择模板类型

2 然后，在展开的【地图和平面布置图】列表中，双击【三维方向图】选项，创建模板文档，如图 13-48 所示。

3 将页面方向设置为横向，在【形状】任务窗格中，单击【更多形状】下拉按钮，添加【路标形状】和【基本形状】模具，如图 13-49 所示。

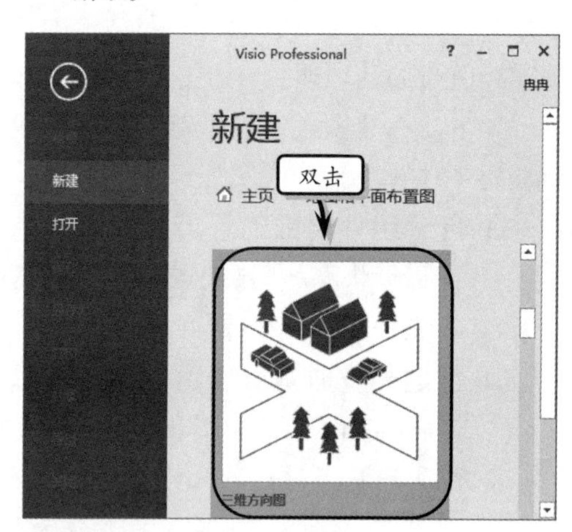

图 13-48 创建模板文档

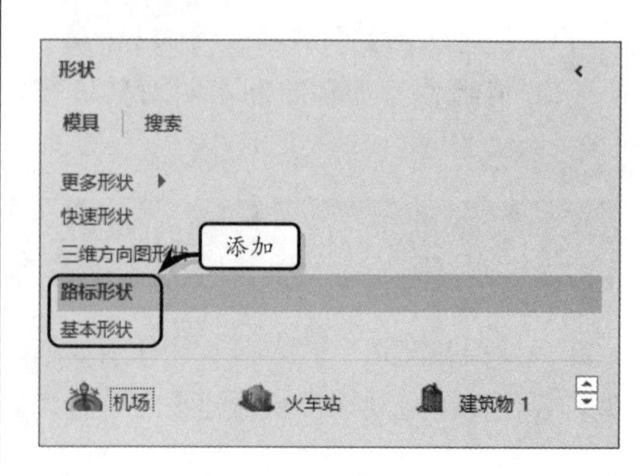

图 13-49 添加形状

4 执行【设计】|【背景】|【背景】|【实心】命令，为绘图页添加背景效果，如图 13-50 所示。

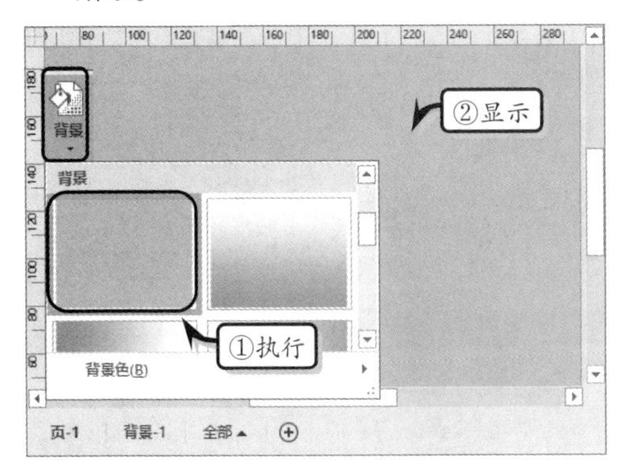

图 13-50 设置背景效果

5 然后，执行【背景】|【背景色】|【橄榄色，着色 2,淡色 40%】命令，设置背景颜色，如图 13-51 所示。

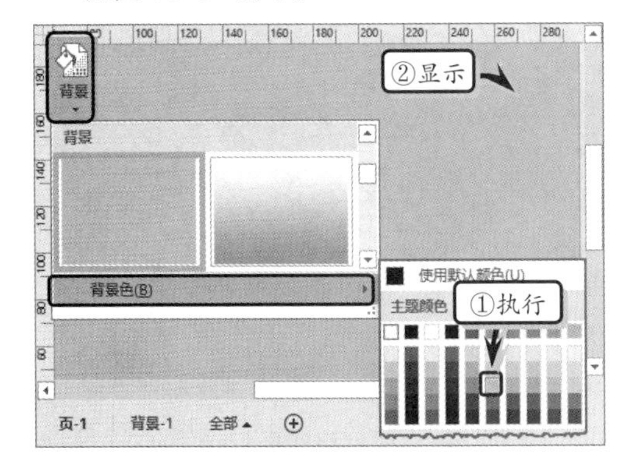

图 13-51 设置背景颜色

6 将【路标形状】模具中的【指北针】形状添加到绘图页的左下角，并添加方向文字，如图 13-52 所示。

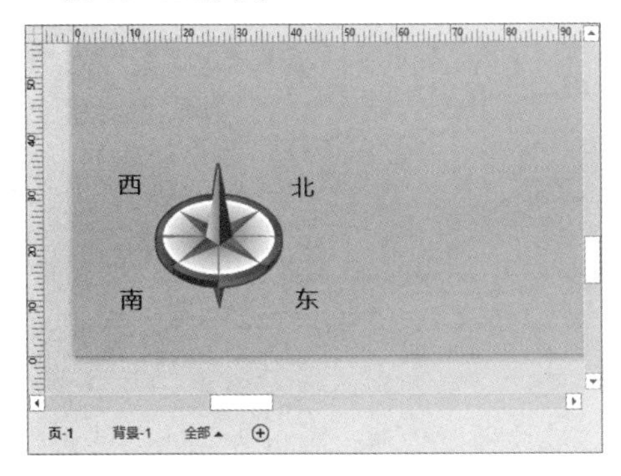

图 13-52 添加【指北针】形状

7 将【基本形状】模具中的【六边形】形状添加到绘图页中，使用【铅笔工具】调整其形状，并自定义填充颜色，如图 13-53 所示。

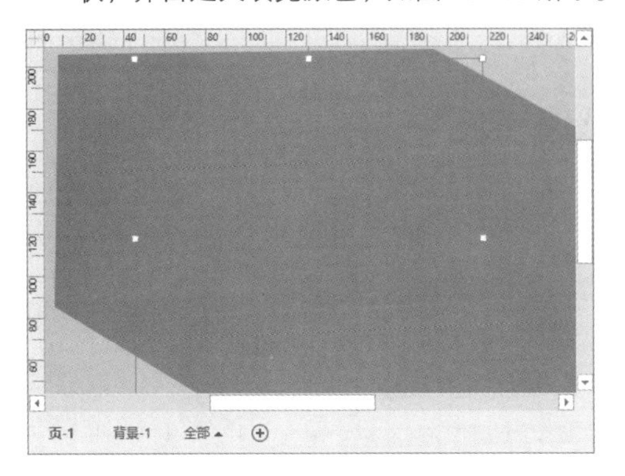

图 13-53 设置【六边形】形状

8 将【三维方向图形状】模具中的【道路 4】形状添加到绘图页中，并调整其位置，如图 13-54 所示。

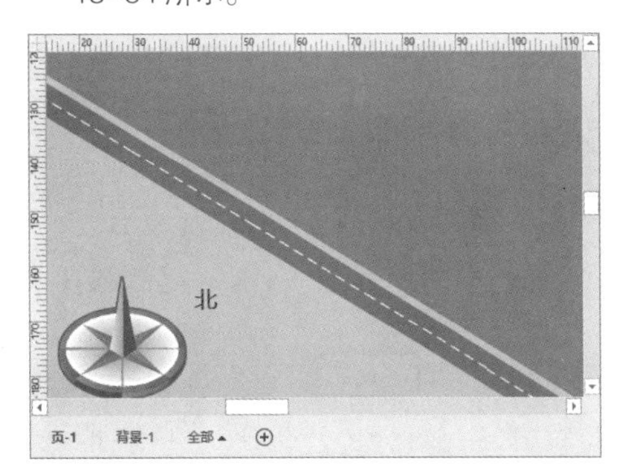

图 13-54 添加【道路 4】形状

9 将【路标形状】模具中的【针叶树】形状添加到绘图页中，调整大小并复制形状，如图 13-55 所示。

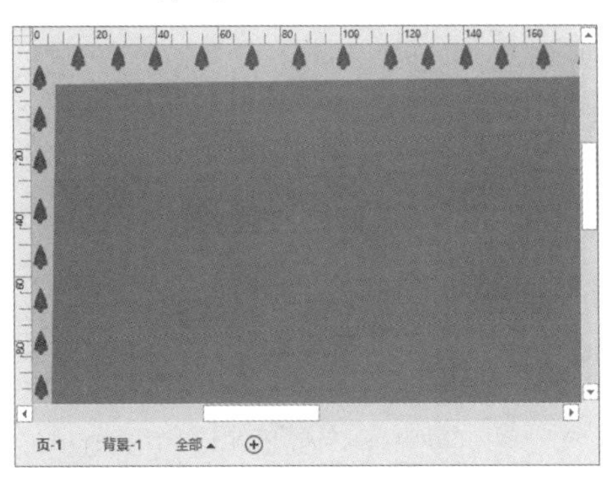

图 13-55 添加【针叶树】形状

10 将【体育场】、【旅馆】、【便利店】和【仓库】形状添加到绘图页内部的顶端位置，设置其大小，如图 13-56 所示。

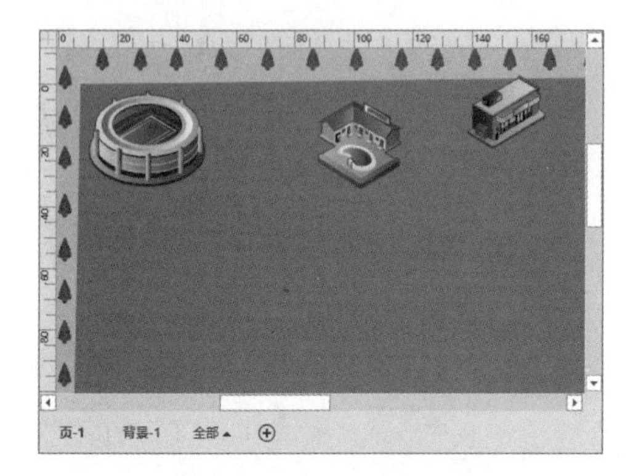

图 13-56　添加建筑类形状

11 将【路标形状】模具中的【落叶树】形状添加到【体育场】形状的下方，并调整其宽度，如图 13-57 所示。

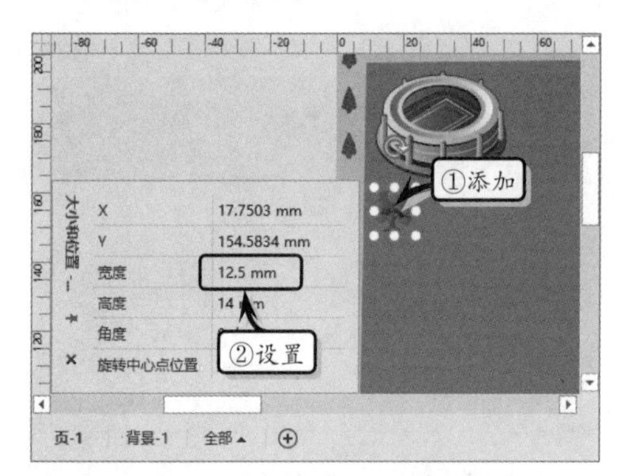

图 13-57　添加【落叶树】形状

12 在绘图页的右侧添加【学校】和【公寓】形状，并调整其位置与大小，如图 13-58 所示。

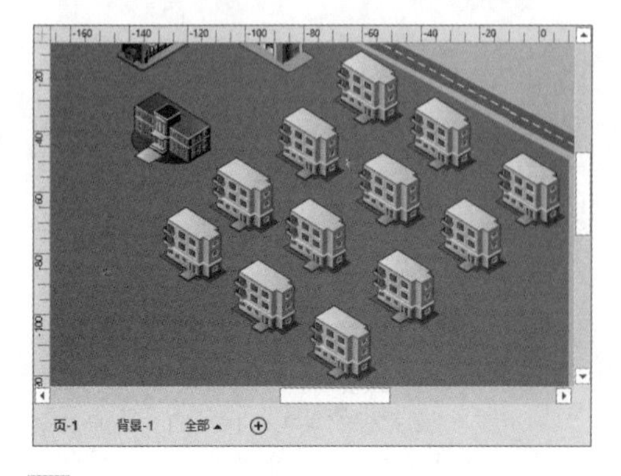

图 13-58　添加【学校】和【公寓】

13 在【落叶树】形状的右下方添加 4 个【郊外住宅】形状和一个【落叶树】形状，并水平翻转【郊外住宅】形状，如图 13-59 所示。

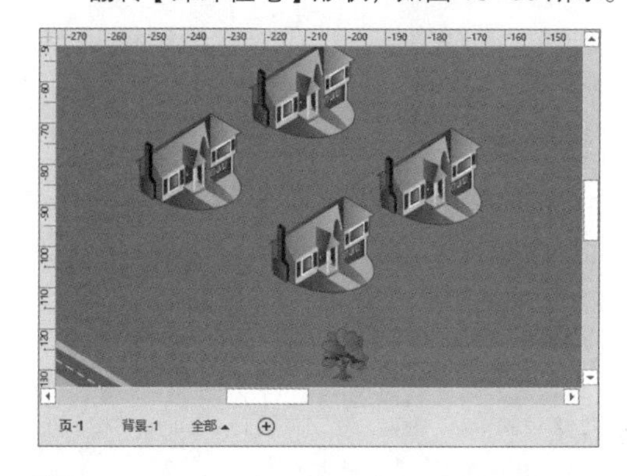

图 13-59　添加【郊外住宅】和【落叶树】

14 在【公寓】形状的周围添加【便利店】、【仓库】和【落叶树】形状，如图 13-60 所示。

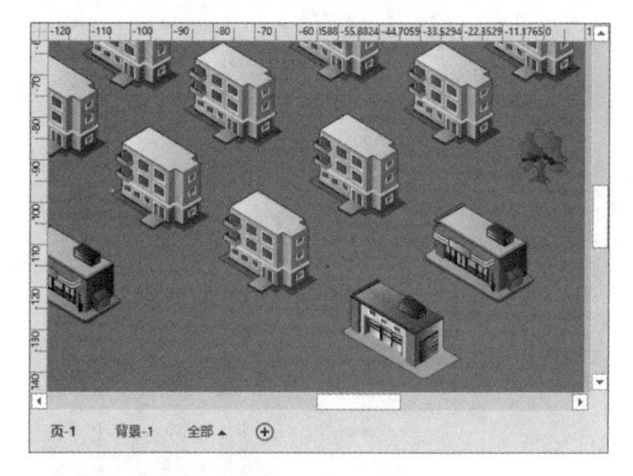

图 13-60　添加建筑类形状

15 在绘图页的左下方添加【市政厅】、【摩天大楼】、【建筑物 2】、【建筑物 1】和【户外购物中心】形状，调整形状的大小并排列形状的位置，如图 13-61 所示。

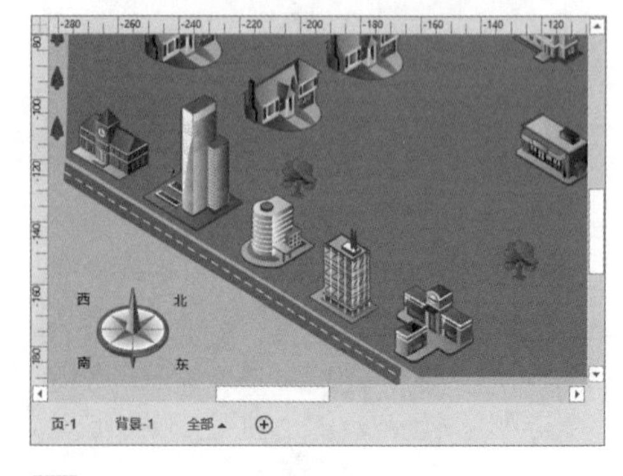

图 13-61　添加商业类形状

16 在绘图页的底部添加 4 个【市内住宅】形状，并调整形状之间的距离，如图 13-62 所示。

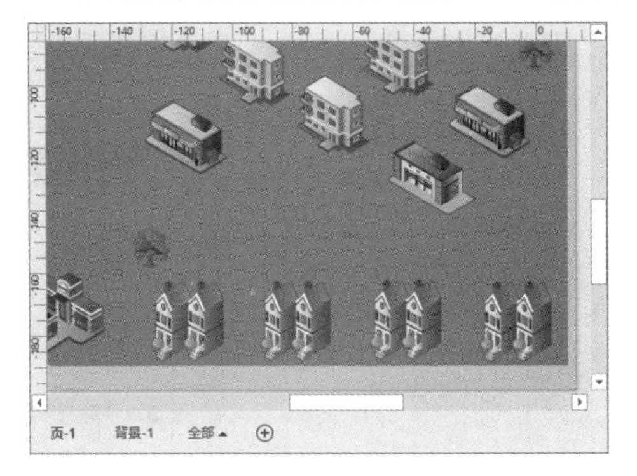

图 13-62 添加住宅类形状

17 使用【方端道路】、【可变道路】与【圆形】形状制作小区内的道路，以及环形道路，并在道路两侧添加【针叶树】形状，如图 13-63 所示。

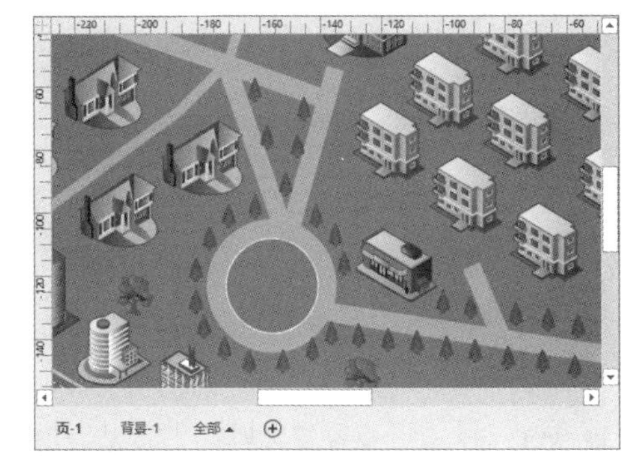

图 13-63 添加道路类形状

18 将【小轿车 1】与【小轿车 2】形状添加到道路上，并调整形状的位置和大小，如图 13-64 所示。

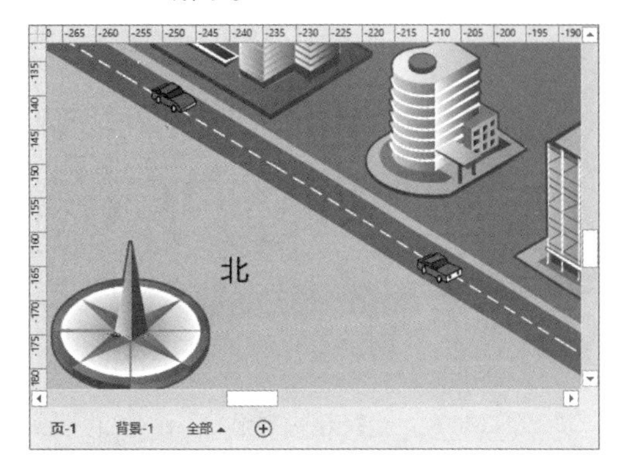

图 13-64 添加汽车类形状

19 在绘图页的右上方添加标题文本框，并设置文本的字体格式，如图 13-65 所示。

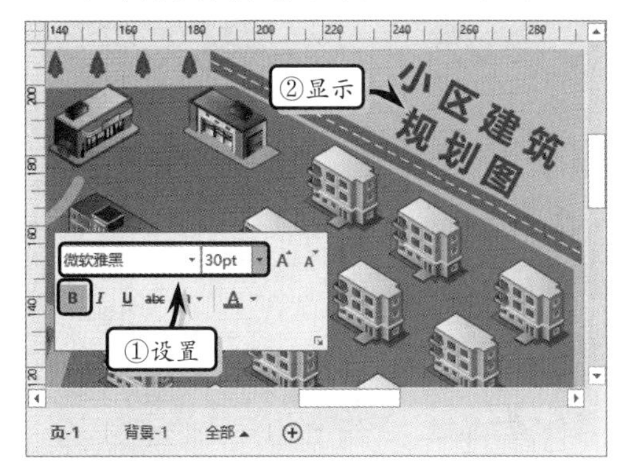

图 13-65 添加标题

13.7 课堂练习：平面零件图

在机械设计中，用户可使用 Visio 设计和绘制各种零件图，并通过 Visio 内置的标注功能，标记零件图中各种加工面的尺寸。在本练习中，将使用 Visio 的【部件和组件绘图】模板，来绘制一个立钻钻孔的平面图，如图 13-66 所示。

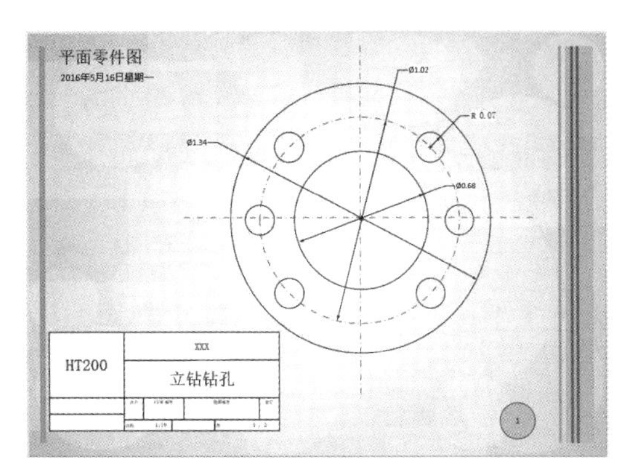

图 13-66 平面零件图

操作步骤：

1 执行【文件】|【新建】命令，选择【类别】选项，在展开的列表中选择【工程】选项，如图 13-67 所示。

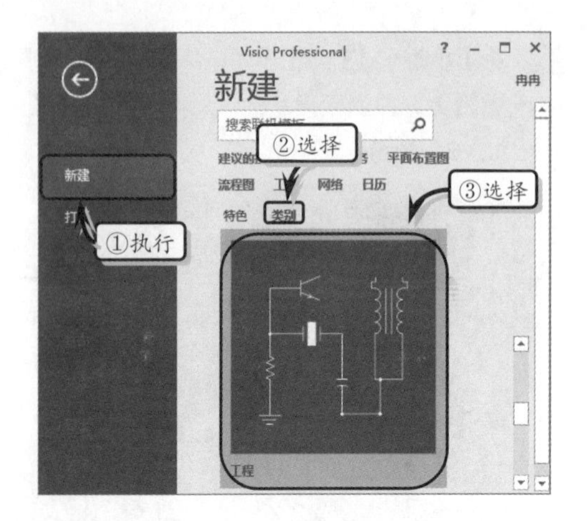

图 13-67 选择模板类型

2 然后，在展开的【工程】列表中，双击【部件和组件绘图】选项，创建模板文档，如图 13-68 所示。

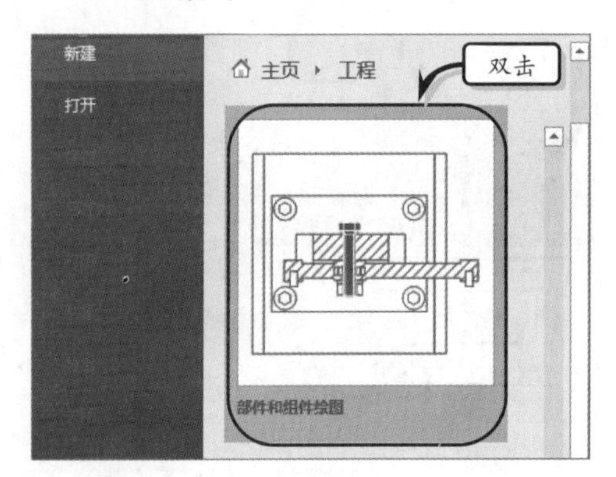

图 13-68 创建模板文档

3 在【设计】选项卡【页面设置】选项组中，单击【对话框启动器】按钮。在【打印设置】选项卡中，设置打印纸张选项，如图 13-69 所示。

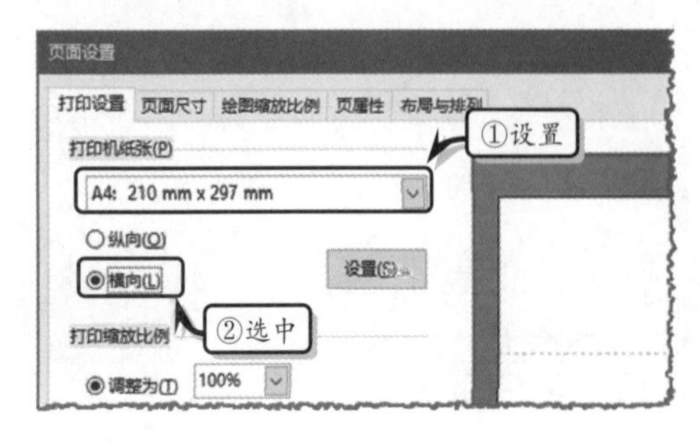

图 13-69 设置打印机选项

4 激活【页面尺寸】选项卡，设置纸张的预定义大小，如图 13-70 所示。

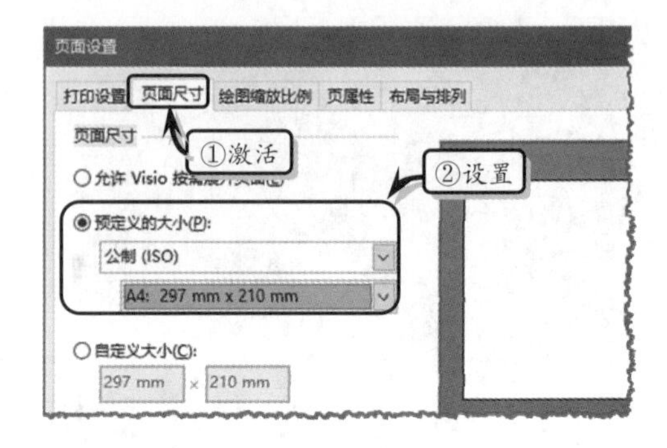

图 13-70 预定义页面大小

5 执行【开始】|【工具】|【线条】命令，在【绘图页】中绘制交叉的两条直线，如图 13-71 所示。

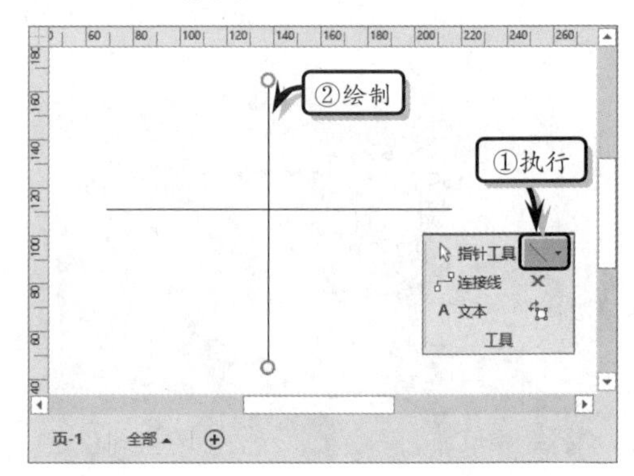

图 13-71 绘制交叉直线

6 选择直线，执行【开始】|【形状样式】|【线条】|【红色】命令，同时执行【虚线】命令，在级联菜单中选择一种线条样式，如图 13-72 所示。

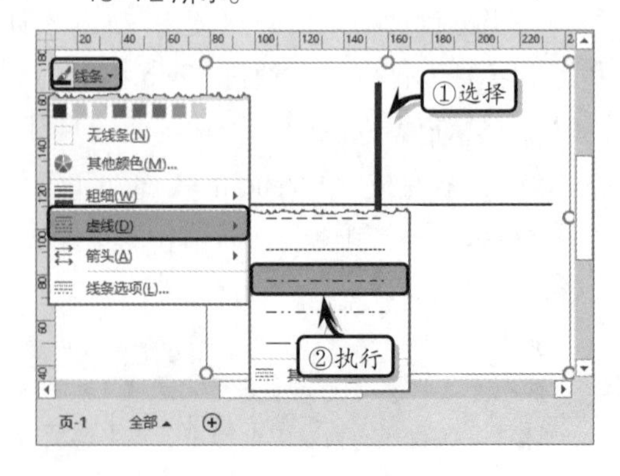

图 13-72 设置直线样式

7 将【绘图工具形状】模具中的【圆,椭圆】形状添加到绘图页中，并调整其大小和位置，如图 13-73 所示。

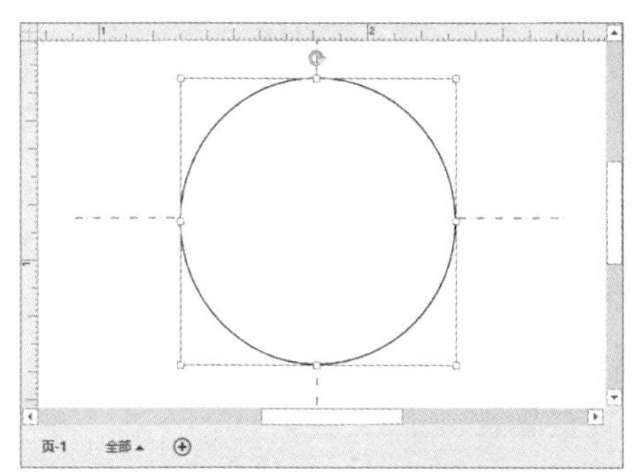

图 13-73 绘制圆形

8 选择形状，执行【开始】|【形状样式】|【填充】|【无填充】命令，取消形状的填充颜色，如图 13-74 所示。

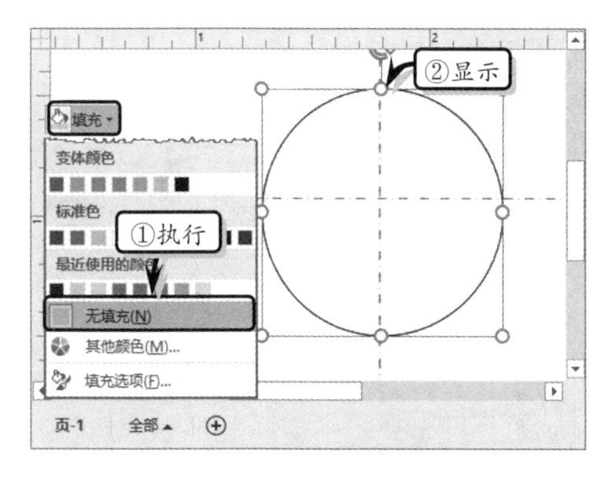

图 13-74 设置填充颜色

9 同时，执行【开始】|【形状样式】|【线条】|【红色】命令，并执行【虚线】命令，在级联菜单中选择一种线条样式，如图 13-75 所示。

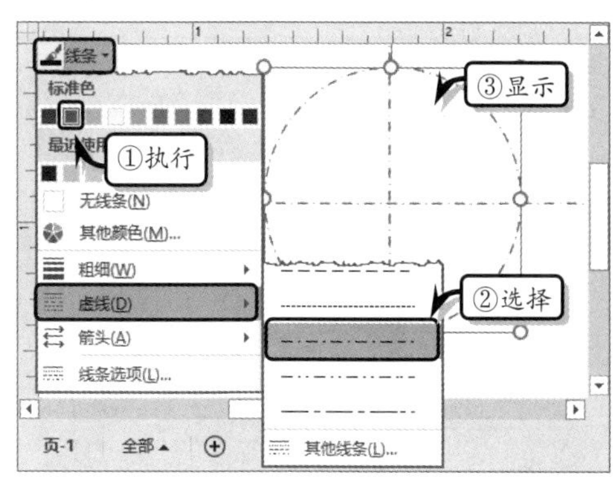

图 13-75 设置线条样式

10 在绘图页中，添加两个【圆,椭圆】形状，并调整其大小和位置，如图 13-76 所示。

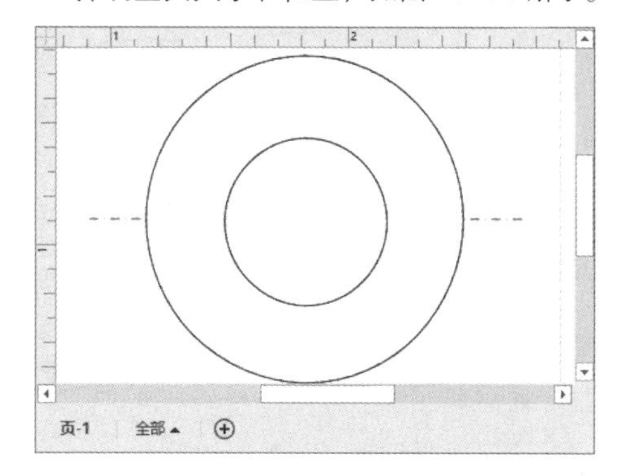

图 13-76 绘制同心圆

11 同时选择新添加的两个圆形状，执行【开始】|【形状样式】|【填充】|【无填充】命令，如图 13-77 所示。

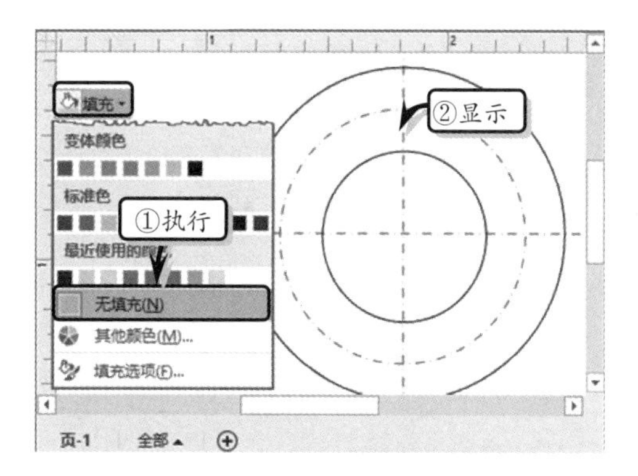

图 13-77 设置填充颜色

12 将【绘图工具形状】模具中的【圆-半径】形状添加到绘图页中，复制形状并调整其大小和位置，如图 13-78 所示。

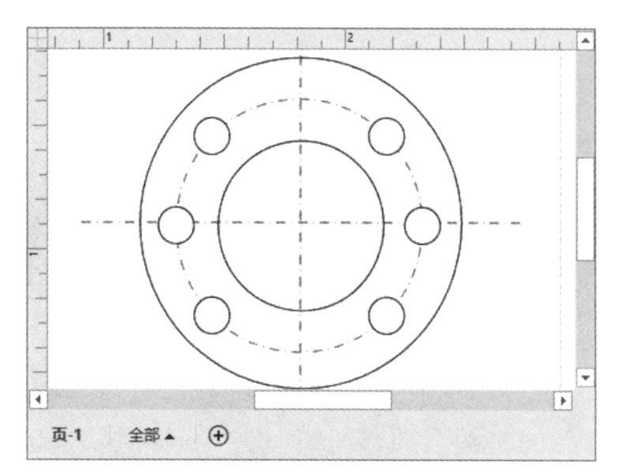

图 13-78 绘制圆-半径

13 选择所有的【圆-半径】形状，执行【开始】|【形状样式】|【填充】|【无填充】命令，如图 13-79 所示。

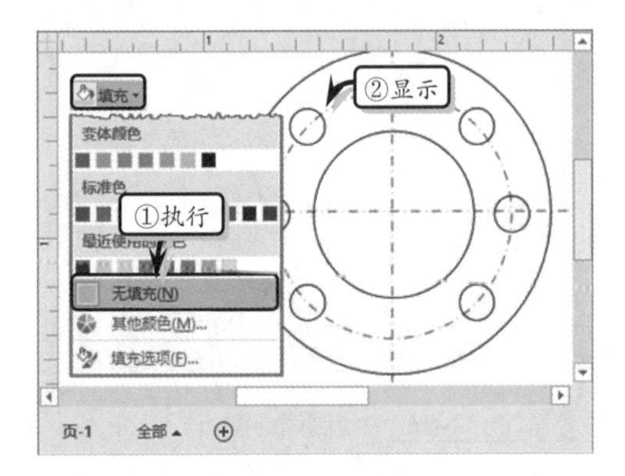

图 13-79 设置填充颜色

14 将【尺寸度量-工程】模具中的【直径】形状添加到辅助圆形中，调整形状的长度和位置，如图 13-80 所示。

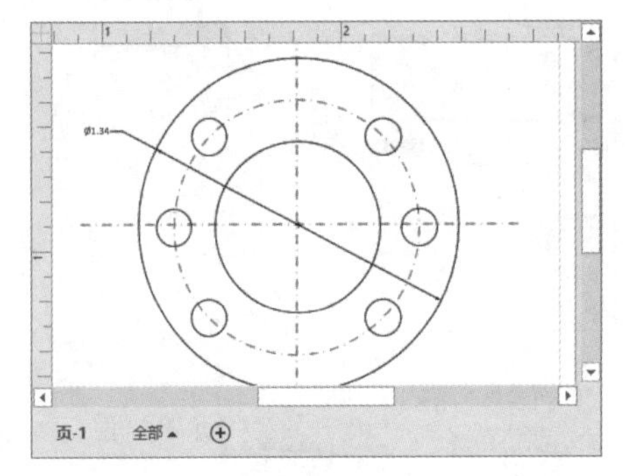

图 13-80 绘制直径

15 使用同样的方法，分别为其他圆形绘制直径，同时为【圆-半径】形状绘制半径，并设置标注文本的字体大小，如图 13-81 所示。

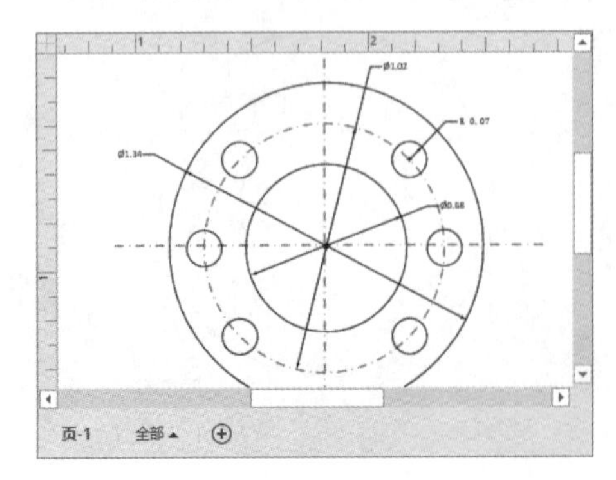

图 13-81 绘制剩余形状

16 将【标题块】模具中的【小标题块】形状添加到绘图页中，调整形状大小，输入说明性文本并设置文本的字体格式，如图 13-82 所示。

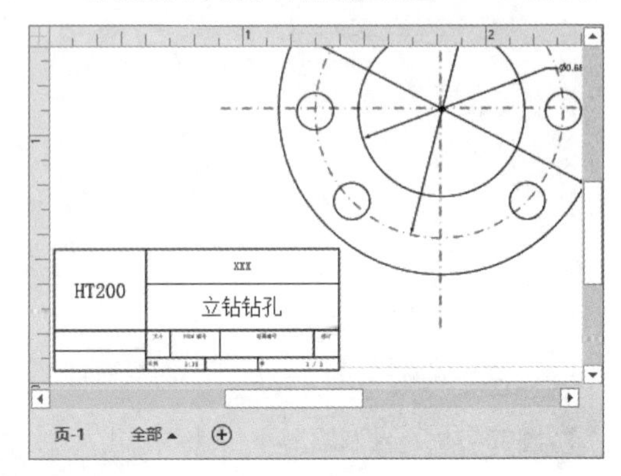

图 13-82 制作标题块

17 执行【设计】|【背景】|【背景】|【货币】命令，为绘图页添加背景效果，如图 13-83 所示。

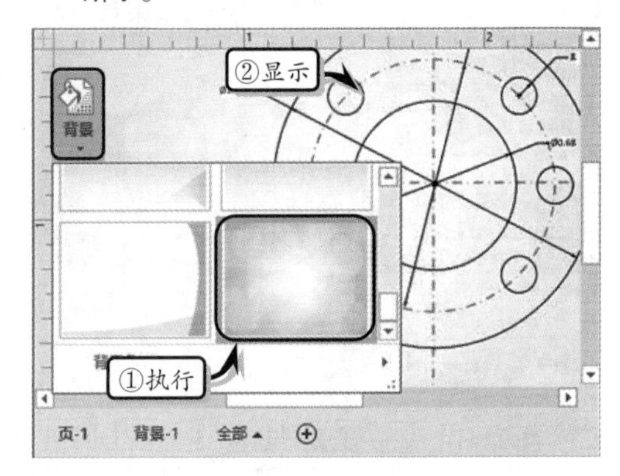

图 13-83 添加背景效果

18 执行【设计】|【背景】|【边框和标题】|【凸窗】命令，为绘图页添加边框和标题样式，并修改标题文本，如图 13-84 所示。

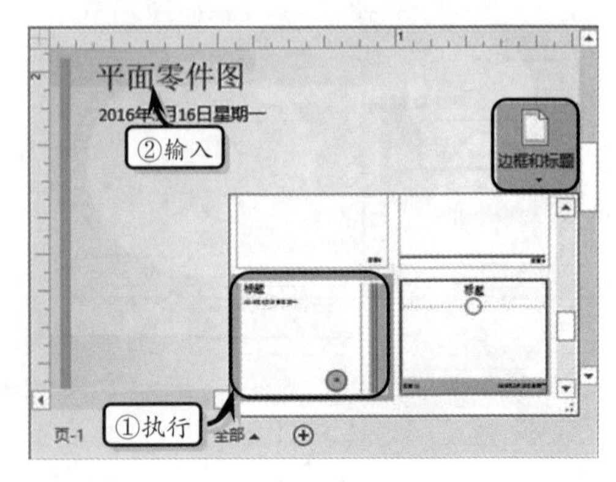

图 13-84 添加边框和标题

思考与练习

一、填空题

1. 构建建筑图的第一步便是构建建筑物的外围，可以使用 Visio 中的__________形状来构建不同类型的外墙与内墙。

2. 在 Visio 中，可以使用__________命令快速地将空间形状转换为墙壁形状。

3. 用户可通过启用________________对话框，设置窗户组件的默认属性。

4. 在 Visio 中，包含隔间与家具形状的模具主要包括___________、__________与___________等。

5. Visio 为用户提供了__________与__________两种类型的 HVAC 服务设施。

6. 用户可以通过拖动形状中的选择手柄来旋转形状，还可以使用_________与_________键将形状向左或向右旋转 90°。

7. 对于以固定间距摆放的形状，可以使用__________命令来快速创建多个相同的形状。

8. 方向图主要用来显示道路地图、地铁路线图等面积较大的现场平面图。在 Visio 中，方向图又分为__________与__________方向图。

二、选择题

1. 在绘图页中，参考线的作用为______。

A. 添加形状

B. 粘连形状

C. 同时移动多个形状

D. 复制形状

2. 在【形状数据】对话框中，可以通过设置_________选项来更改墙壁形状底部的海拔高度。

A. 墙长　　B. 墙高

C. 墙段　　D. 基本标高

3. 用户可通过为绘图页添加_________形状的方法，来创建门的明细资料。

A. 矩形　　B. 门的明细资料

C. 标注　　D. 批注

4. 在 Visio 中，可以使用【隔间】模具中的______与______形状来自定义办公室隔间。

A. 嵌板　　B. 嵌板支柱

C. 工作台面　　D. 平直工作台

5. 在 Visio 中，用户不仅可以通过【空间或类别资源管理器】窗口来查找资源，而且还可以通过______来查找资源。

A. 绘图页　　B. 加载项

C.【查找】命令　D.【替换】命令

6. 在绘图页中，只可以将代表______的空间形状放置在边界形状中。

A. 人员　　B. 设备

C. 计算机　　D. 部门

三、问答题

1. 简述构建建筑图的具体操作步骤。

2. 如何使用【空间规划启动向导】构建空间设计图？

3. 如何使空间设计中的形状按值显示颜色？

四、上机练习

1. 创建办公室格局

在本练习中，将利用 Visio 中的【隔间】模具，来创建一份办公室格局图，如图 13-85 所示。首先，单击【形状】任务窗格中的【更多形状】下拉按钮，执行【地面和平面布置图】|【建筑设计图】|【隔间】命令。将【墙壁和门窗】模具中的【房间】形状拖到绘图页中，调整形状的大小并添加【门】形状。然后，在【隔间】模具中，将【L 形工作台】形状拖到绘图页中，调整形状的大小并按照一定的顺序排列形状。最后，执行【设计】|【主题】|命令，在其列表中选择一种主题样式即可。

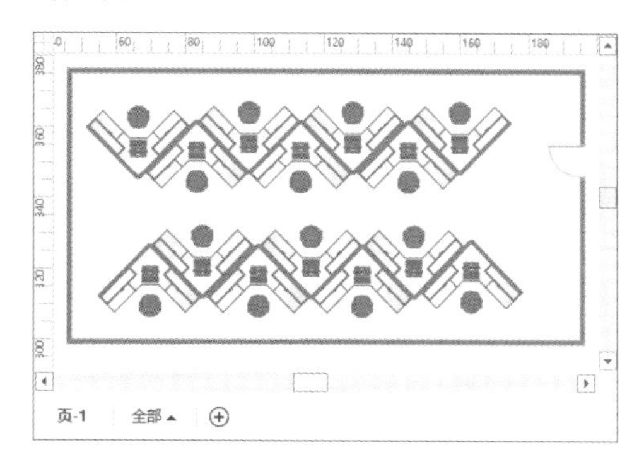

图 13-85　办公室格局图

2. 创建三维方向图

在本练习中，将利用【三维方向图形状】模具来构建一个三维方向图，如图 13-86 所示。首先，执行【文件】|【新建】命令，在【类别】列表中选择【地面和平面布置图】选项，同时选择【三维方向图】命令，并单击【创建】按钮。然后，将【三维方向图形状】模具中的【道路 4】、【直行道路 1】、【树】、【汽车】、【加油站】等形状添加到绘图页中。最后，调整形状的大小与位置即可。

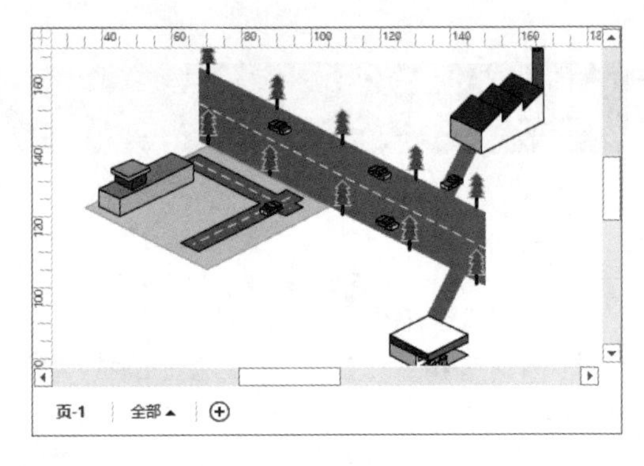

图 13-86　三维方向图

第 14 章

协同办公

Visio 除了拥有强大的形状绘制与数据结合功能外，还可以与多种类型的软件协同办公，包括 Office 系列软件、Autodesk AutoCad，以及 Adobe Illustrator 等。用户既可以将 Visio 绘图文档插入到这些软件的编辑文档中，也可在这些软件中编辑相应的文档，并将其方便地导入到 Visio 绘图文档中，丰富 Visio 绘图文档的应用。

在本章中，将详细讲解 Visio 与其他组件或软件进行协同办公，以及发布、共享数据的操作方法与基础知识。

本章学习目的：

- 发布数据
- 导出数据
- 打印数据
- 分发绘图
- 与其他软件的整合

14.1 发布数据到 Web

在 Visio 中，可以通过将绘图另存为 Web 网页，或另存为适用于 Web 网页的图片文件与 Visio XML 文件的方法。让任何没有安装 Visio 组件而安装 Web 浏览器的用户，观看 Visio 图表与形状数据。

14.1.1 保存 Web 网页

在 Visio 中，除了导入或导出数据之外，还可以将绘图保存为 Web 网页。在保存 Web 网页之前，还需要了解一下网页的输出格式。

1. 选择输出格式

在将数据发布到 Web 之前，需要根据所发布的内容，来设置数据的输出格式。当用户希望达到如下 Web 显示效果时，可以选择【Web 网页】输出格式。

- ❑ 将形状发布到 Web 网页中。
- ❑ 将数据报告发布到 Web 网页中。
- ❑ 一次性发布多页绘图页中的绘图。

当用户希望达到如下 Web 显示效果时，可以选择【JPG、GIF、PNG 或 SVG】输出格式。

- ❑ 为 HTML 网页插入 Visio 绘图。
- ❑ 发布部分绘图。

2. 另存为 Web 网页

在绘图页中，执行【文件】|【另存为】命令，在展开的【另存为】列表中选择【浏览】选项，如图 14-1 所示。

然后，在弹出的【另存为】对话框中，将【保存类型】设置为【Web 页】选项。同时，单击【更改标题】按钮，在弹出的【设置页标题】对话框中输入标题名称，如图 14-2 所示。最后，单击【保存】按钮，即可将绘图保存为 Web 网页，并在浏览器中自动打开绘图网页。

图 14-1　选择保存位置

14.1.2　设置发布选项

在将绘图数据发布到网页时，需要根据发布的具体要求设置发布选项。在【另存为】对话框中，单击【发布】按钮，弹出【另存为网页】对话框。在该对话框中可以设置需要发布的常规选项与高级选项。

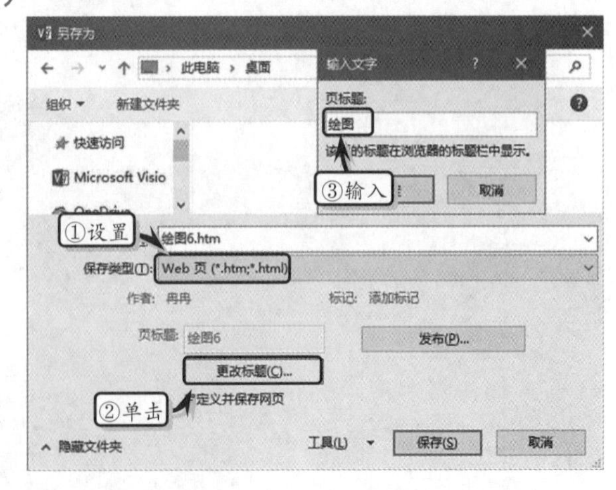

图 14-2　设置文件名与标题

1. 设置常规选项

在【另存为网页】对话框中，激活【常规】选项卡，设置需要发布的绘图页、发布选项及附加选项等选项，如图 14-3 所示。

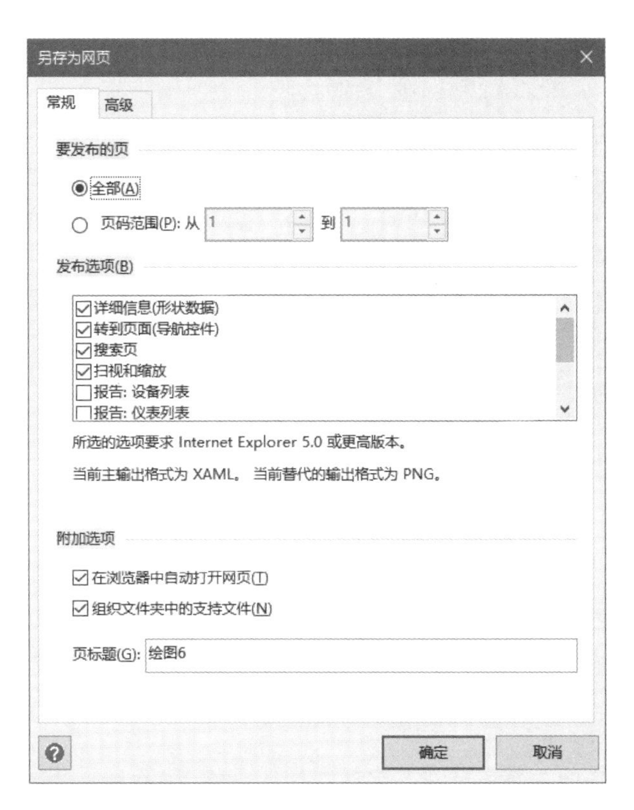

图 14-3 【常规】选项卡

该【另存为网页】对话框中，各选项的功能，如表 14-1 所示。

表 14-1 【常规】选项

选项组	选　　项	功　　能
要发布的页	全部	表示保存 Visio 绘图文件中的所有
	页码范围	表示只保存指定的页
发布选项	详细信息（形状数据）	启用该选项，可显示形状的数据，用户可通过按住 Ctrl 键并单击网页上的形状来查看这些数据。该选项对 SVG 输出不可用
	转到页面（导航数据）	选中可显示用于在绘图中的页和报告之间移动的【转到页面】导航控件
	搜索页	启用该选项，可显示一个【搜索页】控件，使用该控件可以根据形状名称、形状文本或形状数据来搜索形状
	扫视和缩放	启用该选项，可显示【扫视和缩放】窗口，使用该窗口可在浏览器窗口中迅速放大绘图的各个部分
附加选项	在浏览器中自动打开网页	启用该选项，可在保存网页后立即在默认浏览器中打开保存的网页
	组织文件夹中的支持文件	启用该选项，可创建一个子文件夹，其名称包含存储网页支持文件的根 HTML 文件文件夹的名称
	页标题	指定出现在 Internet 浏览器标题栏中的网页的标题

2. 设置高级选项

在【另存为网页】对话框中，激活【高级】选项卡，设置输出格式、目标监视器分辨率、样式表或用于嵌入网页的主文件，如图 14-4 所示。

在【高级】选项卡中，主要包括下列几种选项。

- **输出格式**　为网页指定SVG、JPG、GIF、PNG或VML输出格式。其中，SVG与VML格式是可缩放的图形格式，当调整浏览器窗口的大小时，也会调整网页输出的大小。
- **提供旧版浏览器的替代格式**　指定在旧版浏览器中显示页面时的替代格式（GIF、JPG或PNG）。
- **目标监视器**　根据用户查看网页时使用的监视器或设备的屏幕分辨率，指定为网页创建的图形的大小，使网页图形的大小适合目标屏幕分辨率的浏览器窗口。

另存为网页
常规　高级
输出格式(O)
XAML (可扩展应用程序标记语言)
此格式需要一个 Microsoft Silverlight 浏览器插件或可显示 XAML 的浏览器。
☑提供旧版浏览器的替代格式(P)
PNG (可移植网络图形)
显示选项
目标监视器(T): 1024x768
此选项只能处理 JPG、GIF 和 PNG 输出格式。
网页中的主页面(H): <无>
样式表(S): 默认值
确定　取消

图 14-4　【高级】选项卡

- **网页中的主页面**　指定要在其中嵌入已保存的Visio网页的网页。
- **样式表**　表示为Visio网页文件中的左侧框架和报告页面指定具有配色方案样式（与Visio中可用的配色方案匹配）的样式表。

14.2　共享与导出绘图

为了达到协同工作的目的，可以将Visio绘图通过电子邮件发送给同事，或使用公共文件夹来共享Visio绘图。另外，对于没有安装Visio组件的用户，还可以使用Visio Viewer，或将绘图文档导出为PDF等格式的文件，来与工作组人员共享绘图。

14.2.1　共享绘图

共享绘图是利用电子邮件，将绘图发送给同事或审阅者。另外，对于需要发送多个同事或审阅者的绘图来讲，可以将绘图按接收者的顺序分发。

1. 作为附件发送

在绘图页中，执行【文件】|【共享】命令，在列表中选择【电子邮件】选项，同时选择【作为附件发送】选项，如图14-5所示。

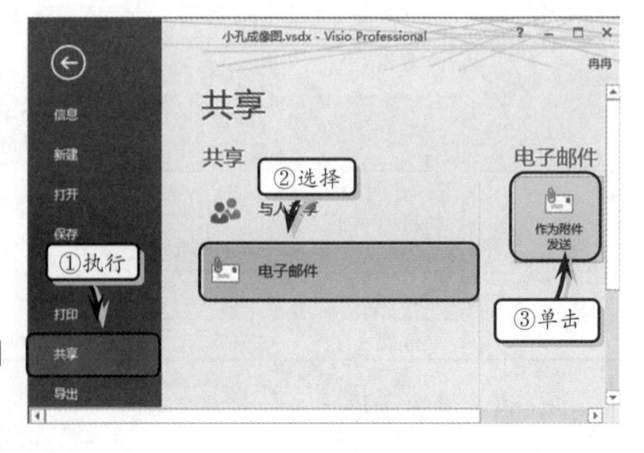

图 14-5　选择共享方式

此时，系统会自动弹出Outlook窗口。在【收件人】文本框中输入电子邮件地址，并在正文区域输入正文，单击【发送】按钮即可，如图14-6所示。

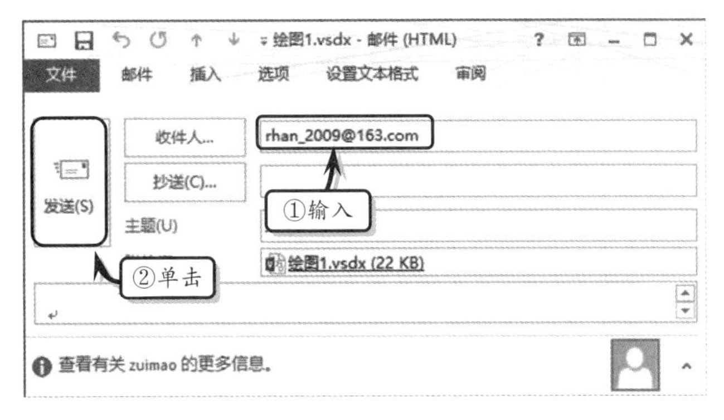

图14-6 发送电子邮件

2. 发送链接

如用户将演示文稿上传至微软的MSN Live共享空间，则可通过【发送链接】选项，将演示文稿的网页URL地址发送到其他用户的电子邮箱中。

3. 以PDF形式发送

执行【文件】|【共享】命令，在展开的【共享】列表中，选择【电子邮件】选项，同时选择【以PDF形式发送】选项，如图14-7所示。

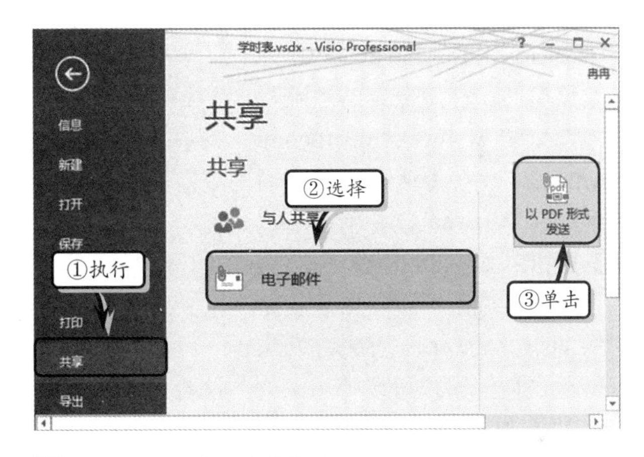

图14-7 选择发送类型

单击该按钮，则Visio将把Visio文档转换为PDF文档，并通过Microsoft Outlook发送到收件人的电子邮箱中，如图14-8所示。

4. 以XPS形式发送

执行【文件】|【共享】命令，在展开的【共享】列表中，选择【电子邮件】选项，同时选择【以XPS形式发送】选项，如图14-9所示。

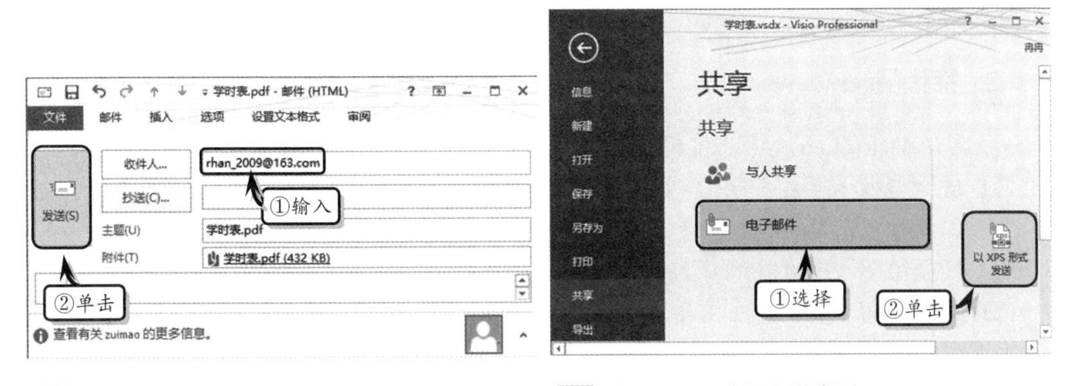

图14-8 发送电子邮件

图14-9 选择发送类型

单击该按钮，则Visio将把Visio文档转换为XPS文档，并通过Microsoft Outlook发送到收件人的电子邮箱中，如图14-10所示。

14.2.2 使用 Visio Viewer

图 14-10　发送电子邮件

Visio Viewer 是一个 ActiveX 控件，可以在 IE5.0 以上的版本中显示 Visio 绘图。用户可以在未安装 Visio 组件的计算机中，使用 Visio Viewer 查看或打印 Visio 文件。

1．打开 Visio Viewer

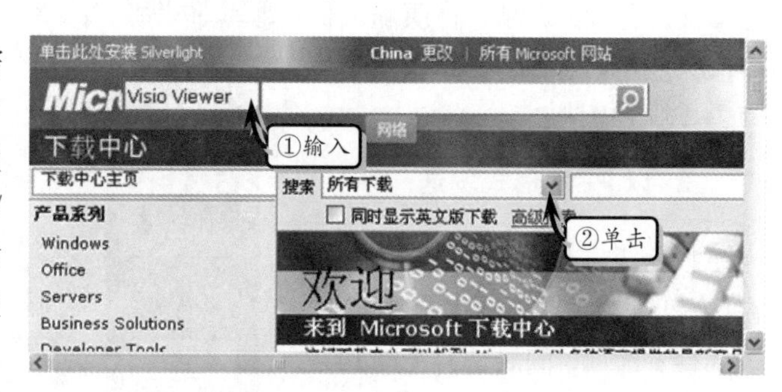

图 14-11　搜索下载文件

在使用 Visio Viewer 之前，需要在 Microsoft Download Center 中下载该控件。在浏览器的地址栏中输入“www.microsoft.com/downloads”。在【搜索栏】中输入“Visio Viewer”，并单击【搜索】按钮，如图 14-11 所示。

然后，遵循下载向导下载并安装 Visio Viewer。安装完 Visio Viewer 之后，用户可以使用下列方法打开 Visio Viewer 文件。

- 在 IE 中双击 Visio 文件。
- 在 IE 中右击 Visio 文件，执行【打开方式】|Internet Explorer 命令。
- 在浏览器中执行【文件】|【打开】命令，在弹出的【打开】对话框中选择 Visio 文件。
- 将 Internet Explorer 中的 Visio 文件拖到浏览器窗口中。

提　示

IE7.0 以上版本的浏览器中含有内置的 Viewer。

2．操作 Visio Viewer

虽然在 Visio Viewer 中不能编辑绘图，但是可以对绘图执行以下操作。

- **放大与缩小**　右击绘图，执行【放大】、【缩小】或【缩放】选项，或在 Visio Viewer 工具栏中，单击【放大】或【缩小】按钮。
- **扫视绘图**　直接在浏览器窗口中拖动绘图即可。
- **跳转页面**　直接单击需要跳转的页面标签，或按住 Ctrl 键的同时按下【↑】或【↑】方向键。
- **打开超链接**　直接单击超链接形状即可。
- **查看形状数据**　直接双击形状，即可在【属性和设置】对话框的【形状属性】选项卡中显示形状数据。
- **打印绘图**　在 Visio Viewer 工具栏中，单击【打印】按钮。

14.2.3 导出绘图

使用 Visio，用户可以将演示文稿转换为可移植文档格式，也可以将其内容保存为图片或 CAD 等其他格式。

1. 创建 PDF/XPS 文档

执行【文件】|【导出】命令，在展开的【导出】列表中选择【创建 PDF/XPS 文档】选项，并单击【创建 PDF/XPS 文档】按钮，如图 14-12 所示。

在弹出的【发布为 PDF 或 XPS】对话框中，设置文件名和保存类型，并单击【选项】按钮，如图 14-13 所示。

然后，在弹出的【选项】对话框中，设置发布选项，并单击【确定】按钮，如图 14-14 所示。最后，单击【确定】按钮后，返回【发布为 PDF 或 XPS】对话框，设置优化的属性，并单击【发布】按钮，即可将演示文稿发布为 PDF 文档或 XPS 文档。

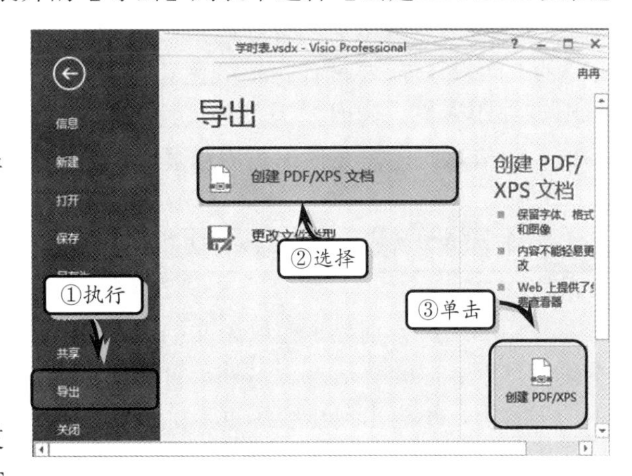

图 14-12 选择导出类型

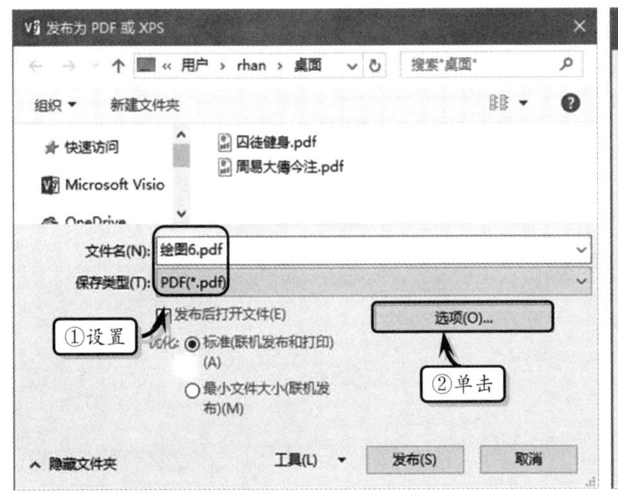

图 14-13 设置保存选项

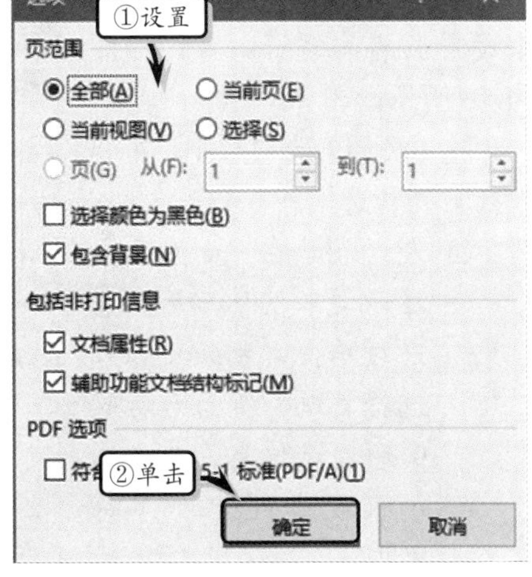

图 14-14 设置选项参数

2. 更改文件类型

使用 Visio，用户可将演示文稿存储为多种类型，既包括 Visio 绘图格式，也包括其他各种格式。

执行【文件】|【导出】命令，在展开的【导出】列表中选择【更改文件类型】选项，

并在【更改文件类型】列表中选择一种文件类型，单击【另存为】按钮，如图 14-15 所示。

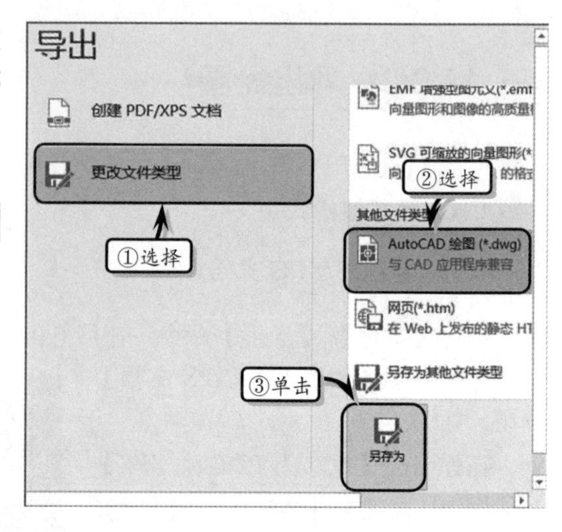

图 14-15 更改文件类型

14.3 打印绘图

Visio 与 Office 其他组件一样，也可以将绘图页打印到纸张中，便于用户查看与研究绘图与模型数据。在打印绘图之前为了版面的整齐，需要设置打印颜色和打印范围等打印效果。同时，为了记录绘图页中的各项信息，还需要使用页眉和页脚。

14.3.1 设置页眉和页脚

页眉和页脚分别显示在绘图文档的顶部与底部，主要用来显示绘图页中的文件名、页码、日期、时间等信息。另外，页眉和页脚只会出现在打印的绘图上和打印预览模式下的屏幕上，不会出现在绘图页上。

1. 设置页眉

执行【文件】|【打印】命令，选择【编辑页眉和页脚】选项。在弹出的【页眉和页脚】对话框中的【页眉】选项组中设置页眉的显示内容，如图 14-16 所示。

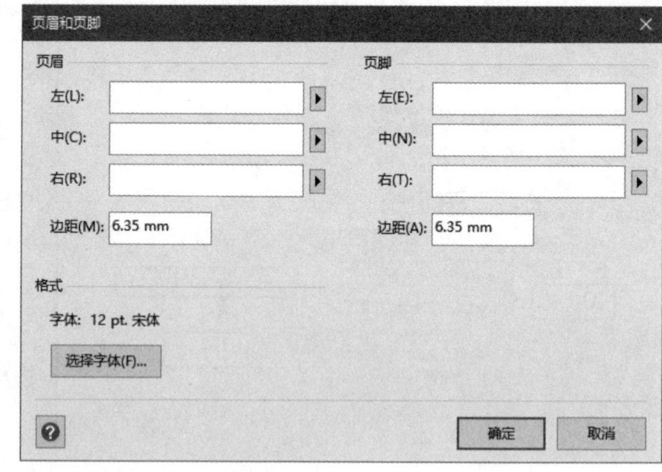

图 14-16 设置页眉

在【页眉】选项组中，主要包括下列各选项。

- ❑ **左** 表示在页面左上方显示文本信息，用户可通过单击右侧的按钮来选择页码、页面名称等 9 种显示信息。其文本的长度为 128 个字符之内。
- ❑ **中** 表示在页面顶部居中部分显示文本信息，通过单击右侧的按钮来选择显示信息。
- ❑ **右** 表示在页面右上角显示文本信息，通过单击右侧的按钮来选择显示信息。
- ❑ **边距** 表示从文本到页面边缘的距离，即指从页眉文本的顶部到页面的上边缘之间的距离。

2. 设置页脚

在【页面和页脚】对话框中的【页脚】选项组中，设置相应的显示内容即可。【页脚】选项组中各选项的具体含义如下所述。

- **左** 表示在页面左下角显示文本信息，用户可通过单击右侧的按钮来选择页码、页面名称等 9 种显示信息。其文本的长度为 128 个字符之内。
- **中** 表示在页面底部居中部分显示文本信息，通过单击右侧的按钮来选择显示信息。
- **右** 表示在页面右下角显示文本信息，通过单击右侧的按钮来选择显示信息。
- **边距** 表示从文本到页面边缘的距离，即指从页脚文本的底部到页面的下边缘之间的距离。

3. 设置格式

格式主要用来设置页眉和页脚中的字体格式，单击【选择字体】按钮，在弹出的【选择字体】对话框中，可以设置字体样式、字形、大小与颜色等参数，如图 14-17 所示。

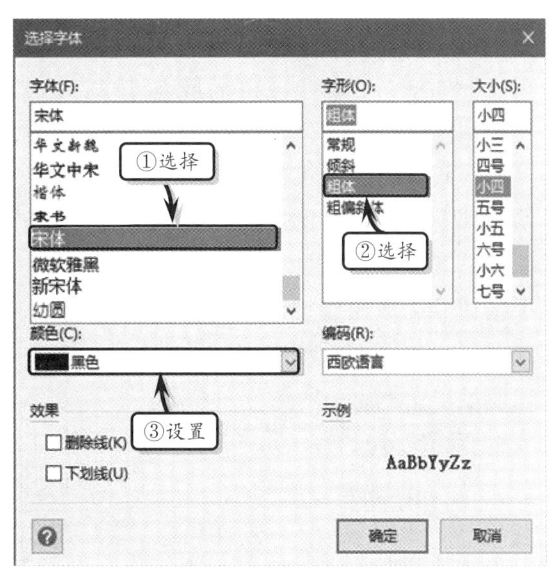

图 14-17 设置字体格式

14.3.2 设置打印效果

对于大型的图表来讲，一般都具有多个绘图页，因此，在打印绘图时还需要设置其打印范围，以方便用户按照次要点查看不同的绘图内容。另外，为了节省打印费用或打印多彩的图表，还需要设置打印颜色。

1. 设置打印范围

执行【文件】|【打印】命令，在【设置】列表中单击【打印所有页】下拉按钮，从下拉列表中选择打印页，如图 14-18 所示。

提 示

用户还可以在【打印所有页】选项下面，通过输入打印页码的方法，来设置打印范围。

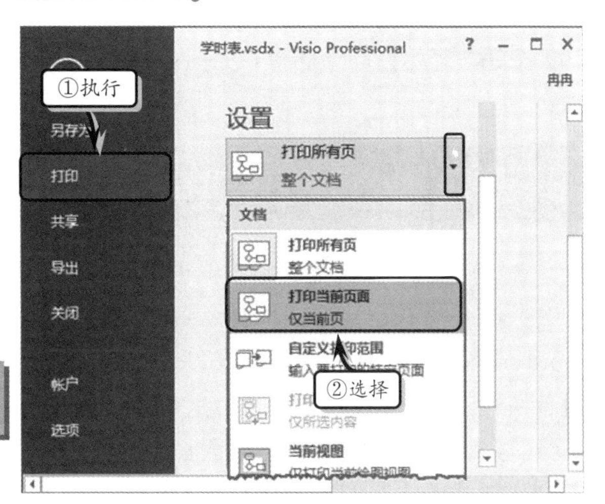

图 14-18 设置打印范围

2. 设置打印颜色

Visio 为用户提供了【颜色】和【黑

白模式】两种打印颜色，执行【文件】|【打印】命令，在【设置】列表中单击【颜色】下拉按钮，选择相应的选项即可，如图 14-19 所示。

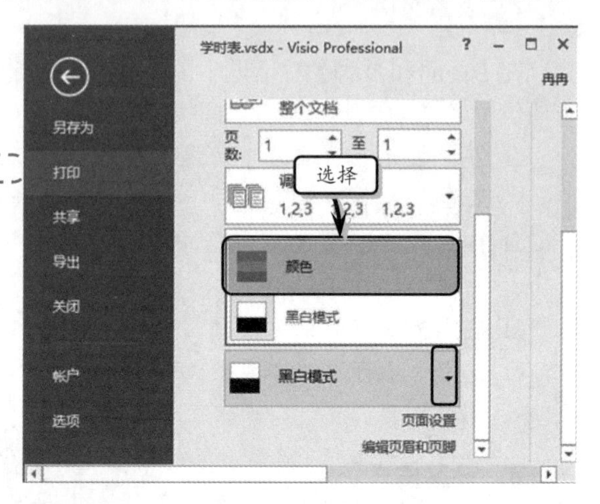

图 14-19 设置打印颜色

14.3.3 预览并打印绘图

设置绘图页的页面设置和页眉、页脚元素之后，便可以预览绘图页的页面效果，并打印绘图页了。

1．预览打印效果

执行【文件】|【打印】命令，在展开的页面右侧，查看绘图页的最终打印效果，如图 14-20 所示。

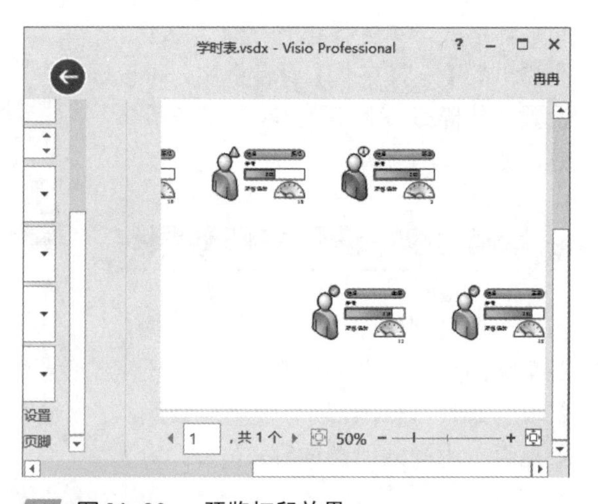

图 14-20 预览打印效果

在该页面下方底部的左侧显示了当前页数和总页数，帮助用户查看绘图页的总页数。用户可通过单击【缩放到页面】按钮和缩放比例按钮，来缩放预览页面，以详细查看绘图内容。另外，还可以通过单击【显示/隐藏分页符】按钮，来显示或隐藏分页符。

2．打印绘图页

执行【文件】|【打印】命令，在预览页面预览整个绘图页的打印效果。然后，设置【分数】选项，并单击【打印】按钮，开始打印绘图页，如图 14-21 所示。

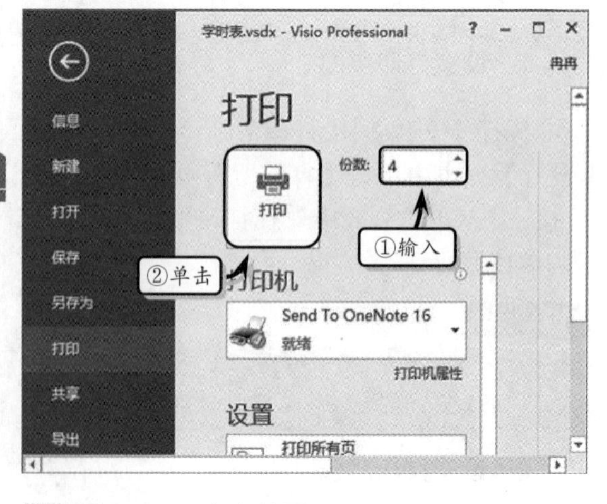

图 14-21 打印绘图

14.4 Visio 协同其他软件

在 Visio 中，不仅可以利用电子邮件与公共文件夹共享绘图，而且还可以与 Word、Excel、PowerPoint 等 Office 组件进行协同工作。另外，用户还可以通过 Visio 与 AutoCAD、Internet 的相互整合，来制作专业的工程图纸及生动形象的高水准网页。

14.4.1 Visio 整合 Word

用户可通过嵌入、链接与转换格式三种方法，将绘制好的图表放入到Word文档中。

1. 将 Visio 嵌入到 Word 中

打开 Visio 绘图文档，选择所有形状并右击，执行【复制】命令，复制这些形状，如图 14-22 所示。

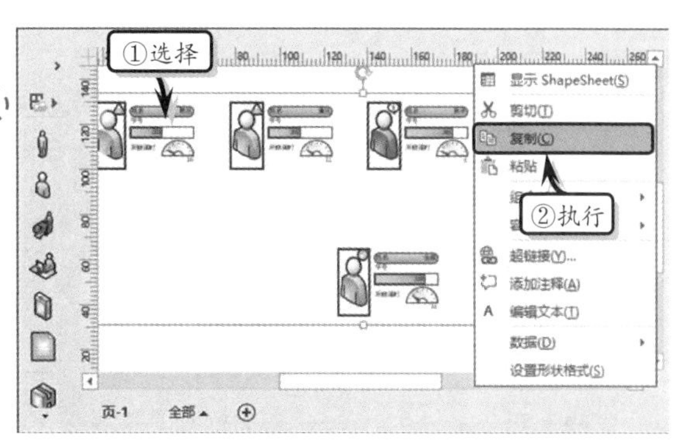

图 14-22 复制形状

然后，切换到 Word 组件中，创建一个新的空白文档，右击，在弹出的快捷菜单中执行【粘贴】命令，将其粘贴到该文档中即可，如图 14-23 所示。

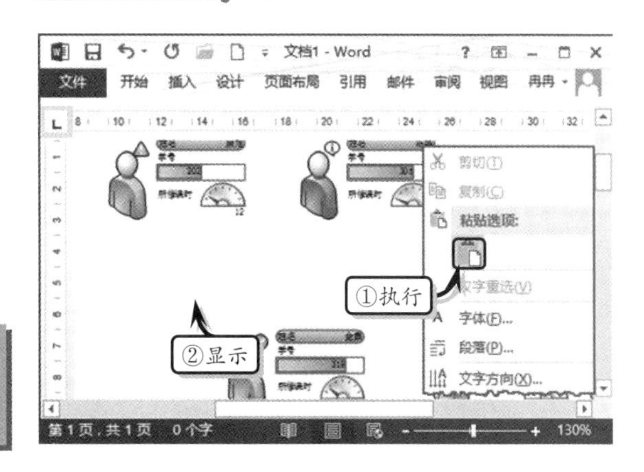

图 14-23 粘贴形状

提 示

将 Visio 图表嵌入到 Word 文档中后，可以双击嵌入的图表，在弹出的 Visio 窗口中编辑图表。

2. 链接 Word

在 Word 文档中，执行【插入】|【文本】|【对象】命令，弹出【对象】对话框。在【由文件创建】选项卡中单击【浏览】按钮，在弹出的【浏览】对话框中选择要添加的 Visio 图表。然后，启用【链接到文件】与【显示为图标】复选框即可，如图 14-24 所示。

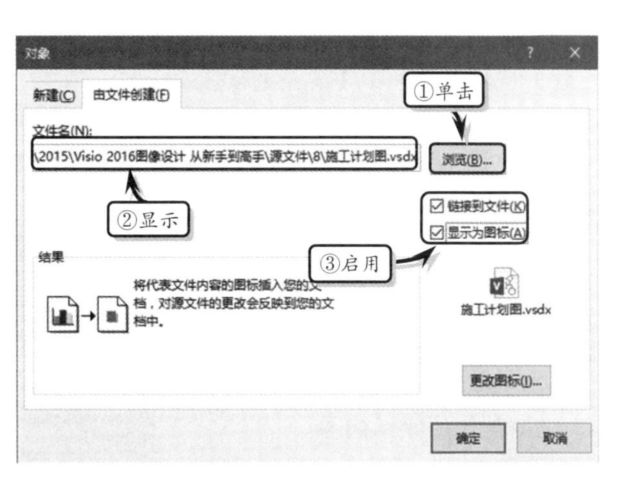

图 14-24 链接绘图

3. 将 Word 嵌入到 Visio 中

在使用 Visio 绘制形状时，用户还可以为其插入由 Word 编辑的媒体文本内容。在 Word 程序中选中文本，执行【开始】|【剪贴板】|【复制】命令，将其复制到剪贴板中，如图 14-25 所示。

然后，切换到 Visio 软件中，执行【开始】|【剪贴板】|【粘贴】命令，将其粘贴到绘图文档中，如图 14-26 所示。

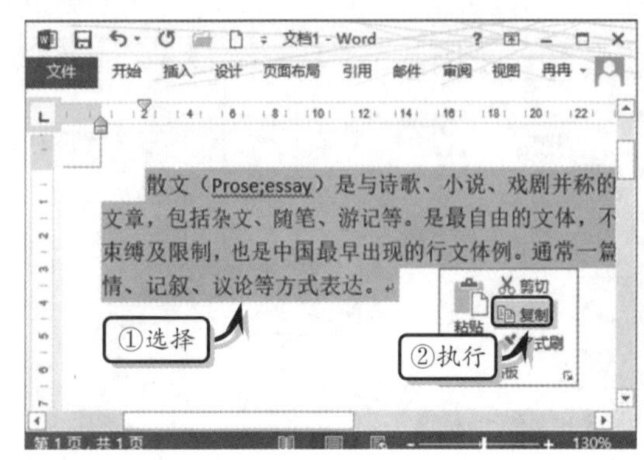

图 14-25 复制内容

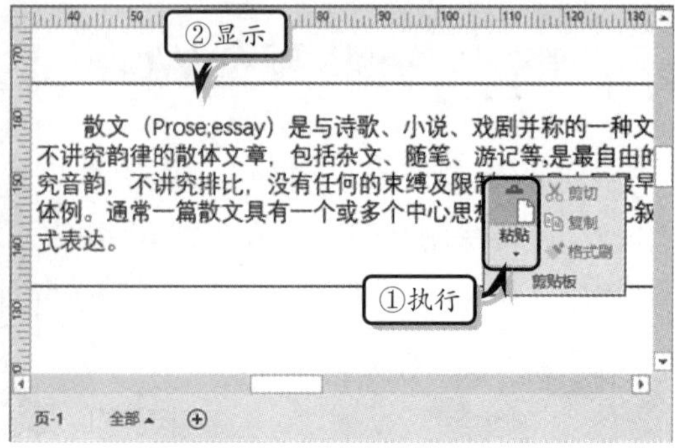

图 14-26 粘贴内容

14.4.2 Visio 整合 Excel

用户不仅可以将 Excel 表格插入到 Visio 图表中，而且还可以将 Visio 图形的数据导出，生成数据报告。

1. 将 Excel 嵌入或链接到 Visio 中

在 Visio 窗口中，执行【插入】|【文本】|【对象】命令，弹出【插入对象】对话框。选中【根据文件创建】选项，并单击【浏览】按钮，在弹出的【浏览】对话框中选择需要插入的Excel表格即可，如图14-27所示。

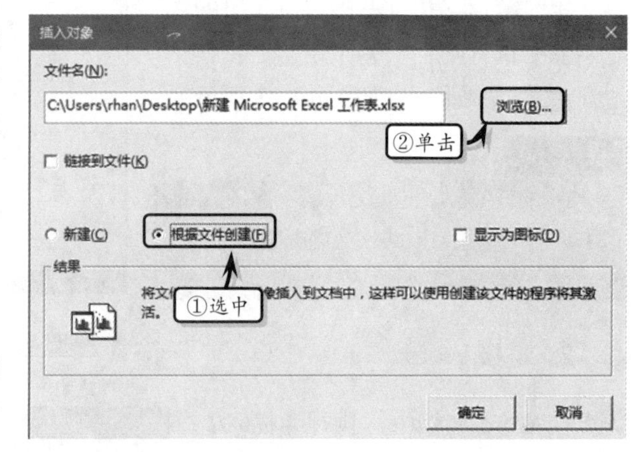

图 14-27 插入对象

另外，在【插入对象】对话框中，启用【链接到文件】复选框，即可将 Excel 表格链接到 Visio 图表中。

2. 导出组织结构图

在绘图页中，执行【文件】|【新建】命令，在【模板类别】列表中选择【类别】选项，同时选择【商务】选项，并双击【组织结构图】选项，创建模板文档，如图 14-28 所示。

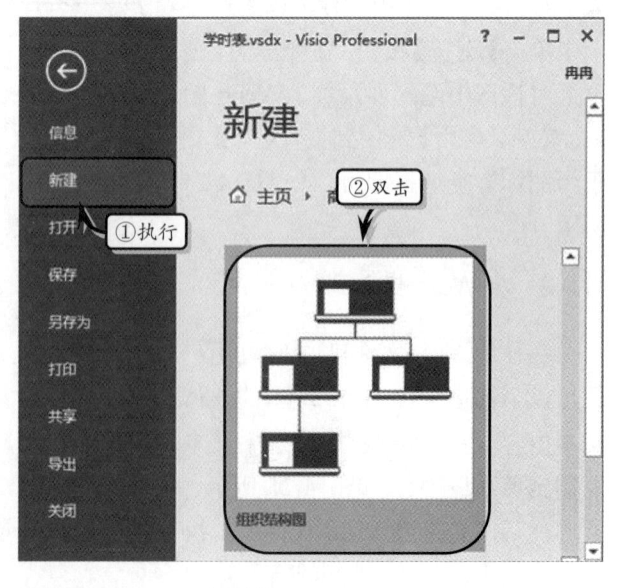

图 14-28 选择模板

将【组织结构图形状】模具中

的形状添加到绘图页中，输入相应的文字，并为其添加连接线和设置格式。执行【组织结构图】|【组织数据】|【导出】命令。在弹出的【导出组织结构数据】对话框中，选择要保存的位置，输入文件名，并将【保存类型】设置为“Microsoft Excel 工作簿”，如图 14-29 所示。

在该对话框中，单击【保存】按钮，在弹出的【组织结构图】对话框中单击【确定】按钮，即完成导出组织结构图数据的操作。

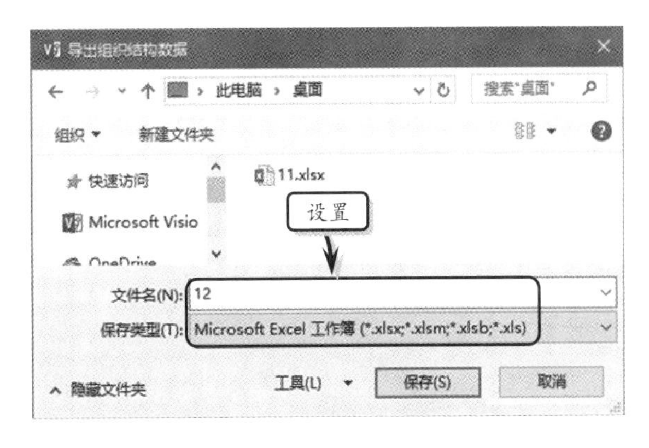

图 14-29 【导出组织结构数据】对话框

3. 网站链接报告

在绘图页中，执行【文件】|【新建】命令，在【模板类别】列表中双击【软件和数据库】类别中的【网站图】选项，创建该模板文档。然后，在弹出的【生产站点图】对话框中的【地址】文本框中，输入地址，并单击【确定】按钮，如图 14-30 所示。

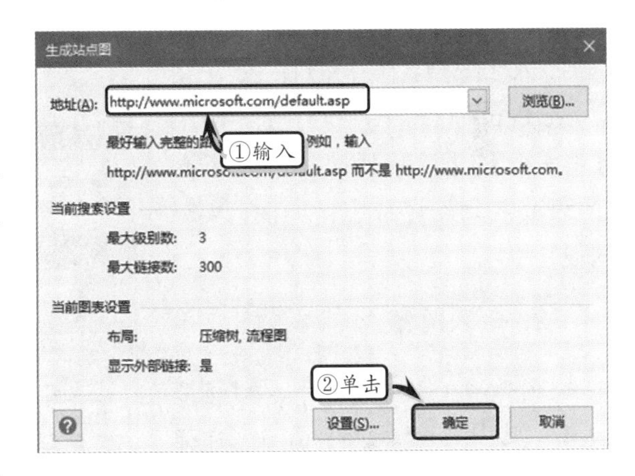

图 14-30 生产站点图

执行【网站图】|【管理】|【创建报表】命令，在弹出的【报告】对话框中，选择【网站图所有链接】选项，单击【运行】按钮，如图 14-31 所示。

然后，在弹出的【运行报告】对话框中，选择 Excel 选项，单击【确定】按钮即生成相关的报告，如图 14-32 所示。

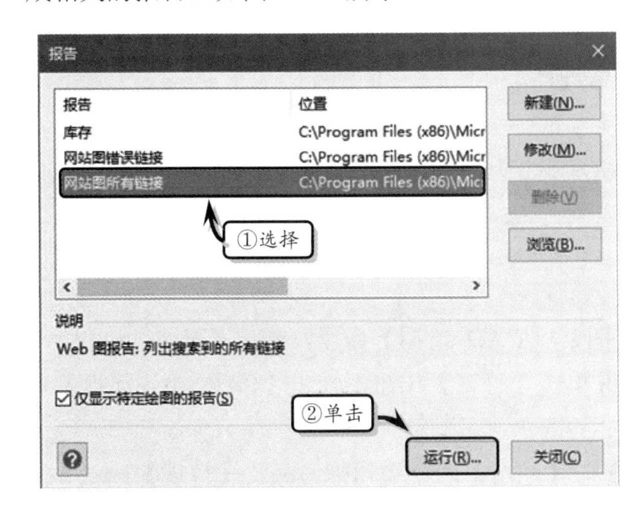

图 14-31 选择报告类型

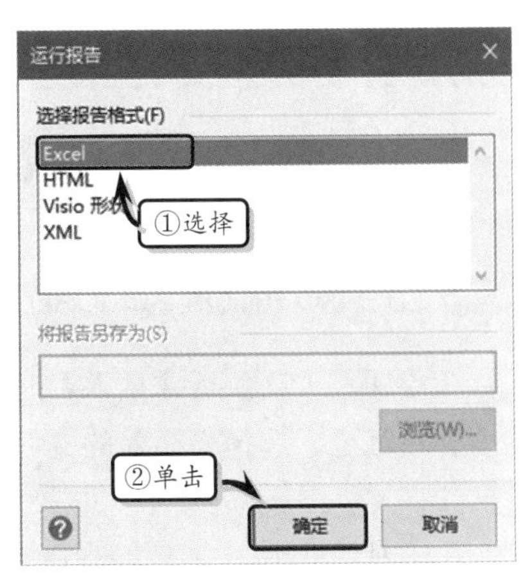

图 14-32 选择文件类型

14.4.3 Visio 整合 PowerPoint

将 Visio 图表应用到 PowerPoint 演示文稿中，既可以增强演示文稿的美观，也可以使演示文稿更具有说服力。

1. 插入图表

在 Visio 窗口中，执行【开始】|【剪贴板】|【复制】命令，复制需要插入到幻灯片中的图表。在 PowerPoint 窗口中，执行【开始】|【剪贴板】|【粘贴】命令，将 Visio 图表放入到幻灯片中，如图 14-33 所示。

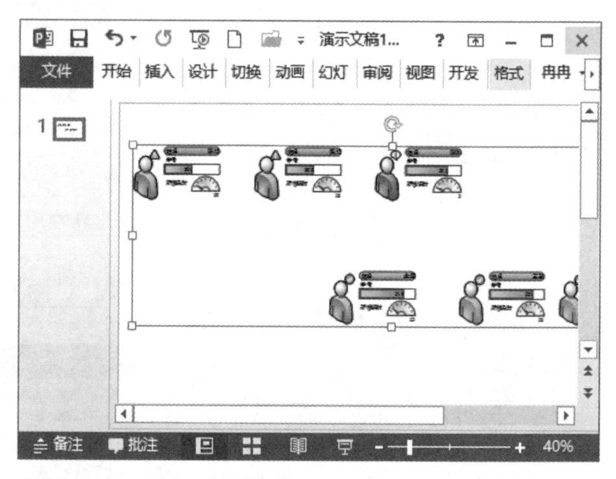

图 14-33 插入图表

2. 嵌入图表

在 PowerPoint 窗口中，执行【插入】|【文本】|【对象】命令，在弹出的【插入对象】对话框中，选择【由文件创建】选项。单击【浏览】按钮，在弹出的【浏览】对话框中选择目标文件，同时启用【显示为图标】复选框即可，如图 14-34 所示。

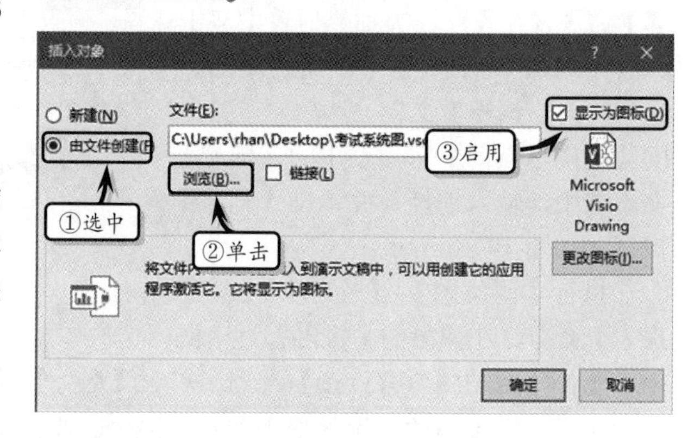

图 14-34 嵌入图表

14.4.4 Visio 整合 AutoCAD

Visio 图表与 AutoCAD 的结合，可以使用户在两者之间方便、快捷地进行数据转换。

1. 在 Visio 中使用 AutoCAD

在绘图页中，执行【插入】|【插图】|【CAD 绘图】命令，弹出【插入 AutoCAD 绘图】对话框。选择要插入的文件，并单击【打开】按钮，弹出【CAD 绘图属性】对话框。

在该对话框中，主要包括【常规】与【图层】两个选项卡。激活【常规】选项卡，设置 CAD 的比例与保护格式，如图 14-35 所示。

其中，【常规】选项卡中各选项的功能，如下所述。

- **预定义比例**　主要用来设置 CAD 绘图的类别与尺寸。其中，类别主要包括结构、土木工程、公制、机械工程、页面比例 5 种类型，而每种类型中又分别包含不同的大小尺寸。
- **自定义比例**　表示用来指定 CAD 绘图的高度、宽度及绘图单位。
- **锁定大小和位置**　启用该选项，可以固定 CAD 绘图的大小和位置，使其变成不可调整的状态。

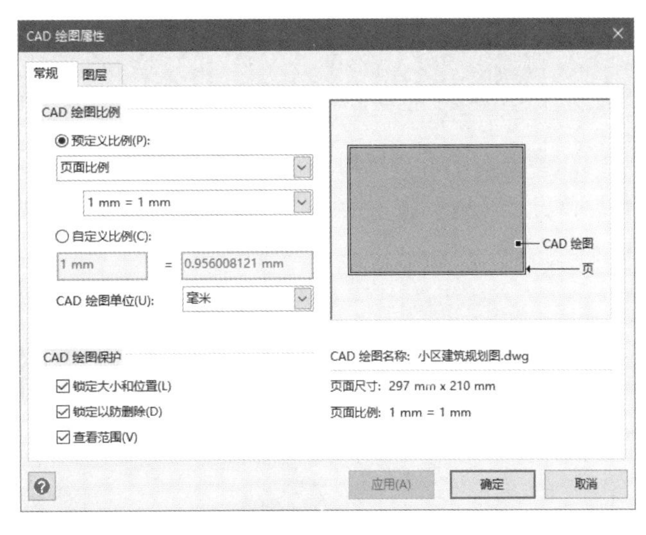

图 14-35　设置【常规】选项

- **锁定以防删除**　启用该选项，可以锁定 CAD 绘图，防止用户删除或编辑。
- **查看范围**　启用该选项，将在绘图中无法查看绘图范围。

另外，激活【图层】选项卡，设置图形的可见性、颜色与线条粗细，如图 14-36 所示。

其中，【图层】选项卡中各选项的功能，如下所述。

- **设置可见性**　启用该选项，可以将绘图设置为可见或隐藏状态。
- **设置颜色**　启用该选项，可以在【颜色】对话框中设置绘图的颜色。
- **设置线条粗细**　启用该选项，可以在【自定义线条粗细】对话框中，输入线条的粗细值。

2. 保存为 AutoCAD 格式

在绘图页中，执行【文件】|【另存为】命令。在弹出的【另存为】对话框中，单击【保存类型】按钮，在打开的下拉列表中选择【AutoCAD 绘图】或【AutoCAD 交换格式】选项。最后，单击【保存】按钮即可，如图 14-37 所示。

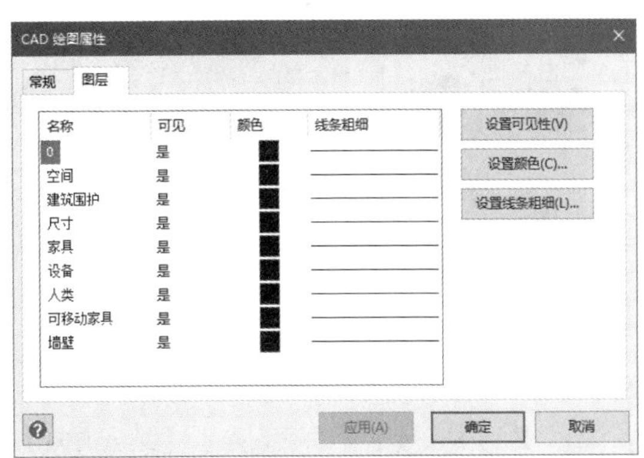

图 14-36　设置【图层】选项

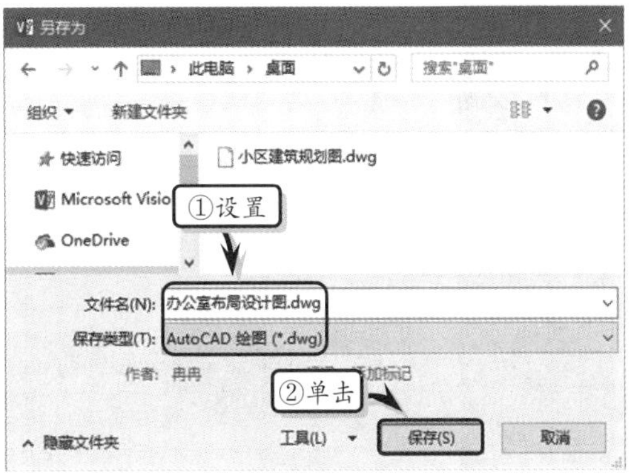

图 14-37　保存为 CAD 文件

14.5 课堂练习：营销图表

在本练习中，将运用 Visio 中的营销图表模板，通过制作“搜索引擎营销图表”，帮助读者在了解制作营销图表的操作技巧之余，更加了解 Visio 的实际应用，如图 14-38 所示。

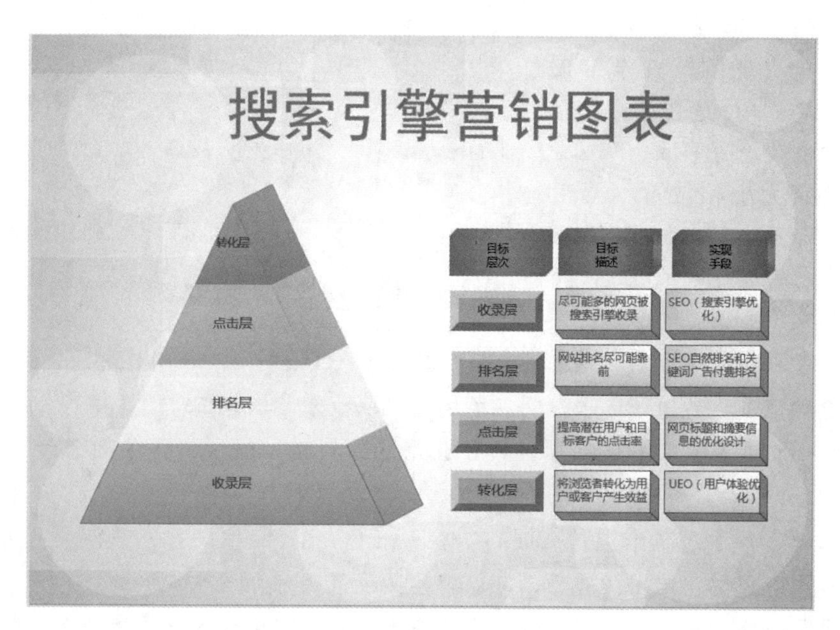

图 14-38 营销图表

操作步骤：

1 执行【文件】|【新建】命令，选择【类别】选项，同时选择【商务】选项，如图 14-39 所示。

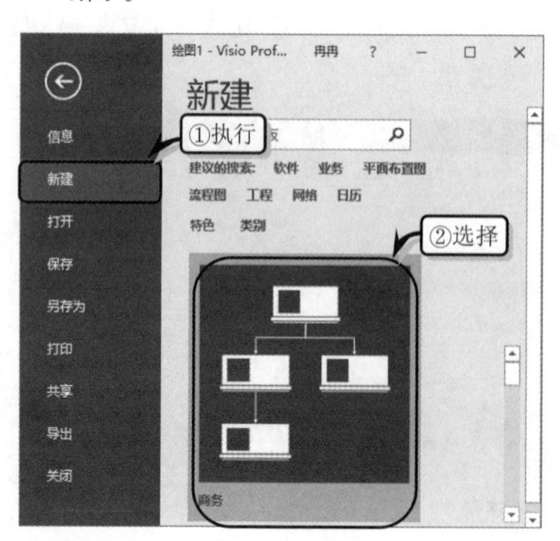

图 14-39 选择模板类型

2 在展开的列表中，双击【营销图表】选项，创建模板文档，如图 14-40 所示。

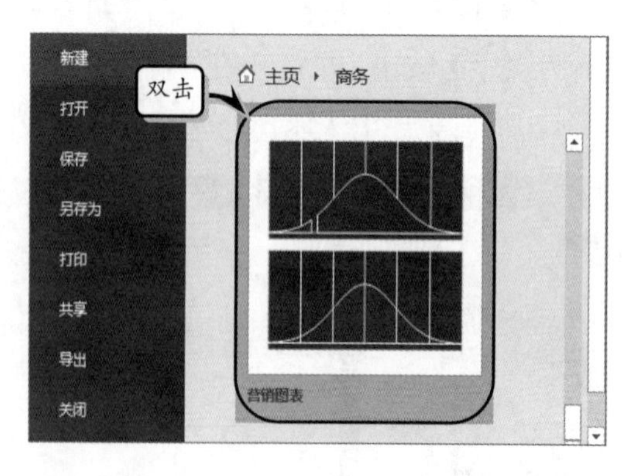

图 14-40 创建模板文档

3 执行【设计】|【页面设置】|【纸张方向】|【横向】命令，设置纸张方向，如图 14-41

所示。

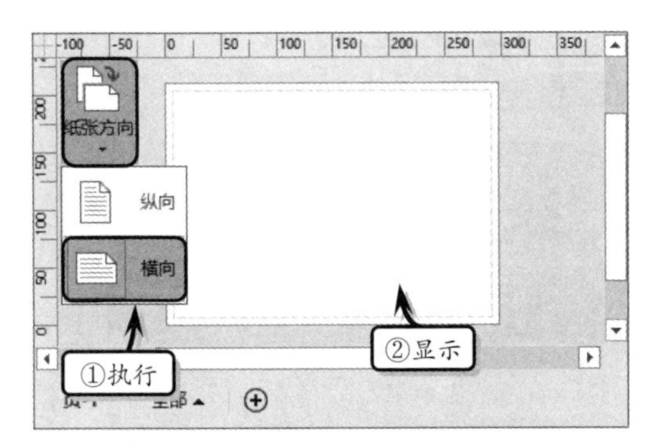

图 14-41 设置纸张方向

4 执行【插入】|【文本】|【文本框】|【横排文本框】命令，输入标题文本，并设置文本的字体格式，如图 14-42 所示。

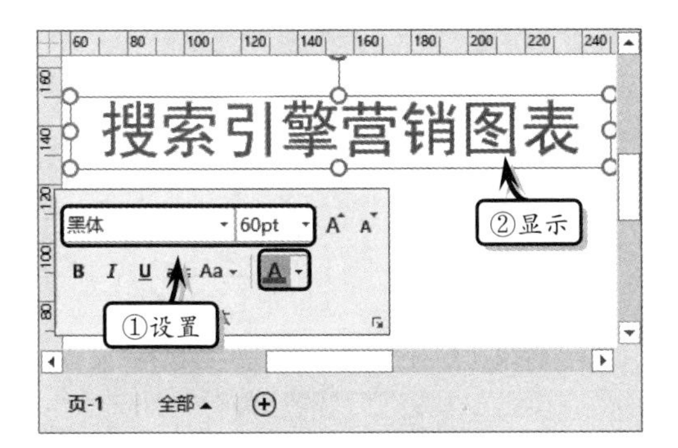

图 14-42 制作绘图页标题

5 将【三角形】形状添加到绘图页中，在弹出的【形状数据】对话框中，将【级别数】设置为 4，如图 14-43 所示。

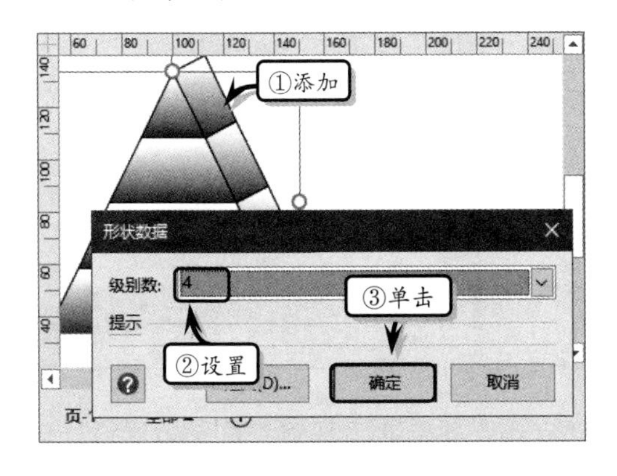

图 14-43 添加【三角形】形状

6 选择【三角形】形状中的顶部，将填充颜色设置为【浅蓝】，将线条样式设置为【无线条】，如图 14-44 所示。

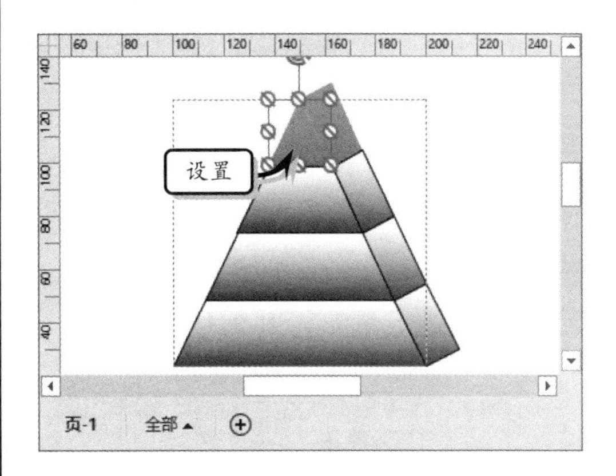

图 14-44 设置形状样式

7 使用同样的方法，依次设置【三角形】形状其他层次的填充颜色，并依次输入标注文本，如图 14-45 所示。

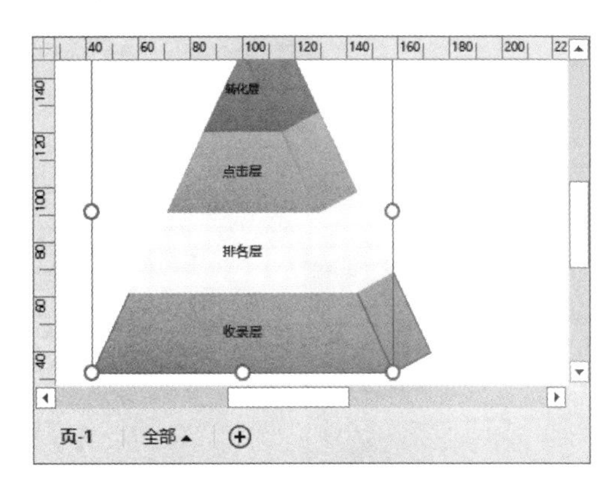

图 14-45 设置标注文本

8 将【三维框】形状添加到绘图页中，设置填充颜色，复制形状并为形状输入标注文本，如图 14-46 所示。

9 将【彩色块】形状添加到绘图页中，在【形状数据】对话框中，将【框颜色】设置为【橙色】，如图 14-47 所示。

10 复制【彩色块】形状，设置填充颜色并添加标注文本，如图 14-48 所示。

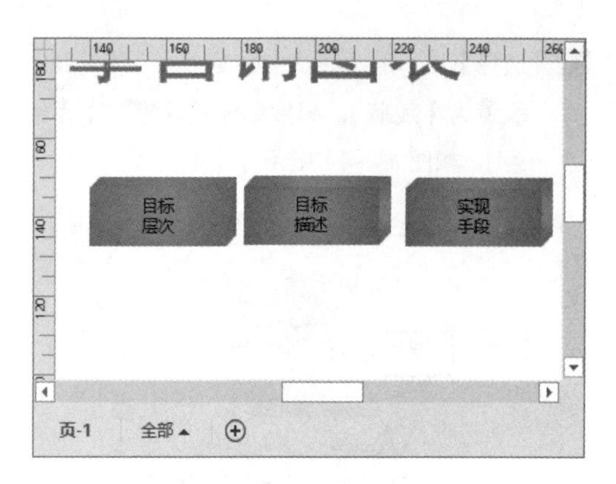

图 14-46　添加【三维框】形状

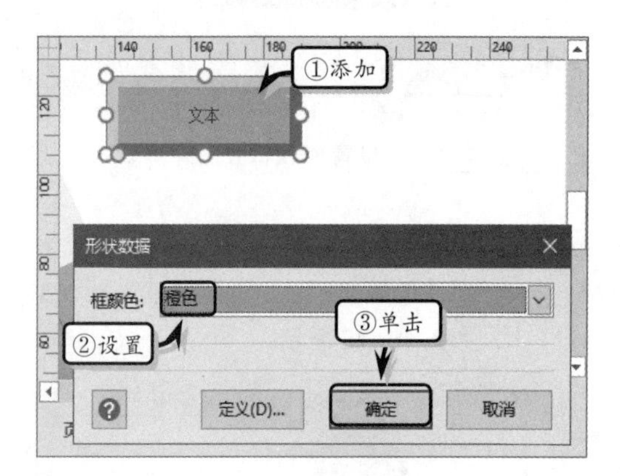

图 14-47　添加彩色块形状

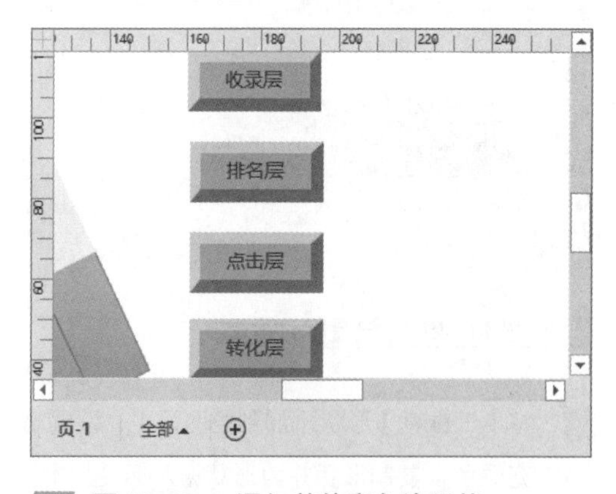

图 14-48　添加其他彩色块形状

11 将多个【三维矩阵】形状添加到绘图页中，设置其填充颜色并为形状添加标注文本，如图 14-49 所示。

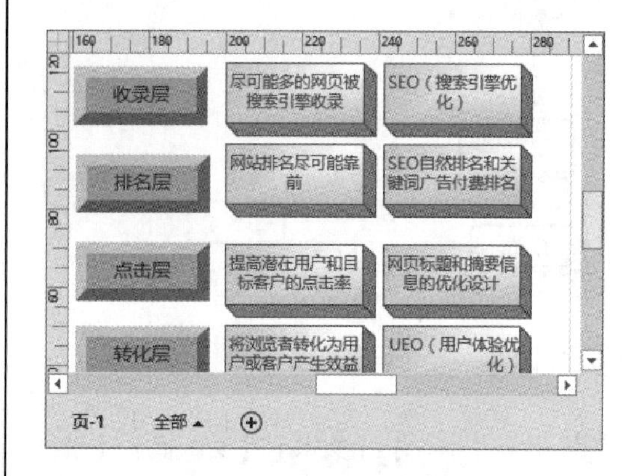

图 14-49　添加【三维矩阵】形状

12 执行【设计】|【背景】|【背景】|【货币】命令，为绘图页添加背景，如图 14-50 所示。

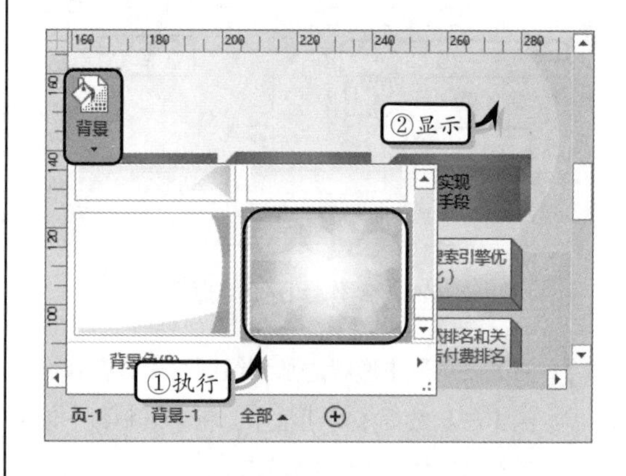

图 14-50　添加背景

14.6　课堂练习：Active Directory 同步原理图

Active Directory 可以使用一种结构化的存储方式，并以此为基础对目录信息进行合乎逻辑的分层组织。在本实例中，将使用 Active Directory 创建 Active Directory 同步时间原理图，如图 14-51 所示。

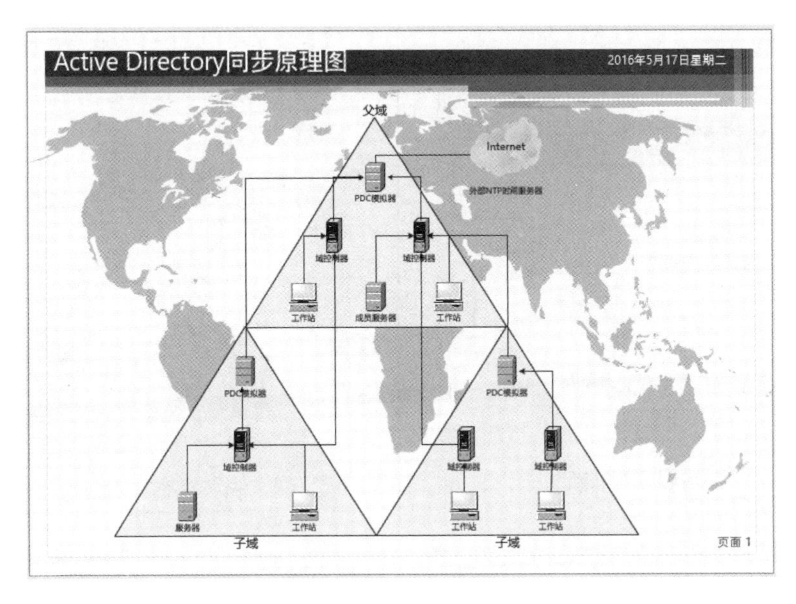

图 14-51 Active Directory 同步原理图

操作步骤：

1 执行【文件】|【新建】命令，在类别列表中选择【网络】选项，同时双击 Active Directory 选项，如图 14-52 所示。

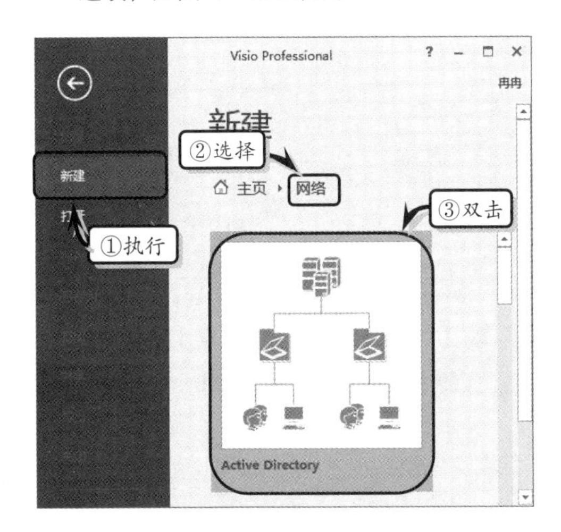

图 14-52 创建模板文档

2 单击【设计】选项卡【页面设置】选项组中的【对话框启动器】按钮，设置页面大小，如图 14-53 所示。

3 执行【设计】|【背景】|【背景】|【世界】命令，为绘图页添加背景效果，如图 14-54 所示。

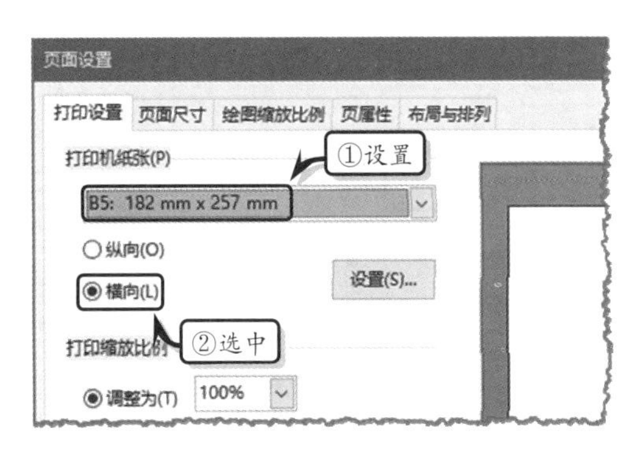

图 14-53 设置页面大小

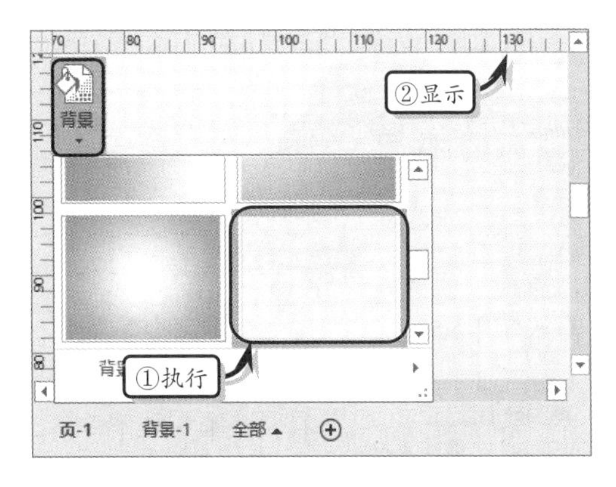

图 14-54 添加绘图页背景

4 执行【设计】|【背景】|【边框和标题】|【都市】命令，输入标题文本并设置文本的字体

格式，如图 14-55 所示。

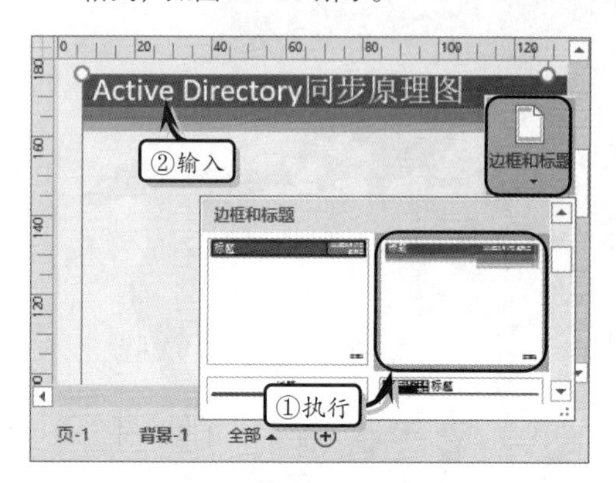

图 14-55 添加边框和标题

5 执行【设计】|【主题】|【线性】命令，设置绘图页的主题样式，如图 14-56 所示。

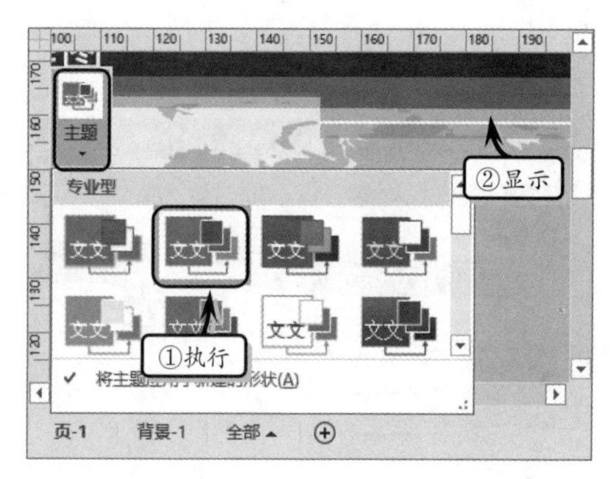

图 14-56 设置主题样式

6 同时，执行【设计】|【变体】|【线性,变量 3】命令，设置变体效果，如图 14-57 所示。

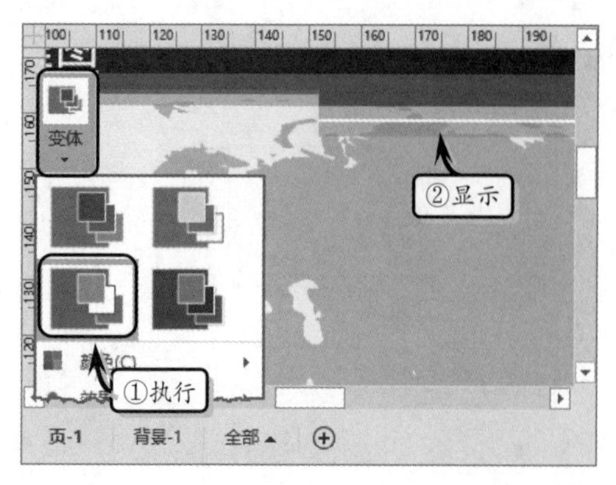

图 14-57 设置变体效果

7 将【Active Directory 站点和服务器】模具中的【域二维图】形状添加到绘图页中，输入文本并设置其填充颜色，如图 14-58 所示。

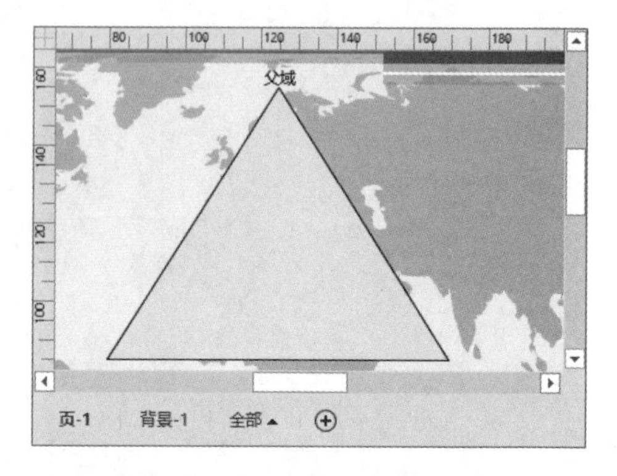

图 14-58 添加域二维图

8 复制形状，设置形状的位置，输入形状文本，如图 14-59 所示。

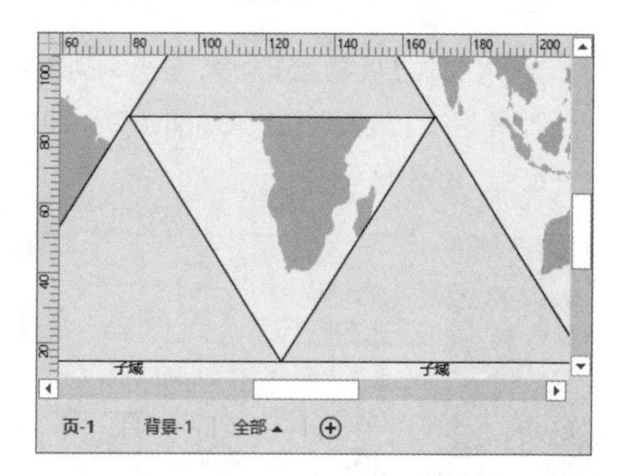

图 14-59 制作其他域二维图

9 将【Active Directory 对象】模具中的【服务器】形状添加到【父域】形状中，并输入文本，如图 14-60 所示。

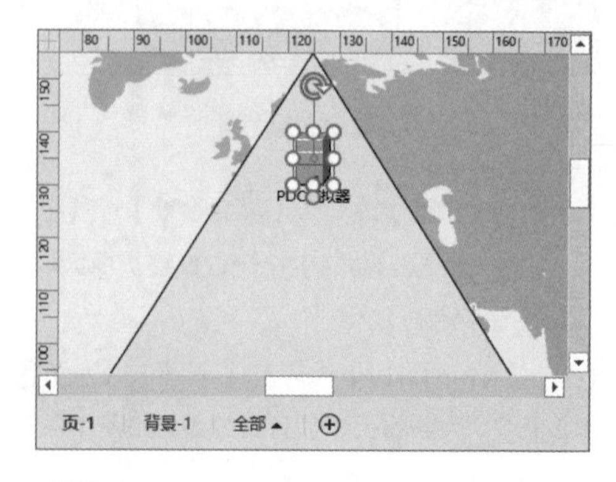

图 14-60 添加父域

10 将【Active Directory 站点和服务器】模具中的【域控制器三维图】添加到【父域】形状中，如图 14-61 所示。

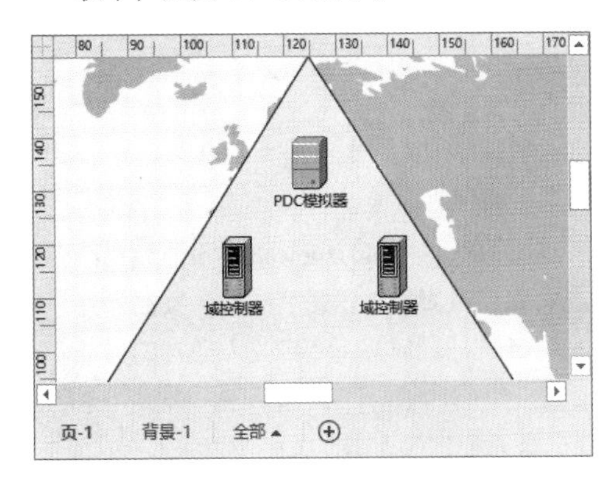

图 14-61 添加域控制器三维图

11 将【Active Directory 对象】模具中的【计算机】与【服务器】形状添加到【父域】形状中，并输入文本，如图 14-62 所示。

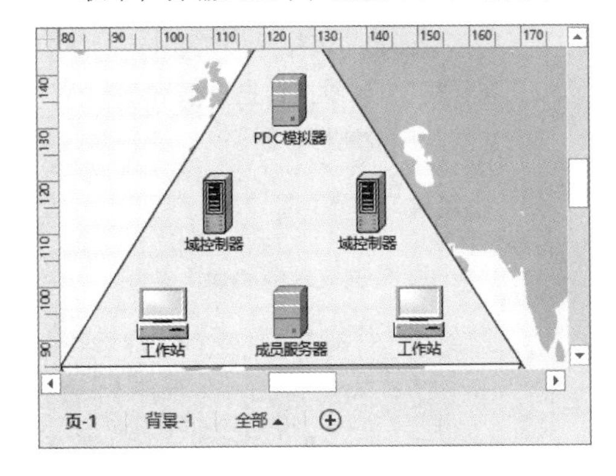

图 14-62 添加计算机和服务器

12 将【Active Directory 站点和服务器】模具中的 WAN 形状添加到绘图页中，输入文本，如图 14-63 所示。

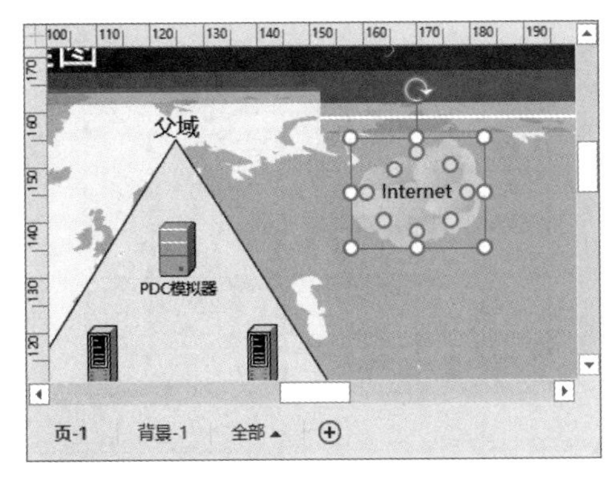

图 14-63 添加 WAN

13 在绘图页中插入横排文本框，并在文本框中输入说明性文本，如图 14-64 所示。

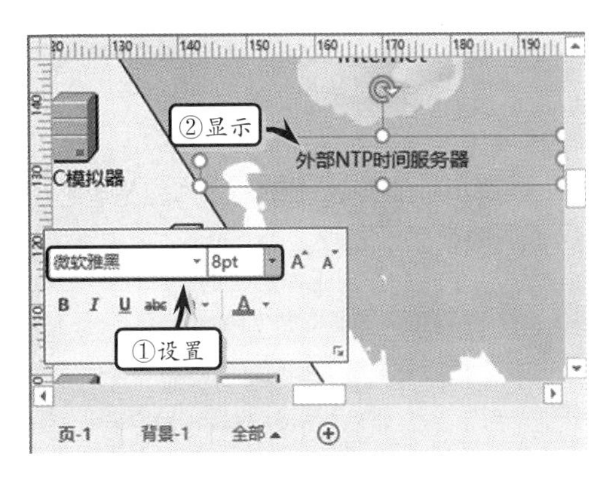

图 14-64 制作说明性文本

14 将【服务器】、【域控制器三维图】与【计算机】形状分别添加到两个【子域】形状中，调整位置并输入相应的文本，如图 14-65 所示。

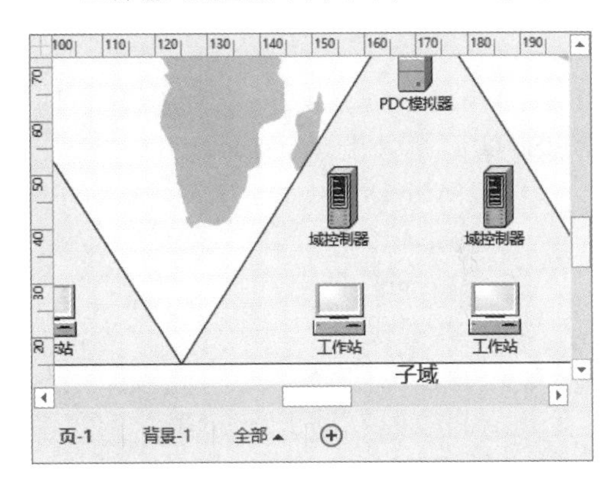

图 14-65 添加其他形状

15 执行【开始】|【工具】|【连接线】命令，连接绘图页中的各个形状，如图 14-66 所示。

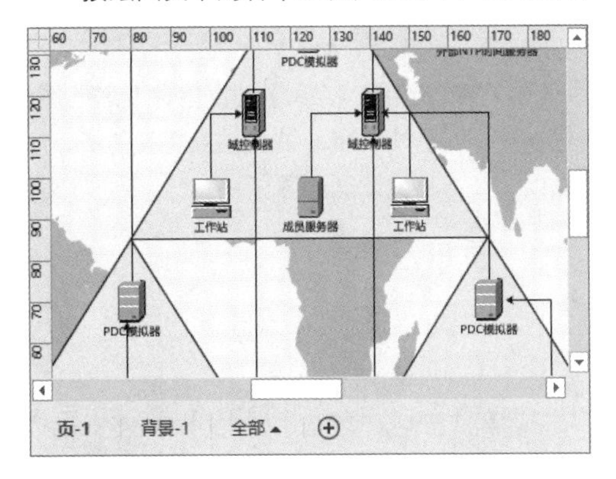

图 14-66 连接形状

思考与练习

一、填空题

1. 当用户希望将数据报告发布到 Web 网页时，需要选择______________格式。

2. 为了达到协同工作的目的，可以将 Visio 绘图通过______________发送给同事。

3. 对于没有安装 Visio 组件的用户，可以使用______________查看 Visio 绘图。

4. 在 Visio 中用户可以通过使用_______与_______的方法，来显示绘图页中的文件名、页码、日期、时间等信息。

5. 用户可通过________与________方法，将绘制好的图表放入到 Word 文档中。

二、选择题

1. Visio Viewer 是一个________控件，可以在 IE5.0 以上的版本中显示 Visio 绘图。

A. ActiveX

B. Applet

C. Control

D. IE 控件

2. 下列选项不正确的是________。

A. IE7.0 版本以上的浏览器中含有内置的 Viewer

B. 在 Visio Viewer 中可以编辑绘图

C. 可以使用 Visio Viewer 查看或打印 Visio 文件

D. 在 IE 中双击 Visio 文件，可以打开 Visio Viewer 文件

3. 在共享绘图时，除了使用附件发送绘图、发送链接，以及以 PDF 格式发送绘图页之外，还可以以______格式发送绘图。

A. 文本

B. 图片

C. XPS

D. HTM

4. 在 Visio 与 Word 协同工作中，其“转换格式”方法只能将图表以______的方式插入到 Word 文档中，并且不能对图表进行编辑操作。

A. 形状

B. 图片

C. 文本

D. 图标

5. 虽然在 Visio Viewer 中不能编辑绘图。但是可以通过直接单击需要跳转的页面标签，或按住 Ctrl 键的同时按下↑或↓方向键的方法，来________。

A. 扫视绘图

B. 查看形状数据

C. 跳转页面

D. 放大绘图

三、问答题

1. 如何修改自定义墨笔的属性?

2. 如何将 Visio 绘图转换为 CAD 图形?

3. 如何使用批注标记绘图?

四、上机练习

1. 将 Visio 图表嵌入到 Word 中

在本练习中，将利用【复制】与【粘贴】命令，将 Visio 图表嵌入到 Word 中，如图 14-67 所示。首先，同时打开 Visio 与 Word 文件。然后，在 Visio 中选择需要复制的图表，执行【开始】|【剪贴板】|【复制】命令。最后，切换到 Word 文档中，选择嵌入位置，并执行【开始】|【剪贴板】|【粘贴】命令，将绘图嵌入到 Word 文档中。

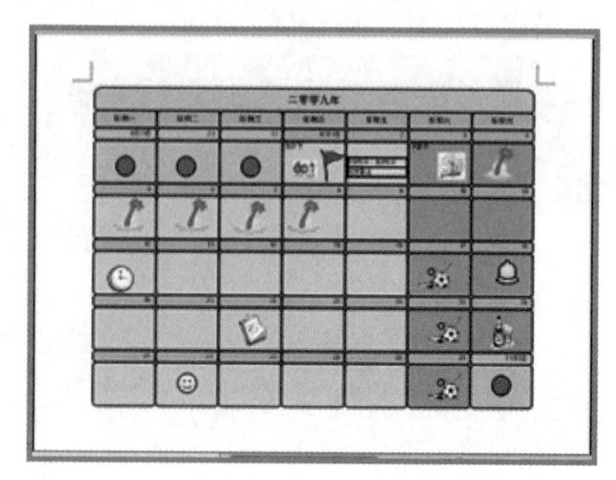

图 14-67 将 Visio 图表嵌入到 Word 中

2. 将绘图导出为 JPG 格式

在本练习中，将利用 Visio 中的【另存为】命令，将绘图导出为图片格式，如图 14-68 所示。首先，在绘图页中执行【文件】|【另存为】命令，选择【计算机】选项，并单击【浏览】按钮，弹出【另存为】对话框。然后，在【文件名】文本框中输入保存名称，在【文件类型】下拉列表中选择【JPEG 文件交互格式】选项，并单击【保存】按钮。最后，在弹出【输出选项】对话框中，将【质量】设置为 80%，并单击【确定】按钮。

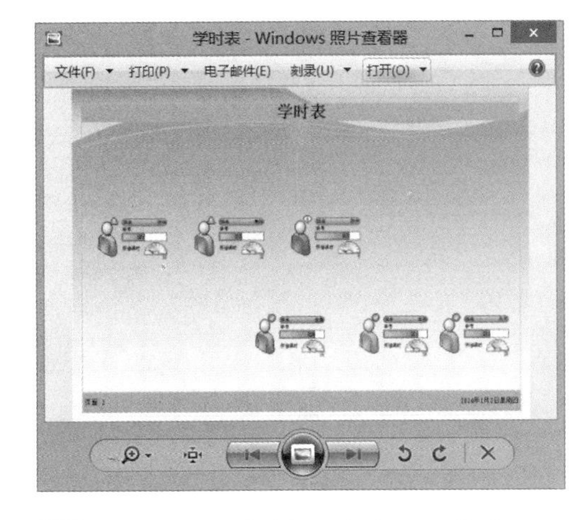

图 14-68 将绘图导出为 JGP 格式